Klaus Roth

Chemische Leckerbissen

Klaus Roth

Chemische Leckerbissen

WILEY-VCH
Verlag GmbH & Co. KGaA

Autor

Professor Dr. Klaus Roth
Freie Universität Berlin
Institut für Chemie und Biochemie
Takustraße 3
14195 Berlin
Germany

Die Kapitel *Mein kleiner grüner Kaktus*, *Eine Rinde erobert die Welt*, *Die „Pille"* und *Starker Tobak* wurden gemeinsam mit Dr. Sabine Streller, Berlin und die Kapitel *Die Saccharin-Saga* und *Süß, Süßer, Süßstoff* mit Dr. Erich Lück, Frechen für die Zeitschrift „Chemie in unserer Zeit" verfasst.

Cover
Chilischote. Quelle: Fotolia © eyewave
Wilbur Scoville Portrait. © by College Yearbook [Public domain], via Wikimedia Commons

Bibliografische Information der Deutschen Nationalbibliothek
Die Deutsche Nationalbibliothek verzeichnet diese Publikation in der Deutschen Nationalbibliografie; detaillierte bibliografische Daten sind im Internet über <http://dnb.d-nb.de> abrufbar.

Print ISBN: 978-3-527-33739-2

Umschlaggestaltung Bluesea Design, McLeese Lake, Canada
Satz TypoDesign Hecker GmbH, Leimen
Druck und Bindung Himmer AG, Augsburg

Gedruckt auf säurefreiem Papier.

Für Annelie, die mich beim Schreiben
meiner Geschichten unterstützte,
und für Tim, Benjamin, Jan-Paul, Justus,
und seit kurzem auch für Athena und Teo,
die mich davon abhielten.

Geleitwort

Es hat sich zur guten Tradition entwickelt, dass der Verlag Wiley-VCH gemeinsam mit der Gesellschaft Deutscher Chemiker (GDCh) alle drei bis vier Jahre die Beiträge, die Klaus Roth in der Rubrik „kurios, spannend, alltäglich" der GDCh-Zeitschrift *Chemie in unserer Zeit* publiziert, in einem Sammelband zusammenfasst. Nach den *Chemischen Delikatessen* (2007) und den *Chemischen Köstlichkeiten* (2010) sind die *Chemischen Leckerbissen* nun der dritte Band in dieser Reihe. Wieder gelingt es dem Autor an interessanten und unterhaltsamen Beispielen zu belegen, welche Rolle die Chemie in unserem Leben spielt, nicht zuletzt an Stellen, an denen wir das gar nicht vermuten. In seinen spannend erzählten Geschichten kommt der Hochschullehrer Klaus Roth dabei ganz ohne Lehrauftrag daher. Trotzdem lernt man etwas, aber eben subkutan. Und das macht Spaß.

Die Faszination der Chemie zu vermitteln und ihre Bedeutung sowohl für unseren Alltag als auch für die Behandlung der großen gesellschaftlichen Herausforderungen zu verdeutlichen, ist eines der großen Anliegen der Gesellschaft Deutscher Chemiker und ihrer mehr als 30.000 Mitglieder. Ganz besonders im Fokus steht dabei die jüngere Generation, die wir für die Chemie begeistern wollen. Nicht nur, weil aus ihnen die Chemikerinnen und Chemiker von morgen kommen und wir viele begabte und kluge Schülerinnen und Schüler für diese spannende Tätigkeit gewinnen wollen. Es ist ebenso wichtig auch bei denjenigen, die ein anderes Berufsziel haben, ein grundlegendes Verständnis für die Chemie und ihre Zusammenhänge zu schaffen. Denn dies ist die Voraussetzung für eine rationale und vorurteilsfreie Diskussion molekularwissenschaftlicher Entwicklungen, sei es Nanotechnologie, Gentechnik oder anderes.

Daher ist dieses Buch, wie bereits seine Vorgänger, wiederum eine gute Wahl für den Abiturientenpreis der GDCh, mit dem wir jedes Jahr bundesweit an über 2300 teilnehmenden Schulen die besten Chemieabsolventen auszeichnen. Neben diesem Buch und einer Urkunde laden wir die Preisträger ein, ein Jahr lang kostenlos Mitglied in unserer Gemeinschaft der Chemikerinnen und Chemiker sowie aller an der Chemie Interessierten zu werden. Viele machen davon Gebrauch und bleiben auch danach der Chemie und der GDCh treu.

Viele haben mitgewirkt, um dieses Buchprojekt zu realisieren. Und auch wenn beim dritten Anlauf schon etwas Erfahrung dabei ist, es gab auch dieses Mal genügend Fragen zu beantworten und Herausforderungen zu meistern, bevor das Ziel erreicht war. Ganz herzlich danke ich allen an diesem Erfolg Beteiligten. Zuallererst natürlich meinem geschätzten Kollegen Professor Klaus Roth, dessen schriftstellerisches Talent und umfassendes Wissen die Voraussetzung für alles weitere war. Weiterhin geht mein Dank an die Kolleginnen und Kollegen bei Wiley-VCH, mit denen die Zusammenarbeit wie immer hervorragend geklappt hat. Ein besonderer Dank geht schließlich an die Leiterin der GDCh-Öffentlichkeitsarbeit, Frau Dr. Renate Hoer, die bei uns alle Fäden in der Hand hatte.

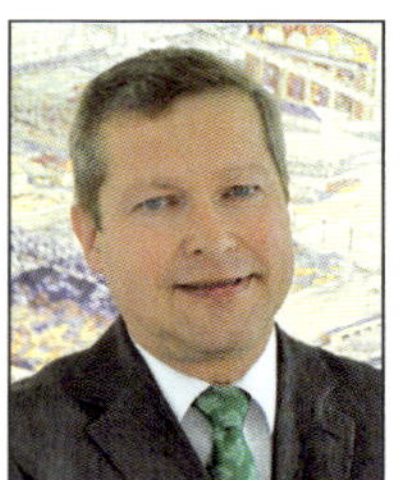

Ich wünsche Ihnen guten Appetit bei den *Chemischen Leckerbissen*!

Wolfram Koch

Prof. Dr. Wolfram Koch
Geschäftsführer der Gesellschaft Deutscher Chemiker

Vorwort

Nach den Delikatessen und Köstlichkeiten kommen nun die Leckerbissen von Klaus Roth als drittes Menü – mit den *Chemischen Leckerbissen* erscheint nach den beiden erfolgreichen Büchern *Chemische Delikatessen* und *Chemische Köstlichkeiten* eine weitere Auswahl von Artikeln, die unter der Rubrik *Kurios, Spannend, Alltäglich, ...* in den letzten drei Jahren in der Zeitschrift *Chemie in unserer Zeit* veröffentlicht wurden.

Seit über zehn Jahren bringt uns Klaus Roth alle zwei Monate unterhaltsam und informativ ein neues Beispiel aus der Alltagschemie näher und wendet sich damit nicht nur an Lehrer und Schüler, sondern auch an Laien. Aber auch allen Chemikern sollte Klaus Roth ein Vorbild sein, denn er versteht es als einer der wenigen, unsere Wissenschaft in einer verständlichen Sprache zu vermitteln. Dafür wurde er 2008 von der Gesellschaft Deutscher Chemiker mit dem Preis für Schriftsteller ausgezeichnet. So bringt er uns die Chemie unserer Lebensmittel, die Geschichte von Medikamenten oder wissenschaftliche Kuriositäten als leicht lesbare Kost kurz und prägnant näher – daher ist der Titel *Chemische Leckerbissen* vom Verlag Wiley-VCH treffend gewählt.

Der erste Leckerbissen *Wasser – Jo mei!* kommt aus dem Kuriositätenkabinett und widmet sich dem Wasser, oder präziser den Geheimnissen des Trinkwassers, das geschäftstüchtigen Erfindern, aber auch einigen Wissenschaftlern Raum für abwegige Theorien eröffnete bis hin zum Hokuspokus.

Einer der Schwerpunkte sind spannende Beiträge zur Historie von Naturstoffen wie den Alkaloiden Chinin und Strychnin, sowie zu deren Strukturaufklärung und Totalsynthese. Als Cocktail empfiehlt sich davon eher ein alkaloidhaltiges Tonic Water oder Bitter Lemon aus dem Chinin-Beitrag *Eine Rinde erobert die Welt* als bitterer Leckerbissen.

Der Artikel *Manche mögen's scharf* serviert uns dann die Hauptspeise, dabei kann man sich den Mund an den Scharfstoffen von Paprika und Chili verbrennen, aber auch etwas über die Farbstoffe und Geruchstoffe erfahren.

Mit seinen beiden Essays zu Saccharin und anderen Süßstoffen kommt Klaus Roth dann allmählich zu den süßen Leckerbissen. Doch trotz der vielen Süßstoff-Alternativen steigt unser Zuckerverbrauch weiterhin an. Der krönende Abschluss zum Dessert ist *Das Geheimnis des Weihnachtsdufts* – wer kann bei Anis, Kardamom, Vanille und Zimt im Lebkuchen noch widerstehen?

Soll es danach nun auch noch eine Zigarette oder Zigarre sein? Nach dem Beitrag *Starker Tobak* versteht man zwar die Chemie des Suchtmittels Nikotin besser, zu Risiken und Nebenwirkungen empfiehlt sich aber zusätzlich die Lektüre der ersten Fußnote.

Mit den *Chemischen Leckerbissen* und seinen anderen Büchern leistet Klaus Roth einen wichtigen Beitrag zum besseren Verständnis der Chemie in der Öffentlichkeit, so kann sich der Leser faktenbasiert besser seine Meinung bilden. Auch seinem dritten Buch wünsche ich den gleichen Erfolg wie seinen beiden Vorgängerbüchern. Alle drei Bücher hat die GDCh ausgewählt, um damit jährlich über 2.400 Abiturienten, die die beste Note im Chemie-Abitur erzielt haben, auszuzeichnen.

Dr. Thomas Geelhaar
Präsident der Gesellschaft Deutscher Chemiker

Inhalt

H_2O – Jo mei!

Wasser ist eine außergewöhnliche Flüssigkeit. Seine vielen Anomalitäten verwundern nicht nur Naturwissenschaftler, sondern eröffnen auch eine Spielwiese für wissenschaftliche Nonkonformisten, eifrige Amateurforscher und bauernschlaue Geschäftemacher. Beleuchten wir die bunte Welt des Wassers diesseits und jenseits der Grenze exakter Naturwissenschaften mit Wohlwollen, kritischer Distanz und einer Portion Humor.

ABB. 1 | WASSER – EIGENSCHAFTEN UND ANOMALIEN

T[°C]	charakteristische Eigenschaft
0	Schmelzpunkt von H_2O
3,8	Schmelzpunkt von D_2O
3,98	Dichtemaximum von H_2O
4,49	Schmelzpunkt von T_2O
11,2	Dichtemaximum von D_2O
13,4	Dichtemaximum von T_2O
35	minimale spezifische Wärmekapazität von H_2O
46	Kompressibilität von H_2O erreicht ein Minimum
74	Schallgeschwindigkeit in H_2O erreicht ein Maximum
100,00	Sdp. H_2O
101,42	Sdp. D_2O
101,51	Sdp. T_2O

Ohne Wasser gäbe es kein Leben. Jede Kreatur braucht es, der Mensch täglich gut 2 Liter, um damit den Wasserverlust über Atemluft, Haut, Harn und Stuhl auszugleichen. Damit ist Wasser unser wichtigstes Lebensmittel [1]. An ihm herrscht auf der Erde kein Mangel, denn über 70 % ihrer Oberfläche sind davon bedeckt und unser *blauer* Planet hätte eigentlich den Namen „*Wasser*" und nicht „*Erde*" verdient. Leider sind 97,5 % der Wasservorkommen salzhaltig und von den restlichen 2,5 % über 2/3 auf den Polkappen als Eis gebunden. Am Ende sind nur 0,8 % in Quellen, Seen, Flüssen und im Grundwasser zur Gewinnung von Trinkwasser geeignet.

Die gesetzlich festgelegten Grenzwerte und vorgeschriebenen, ständigen Kontrollen machen Trinkwasser zum am strengsten regulierten und überprüften Lebensmittel überhaupt. Der technologische und naturwissenschaftliche Aufwand bei der Gewinnung und Qualitätskontrolle von Trinkwasser ist dementsprechend hoch und die tägliche Versorgung der Bevölkerung mit ausreichenden Mengen von gesundheitlich unbedenklichem Wasser ist deswegen eine viel zu wenig geschätzte Leistung der modernen Ingenieurs- und Naturwissenschaften (Infokasten 1).

Wasser – normal anomal

Wasser ist anders als alle anderen Flüssigkeiten. Die auffälligste seiner Seltsamkeiten [2] ist die Abhängigkeit der spezifischen Dichte von der Temperatur mit einem Maximum bei 4 °C (Abbildung 1), die außergewöhnlich großen Isotopeneffekte auf das Dichtemaximum und den Schmelzpunkt (Deuteriumoxid: 11,2 °C ; Schmp. 3,8 °C und Tritiumoxid: 13,4 °C; Schmp. 4,5 °C) drängen uns die Ursache fast auf. Es sind vor allem die Wasserstoffbrücken, die Wasser zu dem machen, was es ist: für seine Größe hochschmelzend und -siedend, hohe Wärmekapazität, geringes Kompressionsmodul, hohe Dielektrizitätskonstante usw. Jede einzelne dieser Anomalitäten findet sich auch in anderen Flüssigkeiten, aber nur Wasser zeigt sie alle zusammen [3]. Das macht Wasser einzigartig!

Wollen wir nun Genaueres über die innere Wasserstruktur erfahren, ist es sinnvoll, sich auf zweierlei Wegen anzunähern. Der eine Weg beginnt in der Gasphase mit einem einzigen Molekül H_2O und dann mit einem kleinen Haufen (engl. *cluster*). Der andere Weg liefert uns mit der Kristallstruktur von Eis Hinweise auf stabile räumliche Anordnungen und intermolekulare Wechselwirkungen zwischen den H_2O-Molekülen im geordneten Festkörper, die beim Schmelzen teilweise erhalten bleiben könnten.

1: BEITRÄGE ÜBER WASSER

- *Wasser – H_2O oder $H_{180}O_{90}$??, G.R. Choppin, Chem. Unserer Zeit, **1967**, 1, 101*
- *Süßwassergewinnung aus dem Meer, W. Schneider, Chem. Unserer Zeit, **1968**, 2, 52*
- *Chemische Parameter der Gewässerverschmutzung, H. Sontheimer, Chem. Unserer Zeit, **1972**, 6, 175*
- *Röntgenstrukturuntersuchung von Flüssigkeiten, H. Zimmermann, Chem. Unserer Zeit, **1975**, 9, 99*
- *Sanierung von Grundwasserschäden. Einsatz von Aktivkohle zur Beseitigung organischer Chlorverbindungen, R. Weinand, H. von Kienle, Chem. Unserer Zeit, **1989**, 23, 130*
- *Die Entwicklung der Abwassertechnik und der Wasserreinhaltung,T. Mann, Chem. Unserer Zeit, **1991**, 25, 87*
- *Wasser – ein nicht zu ersetzendes Lebensmittel, F.H. Frimmel, B. Hock, Chem. Unserer Zeit, **2002**, 36, 3*
- *Den Besonderheiten des Wassers auf der Spur, M. Groß, Chem. Unserer Zeit **2003**, 37, 171*
- *Herausforderung Meerwasserentsalzung, C. Borchard-Tuch, Chem. Unserer Zeit, **2004**, 38, 357*
- *Grundwasser lebt! Ein globales Ökosystem, G. Preuß, H. K. Schminke, Chem. Unserer Zeit, **2004**, 38, 340*
- *Wasser: Anomalien und Rätsel, R. Ludwig, D. Paschek, Chem. Unserer Zeit, **2005**, 39, 164*
- *Die Mär vom Wasser mit Gedächtnis, P. Rademacher, Chem. Unserer Zeit, **2013**,47, 24*
- *Wie wird unser Trinkwasser überwacht?, F. Sacher, Chem. Unserer Zeit, **2013**, 47, 148*
- *Wasser, das Wunderelement? Wahrheit oder Hokuspokus, **2011**, H. Bergmann, Wiley-VCH*

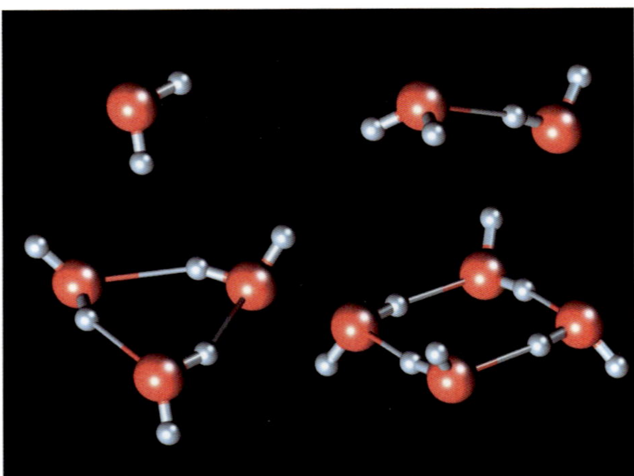

Abb. 2 ***Wasser in der Gasphase***
oben: Der Abstand und Winkel im Wassermolekül (links) kann aus dem IR-Spektrum in der Gasphase präzise bestimmt werden. Die angegebenen Strukturen des Dimeren, Trimeren und Tetrameren beruhen auf state-of-the-art quantenchemischen Rechnungen [7], die auch mit den spektralen Daten in sehr guter Übereinstimmung stehen. (Bildquelle: RedAndr, wikimedia commons).

unten: Für das Hexamere sind mehrere räumliche Anordnungen möglich. Erst kürzlich gelang der Nachweis, dass in der Gasphase die Prismen-, Käfig- und Buchstrukturen (von links nach rechts) nebeneinander vorliegen. Darüber hinaus konnten auch höhere Oligomere des Wassers nachgewiesen werden. (Bildquelle: C. Pérez et al., Science, ***2012****, 336, 897, Reprinted with permission from AAAS).*

AKTUELL

In die jahrelange Streiterei über die Frage der symmetrischen oder asymmetrischen Brückenbindungen im einzelnen H_2O-Molekül in Wasser bringt eine aktuelle theoretische molekulardynamische Studie von T.D. Kühne und R.Z. Khaliullin [1] Versöhnliches. Die Wissenschaftler von der Universität Mainz konnten zeigen, dass jedes Sauerstoffatom im zeitlichen Mittel mit je zwei Donor- und zwei Akzeptor-Brückenbindungen tatsächlich tetraderisch konfiguriert ist. Vorrübergehende lokale Fluktuationen führen allerdings zu starken elektronischen Asymmetrien, die verschieden starken Wasserstoffbrücken entsprechen. Deren Existenz wurde aus Röntgenabsorptionsspektren abgeleitet, und zunächst als Zweifach-Koordination von Sauerstoffatomen interpretiert. Die Mainzer konnten zeigen, dass die Lebenszeit dieser asymmetrischen Strukturen infolge intra- und intramolekularer Schwingungen und Brüchen und Neuverknüpfungen von Wasserstoffbrücken äußerst kurz ist und in der Größenordnung von 0,1 ps (1ps = 10^{-12}s) liegt. Diese Arbeit zeigt beeindruckend, dass die Wasserstruktur immer komplizierter wird, je genauer, d.h. mit immer geringerer zeitlicher Auflösung, man hinschaut.

[1] T.D. Kühne und R.Z. Khaliullin, *Nature Comm.* **2013**, *4*, 1450

Ein einziges oder ein paar H_2O-Moleküle

Der Aufbau eines einzigen Wassermoleküls kann in der Gasphase mit spektroskopischen Methoden äußert präzise bestimmt werden: Der Winkel beträgt 104,474° und der O-H-Abstand 95,718 pm. Neben dem Monomeren können in der Gasphase auch durch H-Brücken zusammengehaltene Dimere [4] und höhere Oligomere (Cluster) IR-spektroskopisch nachgewiesen werden und ihnen mit Hilfe ausgefeilter quantenchemischer Rechenmethoden wahrscheinliche Strukturen zugeordnet werden (Abbildung 2) [5, 6]. Es liegt nahe, dass diese Cluster zumindest teilweise auch im flüssigen Zustand vorkommen können.

Nähern wir uns der Wasserstruktur nun von der anderen, der Festkörperseite (Abbildung 3) und lassen das Eis schmelzen. Dabei zeigt sich eine weitere Anomalie: Bei 0 °C ist Eis [8] mit einer Dichte von ρ = 0,917 g/cm^3 um rund 8 % leichter als Wasser und schwimmt deswegen darauf. Der Schmelzvorgang von Eis ist damit eines der ganz seltenen Beispiele, bei dem Ungeordnetes weniger Platz einnimmt als Geordnetes.

Für die Anordnung der Wasserstoffatome im Eiskristall stellten J. D. Bernal und R. H. Fowler [11] 1933 die folgenden Regeln auf:

- Jedes Sauerstoffatom muss mit zwei Wasserstoffatomen direkt verbunden sein (H_2O!).
- An jeder Wasserstoffbrücke ist nur ein Wasserstoff beteiligt und
- jedes Wassermolekül ist mit vier Nachbarmolekülen über Wasserstoffbrücken verbunden.

Die regelmäßige Anordnung der Sauerstoffatome im Eiskristall täuscht vollkommene Ordnung nur vor. Greifen wir ein H_2O-Molekül heraus, das von vier anderen tetraedrisch umgeben ist (Abbildung 3 unten). Unter Beachtung der Bernal-Fowler-Regeln ergeben sich 6 energetisch völlig gleichwertige Anordnungen. Bei N Molekülen H_2O ergäben sich nach Pauling $(3/2)^N$ Anordnungen mit identischem Energieinhalt [10]. Bezüglich der Wasserstoffatome herrscht also große Unordnung im Eiskristall und dessen Nullpunktsentropie von 3,4 J K^{-1} mol^{-1} drückt dies aus. Kristallstrukturbestimmungen auf der Basis von Neutronenbeugungen [12] bestätigten Paulings theoretische Überlegungen, in dem jedes einzelne Proton zwei gleich wahrscheinliche Positionen auf der Wasserstoffbrücke einnehmen kann, die von den beiden Sauerstoffatomen jeweils 101 pm entfernt sind, also geringfügig länger als die O-H-Bindungslänge im Wassermolekül in der Gasphase (97,7 pm). Interessanterweise ist der Bindungswinkel im einzelnen Wassermolekül im Festkörper mit 109,3° deutlich größer als in der Gasphase (104,5°) und entspricht fast dem Tetraederwinkel von 109,5°.

Wenn wir uns die molekulare Struktur im Eiskristall bildhaft vorstellen, muss man Vorsicht walten lassen, denn Bilder sind nicht die Realität. Hätten wir eine fiktive Kamera, würde sich das Bild mit der Belichtungszeit stark ändern [13]. Bei Zeitfenster unterhalb von 10^{-15} s würden wir ein scharfes Bild bekommen und alle Atompositionen erhalten,

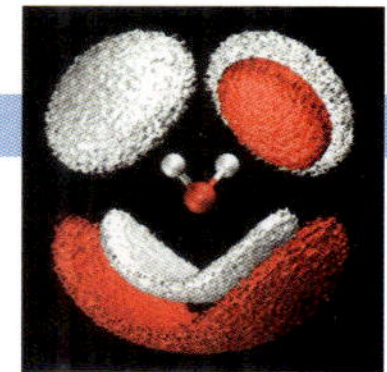

denn die schnellen Kipp- und Streckschwingungen wären eingefroren. Bei einer Belichtungszeit von 10^{-12} s würden wir ein unscharfes Bild erhalten, da über alle Schwingungen gemittelt wird. Die Unschärfe wäre übrigens beträchtlich, da z.B. die OH-Streckschwingung die Bindungslänge um etwa 20 % verlängert und verkürzt. Bei genauem Hinsehen hielte das Foto noch eine Überraschung für uns bereit: Das H-Atom in der Wasserstoffbrücke besetzt mit gleicher Wahrscheinlichkeit beide Positionen, im zeitlichen Mittel ist also ein halbes Proton an einem und ein halbes Proton am anderen O-Atom gebunden. Bei einer Belichtungszeit von 10^{-4} s wäre das Bild noch unschärfer, da nun die Wassermoleküle innerhalb des Gitters Rotationen und Translationen durchführen.

Wagen wir nun den Sprung ins kalte Wasser und lassen das Eis schmelzen. Beim Schmelzen muss ein Teil der Wasserstoffbrücken aufbrechen. Wie viele es in etwa sind, verraten uns die folgenden thermodynamischen Daten bei Normaldruck [14].

Schmelzwärme von Eis bei 0°C	6,0 kJ/mol
Wassererwärmung von 0°C auf 100°C	7,5 kJ/mol
Verdampfungswärme bei 100°C	40,8 kJ/mol

Das Schmelzen des Kristallgitters mit dem damit verbundenen teilweisen Aufbrechen von Wasserstoffbrücken kostet mit 6 kJ/mol viel Energie. Im Vergleich zum Brechen *aller* Wasserstoffbrücken beim Sieden ist dieser Betrag aber gering, denn die Verdampfung kostet 40 kJ/mol, also fast das 7fache. Im Mittel überleben also etwa 75 % der Wasserstoffbrückenbindungen aus dem Eis das Trauma des Schmelzens. Diese Wasserstoffbrücken können zu lokalen linearen [15] bzw. flächigen Teilstrukturen oder zu Clustern verschiedenster Größe führen. Das Auflösen des starren, aber lockeren Eisgitters führt zu einer ***räumlich kompakteren*** Struktur und die mittlere Zahl der ein H_2O-Molekül umgebenden Wassermoleküle steigt von 4 im Eis auf etwa 4,5–5 [16]. Dies erklärt die Dichtezunahme von rund 8 % beim Schmelzen. Mit steigender Temperatur steigt der Anteil an Wassermolekülen, der nur drei oder weniger Wasserstoffbindungen ausbildet [17, 18].

Röntgenstrukturuntersuchungen an Wasser deuten darauf hin, dass der ungefähre tetraedrische Winkel zwischen den Sauerstoffatomen im Eis für viele Wassermoleküle erhalten bleibt. Besonders interessant in dem hier behandelten Zusammenhang ist die Frage nach der zeitlichen Stabilität von Clustern und anderen geordneten Lokalstrukturen. Viele Untersuchungen zeigen, dass die H-Brücken leicht und vor allem schnell gebildet und gebrochen werden und deren Lebensdauer im Femto- bis Pikosekundenbereich (10^{-13}–10^{-11}s) liegt [19]. Noch entscheidender für die molekulare Struktur sind die in der Flüssigkeit viel schnelleren Translationen einzelner Wassermoleküle. Während im Eis bei 0 °C Translationen in der Größenordnung von 10^{-5} s ablaufen, liegt dieser Wert im Wasser bei der gleichen Temperatur bei 10^{-11} s, die Beweglichkeit einzelner H_2O-Moleküle ist also im Wasser um 6 Zehnerpotenzen schneller.

Fassen wir zusammen: Die physikalisch-chemischen Anomalien des Wassers waren Voraussetzung für die Entstehung des Lebens auf der Erde. Das H_2O-Molekül, um dessen Sauerstoffatom zwei Wasserstoffatome und zwei freie Elektronenpaare nahezu tetraedrisch angeordnet sind, eignet sich ideal zum Aufbau dreidimensionaler Netzwerke, die über Wasserstoffbrückenbindungen zusammengehalten werden. Dies findet seinen Ausdruck im Diamantgitter von Eis, in dem jedes Sauerstoffatom über vier tetraedrisch angeordnete Wasserstoffbrücken mit seinen nächsten vier Nachbarn verbunden ist. Beim Schmelzen von Eis nimmt die Zahl der Wasserstoffbrücken nur um rund 20 % ab, d.h. immer noch viele Wasserstoffbrücken halten das Wasser im Innersten zusammen. Als Bild könnte man sich Wasser als ein ungeregeltes Nebeneinander von ungeordneten teilver-

ABB. 3 | DIE KRISTALLSTRUKTUR VON EIS

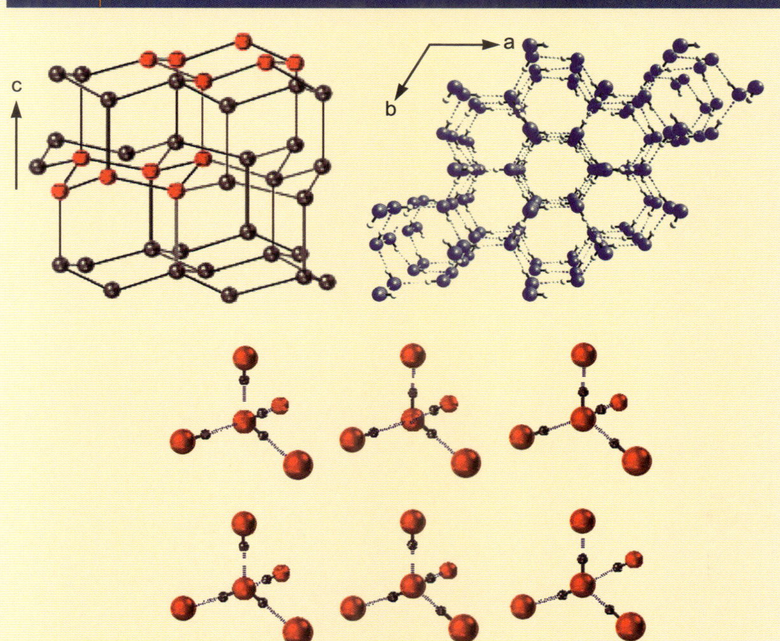

oben: Im Eis ist jedes Sauerstoffatom tetraedrisch von vier Sauerstoffatomen im Abstand von 276 pm umgeben. Diese Anordnung entspricht dem Diamantgitter. Beim seitlichen Blick auf die Hauptachse erkennt man die verschiedenen Ebenen, die aus sesselförmigen Sechsringen gebildeten werden (links).

Während im Diamant die Kohlenstoffatome über kurze, kovalente C-C-Bindungen (154 pm) verbunden sind, sind die Sauerstoffatome im Eisgitter nur über schwache Wasserstoffbrücken miteinander verbunden. Dabei ist jedes Sauerstoffatom mit seinen zwei H-Atomen doppelter Donor und mit zwei freien Elektronenpaaren gleichzeitig zweifacher Akzeptor für Wasserstoffbrückenbindungen. Da der O-O-Abstand im Eis 275 pm beträgt, ist das Eis- gegenüber dem Diamantgitter (C-C-Abstand 154 pm) stark vergrößert – mit entsprechend geringerer Raumausfüllung [9]. Ein Blick in Richtung der Hauptachse zeigt die großen Hohlräume (rechts). (Bildquelle: Solid State, wikimedia commons)

unten: Für die räumliche Anordnung von zwei Wasserstoffbindungen und zwei Wasserstoffbrückenbindungen eines Wassermoleküls zu den benachbarten Sauerstoffatomen gibt es sechs Möglichkeiten. In einem makroskopischen Eiskristall aus N H_2O-Molekülen ergeben sich $(3/2)^N$ energetisch gleichwertige Anordnungsmöglichkeiten [10].

netzten Teilstrukturen und geordneten lokalen Strukturen wie Ketten, Ringe und Cluster verschiedenster Größe vorstellen, die sich ständig und schnell umorientieren.

Kurzum: Wasser ist thermodynamisch eine der stabilsten Verbindungen überhaupt. Es ist also einerseits beständig, andererseits erfinden sich die molekularen Anordnungen der Wassermoleküle in Wasser ständig neu und selbst die kleinste Teilstruktur, ob geordnet oder nicht, ist nach einigen 10^{-11} s für immer vergangen.

Wasser – voll anomal

Wasser überragt schon wegen der konsumierten Menge alle anderen Lebensmittel. Es ist verständlich, dass Verbraucher beim Trinkwasser sicher sein wollen, dass es gesundheitlich unbedenklich ist. Trotz guter Erfahrungen misstrauen ängstliche Zeitgenossen dem Trinkwasser und wollen die Qualität noch weiter verbessern. Hier eröffnet sich ein Markt für findige Tüftler und unorthodoxe Wissenschaftler, aber auch für clevere Scharlatane, die abseits der traditionellen Wasserchemie und -biologie Methoden und Apparaturen entwickelt haben. Aus dem Riesenangebot können im Folgenden nur wenige Beispiele vorgestellt werden [20]. Aus naheliegenden Gründen sind nicht alle technischen Details zugänglich, so dass die Erläuterungen der Verfahren ausschließlich auf den frei zugänglichen Herstellerangaben beruhen. Um eine große Authentizität zu bewahren, wurden die entsprechenden Texte möglichst wörtlich übernommen [21]. Auch wenn manche Apparatur jenseits des naturwissenschaftlich Erklärbaren zu funktionieren scheint, sollten wir uns auf der Basis der chemisch-physikalischen Anomalien und der komplexen Struktur des Wassers selbst ein Bild machen.

Wasser I – verwirbelt und lebendig

Nach dem Prinzip *„Natur erst kapieren, dann kopieren!“* entwickelte der österreichische Erfinder und Naturbeobachter Viktor Schauberger (1885–1958) schon um 1930 das Konzept der zwei gegensätzlichen natürlichen Energien [w1]. Auf Wasser angewendet führte er aus [22]:

Die beiden Urstoffbestände Wasserstoff und Sauerstoff (Hydrogenium und Oxygenium) H und O, die Hauptbestandteile der Medien Wasser und Luft, verhalten sich entgegengesetzt:

- *Wasserstoff (H) wird bei Kühle aktiv und verbindet sich mit dem alsdann passiven Sauerstoff (O) zu einer* ***konzentrierenden*** *(zusammenziehenden) Auftriebs- und Aufbauenergie: „Diamagnetismus“. Als Levitation (Auftriebskraft) wirkt der Diamagnetismus der Gravitation (Schwerkraft) entgegen.*
- *Sauerstoff (O) wird bei Wärme aktiv (bei Sauerstoffzufuhr brennt jeder Ofen besser!) und verbindet sich mit dem alsdann passiven Wasserstoff (H) zu einer* ***dezentrierenden*** *(auseinandertreibenden) Zersetzungsenergie. ...*

Wärme ist die niedrigste wasserzersetzende Energieart. Wenn beim Molekülumbau die Wärme vorherrscht, sich also überwiegend H an O bindet, anstatt – wie es für den organischen Aufbau erforderlich wäre – O an H, so wird das Wasser schal und qualitätsstoffarm (die feinen Qualitäts-Stoffe verbrennen durch den Überfluss an Sauerstoff!).

Auf der Basis seiner Erkenntnis *„Lebendiges Wasser ist immer bewegtes Wasser“* entwickelte Schauberger ein Gerät zur Herstellung von energiereichem „Edelwasser“ (Abbil-

ABB. 4 | H_2O – VERWIRBELT UND LEBENDIG

Der österreichische Erfinder und Naturbeobachter Viktor Schauberger (1885–1958) konstruierte bereits 1930 eine Wasserverwirbelungsapparatur zur Herstellung von „Edelwasser“. Dabei konnten dem Wasser auch Kohlendioxid und sogenannte „Edelsalze“ zugeführt werden. Als äußere Form seiner Apparatur wählte er die Eiform, die er für die idealste in der Natur hielt. Ein Manometer diente der Überwachung des „biologischen Vakuums“, das im Behälter entstand, wenn der Prozess richtig ablief. Ein wichtiges Detail war der Umrührer, der das Wasser in die richtige zykloide Raumkurvenbewegung versetzte. Sowohl die Gestaltung des Mixers als auch die Umdrehungszahl, die Bewegungsrichtung und ein bestimmter Rhythmus der Bewegung im ¾-Takt waren sehr wichtige Faktoren. Gleichermaßen war es wichtig, dass der Behälter gut isoliert wurde, um die Energie, die bei der Bewegung frei wurde, daran zu hindern, an die Umgebung abzustrahlen. Diese Energie sollte stattdessen zur Förderung von hochqualitativen Eigenschaften erneut ins Wasser eingegeben werden.

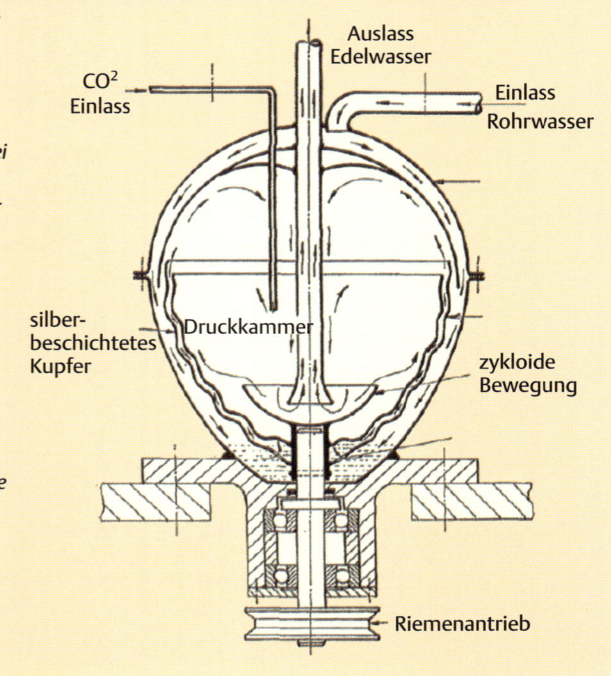

dung 4). Darin findet eine intensive Wasserverwirbelung statt, wobei zunächst eine zentrifugale Bewegung des Wassers vom Zentrum hin zur Peripherie innere Strukturen auflöst. Anschließend konzentriert eine zentripetale, zykloide Spiralbewegung das Wasser zum Zentrum und führt zur erneuten Strukturbildung. Im Einzelnen beschreibt er den Prozess wie folgt:

„Das Wasser wird dabei hin- und hergeworfen, eingedreht, eingespult wie beim Seiler das Seil, es bildet Strudel, Wirbel, spiralenförmige Züge, in denen sich das Wasser um seine eigene Achse dreht und verdichtet; Vakuen entstehen, darin sich ein Unterdruck bildet, und dieser bewirkt die Atmung des Wassers oder den Sog, der einen kühlen Luftzug mit sich führt: das ist das „fallende Wärmegefälle" von dem die Physik bisher glaubte, dass es sich nicht maschinell herstellen lasse."

Neben der Verstrudelung durch zykloide Bewegungsformen war es Schaubergers Ziel, den Anteil der Kohlenstoffgruppen in den im „Edelwasser" gelösten Gase auf 96 % anzuheben. Unter Kohlenstoffgruppen verstand er *„alle Kohlenstoffe des Chemikers, alle Elemente und deren Verbindungen, alle Metalle und Mineralien, mit einem Worte alle Stoffe mit Ausnahme von Sauerstoff und Wasserstoff".* Im Gegensatz dazu enthält Regen- und Oberflächenwasser wenig freie und gebundene Kohlenstoffe, sondern vorwiegend in physikalischer Form gelösten Sauerstoff. *„Unter physikalischer Lösungsform ist eine höhere Form der Lösung (Verbindung) verschiedener Stoffgruppen zu verstehen als sie bei rein chemischen Lösungsformen auftritt. Bei der physikalischen Lösungsform sind bereits energetische Vorgänge mitwirksam."*

Wasser II – levitiert und kleinclustrig

Viktor Schaubergers Arbeiten lösten erst in den 1980er und 90er Jahren eine regelrechte „Wasserbewegung" aus. Gemeinsame Basis war die Erkenntnis, dass unser Trinkwasser denaturiert und „tot" sei, weil es durch Filterung und chemische und mikrobiologische Behandlungen seine ursprüngliche Verwirbelung und rhythmischen Eigenschwingungen verloren habe. Deshalb müsse es levitiert oder energetisiert werden.

Vor allem der deutsche Physiker Wilfried Hacheney (1924–2010) entwickelte Schaubergers Ideen weiter und meldete 1984 ein Patent [23] auf ein Verfahren zur „Was-

ABB. 5 | H_2O – LEVITIERT UND ENERGETISIERT

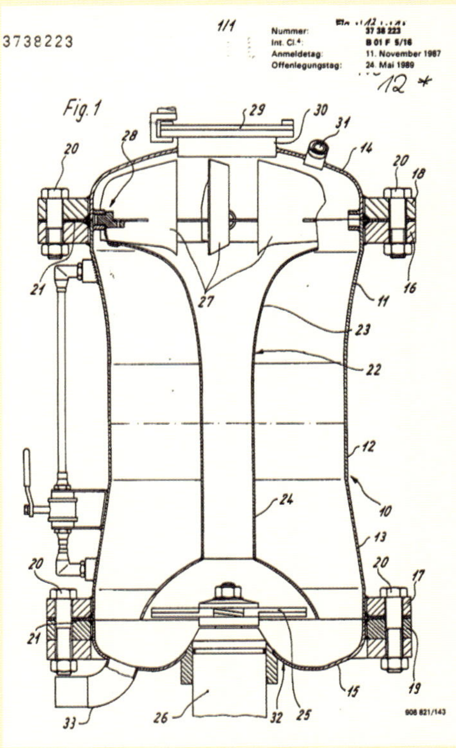

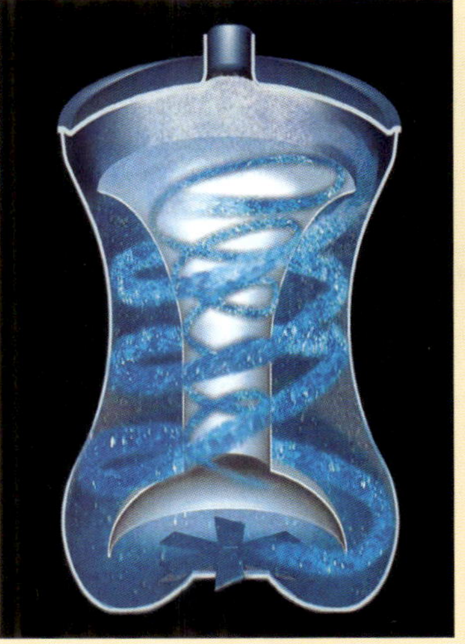

In der Verwirbelungsanlage (links) wird Leitungswasser etwa 3 Minuten einer speziellen Strömungsdynamik ausgesetzt (Mitte). Im unteren Teil erfolgt durch einen Rotor eine aufsteigende, starke Beschleunigung gegen die Gravitation (Levitation). Oben wird das Wasser in ein trichterförmiges Innenrohr umgelenkt, an dessen Innenwand es laminar in einer zykloiden Bahn mit hoher Geschwindigkeit entgegengesetzt nach unten strömt bis es wieder auf den Rotor trifft. Dabei bilden sich Strömungsschichten mit abnehmenden Schichtdicken und unterschiedlichen Fließgeschwindigkeiten. Im Berührungsbereich der Schichten entstehen daher Vakuumzonen, um die sich die Mikrowirbel bilden. Diese Mikrowirbel werden in den Molekularbereich des Wassers eingelagert und bleiben zu einem beträchtlichen Anteil stabil [w3]. Beim Levitationsprozess lösen sich die Wassercluster auf und mit ihnen werden alle vorhandenen Schwingungsmuster eliminiert.

Hacheney bezeichnet das besonders kleinclusterig gemachte Wasser, als entgravitiertes oder levitiertes Wasser. Die Fähigkeit sich durch eigendynamische Bewegung der Verclusterung zu widersetzen, ist Ausdruck der „Lebendigkeit" des Wassers! [w4] (Bildquellen: links: Deutsches Patent DE 3738223 A1 vom 24.5.89; Mitte: nach http://bluaqua.com/; rechts: nach http//wilfriedhacheney,de/brief.html).

seraufbereitung und Einbringen von Gasen in Flüssigkeiten“ an (Abbildung 5). Durch eine geometrisch definierte Strömungsführung und extrem hohe Drehbeschleunigung wird das behandelte Wasser bis auf nanometergroße Tropfen zerlegt. Durch diesen rein mechanischen Energetisierungsvorgang wird das Wasser reaktionsfreudiger und „lebendiger“. Die Molekülkonzentration führt auf der Oberfläche zu einer gesteigerten Strukturdynamik. Diese tiefgreifende Veränderung lässt sich besonders leicht an der morphologischen Veränderung der Wasserinhaltsstoffe beobachten. Die üblicherweise im Trinkwasser enthaltenen Elemente Magnesium, Kalzium, Natrium und Kalium zeigen deutlich veränderte Formen der Kristallisation [w2].

Mit dem für das Gerät optional angebotenen Sauerstoffzusatz können Sauerstoffkonzentrationen von 30 bis 49 mg Sauerstoff pro Liter Wasser erreicht werden [24]. Die Anreicherung erfolgt nicht unter Druck, sondern durch den Sogeffekt bei der Verwirbelung. Der Sauerstoff wird dabei vom extrem aufgespannten Wasser äußerst homogen und stabil in seine Molekularstruktur eingebunden. Das so mit Sauerstoff angereicherte Wasser hat besonders im Stoffwechsel eine Wirkung, die sich von mit Sauerstoffüberdruck behandeltem Wasser deutlich unterscheidet. *In vitro* durchgeführte Oxidationstests an Eisenpulver zeigen ein deutlich langsameres Oxidationsverhalten in levitativ behandeltem Wasser [w5]. Bei regelmäßigem Genuss von levitiertem Wasser erscheint eine signifikante Reduktion der Bildung freier Radikale und eine Regeneration der Blutmorphologie nach diesen Ergebnissen möglich bzw. wahrscheinlich.

Wasser III – informiert und vitalisiert

Roland Plocher (* 1940), ein Erfinder aus Meersburg, entwickelte Anfang der 1980er Jahre ein physikalisch-technisches Verfahren zur Übertragung der „*energetischen Stoffmatrix*“. Nach Plocher wird die Wirkung eines Stoffes nicht nur durch Moleküle und Atome hervorgerufen, sondern von dessen informativem Potential [w6]. Mit einem insgesamt 8 m hohen Informationsüberträger gelang es ihm, das geistige Urmuster von Quellwasser auf Aluminiumfolie und von dort auf normales, an der Aluminiumfolie vorbeiströmendes Trinkwasser zu übertragen (Abbildung 6).

Plocher spricht von einem Kopierprozess, bei dem über das Feld des Informationsgerätes sowohl die energetische Matrix der Ausgangssubstanz als auch die Fähigkeit zur Ener-

ABB. 6 | H_2O – INFORMIERT UND VITALISIERT

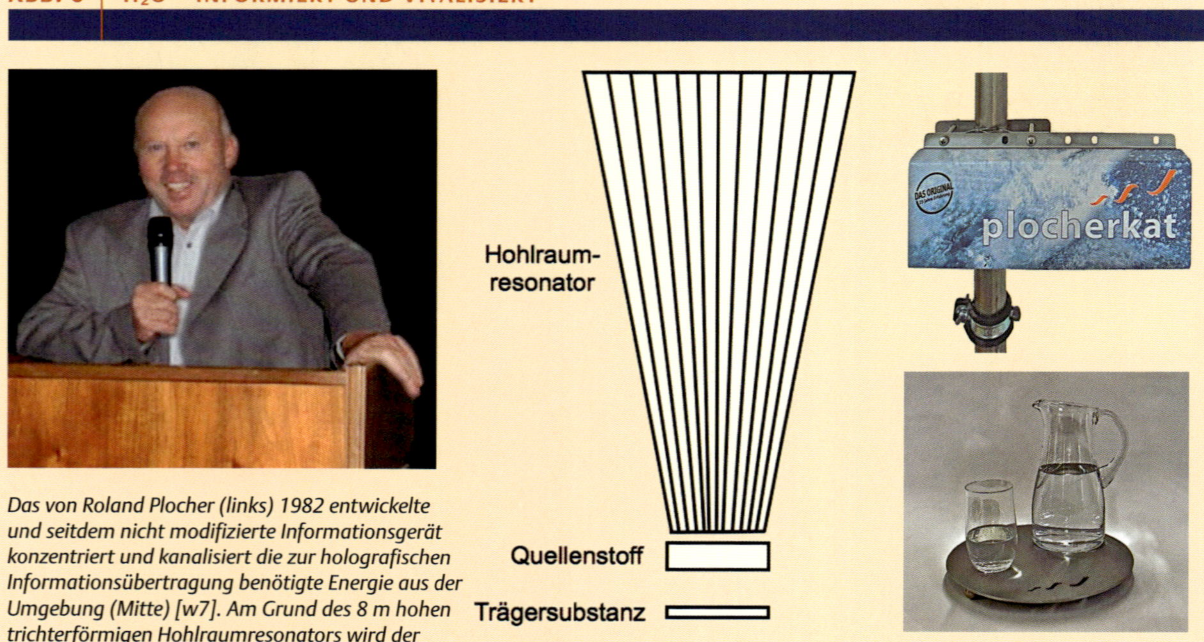

Das von Roland Plocher (links) 1982 entwickelte und seitdem nicht modifizierte Informationsgerät konzentriert und kanalisiert die zur holografischen Informationsübertragung benötigte Energie aus der Umgebung (Mitte) [w7]. Am Grund des 8 m hohen trichterförmigen Hohlraumresonators wird der Quellenstoff positioniert, dessen Information übertragen werden soll. Direkt darunter liegt die neue Trägersubstanz, auf die die Information übertragen werden soll. Als Quellenstoff und neue Trägersubstanz eigen sich nach Plocher Stoffe aller Aggregatzustände. Im Fall der Trinkwasservitalisierung ist sauberes Quellwasser der Quellenstoff und Aluminiumfolie die Trägersubstanz [25].

Nach der Informationsübertragung auf die Aluminiumfolie kann die dort abgespeicherte Information des Quellwassers durch den Raum auf vorbeiströmendes Wasser übertragen werden. Dazu wird die in ein Edelstahlgehäuse untergebrachte Aluminiumfolie mit vier Schrauben direkt an die Wasserleitung angeschraubt (rechts oben). Das dann an der Folie vorbeiströmende Wasser wird dadurch selbst zu Quellwasser. Alternativ kann die informierte Aluminiumfolie unter ein formschönes Edelstahltablett befestigt werden. Darauf abgestelltes Trinkwasser nimmt innerhalb von drei Minuten alle Eigenschaften des Quellwassers an [w8]. (Bildquellen von links nach rechts: nach www.workshop2003feinstofflichefelder.zzb.info/docs/plocher.htm; nach www.irisia.com/wasserkat_25_20Jahre_1_.JPG; nach www.ibo-messe.de)

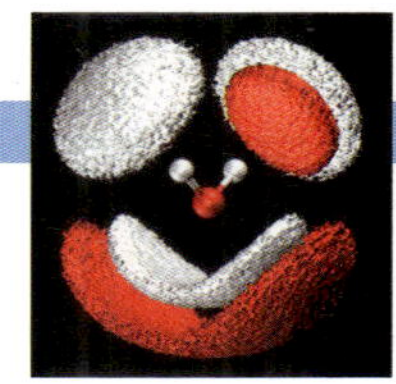

gieakkumulation auf der Trägersubstanz dauerhaft abgespeichert wird [w9]. Bei diesem klassischen Resonanzvorgang durchdringt der Energiestrahl aus dem Hohlraumresonator das Quellwasser, nimmt dessen Eigenschwingungen auf und projiziert die inhärente Information des Quellwassers holografisch auf das darunter liegende Trägermaterial Aluminium. Durch den modulierten Energiestrahl wird das Aluminium auf ein höheres Schwingungsniveau gebracht, wodurch eine Energie*absorption* stattfindet, die dann eine spätere Energie*emission* ermöglicht.

Zur Wasservitalisierung benutzt Plocher die energetische Matrix mehrerer guter Quellwässer. Der Verbraucher spürt dies sofort, denn das vitalisierte Wasser schmeckt viel besser. Jedoch ist nicht nur der Sinneseindruck von Bedeutung, sondern sowohl die Keimzahl als auch Gehalt an Schwermetallionen sind deutlich reduziert. Nach Anbringung der Plocher-Anlage an eine Wasserleitung konnten die Verunreinigungen mit Eisen um 96 %, Kupfer 54 %, Zink 94 % und Mangan um 96 % verringert werden.

ABB. 7 | H_2O – INFORMIERT UND BELEBT

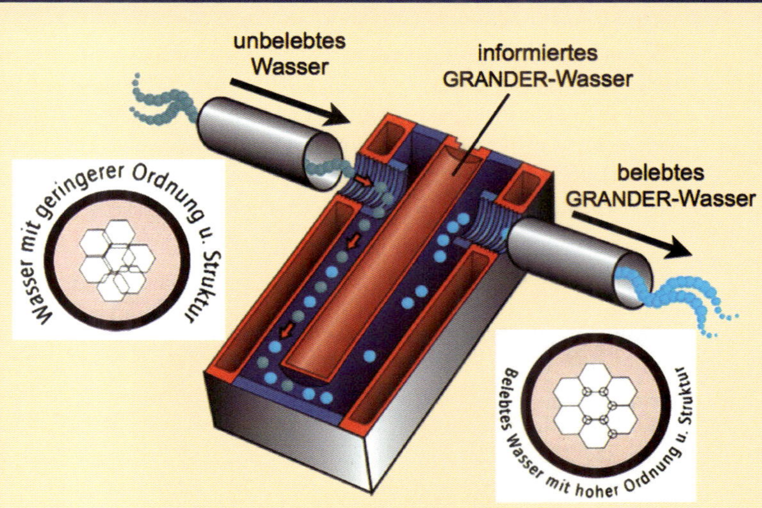

前水質相符；每一瓶能量滿月礦泉水都是在月圓的當天裝瓶

擁有您超乎想像的能量！

VOLLMONDABFÜLLUNG

Bei Vollmond befinden wir uns im verstärkten Einflussbereich beider Massen Sonne und Mond.

Die Neutrinoimmision ist daher erheblich stärker. Diese natürliche Energie wird im Wasser gespeichert und bleibt lange erhalten.

Im Zeitraum des Vollmondes abgefülltes Wasser ist daher energetisch nochmals verstärkt.

Belebtes Wasser kann die Gesundheit fördern.

Bei der Wasserbelebung bleiben die natürlichen Inhaltsstoffe erhalten.

oben links: Auf Vorschlag des Ministers für Wissenschaft und Kultur wurde Johann Grander 2001 mit dem Österreichischen Ehrenkreuz für Wissenschaft und für sein Lebenswerk – der Entdeckung des Verfahrens der Wasserbelebung – ausgezeichnet [29]. (Bildquelle: newsfox.pressetext.com)
oben rechts: Das Prinzip der Belebung beruht auf einer Informationsübertragung während des Vorbeifließens von uninformiertem Wasser an einer eingeschlossenen Probe mit (informiertem) Grander-Wasser. (Bildquelle: nach www.grander-technologie.com)
unten links: Das in eine gewöhnliche Wasserleitung integrierte Grander-Belebungsgerät „arbeitet mit reiner Naturenergie, d.h. ohne Strom, ohne chemische Zusätze und ohne Wartung“ [w11]. (Bildquelle: nach www.grander-technologie.com)
unten rechts: In Taiwan angebotenes belebtes Wasser aus Österreich. Die Flasche mit normaler Abfüllung kostet € 2,50, die Vollmondabfüllung € 7,50. (Bildquelle: DL5MDA, wikimedia commons).

Dieses „Verschwinden" von Schwermetallen aus Wasser widerspricht der gängigen Lehrmeinung von der Erhaltung der Masse. Plocher vermutet, dass im vitalisierten Wasser Stoffwechselprozesse eingesetzt haben, etwa vergleichbar zu einem Komposthaufen, die zur Zersetzung der Schwermetalle geführt haben [25]. Über die Ursachen dieses überraschenden experimentellen Befunds kann bisher nur spekuliert werden, aber eine Elementumwandlung über biologische Kernreaktionen wäre eine zumindest theoretische Erklärungsmöglichkeit. Ein durch Information strukturierter Raum schafft zumindest die Voraussetzung für ein nahes Zusammenkommen der an der Fusion oder Fission beteiligten Elemente. Es ist allerdings nicht geklärt, ob ein solcher Vorgang nur innerhalb eines Organismus [26] sondern auch in Medien wie Wasser oder Luft vorkommen kann. Vermutlich sind neben dem strukturierenden Feld weitere Teilchen an dem Vorgang beteiligt, z.B. Neutrinos [w9].

Vor der Installierung eines Wasservitalisierungssystems weist Roland Plocher allerdings darauf hin [w10], dass das System nicht mit auf Magnetbasis arbeitenden Geräten kompatibel ist. Erfahrungen haben gezeigt, dass Feldstärken von 200 Nanotesla den Wasserclustern die Möglichkeit nehmen, die Information weiterzuleiten [27].

Wasser IV – informiert und belebt

„Wasser ist eine kosmische Sache. Sonne, Mond und der gesamte Kosmos stehen in natürlicher Schwingung mit der Erde und kommunizieren über das Element Wasser." sagte Johann Grander (1930–2012), ein Naturforscher aus Österreich. Er hatte an einer unterirdischen Quelle in einem stillgelegten Kupferbergwerk eine göttliche Erscheinung [28]. Dieses Quellwasser war für ihn deswegen etwas ganz Besonderes und er studierte es genauer mit seinem Mikroskop und brachte es mit Magnetgeneratoren in Kontakt. Dabei erkannte Grander, dass die Eigenschaften, die er dem Wasser über Magnetgeneratoren vermitteln konnte, von diesem nun informierten Wasser auch auf uninformiertes Wasser übertragen werden konnte. Diese stofflose Informationsübertragung ist das Grundprinzip der Grander-Wasserbelebung (Abbildung 7) [w11].

Die technischen Details der Informationsübertragung während des Belebungsvorganges sind ein wohlgehütetes Betriebsgeheimnis. Allerdings berichtete das österreichische Nachrichtenmagazin *„Profil"* [30], dass dies in drei mit Schläuchen verbundenen Wannen vor sich geht, um die mit hochfrequentem Strom gespeiste Antennenschleifen gelegt sind. Es handelt sich also um eine elektromagnetische Informationsübertragung. Damit kann auch zwanglos erklärt werden, wie bereits belebtes Grander-Wasser seine gespeicherten Informationen auf noch unbelebtes Wasser überträgt: elektromagnetisch und über den Raum, also ohne direkten Kontakt (Abbildung 8) [31].

Welche Art von Informationen zur Belebung führt und welche Veränderung das Wasser dabei erfährt, ist naturwissenschaftlichen Messmethoden bisher nicht zugänglich. Hier hilft nur eine ganzheitliche Betrachtung des Phänomens „Wasser". Der Grander-Forschungsleiter Dipl. Ing. Johannes Larch führt dazu aus [32]: *„Wasser ist ein lebender Organismus und besitzt ein Immunsystem. Der Grundgedanke des Verfahrens von Johann Grander besteht darin, durch die Verbesserung der Wasserstruktur die Selbstreinigungs- und Widerstandskraft des Wassers zu stärken und dadurch ein natürliches und stabiles Immunsystem im Wasser zu schaffen."*

Die Erfolge der Grander-Methode lösten viele Jahre unter Wissenschaftlern kontroverse Diskussionen aus, bei denen immer wieder ein Wirkungsnachweis gefordert wurde. Dies gelang 2000 in einer an der TU Graz durchgeführten Diplomarbeit [w12]. Der Diplomand Klaus Faißner verglich normales Trinkwasser mit dem daraus hergestelltem Grander-Wasser und konnte bei vielen chemisch-physikalischen Eigenschaften keinen Unterschied feststellen. Mit einer Ausnahme: Die Oberflächenspannung von Grander-Wasser war, verglichen mit Leitungswasser, um 10–17% niedriger. Dies war eine Sensation, denn tatsächlich warb die Firma Grander mit der besonderen Weichheit ihres Wassers und dem sich daraus ergebenden reduzierten Verbrauch an Reinigungsmitteln, ein besonders im industriellen Bereich wichtiger Gesichtspunkt. Die Firma Grander wirbt auch heute noch mit den Ergebnissen dieser Diplomarbeit, trotz bestehender Zweifel [33].

Immer wieder werden von akademischen Kreisen wegen des Fehlens von *naturwissenschaftlichen* Beweisen kleinliche Vorbehalte vorgebracht und juristische Schritte gegen Johannes Grander und seine Vertriebsfirmen eingeleitet. Auf Antrag verbot 2003 das Landgericht München der deutschen Vertriebsfirma von Grander-Geräten mit medizinischen Heilversprechungen zu werben, z.B. bei Infek-

ABB. 8 | GRANDER-WASSER GEKAUFT UND DO-IT-YOURSELF

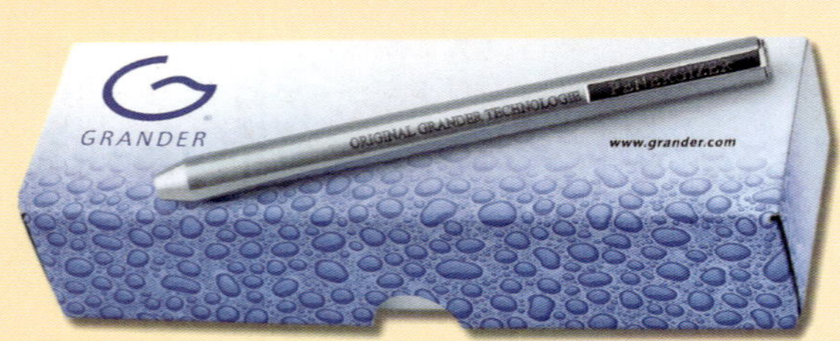

links: Das „Original Grander" Wasser stammt aus der Stephanie-Quelle im tiefen, alten Bergwerksstollen in Jochberg in Tirol/Österreich. „Bevor das Wasser abgefüllt wird, wird es nach der Grander-Methode belebt. Das original Grander-Wasser ist sehr stark belebt, besitzt ein sehr hohes Energieniveau." [w11] und kostet € 13,65 je Liter. (Bildquelle: blauwassermann, wikimedia commons)
rechts: Da die Belebung des Wassers durch die Informationsübertragung auf elektromagnetischen Weg erfolgt, kann durch Eintauchen des eleganten Grander-Belebungsstifts z.B. ein Glas herkömmliches Trinkwasser in kurzer Zeit in belebtes Grander-Wasser umgewandelt werden. (Bildquelle: nach www.grander-technologie.com/dk)

tionen, Hautkrankheiten, Neurodermitis, Arthrose, Stoffwechselerkrankungen, Gicht und Diabetes [w13].

Die juristische „Verfolgungsjagd" gipfelte schließlich in einem Betrugsvorwurf gegen Grander. Dagegen konnte er sich allerdings erfolgreich vor dem Oberlandesgericht Wien 2006 wehren [w14], denn er gewährt auf seine Produkte ein dreimonatiges Rückgaberecht, wenn die Kunden nicht zufrieden sein sollten. Eine Betrugsabsicht ist deswegen unbegründet. Es war jedoch nur ein juristischer Teilerfolg, denn das Gericht ließ die von vielen als bösartig empfundene Behauptung, Grander-Wasser sei ein *„aus dem Esoterik-Milieu stammender, parawissenschaftlicher Unfug"* als freie Meinungsäußerung zu.

Dem nicht abklingenden Kampf gewisser akademischer Kreise gegen Johannes Granders „Wasserbelebung" und dem hämischen Spott mancher Kabarettisten [34], stehen nicht nur dankbare Bezeugungen zahlloser Privatpersonen gegenüber, darunter Prominente wie Hansi Hinterseer [35], sondern auch von öffentlichen Einrichtungen wie Schwimmbädern besonders in österreichischen Gemeinden, aber auch von der lebensmittelverarbeitenden Industrie und Gastronomie [w15].

Wasser V – lebend und gestreckt

Der amerikanische Erfinder John Ellis Jr. hat eine Apparatur zur Wasserdestillation für den Privathaushalt entwickelt und 1986 patentieren lassen (Abbildung 9) [36]. Darin wird Trinkwasser mit einer 1500 Watt Heizspirale erhitzt und zusätzlich kann eine UV-Lampe genutzt werden. Das kochende Wasser durchläuft kontinuierlich einen Kreislauf zwischen zwei Wasserbehältern. Das verbesserte Trinkwasser kann in zwei Qualitäten hergestellt werden: einmal durch Hitze und UV-Licht keimfrei gemachtes Trinkwasser (etwa 45 l/h) oder zum anderen destilliertes Wasser (etwa 4,5 l/h).

Die intensive thermische Belastung beim mehrfachen Durchlaufen des internen Wasserkreislaufs führt nach der eigentlichen Destillation zur Abnahme der Dichte um 4 %. Das destillierte Wasser ist also spezifisch leichter, weicher und angenehmer zu trinken. In seinem epochalen Buch *„PH Miracle"* bewertet Dr. Robert O. Young, der 1994 die biologische Umwandlung von roten Blutkörperchen in Bakterien entdeckte [w17], John Ellis' Wasser als *„biologisch aktiv, also lebendig"* [w18]. Deswegen wird dieses Wasser unter der Bezeichnung *„John Ellis Living Water"* vermarktet.

Die Ursache der Dichteabnahme wurde von Medizinern der *University of California, Los Angeles* aufgeklärt [w19]. Danach vergrößert sich der H-O-H-Bindungswinkel von 104° in heutigem, normalem Trinkwasser auf 114° in *John Ellis' Living Water* (Abbildung 10). Welche Sensation dahintersteckt wird erst klar, wenn man berücksichtigt, dass nach Angaben von John Ellis der Bindungswinkel in Trinkwasser in den letzten 50 Jahren von 108° auf 104° abgenommen hat. Beim Erwärmen von heutigem Trinkwasser nimmt der Bindungswinkel zu und erreicht beim Sieden 114° und schließlich in der Gasphase 120°. Beim Kondensieren und Abkühlen zu einfach destillierten Wasser kollabiert der Winkel auf erschreckende 101°. Nicht so in John Ellis' Apparatur! Durch die vielfachen thermischen Belastungsphasen bleibt der maximale Bindungswinkel von 114° beim Abkühlen erhalten. John Ellis warnt deswegen ausdrücklich vor dem Genuss von einfach destilliertem Wasser, denn bei diesem kleinen Winkel ist der Durchgang von Blut durch Zellmembrane behindert, im Gegensatz zu seinem *Living Water*, dessen 114° Bindungswinkel einen leichten Membran-Durchgang ermöglicht und deswegen die Durchblutung in den Armen und Beinen erhöht.

Wasser VI – nicht mit O_2, nicht mit O_3, aber mit O_4!

Seit einigen Jahren bietet die US-amerikanische Firma *World Health Enterprise* bei einigen Fluggesellschaften eine ungewöhnliche Erfrischung an: *Liquid Oxygen Drops*. Die Flüssigkeit wird ungekühlt und ohne weitere Sicherheitsmaßnahmen zusammen mit Zigaretten und Parfums während des Fluges verkauft (Abbildung 11). Dies verwundert,

ABB. 9 | H_2O – LEBEND UND GESTRECKT

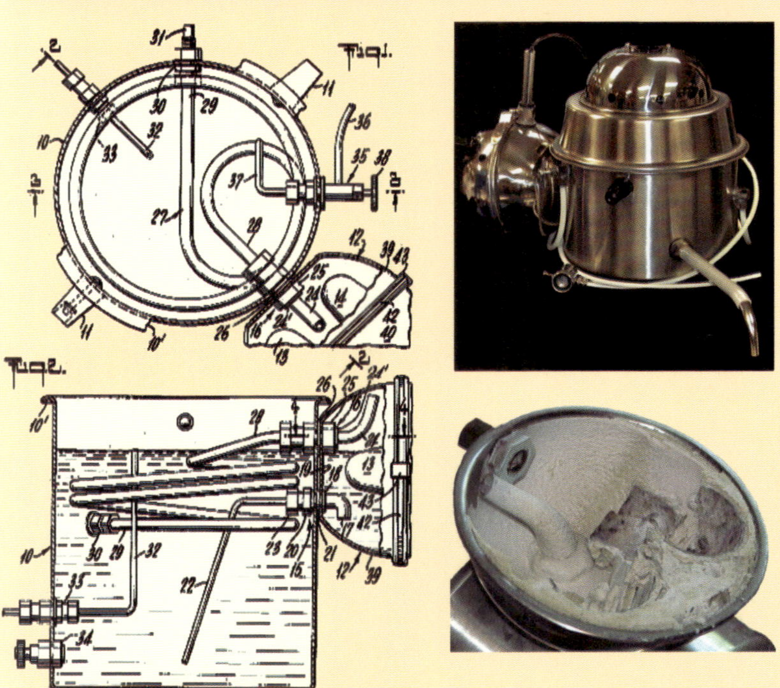

links: Die vom amerikanischen Ingenieur John Ellis Jr. entwickelte kompakte Apparatur zur Entgasung und Destillation von Wasser wurde 1986 erstmals patentiert.
rechts oben: Die heute für den Privathaushalt vertriebene Versionen Living Water Machine (LWM) Electron 4 und 5 ($ 1.700 bzw. 2.800) sind zusätzlich mit einer bzw. zwei UV-Lampen ausgestattet.
rechts unten: Nach der Destillation von gerade einmal 270 Litern staatlich geprüften(!) Trinkwassers bleiben beängstigend große Mengen an festem Rückstand zurück [w16].
(Bildquellen: nach www.johnellis.com)

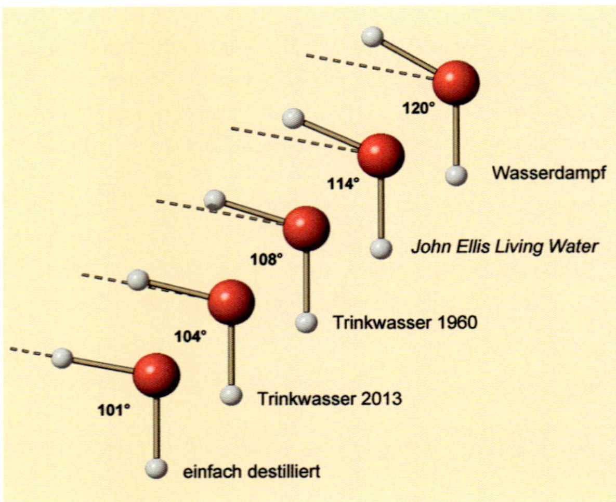

Abb. 10 ***Molekulare Strukturveränderungen von Wasser nach John Ellis***
In Zusammenarbeit mit Medizinern der University of California Los Angeles konnte John Ellis nachweisen, dass der H-O-H-Bindungswinkel in Trinkwasser in den letzten 50 Jahren von 108° langsam auf 104° abgenommen hat [w20]. Erst durch die thermische Behandlung in seiner Destillationstemperatur ist es gelungen diesen Winkel auf 114° aufzuweiten [37] und das Wasser dadurch biologisch zu energetisieren [w21].

da doch flüssiger Sauerstoff bei –183 °C siedet und sich in vielen Weihnachts- und Faschingsvorlesungen als wirksamer Brandbeschleuniger bewährt hat. Ein kurzer Blick auf die Tropfflasche beruhigt, denn es ist „nur" eine mit Sauerstoff angereicherte wässrige Lösung. Die zeigt allerdings erstaunliche Wirkungen. Nach den Angaben im *Duty Free* Katalog helfen *Liquid Oxygen Drops* bei *Jet Lag*, Körperschwäche, Kopfschmerzen und Kater und steigern die Energie. Bei einem solchen Wirkungsspektrum ist der Preis von € 19 für 30 ml für dieses Wunderkonzentrat ein echtes Schnäppchen!

Abb. 11 ***Liquid Oxygen Drops***
Liquid Oxygen Drops zeigen ein breites Wirkungsspektrum, gegen Kopfschmerzen, Kater, Körperschwäche, Akne, Erkältungen und zur Rückgewinnung der Körperenergie. Aber Vorsicht! Schon einigen Tropfen unter der Zunge können zu plötzlichen Energieausbrüchen führen, zu gesunden Verhaltensweisen oder einem Verlangen, Bücher von Stephen Hawking zu lesen. Also Vorsicht!

Das Geheimnis von *Liquid Oxygen Drops* beruht auf 100prozentig natürlichem Quellwasser, konzentrierten Sauerstoffmolekülen und Natriumchlorid. Was sich wirklich dahinter verbirgt, erwähnt die Herstellerfirma auf der Webseite eher beiläufig und ist damit viel zu bescheiden. Durch einen firmeninternen und nicht publizierten Herstellungsprozess konnte nämlich Sauerstoff der allotropen Form O_4 in einer Konzentration von 100.000 ppm angereichert und stabilisiert werden. Eine solche 10prozentige Lösung von O_4 in Wasser ist eine absolute Sensation, denn bisher gelang es nur, dieses Molekül in der Gasphase in einem speziellen Massenspektrometer für einige Mikrosekunden nachzuweisen (Infokasten 2). Wir können gespannt sein, wann den Fachleuten die erste Isolierung von O_4 aus *Liquid Oxygen Drops* gelingen wird.

Wasser VII – rein und vollgeclustert

Der Physiker Dr. Shui Yin Lo vom Institut für *Quantum Heath Research Institut* in Pasadena (Kalifornien) entdeckte mit seinen Mitarbeitern eine neue feste Wasserphase in flüssigem Wasser und entwickelte dafür ein verlässliches Herstellungsverfahren [44]. Das als Doppelhelix-Wasser vermarktete Produkt enthält einige Nanometer große, und sehr stabile große Wassercluster in hoher Konzentration, die sich in ultrareinem Wasser durch Einwirkung des elektrischen Drucks um geladene Teilchen bilden. Das Doppelhelix-Wasser ist hochkonzentriert und es genügt, zweimal täglich drei Tropfen davon in ein Glas destilliertes Wasser zu geben, um den maximalen Effekt zu erreichen und den Körper wieder ins Gleichgewicht zu bringen, so dass er sich selbst heilen kann [w22].

Wasser VIII – intelligent und leergeclustert

Das *i-H_2O-Activation System* beruht auf einem patentierten Verfahren, mit dem alle Wassercluster zerstört werden und sich die Wassermoleküle in langen Ketten anordnen. Dies wird durch eine synergistische Kombination von zwei neuentwickelten und patentierten Technologien erreicht. Durch gleichzeitige Einwirkung von Magnetfeldern und LED-Bestrahlung wird das ERT™ Polymer angeregt und emittiert ein hocheffektives Rauschfeld. Die niedrigen Frequenzoszillationen aktivieren und ändern die molekulare Wasserstruktur in ein hochintelligentes bioverfügbares Wasser. Gekoppelt mit der ERT™ (*Energy Resonance Technology*) kann dem Wasser eine lebendige, subtile Energiesignatur aufgeprägt werden [w23].

Das mit dem *i-H_2O-Activation System* erzeugte lineare Wasser ist identisch mit dem Wasser, mit dem wir geboren werden. Im Laufe unseres Lebens verlieren wir diese hohe energetisierte Form durch fortwährende Clusterbildung. Die Folge ist eine chronische Dehydratisierung der älteren Menschen, auch dann wenn sie ausreichende Mengen Wasser trinken. Die intelligente i-H_2O-Aktivierungsmethode wandelt in wenigen Minuten normales Trinkwasser in i-H_2O um, dass wegen seiner linearen Form die Zellmembrane un-

gehindert durchdringen kann und so zu einer ausgeglichenen Wasserbalance führt [w24].

Wasser IX – hexagonal und rechtsdrehend

Prof. Mu Shik Jhon (1932–2004), Präsident der Koreanischen Akademie der Wissenschaft und Technologie entwickelte die Theorie vom hexagonalen Wasser. Auf dieser Basis wurde von Gil-Ho Kim das Actimo-Wassersystem entwickelte, mit dem normales Leitungswasser in hexagonales Wasser überführt werden kann. Das Verfahren ist mehrstufig. Beim 5-9 minütigen Rühren im Uhrzeigersinn entsteht ein starkes Magnetfeld, das zur Energetisierung und Strukturierung des Wassers führt. Durch eine gleichzeitige Zugabe von Mineralien und hoher Oxygenierung wird die Konzentration an hexagonalem Wasser erhöht. Die emittierte Strahlung im fernen Infrarot erhöht die Dichte und die Oberflächenspannung des Wassers. Dadurch ist das Wasser aus dem Actimo-Wassersystem sehr stark gebunden, enthält viel Mineralien und Sauerstoff, einen hohen Energiegehalt und vor allem ist es hexagonal strukturiert [w25].

2: DIE SAUERSTOFF-MODIFIKATION O_4

Eine geringe Konzentration von O_4 in flüssigem Sauerstoff ist für dessen blaue Farbe verantwortlich [38]. Obwohl dieses Molekül nicht in Substanz isoliert werden konnte, kennen wir sein Absorptionsspektrum. Damit konnte man nachweisen, dass dieses O_4 im nahen UV, sichtbaren und nahem IR-Bereich die Sonnenstrahlung in der oberen Atmosphäre filtert und zur Schwächung der Sonneneinstrahlung auf der Erdoberfläche beiträgt.

Mit einer Dissoziationsenergie von weniger als 1 kcal/mol ist dieses O_4 nur ein lockerer van-der-Waals-Komplex aus zwei Sauerstoffmolekülen mit einem Abstand von etwa 330 pm und wird besser durch die Formel $(O_2)_2$ beschrieben. Dessen Lebensdauer im flüssigen Sauerstoff beträgt knapp 1 ps [39]. Da aber nach den Herstellerangaben O_4 in den völlig farblosen Liquid Oxygen Drops in einer Konzentration von 10 % vorliegt, kann dies nicht $(O_2)_2$ sein, denn dann wäre die Lösung tiefblau.

Ein zweites O_4-Molekül mit vier kovalent verbunden Sauerstoffatomen, wurde bereits 1924 von Gilbert Lewis postuliert [40]. Eine so extrem energiereiche Verbindung wäre von großem Interesse, einmal aus akademischem Sicht, aber z.B. auch als der oxidierende Bestandteil von Raketentreibstoffen. Dies trieb viele Theoretiker an, sich mit Hilfe quantenchemischer Rechenverfahren mit diesem Molekül und seiner möglichen Struktur auseinanderzusetzen. Ein nicht-planarer Vierring und eine Windrad-Anordnung (oben) erwiesen sich nach den Rechnungen als am wahrscheinlichsten, wobei die Vierring-Struktur favorisiert wurde. (Bildquelle: Ben Mills, wikimedia commons) Der experimentelle Nachweis von (relativ) stabilem O_4 gelang 2001 der Gruppe von F.Cacace [41]. Tatsächlich beruht der Nachweis nicht auf einer Isolierung von O_4 in Substanz, sondern das Molekül konnte nur indirekt in der Gasphase nachgewiesen werden (Mitte). Dazu wurde in einer Ionenquelle im ersten Reaktionsschritt O_2 mit O_2^+-Ionen zu O_4^+ umgesetzt. Die O_4^+-Ionen wurden stark beschleunigt und mit einem Magnetfeld massenselektiert. Anschließend trafen nun die schnellen O_4^+-Kationen in einer Neutralisationkammer auf Methangas, wobei eine Elektronenübertragung unter Bildung von neutralem O_4 erfolgte. Diese neutralen O_4-Moleküle sausten in wenigen µs mit unverändert hoher Geschwindigkeit in die Reionisationskammer und wurden dort erneut mit Hilfe von O_2 ionisiert. Die dabei entstehenden O_4^+-Kationen (m/z = 64) wurden dann zusammen mit seinen Zerfallsprodukten O^+ (m/z = 16), O_2^+ (m/z = 32) und O_3^+ (m/z = 48) detektiert (unten).

Im Gegensatz zu dem mit einer Lebenszeit <1ps extrem instabilen $(O_2)_2$ van-der Waals-Komplex überlebte das von Cacace erzeugte O_4 für mindestens 1 µs Mikrosekunden, ist also um 6 Zehnerpotenzen langlebiger. Leider sagte der Existenzbeweis nichts über die Struktur aus, aber ein pfiffiges Isotopenexperiment lieferte Überraschendes. Wird in der Ionenquelle eine Mischung von $^{16}O_2$ und $^{18}O_2$ eingesetzt, entstand nach der Neutralisation neutrales $(^{16}O)_2(^{18}O)_2$. Überraschend war der Zerfall des reionisierten $(^{16}O)_2(^{18}O)_2^+$ Kations (m/z = 32): Es zerfiel praktisch ausschließlich in $(^{16}O)_2^+$ (m/z = 32) – und $(^{18}O)_2^+$(m/z = 36) -Kationen, das gemischte Kation $^{16}O^{18}O^+$ (m/z = 34) trat praktisch nicht auf (unten). Dieser Befund widerspricht den beiden bisher von Theoretikern für das neutrale O_4 favorisierten Vierring- und Windradstrukturen, denn in beiden Fällen würde ein Zerfall zu gemischten $^{16}O^{18}O^+$-Sauerstoffkationen führen. Cacace selbst schlägt einen relativ stabilen Komplex aus einem O_2 im Grund- und einem im angeregten Zustand vor, also $(O)_2(O^*)_2$. Nun sind die Theoretiker wieder gefragt [42]. (Bildquelle: nach [43])

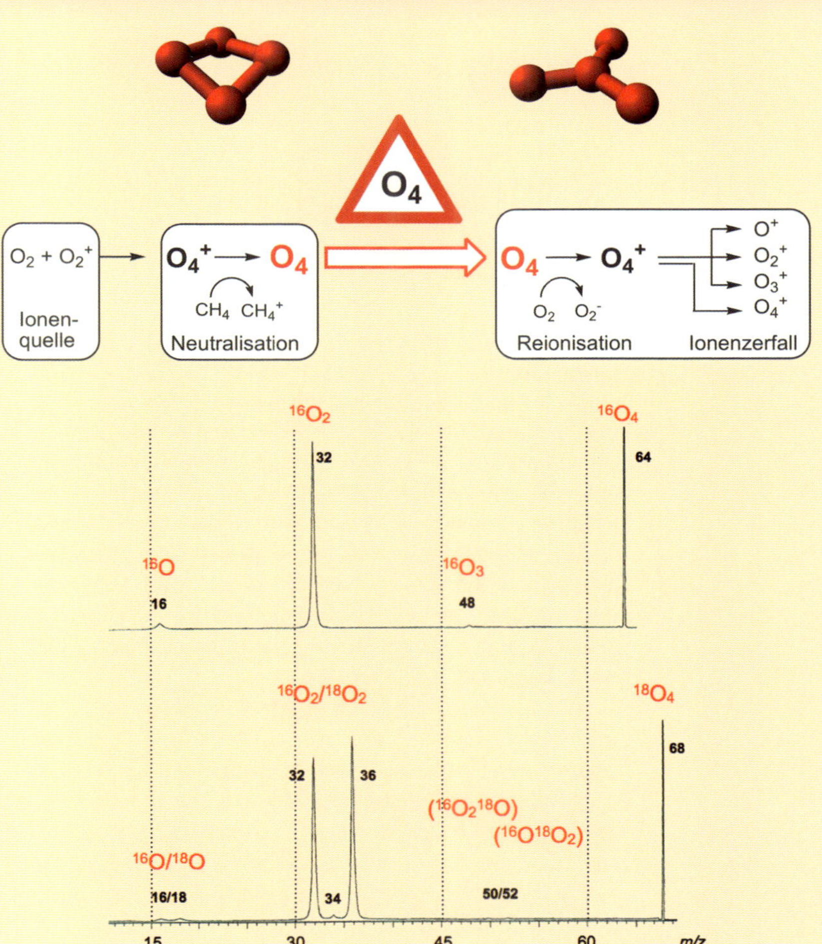

Seine Wirkung ist phänomenal: Es kann den Insulin- und Blutzuckerspiegel normalisieren, Harnwegsinfektionen auflösen, Asthma und Atemwegsinfektionen lindern, Magen-Darm-Fäulnis lindern und zur Heilung beitragen, blutdrucksenkend wirken, die Ausbreitung von unerwünschten Mikroben verhindern und chronische Schmerzen lindern [w26].

Wasser X – hexagonal und stimulierte Kohärenz

Dr. Masaru Emoto, ein japanischer Autor und Unternehmer, erkannte, dass zu vielen Krankheiten wie Kopfschmerzen, Asthma, Diabetes, Sodbrennen, Magengeschwüre, hohem Blutdruck und Cholesterinspiegel eine mangelnde Hydration wesentlich beiträgt. Dabei kommt es nicht allein auf die Menge des getrunkenen Wassers an, sondern auch darauf, wie das getrunkene Wasser strukturiert ist.

Das normale Leitungswasser besteht aus großen Molekül-Konglomeraten, die erst umgeformt werden müssen, um in unsere Körperzellen eindringen zu können. Aufgrund von Messungen mit der bioelektrischen Impedanz-Analyse konnte Emoto zeigen, dass hexagonales Wasser am schnellsten Zellmembrane durchdringen kann. Durch seine Forschungen konnte er zeigen, dass diese hexagonalen Strukturen in unserem normalen Trinkwasser verloren gegangen sind. Jedoch kann Wasser mit bestimmten Energieeinflüssen wieder die biologisch bevorzugte hexagonale Matrix bilden [w27].

Dr. Emoto erprobte die verschiedensten Energiefelder und erst eine Kombination von Skalarwellen-Energie, Laserlicht, inerten Edelgasen und frequenzemittierenden keramischen Kristalloszillatoren erwies sich als besonders wirkungsvoll. Damit gelang es ihm, ein hexagonal strukturiertes Wasser herzustellen, das mit spezifischen Frequenzen so geprägt werden konnte, dass mentale Kohärenz, Symmetrie und Balance stimuliert wurde. Gerade dies sind die Qualitäten die zum optimalen Einbringen in eine komplexe Welt notwendig sind.

Bei der Produktentwicklung arbeitete Dr. Emoto mit Robert Lloy zusammen, der eine komplexe Technologie mit entsprechender Fertigung entwickelt hat, um auf der Basis der Nullpunkt-Energiefeldtechnologie kohärente Frequenzinformation auf das Wasser zu übertragen. Ein 225 ml Fläschchen Indigo-Wasser ($ 35) mit 4 Liter Wasser verdünnt deckt den Monatsbedarf an hexagonal strukturiertem Wasser eines Erwachsenen.

Veredeltes Wasser XI – monomolekular und hoher pH

Auf der Basis moderner Plasmaphysik gelang es durch Abkühlen des Prozesses im Radio-Plasma-Reaktor, die Anzahl der Wassermoleküle in den Clustern von 10–24 auf 1–3 (monomolekularer Zustand) zu reduzieren. Dieses als *Plasma Aktivierte Wassertechnologie* bezeichnete Verfahren ermöglicht die Herstellung eines nasseren Wassers, das schneller vom Körper aufgenommen wird [w28]. Der medizinische Direktor der Herstellerfirma Dr. Robert L. Wyenhandt weist darauf hin, dass unser Körper erheblichen Aufwand treibt, um den pH-Wert innerhalb enger Grenzen auf 7,365 zu halten. Saure Getränke wie Cola, Bier, Kaffee und Obstsäfte erniedrigen den pH-Wert und chronische Acidose kann zu Osteroporose führen. Das als *jGO™ Nasswasser pH+™* bezeichnete Produkt zeichnet sich als einziges monomolekulares Wasser durch einen hohen pH-Wert von 9–9,5 aus.

Wasser XII – kleingeclustert und anti-entropisch

Im Rahmen der russischen Weltraumforschung wurde revitalisiertes Wasser entwickelt, da normales Trinkwasser nach Untersuchungen von Prof. Victor Inyushin praktisch kein Hydroplasma mehr enthielt. Hydroplasma ist die in Wasser vorkommende Plasmaform, die dem vierten Materiezustand entspricht. Die Dualität der elektromagnetischen Kräfte, also die Basis des Zustandes freier Elektronen und Protonen ist nun nicht nur auf atomare Strukturen begrenzt, sondern stellt die Essenz dar, auf der auch das Leben selbst gründet.

Die zusätzliche, im Herstellungsverfahren durchgeführte magnetische Resonanz erzeugt rechtsdrehende Elektronen, die mit Frequenzen angeregt, den osmotischen „Drang“ erhöhen [w29]. Die dynamischen Prozesse des Hydroplasmas verleihen dem revitalisierten Wasser einmal eine hauptsächliche sechsseitige Struktur und sowohl echte anti-entropische als auch anti-alternde, also verjüngende Eigenschaften. Der „Ph“ ist bei neutralen 7,4. Es ist halt, *„als tränke man die Lebenskraft selbst“*.

Die Aufzählung der veredelten Wassersorten könnte nahezu unendlich fortgesetzt werden [45]. Trotzdem wäre dies noch nicht alles, denn einige Menschen glauben, dass Wasser auch ein Gedächtnis habe. Ein einmal darin gelöster Wirkstoff formt das ihn umgebende H_2O-Netzwerk so dauerhaft, dass selbst nach extrem hohem Verdünnen die Aktivität des ursprünglichen Wirkstoffs nicht nur bestehen bleibt, sondern „potenziert“ wird. Das ist der Grundpfeiler der Homöopathie Hahnemanns, der sich aber einer rein naturwissenschaftlichen Analyse entzieht [46]. Auch gesegnete oder heilige Wässer sind für viele Menschen bedeutend, egal ob heiliges Wasser des Ganges für Hindus oder das Grottenwasser in Lourdes für die Katholiken [47].

Egal aus welchem Blickwinkel man unser tägliches Wasser auch betrachtet, eins ist sicher: Wasser ist immer etwas ganz Besonderes, so dass sich auch kommende Forschergenerationen daran die Zähne ausbeißen werden – pardon, sich nicht satt trinken werden können.

Zusammenfassung

Wasser ist ein komplexes Netzwerk von H_2O-Molekülen, die über schwache Wasserstoffbrückenbindungen verbunden sind. Alle anomalen physikalischen und chemischen Eigenschaften basieren auf diesen Wasserstoffbrückenbindungen und deren kurzer Lebensdauer in der Größenordnung von Pikosekunden. Obwohl Untersuchungen an Eis und Wasserdampf strukturelle Hinweise geben, ist flüssiges Wasser immer noch voller Geheimnisse. Das eröffnet besonders in Hin-

blick auf unser Trinkwasser Raum für wilde Spekulationen, abwegige Theorien und Hokuspokus. Die Fülle der vorgeschlagenen Verbesserungsmethoden sind Zeugnisse sowohl für die schier grenzenlose Fantasie und wissenschaftliche Kreativität, als auch für die Scharlatanerie, kriminelle Energie und blinde Vertrauensseligkeit der Menschen.

Danksagung

Mein Dank gilt folgenden Kolleginnen und Kollegen, die mir bei der Einarbeitung in dieses fachlich so umfassende Gebiet zur Seite standen und an der Abfassung des Manuskripts tatkräftig mithalfen: Prof. Dr. H.-C. Flemming, Universität Duisburg-Essen, A. Gahl, Deutsche Gesellschaft für Ernährung, Bonn, Dr. T. Lehmann, FU Berlin, Prof. Dr. P. Luger, FU Berlin, Prof. T. Schmidt, Universität Duisburg-Essen, Prof. Dr. C. Schalley, Dr. S. Streller und Dr. P. Winchester, FU Berlin.

Literatur und Anmerkungen

[1] J. Müller, H. Lesch, *Chemie Unserer Zeit*, **2003**, *37*, 242; *Wasser und Leben*. H.-C. Flemming, in *Chemie über den Wolken*, R. Zellner (Hrsg.), **2011**, WILEY-VCH, Weinheim.

[2] R. Ludwig und D. Pascher, *Chem.Unserer Zeit*, **2005**, *39*, 164.

[3] *The Structure and Properties of Water*, D. Eisenberg und W. Kauzmann, **1969**, Oxford UP, Oxford; *Water*, F. Franks, **1983**, Royal Soc. Chem., London; *H_2O, A Biography of Water*, P. Ball, **2000**, Phoenix, London.

[4] R. Bukowski *et al.*, *Science*, **2007**, *315*, 1249.

[5] K. Liu *et al.*, *Science*, **1996**, *271*, 929.

[6] F. N. Keutsch *et al.*, *Proc.Natl.Acad.Sci. USA*, **2001**, *98*, 10533.

[7] A. B. Ryzhkov und P. A. Ariya, *Chem. Phys. Letters*, **2006**, *419*, 479.

[8] Eis ist polymorph und man kennt inzwischen 17 verschiedene Kristallformen (R.J. Saykally *et al.*, *Science*, **2012**, *336*, 813). Wir betrachten ausschließlich die hexagonale Kristallform Ih, zu der Wasser bei 0°C und Normaldruck erstarrt und die uns als Eis und Schnee vertraut ist.

[9] Werden die H_2O-Moleküle im Eis durch sich berührende Kugeln ersetzt, füllen diese nur 57 % der maximal möglichen dichtesten Kugelpackung aus. Nur diese lockere Packung macht es möglich, dass durch Druck hexagonales Eis in viele andere polymorphe Eiskristallgitter umgewandelt werden kann.

[10] L. Pauling, *J.Amer.Chem.Soc.*, **1935**, *57*, 2680.

[11] J.D. Bernal und R.H. Fowler, *J. Chem. Phys.* **1933**, *1*, 515.

[12] W.F. Kuhs und M.S. Lehmann, *J. Phys. Chem.*, **1983**, *87*, 4312; W.F. Kuhs und M.S. Lehmann, *Wat.Sci.Rev. 2*, **1986**.

[13] Wir folgen hier einem Gedankenexperiment von D. Eisenberg und W. Kauzmann *The Structure and Properties of Water*, **1969**, Oxford UP, Oxford.

[14] *Physical Chemistry for the Chemical and Biological Sciences*, R. Chang , **2000**, University Science Books, Sausalito, USA.

[15] T. Head-Gordon und M.E. Johnson, *Proc.Nat. Acad. Sci. USA*, **2006**, *103*, 7973-

[16] F.H. Stillinger, *Science*, **1980**, *209*,451.

[17] P. Wernet *et al.*, *Science*, **2004**, *304*, 995.

[18] J.D. Smith *et al.*, *Proc.Nat.Acad.Sci. USA*, **2005**, *102*, 14171.

[19] P.L. Geissler *et al. Science*, **2001**, *291*, 2121; M. Rini *et al.*, *Science*, **2003**, *301*, 349; A. Tokmakoff, *Science*, **2007**, *317*, 54.

[20] Einen ausführlichen und sehr lesenswerten Überblick über die verschiedensten Irrrungen und Wirrungen um das Wassers gibt: *Wasser, das Wunderelement*, H. Bergmann, **2011**, Wiley-VCH, Weinheim.

[21] Der Autor hat den wirklich ernsthaften Versuch unternommen, die Verfahren möglichst authentisch und ohne jede persönliche Bewertung wiederzugeben. Zur besseren Lesbarkeit wurde lediglich gekürzt und der Sprachstil und die Schreibweise angepasst. Inhaltlich ist der gesamte Text bis zur Danksagung, mit Ausnahme des Blocks auf Seite 13, als in Anführungszeichen gesetzt zu lesen.

[22] *Lebendes Wasser – Über Viktor Schauberger*, O. Alexandersson, **2003**, Ennsthaler Verlag, Steyr, Österreich.

[23] Europäische Patentanmeldung 0 134 890 vom 27.3.1995.

[24] Dies ist äußerst bemerkenswert, denn unter Normaldruck beträgt die maximale Löslichkeit von Sauerstoff bei 20 % Sauerstoffgehalt der Luft bei 20 °C etwa 8 mg/l und bei 0 °C etwa 14 mg/l. http://water.usgs.gov/owq/FieldManual/Chapter6/6.2.4.pdf.

[25] Interview in: *Wasser – Urelement des Lebens, raum&zeit*, Themenheft Nr. 3, Seite 30.

[26] Eine solche Kernumwandlung von Kalium in Calcium ist von C.L. Kervran bei Hühnern beobachtet worden. Siehe K. Roth, *Chemie Unserer Zeit*, **2007**, *41*, 118.

[27] Bisher scheint unklar, warum das Plocher-System im Erdmagnetfeld trotzdem störungsfrei arbeitet, das am Äquator ca. 30 μT = 30.000 Nanotesla und an den Polen doppelt so groß ist.

[28] Report-Sendung des ORF vom 1. Juli 2008: www.youtube.com/watch?v=-9EA26eDvFA.

[29] Da Johann Grander kein Studium absolviert hatte und keine wissenschaftlichen oder künstlerischen Leistungen vorweisen konnte, betrieben akademische Hardliner später eine Aberkennung der Auszeichnung. Dies lehnte der Minister für Wissenschaft und Forschung Dr. J. Hahn 2008 endgültig ab: www.parlament.gv.at/PAKT/VHG/XXIII/AB/AB_04581/fname_117138.pdf.

[30] K.Kamolz, *Profil*, **2006**, *27. November*, 100.

[31] Eine eindrucksvolle Demonstration: www.youtube.com/watch?v=ebzXDlnF_Wo.

[32] www.youtube.com/watch?v=6LXylzwqfmA.

[33] Zwei Mitarbeiter am Max-Planck-Institut für Kolloid- und Grenzflächenforschung in Potsdam versuchten vergeblich die Ergebnisse von Faißner zu reproduzieren. Bei ihnen hatten Grander- und normales Wasser die gleiche Oberflächenspannung. Sie gaben sich mit dem Widerspruch nicht zufrieden und konnten schließlich nachweisen, dass die Abnahme der Oberflächenspannung auf einem Stück Gardena™-Gartenschlauch beruhte, der nur zur Herstellung des Grander-Wassers verwendet wurde. Die von neuem Schlauchmaterial an durchfließendes Wasser abgegebene geringe Menge Weichmacher führte zur beobachteten Verringerung der Oberflächenspannung. Die in der Diplomarbeit gemachte Aussage beruhte demnach auf einem sicherlich unbeabsichtigten, systematischen Fehler der experimentellen Versuchsanordnung. M. Heckel und P. Heinig, *Skeptiker*, **2003**, Heft 3 ; siehe: www.gwup.org/component/content/article/87-Paratechnologien/758-oberflaechenspannungsaenderung-durch-grander-belebung-nicht-bestaetigt.

[34] www.youtube.com/watch?v=YZeMsNjNFs8.

[35] www.youtube.com/watch?v=kI3N58YS28E.

[36] John Ellis Jr., **1986**: US Patent 4,612,090; **1993**: US-Patent 5,203,970; **2002**: US Patent 6,409,888.

[37] Eine 375 ml Flasche *John Ellis Living Water* kostet $ 29: www.amazingmedwater.com/vierproduct.php?p=1&c=1.

[38] M. Adelheim und A. Habekost, *Chemie Unserer Zeit*, **2008**, *42*, 200.

[39] T. Oda und A. Pasquarello, *Phys. Rev. B*, **2004**, *70*, 134402.

[40] G.N. Lewis, *J. Amer.Chem.Soc.*, **1924**, *46*, 2027.

[41] F. Cacace et *al.*, *Angew. Chem.* **2001**, *113*, 4186; D.Schröder, *Angew. Chem.* **2002**, *114*, 593. F. Cacace, *Chem.Eur.J.* **2002**, *8*, 3839.

[42] z. B. A. Ramirez-Solis *et al.*, *Chem.Phys.Letters*, **2010**, *485*, 16; O. Prasad *et al.*, *Chin. J. Phys.* **2011**, *49*, 664.

[43] F. Cacace *et al.*, *Angew. Chem.* **2001**, *113*, 4186.

[44] S. Yin Lo *et al.*, *Phys. Lett. A*, **2009**, *373*, 3872.

[45] Dem kritischen Leser sei die Webseite von Stephen Lower empfohlen, die leider nicht ganz aktuell ist, aber dennoch den Einstieg in die wässrige Wunderwelt erleichtert: www.chem1.com/CQ/clusqk.html.

[46] P. Rademacher, *Chemie Unserer Zeit*, **2013**, *47*, 24.

[47] H.-C. Flemming, *Vom Wasser*, **2011**, *109* (1), 15.

Zitierte Webadressen:

[w1] www.geobiologie-sachsen.de/pdf/Viktor_Schauberger_u_lebend_Wasser.pdf

[w2] www.wilfried-hacheney.de/op-wasser-und-sauerstoff.phtml

[w3] www.levitiertes-wasser.net/1326/1395.html

[w4] www.kristallklar.de/loesung.htm

[w5] www.wilfried-hacheney.de/op-wasser-und-sauerstoff.phtml

[w6] www.plocherkat.com/chemie__physik_-_anwender.html

[w7] www.workshop2003feinstofflichefelder.zzb.info/docs/plocher.htm#_ftnref2

[w8] www.plocher.de/deutsch/produktdetails.php?id=119

[w9] A. Nufer unter: www.zeller-umweltsysteme.de/zeller_daten/Plocher%20Wasserkat%20Dossier%203.06%20deutsch.pdf

[w10] www.plocher.de/deutsch/katbook/index.html

[w11] ww.grander.com/de/johann-grander/wie-alles-begann/die-entdeckung-des-wassers

[w11] www.grander.com/de/produkte

[w12] www.grander-technologie.com/en/wissenschaft/diplomunigraz.php

[w13] http://homepage.univie.ac.at/erich.eder/wasser/LG%20München%20AZ%2017HKO1814203.pdf

[w14] http://homepage.univie.ac.at/erich.eder/wasser/OLGurteil2006.pdf

[w15] Hier nur drei Beispiele: Hotel am Stephansplatz Wien:
www.youtube.com/watch?v=VK83IXANGT4
Senfherstellung: www.youtube.com/watch?v=fd_1zWngdGk
Nutzung in Schwimmbädern:
www.youtube.com/watch?v=2Ct9g3_-P3M

[w16] www.healthenlightenment.com/energized-water.shtml

[w17] www.phmiracleliving.com/t-about.aspx

[w18] loc. cit. www.healthenlightenment.com/energized-water.shtml

[w19] www.johnellis.com/testimonials.php

[w20] www.amazingmedwater.com/vierproduct.php?p=1&c=1

[w21] http://johnellis.com/pdf/johnellis21.pdf

[w22] http://doublehelixwater.com/faqs

[w23] http://web.archive.org/web/20081006015948/http://www.bioprotechnology.ca/iH2O_HowItWorks.aspx

[w24] www.giawellness.com/2/products/aqua-gia/i-h2o/
http://www.youtube.com/watch?v=-zm3I8ZndIY
www.youtube.com/watch?v=I4WVSS-f7MY
www.chem1.com/CQ/clusqk.html
www.csun.edu/~alchemy/Caveat_Emptor.pdf

[w25] http://hexagonalwatersystem.com/
www.aquatechnology.net/hexagonalwater.html
www.chem1.com/CQ/clusqk.html

[w26] http://somethinkdifferent.de/hexagonales-wasser-bedeutet-leben

[w27] www.hadoweb.de/wasser.htm
www.hado-energy.com/hado_water.php
www.prweb.com/releases/water/emoto/prweb451388.htm
Trotz aller Erfolge werden Dr. Emotos Methoden immer wieder angezweifelt:
K. Setchfield: http://is-masaru-emoto-for-real.com/
D. Radin *et al.*, *Explore*, **2006**. *2*,408 : http://download.journals.elsevierhealth.com/pdfs/journals/1550-8307/PIIS1550830706003272.pdf

[w28] www.jgo.com/wetwater.asp

[w29] www.revitalizedwater.com/

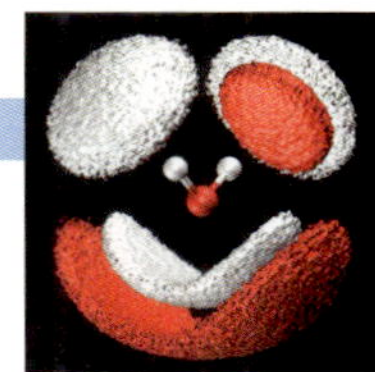

Der alte Teich

Der alte Teich,
Ein Tropfen fällt hinein –
im Augenblick – nur Schönheit.
in Anlehnung an ein Haiku von Matsuo Basho (1644–94)
(Bildquelle: courtesy Richard Mohler, http://relhom.deviantart.com)

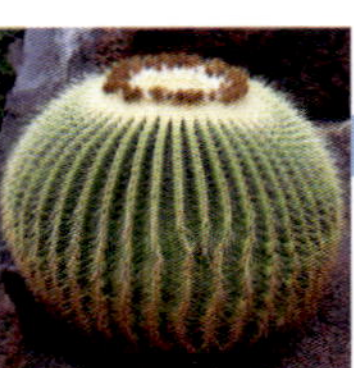

Mein kleiner grüner Kaktus

Chemische Leckerbissen. Klaus Roth · Copyright © 2014 WILEY-VCH Verlag GmbH & Co. KGaA, Weinheim · ISBN: 978-3-527-33739-2

In vielen Fenstern von Büros und Laboren fristen Pflanzen ein kümmerliches Dasein. Eine Schande, denn mit ein wenig Wasser und Dünger könnten wir in jedem Blumentopf eine beeindruckende Synthesemaschinerie in Gang setzen. Schauen wir einmal genauer hin, wie Pflanzen das vielgescholtene Gas Kohlendioxid aufnehmen und daraus Bausteine für den Stoffwechsel herstellen und dann wachsen, uns zur Freude und auch als Teil unserer Nahrung. Sie werden überrascht sein, welch raffinierte Chemie die Pflanzen beherrschen und vielleicht werden Sie zukünftig Ihre Pflanzen aufmerksamer anschauen und noch liebevoller pflegen!

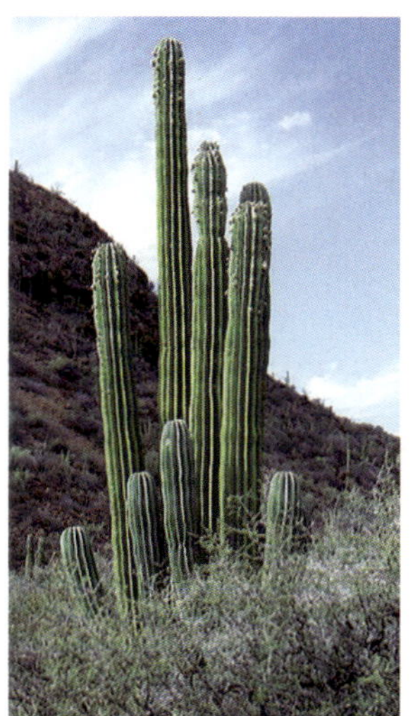

Was wären wir ohne die Photosynthese? Die Antwort ist ganz einfach: Wir wären gar nicht da! Nur der allein von den Pflanzen und einigen Bakterien beherrschten Umwandlung von Sonnen- in chemische Energie verdanken wir unsere Nahrung und nur durch den bei der Photosynthese als Nebenprodukt entstehenden Sauerstoff können wir und viele andere Lebewesen atmen [1]. *„Habt Ehrfurcht vor der Pflanze. Alles lebt durch sie.“* mahnt uns völlig zu Recht die Inschrift über dem Eingang des Botanischen Gartens in Berlin. Bei dieser uns fast überwältigenden Bedeutung ist es kein Wunder, dass sich große Geister dem Studium dieses Prozesses widmeten, bei dem Pflanzen scheinbar aus dem Nichts wachsen und gedeihen. Verfolgen wir, wie Wissenschaftler über Jahrhunderte das Geheimnis des Pflanzenwachstums schrittweise gelüftet haben.

Die Erforschung der Photosynthese [2]

Irrungen und Wirrungen

Ein Experiment ist seit fast 400 Jahren aus Biologiebüchern nicht wegzudenken: Das Weidenexperiment des **Johan Baptista van Helmont** (1580–1644). Er gab in ein irdenes Gefäß 90 kg getrocknete Erde, pflanzte dorthinein einen 2,5 kg schweren Weidenzweig und goss diesen Zweig fünf Jahre mit Regenwasser. Van Helmont bestimmte erneut die Masse der Weide und der Erde. Die Erde wog noch immer fast 90 kg, lediglich zwei Unzen (57 g) fehlten. Die Weide dagegen hatte eine Masse von 74,5 kg erlangt! Van Helmont schlussfolgerte, dass dieses zusätzliche Pflanzenmaterial sich allein aus dem Wasser gebildet haben müsse (Abbildung 1), denn etwas anderes hatte er nicht hinzugefügt [3]. Für ihn war das *„Element Wasser der materielle ... Urgrund“* [4].

ABB. 1 | DIE ENTWICKLUNG DER „REAKTIONSGLEICHUNG“ DER PHOTOSYNTHESE

Johan Baptista van Helmont (1580-1644):
Pflanze + Wasser („materieller Urgrund“) ⟶ Pflanzenwachstum

Joseph Priestley (1733-1804):
Pflanze + fixe Luft (CO_2) ⟶ Pflanzenwachstum + dephlogistizierte Luft (O_2)

Jan Ingenhousz (1730-1799):
grüne (!) Pflanzenteile + fixe Luft (CO_2) + Licht ⟶ Pflanzenwachstum + dephlogistizierte Luft (O_2)

Jean Senebier (1742-1809) und Nicolas Théodore de Saussure (1767-1845):
Pflanze + CO_2 + Licht ⟶ "Aneignung des Kohlenstoffs" + O_2

Justus von Liebig (1803-1873) und Carl Ernst Schmidt (1822 -1894):
Pflanze + $n\,CO_2$ + $n\,H_2O$ + Licht ⟶ Pflanzenwachstum + $[C(H_2O)]_n$ + $n\,O_2$

Robert Hill (1899-1991):
getrocknete Pflanze + H_2O + $2Fe^{3+}$ + Licht ⟶ $2Fe^{2+} + 2H^+ + 1/2\,O_2$

Sam Ruben (1913-1943) und Martin Kamen (1913-2002):
lebende Pflanze + Licht +
Lichtreaktion $2\,n\,H_2O$ ⟶ $2n\,[2\,H] + n\,O_2$
Dunkelreaktion $n\,CO_2 + 2n\,[2\,H]$ ⟶ $[C_n\,(H_2O)_n] + n\,H_2O$

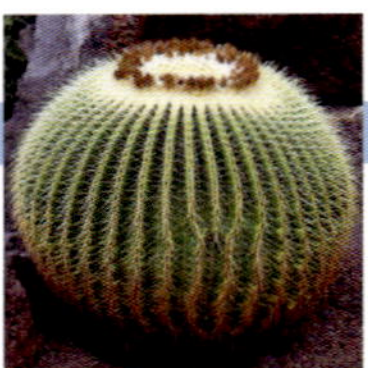

Die Entdeckung, dass Luft kein einfaches und passives chemisches Element ist, sondern aus mehreren Gasen zusammengesetzt ist, brachte Ende des 18. Jahrhunderts die Grundfesten der Chemie ins Wanken. Ausgerechnet ein Anhänger der Phlogiston-Theorie trug maßgeblich dazu bei: **Joseph Priestley** (1733–1804). Er veröffentlichte zwischen 1774 und 1786 mit den *Experiments and Observations on Different Kinds of Air* seine Untersuchungen von „Lüften" wie *fixed air* (Kohlendioxid), *inflammable air* (Wasserstoff), *alkaline air* (Ammoniak) oder *dephlogisticated air* (Sauerstoff). Bei seinen Untersuchungen über *fixed air* prüfte Priestley auch die Effekte des Gases auf Tiere und Pflanzen und entdeckte dabei einerseits, dass Pflanzen in einem Gefäß mit Kohlenstoffdioxid besser gedeihen, als solche in „normaler" Luft (Abbildung 1) [5]. Andererseits konnte er zeigen, dass eine Maus in einem umgestülpten Bierglas länger lebt, wenn sie eine Pflanze als Mitbewohnerin hat (Abbildung 2).

Jan Ingenhousz (1730–1799), Leibarzt von Kaiserin Maria Theresia, erkannte 1779, dass die Blätter von Pflanzen mehr Funktionen besitzen als nur der Verzierung zu dienen: *„Es scheint möglich, dass sie nützlich für das Wachstum des Baumes sind; denn beraubt man den Baum all seiner Blätter, so ist er in Gefahr einzugehen. Entfernt man einen beträchtlichen Teil der Blätter eines Obstbaumes, so sind die Früchte nicht perfekt; entfernt man alle Blätter, sind die Früchte verdorben und fallen vor der Reife. [...] Es ist möglicherweise wahrscheinlich, dass eines der größten Laboratorien der Natur zur Reinigung der Luft unserer Atmosphäre in der Substanz der Blätter befindlich ist und diese Substanz wird unter dem Einfluss von Licht aktiv."* [6].

Ingenhousz war der Erste, der die Bedeutung des Lichts zur Abgabe des Sauerstoffs formulierte. Weiterhin fand er heraus, dass Pflanzen nachts – so wie Tiere – Kohlenstoffdioxid freisetzen; auch sie atmen!

Der Genfer Pastor und Botaniker **Jean Senebier** (1742–1809) entdeckte, dass die grünen Teile der Pflanzen nur solange Sauerstoff erzeugten, wie auch Kohlenstoffdioxid vorhanden war und schlussfolgerte, dass *„die Blätter das kohlensaure Gas zerlegen, indem sie sich seinen Kohlenstoff aneignen, und den Sauerstoff ausstossen."* [7].

Welche Mengen des von der Pflanze *„eingesaugten und zerlegten"* Kohlendioxids umgesetzt wurden, bestimmte erstmals **Théodore de Saussure** (1767–1845). Er wies in sehr aufwendigen Experimenten nach, dass die Pflanzen nicht nur Kohlendioxid aufnehmen, sondern dieses auch in Form von Kohlenstoffverbindungen *„bei sich behalten"*.

ABB. 2 | JOSEPH PRIESTLEYS BEITRÄGE ZUR UNTERSUCHUNG VON GASEN

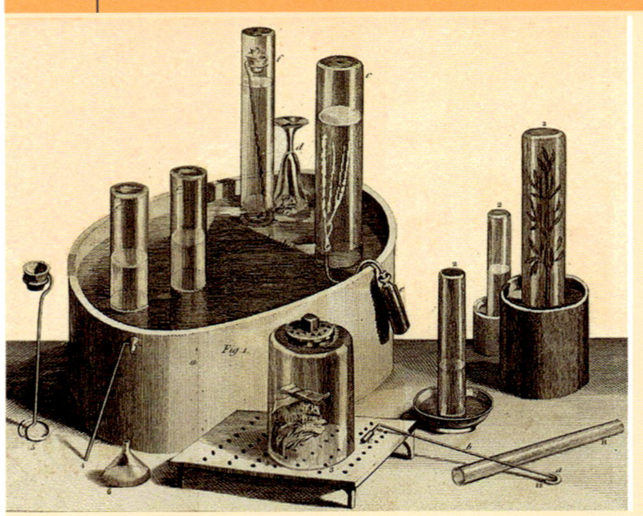

In order to aſcertain this, I took a quantity of air, made thoroughly noxious, by mice breathing and dying in it, and divided it into two parts; one of which I put into a phial immerſed in water; and to the other (which was contained in a glaſs jar, ſtanding in water) I put a ſprig of mint. This was about the beginning of Auguſt 1771, and after eight or nine days, I found that a mouſe lived perfectly well in that part of the air, in which the ſprig of mint had grown, but died the moment it was put into the other part of the ſame original quantity of air; and which I had kept in the very ſame expoſure, but without any plant growing in it.

links: In der Einführung zu seinem Werk Experiments and Observations on Different Kinds of Air beschreibt Priestley, wie er mit dem pneumatischen Apparat zur Untersuchung von Gasen gearbeitet hat. Damit auch jeder Leser den Wert seiner Arbeit wirklich erkennt, schreibt Priestley: „I have great reason to congratulate myself on this apparatus...".

Von besonderer Ausführlichkeit sind seine Schilderung über die Nutzung von Mäusen, um herauszufinden, ob Tiere in bestimmten Luftarten leben können: „...Zuerst fülle ich die Luft in ein kleines Gefäß, gerade groß genug, damit die Maus sich strecken kann. [...] Ich habe festgestellt, dass es sehr geeignet ist, [...] ein hohes Bierglas (d) zu nutzen, das zwischen zwei und drei Unzen fasst. [...] Es ist recht einfach Mäuse in kleinen Drahtfallen zu fangen, aus denen man sie einfach entnehmen kann und während man sie am Nacken hält, kann man sie durch das Wasser hindurch in das Gefäß, welches die Luft enthält, führen. Wenn ich erwarte, dass die Maus eine beträchtliche Zeit leben wird, trage ich dafür Sorge etwas in das Gefäß zu geben, worauf die Maus bequem und außerhalb des Wassers sitzen kann. Ist die Luft gut, wird sich die Maus bald in aller Behaglichkeit befinden und musste nichts weiter als das Tauchen durch das Wasser erdulden. Wenn die Luft aber vermutlich giftig ist, ist es richtig (so der Operator die Maus noch anderweitig verwenden möchte) den Schwanz der Maus festzuhalten, damit sie herausgezogen werden kann, so bald sie Zeichen von Unwohlsein zeigt..."
Bild rechts: Auszug aus Lit. [5]

De Saussure ließ Pflanzen in verschiedenen Luftzusammensetzungen *„vegetiren"* und kam zu dem Ergebnis, dass eine Menge *„kohlensaures Gas verarbeitet, oder zum Verschwinden gebracht"* werden konnte, und *„Sauerstoff entbunden"* wurde (Abbildung 1) [7]. Er bestimmte den für das Pflanzenwachstum optimalen CO_2-Gehalt in der Luft zu 8 % Kohlendioxid [8].

Die aufgenommene Kohlenstoffmenge ermittelte er, indem er eine exakte Menge der Pflanze vor und nach *„der Zersetzung des kohlensauren Gases"* in einem geschlossenen Gefäß verkohlte und die Masse des Kohlenstoffes bestimmte. In CO_2-haltiger Luft nahm der Kohlenstoffanteil in Pflanzen zu, in kohlendioxidfreier Atmosphäre war der Kohlenstoffgehalt *„während dem Aufenthalt unter dem Rezipienten vielmehr vermindert, statt vermehrt worden."* (Atmung!) So kam er zu dem Schluss: *„Die Pflanzen, mit reinem Wasser in freier Luft genährt, schöpfen den Kohlenstoff aus der kleinen Quantität von kohlensaurem Gas, die von Natur in unsrer Atmosphäre existiert."*

De Saussure entdeckte auch, dass Kohlendioxid allein Pflanzen nicht glücklich macht. Pflanzen starben selbst im Sonnenlicht, sofern man sie in reinem Stickstoff kultivierte, dem man *„jene Quantität Kohlensäure beymischt, die in atmosphärischer Luft ihre Entwicklung begünstigt haben würde"*. Sauerstoff ist also für das Pflanzenwachstum von genauso großer Bedeutung wie das Kohlendioxid. De Saussure formuliert erstmals eine Art Kreislauf zweier biologischer Prozesse, der Photosynthese und der Atmung: Pflanzen nehmen Kohlendioxid auf und geben Sauerstoff bei Licht ab. Sie geben aber während der Atmung auch Kohlendioxid ab. Dass dies solange unentdeckt blieb, schreibt dem De Saussure dem Umstand zu, *„dass sie selbiges* [Kohlendioxid] *in dem Maasse, wie sie es mit dem Sauerstoffgase bilden, wieder zersetzen."*

Dank der vielfältigen Weiterentwicklungen der Analysemethoden, z. B. des Fünfkugelapparates durch **Justus von Liebig** (1803–1873), wurde die schnelle Durchführung genauer Elementaranalysen möglich. In seinem Laboratorium wurde die elementare Zusammensetzung von Pflanzenteilen bestimmt. Einer der Schüler Liebigs, **Carl Ernst Schmidt** (1822–1894), prägte in seiner Arbeit über pflanzliche Schleimstoffe erstmals den Begriff Kohlenhy-

ABB. 3 | KEINE ANGST VOR GROßEN STRUKTURFORMELN

+ H^+ + $2e^-$ / − H^+ − $2e^-$

NADP$^\oplus$
Nicotinamid-adenosin-dinucleotid-phosphat
oxidierte Form

NADPH
Nicotinamid-adenosin-dinucleotid-phosphat
reduzierte Form

+ H_2O / − H_2O

ATP
Adenosin-triphosphat

ADP
Adenosin-diphosphat

P
Phosphat

Das obere Redox- und das untere Hydrolyse-Gleichgewicht sind keineswegs Erfindungen wild gewordener Chemiker, sondern die Natur hat sie erdacht und beide Reaktionen laufen in jedem Lebewesen in großem Maßstab ab. Ein Mensch synthetisiert z.B. täglich 50–70 kg (!) ATP. Zur Verdeutlichung sind die sich verändernden Molekülteile farblich unterlegt. Bei der oberen Reaktion (von links nach rechts) wird der Pyridinring im NADP$^+$ hydriert, d.h. reduziert; bei der unteren Reaktion wird eine Phosphorsäureanhydrid-Bindung mit Wasser gespalten (hydrolysiert).

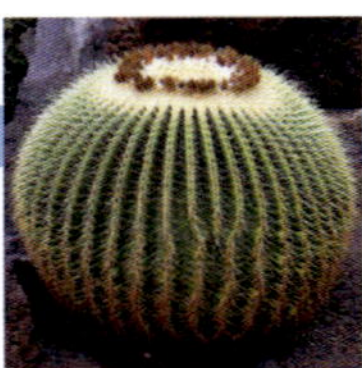

drat. Kohlenhydrate wurden als Hauptinhaltsstoffe der Pflanze identifiziert (Abbildung 1) [9].

Bis 1900 gründete sich die Kenntnis des photosynthetischen Gaswechsels noch weitgehend auf Spekulationen. Man wusste, dass Pflanzen CO_2 aufnehmen und O_2 abgeben, dass Licht [10] und Wasser zur Photosynthese notwendig sind und dass als erstes sichtbares Produkt Stärke in den Chloroplasten, dem Sitz des grünen Blattfarbstoffes, entsteht. Der Weg des Kohlendioxids zur Stärke und die Rolle des Chlorophylls dabei blieben im Ungewissen. Erst das 20. Jahrhundert brachte mit der Entwicklung neuer Messtechniken Licht ins Dunkel der Photosynthese.

1937 beobachtete der britische Biochemiker **Robert Hill** (1899–1991), dass Blattextrakte bei Belichtung Sauerstoff entwickelten, wenn Elektronenakzeptoren, z.B. Fe^{3+}-Ionen oder reduzierbare Farbstoffe zugegen waren [11]. Bei der sogenannten Hill-Reaktion war Kohlendioxid überhaupt nicht beteiligt (Abbildung 1). Das bedeutete, dass der frei werdende Sauerstoff nur aus dem Wasser stammen konnte! Somit zeigt die Hill-Reaktion, dass bei der Photosynthese die Wasserspaltung und Kohlendioxid-Reduktion voneinander getrennt ablaufen können. In diesem Zusammenhang wurden die Begriffe Licht- und Dunkelreaktion geprägt.

Dass die Sauerstoffbildung auch in lebenden Pflanzen von der Kohlendioxidaufnahme unabhängig ist, wurde 1941 von **Sam Ruben** (1913-1943) und **Martin Kamen** (1913–2002) experimentell eindrucksvoll bestätigt. *Chlorella* Algen wurden in ^{18}O-haltigem Wasser in Gegenwart von CO_2 belichtet. Das $^{18}O/^{16}O$-Verhältnis im freigesetzten Sauerstoff war identisch zu dem im Wasser [12]; der bei der Photosynthese entstehende Sauerstoff stammt somit ausschließlich aus dem Wasser und nicht, wie viele Jahre lang vermutet wurde, aus dem CO_2.

Aus heutiger Sicht

Unser Wissen über die beiden eng miteinander verwobenen Teilreaktionen der Photosynthese, der Licht- und Dunkelreaktion, ist insbesondere in den letzten 50 Jahren stark gewachsen. Viele der erbrachten wissenschaftlichen Leistungen sind mit Nobelpreisen ausgezeichnet worden [13]. Insbesondere die Röntgenstrukturanalysen der an der Lichtreaktion beteiligten Proteinkomplexe haben uns nähere Einblicke in den molekularen Ablauf gegeben. Die Darstellung der aufregenden Details und der noch ungelösten Fragen der Lichtreaktion gehen aber weit über den Rahmen dieses Artikels hinaus [14].

Summarisch sind die Teilreaktionen und die daran mitwirkenden chemischen Verbindungen (Abbildung 3) für den hier betrachteten Zusammenhang in Abbildung 4 zusammengefasst.

Trotz oder vielleicht auch wegen unserer Kenntnisse um die Komplexität der Photosynthese können wir diesen Prozess nur mit offenem Mund bestaunen. Wir könnten nicht leben ohne ausreichende Kohlenhydrate wie Glucose, Rohrzucker und vor allem Stärke. Die großen Hungersnöte der Menschheit wurden und werden durch Mangel an Stärke verursacht und die Entdeckung oder Züchtung robuster, stärkehaltige Pflanzen wurde immer als Segen empfunden [15]. Pflanzen vollbringen das Wunder, weltweit jeden Tag, sage und schreibe $3 \cdot 10^{14}$ kg des extrem reaktionsträgen CO_2 in energiereiche Kohlenhydrate umzuwandeln. Fragen wir uns zunächst, wie Pflanzen das CO_2 aufnehmen und dann, auf welchem wundersamen Weg das CO_2 chemisch gebunden und zu Glucose und Stärke weiterverarbeitet wird.

ABB. 4 | PHOTOSYNTHESE IM ÜBERBLICK

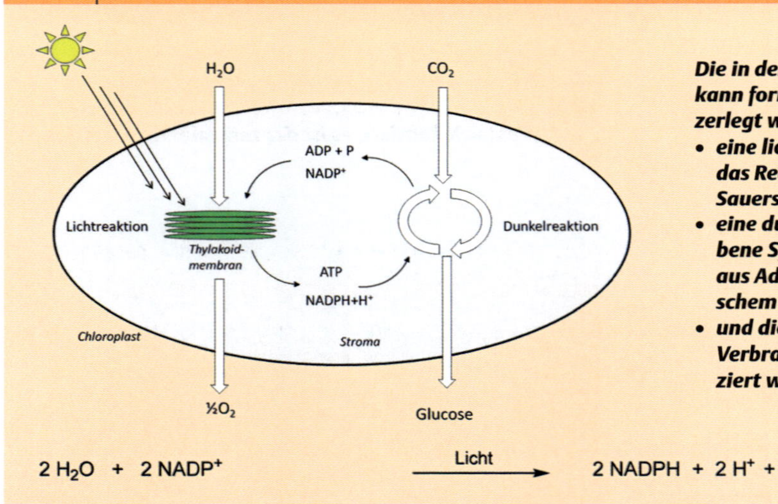

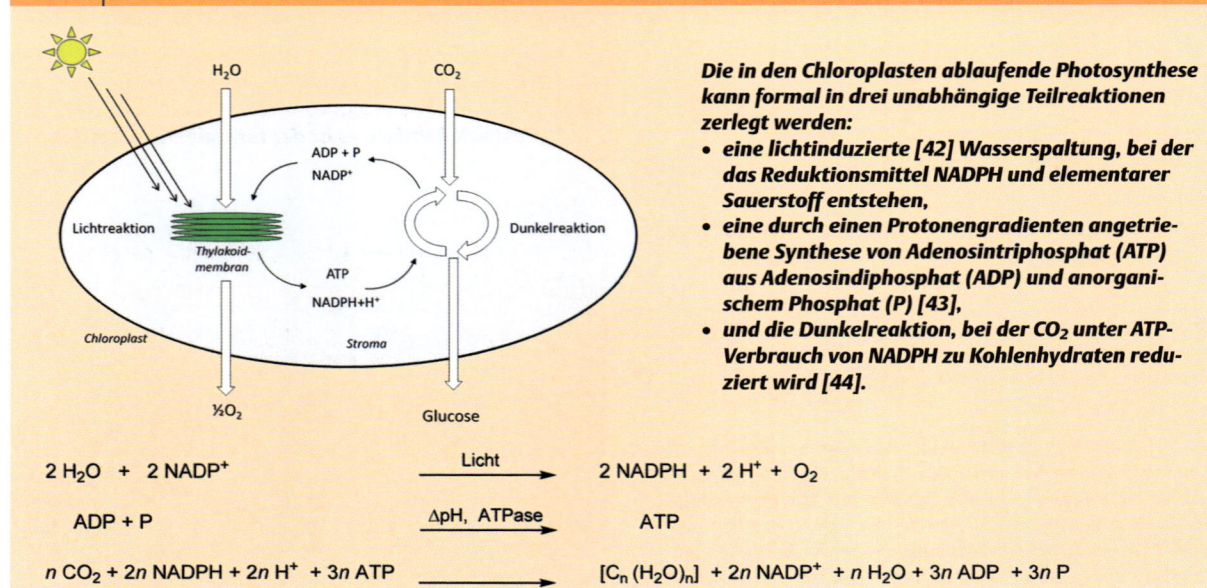

Die in den Chloroplasten ablaufende Photosynthese kann formal in drei unabhängige Teilreaktionen zerlegt werden:

- ***eine lichtinduzierte [42] Wasserspaltung, bei der das Reduktionsmittel NADPH und elementarer Sauerstoff entstehen,***
- ***eine durch einen Protonengradienten angetriebene Synthese von Adenosintriphosphat (ATP) aus Adenosindiphosphat (ADP) und anorganischem Phosphat (P) [43],***
- ***und die Dunkelreaktion, bei der CO_2 unter ATP-Verbrauch von NADPH zu Kohlenhydraten reduziert wird [44].***

$$2\,H_2O + 2\,NADP^+ \xrightarrow{\text{Licht}} 2\,NADPH + 2\,H^+ + O_2$$

$$ADP + P \xrightarrow{\Delta pH,\ ATPase} ATP$$

$$n\,CO_2 + 2n\,NADPH + 2n\,H^+ + 3n\,ATP \longrightarrow [C_n(H_2O)_n] + 2n\,NADP^+ + n\,H_2O + 3n\,ADP + 3n\,P$$

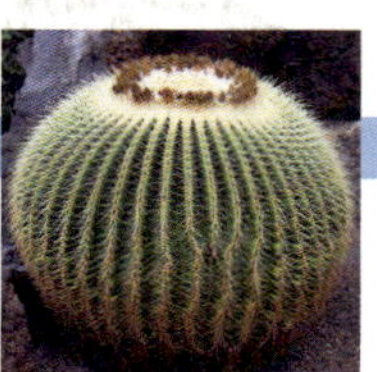

Die Dunkelreaktion

Wie nehmen Pflanzen CO_2 auf?

Das Blatt ist neben der Wurzel und dem Spross eines der drei Grundorgane der Pflanzen. Dabei ist mit Blatt nicht nur das vertraute Laubblatt gemeint, sondern auch die Nadeln der Nadelbäume gehören dazu. Kakteen dagegen haben keine sichtbaren Blätter mehr, diese sind in Anpassung an den Standort zu Dornen zurückgebildet, so dass die Funktion der Blätter vom Spross mit übernommen wurde. Betrachten wir den Aufbau eines typischen Laubblattes näher (Abbildung 5).

Ein Blatt wird aus mehreren Geweben gebildet. Außen befindet sich die Epidermis, die mit einer wachshaltigen Schicht (*Cuticula*) überzogen ist. Diese ist wasserabweisend und reduziert die Wasserverdunstung. Zwischen der Epidermis der Blattober- und -unterseite liegt das Mesophyll, das aus Palisaden- und Schwammgewebe besteht. Im Palisadengewebe sind langgestreckte, eng aneinander liegende Zellen palisadenartig angeordnet [16]. In den Palisadenzellen befinden sich viele chlorophyllreiche Organellen, die wegen ihrer grünen Farbe als Chloroplasten bezeichnet werden. Hier wird Photosynthese betrieben! Das Schwammgewebe enthält zwar auch Chloroplasten, aber seine Bedeutung liegt vor allem im Gasaustausch. Das Hohlraumsystem des Schwammgewebes hat Anschluss an die Spaltöffnungen (Abbildung 5) an der Unterseite des Blattes [17]. Bei geöffneten Spaltöffnungen diffundiert die Außenluft mit dem CO_2 bis in die Chloroplasten im Palisadengewebe. Chloroplasten sind von zwei Membranen umgeben (Abbildung 6), die beide für CO_2 durchlässig sind [18].

Wurde ein CO_2-Molekül von der Pflanze aufgenommen, muss es an einen Akzeptor anbinden. Das primäre gebildete CO_2-Akzeptor-Additionsprodukt wird dann stufenweise zu Kohlenhydraten chemisch umgebaut. Dabei stellen sich drei Fragen:

1. Welche Strukturen haben der CO_2-Akzeptor und das Primäraddukt?
2. Wie entstehen aus dem Primäraddukt die Bausteine zur Synthese von Kohlenhydraten?
3. Wie wird der Akzeptor zurückgebildet, um eine kontinuierliche CO_2-Aufnahme zu gewährleisten?

Die experimentelle Beantwortung dieser Fragen erwies sich als außerordentlich schwierig, denn ein Pflanzenblatt oder eine Alge ist ein chemisch äußerst komplexes System mit

ABB. 5 | AUFBAU DES LAUBBLATTES EINER CHRISTROSE (HELLEBORUS NIGER)

oben:* *Die Blätter der Christrose (links) besitzen auf der Blattunterseite (rechts, lichtmikroskopische Aufnahme 100fach) zahlreiche Spaltöffnungen, durch die Kohlendioxid in das Blatt diffundiert. Die Spaltöffnungen sind sozusagen die Poren, mit denen die Pflanze in Kontakt zur Umwelt steht. Eine Spaltöffnung besteht im einfachsten Fall aus zwei nierenförmigen Schließzellen, zwischen denen ein Spalt frei bleibt. Dieser kann geöffnet und geschlossen werden, indem Wasser in die Zellen ein- bzw. ausströmt und damit der Druck auf die Zellwände verändert wird. Sind die Schließzellen prall mit Wasser gefüllt, ist der Spalt geöffnet, sind sie erschlafft, schließt sich der Spalt. *(Bildquelle Christrose: Wildfeuer, wikimedia commons)*

unten:* *Nach Eintritt durch die Spaltöffnungen gelangt das CO_2 in das locker aufgebaute Schwammgewebe (lichtmikroskopische Aufnahme 100fach). Dieses dient vor allem dem Gasaustausch. Im anschließenden Palisadengewebe sind die meisten Chloroplasten lokalisiert; es ist der zentrale Ort der Photosynthese.

ABB. 6 | CHLOROPLASTEN – WINZIGE CHEMISCHE FABRIKEN

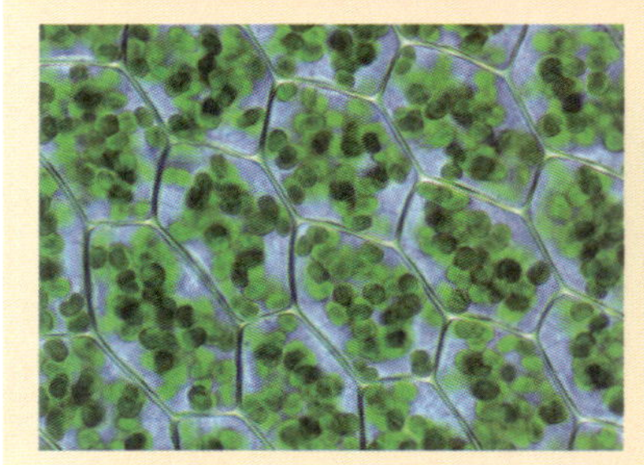

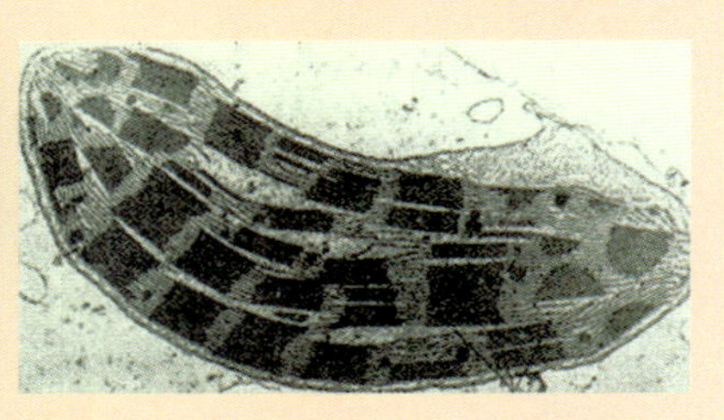

***links:* *Zellen des Laubmooses Plagiomnium affine mit Chloroplasten (lichtmikroskopische Aufnahme);*
rechts: *elektronenmikroskopische Aufnahme eines Chloroplasten im Querschnitt***

Die 4–10 µm großen Chloroplasten kommen nur in Pflanzen vor und haben eine linsenförmige Gestalt. Sie sind von zwei Membranen umgeben. Die von der inneren Membran ausgebildeten Einstülpungen (Thylakoide) durchziehen streifenförmig die Chloroplasten. In den dunklen Stellen, an denen die Thylakoide wie gestapelt erscheinen, befindet sich besonders viel des grünen Blattfarbstoffes Chlorophyll.

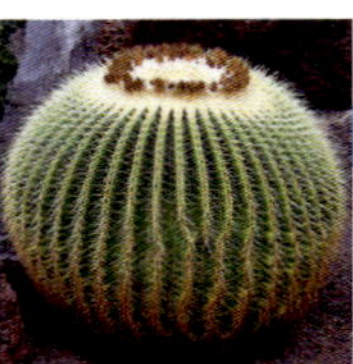

ABB. 7 | DIE ENTDECKUNG DES KOHLENSTOFFISOTOPS ^{14}C

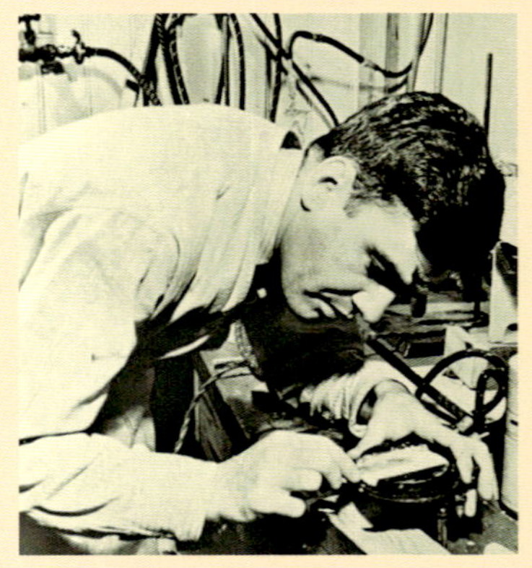

links: Martin Kamen präpariert ein Target aus Graphit für eine Neutronenbestrahlung im 37-inch-Cyclotron in Berkeley zur Herstellung von ^{14}C (Aufnahme 1949). rechts: Sam Ruben hält 1940 in der linken Hand eine Wägegläschen mit dem gesamten damaligen Weltvorrat an $Ba^{14}CO_3$. Mit dieser Substanzmenge begannen Andrew Benson und Melvin Calvin ihre ersten Studien über die CO_2-Aufnahme von Algen.

Martin Kamen und Samuel Ruben konnten am 27. Februar 1940 nach Bestrahlung von Graphit mit Deuteronen erstmals ^{14}C experimentell nachweisen [45]. Es hatte sich nach folgender Kernreaktion aus dem natürlichen ^{13}C-Isotop gebildet:

$$^{13}_{6}C + ^{2}_{1}D \rightarrow ^{14}_{6}C + ^{1}_{1}p$$

Das Kohlenstoffisotop ^{14}C wurde also nicht entdeckt, sondern zuerst synthetisiert. Nachdem Ballonmessungen zeigten, dass sich in der oberen Atmosphäre durch kosmische Höhenstrahlung Neutronen bildeten, begann die Suche nach ^{14}C in organischer Materie auf der Erde. W. Libby konnte 1947 erstmals natürliches ^{14}C in organischem Material nachweisen. Auf der Basis der ^{14}C-Halbwertzeit von 5730 Jahren entwickelte er eine Methode zur Altersbestimmung von organischem Material [46].

Ein zweiter, bereits von Kamen und Ruben entdeckter Herstellungsweg von ^{14}C durch Neutronenbestrahlung von ^{14}N wird bis heute zur kommerziellen Produktion des Isotops benutzt.

$$^{14}_{7}N + ^{1}_{0}n \rightarrow ^{14}_{6}C + ^{1}_{1}p$$

In größeren Mengen wurde ^{14}C für die wissenschaftliche Forschung nach dem Bau der ersten Atomreaktoren zugänglich. Dort wird Bornitrid mit ausreichend hohen Neutronenflüssen bombardiert und anschließend das gebildete ^{14}C durch Verbrennung als $^{14}CO_2$ gewonnen.

ABB. 8 | CHLORELLA, LOLLIPOP UND MELVIN CALVIN

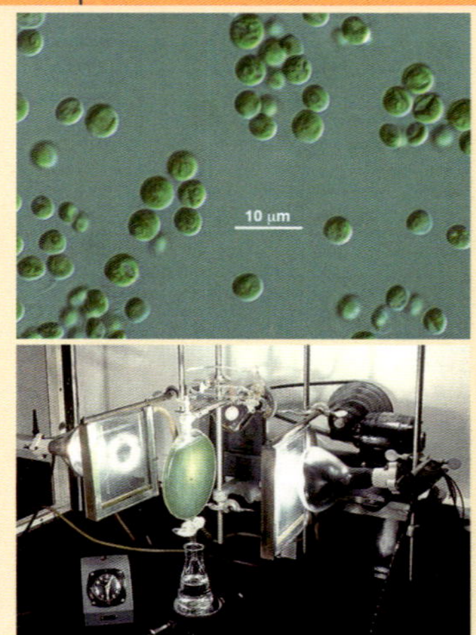

Im Zentrum der experimentellen Untersuchung der CO_2-Assimilation stehen die Grünalgen (hier Chlorella, links oben), die in einer Nährlösung suspendiert und mit ^{14}C-markiertem CO_2 versorgt werden. Das runde Gefäß wurde wegen seiner charakteristischen Form als Lollipop (engl. Lutscher) bezeichnet (links unten). Zu definierten Zeitpunkten kann die Algensuspension in heißes Ethanol abgelassen werden, so dass die Algen sofort absterben. Für seine „Studien über die Photosynthese in Pflanzen" wurde Melvin Calvin (1911-1997) 1961 mit dem Nobelpreis für Chemie ausgezeichnet (rechts).

Tausenden von Verbindungen, verteilt in vielen Zellkompartimenten und in unterschiedlichsten Konzentrationen. Den CO_2-Akzeptor zu finden, gleicht einer Suche nach der Nadel im Heuhaufen, allerdings mit verbundenen Augen: Wir wissen ja nicht, wie er aussieht!

Wie häufig in den Naturwissenschaften eröffnen neue Messtechniken einen völlig neuen Zugang bei der Beantwortung ungelöster Fragen. Im Fall der Dunkelreaktion waren es gleich zwei messtechnische Innovationen, deren Zusammenführung den Erfolg brachte. Zum einen die Entwicklung der zweidimensionalen (2D)-Papierchromatographie und zum anderen die Nutzung des radioaktiven Kohlenstoffisotops ^{14}C (Abbildung 7). Trotzdem erwies sich die vollständige Aufklärung der Dunkelreaktion als harte Nuss. Erst nach 12 Jahren intensiver Arbeit konnte Melvin Calvin (1911–1997) eines der komplexesten chemischen Puzzles lösen. Dafür wurde er 1961 mit dem Nobelpreis für Chemie geehrt [19]. Es lohnt sich immer wieder, die chemische und logische Vorgehensweise der beteiligten Wissenschaftler nachzuvollziehen und sich an deren Kreativität und scharfem Verstand zu erfreuen.

Erste chemische Erfolge

Der experimentelle Ansatz von Calvin ist bestechend einfach: In einem, wegen seiner Form als „*lollipop*" (engl. Lutscher) bezeichnetem Gefäß werden Grünalgen (*Chlorella pyrenoidosa*) in einem Nährmedium mit CO_2 über längere Zeit versorgt und belichtet (Abbildung 8). Dann wurde dem Gasstrom radioaktives $^{14}CO_2$ beigemischt. Das Schicksal des von den Algen aufgenommenen $^{14}CO_2$ konnte nun schrittweise verfolgt werden, indem die Algen zu bestimmten Zeiten nach Beginn der $^{14}CO_2$-Aufnahme mit heißem Ethanol abgetötet und das Algenextrakt analysiert wurde.

Zur Auftrennung der vielen Komponenten nutzte Calvin die damals noch junge zweidimensionale (2D)-Papierchromatographie (Abbildung 9). Hierbei wurde ein Substanzgemisch mit zwei verschiedenen Laufmitteln nacheinander in zwei um 90° gedrehte Richtungen aufgetrennt. Die Tausenden von Verbindungen im Pflanzenextrakt ergaben aber selbst nach Anwendung dieser Trenntechnik eine unübersehbare Vielzahl von überlappenden Flecken, die eine direkte Analyse unmöglich machte. Da Calvin aber nur an denjenigen Substanzen interessiert war, in die ^{14}C-Atome eingebaut worden waren, legte er auf das Papierchromatogramm im Dunkeln einen lichtempfindlichen Film. Nur dort, wo im 2D-Chromatogramm radioaktive Verbindungen

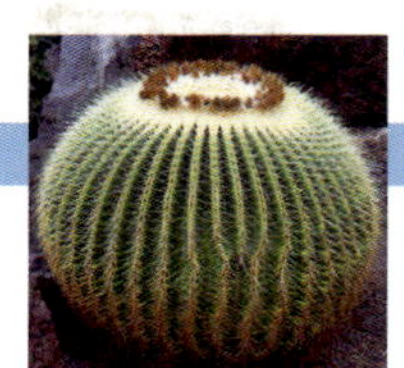

waren, konnte der darüber liegende Film durch die β-Strahlung des ^{14}C „belichtet" werden. Nach einer „Belichtungszeit" von etwa 24 Stunden wurde der Film entwickelt. Jeder Fleck im entstandenen Autoradiogramm entsprach einer radioaktiven ^{14}C-haltigen Verbindungen (Abbildung 9).

Die ersten Ergebnisse waren verblüffend, denn die Grünalge *Chlorella* hatte bereits 30 Sekunden (!) nach Beginn der $^{14}CO_2$-Aufnahme das radioaktive ^{14}C-Atom in viele Stoffwechselprodukte eingebaut. Erst nach Verkürzung der $^{14}CO_2$-Aufnahmezeit auf 5 s blieb ein einziger Fleck übrig. Dieses erste fassbare Assimilationsprodukt konnte als 3-Phosphoglycerat (**1**) identifiziert werden (Abbildung 10).

Damit war zwar erwiesen, dass bereits nach 5 Sekunden ^{14}C-Atome in das 3-Phosphoglycerat eingebaut worden waren, allerdings blieb unklar, an welchen Stellen die ^{14}C-Atome im 3-Phosphoglycerat lokalisiert waren. Um die ^{14}C-Verteilung zu bestimmen, wurde das 3-Phosphoglycerat aus dem Chromatogrammpapier herausgelöst und schrittweise chemisch so abgebaut, dass die Markierungsstelle identifiziert werden konnte (Abbildung 10). Das Ergebnis war eindeutig, nur die Carboxylgruppe des 3-Phosphoglycerats war mit ^{14}C markiert.

Nun versuchten Calvin und seine Mitarbeiter die Strukturen der Folgeprodukte von 3-Phosphoglycerat (*1*) zu bestimmen. Dies erwies sich in einigen Fällen als sehr schwierig und Calvin beschrieb in seinem Nobelvortrag die mühselige Plackerei mit angelsächsischem Humor [19]: *„Unglücklicherweise erscheinen an den Chromatogrammflecken nicht gleich die*

ABB. 9 | ZWEIDIMENSIONALE PAPIERCHROMATOGRAPHIE UND AUTORADIOGRAPHIE

Die Auftrennung komplexer Substanzgemische mit chromatographischen Trennverfahren ist heute in allen Bereichen der Chemie und Biochemie Tagesroutine. Im einfachsten Fall benutzt man ein Stück Filterpapier, auf das die gelöste Probe als kleiner Tropfen aufgebracht wird (links). Dann wird das Filterpapier am unteren Rand in ein Lösemittelgemisch eingetaucht. Durch die Kapillarwirkung steigt das Lösemittel nach oben und transportiert die Substanzen mit einer spezifischen Wanderungsgeschwindigkeit. Indem dieser Vorgang nach Drehung des Filterpapiers um 90° wiederholt wird, können in dieser zweidimensionalen (2D)-Papierchromatographie komplexe Substanzgemische getrennt werden [47].

Im Falle eines Algenextraktes reicht diese Trennmethode wegen der vielen Komponenten nicht aus. Da bei der Untersuchung der $^{14}CO_2$-Aufnahme nur diejenigen Stoffwechselprodukte von Interesse sind, die ^{14}C enthalten, legt man auf das getrocknete Papierchromatogramm einen lichtempfindlichen Film. Nur dort, wo ^{14}C-haltige Verbindungen vorhanden sind, kann der Film durch die radioaktive Strahlung „belichtet" werden (Autoradiographie). Nach ca. 24 Stunden wird der Film entwickelt und die beobachteten Schwärzungen entsprechen jeweils einer (oder mehreren) ^{14}C-haltigen Komponente(n) (rechts).

Mit der Zuordnung der Flecken zu bestimmten Verbindungen waren Calvin und seine Mitarbeiter über viele Jahre beschäftigt. Für die Aufklärung der CO_2-Assimilation war vor allem die Identifizierung der zwar bekannten, aber völlig unbeachtet gebliebenen Zuckerderivate Ribulose-1,5-bisphosphat und Sedoheptulose-1,7-bisphosphat von entscheidender Bedeutung.

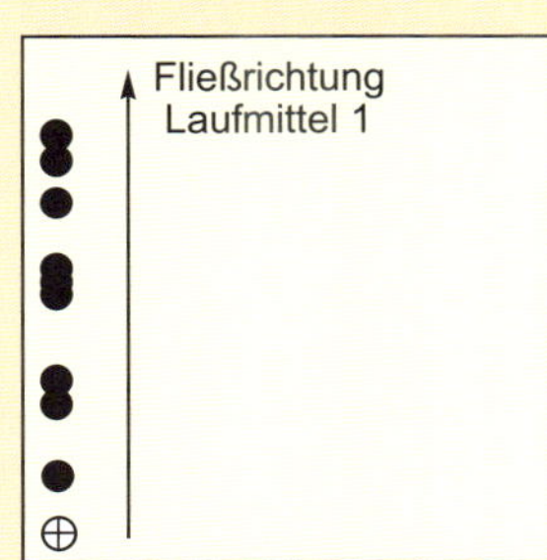

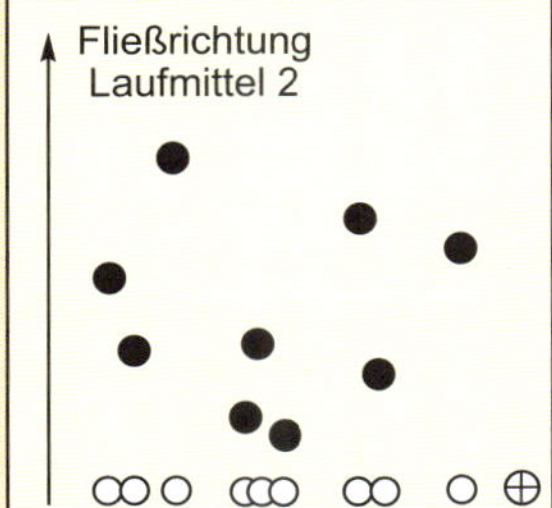

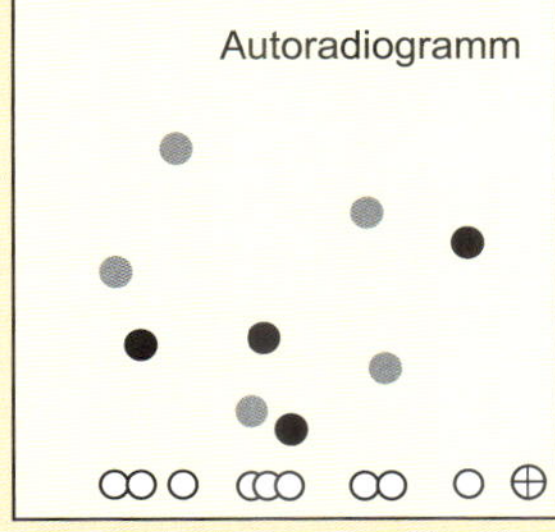

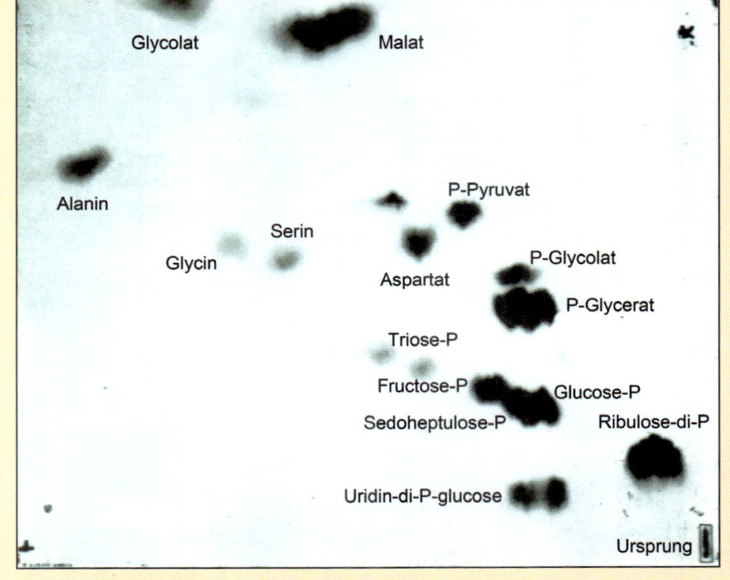

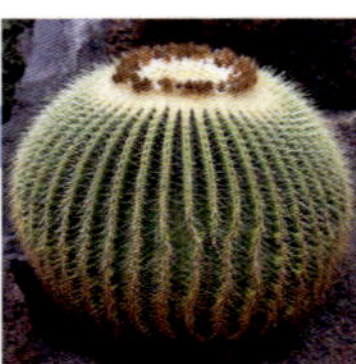

ABB. 10 | BESTIMMUNG DER ^{14}C-VERTEILUNG IN 3-PHOSPHOGLYCERAT

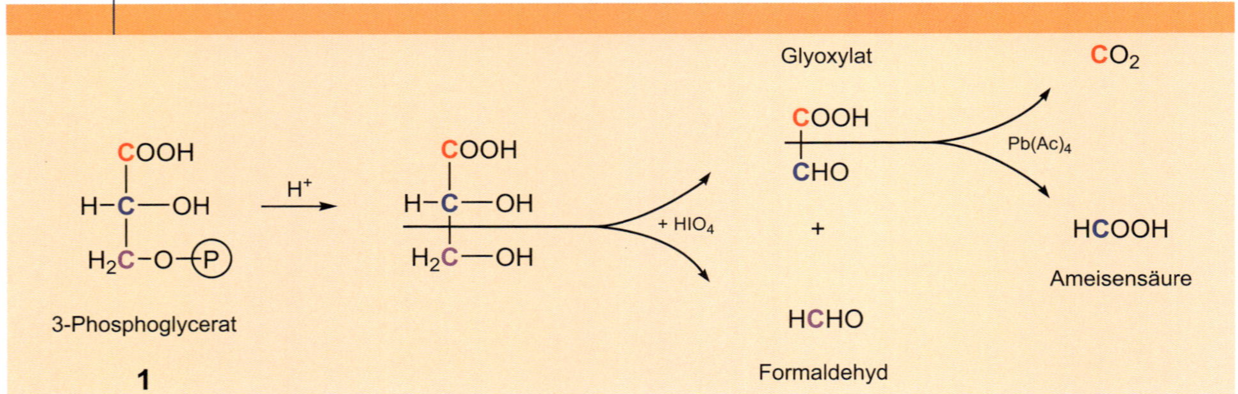

Nach dem Nachweis einer ^{14}C-Markierung des 3-Phosphoglycerats stellte sich die Frage, ob das ^{14}C nur in einer oder in mehreren Positionen eingebaut wurde. Zur Klärung wurde die Substanz vom Papierchromatogramm herausgelöst und chemisch schrittweise abgebaut. Eine Umsetzung mit Periodsäure führte zu einer Spaltung zwischen C-2 und C-3. Der freiwerdende Formaldehyd war nicht radioaktiv. Der C_2-Baustein wurde mit Bleitetraacetat zu CO_2 und Ameisensäure oxidiert. Die Ameisensäure war nicht radioaktiv, sondern nur das freiwerdende CO_2. Das ^{14}C-Atom wurde demnach bei der Assimilation selektiv zum C-1 des 3-Phosphoglycerats.

ABB. 11 | DIE ALDOLASE-REAKTION

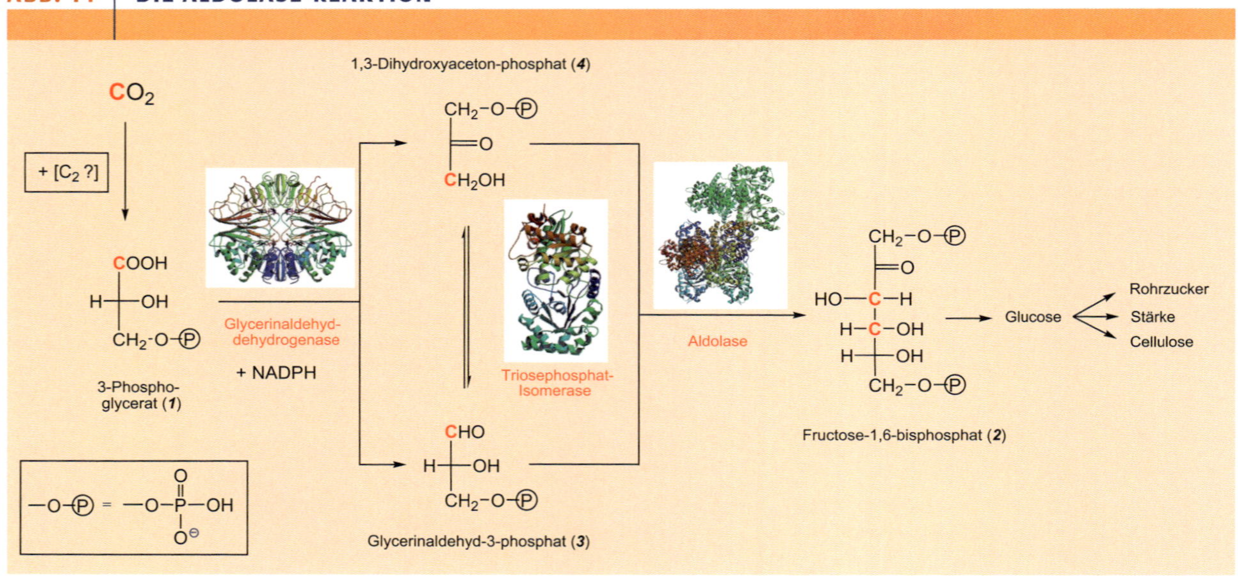

Das Enzym Aldolase katalysiert eine Aldol-Addition, bei der eine C-C-Verknüpfung zwischen einer Ketose und einer Aldose erfolgt. An der Synthese des Fructose-1,6-bisphosphats aus der C_3-Aldose Glycerinaldehyd-3-phosphat (3) und der C_3-Ketose Dihydroxyaceton-phosphat (4) lässt sich die Reaktion besonders einfach darstellen. Intrazellulär stehen 3 und 4 durch die katalytische Wirkung des Enzyms Triosephosphat-Isomerase im Gleichgewicht. Beide C_3-Verbindungen reagieren mit Hilfe des Enzyms Aldolase [48] zum Fructose-1,6-bisphosphat (2), das zu Glucose weiterverarbeitet wird [49].

Namen der jeweiligen Verbindungen. Wir mussten uns daher in den nachfolgenden 10 Jahren damit abplagen, die schwarzen Stellen auf dem Film korrekt zu beschriften.“

Als eine der ersten Verbindungen konnte Fructose-1,6-bisphosphat (*2*) identifiziert werden. Diese Verbindung wird *in vivo* über Glucose in Stärke und Cellulose überführt und stellt die Ausgangsbasis für das Pflanzenwachstum dar. Als C_6-Verbindung muss *2* durch Verknüpfung von zwei C_3-Einheiten entstanden sein. Dies war an sich keine Überraschung, da 3-Phosphoglycerat bereits als Baustein des Glucoseabbaus bekannt war. Zum Aufbau des Fructose-1,6-bisphosphats musste 3-Phosphoglycerat zu Glycerinaldehyd-3-phosphat (*3*) reduziert werden, das mit Dihydroxyacetonphosphat (*4*) im Gleichgewicht steht. Eine Aldol-Addition verbindet *4* (C_3-Ketose) mit *3* (C_3-Aldose) zum Fructose-1,6-bisphosphat (Abbildung 11). Durch chemischen Abbau konnten Calvin und Mitarbeiter die ^{14}C-Markierung ausschließlich in der 3- und 4-Position des Fructose-1,6-bisphosphats bestimmen [20].

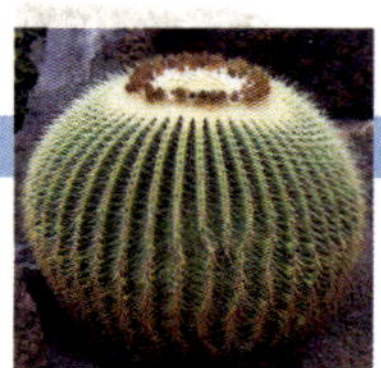

ABB. 12 | DIE CHEMISCHEN HAUPTDARSTELLER DER PFLANZLICHEN CO_2-ASSIMILATION

Triosen — Hexose — Pentose — Heptose

3-Phosphoglycerat	Glycerinaldehyd-3-phosphat	Dihydroxyacetonphosphat	Fructose-1,6-bisphosphat	Ribulose-1,5-bisphosphat	Sedoheptulose-1,7-phosphat
1	**3**	**4**	**2**	**5**	**6**

Chemische Verwirrungen

Die meisten im Papierchromatogramm identifizierten Folgeprodukte des 3-Phosphoglycerat (*1*) ließen sich als Zwischenprodukte bekannter Stoffwechselwege (Glykolyse, Zitronensäurezyklus etc.) identifizieren. Nur zwei, kurz nach dem 3-Phosphoglycerat auftretende Flecke, konnten zunächst nicht identifiziert werden. Andrew Benson, ein Mitarbeiter Calvins, löste die Substanzen aus dem Papierchromatogramm heraus, spaltete mit verdünnter Salzsäure die Phosphatreste ab und konnte eine Pentose und eine Heptose nachweisen, wobei es sich bei der Pentose um Ribulose-1,5-bisphosphat (*5*) und bei der Heptose um Sedoheptulose-1,7-bisphosphat (*6*) handelte [21] (Abbildung 12).

Zunächst versuchte Calvin, die Bildungsgeschwindigkeiten der C_5- und C_7-Verbindungen mit denjenigen von 3-Phosphoglycerat (*1*) oder Fructose (*2*) [22] zu korrelieren, um daraus eventuell eine chemische Abfolge ihrer Entstehung ableiten zu können. Diese langwierigen Versuche schlugen völlig fehl. „*Die kinetischen Messungen variierten von Tag zu Tag, von Experiment zu Experiment und von Person zu Person*“, so beschreibt er diese Phase voller Frustrationen. Calvin & Co. konnten sich weder einen biochemischen, noch einen logischen Reim darauf machen, wie ein C_5- und ein C_7-Zucker aus C_3- oder C_6-Zuckerbausteinen entstanden sein sollte. Die Lösung genau dieses Rätsels führte letztendlich zur Aufklärung der gesamten CO_2-Assimilation, allerdings wusste dies Calvin damals noch nicht. Im Rückblick schrieb Calvin über diese schwierige Zeit [20]: „*Es kein Kunststück die richtige Antwort zu finden, wenn man alle Daten vor sich hat. Ein Kunststück ist es aber die richtige Antwort zu finden, wenn man nur die Hälfte der Daten hat und davon die Hälfte auch noch falsch ist und man nicht weiß, welche Hälfte falsch ist. Wenn man unter diesen Umständen die richtige Antwort findet, dann ist man wirklich kreativ.*“

Calvin und seine Mitarbeiter tappten völlig im Dunkeln und begannen die ^{14}C-Verteilung in der Ribulose (*5*) und Sedoheptulose (*6*) zu bestimmen. Ein wahrhaft mühseliges

ABB. 13 | DIE TRANSKETOLASE-REAKTION

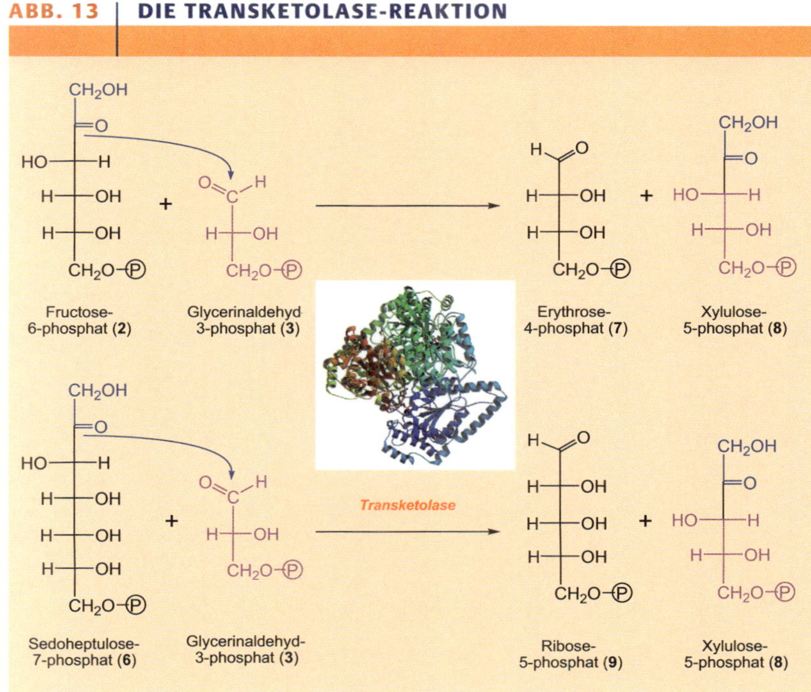

Bei einer Transketolase-Reaktion wird die endständige $CH_2(OH)$-CO-Einheit einer Ketose auf eine Aldose nach dem folgenden Prinzip übertragen:

(***n***)-Ketose + (***m***) Aldose → (***n-2***) Aldose + (***m+2***) Ketose

Danach wird letztlich aus der Donorketose eine um zwei C-Atome kürzere Aldose und aus der ursprünglichen Aldose eine um zwei C-Atome längere Ketose. Bei der CO_2-Assimilation wird auf diesem Wege aus der Fructose die C_4-Aldose Erythrose (7) und aus Sedoheptulose (6) die C_5-Aldose Ribose (9) gebildet, wobei in beiden Fällen daneben die C_5-Ketose Xylulose (8) entsteht.

ABB. 14 | DAS ALDOSE-KETOSE-WECHSELSPIEL ODER „WIE GEWINNE ICH EINEN NOBELPREIS“

Um uns den Blick nicht von nebensächlichen Details verstellen zu lassen, reduzieren wir die Strukturformeln auf die in diesem Zusammenhang notwendigen Teile: Kohlenstoffatome werden durch große Kugeln symbolisiert, deren Farbe den ^{14}C-Markierungsgrad angibt: (rot = stark, rosa = schwach und schwarz = nicht markiert), Sauerstoffatome in den Carbonylgruppen werden durch blaue Kugeln und Phosphatgruppen durch grüne Kugeln dargestellt.

Reaktion 1: $C_3 + C_3 \rightarrow C_6$

In einer Aldolase-Reaktion wird die C_3-Aldose 3 mit der C_3-Ketose 4 zu einer C_6-Ketose 2 verknüpft.

Reaktion 2: $C_6 + C_3 \rightarrow C_4 + C_5$

In einer Transketolase-Reaktion wird von der C_6-Ketose 2 ein C_2-Baustein auf eine C_3-Aldose 3 übertragen. Dabei entsteht die C_4-Aldose 7 und die C_5-Ketose 5.

Reaktion 3: $C_4 + C_3 \rightarrow C_7$

In einer Aldolase-Reaktion wird eine C_4-Aldose 7 mit einer C_3-Ketose 4 zum C_7-Körper Sedoheptulose (6) verknüpft.

*Das Ziel 1 ist erreicht, denn der eingeschlagene Syntheseweg führt zur uniformen Markierung von C-3, C-4 und C-5 in der C_7-Ketose Sedoheptulose (**6**), im Einklang mit den Experimenten.*

*Es bleibt nur ein Haken: Würden nur die drei Reaktionen ablaufen (grüner Bereich), dann dürfte die in Reaktion 2 entstandene C_5-Ketose **5** nur in der zentralen 3-Position markiert sein. Calvins Experimente ergaben aber ein anderes Bild: Zwar ist die als Endprodukt entstehende Ribulose in der 3-Position markiert, aber eben nicht nur, denn zu etwa einem Drittel auch in der 1- und 2-Position. Für fortgeschrittene Spieler wollen wir den gelb unterlegten Syntheseweg vollenden.*

Reaktion 4: $C_7 + C_3 \rightarrow C_5 + C_{5'}$

In einer Transketolase-Reaktion wird von der C_7-Ketose 6 ein C_2-Baustein auf eine C_3-Aldose 3 übertragen. Dabei entstehen die C_5-Aldose 9 und die C_5-Ketose 8.

Reaktion 5: $C_5 \rightarrow C_{5'}$

Die in Reaktion 4 entstandene C_5-Ketose 8 wird intrazellulär in Ribulose-1,5-bisphosphat (5) umgewandelt (isomerisiert).

Reaktion 6: $C_5 \rightarrow C_{5'}$

Auch die in Reaktion 4 entstandene C_5-Aldose 9 wird intrazellulär in Ribulose-1,5-bisphosphat (5) umgewandelt (isomerisiert).

Langsam lichtet sich der Nebel: Ribulose-1,5-bisphosphat, entsteht auf dreierlei Reaktionswegen: in der Reaktion 2 ausschließlich in C-3 markiert und in Reaktion 4 einmal nur in C-3, einmal in C-1, C-2 und C-3 gleichmäßig markiert. Da experimentell grundsätzlich nur die Summe aller Markierungen beobachtet werden kann, erwartet man einen hohen Markierungsgrad von C-3 und für C-1 und C-2 einen gleichen, aber weniger starken Markierungsgrad. Tatsächlich beobachtet man nach längerer $^{14}CO_2$-Aufnahme in den Positionen C-1, C-2 und C-3 einen relativen Markierungsgrad von 1:1:3 [20]. Wir sind am Ziel!

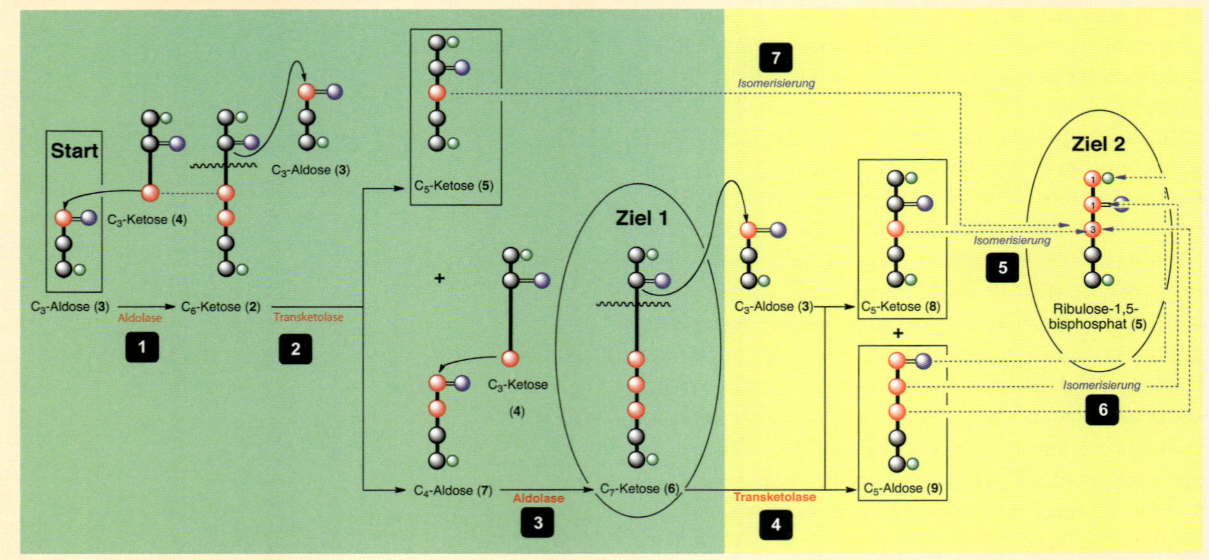

Geschäft, nur getragen von der Hoffnung, weitere Hinweise auf den chemischen Ablauf der CO_2-Assimilation zu erhalten. Die langwierigen Experimente brachten allerdings keine Klärung, sondern neue Konfusion. In der Sedoheptulose (*6*) waren nur die drei mittleren Positionen C-3, C-4 und C-5 gleich häufig markiert und in der Ribulose (*5*) waren die Atome C-1, C-2 und C-3 markiert, und – nun wird es völlig wirr – das C-3 etwa dreimal so häufig wie C-1 und C-2 (Abbildung 12).

Wie lassen sich diese ungewöhnlichen Markierungsmuster erklären? Folgen wir Calvins Gedankengängen zunächst bei der Sedoheptulose (*6*). Grundsätzlich könnte ein C_7-Körper durch (C_6+C_1)-, (C_5+C_2)- oder (C_4+C_3)-Verknüpfung entstanden sein. Calvin spielte alle Alternativen durch und verglich die jeweils zu erwartenden Markierungsmuster mit den experimentellen Befunden.

(C_6+C_1)-Kondensation: Eine direkte Umsetzung von CO_2 mit Fructose kann von vornherein ausgeschlossen wer-

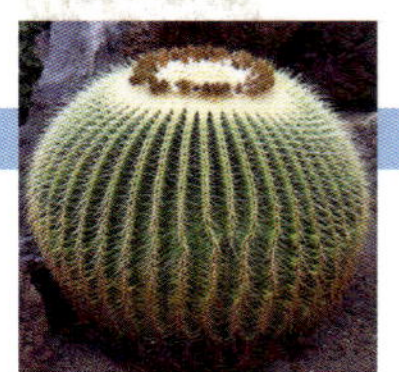

den, denn in die in 3- und 4-Stellung markierte Fructose müsste ein radioaktives $^{14}CO_2$-Molekül zwischen C-2 und C-3, also mitten in die Kette eingeschoben werden. Selbst mit kühnster Phantasie ist dies nicht vorstellbar.

***(C_5+C_2)-Kondensation*:** Auch diese Reaktion kann ausgeschlossen werden. Zum einen konnte kein geeigneter ^{14}C-markierter C_2-Körper nachgewiesen werden, und zum anderen, selbst wenn eine solche Verbindung in geringen Mengen unterhalb der Nachweisgrenze zur Verfügung stehen würde, müsste sie mit dem passenden C_5-Körper reagieren. Der einzig vorhandene markierte C_5-Körper, die Ribulose, ist unterschiedlich häufig in den 1-, 2- und 3-Positionen ^{14}C-markiert. Egal wie der unbekannte C_2-Körper aussähe, aus ihm und der Ribulose ließe sich niemals eine in 3-, 4- und 5-Stellung gleich häufig markierte Sedoheptulose (*6*) aufbauen.

***(C_3+C_4)-Kondensation*:** Es bleibt nur diese Reaktion übrig, die man jedoch auf den ersten Blick auch ausschließen könnte, denn ein geeigneter, markierter C_4-Körper konnte auch nicht nachgewiesen sein. Nehmen wir an, es gäbe diesen C_4-Körper zumindest in geringer, nicht nachweisbarer Konzentration, dann könnte er sich nur aus Fructose gebildet haben. Dies würde einem Abtrennen des unteren C_4-Teilstücks (C-3 bis C-6) aus der Fructose (*2*) entsprechen. Wäre eine solche Reaktion chemisch denkbar? Die Antwort lautet: Ja, denn eine durch das Enzym Transketolase katalysierte Reaktion ist tatsächlich Teil des biochemischen Reaktionsreservoirs zum Ab- und Aufbau von Zuckern. Dabei wird der C_2-Baustein CH_3–CO– einer Ketose auf eine Aldose übertragen (Abbildung 13).

Mit diesen beiden Reaktionen, der Aldolase- und der Transketolase-Reaktion ausgerüstet, können wir versuchen, das chemische Rätsel in einem Anlegespiel zu lösen (Abbildung 14). Die Regeln sind denkbar einfach:

Spielregel 1: Bei der Aldolase-Reaktion wird das C-1 einer C_3-Ketose (Dihydroxyaceton *4*) mit dem C-1 einer Aldose über eine C-C-Bindung verknüpft, wobei eine um drei C-Atome längere Ketose entsteht.

***Spielregel 2*:** Bei einer Transketolase-Reaktion wird das endständige C_2-Stück (inkl. Ketogruppe) einer Ketose auf einen Aldehyd übertragen, der dabei um zwei C-Atome verlängert wird, während aus der ursprünglichen Ketose eine um zwei C-Atome kürzere Aldose wird.

Unter Beachtung dieser beiden Regeln wird das Rätsellösen (fast) zum Kinderspiel (Abbildung 14). Am Ende erkennen wir, dass sich die Markierung der Sedoheptulose *6* leicht erklären lässt, wenn eine aus der Fructose *2* abgespaltene C_4-Aldose (Erythrose *7*) mit Dihydroxyaceton *4* eine Aldolreaktion eingeht.

Für Calvin und auch für uns erweist sich dabei die Erklärung der ungewöhnlichen Markierung der Ribulose *6* als besonders vertrackt, da Ribulose *6* sowohl direkt, als auch nach Isomerisierungen aus einer C_5-Aldose *9* und einer C_5-Ketose *8* indirekt entsteht. Erst eine sorgfältige Analyse der in **Abbildung 14 dargestellten** Prozesse kann die ungewöhnliche Markierungsverteilung im Ribulose-1,5-bisphosphat erklären.

Der Kreis schließt sich!

Trotz der erfolgreichen Erklärung der experimentell beobachteten Markierungen gibt das Reaktionsgeflecht in Abbildung 14 keinerlei Hinweis auf die Struktur des CO_2-Akzeptors. Überlegen wir kurz: Im ersten fassbaren Reaktionsprodukt, dem 3-Phosphoglycerat, stammt ein C-Atom aus dem aufgenommenen CO_2 und zwei aus dem Akzeptor. Für jedes aufgenommene CO_2-Molekül muss also jeweils ein neues Akzeptormolekül hergestellt werden. Das ist für

ABB. 15 | DIE EXPERIMENTELLE IDENTIFIZIERUNG DES CO_2-AKZEPTORS

Der entscheidende Durchbruch bei der Identifizierung des Akzeptors gelang Calvin und seinen Mitarbeitern in zwei Experimenten, in denen eine Grünalgensuspension mit einem CO_2/$^{14}CO_2$-Gemisch versorgt und bestrahlt wurde. Nach Einstellung eines Gleichgewichts nach 45 min wurden jeweils schlagartig die äußeren Bedingungen geändert und die Konzentrationsänderungen der verschiedenen Verbindungen verfolgt.

oben: Nach plötzlicher Drosselung der CO_2-Zufuhr sank die Konzentration an 3-Phosphoglycerat schlagartig. Dies verwunderte nicht, denn ohne CO_2-Zufuhr konnte diese Verbindung ja nicht gebildet werden. Die große Überraschung aber war der steile Konzentrationsanstieg des Ribulose-1,5-bisphosphats. Genau dies erwartete man von einem CO_2-Akzeptor, denn der kann ohne CO_2 nicht weiterreagieren und muss sich dadurch ansammeln.

unten: Das plötzliche Ausschalten des Lichts gibt uns weiteren Einblick in das chemische Geschehen. Dann steigt die Konzentration von 3-Phosphoglycerat , da bei Ausfall der Lichtreaktion kein Reduktionsmittel NADPH mehr gebildet wird und 3-Phosphoglycerat nicht mehr reduziert werden kann und sich dadurch ansammelt. Auch in diesem Experiment erwies sich die schlagartige Konzentrationsabnahme von Ribulose-1,5-bisphosphat als erhellend. Nach einem Stopp der Reduktion von 3-Phosphoglycerat wird kein Ribulose-1,5-bisphosphat mehr zurückgewonnen und dessen Konzentration muss in etwa dem gleichem Maße abnehmen wie die 3-Phosphoglycerat-konzentration zunimmt. Das praktisch vollständige Verschwinden des CO_2-Akzeptors Ribulose-1,5-bisphosphat wenige Minuten nach Abbruch der Lichtreaktion signalisiert auch das Ende der Dunkelreaktion. Die Licht- und die Dunkelreaktion sind also räumlich und chemisch voneinander getrennt, aber ohne die Zufuhr von ATP und NADPH aus der Lichtreaktion kann die Dunkelreaktion nicht ablaufen.

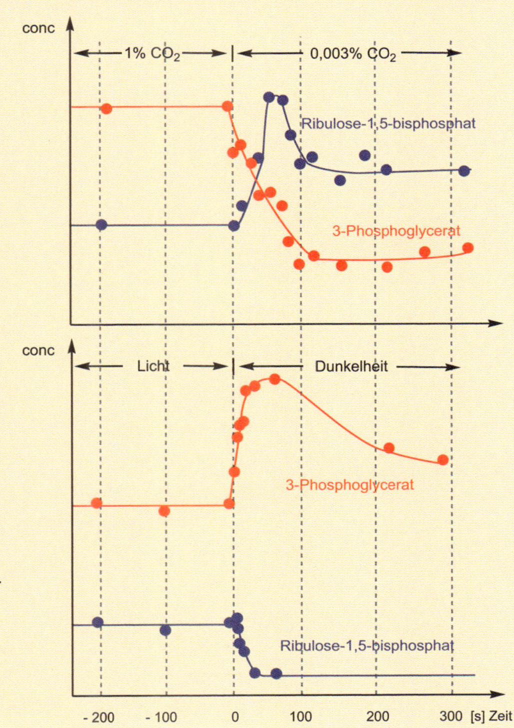

die Pflanze eine gewaltige Syntheseleistung. Es liegt nahe, dass der Akzeptor zuckerähnlich aufgebaut sein muss, denn nur dann kann sich 3-Phosphoglycerat in wenigen Reaktionsschritten nach der CO_2-Addition bilden. Calvin untersuchte unzählige Kandidaten in Hinblick auf ihren Einfluss auf die CO_2-Aufnahme von Algen, aber weder z.B. Äpfelsäure [23] noch die anderen Di- und Tricarbonsäuren des Zitronensäurezyklus, oder auch Malonsäure und verschiedene Aldehyde und Ketone beschleunigten die CO_2-Aufnahme.

Erst mit einem neuen experimentellen Ansatz kam Calvin der Struktur des Akzeptors näher. Eine Grünalgensuspension wurde 45 Minuten mit einem CO_2/$^{14}CO_2$-Gemisch versorgt und gleichzeitig bestrahlt. Während dieser Zeit hatte sich das ^{14}C über alle Verbindungen und Positionen durch unzählige biochemische Reaktionen praktisch gleichmäßig verteilt, so dass mit der Radioaktivität eines Substanzfleckes im Chromatogramm die Konzentrationsänderung nach der Änderung eines äußeren Parameters verfolgt werden konnte. Im ersten Experiment (Abbildung 15 oben) wurde die CO_2-Zufuhr plötzlich gedrosselt. Schlagartig nahm erwartungsgemäß die Konzentration an 3-Phosphoglycerat ab, denn ohne CO_2-Zufuhr konnte diese Verbindung nicht gebildet werden. Die große Überraschung war aber der steile Konzentrationsanstieg des Ribulose-1,5-bisphosphats. Nur der CO_2-Akzeptor kann ein solches Verhalten zeigen, denn bei CO_2-Abwesenheit kann er nicht mehr weiterreagieren und muss sich ansammeln. *Damit war endlich klar: Der*

ABB. 16 | DER CALVIN-ZYKLUS IN SEINER GANZEN SCHÖNHEIT

*In dem von Calvin und seinen Mitarbeitern aufgedeckten zyklischen Prozess erfolgt nach der CO_2-Aufnahme zunächst eine Reduktion des 3-Phosphoglycerats zu den beiden Triosen Glycerinaldehyd (**3**) und Dihydroxyaceton (**4**). Die dazu notwendige chemische Energie (ATP) und das Reduktionsmittel (NADPH) stammen aus der Lichtreaktion. Die beiden Triosen **3** und **4** sind dann die Ausgangsbasis für die vielstufige Rückgewinnung des Akzeptors Ribulose-1,5-bisphosphat. Auch dabei wird ATP aus der Lichtreaktion verbraucht. Dies zeigt eindrucksvoll die regulative Wirkung des Lichts. Zwar sind Licht- und Dunkelreaktion chemisch formal voneinander getrennt, aber ohne die Zufuhr von ATP und NADPH aus der Lichtreaktion kann die Dunkelreaktion nicht ablaufen [50]. Der Name „Dunkelreaktion", der in vielen Lehrbüchern verwendet wird, ist daher irreführend.*

*Nach Durchlaufen eines vollständiger Kreisprozesses muss die Pflanze einen Gewinn gemacht haben. Dies ist nicht so offensichtlich, aber ein einfaches Durchrechnen der Stöchiometrie offenbart uns die Lösung: Wenn drei Moleküle Ribulose-1,5-bisphosphat drei Moleküle CO_2 binden, entstehen 6 Moleküle 3-Phosphoglycerat und daraus 6 Moleküle Triose, also Glycerinaldehyd (**3**) und Dihydroxyaceton (**4**), die ja in einem Gleichgewicht stehen. Für die Rückgewinnung des Akzeptors werden aber nur fünf (!) Triosen benötigt (drei rote und zwei blaue abgehende Pfeile vom rechten, farbunterlegten Kasten). Nach dreimaligem Durchlaufen des Calvin-Zyklus hat die Pflanze aus drei Molekülen CO_2 ein Triose-(C_3)-Molekül gewonnen.*

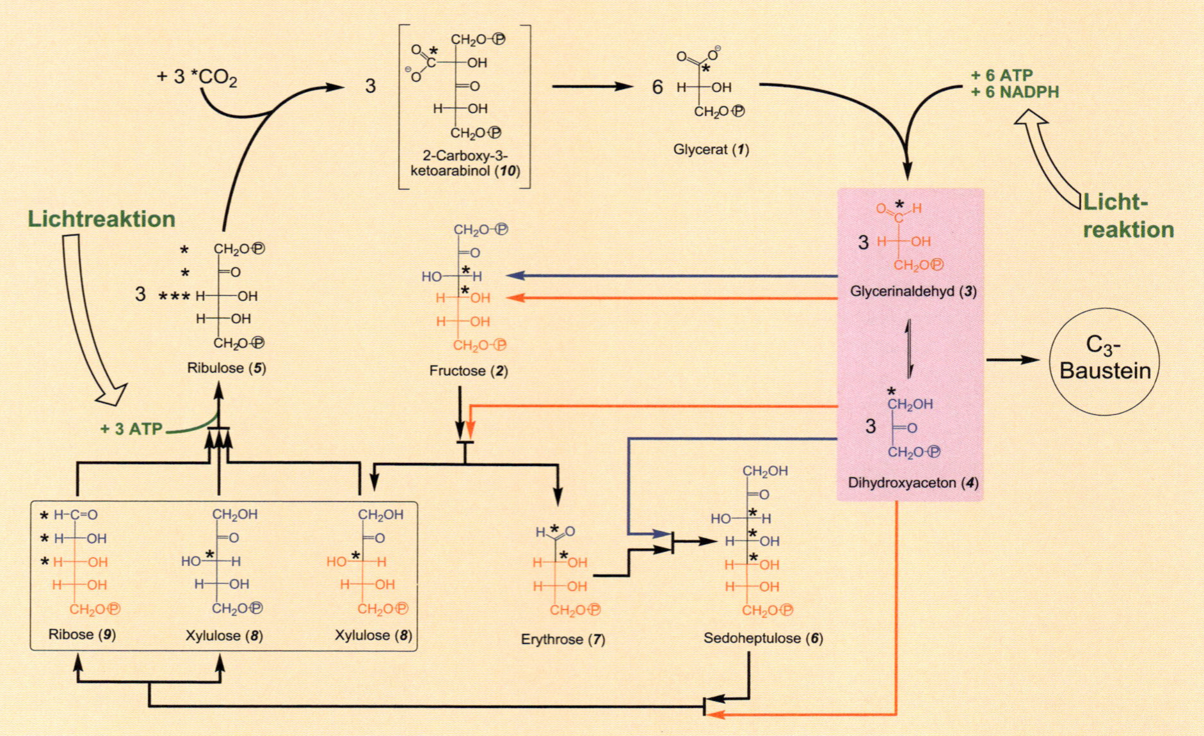

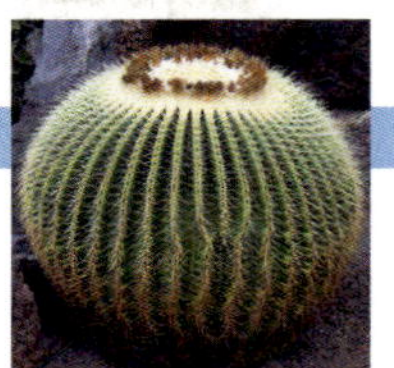

CO_2-Akzeptor ist das Ribulose-1,5-bisphosphat! Damit schließt sich die gesamte Reaktionskaskade zu einem Kreis, der heute zu Ehren seines Entdeckers als Calvin-Zyklus bezeichnet wird (Abbildung 16).

Das Wunderenzym Rubisco

Im Sonnenlicht nehmen Blätter etwa 2 g bzw. 1 Liter CO_2 je Stunde und Quadratmeter Blattfläche auf [8]. Global werden durch Pflanzen jährlich knapp $3 \cdot 10^{14}$ kg CO_2 in den biologischen Kreislauf eingebracht [24]. Um den Reaktionsmechanismus der CO_2-Addition zu verstehen, betrachten wir zunächst das lineare Kohlendioxid-Molekül, in dem die beiden Sauerstoffatome aufgrund der höheren Elektronegativität negativiert und das zentrale Kohlenstoffatom positiviert sind. Kohlendioxid ist thermodynamisch außerordentlich stabil und deswegen extrem reaktionsträge. Nicht umsonst nutzen wir es als Schutzgas und zum Feuerlöschen.

Damit sich zwischen dem Kohlenstoffatom des CO_2 und dem Ribulose-1,5-bisphosphat eine C-C-Bindung bilden kann, muss das entsprechende Ribulose-Kohlenstoffatom stark negativiert sein. Ein solches C-Atom ist im Ribulose-1,5-bisphosphat zunächst nicht zu erkennen, allerdings ist

ABB. 17 | DIE VON RUBISCO IN DEN CHLOROPLASTEN KATALYSIERTEN REAKTIONEN

Ribulose-1,5-bisphosphat (5) — Endiol-Form — Carbanion — Rubisco — 2-Carboxy-3-ketoarabinol-1,5-bisphosphat (10) — 2 x 3-Phosphoglycerat (1)

2-Phosphoglycolat (11) + 3 x 3-Phosphoglycerat (1); + 2 ATP + NADPH; CO_2

Das Enzym Rubisco katalysiert sowohl die Addition von CO_2 (oben) als auch von Sauerstoff (unten) an Ribulose-1,5-bisphosphat. Nach Abspaltung des Protons H-3 erfolgt die Addition in beiden Fällen an das negativierte C-2 des Ribulose-1,5-bisphosphats.

oben: Das nach der Addition von CO_2 entstehende C_6-Zwischenprodukt spaltet sich hydrolytisch in zwei 3-Phosphoglycerate auf, die im Calvin-Zyklus weiterverarbeitet werden.

unten: Das nach der Sauerstoff-Addition entstehende Peroxid-Anion wird hydrolytisch zu einem C2- und einem C_3-Baustein gespalten (2-Phosphoglycolat und 3-Phosphoglycerat). Das 2-Phosphoglycolat wird über einen vielstufigen, und mit dem Verbrauch von einem NADPH- und 2 ATP-Molekülen (je zwei Molekülen 2-Phosphoglycolat) biochemisch sehr kostspieligen Weg in 3-Phosphoglycerat umgewandelt, wobei ein CO_2-Molekül abgespalten wird. Da Sauerstoff aufgenommen und CO_2 abgegeben wird, wird dieser Reaktionsweg als Photorespiration (Lichtatmung) bezeichnet.

ABB. 18 | DIE STRUKTUR VON RUBISCO AUS SPINAT

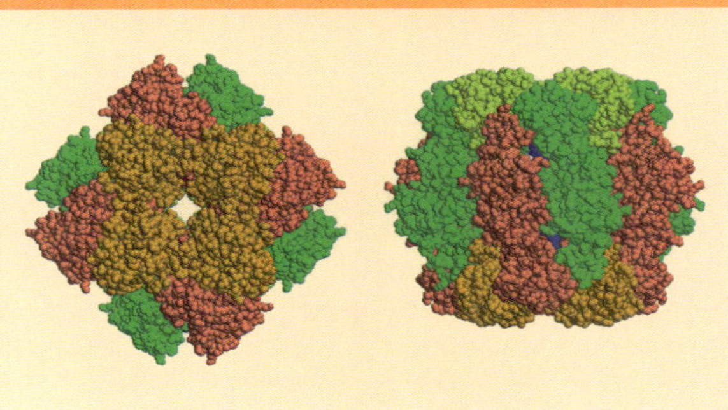

Rubisco ist das von den Pflanzen mengenmäßig am meisten biosynthetisierte Enzym auf der Erde. Sein Aufbau ist äußerst komplex: 16 Untereinheiten (8 große mit je 475 und 8 kleine Untereinheiten mit je 123 Aminosäuren) bilden die Quartärstruktur des aktiven Enzyms. Bei der gewaltigen Größe des Enzyms sind in den ansprechenden Darstellungen des Molekülkomplexes nur grobe Strukturinformationen erkennbar, in der Draufsicht (links) vier kleine Untereinheiten (gelb) und 8 große Untereinheiten (rot und grün), in der Seitenansicht (rechts) zwei aktive Zentren an den Berührungsflächen zwischen zwei großen Untereinheiten (dunkelblau). *(Bildquelle: www.pdb.org).*

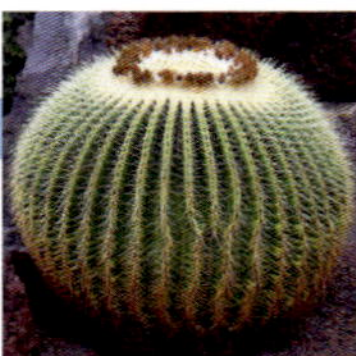

das Wasserstoffatom am C-3 der Ribulose **5** acide und kann sich in einem Gleichgewicht in das tautomere Endiol umwandeln, das bei physiologischen pH-Werten teilweise dissoziiert vorliegt [25] (Abbildung 17). Im Endiolat-Anion besitzt allerdings das C-2 eine negative Partialladung, und kann deswegen das C-Atom im CO_2 nukleophil angreifen. Das entstehende Additionsprodukt ist labil und wird nach Addition von Wasser rasch in zwei (identische) 3-Phosphoglycerat-Teilstücke zerlegt.

Die gesamte Umsetzung von Ribulose-1,5-bisphosphat mit CO_2 zu 3-Phosphoglycerat lässt uns nur staunen. Ein C_5-Zucker reagiert mit einem C_1-Körper (CO_2) zu einem C_6-

ABB. 19 | BILANZ DER BEIDEN VON RUBISCO KATALYSIERTEN REAKTIONEN

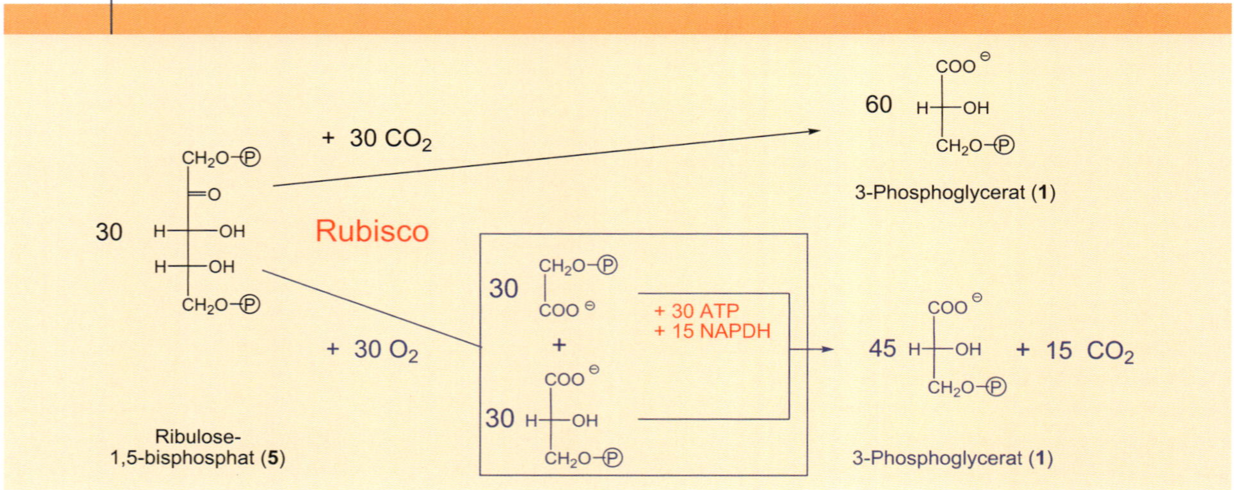

Rubisco katalysiert die Bindung von CO_2 und von O_2 an Ribulose-1,5-bisphosphat. CO_2-Fixierung und Photorespiration (Lichtatmung) zeigen aber eine völlig unterschiedliche Bilanz [51].

oben: Die Reaktion von Ribulose-1,5-bisphosphat mit CO_2 zu 3-Phosphoglycerat benötigt weder die Zufuhr von Reduktionsmitteln noch verbraucht sie ATP. Im weiteren Verlauf werden die 60 entstandenen Moleküle 3-Phosphoglycerat im Calvin-Zyklus zu Triosen reduziert, von denen 10 dem Pflanzenwachstum dienen und 50 zur Rückgewinnung von 30 Molekülen Ribulose-1,5-bisphosphat benötigt werden.

unten: Die Bilanz der Photorespiration sieht ganz anders aus. Aus 30 Molekülen Ribulose-1,5-bisphosphat werden nach Addition von 30 Molekülen Sauerstoff letztlich 45 Moleküle 3-Phosphoglycerat und 15 CO_2. Aus den 45 Molekülen 3-Phosphoglycerat können im Calvin-Zyklus von den eingesetzten 30 Ribulose-1,5-bisphosphat aber nur 27 zurück gewonnen werden, 15 Kohlenstoffatome fallen als unbrauchbares CO_2 an. Die Photorespiration erscheint als ein völlig überflüssiger Stoffwechselzyklus, denn bei der Oxidation des Kohlenhydrats zu CO_2 wird keine Energie gewonnen, im Gegenteil: ATP und Reduktionsäquivalente NADPH werden eigentlich sinnlos verpulvert!

ABB. 20 | CO_2-ASSIMILATION IN C_4-PFLANZEN (BUCHLOE DACTYLOIDES, BÜFFELGRAS)

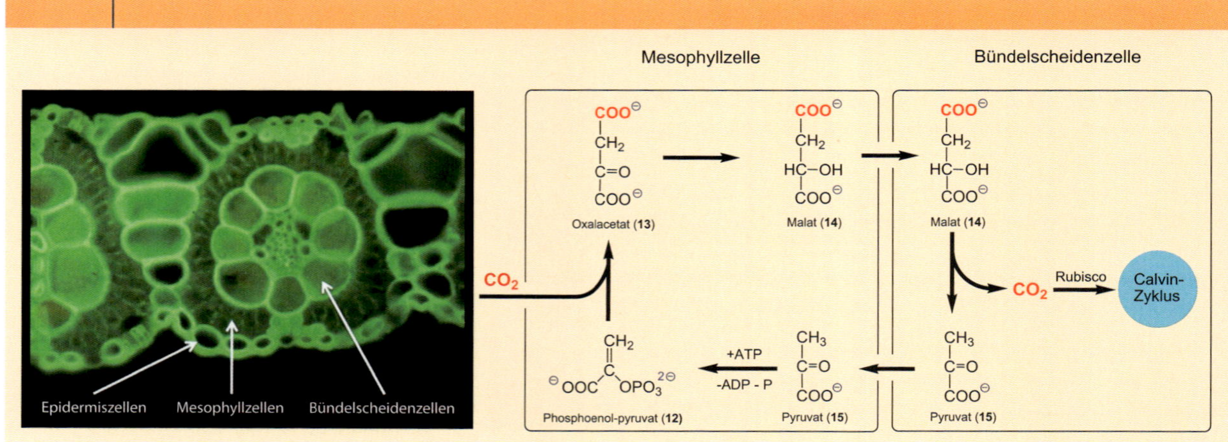

In einer typischen C_4-Pflanze gelangt das CO_2 durch die Spaltöffnungen zunächst in die Mesophyllzellen. Dort wird es in Form des C_4-Körpers Oxalacetat zwischengespeichert. Nach Reduktion diffundiert das Malat in die Bündelscheidenzellen und wird dort decarboxyliert. Das so zurückgewonnene CO_2 wird dann, wie bei den C_3-Pflanzen, im Calvin-Zyklus in Kohlenhydrate überführt. *Bildquelle: http://delta-intkey.com.*

Körper, der anschließend in zwei identische C_3-Körper zerfällt. Effizienter geht es nicht, einfach genial! Noch verblüffender dabei ist, dass alle Reaktionsschritte an einem einzigen Enzym ablaufen. Eine Meisterleistung der Natur, wie dieses Enzym das reaktionsträge CO_2 bei Raumtemperatur zu einer Bildung einer C-C-Bindung bringt. Das müssen wir uns näher ansehen.

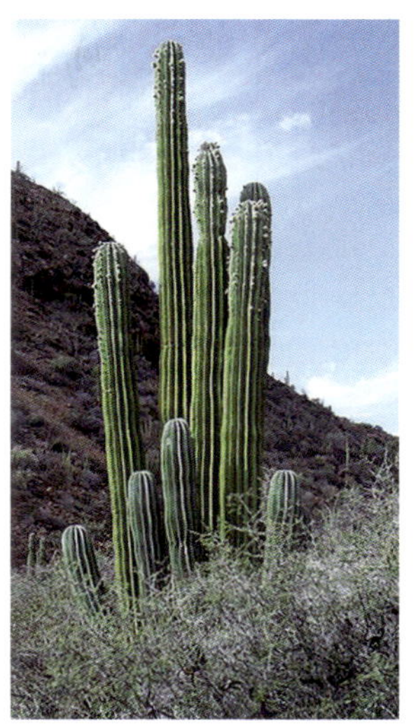

Rubisco – ein katalytisches Faultier?

Im Mittelpunkt der Entdeckungsgeschichte dieses Enzyms [26] steht der Spinat. Der amerikanische Biochemiestudent S.G. Wildman fand 1940 beim Studium des Buches „*Protein Metabolism in Plants*" von A.C. Chibnall eine Vorschrift zur Isolierung von Proteinen aus Spinat. Wildman war so fasziniert, dass er sich sofort frischen Spinat besorgte und einen Fleischwolf auslieh, um Chibnalls Experiment zu wiederholen. Er ging aber einen Schritt weiter und reinigte das Protein durch Umfällen mit gesättigter Ammoniumsulfatlösung. Bei einem Sättigungsgrad von 35 % fiel ein Niederschlag aus, den er als „Fraktion 1" bezeichnete, der in Lösung verbleibende Teil entsprechend „Fraktion 2" [27]. „Fraktion 1" erwies sich als Glücksgriff, denn alle späteren Trennungsversuche mit Hilfe der Elektrophorese oder Ultrazentrifuge ergaben, dass es sich um ein reines Protein handelte, dessen Funktion im Spinat unbekannt war. Erst Jahrzehnte später zeigte sich, dass „Fraktion 1" die Reaktion von CO_2 mit Ribulose1,5-bisphosphat katalysierte.

Infolge des wachsenden Interesses an „Fraktion 1" bekam das Enzym immer neue Namen: Carboxydismutase, Ribulosediphosphat-carboxylase, Ribulosebisphosphat-carboxylase und 3-Phospho-D-glycerat-carboxylase. Als schließlich entdeckt wurde, dass dieses Enzym nicht nur eine CO_2-, sondern auch O_2-Addition an Ribulose-1,5-bisphosphat katalysierte [28], wurde aus „Fraktion 1" schließlich eine Ribulose-bis-carboxylase-oxygenase. Das abrupte Ende all dieser Zungenbrecher beschrieb Wildman wie folgt [29]: *„Weiß Gott, wo das alles hätte enden können, wenn nicht David Eisenberg bei dem Symposium zu meiner Verabschiedung in den Ruhestand im Juli 1979 das Ding scherzhaft Rubisco genannt hätte. Er erklärte, dass in der Abkürzung Ru für Ribulose und die folgenden fünf Buchstaben für „bis-carboxylase-oxygenase" stehen."* [30]

Rubisco ist ein riesiges, kugelförmiges Protein aus acht großen und acht kleinen Untereinheiten (Abbildung 18). In jeder großen Untereinheit ist ein aktives Zentrum enthalten. Der Angriff des CO_2 an das C-2 des Anions des Ribulose-1,5-bisphosphats folgt den bereits in Abbildung 17 dargestellten Einzelschritten [31].

Rubisco ist wahrscheinlich das ineffektivste Enzym überhaupt. Die meisten Enzyme setzen weit mehr als 1000 Substratmoleküle pro Sekunde um, Rubisco bringt es gerade einmal auf 3 pro Sekunde und wird gelegentlich in der Literatur als lahm bezeichnet [32]. Zum Ausgleich der schwachen katalytischen Wirkung müssen Pflanzen das Enzym in gewaltigen Mengen bereitstellen, mehr als 50 % des Gesamtproteingehalts von Blättern ist Rubisco, das dadurch mit schätzungsweise 40 Millionen Tonnen das auf der Erde am meisten biosynthetisierte Protein ist.

Rubisco – ein katalytischer Vielfraß?

Rubsico ist nicht nur wenig aktiv, es ist auch nicht sehr wählerisch. Anstelle von CO_2 katalysiert Rubisco auch die Addition von Sauerstoff an Ribulose-1,5-bisphosphat. Dies ist keineswegs eine unwichtige Nebenreaktion, sondern etwa jedes vierte Rubisco-Molekül ist damit beschäftigt. Das Resultat dieser als Photorespiration bezeichneten Reaktionssequenz ist in Abbildung 17 unten zusammengefasst. Dabei entsteht aus dem C_5-Körper Ribulose-1,5-bisphosphat (**5**) und Sauerstoff 3-Phosphoglycerat und der C_2-Baustein Phosphoglycolat (**11**). Aus biochemischer Sicht ist Phosphoglycolat für die Pflanze ein nutzloses Abfallprodukt, das aufwendig in 3-Phosphoglycerat umgewandelt werden muss, wobei *summa summarum* zwei Phosphoglycolat-Moleküle (**11**) unter Abspaltung von einem Molekül CO_2 in ein Molekül 3-Phosphoglycerat (1) umgewandelt werden [33]. Dabei werden 2 Moleküle ATP und ein Molekül NADPH verbraucht, beide werden von der Lichtreaktion geliefert.

Eine vergleichende Bilanz zwischen der CO_2-Fixierung und der Photorespiration zeigt einen drastischen Unterschied: Die CO_2-Fixierung führt ohne Verbrauch von NADPH und ATP zu 3-Phosphoglycerat, das dann weiter im

ABB. 21 | VERGLEICH DER INTERNEN CO_2-PARTIALDRÜCKE IN C_3- UND C_4-PFLANZEN

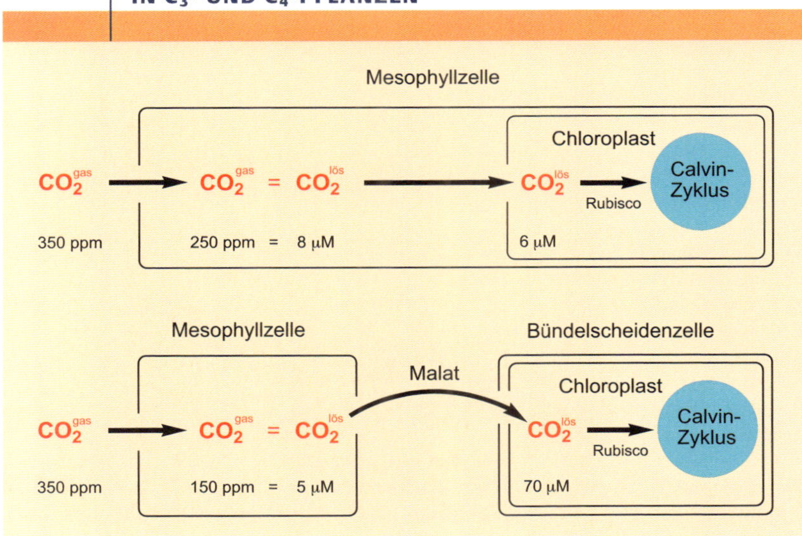

Calvin-Zyklus verarbeitetet werden kann (Abbildung 19). Im Gegensatz dazu führt die Sauerstoffaufnahme bei der Phosphorespiration zum Abbau von Ribulose-1,5-bisphosphat unter Verbrauch von Reduktionsäquivalenten NADPH und ATP. Im Vergleich zur CO_2-Fixierung erscheint die konkurrierende Photorespiration als ein biochemisch leerlaufender Reaktionszyklus, bei dem obendrein chemische Energie sinnlos vernichtet wird. Sollte hier im Laufe von 4,5 Milliarden Jahren die optimierende Kraft der Evolution versagt haben?

Betrachten wir eine Pflanze im vollen Sonnenschein und gleichzeitigem Wassermangel. Zum Schutz gegen Verdunstung schließen die Pflanzen die Spaltöffnungen, können dann aber kein CO_2 mehr aufnehmen. In diesem Fall liegt ein Überschuss von ATP und Reduktionsmitteln vor, der zu verschiedenen für die Pflanze schädlichen Folgen führen kann (Entstehung von Singulett-Sauerstoff etc.). Die biochemisch zunächst sinnlos erscheinende ATP- und NADPH-Vernichtung durch die Photorespiration dient also als Schutz vor Gewebeschäden.

ABB. 22 | DER TAG-NACHT-RHYTHMUS EINES KLEINEN GRÜNEN KAKTUS

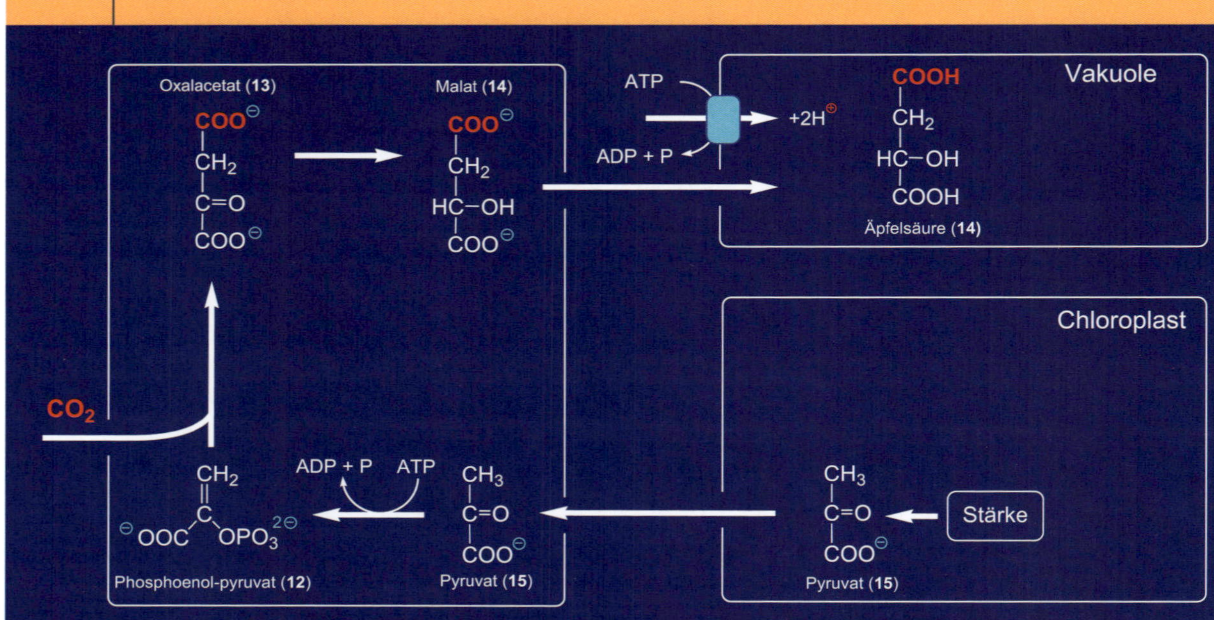

Kakteen sind typische CAM-Pflanzen (Crassulacean Acid Metabolism). Das bei Nacht durch die geöffneten Spaltöffnungen aufgenommene CO_2 (oben) wird in den Vakuolen bei pH = 3,0 in Form des C_4-Körpers Äpfelsäure zwischengespeichert. Dazu muss Stärke abgebaut werden, um das notwendige Phosphoenolpyruvat bereitzustellen. Tagsüber (unten) sind die Spaltöffnungen geschlossen und die in den Vakuolen zwischengespeicherte Äpfelsäure wird abgebaut und das dabei entstehende CO_2 wird, wie bei C_3-Pflanzen, im Calvin-Zyklus zu Kohlenhydraten umgewandelt (z.B. Stärke).

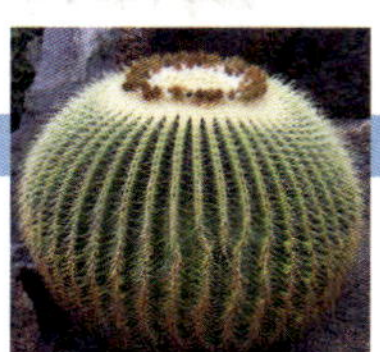

Die Suche nach einem Rubisco mit erhöhter Reaktivität und gleichzeitig verbesserter Selektivität, also eine Begünstigung der CO_2-Aufnahme gegenüber der Sauerstoffaufnahme, wird aber wohl ein Wunschtraum bleiben. 2006 haben T.J. Andrews *et al.* in einer bemerkenswerten Studie [34] nachweisen können, dass die natürlichen Rubisco-Varianten bereits gut optimiert sind. Sie fanden eine negative Korrelation zwischen Selektivität und Aktivität. Hirse z.B. ist im Vergleich zu Spinat um 17 % weniger selektiv, dafür aber um 46 % aktiver. Mit anderen Worten, was auf der einen Seite gewonnen wird, wird auf der anderen verloren. Dieser Trend wird überall im Pflanzenreich (einschl. photosynthetisierender Bakterien) beobachtet. Die Evolution scheint also das für den jeweiligen Lebensraum (intrazellulärer CO_2- und O_2-Gehalt, thermische Bedingungen) die optimale Kombination von CO_2/O_2-Selektivität und maximalem katalytischen Umsatz bereits annähernd gefunden zu haben. Trotzdem ist Raum für Verbesserungen vorhanden, allerdings dürfen keine Wunder erwartet werden, denn Rubisco ist weder ein Faultier noch ein Vielfraß, im Gegenteil, Rubisco ist schon ziemlich Spitze!

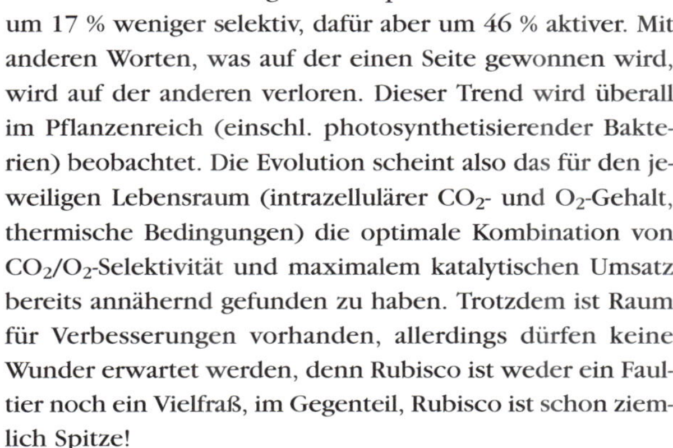

Von C_3- zu C_4-Pflanzen

Die bisher behandelte CO_2-Fixierung führt zu einem C_3-Körper als erstem fassbaren Produkt und alle Pflanzen, die CO_2 auf diesem Weg aufnehmen, werden als C_3-Pflanzen bezeichnet. Die Entdeckung einer alternativen CO_2-Aufnahme begann 1954 völlig unspektakulär mit einer Mitteilung im Forschungsbericht der Gesellschaft Hawaiianischer Zuckerrohranbauer. Dort wurde berichtet, dass in den Blättern von Zuckerrohr nicht 3-Phosphoglycerat, sondern C_4-Körper wie Äpfelsäure (Malat) die Primärprodukte waren. Eine zusammenfassende wissenschaftliche Publikation dieser Untersuchungen erschien jedoch erst 1965 [35]. Dort wurde diese Schlussfolgerung formuliert: *„Der im Zuckerrohr eingeschlagene Weg der CO_2-Assimilation unterscheidet sich qualitativ von dem anderer Pflanzen"*.

Die Australier Marshall Hatch und Roger Slack, die im Labor der *Colonial Sugar Refining Company* in Brisbane arbeiteten, griffen die experimentellen Ergebnisse auf und begannen mit eigenen Versuchen, den zugrunde liegenden biochemischen Prozess aufzudecken. Frisch präparierte Zuckerrohrblätter wurden kurzzeitig mit $^{14}CO_2$ begast und es zeigte sich, dass sich bereits eine Sekunde später über 90 % der aufgenommenen Radioaktivität in Äpfelsäure, Asparaginsäure und Oxalessigsäure wiederfanden, alles C_4-Körper! Radioaktives 3-Phosphoglycerat (***1***) tauchte dagegen erst später auf [36]. Offensichtlich war die Bildung der drei C_4-Körper einem Calvinzyklus vorgeschaltet. Die beiden Autoren bezeichneten diese neuartige CO_2-Aufnahme als C_4-Stoffwechsel, da hierbei nicht der C_3-Körper 3-Phosphoglycerat, sondern die C_4-Dicarbonsäuren die ersten fassbaren Verbindungen waren. Heute wird der C_4-Stoffwechsel auch als Hatch-Slack-Weg bezeichnet.

Während in C_3-Pflanzen der gesamte Calvin-Zyklus in den Chloroplasten des Palisadengewebes stattfindet, läuft die CO_2-Assimilation in C_4-Pflanzen nacheinander in zwei verschiedenen Blattzellen ab. Zunächst wird das CO_2 in den Mesophyllzellen vorläufig fixiert, indem es mit Phosphoenolpyruvat (***12***) zu Oxalessigsäure (***13***) reagiert (Abbildung 20). Anschließend wird Oxalacetat zu Malat (***14***, Salz der Äpfelsäure) reduziert. Das Malat (***14***) diffundiert dann in die von den Mesophyllzellen ringförmig umschlossenen Bündelscheidenzellen und wird in den dortigen Chloroplasten oxidativ zu Pyruvat (***15***, Salz der Brenztraubensäure) decarboxyliert [37]. Erst das dort freigesetzte CO_2 wird, wie in einer C_3-Pflanze, über Rubisco in den Calvin-Zyklus eingebracht.

Die vorläufige CO_2-Fixierung in Form von C_4-Dicarbonsäuren kostet chemische Energie, denn bei der Synthese des sehr reaktiven Phosphoenolpyruvat aus Pyruvat wird ein Mol ATP verbraucht (Abbildung 20). Warum treiben C_4-

ABB. 23 | PHOTOSYNTHESETYPEN DER HÖHEREN PFLANZEN [41]

	C_3 *Sonnenblume*	C_4 *Mais*	CAM *Kandelaberkaktus*
CO_2-Aufnahme (g/m^{-2}h^{-1})	1,5–3,7	4,4–7,0	0,1–0,5
Energieaufwand [ATP/ CO_2]	3	4–5	5,5–6,5
Wasserbedarf (g H_2O/g Trockengew.)	450–950	250–350	18–125
Wuchsleistung (g/d m^2 Blattfläche) [8]	53–76	51–78	extrem gering
optimale Temperatur [°C]	15–25	30–47	ca. 35

Poison Ivy und das Killergas

Die amerikanische Umweltbehörde EPA erklärte 2009 Kohlendioxid offiziell zu einem Luftschadstoff [52]. CO_2 wird von der Presse als Killergas, Todesgas und als Molekül des Verderbens gebrandmarkt [53]. Die progressiven Pläne, im Emirat Abu Dhabi eine neue 50 000-Einwohner-Stadt „Masdar City" mit Null Prozent CO_2-Ausstoß zu errichten [54], kann Angst machen. Dürfen dort Menschen nur noch ein- und nicht mehr ausatmen? Die Frage ist durchaus berechtigt, denn die zukünftigen 50 000 Einwohner von Masdar City werden jährlich 15 000 Tonnen CO_2 ausatmen [55].

Auf die Weltbevölkerung hochgerechnet atmen alle 7 Milliarden Menschen im Jahr 2 Gt CO_2 aus. Das sind 5,5 % des gesamten anthropogenen CO_2-Ausstosses (36,3 Gt/a). Immerhin! Allerdings nehmen sich unsere ausgeatmeten 2 Gt gegenüber den natürlichen CO_2-Emissionen von 550 Gt/a doch eher bescheiden aus. Mit anderen Worten: Wir können ruhig weiteratmen, denn der Beitrag humaner Atemluft zur Erderwärmung ist doch sehr gering.

Auf der anderen Seite hätten wir das ganze Problem gar nicht, wenn wir selbst die Photosynthese durchführen könnten. Uns fehlt dazu lediglich eine Zellschicht mit Chloroplasten unter der Haut. Bei einer Oberfläche von 170 dm^2 und mit der Syntheserate eines typischen Blattes von 20 mg Glucose/dm^2/h könnte ein Pflanzenmensch bei 12 h Sonnenlicht etwa 40 g Glucose herstellen. Das würde 10 % unseres täglichen Kalorienbedarfs abdecken [56], der Anteil wäre steigerungsfähig, wenn wir durch kräftiges Blattwachstum an Haut und Haar unsere Oberfläche vergrößern würden.

Pflanzenmenschen leben nur in der Phantasiewelt der Comics. Poison Ivy, ursprünglich Pamela Lillian Isley, ist ein bekanntes Beispiel. Sie studierte Biologie und wollte bei Prof. Jason Woodrue (Codename: Plant-Master) über Kreuzungen von Mensch und Pflanzen promovieren. Sie verliebte sich in ihren Doktorvater, der sie schändlich ausnutzte und in einer experimentellen Studie zu einer menschlichen Pflanze mutieren ließ. Charakterlich misslang das gewagte Experiment, denn seitdem treibt sie in Gotham City ihr Unwesen und macht Batman das Leben schwer. So scheint es wohl besser zu sein, das CO_2-Recycling den uns in dieser Hinsicht weit überlegenen Pflanzen zu überlassen. (Bildquelle: Daniel Miesner, www.comicvine.com)

Pflanzen diesen Aufwand? Die Antwort kann man erahnen, denn C_4-Pflanzen traten erst vor ca. 12 Millionen Jahren auf und sind seitdem außerordentlich erfolgreich. Der zusätzliche Energieaufwand muss sich also lohnen. Schauen wir genauer hin (Abbildung 21).

Die CO_2-Konzentration in unserer Luft beträgt 350 ppm (0,035 %). Steht das gasförmige CO_2 mit Wasser bei Raumtemperatur im Gleichgewicht, entspricht dies einer Konzentration von 11,5 mM an gelöstem CO_2. In einer typischen C_3-Pflanze diffundiert das CO_2 durch die Spaltöffnungen entlang einem CO_2-Konzentrationsgradienten von etwa 100 ppm, so dass im Zellplasma eine CO_2-Konzentration von etwa 8 mM vorliegt. Am Ort der CO_2-Assimilation, also in den Thylakoidmembranen der Chloroplasten, liegt die CO_2-Konzentration dann bei etwa 6 mM. Die Sauerstoffkonzentration dort liegt bei etwa 250 mM und unter diesen Druckverhältnissen ist jedes vierte Enzymmolekül mit der Photorespiration und nicht mit der CO_2-Assimilation beschäftigt.

Anders sieht es bei einer typischen C_4-Pflanze aus (Abbildung 21). Zunächst sind die Spaltöffnungen weniger geöffnet. Das hereindiffundierende CO_2 wird rasch an das hochreaktive Phosphoenolpyruvat (***12***) chemisch gebunden und über die Zwischenstufe des Malats in die Chloroplasten gepumpt. Diese CO_2-Pumpe kostet zwar ATP, aber durch die wesentlich höhere CO_2-Konzentration in den Chloroplasten der Bündelscheidenzellen wird dort die Photorespiration praktisch völlig unterdrückt. Alle Rubiscos sind mit der CO_2-Assimilation beschäftigt und verpulvern keine chemische Energie über die Photorespiration. Hier haben die C_4-Pflanzen einen deutlichen Vorteil gegenüber den C_3-Pflanzen. Weiterhin verlieren C_4-Pflanzen durch die verringerte Öffnung der Spaltöffnungen weniger Wasserdampf und benötigen nur noch halb so viel Wasser wie C_3-Pflanzen (Abbildung 22). Insgesamt wachsen C_3-Pflanzen aufgrund ihrer energetisch weniger aufwendigen CO_2-Assimilation bevorzugt in gemäßigten Klimazonen, während C_4-Pflanzen an tropische Habitate besser adaptiert sind.

Und unser kleiner grüner Kaktus?

Einige Pflanzen, und dazu gehört unser kleiner Kaktus, haben sich noch besser an extrem heiße und trockene Klimazonen angepasst. Während C_4-Pflanzen die Bildung der C_4-Zwischenverbindungen und den Calvin-Zyklus in verschiedenen Zellen des Blattes durchführen, also räumlich getrennt, haben die sogenannten CAM-Pflanzen (***C**rassulacean **a**cid **m**etabolism*) eine zeitliche Trennung vorgenommen [38]. Nachts öffnen sich die Spaltöffnungen und CO_2 diffundiert ein, wobei der Verlust an Wasserdampf bei den niedrigeren Nachttemperaturen gering ist. Das CO_2 wird mit Phosphoenolpyruvat (***12***) gebunden und das entstehende Oxalacetat (***13***) zu Malat (***14***, Äpfelsäure) mit NADPH reduziert. Das Malat wird dann in die zentrale Vakuole gepumpt, einem im Zellinneren abgeschlossenen Hohlraum.

Hier nun brilliert der kleine grüne Kaktus mit einem osmotischen Meisterstück. In die Vakuole können ja nicht Malat-Dianionen allein eingebracht werden, sondern nur zusammen mit einer entsprechenden Zahl von Kationen. Die beiden Carboxylgruppen der Äpfelsäure (***14***, pK = 3,5 und 5,1) liegen bei neutralem pH-Wert dissoziiert vor. In die Zentralvakuole werden mit energetischer ATP-Unterstützung Protonen als Gegenkationen des Malats hineingepumpt, die dann *nicht* wie üblich gegen andere Kationen (z.B. K^+ oder Na^+) ausgetauscht werden. Der Effekt ist dramatisch: Die hineingepumpten Protonen senken den pH-Wert auf sagenhafte 3,0 (!!). Bei diesem pH-Wert liegt die Äpfelsäure praktisch undissoziiert vor. Ein toller osmotischer Trick, denn Malat mit 2 Gegenionen wären drei os-

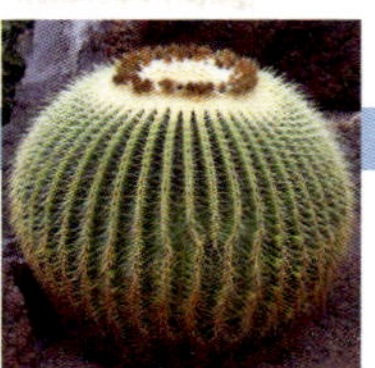

mosewirksame Teilchen und die undissoziierte Äpfelsäure nur ein Teilchen, so dass die simple pH-Wertabsenkung den osmotischen Druck auf ein Drittel verringert [39].

Tagsüber hält der Kaktus seine Spaltöffnungen verschlossen, damit nur wenig Wasserdampf entweichen kann. Dann wird die gespeicherte Äpfelsäure decarboxyliert und das dabei freiwerdende CO_2 über den Calvin-Zyklus assimiliert, wobei die Lichtreaktion das notwendige ATP und NADPH liefert. Der assimilierte Kohlenstoff wird letztlich in Form von Stärke gespeichert. Nach Sonnenuntergang baut der Kaktus die gespeicherte Stärke oxidativ zu Phosphoenolpyruvat (***12***) ab, öffnet seine Spaltöffnungen und beginnt in der Kühle der Nacht mit der Aufnahme von CO_2.

In besonders harten Hitzeperioden hält der Kaktus seine Spaltöffnungen immer völlig geschlossen und produziert über einen nächtlichen Stärkeabbau (Glykolyse) CO_2, das sofort als Äpfelsäure zwischengespeichert wird. Tagsüber wandelt er die gespeicherte Äpfelsäure wieder in CO_2 um, das bei Licht über den Calvin-Zyklus in Stärke gespeichert wird. Auch das bei der Äpfelsäure-Decarboxylierung gewonnene Pyruvat wird über Phosphoenolpyruvat (***12***) zu Stärke umgewandelt (Gluconeogenese). Der Not gehorchend hält der Kaktus mit diesem synthetisch völlig unproduktiven Kreislauf seinen Stoffwechsel aufrecht, kann dabei natürlich keine Biomasse herstellen (CAM-Leerlauf). Der Kaktus wartet geduldig auf bessere Zeiten, und das kann in trockenen Regionen schon einige Monate dauern.

Insgesamt ist der CAM-Stoffwechselweg nicht sehr produktiv, so dass CAM-Pflanzen nur extrem langsam wachsen. Dafür ist er sehr flexibel und selbst unter extremen äußeren Bedingungen raffiniert biochemisch ausbalanciert.

Der morgendlich besonders niedrige pH-Wert in einer CAM-Pflanze wurde bereits vor 200 Jahren an *Bryophyllum calycinum* bemerkt. Der deutsche Missionar und Botaniker Benjamin Heyne (1770-1819) berichtete 1813 in einer Mitteilung an die Linnean Society in London, dass die Blätter dieses Dickblattgewächses (*Crassulaceae*) *„morgens so sauer schmecken wie Sauerampfer, wenn nicht noch saurer, und im Laufe des Tages ihre Säuerlichkeit verlieren, mittags praktisch geschmacklos sind und bis zum Abend fast bitter werden.*“ [40]. Geschmackvoller kann der nächtliche Aufbau und der tagsüber stattfindende Abbau von Äpfelsäure nicht beschrieben werden.

Jeder der drei Stoffwechselwege zur CO_2-Assimilation (Abbildung 23), C_3-, C_4- und CAM-Stoffwechselweg hat seine Stärken und Schwächen. C_3-Pflanzen bevorzugen gemäßigte, C_4-Pflanzen tropische und CAM-Pflanzen aride Klimazonen. Dieser Vergleich zeigt die unglaubliche Anpassungsfähigkeit der Pflanzen an unterschiedliche Lebensräume, nicht nur auf morphologischer, sondern auch auf molekularer Ebene.

Unser kleiner grüner Kaktus mag im Vergleich zu seinen starkwüchsigen C_3- und C_4-Verwandten zwar winzig erscheinen, biochemisch gesehen ist er aber ein Riese, und schlau obendrein. Nachts nimmt er CO_2 auf und speichert es vorübergehend in Form von Äpfelsäure. Nach Tagesanbruch beginnt er die Äpfelsäure wieder zu CO_2 abzubauen, das er dann mit Hilfe des Lichts in Biomasse umwandelt. Wir erkennen wieder einmal, dass die Natur die größte Chemikerin ist.

Zusammenfassung

Pflanzen nehmen Kohlendioxid auf und wandeln es in Kohlenhydrate um. Wie schaffen es Pflanzen, das extrem inaktive Gas zur Reaktion zu bringen? Wie sieht der CO_2-Akzeptor aus und wie der Katalysator? Verfolgen wir das Schicksal eines einzelnen Kohlenstoffatoms vom CO_2 bis zu den Kohlenhydraten. Es ist ein Weg voller Überraschungen und am Ende werden wir respektvoll erkennen, dass Pflanzen wirklich brillante Chemiker sind.

Danksagung

Wir bedanken uns bei Dr. P. Winchester für ihre sprachliche und Prof. U. Abram, Freie Universität Berlin, für seine fachliche Unterstützung. Wenn nicht anders angegeben, stammt das Bildmaterial aus *wikimedia.commons* und *flickr.com*, die Darstellungen der Enzyme aus der *Protein Data Bank* (www.pdb.org). Wir danken allen Wissenschaftlern und Wissenschaftlerinnen und ihren Institutionen, dass sie das Bildmaterial zur freien Verfügung gestellt haben.

Literatur und Anmerkungen

[1] Erst durch die vor 4,5 Milliarden Jahren aufgetretenen photosynthetisch aktiven Blaualgen gelangte Sauerstoff in die Erdatmosphäre und erreichte vor 500 Millionen Jahren einen Anteil in der Atmosphäre von etwa 18 %. Seitdem variiert dieser Wert zwischen 13–31 % und liegt heute bei 21 %. R.A. Berner *et al.*, *Science* **2007**, *316*, 557.

[2] Dieser historische Abriss soll nur einen Überblick geben und ist keine vollständige wissenschaftshistorische Dokumentation. Zum leichteren Verständnis werden hier neben den damals üblichen auch die heute gebräuchlichen Begriffe verwendet.

[3] *Joan Baptista Van Helmont: Reformer of Science and Medicine*, Pagel, W., **2002**, Cambridge University Press, Cambrigde. Die in den fünf Jahren jeweils im Herbst herabgefallenen Blätter wurden nicht in die Masse einbezogen.

[4] *Geschichte der Biologie*, I. Jahn (Hrsg.), **1998**, Nikol, Hamburg, 3. Aufl.

[5] *Experiments and Observations on Different Kinds of Air*, Vol. I, J. Priestley, **1774**, London, *ibid.*, Vol II, J. Priestley, **1775**, London. http://www.archive.org/details/experimentsobser01prie, Zugriff 17.6.2010.

[6] Jan Ingenhousz, *Experiments upon vegetables, discovering their great power of purifiying the common air in the sunshine, and of injuring it in the shade and night.*, **1779**. http://web.lemoyne.edu/~giunta/ingenhousz.html (Zugriff 9.6.2010).

[7] *Theodor von Saussure's chemische Untersuchungen über die Vegetation. Aus dem französischen übersetzt, mit einem Anhange und Zusätzen versehen,* F. S. Vogt, **1805**, Reclam, Leipzig.

[8] Der von de Saussure ermittelte optimale Gehalt an Kohlendioxid von 8 % wird heute als viel zu hoch bewertet. In Gewächshäusern erfolgt die Düngung mit CO_2 in Bereichen von 0,08 bis 0,1 %. *Lehrbuch der Botanik Strasburger*, **1991**, Gustav Fischer Verlag, Stuttgart, 33. Aufl., S. 285.

[9] Natürlich bestehen Pflanzen nicht nur aus Kohlenhydraten, sondern enthalten neben Proteinen und Fetten auch Spurenelemente, die Kohlenhydrate (verschiedene Zucker, Stärke und Cellulose) bilden aber die Hauptmenge der Trockensubstanz und Cellulose ist die häufigste organische Substanz überhaupt.

[10] Die Bedeutung des Lichts für die Photosynthese drückt sich im Namen aus. Charles Reid Barnes schlug 1898 zwei Namen vor: Photosyntax und Photosynthese, letzterer setzte sich durch. H. Gest, *Photosynthesis Research*, **2002**, *73*, 7.

[11] R. Hill, *Nature* **1937**, *139*, 881.

[12] S. Ruben *et al*, *J. Am. Chem. Soc.* **1941**, *63*, 877.

[13] Nobelpreise für Chemie, die in Zusammenhang mit der Photosynthese stehen: 1915 Richard Martin Willstätter (1872–1942) *„für seine Untersuchungen der Farbstoffe im Pflanzenreich, vor allem des* Chlorophylls"; 1930 Hans Fischer (1881–1945) *„für seine Arbeiten über den strukturellen Aufbau der Blut- und Pflanzenfarbstoffe und für die Synthese des* Hämins"; 1961 Melvin Calvin (1911–1997) *„für seine Forschungen über die* Kohlensäure-*Assimilation der Pflanzen*";1965 Robert B. Woodward (1917–1979) *„für seine Arbeiten auf dem Gebiet der* Naturstoffsynthesen"; *1988 Johann Deisenhofer* (* 1943), *Hartmut Michel* (* 1948) *und Robert Huber* (* 1937) *„für die Erforschung des Reaktionszentrums der* Photosynthese *bei einem* Purpurbakterium".

[14] Verständliche Einführungen: R. Cogdell, *New Scientist* **2013**, February 2; J. Kurreck *et al.*, *Chemie Unserer Zeit* **1999**, *33*, 72; Tiefergehender Überblick: *Photosynthetic Protein Complexes*, P. Fromme (ed), **2008**, Wiley-VCH, Weinheim.

[15] Die Kartoffel, ursprünglich in Amerika heimisch, erlangte Bedeutung in Deutschland vor allem durch Friedrich den Großen (1712–1786). Er sorgte für den großflächigen Anbau der Kartoffel und erließ im März 1756 eine Order, in der es heißt: *„Es ist Uns in höchster Person in Unsern und anderen Provintzien die Anpflanzung der sogenannten Tartoffeln, als ein nützliches und so wohl für Menschen, als Vieh auf sehr vielfache Art dienliches Erd Gewächse, ernstlich anbefohlen.* [...]" *(http://de.wikipedia.org/wiki/Kulturgeschichte_der_Kartoffel)*

[16] *Botanisches Grundpraktikum zur Phylogenie und Anatomie*, D. Böhlmann, **1994**, Quelle & Meyer, Wiesbaden

[17] Bei Landpflanzen befinden sich deutlich mehr Spaltöffnungen an der Blattunterseite als an der Oberseite. So besitzt eine Sonnenblume an der Blattoberseite 175 Spaltöffnungen pro mm^2 Blattfläche und an der Unterseite 325. Das Apfelbaumblatt hat an der Oberseite sogar keine, an der Unterseite dagegen 290 Spaltöffnungen pro mm^2 Blattfläche und der Ölbaum kommt gar auf 545! Bei der Seerose liegen die Verhältnisse genau umgekehrt: Sie besitzt an der Oberseite 490 Öffnungen pro mm^2 und an der Unterseite nicht eine! Spitzenreiter in der Länge der Spaltes von Spaltöffnungen sind mit 38 µm Weizen, Hafer und Buschwindröschen. Die Spaltlänge bei der Glockenheide beträgt nur 3 µm. *Biologie in Zahlen*, R. Flindt, **2002**, Spektrum Verlag Heidelberg, 6. Aufl.

[18] H. W. Heldt und U. I. Flügge *Naturwissenschaften*,**1986**, *73*, 1. Einige Pflanzen, vor allem Algen, können neben CO_2 auch HCO_3^- aus dem Außenmedium aufnehmen, das von der Carboanhydrase wieder zu CO_2 umgewandelt wird. Siehe: G. Findenegg, *Planta* **1974**, 116, 123. Ein weiterer CO_2-Transportweg in die Zellen eröffnen CO_2-durchlässige Membranproteine (Aquaporine). Siehe: N. Uehlein, *Nature* **2003**, *425*, 734.

[19] http://nobelprize.org/nobel_prizes/chemistry/laureates/1961/calvin-lecture.pdf

[20] Jede einzelne Positionsbestimmungen der ^{14}C-Markierung in Fructose, Glucose und den anderen Kohlenhydraten ist ein chemisches Kunststück. Siehe *The Path of Carbon in Photosynthesis*, J.A. Bassham und M. Calvin, **1957**, Prentice-Hall, Englewood Cliffs, N.J. und die dort angegebene Originalliteratur.

[21] Da in diesem Artikel der chemische Aufbau des Kohlenstoffgrundgerüsts der Kohlenhydrate aus assimiliertem CO_2 im Vordergrund steht, werden zur Vereinfachung im Folgenden die Phosphatgruppen bei der Benennung der Verbindungen weggelassen. Dabei darf nicht vergessen werden, dass keine der beschriebenen Reaktionen ohne diese Phosphatreste in der Pflanze ablaufen würde. In den Strukturformeln sind die Phosphatgruppen weiterhin angegeben.

[22] Das klingt alles so einfach, aber in Wirklichkeit kostete es unendliche Mühe, die richtigen Vergleichssubstanzen in die Hände zu bekommen, entweder durch Überlassung von Substanzproben anderer Kollegen oder durch zeitaufwendige Laborarbeit bei der eigenen Synthese. A. A. Benson, *J. Am. Chem. Soc.* **1951**, *73* , 2971; A. A. Benson *et al.*, *J. Am. Chem. Soc.* **1951**, *73* , 2970.

[23] J.A. Bassham, A.A. Benson und M. Calvin, *J.Biol.Chem.* **1950**, *185*, 781.

[24] *Biologie in Zahlen*, R. Flindt, **2002**, Spektrum Akademischer Verlag, Heidelberg.

[25] Endiole sind allgemein mittelstarke Säuren, weil sich die negative Ladung über die Sauerstoff- und Kohlenstoffatome verteilt und dadurch das Anion stabilisiert wird. Ein bekannteres Beispiel des Endiol-Strukturelements ist die Ascorbinsäure (Vitamin C). Siehe S. Streller und K. Roth, *Chem. Unserer Zeit* **2009**, *43*, 38.

[26] A.R. Portis Jr. und M.A.J. Parry, *Photosynth.Res.* **2007**, *94*, 121.

[27] Einen persönlichen Rückblick auf diese große Entdeckung gibt Sam Wildman in *Photosynth. Res.* **2002**, *73*, 243.

[28] G. Bowes *et al.*, *Biochem. Biophys.Commun.* **1971**, *45*, 716.

[29] S.G. Wildman, *Photosynth. Res.* **2002**, *73*, 243.

[30] Für amerikanische Ohren ist „Rubisco" eine Anspielung auf den völlig farblosen, geruchlosen, geschmacklosen, aber nahrhaften Knusperkeks „Nabisco". Mit diesem typischen Seniorensnack spielte Eisenberg einerseits auf den kommenden Ruhestand als auch auf Wildmans originelle Idee an, die " Fraktion 1" aus Tabakpflanzen zu isolieren und zu einem Nahrungsmittel (Keks?) zu machen. Diese Idee Wildmans wurde bisher kommerziell (noch) nicht aufgegriffen.

[31] Einen sehr kompetenten Überblick über die Katalyse und Regulation von Rubisco gibt I. Andersson in *J.Exp.Botany* **2008**, *59*, 1555.

[32] V.B. Gerritsen, *Protein Spotlight*, **2003**, *38*. Siehe www.expasy.org/spotlight/back_issues/038/

[33] Das Recycling des 2-Phosphoglycolats ist nicht nur vielstufig, sondern beschäftigt nacheinander drei Zellorganellen: Chloroplasten, Peroxisomen und Mitochondrien.

[34] T.J. Andrews *et al.*, *Proc.Nat.Acad.Sci.USA*, **2006**, *103*, 7246; S. Gutteridge und J. Pierce, *Proc.Nat.Acad.Sci.USA*, **2006**, *103*, 7203.

[35] H.P. Kortschak *et al.*, *Plant Physiol.* **1965**, *40*, 209

[36] M.D. Hatch und C.R. Slack, *Biochem. J.* **1966**, *101*, 103

[37] Es gibt bei den C_4-Pflanzen mehrere Varianten der vorläufigen CO_2-Fixierung, die jedoch alle zur Freisetzung des vorläufig gebundenen CO_2 in den Bündelscheidenzellen führen. Siehe: *Pflanzenbiochemie*, H.W. Heldt und B. Piechulla, **2008**, Spektrum Verlag, Heidelberg.

[38] Der CAM-Stoffwechselweg in Pflanzen wurde erst um 1980 vollständig formuliert. C.C. Black und C.B. Osmond, *Photosynth.Res.* **2003**, *76*, 329.

[39] Der osmotische Druck hängt allein von der Teilchenkonzentration ab, egal ob es sich um neutrale oder geladene Teilchen handelt.

[40] B. Heyne, *Trans.Linnean Soc.* **1813**, *11*, 213 siehe: http://books.google.de/books?id=O_4WAAAAYAAJ&lpg=PA213&pg=PA213#v=onepage&q&f=false
Diese Pflanze kam 1817 in das Lustschloss Belvedere nahe Weimar und begeisterte J.W. von Goethe, weil an den Blatträndern der dickfleischigen Blätter der Mutterpflanze neue Pflänzchen herauswuchsen. 1826 schickte unser Dichterfürst ein Blatt davon an Marianne von Willemer in Frankfurt, nicht ohne die Pflegeanweisungen in Reimform gebracht zu haben.

Mit einem Blatt *Bryophyllum calycinum*
Was erst still gekeimt in Sachsen
Soll am Maine freudig wachsen;
Flach auf gutem Grund gelegt,
Merke, wie es Wurzeln schlägt!
Dann der Pflänzlein frische Menge
Steigt in lustigem Gedränge.
Mäßig warm und mäßig feucht
Ist, was ihnen heilsam däucht;
Wenn Du's gut mit ihnen meinst,
Blühen sie Dir wohl dereinst.

[41] *Prinzipien der Pflanzenphysiologie*, U. Kutschera, **2002**, Spektrum Akademischer Verlag, Heidelberg. Diese Dreiteilung vereinfacht, denn Pflanzen haben weitere interessante Varianten entwickelt. So finden sich in der Tabakpflanze (C_3) Zellen, die CO_2 nach C_4 fixieren J.M. Hibbard und W.P. Quick, Nature 24.2.2002). Die Mittagsblume (*Mesembryanthemum*) führt eine normale C_3-Photosynthese durch, schaltet aber bei Trockenheit oder Salzstress auf CAM um. *Bryophyllum calycinum* und der Feigenkaktus betreiben als junge Pflanzen C_3- und später CAM Stoffwechsel (K. Winter *et al.*, *J.Exp.Bot.* **2008**, *59*, 1829. archive.org/details/experimentsobser01prie, Zugriff 17.6.2010.

[42] 1958 schloss der amerikanische Biologe R. Emerson auf die Existenz von zwei sogenannten Fotosystemen, denn seine Versuchspflanzen erzeugten nur dann maximale Mengen Sauerstoff, wenn er sie mit Licht genau dieser beiden Wellenlängen (680 und 700 nm) bestrahlte.

[43] Dieser Prozess ist komplizierter, denn mit den bei der Wasserspaltung erzeugten Protonen wird ein Protonengradient über der Thylakoidmembran aufgebaut. Bei vollem Licht liegt der in der Größenordnung von $\Delta pH \approx 3{,}5$! Mit diesem Protonengradienten wird die ATPase angetrieben, in der, wie in einer Wassermühle, die zurückströmenden Protonen zur ATP-Synthese verwendet werden. Da die Zahl der zur Synthese eines Moleküls ATP notwendigen Protonen nicht genau bekannt ist (etwa 4,7) ist die Gesamtstöchiometrie noch nicht endgültig geklärt. Siehe: B. Böttcher und P. Gräber in *Photosynthetic Protein Complexes* (P.Fromme, ed.), **2008**, p. 201 ff. Wiley-VCH, Weinheim.

[44] Obwohl der regulative Zusammenhang zwischen der Licht- und der Dunkelreaktion wesentlich komplexer ist, lässt sich leicht einsehen, dass die ATP- und NADPH-verbrauchende Dunkelreaktion nur ablaufen kann, wenn diese beiden Verbindungen in großen Mengen von der Lichtreaktion bereitgestellt werden. R. Scheibe weist deswegen völlig zu Recht darauf hin, dass der Begriff „Dunkelreaktion" irreführend ist, denn die Dunkelreaktion kann ohne Licht nicht ablaufen. *Biol. Unserer Zeit*, **1996**, *26*, 27.

[45] Die interessante Geschichte der Entdeckung des Isotops ^{14}C beschreibt Martin D. Kamen in einem sehr lesenswerten, persönlichen Rückblick. Siehe M.D. Kamen, *Science* **1963**, *140*, 584.

[46] Für die Entwicklung der Altersbestimmung auf der Basis des ^{14}C-Gehalts organischer Biomaterie erhielt Willard F. Libby (1908–80) den Nobelpreis für Chemie 1960. Siehe http://nobelprize.org/nobel_prizes/chemistry/laureates/1960/libby-lecture.pdf

[47] Für die Entwicklung dieser und anderer Verteilungschromatographien wurden A.J.P. Martin und R.L.M. Synge 1952 mit dem Nobelpreis für Chemie ausgezeichnet. Siehe: http://nobelprize.org/nobel_prizes/chemistry/laureates/1952/press.html

[48] Mechanistisch läuft die Reaktion formal über ein Carbanion ab, das nach Protonenabspaltung vom zur Ketogruppe α-ständigen C-Atoms des Dihydroxyacetonphosphats entsteht. Das Carbanion greift die Carbonylgruppe der Aldose nukleophil an. Die diese Reaktion katalysierenden Fructose-1,6-bisphosphat-aldolasen sind in der Evolution sehr alte Enzyme und treten bereits in Archebakterien auf: siehe R.F. Say und G. Fuchs, *Nature* **2010**, *464*, 1077.

[49] Die Addition von Dihydroxyacetonphosphat ist nur ein Spezialfall der Transaldolase-Reaktion. Allgemein reagiert dabei eine (n+3)-Donorketose mit einer (m)-Aldose nach: (**n+3**)-Ketose + (**m**)-Aldose ÷ (**n**)-Aldose + (**m+3**)-Ketose

[50] Die Kontrolle erfolgt indirekt über das Thioredoxin-System, mit dem die Schlüsselenzyme des Calvin-Zyklus aktiviert oder desaktiviert werden. R. Scheibe, *Biologie Unserer Zeit* **1996**, *26*, 27; C.H. Foyer, *Chem. Britain*, **1986**(8), 723.

[51] Die korrekte Stöchiometrie verlangt leider zweistellige Zahlen, das der kleinste gemeinsame Nenner der Kohlenstoffatomanzahlen in Glykolat, Glycerat und Ribulose eben 30 ist.

[52] Berliner Zeitung, 9. 12. 2009

[53] Kann ein Molekül die Welt vernichten?, *welt der wunder*, **2009**, Heft 12

[54] Deutsche Welle vom18.4.2010, siehe www.dw-world.de/dw/article/0,,5475264,00.html

[55] www.bio.miami.edu/~cmallery/150/phts/phts.htm

[56] In Ruhe nimmt ein Erwachsener mit jedem Atemzug ungefähr 0,5 L Luft auf. Mit 12 bis 15 Atemzügen in der Minute sind das stolze 10.080 L am Tag! Da der CO_2-Gehalt in unserer ausgeatmeten Luft ca. 3,9 % beträgt, pustet jeder von uns täglich rund 800 g, im Jahr rund 0,3 t (!) Kohlendioxid in die Luft.

Eine Rinde erobert die Welt

Das von den peruanischen Indios als „quinaquina" (Rinde der Rinden) bezeichnete Rötegewächs Cinchona ist vielleicht das größte Geschenk der Neuen an die Alte Welt. Aus dessen Rinde wurde das erste Heilmittel gegen Malaria gewonnen, eine der gefährlichsten Infektionskrankheiten überhaupt. Der Hauptinhaltsstoff der Chinarinde, das Chinin, wird bis heute als Medikament, aber auch zur Herstellung von Tonic Water und Bitter Lemon genutzt. Es lohnt sich daher, die bittere Baumrinde einmal aus chemischer Sicht näher zu betrachten.

Keine Heilpflanze hat die Menschheitsgeschichte stärker beeinflusst als der Chinarindenbaum. Die pulverisierte Rinde dieses in den Anden beheimateten Baums fand im 16. Jahrhundert ihren Weg von Peru nach Europa und blieb für lange Zeit das einzig wirksame Therapeutikum gegen Malaria, die opferreichste Infektionskrankheit der letzten 400 Jahre (Abbildung 1).

Gute Medizin muss bitter sein

Die spanischen Eroberer gingen bei der Entdeckung der Chinarinde von der bereits in der antiken Heilkunst fest verankerten Vorstellung aus, dass zwischen bitterem Geschmack und fiebersenkender Wirkung eines Heilmittels ein Zusammenhang bestehen muss. Es lag also nahe, das von den Spaniern selbst mit dem Sklavenhandel eingeschleppte Wechselfieber (Malaria) [1] mit der bitteren Rinde zu behandeln.

ABB. 1 | DIE INFEKTIONSKRANKHEIT MALARIA

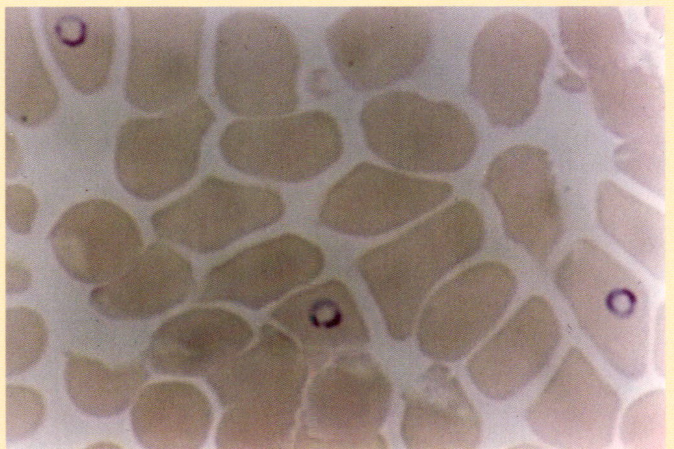

links: Weibliche Anopheles-Stechmücke (A. albimanus) kurz vor Ende ihres blutigen Mahls.
rechts: Ringstadium von Plasmodium falciparum in menschlichen roten Blutkörperchen
(Bildquellen: J. Gathany, CDC (links) und E. Hempelmann (rechts), beide wikimedia commons)

Malaria ist der Überbegriff für Erkrankungen, die von verschiedenen einzelligen Parasiten der Gattung Plasmodium hervorgerufen und von Mücken der Gattung Anopheles übertragen werden. Sie ist immer noch eine der bedrohlichsten Infektionskrankheiten der Menschheit. Nach Angaben der WHO starben 2010 weltweit ca. 655.000 Menschen an Malaria, 81 % davon waren Kinder unter 5 Jahren [56]. Die typischen Symptome des gefährlichsten Malariatyps, der Malaria tropica (Erreger: Plasmodium falciparum), sind Fieber, Anämie, Nierenversagen und Koma [57].

Der Erreger durchläuft einen äußerst komplexen Lebenszyklus. Mit dem Stich einer infizierten weiblichen Anopheles-Stechmücke (links) dringt der Erreger über das menschliche Blut in Leberzellen ein. Dort vermehrt sich der Erreger und bildet gleichzeitig eine Überdauerungsform, die nach Monaten und sogar Jahren wieder aktiv werden kann. Bereits nach wenigen Tagen geht eine Vielzahl von Erregern aus der Leber in die Blutbahn über, befällt dort die roten Blutkörperchen und geht zum Teil in eine Geschlechtsform über, den Gametocyten. Sticht nun eine Mücke einen mit Plasmodium infizierten Menschen, nimmt die Mücke mit dem menschlichen Blut Gametocyten auf, die sich in der Mücke sexuell vermehren. Schließlich gelangt der Erreger in die Speicheldrüsen von Anopheles und kann beim nächsten Stich einen Menschen infizieren. Der Kreis ist geschlossen [58].

Obwohl Malaria in Europa bis in die 1940er Jahre auftrat, ist sie heute in den Industrienationen eine fast vergessene Krankheit. Durch Trockenlegung von Sümpfen, Medikamente und DDT-Einsatz gelang die Ausrottung des Erregers in den USA, Europa und Teilen Asiens. Erst kürzlich wurden vier Länder von der WHO als malariafrei eingestuft: Vereinigte Arabische Emirate (2007), Marokko (2010), Turkmenistan (2010) und Armenien (2011).

Heute leben 91 % der an Malaria erkrankten Menschen in Afrika. Insektennetze wären eine einfache und sehr wirkungsvolle Schutzmaßnahme vor Ort. Nach Angaben der WHO haben erst 50 % der Haushalte in den schwer betroffenen Gebieten Afrikas zumindest ein einziges Insektennetz. Und dies bei Kosten von 1,39 € pro Jahr und Person [56].

ABB. 2 | CHINARINDENBÄUME – EIN PORTRÄT

***links:* Chinarindenbäume werden bis zu 30 m hoch, sind immergrün und haben eine rundliche Krone auf schlankem Stamm. Die Blätter sind bis zu 20 cm lang. Die Blüten sind klein, sie stehen in engen Rispen.**
***rechts oben:* Samen auf einem Blatt liegend. Die besonders kleinen holzigen Samen sind am Rand geflügelt und können leicht vom Wind verbreitet werden.**
***rechts unten:* Die Rinde der Bäume wird zur Gewinnung von Chinin und anderer Alkaloide verwendet. Ist der Baum 6–7 Jahre alt, kann das erste Mal geerntet werden. Die maximale Chininkonzentration erreichen die Bäume etwa nach 10–12 Jahren. Bei der Ernte wird die Rinde ringförmig und senkrecht eingeschnitten, die Stücke vom Stamm gelöst und in der Sonne getrocknet.**
Bildquellen: W.H. Buchler (links); F.& K. Starr (rechts oben), wikimedia commons)

Chinarindenbäume sind ursprünglich in Bergregionen Zentral- und Südamerikas beheimatet und gehören zur Familie der Rötegewächse (Rubiaceae). Die Gattung der Chinarindenbäume (Cinchona) umfasst ca. 23 Arten. Die genaue Artanzahl lässt sich schwer angeben, da in der Systematik der Gattung Cinchona sowohl Synonyme verwendet werden als auch viele Hybriden existieren. Bereits 1853 kommentiert der Pharmakologe Wiggers die Lage: „Großartig und ungewöhnlich sind die Bestrebungen und Opfer zu nennen, durch die man von Anfang an bis auf den heutigen Tag die Verhältnisse der Chinarinde im Inlande und Auslande zu erforschen gesucht hat. Daher liegt über dieselben eine Literatur vor, welcher man kaum mächtig werden kann…so reduziert sich unser ganzes Wissen darauf, 1.) daß wir die Abstammung der China regia und mehrerer falscher Chinarinden sicher kennen." [59]

Unter falschen Chinarinden wurden diejenigen verstanden, die keine fiebersenkende Wirkung entfalteten. Die Ursache ist bei diesen Arten im relativ geringeren Gehalt an Chinin zu sehen. Die Rinde vieler Cinchona-Arten zeichnet sich durch einen hohen Gehalt an Alkaloiden, vor allem an Chinin aus. Der Gehalt schwankt allerdings bei den einzelnen Arten, und hat einige Plantagenbesitzer, die die falschen Pflanzen kultivierten, in den Ruin geführt. Als besonders alkaloidhaltig hat sich Cinchona ledgeriana (= C. calisaya) erwiesen. Diese Art wird heutzutage auch in Afrika und Asien zur Gewinnung von Chinin angebaut.

Die im 17. Jahrhundert in Südamerika missionierenden Jesuiten kannten und dokumentierten die fiebersenkende Wirkung der Chinarinde und brachten größere Mengen als Heilmittel nach Europa. Gemahlene Chinarinde wurde deshalb Jesuitenpulver genannt [2]. Dessen Heilerfolge weckten das Interesse der europäischen Apotheker und Botaniker. Wissenschaftliche Exkursionen in die Neue Welt wurden organisiert, um die Stammpflanze zu finden und zu beschreiben. Die deutsche Bezeichnung für den Chinarindenbaum leitet sich wahrscheinlich von dem altperuanischen Wort für Rinde *kina* (auch *quina*) ab. *Kina-kina* bedeutet *„besonders geschätzte Rinde"* [3]. Die inzwischen allerdings widerlegte Legende, nach der die spanische Gräfin von Chinchón mit einem Sud aus Chinarinde geheilt wurde [4], gefiel dem schwedischen Botaniker Carl von Linné (1707–1778) so gut, dass er der Gattung der Chinarindenbäume den Namen der Gräfin verlieh. Durch einen Schreibfehler ging dabei ein *„h"* verloren, trotzdem wurde auf dem Internationalen Botanischen Kongress in London 1866 der bis heute gültige Gattungsname *Cinchona* definitiv festgelegt [1] (Abbildung 2).

Isolierung des Wirkstoffs Chinin

Pulverisierte Chinarinde war und ist wie jedes naturbelassene Heilmittel schlecht zu dosieren, da der Gehalt an Wirkstoffen natürlichen Schwankungen unterliegt. Auch werden seit alters her wirksame Medikamente aus Profitgier mit wirkungslosen Substanzen gestreckt oder sogar ersetzt. Die Folge sind stark schwankende Heilerfolge, von der völligen Wirkungslosigkeit bis zur unbeabsichtigten Überdosierung.

Als Erster suchte der portugiesische Arzt Bernardino Antonio Gomes (1769–1823) nach dem „aktiven Prinzip" der Chinarinde und konnte 1811 aus einem Extrakt erstmals eine kristalline Substanz isolieren, die er als *„Cinchonin"* bezeichnete [5]. 1819 glaubte auch der Apotheker, Chemiker und Arzt Friedlieb Ferdinand Runge (1794–1842), das wirksame Prinzip der Chinarinde isoliert zu haben. Beide hatten höchstwahrscheinlich noch stark verunreinigtes Chinin gewonnen und erst den französischen Apothekern Pierre Joseph Pelletier (1788–1842) und Joseph Bienaimé Caventou (1795–1877) gelang durch Weiterentwicklung des von Gomez entwickelten Abtrennver-

ABB. 3 | INDUSTRIELLE VERFAHREN ZUR GEWINNUNG VON CHININ – 1823 [60] UND 2010 [61]

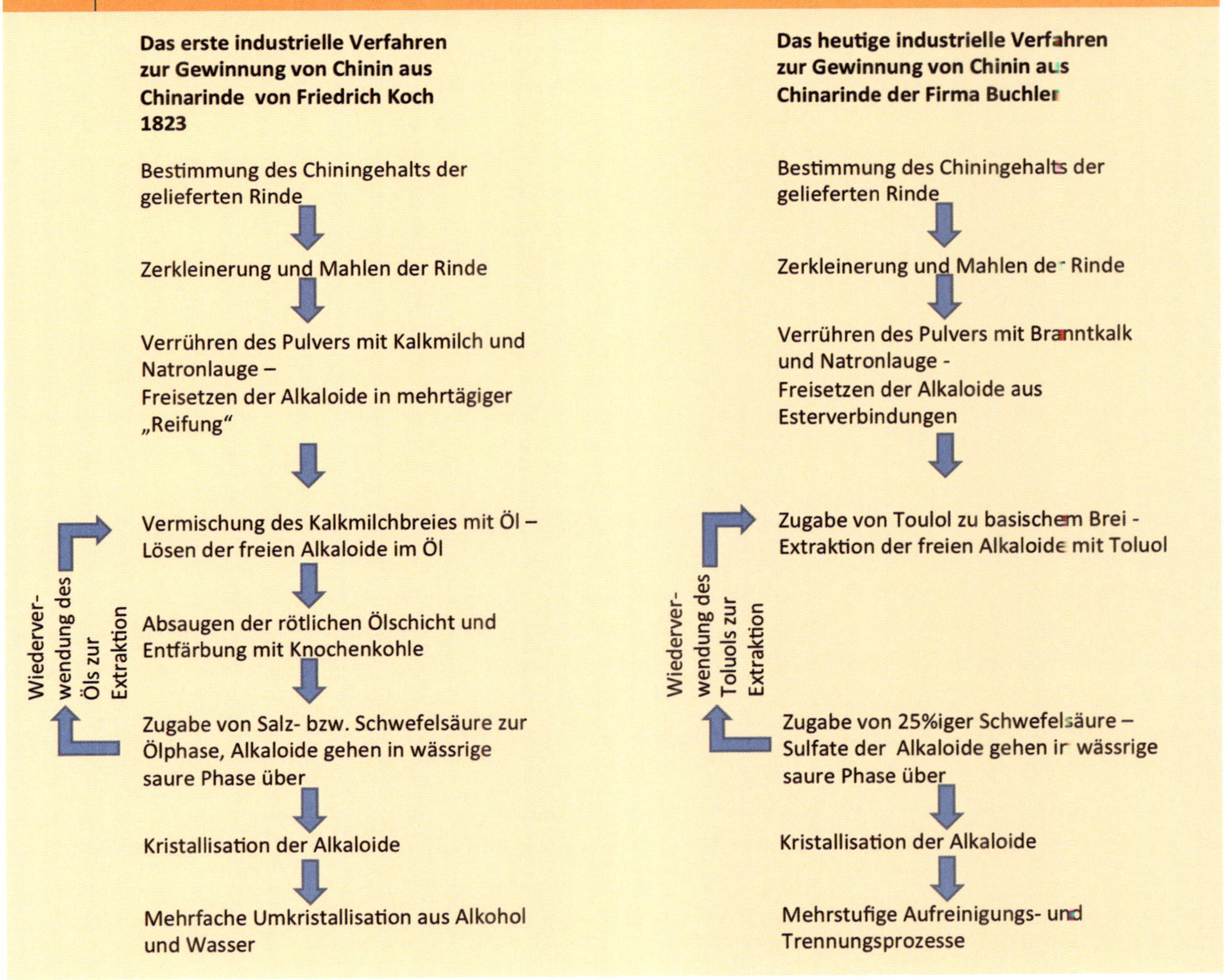

Das erste industrielle Verfahren zur Gewinnung von Chinin aus Chinarinde von Friedrich Koch 1823

Bestimmung des Chiningehalts der gelieferten Rinde
↓
Zerkleinerung und Mahlen der Rinde
↓
Verrühren des Pulvers mit Kalkmilch und Natronlauge –
Freisetzen der Alkaloide in mehrtägiger „Reifung"
↓
Vermischung des Kalkmilchbreies mit Öl –
Lösen der freien Alkaloide im Öl
↓
Absaugen der rötlichen Ölschicht und Entfärbung mit Knochenkohle
↓
Zugabe von Salz- bzw. Schwefelsäure zur Ölphase, Alkaloide gehen in wässrige saure Phase über
↓
Kristallisation der Alkaloide
↓
Mehrfache Umkristallisation aus Alkohol und Wasser

(Rückführung: Wiederverwendung des Öls zur Extraktion)

Das heutige industrielle Verfahren zur Gewinnung von Chinin aus Chinarinde der Firma Buchler

Bestimmung des Chiningehalts der gelieferten Rinde
↓
Zerkleinerung und Mahlen der Rinde
↓
Verrühren des Pulvers mit Branntkalk und Natronlauge -
Freisetzen der Alkaloide aus Esterverbindungen
↓
Zugabe von Toulol zu basischem Brei -
Extraktion der freien Alkaloide mit Toluol
↓
Zugabe von 25%iger Schwefelsäure –
Sulfate der Alkaloide gehen in wässrige saure Phase über
↓
Kristallisation der Alkaloide
↓
Mehrstufige Aufreinigungs- und Trennungsprozesse

(Rückführung: Wiederverwendung des Toluols zur Extraktion)

fahrens die erste Reindarstellung des Chinins. In ihrer Publikation von 1820 rufen die beiden Wissenschaftler ihre Kollegen dazu auf, reines Chinin auf seine therapeutischen Eigenschaften in der Praxis zu erproben [5]. Da Pelletier und Caventou die Chiningewinnung genau publizierten, konnten viele Ärzte und Apotheker das zur Behandlung notwendige Chinin selbst aus Chinarinde gewinnen. Der reine und präzise dosierbare Wirkstoff war hochwirksam und verdrängte vollständig die pulverisierte Rinde. Wegen der hohen Nachfrage nach reinem Chinin wurden die ersten Chininfabriken gegründet, der Beginn der modernen pharmazeutischen Industrie.

Samenraub mit Ritterschlag

Für die Andenstaaten Bolivien, Kolumbien, Ecuador und Peru war Chinarinde ein so gewinnbringendes Exportgut, dass Mitte des 19. Jahrhunderts ein totales Ausfuhrverbot für jegliches Pflanzenmaterial des Chinarindenbaumes erlassen wurde, um die Monopolstellung zu sichern. Ausfuhrverstöße wurden mit der Todesstrafe geahndet und durch die Ausfuhrkontrolle stieg der Weltmarktpreis für Chinarinde. Europa war auf die bittere Medizin gegen Malaria angewiesen, vor allem die großen Kolonialmächte hatten nach der Einverleibung vieler malariaverseuchter tropischer Gebiete einen stetig steigenden Bedarf. Die Notwendigkeit von *Cinchona*-Plantagen auf eigenem Staatsgebiet wurde insbesondere von den Holländern erkannt und 1851 rüstete der niederländische Kolonialminister eine botanische Exkursion mit abenteuerlichem Auftrag aus [1]: Samen und Setzlinge des Chinarindenbaums sollten in Peru trotz der drohenden Todesstrafe gesammelt (besser: gestohlen) werden, um sie in den holländischen Kolonien in Indonesien anzubauen und so das Monopol der Südamerikaner zu brechen [6].

Die Holländer beauftragten den deutschen Botaniker Justus Karl Hasskarl (1811–1894) mit der delikaten Aufgabe. Er hatte zehn Jahre in Niederländisch-Indien als Direktor des Botanischen Gartens von Buitenzorg auf Java gearbeitet und dort die Flora und Ökologie der Insel erforscht.

ABB. 4 | ERSTE VERWEGENE ANSÄTZE ZUR CHININ-SYNTHESE

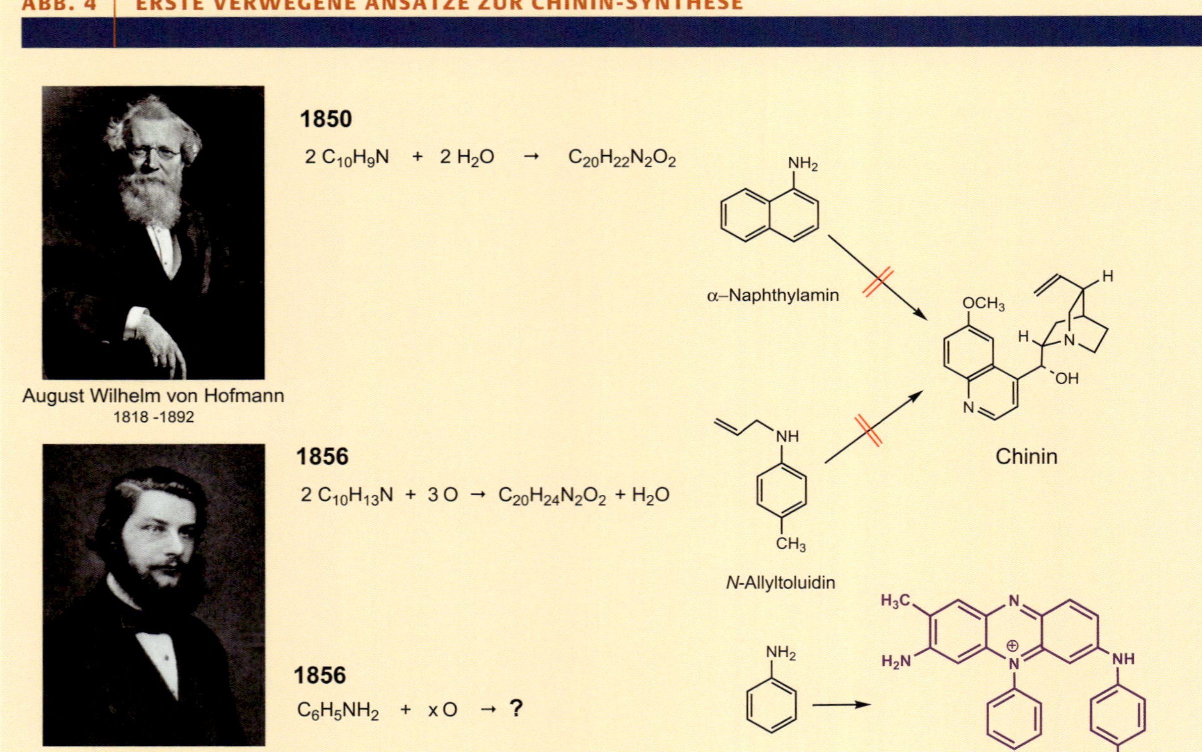

1850: *Der erste Syntheseplan zur Herstellung von Chinin aus dem Jahr 1849 stammt von August Wilhelm von Hofmann, der durch eine Hydrolyse von α-Naphthylamin zum Chinin gelangen wollte. Er ging dabei von einer Summenformel für Chinin aus, die sich später als falsch herausstellte.*

1856: *Auf der Basis der inzwischen korrigierten und heute noch gültigen Summenformel für Chinin versuchte William Perkin N-Allyltoluidin mit Kaliumdichromat zum Chinin zu oxidieren. Die entstandene rotbraune Reaktionsmasse enthielt allerdings kein Chinin.*

Nach diesem Misserfolg wiederholte er die Oxidation mit dem einfacher aufgebauten Anilin. Aus der dabei entstandenen schwarzen Masse konnte Perkin den ersten synthetischen Textilfarbstoff isolieren, das violette Mauvein [62]. (Bildquelle: Michael Schönitzer, wikimedia.commons; Edelstein Collection, Jerusalem)

HEUTIGE GEWINNUNG VON CHININ

Ein Interview mit dem Geschäftsführer der BUCHLER GmbH, Thomas W. Buchler

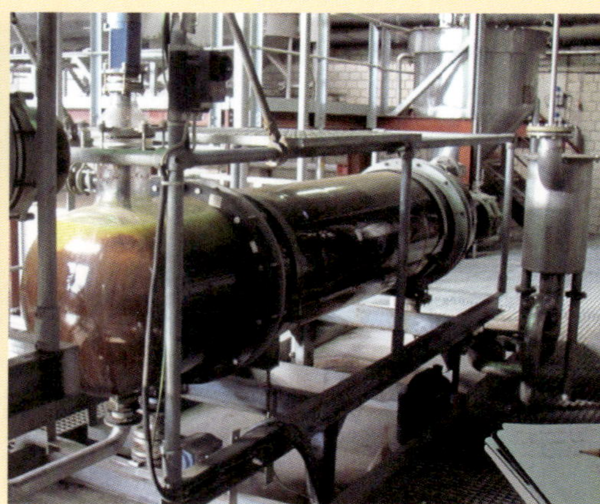

Die Chininfabrik Braunschweig Buchler & Co. wurde 1858 von Herman Buchler gegründet. Heute hält die Familie Buchler 60 % der Firmenanteile, der Rest verteilt sich auf 32 persönliche Gesellschafter.

Chemie in unserer Zeit sprach mit Thomas W. Buchler (Abbildung links), dem Geschäftsführer und Urenkel des Firmengründers. Bildquelle: Buchler GmbH, Braunschweig

***ChiuZ**: Herr Buchler, könnten Sie uns erläutern, welche Rolle die Buchler GmbH auf dem Chinin-Weltmarkt spielt?*

***Thomas W. Buchler**: Es gibt heute noch sieben Chinin-Produzenten auf der Welt: sechs in Indien, Indonesien und im Kongo und eben die Buchler GmbH in Braunschweig. Wir extrahieren täglich 15 Tonnen Cinchona und erwirtschaften mit 80 Mitarbeiterinnen und Mitarbeitern im Zweischichtbetrieb einen Jahresumsatz von rund € 15 Millionen. Mit 25–30 % Marktanteil sind wir Weltmarktführer und der einzige Chinin-Produzent in Europa.*
95 % unserer Produktion gehen ins Ausland, wobei Chinin Hauptprodukt ist. 70–75 % davon gehen in die Pharmaindustrie vor allem zur Behandlung von Malaria, 20 % an Getränkehersteller von Tonic Water, Bitter Lemon etc. und 5–10 % in die Chemische Industrie.

***ChiuZ**: Lassen Sie uns den Weg vom Rohstoff zum Endprodukt nachzeichnen. Woher beziehen Sie die Chinarinde?*

***Thomas W. Buchler**: Cinchona wird heute in Guatemala, Indien, Indonesien und Zentralafrika wirtschaftlich angebaut. Wir beziehen unsere Rinden hauptsächlich aus dem Ostkongo.*

***ChiuZ**: Sind Rohstofflieferungen aus einem politisch so instabilen Land nicht problematisch?*

***Thomas W. Buchler**: Natürlich, aber nach fast 50 Jahren Berufstätigkeit muss ich leider feststellen, dass Cinchona nur in Gegenden wächst, die entweder geologisch oder politisch äußerst instabil sind. Die Situation im Kongo ist allerdings besonders bedrückend, denn dieses Land ist eines der reichsten Länder der Erde gemessen an seinen Bodenschätzen und gleichzeitig das zweitärmste in Bezug auf das Pro-Kopf-Einkommen. In den östlichen Provinzen Nord- und Süd Kivu findet man die besten Voraussetzungen für ertragreiche Cinchona-Plantagen. Aber der Kongo ist seit seiner politischen Unabhängigkeit nie zur Ruhe gekommen und die Grenzgebiete zwischen dem Kongo und Ruanda, Burundi und Uganda sind seit 1994 Schauplatz blutigster Konflikte.*

***ChiuZ**: Wie dürfen wir uns denn das Einkaufen von Rinde im Ostkongo vorstellen?*

***Thomas W. Buchler**: Der Haupthandelsplatz für Cinchona in Nord Kivu ist die Stadt Butembo. Dort kaufen wir die Rinde von Zwischenhändlern auf, wobei wir mit den meisten schon seit Jahren zusammenarbeiten. Die Rinde wird dann nach Mombasa in Kenia oder Dar-es Salam in Tansania transportiert. Das dauert je nach Strecke und Jahreszeit zwischen 2–6 Wochen und auf dem Weg müssen zahlreiche Schikanen durch „staatliche Behörden" überstanden werden. Der weitere Seeweg ist dann relativ harmlos, er dauert zwischen 4–6 Wochen nach Hamburg. Einmal jedoch sank nach einem Zusammenstoß ein Schiff mit einer großen Ladung Chinarinde im Hafen von Bombay. Das ergab dann ein original Indian Tonic Water.*

***ChiuZ**: Wenn Sie im Ostkongo die Rinde kaufen, wie bestimmen Sie denn die Qualität und letztlich den Preis?*

***Thomas W. Buchler**: Wir zahlen unseren Lieferanten beim Kauf zunächst einen Abschlag. Hier in Braunschweig ziehen wir Proben, bei Rindenlieferungen von uns bekannten Plantagen aus jedem dritten Sack, ansonsten aus jedem Sack. Ein neutrales Labor bestimmt den Chiningehalt und dann zahlen wir den Lieferanten einen dem Chiningehalt entsprechenden Aufschlag. Im Grunde genommen bezahlen wir den Chiningehalt und nicht die Rindenmenge. Dies hält unsere Lieferanten an, auf Qualität zu achten und verhindert z.B. Beimischungen wertloser Eukalyptusrinden, die Cinchonarinden sehr ähnlich sehen. Ein in vielen Jahren gewachsenes Vertrauensverhältnis zu unseren Lieferanten erlaubt diese für beide Seiten faire Abwicklung.*

Sie können sich natürlich vorstellen, dass wir bei der unsicheren politischen Lage immer eine ausreichende Reserve an Rinden hier vor Ort vorhalten müssen, die in der Größenordnung eines Jahresbedarfs liegt (Abbildung Mitte).

ChiuZ: Wie wird die Rinde aufbereitet?

***Thomas W. Buchler:** Sie wird im Extraktionsbetrieb zunächst fein zermahlen und mit gebranntem Kalk und verdünnter Natronlauge aufgeschlossen. Das aufgequollene Rindenpulver wird mit Toluol mehrere Stunden extrahiert. Die organische Phase enthält alle Chinaalkaloide und die mitextrahierten Fette und Harze. Dann wird filtriert. Der toluolfeuchte Filterrückstand wird mit Wasserdampf behandelt, um das Toluol auszutreiben und zurückzugewinnen. Der Rindenrückstand, der nur 2 ppm Resttoluol enthalten darf, das sind 2 g Toluol je Tonne Rindenrückstand, wird bei uns sachgerecht als Heizmaterial genutzt.*

Die Toluolphase wird in Flüssig-Flüssig-Extraktoren (Abbildung rechts) mit verdünnter Schwefelsäure versetzt. Die Chinaalkaloide bilden als basische Amine mit Schwefelsäure Salze, die in die wässrige Phase übergehen, während Fette und Harze in der Toluolphase verbleiben. Die organische Phase wird abgetrennt, das Toluol destillativ zurückgewonnen und die zurückbleibenden dunkelbraun-öligen Harze und Fette geregelt entsorgt und verbrannt.

Die wässrige Phase enthält die gesamten Chinaalkaloide, die nun im Chemischen Betrieb weiterverarbeitet werden. Nach präziser Änderung des pH-Werts kristallisieren in der ersten Stufe bereits etwa 70 % des enthaltenen Chinins aus. Insgesamt gewinnen wir aus jeder Tonne Rinde etwa 30–40 kg Chinin.

Die Mutterlauge enthält weiteres Chinin und die anderen Chinaalkaloide, die in vielen weiteren Kristallisationsschritten gewonnen und gereinigt werden. Neben Chinin, Chinidin, Cinchonin und Cinchonidin isolieren wir Chininsäure und aus den China-Alkaloiden abgeleitete Syntheseprodukte [65].

Die Kristallisate als Endprodukte des Chemischen Betriebs werden chemisch-analytisch sorgfältig auf Reinheit und Lösemittelrestgehalt untersucht und erst, wenn sie die festgelegten Reinheitsanforderungen für eine Weiterverarbeitung erfüllen, werden sie vom Pharmazeutischen Betrieb aufgenommen.

ChiuZ: Sie trennen so scharf zwischen dem Chemischen und Pharmazeutischen Betrieb. Was hat es damit auf sich?

***Thomas W. Buchler:** Diese beiden Bereiche sind tatsächlich völlig getrennt, es sind sogar unterschiedliche Gebäude. Im pharmazeutischen Betrieb wird nur noch mit Wasser als Lösemittel gearbeitet, so dass diese Räume nicht mehr explosionsgeschützt sein müssen. Vor allem aber war diese strikte Trennung notwendig, um die in den Siebziger Jahren des letzten Jahrhunderts besonders von US-amerikanischer Seite verlangten erhöhten Anforderungen an die Produktionsstätten von pharmazeutischen Produkten zu erfüllen. Da die USA für Chinin und Chinidin unser wichtigster Markt war, mussten wir uns anpassen. Bis heute werden wir u.a. von der FDA (Food and Drug Adminstration) regelmäßig auditiert.*

ChiuZ: Was bedeutet dies in der Praxis?

***Thomas W. Buchler:** In unserem Pharmazeutischen Bereich wird nach GMP (Good Manufacturing Practices) gearbeitet, d.h. nach gewissen standardisierten Regeln in Hinblick auf Sauberkeit, Hygiene, Evaluierung, Analytik, Produktionsüberwachung, Mitarbeiterschulung und vor allem Dokumentation. Nur ein Beispiel: Wir überprüfen kontinuierlich die Qualität unseres Wassers, obwohl dessen Reinheit bereits von den städtischen Wasserwerken kontrolliert wurde. Besonders für ein mittelständisches Unternehmen sind eine Produktion gemäß GMP und die ganzen Audits ein Riesenaufwand. Wir stecken über 15 % unserer Arbeitskapazität in die Sicherheit, Qualitätskontrolle und Qualitätssicherung unseres Betriebes. Das tut einem Kaufmann wie mir schon manchmal weh. Aber sehen Sie, wir haben vor kurzem unser 150-jähriges Firmenjubiläum gefeiert und fragen uns manchmal selbst, wie wir so lange überleben konnten. Ein Grund dürfte der begrenzte Markt sein, das macht das Geschäft für Großunternehmen uninteressant. Die Rohstoffbeschaffung aus instabilen Gegenden der Welt ist extrem schwierig und setzt ein über Jahre gewachsenes persönliches Vertrauensverhältnis zu unseren Partnern vor Ort voraus. Man kennt sich eben und wird sich bei der nächsten Ernte wiedersehen. Das Chiningeschäft ist halt nie spekulativ, sondern immer langfristig angelegt. Die in Großunternehmen üblichen quartalsmäßigen Erfolgsabrechnungen wären dabei nicht hilfreich. Das ist unser Vorteil als mittelständischer Betrieb.*

Schließlich haben wir einen Standortvorteil. Unsere teuren Extraktionsanlagen befinden sich nicht in politisch und/oder geologisch unsicheren Gegenden, sondern hier in Braunschweig. Deswegen können wir bisher als einzige Chininfabrik auf der Welt alle von der Pharma- und Lebensmittelindustrie geforderten Auflagen für

a)

b)

e)

g)

Der lange Weg der Chinarinde
a) Aussuchen der Bäume
b) Abschälen der Rinde
c) Einsammeln der Rinde
d) Trocknen der Rinde
e) Auf dem Weg von Bukombo nach Beni in der Demokratischen Republik Kongo
f) Die Brücke über den Fluss Semliki
g) An der ugandischen Grenze bei Kusidi
(Bildquelle: Buchler GmbH, Braunschweig)

eine moderne Produktionstechnik und -überwachung erfüllen und dadurch eine Qualitätsgarantie geben. Dies beweisen wir durch kontinuierliche Validierungen und das verschafft uns einen Vorsprung im internationalen Wettbewerb. Wir werden unsere ganze Kraft einsetzen, damit dies so bleibt.

ChiuZ: *Herr Buchler, wir danken Ihnen für das Gespräch.*

Hasskarl reiste 1852 nach Peru, lernte die Sprache, besorgte sich Empfehlungsschreiben und Passierscheine und trat die lange Wanderung durch die Anden an. Insgesamt zwei Jahre lang durchwanderte er unerkannt die Wälder der Bergregion. Bereits im Juni 1853 konnte Hasskarl ein Kästchen mit den filigranen Samen nach Holland senden (Abbildung 2). Im Mai 1854 konnte Hasskarl sogar 200 frische Setzlinge nach Java bringen und dort anpflanzen. Für den Raub oder mit anderen Worten *„in Anerkennung seiner verdienstvollen Tat"* wurde er vom Holländischen König zum Ritter des Löwenordens geschlagen und mit der Leitung des Chinarindenanbaus auf Java beauftragt [7].

Hasskarls Hinterlassenschaft auf Java erwies sich jedoch als nicht so wertvoll, wie die niederländische Krone sich dies versprochen hatte: Nur etwa 10 % der kultivierten Bäume hatten einen ausreichend hohen Chiningehalt, die restlichen Bäume waren zur großen Enttäuschung unbrauchbar.

Neben den von Regierungen offiziell ausgestatteten Expeditionen machten sich auch Abenteurer auf, um das wertvolle Pflanzenmaterial aufzuspüren und zu stehlen. Der Engländer Charles Ledger (1818–1905) las in der Zeitung, dass die Englische Regierung im Jahr 1856 eine Expedition plante, um *Cinchona*-Samen und -pflanzen zu suchen. Ledger war an Botanik interessiert und suchte in Peru auf eigene Faust, nur in Begleitung von Einheimischen, nach den Samen des Chinarindenbaumes. Er wählte aber gezielt nur Samen von Bäumen, deren Rinde einen hohen Chiningehalt hatte. Diese Samen bot er zunächst erfolglos der englischen Regierung an, dann der holländischen, die ihm 100 Gulden zahlte [1,8]. Damit wurden ab 1865 die Plantagen auf Java neu bestellt. Ihm zu Ehren trägt diese *Cinchona*-Art seinen Namen: *C. ledgeriana* (= *C. calisaya*). Ledger hatte seine Expeditionen aus eigenen Mitteln finanziert und letztlich nur wenig daran verdient. In einem Brief beklagt er sich bei seinem Bruder: *„Investors are always losers"*. Aber, so schreibt er weiter, sei er darauf stolz, dass für ihn ein Traum in Erfüllung gegangen ist: *„Europe is no longer dependent on Peru or Bolivia for its supply of life-giving quinia."* [9]

Cinchona erobert die Welt

War der Anbau von Chinarindenbäumen anfänglich ein Regierungsmonopol, suchten Ende des 19. Jahrhunderts zunehmend private Investoren und Bauern ihr Glück im offensichtlich gewinnbringenden *Cinchona*-Anbau. 1876 wurde die erste Chinarinde aus privater Hand angeboten. Der Anbau, die Ernte und die Verarbeitung der Rinde wurden weiter optimiert: Durch Aufpfropfen chininreicher Pflanzen auf robuste Arten konnten optimale, widerstandsfähige Pflanzen gewonnen werden. Der Chiningehalt der Rinden erreichte in Einzelfällen bis zu 20 % [1]. Verschiedene Erntetechniken wurden erprobt und eingesetzt. In den 1930er Jahren war der Chinarindenanbau auf Java so weit optimiert, dass 97 % des weltweit verwendeten Chinins aus den ca. 10 Millionen Kilogramm der dort gewonnenen Chinarinde stammten.

Ab 1870 wurde der extrem lukrative Chininanbau aber auch in anderen Regionen der Erde vorangebracht: In Ceylon, Indien, Afrika und Amerika entstanden große Plantagen. Immer mehr Chinarinde drängte auf den Weltmarkt und die Preise brachen zusammen. Kostete 1880 ein Kilogramm Chininsulfat noch 385 RM, sackte der Preis auf 32 RM im Jahr 1896 ab. Viele Plantagenbesitzer mussten Konkurs anmelden und in Folge dessen sank die Anbaufläche von Chinarinde weltweit, z.B. in Ceylon von 26.000 ha im Jahr 1883 auf 500 ha im Jahr 1898 [10].

Chinin, der Rhein und Deutschland

Aus heutiger, zentraleuropäischer Sicht erscheint uns Malaria als eine weitentfernte, tropische Krankheit. Dies ist völlig falsch, denn die Malaria war auch in Mitteleuropa vor noch nicht allzu langer Zeit präsent. Besonders in den sumpfigen Rheinniederungen war der Bedarf an Chinin als fiebersenkendem Medikament hoch. Kein Wunder, dass der Oppenheimer Apotheker Friedrich Koch (1786–1865) die Isolierung von Chinin durch Pelletier und Caventou mit großem Interesse verfolgte und nach einem einfachen und preiswerten Verfahren suchte, um reines Chinin selbst aus der Rinde gewinnen zu können. Koch soll selbst an dem tückischen Wechselfieber erkrankt gewesen sein und hatte ein ureigenes Interesse an einem guten Isolierungsverfahren.

Kochs industrielles Extraktionsverfahren aus den Jahren 1823/24 führte nicht nur zu guten Ausbeuten, sondern war auch so praktikabel und ökonomisch, dass es im Prinzip noch heute so durchgeführt wird (Abbildung 3). Der wirtschaftliche Erfolg war überwältigend, Koch verkaufte 1850 seine Apotheke und eröffnete eine pharmazeutische Fabrik in Oppenheim [11], die bis zu 60 Tonnen Chinin im Jahr produzierte. Damit war Kochs Firma mit einem Marktanteil von 80 % Spitzenreiter in Deutschland. Die weltweite Entwicklung des Chininmarktes ging jedoch an der Oppenheimer Chininfabrik nicht spurlos vorüber und Kochs Sohn Carl musste die Firma 1888 schließen.

Ein 1859 gegründetes Unternehmen, die Chininfabrik Buchler & Co. in Braunschweig isoliert bis heute Chinin und andere Inhaltsstoffe aus *Cinchona*. ChiuZ sprach darüber mit dem heutigen Geschäftsführer Thomas W. Buchler, der die Fabrik in vierter Generation führt (Infokasten).

Von der Summenformel zur Totalsynthese

Erste Irrungen und Wirrungen

Wegen des großen Bedarfs und der chronischen Unterversorgung der europäischen Kolonialmächte mit Chinin regte August Wilhelm von Hofmann, der deutsche Direktor des *Royal College of Chemistry* in London, um 1850 dessen Synthese an. Damals war weder die Tetraedertheorie noch die ringförmige Struktur von Benzol bekannt und man hatte keine Vorstellungen vom dreidimensionalen Aufbau der Moleküle. Von Hofmanns Syntheseplanung musste sich auf das Abzählen und Ausbalancieren der Atome in den Edukten und Produkten beschränken. Auf der Basis einer ersten, durch Verbrennungsanalyse ermittelten, sich aber später als falsch herausstellenden Summenformel $C_{20}H_{22}N_2O_2$ schlug er die Umwandlung von „Naphthalidin" (heute α-Naphthylamin) in Chinin vor [12] (Abbildung 4):

$$\underset{\text{Naphthylamin}}{2\,C_{10}H_9N} + \underset{\text{Wasser}}{2\,H_2O} \rightarrow \underset{\text{Chinin}}{C_{20}H_{22}N_2O_2}$$

Wie diese Hydratisierung in die Praxis umgesetzt werden sollte, darüber spekulierte von Hofmann recht kühn: *„Wir können natürlich nicht erwarten, das Wasser durch einen einfachen Kontakt zur Reaktion zu bringen, aber ein glückliches Experiment mag dieses Ziel durch die Entde-*

ABB. 5 | STRUKTUR VON CHININ

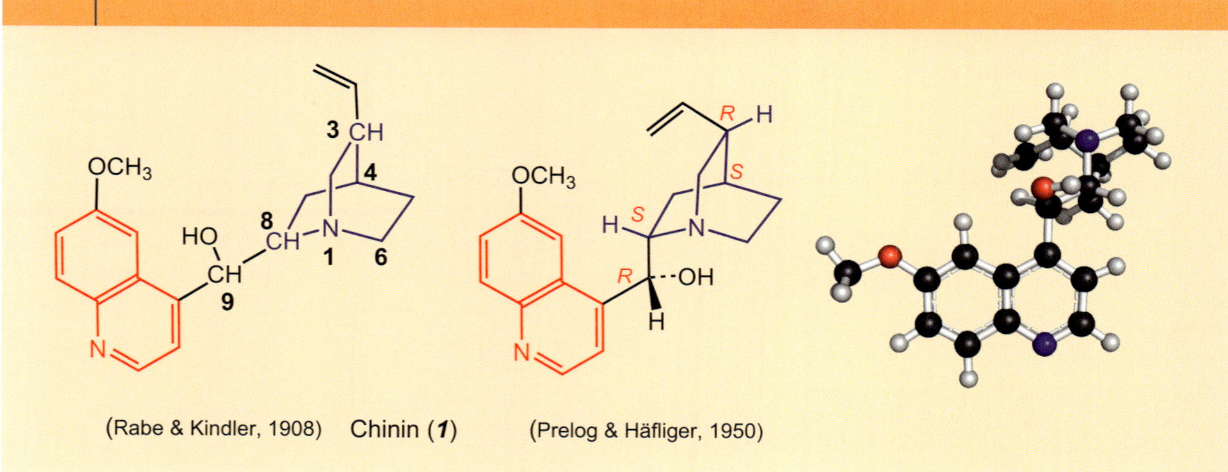

Paul Rabe konnte 1908, fast 90 Jahre nach der Isolierung des Chinins, dessen Konstitutionsformel aufstellen (links). Darin ist ein methoxysubstituierter Chinolinring (rot) über ein C-Atom mit einem Chinuclidin-Bicyclus (blau) verbunden. Die Bestimmung des räumlichen Aufbaus, d.h. die Konfigurationen aller stereogenen Zentren [16] konnte erst 1950 endgültig abgeschlossen werden [17,18]. *(Bildquelle: Felix Plasser, wikimedia.commons)*

ckung eines geeigneten metamorphischen Prozesses erreichen."

Nachdem 1854 Adolph Strecker die Chinin-Summenformel auf $C_{20}H_{24}N_2O_2$ korrigiert hatte [13], griff 1856 einer von Hofmanns Schülern, der erst 18-jährige William Perkin, die Idee erneut auf und wählte im Einklang mit der neuen Summenformel ein um 4 Wasserstoffatome schwereres Edukt, das *N*-Allyltoluidin. Dieses Amin wollte er mit Kaliumdichromat nach folgender Reaktionsgleichung zu Chinin oxidieren:

$2\,C_{10}H_{13}N$	+	$3\,O$	$\rightarrow$	$C_{20}H_{24}N_2O_2$	+	H_2O
N-Allyltoluidin		Sauerstoff		Chinin		Wasser

Perkin führte die Umsetzung in seinem sehr bescheidenen Privatlabor durch, wobei anstelle des erhofften weißen Chinins ein unlöslicher, nicht kristallisierbarer, rotbrauner Niederschlag anfiel. Perkin gab nicht auf, wollte der Umsetzung auf den Grund gehen und beschloss, die Oxidationsreaktion mit einem einfacher aufgebauten Amin zu wiederholen, dem aus Steinkohlenteer leicht zugänglichen Anilin. Es muss ihm klar gewesen sein, dass aus Anilin kein Chinin entstehen konnte, aber er hoffte wohl, aus der Reaktion des strukturell einfacheren Edukts Aufschlüsse über den Reaktionsablauf zu gewinnen. Auf den ersten Blick sah das Reaktionsprodukt, ein schwarzer, amorpher Rückstand, unbrauchbar aus. Perkin blieb hartnäckig und konnte aus der schwarzen Masse mit Alkohol eine tiefviolette Verbindung herauslösen. Mit diesem Farbstoff machte er erste Färbeversuche an einer weißen Seidenbluse seiner Schwester und ließ sich den später als Mauvein bezeichneten violetten Farbstoff 1868 patentieren. Diese *aus heutiger Sicht* verwegene chemische Vorgehensweise führte zum ersten Anilinfarbstoff und diese Zufallsentdeckung markierte den Beginn des unglaublichen Aufstiegs der Teerfarbenindustrie [14].

Strukturaufklärung des Chinins

Die Strukturaufklärung des Chinins und anderer Cinchona-Inhaltsstoffe beschäftigte Generationen von Chemikern. Aus den vielen kleinen Teilen konnte 1908 der deutsche Chemiker Paul Rabe das Strukturpuzzle zusammensetzen und die endgültig gesicherte Chinin-Konstitutionsformel *1* aufstellen (Abbildung 5) [15]. Da Chinin (***1***) vier stereogene Kohlenstoffatome enthält, ergeben sich insgesamt $2^4 = 16$ Stereoisomere [16]. Herauszufinden, welche davon die richtige war, erwies sich als ein besonders hartes Stück chemischer Laborarbeit [17]. Schrittweise musste die Konfiguration jedes einzelnen stereogenen Kohlenstoffatoms durch Abbaureaktionen ermittelt werden. Erst 1950 konnten Prelog und Häfliger [18] mit den Konfigurationsbestimmungen des C9 die Chininstruktur endgültig abschließen (Abbildung 5) [19].

Der lange Weg zur ersten Totalsynthese des Chinins

Die *Total*synthese eines Naturstoffs geht streng genommen von den Elementen aus. In der Praxis aber beginnt die Synthese nicht bei elementarem Kohlen-, Sauer-, Wasser- und Stickstoff, sondern es wird auf das gewaltige, von Generationen von Chemikern bereits synthetisierte Substanzreservoir zurückgegriffen. Die Intention der Chemiker ist dabei, das Zielmolekül in möglichst wenigen Schritten aus einfachen, leicht zugänglichen bzw. kommerziell erhältli-

ABB. 6 | DER LANGE WEG ZUR TOTALSYNTHESE DES CHININS

Pasteur (1853)
Rabe&Kindler (1918)
1
(+)-Chinotoxin (2)
Proštenik & Prelog (1943)
5 Stufen
(+)-Homomerochinen (3)
Cinchonin (4)
+ Chininsäure (5)
Racemat-Trennung
(-)-Chinotoxin
(*rac*)-Chinotoxin (2)
Woodward & Doering (1944)
13 Stufen
rac. Homomerochinen (3)
7-Hydroxyisochinolin (6)

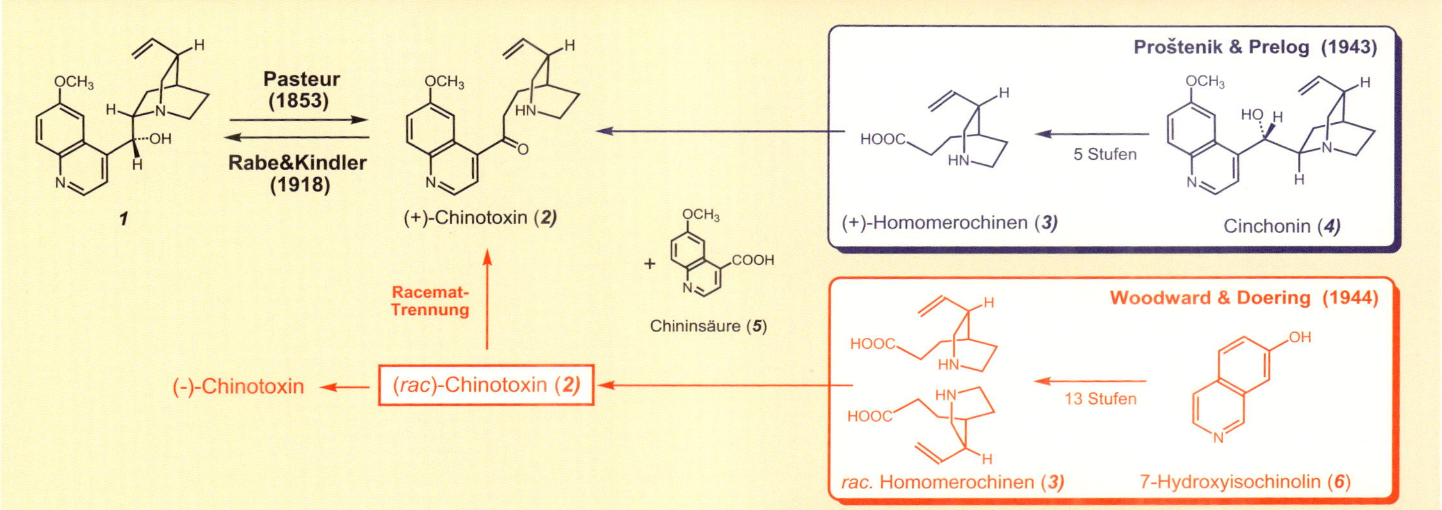

Woodward und Doering bauten auf den synthetischen Arbeiten von Rabe und Kindler sowie Proštenik und Prelog auf. Das Kernstück ihrer Arbeit war die elegante Synthese von racemischem Homomerochinen (3), das sie auf bekannten Wegen in Chinotoxin (2) überführten und das Racemat in (+)- und (–)-Chinotoxin aufspalteten.

chen, bereits synthetisierten Verbindungen herzustellen. Die Totalsynthese des Chinins entwickelte sich über fast 100 Jahre und spiegelt die zunehmenden Kenntnisse der Chemie des Chinins und der Entwicklung von Synthesemethoden wider:

1853: Den Anfang machte Louis Pasteur, der Chinin durch Erwärmen in verdünnter Säure in das isomere Chinotoxin (*2*) umlagerte [20], damals noch ohne jegliche Vorstellungen über deren chemischen Aufbau (Abbildung 6).

1918: Paul Rabe, der 1908 die korrekte Konstitutionsformel des Chinins aufstellen konnte, wandelte zusammen mit Karl Kindler Chinotoxin (*2*) in einer dreistufigen Reaktionssequenz ins Chinin (*1*) zurück (Abbildung 6) [21].

1943: M. Proštenik und V. Prelog bauten Cinchonin (*4*), einem mit Chinin eng verwandten Inhaltsstoff der Chinabaum-Rinde, zunächst zu (+)-Homomerochinen (*3*) ab [22], das anschließend mit Chininsäure (*5*) zu (+)-Chinotoxin (*2*) umgesetzt wurde (Abbildung 6) [23]. Damit gelang ihnen eine Chinotoxin-Partialsynthese aus Cinchonin, einem anderen Naturstoff. Die Autoren wiesen den Weg zur Totalsynthese: *„Da ..... die Überführung des Chinotoxins in ... Chinin ... schon vor längerer Zeit P. Rabe und K. Kindler gelungen ist, bleibt zur Durchführung einer Totalsynthese des Chinins noch die Lösung der Aufgabe einer synthetischen Herstellung des Homomerochinens übrig.“*

1944: Genau dies gelang R. B. Woodward und W. E. Doering in einer brillanten Synthese. Ausgehend von 7-Hydroxyisochinolin (*6*) synthetisierten sie zunächst racemisches Homomerochinen (*3*) [24], das sie nach Proštenik und Prelog mit Chininsäure (*5*) zu racemischem Chinotoxin (*2*) umsetzten. Mit einem D-Weinsäurederivat wurde *2* in seine beiden Enantiomere aufgespalten. Da Rabe und Kindler bereits 1918 (+)-Chinotoxin in Chinin (*1*) überführt hatten, gaben Woodward und Doering ihrer Publikation den Titel *„The Total Synthesis of Quinine“*. Heute würde man präziser von einer *formalen* Totalsynthese sprechen, da die letzten drei Stufen von den Autoren nicht selbst durchgeführt wurden [25].

ABB. 7 | DIE (FORMALE) TOTALSYNTHESE DES CHININS VON WOODWARD (LINKS) UND DOERING

6 → 7 → 8 —4 Stufen→ … —2 Stufen→ 9 —4 Stufen→ 3

5 + 3 —3 Stufen→ (-)-Chinotoxin + (+)-Chinotoxin —3 Stufen, Rabe-Kindler-Partialsynthese→ Chinin (*1*)

*Die überragende Kreativität der Woodwardschen Syntheseplanung wurde in der chemischen Fachliteratur vielfach dargestellt [63]. Eines fällt auch bei oberflächlicher Betrachtung sofort auf: In der ersten Synthesehälfte erahnt man noch nicht, wohin das Ganze führen soll. Warum z.B. führten Woodward und Doering gleich am Anfang die rot markierte Methylgruppe in den Isochinolinring ein? Dieser Reaktionsschritt entpuppte sich als besonders schweres Stück Synthesearbeit, denn die Reaktion **7** zu **8** wollte nicht recht klappen. Erst 16-stündiges Kochen mit Natriummethanolat in Methanol bei 220°C im Autoklaven (!) führte in 65prozentiger Ausbeute zum Ziel. Ein Wunder, dass bei diesen drastischen Bedingungen überhaupt etwas übrig blieb. Erst zum Schluss wird klar, warum die viele Mühe, denn die Methylgruppe wurde Teil der Vinylgruppe. (Bildquelle: Fritz Goro Archive)*

Wissenschaftlich war die Chinin-Totalsynthese ein Paukenschlag. In nur wenig mehr als einem Jahr hatten zwei 26-jährige amerikanische Chemiker einen der gesuchtesten Naturstoffe in rund 20 Synthesestufen hergestellt (Abbildung 7).

Paul Rabe, dem die Publikation erst nach Ende des 2. Weltkrieges zugänglich wurde, schrieb 1948 in einem bewegenden Brief an Woodward [26]: *„Mit Bewunderung habe ich die erste Arbeit durchstudiert. Ich freue mich, noch die Totalsynthese des Chinins erlebt zu haben und beglückwünsche Sie aufrichtig. Wie fruchtbar war der Gedanke, die vier Kohlenstoffatome des Benzolkerns eines Isochinolins um ein weiteres zu vermehren und dann mithilfe dieser fünf Kohlenstoffatome den Rest der Propionsäure und die Vinylgruppe zu schaffen!“*

Bis heute sprechen Synthesechemiker mit Hochachtung von dieser Synthese [27]: *„Sie war die erste Totalsynthese von Woodward, wurde bewundert, war damals eine wichtige und beispiellose Leistung und blieb ein wissenschaftlicher Meilenstein. Indirekt war die Woodward-Doering-Synthese von Chinin auch wegweisend für die organische Synthese in den nächsten Jahrzehnten. ... Diese Leistung machte ihn auf seinem Gebiet fast zu einem Halbgott.“*

Die Chinin-Totalsynthese von 1944 war aber nicht irgendeine, sondern mitten im 2. Weltkrieg eine kriegswichtige Synthese. Ein großer Teil der amerikanischen Truppen kämpfte in Südostasien und deren Wohlergehen in malariaverseuchten Gebieten hing von diesem Wirkstoff ab. Da die wichtigsten Chinarinden-Exportländer wie Java (damals holländisch) und die Seewege durch japanische Kriegsgegner kontrolliert wurden, bestand für die USA eine chronische Unterversorgung ihrer Truppen mit dem lebenswichtigen Medikament. Man kann sich vorstellen, welche Freude an der Heimatfront herrschte, dass nun endlich eine von feindlichen Lieferländern unabhängige Laborsynthese gelungen war. Die amerikanischen Medien machten Woodward und Doering über Nacht zu Superstars. *The New York*

ABB. 8 | DIE STEREOKONTROLLIERTE TOTALSYNTHESE VON STORK *ET AL.* (2001)

*Storks stereokontrollierte Synthese begann mit (S)-4-Vinylbutyrolakton (**10**). Das damit eingeführte Stereozentrum blieb samt anhängender Vinylgruppe bis ins Chinin erhalten. Storks Synthesestrategie wurde vielfach gewürdigt [63]. Er selbst bemerkt dazu: „Der Wert einer Chininsynthese hat eigentlich nichts mit Chinin selbst zu tun .... es ist wie das Gelingen eines lange ausstehenden Beweises für einen alten Lehrsatz der Mathematik: Es bringt das gesamte Gebiet voran.“*

Zu welchen emotionalen Ausbrüchen Organische Synthetiker fähig sind, belegt ein Zitat von Paul A. Wenders von der Stanford University, der Storks Synthese mit einem Ballett vergleicht [37]: „Ein unerfahrener Zuschauer könnte nach einer solch großartigen Aufführung meinen, dass er keine neuen Schrittkombinationen gesehen habe. Aber ein Fachmann erkennt die exquisite Choreographie, das bemerkenswerte Timing, die effiziente Ausführung und die Ökonomie der Bewegung – und wird inspiriert nach Hause gehen.“ (Bildquelle: Michigan State University)

Times jubelte im Mai 1944 [28]: *„Der Krieg hat so viele Wunder aus der Forschung hervorgebracht, aber keines ist so wundervoll wie der Erfolg von Dr. Robert B. Woodward und William E. Doering mit der Synthese von Chinin. Dieser herausragenden Leistung ging fast ein Jahrhundert vergeblicher Bemühungen voraus - vergeblich, weil in der Organischen Chemie noch nicht die notwendigen Konzepte und Techniken entwickelt worden waren. Trotzdem trugen die Rückschläge wesentlich zum jetzigen Erfolg bei, indem sie den richtigen Weg wiesen."*

Es war Journalisten wohl nicht klarzumachen, dass bei dieser (*formalen*) Totalsynthese Chinin selbst überhaupt nicht hergestellt worden war. Dieses wissenschaftliche Detail wurde übergangen, für die amerikanische Nation waren Woodward und Doering mitten im Zweiten Weltkrieg einfach nur Helden. Ob sich Woodward und Doering gegen diesen falschen Eindruck energisch genug gewehrt hatten, oder ob sie den über sie hereingebrochenen Ruhm zusammen mit allen Chemikern einfach nur genossen, sei dahingestellt. Auf jeden Fall hat nie wieder eine organisch-synthetische Forschungsleistung eine so positive Resonanz in der Bevölkerung gefunden wie 1944 die „Totalsynthese" des Chinins.

Der damalige Presserummel erlaubt uns ungewohnte Einblicke in die Arbeitsweise von Woodward und Doering, die sich beim Studium der Originalpublikation nicht erschließen. Dort nämlich bleibt Doerings zäher Kampf gegen die im präparativen Detail sitzenden Teufel unerwähnt. In den vielen Interviews brachten Journalisten insbesondere Doering dazu, auch über ihre Schwierigkeiten und Emotionen zu berichten. Ein Beispiel soll dies verdeutlichen: In der Originalpublikation wurde auf die Empfindlichkeit von ***9*** nur beiläufig, in nüchternem Publikationsjargon hingewiesen [29]: *„Es ist notwendig den Aminoester 9 vorsichtig zu handhaben, da Wärmeeinwirkung die Substanz für weitere Synthesen unbrauchbar macht, wahrscheinlich eine Folge von inter- und intramolekularen Kondensationen unter Beteiligung der Amino- und Carbethoxygruppen".*

Der Aminoester ***9*** zersetzte sich offenbar in der Wärme unter Ethanol-Abspaltung, sodass die Kondensationsproduk-

ABB. 9 | DIE RABE-KINDLER-PARTIALSYNTHESE VON CHININ AUS CHINOTOXIN

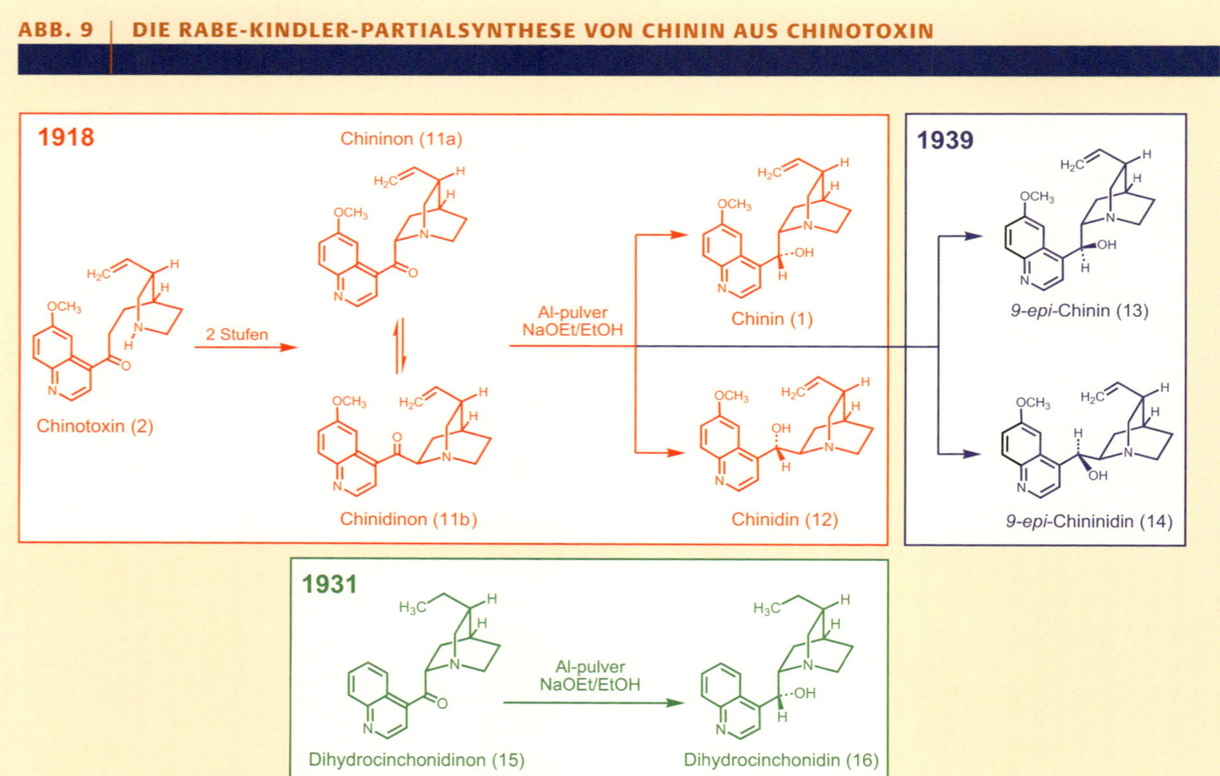

*P. Rabe und K. Kindler publizierten 1918 die Umwandlung von Chinotoxin (**2**) in Chinin (**1**) und Chinidin (**12**) [21]. Während die präparativen Vorschriften der ersten beiden Stufen bereits an anderer Stelle an analogen Verbindungen ausführlich beschrieben worden waren [39], fehlten nähere Angaben über eine neue Reduktionsmethode, die hier erstmals am Beispiel des Chininons (**11a**) vorgestellt wurde. Später stellte sich heraus, dass der isolierte Feststoff Chinidinon (**11b**) war, das im alkalischen Medium aber mit **11a** im Gleichgewicht steht. Erst im Jahr 1932 publizierte Rabe eine allgemeine Vorschrift dieser Methode am Beispiel der Umwandlung des Dihydrocinchonidinons (**15**) in das Dihydrocinchonidin (**16**) [41]. Rabe und Kindler arbeiteten 1939 die seit über 20 Jahren aufbewahrten Rückstände von 1918 nochmals auf und konnten mit den inzwischen verbesserten Abtrennverfahren neben Chinin und Chinidin die beiden nichtnatürlichen Stereoisomere **13** und **14** isolieren [43].*

te um ein Sauerstoffatom ärmer waren. In einem Interview mit dem angesehenen Magazin *„The New Yorker"* beschrieb Doering 1944, was diese Zersetzung in ihm emotional auslöste [29]: *„Zwölf Wochen (brauchten wir) für diesen ... Schritt, weil wir einen wichtigen Sauerstoff verloren hatten. Gott weiß, wo er geblieben war, aber er war einfach weg. Sie können sich nicht vorstellen, wie deprimiert wir waren. ..... Im September haben wir das Atom dann wiedergefunden und jeder weitere Schritt dauerte 5 Wochen."*

Berührend ist auch Doerings Beschreibung der letzten Tage der Chinin-Synthese. Ostern 1944 war die Synthese des racemischen Chinotoxins bereits gelungen und das Racemat aufgespalten. Das natürliche (+)-Chinotoxin musste nur noch kristallisiert und eindeutig identifiziert werden. Doering beschrieb diesen Moment [29]: *„Von 9:30 am Morgen bis um 4:30 früh am folgenden Morgen mischten, rührten und erhitzten wir. Alles, was heraus kam, war ein dunkelbraunes Öl. Wir gaben ein paar natürliche Kristalle zu (Chinotoxin, Anm.d.A.), weil sich diese manchmal wie Keime verhalten und andere Kristalle entstehen ließen. Aber nichts passierte. Am 10. April erhielten wir schließlich Kristalle, so weit so gut, aber die benahmen sich schlecht – sie waren nicht völlig rein. Wir tranken ein ice cream soda und gingen um 3 Uhr morgens nach Hause. Es war Woodwards Geburtstag und ich war noch nie so fertig. Am nächsten Morgen waren die Kristalle gereinigt. ... Um 11:00 Uhr am Morgen machte ich in der Dunkelkammer den entscheidenden Test, eine komplizierte Messung der Kristallrotation [30]. Das Ergebnis war absolut korrekt! Ich rannte zurück ins Labor und sagte: „Woodward, das war's!". Woodward ging in die Dunkelkammer, überprüfte alles genau und kam mit einem Lächeln heraus. Wir beide gaben uns die Hände. ......*

.... Mir wird schlecht, wenn ich an all die Details zurückdenke, aber wir schufteten 14 Monate – vom 1. Februar 1943 bis zum 11. April 1944 um Punkt 11 Uhr vormittags. Junge, war das ein Augenblick!"

WIR SCHUFTETEN 14 MONATE ... BIS ZUM 11. APRIL 1944 UM 11 UHR ... JUNGE, WAR DAS EIN AUGENBLICK!

Gilbert Storks Fußnote Nr. 14

Mit der ständigen Verbesserung der synthetischen Methoden wurden immer neue Total- oder Partialsynthesen in Angriff genommen, die kürzer und mit höheren Ausbeuten verliefen [27]. Ein Höhepunkt war die erste stereokontrollierte Totalsynthese des Chinins von Gilbert Stork [31] (Abbildung 8). Die Synthese ging vom chiralen Baustein ***10*** aus, dessen Konfiguration während der vielstufigen Synthesesequenz erhalten bleiben musste. Das ist eine besondere synthetische Herausforderung, da nur sehr selektive Reaktionen durchgeführt werden dürfen. Dies gelang mit einer überraschend innovativen Synthesestrategie nach knapp 20, elegant ausgewählten Reaktionsstufen.

Storks stereokontrollierte Totalsynthese des Chinins wurde als Meisterleistung hochgelobt [32]. Mehr noch als über den wissenschaftlichen Wert schlugen die Wellen jedoch über eine Fußnote hoch, in der er starke Zweifel an Woodwards und Doerings über 50 Jahre zurückliegender „Total"-Synthese des Chinins vorbrachte [33]. Seine Kritik bezog sich vor allem auf den letzten Absatz in Woodwards und Doerings Publikation: *„Unter Einbeziehung der gesicherten Umwandlung von Chinotoxin in Chinin [21] (Literaturangabe im Original) ist mit der Synthese von Chinotoxin die Totalsynthese von Chinin abgeschlossen."*

Es war das Adjektiv *„gesichert"*, das Stork nicht akzeptieren wollte. Nach seiner Auffassung war die Umwandlung von Chinotoxin in Chinin keineswegs „gesichert", denn Rabe und Kindler hatten in ihrer knappen Kurzmitteilung [21] keine experimentellen Einzelheiten angegeben und dies auch später nicht getan. Bei einem Anspruch auf eine Totalsynthese hätten Woodward und Doering die Syntheseschritte von Rabe und Kindler experimentell überprüfen müssen.

Für Stork war die Fußnote 14 der beste Teil seiner Arbeit [34]. Viele sahen das anders und fanden Storks Angriff auf den verstorbenen Bob Woodward (1917–1979, Nobelpreis für Chemie 1965) zumindest sehr befremdlich, manche als eine Art Majestätsbeleidigung. Was mag den sonst so besonnenen, humorvollen und allseits hochgeschätzten Stork [35] zu einer solchen Attacke angetrieben haben?

Vielleicht war es die lang zurückliegende Enttäuschung, dass Woodward 1944 einen Brief des jungen Studenten Stork nicht beantwortet hatte. In diesem Brief bat Stork um ein ihm wichtig erschienenes Detail [35]: *„..... Würden sie mir mitteilen, ob sie Rabes Umwandlung von Chinotoxin in Chinin in ihrer gegenwärtigen Forschungsarbeit wiederholt haben?"*

Wie dem auch sei, für Stork war die Woodward-Doering-Totalsynthese ein Mythos [36]: *„Das war eine beeindruckende Leistung. Aber es war nicht Chinin!"* [34]. Dies und viele andere seiner Äußerungen entfachten eine sehr emotional geführte Diskussion, ob Rabes und Kindlers Publikation überhaupt seriös war, ob Woodward und Doering zu blauäugig waren, oder ob sie sich vielleicht sogar bewusst waren oder es zumindest ahnten, dass Rabes und Kindlers Arbeit nicht reproduzierbar war, oder ob Stork einfach aus gekränkter Eitelkeit wegen der Nichtbeachtung seiner Anfrage an der fast übermenschlichen Figur Woodwards kratzen wollte.

Die Redaktion von *Chemical & Engineering News*, das wöchentliche Mitteilungsblatt der Amerikanischen Chemischen Gesellschaft, preschte nach vorn, indem die Chefredakteurin von einer historischen „Richtigstellung" (*setting the record straight*) sprach [37]. Auf der anderen Seite gab es viele Stimmen, die darauf hinwiesen, dass Woodward und Doering völlig zu Recht auf die Seriosität und das präparative Geschick von Rabe und Kindler hätten bauen können [38].

Nach dem Abklingen der leidenschaftlichen Diskussion um die Chininsynthese von Woodward und Doering, können wir dank der zeitlichen Distanz die inzwischen vorliegenden Fakten unaufgeregt analysieren und uns selbst ein Bild machen.

Wer durfte wem und wem dürfen wir vertrauen?

In der umstrittenen Kurzmitteilung *„Über die partielle Synthese des Chinins"* berichteten Rabe und Kindler über die Umwandlung von Chinotoxin in Chinin (Abbildung 9). Die präparative Durchführung der ersten beiden Stufen hatte Rabe bereits 1911 detailliert bei der analogen Umwandlung (von Cinchotoxin in Cinchoninon) publiziert [39]. In der dritten Stufe stellten sie ein neues Reduktionsverfahren mit Aluminiumpulver in Natriumethanolat/Ethanol vor, das nach ihrer Auffassung *„ein wesentlicher Fortschritt bei den Synthesen in der Reihe der Chinaalkaloide"* darstellte.

Die Arbeitsvorschrift ist allerdings äußerst knapp gehalten: *„16,3 g synthetisiertes Chininon (heute: Chinidinon [40]) gaben bei der Behandlung mit dem genannten Reduktionsgemisch (Aluminiumpulver in Natriumethanolat/Ethanol, Anm. d. A.) neben 0,9 g Chinidin das Chinin in einer Ausbeute von 2 g analysenreiner Substanz."*

Von den beiden isolierten Reaktionsprodukten wurden die Schmelzpunkte, optischen Drehwerte und Elementaranalysen angegeben, die mit authentischen Proben übereinstimmten. Wenn man Rabe und Kindler nicht plumpen Betrug vorwerfen will, konnte kein Zweifel daran bestehen, dass diese Reaktionen tatsächlich wie beschrieben durchgeführt worden sind.

ABB. 10 | BIOMINERALISIERUNG VON HÄM IN MIT PLASMODIUM INFIZIERTEN BLUTKÖRPERCHEN

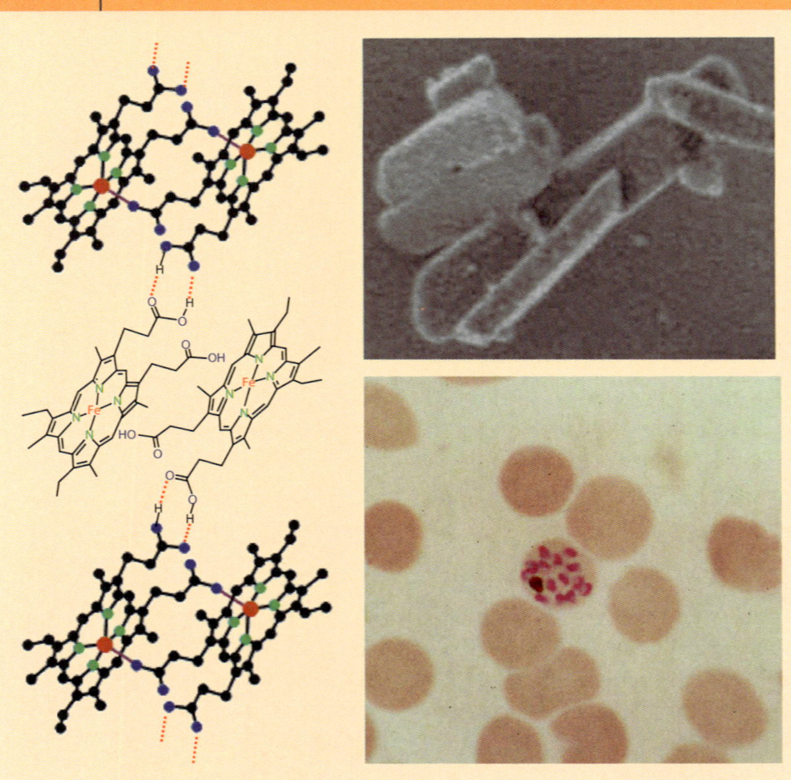

links: In den infizierten roten Blutkörperchen baute Plasmodium das Globin im Hämoglobin zur Gewinnung von Aminosäuren ab. Dabei fallen große Mengen des roten Blutfarbstoffs Häm an, der für Plasmodium toxisch ist. Mit einem einzigartigen Schutzmechanismus gelingt es Plasmodium, das Häm unschädlich zu machen, indem Häm-Dimere über Wasserstoffbrücken in Schichten übereinander gestapelt werden und kristallin als Hämozoin ausfallen.
oben rechts: Das durch die Biomineralisierung ausgefallene Hämozoin bildet kleine Kristalle.
unten rechts: Das auskristallisierte Hämozoin kann in den noch intakten Blutkörperchen mikroskopisch nachgewiesen werden (brauner, größerer Bestandteil).
(Bildquelle: D. Sullivan (rechts oben) und E. Hempelmann (rechts unten), beide wikimedia commons)

Allerdings war es damals, wie heute, allgemeiner Standard, dass einer knappen Kurzmitteilung, in der die Priorität einer gelungene Synthese angemeldet wird, in gewissem zeitlichen Abstand von ein bis zwei Jahren eine ausführliche Darstellung mit präparativen Vorschriften zu folgen hatte. Warum Rabe und Kindler dies versäumten, ist unbekannt. Oder haben sie es gar nicht versäumt?

Wir müssen schon genau hinschauen. 1932 griff Rabe die Reduktionsmethode mit Aluminiumpulver in der Arbeit *„Über die Reduktion der China-Ketone zu China-Alkoholen"* erneut auf [41]: *„Die nicht-katalytische Hydrierung gelingt mit Hilfe von Aluminiumpulver und Natriumäthylat in alkoholischer Lösung. Die von P. Rabe und K. Kindler [21] eingeführte Methode ist noch nicht eingehend beschrieben worden. Sie wird daher am Beispiel des Dihydrocinchonidinons (15) erläutert." (Abbildung 9)*

Obwohl die dort angegebene Vorschrift ausführlich war, wies Stork zu Recht daraufhin, dass es sich eben nicht um die Reduktion von Chininon [42] zu Chinin handelte, sondern „nur" um das analoge Dihydrocinchonidinon (***15***), in dem anstelle der Vinyl- eine weitaus weniger empfindliche Ethylgruppe enthalten ist (Abbildung 9). Stork wies auf diesen strukturellen Unterschied hin [34]: *„Diese Verbindung enthält keine Vinylgruppe, wie sie im Chinotoxin enthalten ist. Ob die Vorschrift auch bei einem Substrat funktioniert, das eine solch reaktive Gruppe enthält, ist unklar."*

Dieser Einwand leuchtet ein, denn bei jeder Reduktion mit Wasserstoff besteht die Gefahr, dass die Vinylgruppe hydriert wird. Rabe war sich dessen sehr wohl bewusst und gleich zu Beginn des Versuchsteils wies er auf den grundsätzlichen Unterschied zwischen *„katalytisch angeregtem"* Wasserstoff (am Pt-Katalysator) und *„nascierendem Wasserstoff"* (H_2-Bildung an Aluminiumpulver in NaOEt/EtOH) hin. Es folgte der entscheidende präparative Hinweis: *„Die Ketone wurden teils mit katalytisch angeregtem, teils mit nascierendem Wasserstoff reduziert. Die erste Methode ist nur bei vinylfreien, die zweite, was wichtig ist, auch bei vinylhaltigen Ketonen anwendbar."*

Rabe wies also ausdrücklich darauf hin, dass die Reduktionsmischung aus Aluminiumpulver und Natriumetha-

nolat in Ethanol Doppelbindungen *nicht (!)* angriff. Vermutlich glaubte Rabe, mit dieser allgemeinen Vorschrift auch die Reduktion des Chininons zu Chinin genügend ausführlich beschrieben zu haben.

Diese Vermutung bestätigten Rabe und Kindler 1939 in ihrer Arbeit *„Zu Synthesen in der Reihe der China-Alkaloide"* [43]. Sie hatten neue Verfahren zur Abtrennung von *epi*-Chinin ***(13)*** und *epi*-Chinidin ***(14)*** aus komplexen Gemischen entwickelt und *„...dieser Umstand versetzte uns in die Lage, jene bereits 1918 angestellte Untersuchung zu beendigen. Damals glückte nämlich durch Auffindung einer neuen nichtkatalytischen Methode der Hydrierung die partielle Synthese des Paares Chinin und Chinidin und damit aus dem Chinotoxin mit noch nicht geschlossenem Chinuclidin-Ring"*.

Sie nahmen sich den alten, über 200 g schweren Rückstand aus dem Jahr 1918 noch einmal vor. Tatsächlich isolierten sie neben Chinin ***(1)*** und Chinidin ***(12)*** nun die unnatürlichen Stereoisomere ***(13)*** und ***(14)*** aus dem alten Reaktionsansatz. Auch in dieser Arbeit priesen sie nochmals den entscheidenden Vorteil der „nicht-katalytischen" Reduktionsmethode mit Aluminiumpulver in Natriumethanolat/Ethanol an: *„Wir benutzten nämlich zur Hydrierung Aluminiumpulver in alkoholischer Lösung bei Gegenwart von Natriumäthylat, ein Reduktionsmittel, das wohl die Carbonylgruppe anzugreifen vermag, aber nicht oder doch nur ausreichend schwer eine andere ungesättigte Gruppe, die Vinylgruppe, die durch katalytisch angeregten Wasserstoff leicht reduzierbar ist."*

Somit steht zweifelsfrei fest, dass Rabe und Kindler die Partialsynthese von Chinin aus Chinotoxin tatsächlich durchgeführt haben. Die Publikation der experimentellen Details der letzten drei Stufen erfolgte verspätet, wobei die Gründe dafür unbekannt bleiben. Dieses Publikationsverhalten war für Rabe ungewöhnlich, jedoch kann daraus keine Unseriosität abgeleitet werden. Insgesamt kann Woodward und Doering nicht der Vorwurf gemacht werden, sie hätten an den Arbeiten von Rabe und Kindler so starke Zweifel haben müssen, dass sie diese Stufen hätten wiederholen müssen. Doering bemerkte 2007 dazu: *„Wir verließen uns bei der Vollendung der Totalsynthese auf die Arbeit von einem der besten organischen Chemiker Deutschlands. Es gab auch nicht den geringsten Anlass, an der Zuverlässigkeit von Rabes Arbeiten zu zweifeln". [44]*

Paul Rabe und Karl Kindler – Ruhet in Frieden

Schließlich regte die jahrelange erhitzte Debatte um die Chinin-Totalsynthese den Chemiehistoriker Jeff Seeman an, die Hintergründe umfassend und akribisch aufzuarbeiten und uns seine vergnüglich zu lesenden Einsichten vorzulegen [26]. Zu guter Letzt wurde schließlich 2008 die Rabe-Kindler-Reaktionssequenz von Chinotoxin in Chinin mit den Labortechniken von 1944 durch Smith und Williams nachvollzogen [45]. Das Ergebnis überraschte nicht, Chinin ließ sich nach Rabe-Kindler aus Chinotoxin zwar schlecht, aber recht, herstellen. Probleme machte vor allem das moderne Aluminiumpulver, das sich zunächst als ungeeignet, weil zu „frisch" erwies, und erst ein paar Wochen an der Luft altern musste. Diese Ergebnisse erschienen unter dem für die *„Angewandte Chemie"* ungewöhnlich melodramatischen Titel *„Rabe Ruhe in Frieden: Bestätigung der Rabe-Kindler Umwandlung von Chinotoxin in Chinin"*.

Diese Publikation, die den Sturm im Wasserglas eigentlich endgültig beenden sollte, kommentierte Stork wie folgt: *„Für mich haben Williams und Smith in ihrer exzellenten Arbeit herausgefunden, wie das Aluminiumpulver modifiziert werden muss, damit man damit den Rabe-Kindler Teil der Woodward-Doering-Synthese von Chinin reproduzieren konnte."*

Schade, dass Stork es sich nicht verkneifen konnte, noch einmal nachzulegen [44]: *„Es ist beschämend, dass nicht Woodward und Doering dies erledigt hatten.*

Ein Rückblick auf die Chinin-Totalsynthesen zeigt, dass Forschungsergebnisse nicht nur Produkte vermeintlich objektiver Laborarbeit sind, sondern von Menschen mit schillernden Charakteren in einem sozial-politischen Umfeld in einer bestimmten Zeit erarbeitet werden. Die Chininsynthese kann deswegen als epistemologisches Lehrstück für die Komplexität des chemischen Forschungsprozesses dienen [46]. Weniger abgehoben können wir uns einfach daran erfreuen, dass Chemikerinnen und Chemiker, auch ganz große, eben nicht immer so streng rational denken und handeln, wie sie es häufig glauben vorgeben zu müssen, sondern dies auch emotional und voller Leidenschaft tun. Das erst macht sie doch zu liebenswerten Menschen.

Wie wirkt Chinin gegen Malaria?

Um die Wirkung von Chinin als Heilmittel gegen Malaria verstehen zu können, müssen wir noch einmal einen kurzen Blick auf die Ursache dieser Krankheit werfen. Die Gefährlichkeit von *Plasmodium* für Menschen liegt in der Zerstörung von bis zu 80 % der roten Blutkörperchen. Der dort eingedrungene Erreger spaltet das menschliche Hämoglobin in Häm und Globin (ein Protein), um durch Abbau des Globins seinen eigenen Aminosäurebedarf zu decken. Die großen Mengen des roten Blutfarbstoffs Häm sind für *Plasmodium* toxisch. *Plasmodium* hat einen einzigartigen Schutzmechanismus gegen freies Häm entwickelt, in dem Häm über Wasserstoffbrückenbindungen in Schichten zusammengelagert werden, die dann als Hämozoin auskristallisieren (Abbildung 10). Da nach dieser Biomineralisierung alle Eisenzentren des Häms koordinativ abgesättigt sind, verliert das Häm im kristallinen Hämozoin seine Toxizität [47].

Für den menschlichen Wirt ist die Infektion letztlich meist tödlich, denn einerseits führt der enorme Verlust von roten Blutkörperchen zu Anämie und andererseits verändert sich die Oberfläche der infizierten Blutkörperchen dahingehend, dass sie leicht Kapillaren vor allem im Gehirn verschließen.

Chinins pharmakologische Wirkung als Antimalariamittel beruht auf der Verhinderung der Biomineralisierung des

ABB. 11 | SHAKEN, NOT STIRRED!

Cocktail Nr. 1: Queen Mum's favourite drink
2 cl Dubonnet, 1 cl Gin
Mischen und mit einer Zitronenspalte und mit zwei Eiswürfeln servieren. (Bildquelle: Allan Warren, wikimedia commons)

Der Franzose Joseph Dubonnet entwickelte 1846 einen Aperitif, der aufgrund seines Chininanteils den französischen Legionären in Afrika eine Malariaprophylaxe ermöglichen sollte.

Die Grundlage für den Quinquina Dubonnet bildet Wein, zu dem alkoholische Auszüge von Chinarinde und anderen Kräutern zugesetzt werden. Dubonnet mit Gin ist das Lieblingsgetränk von Queen Elisabeth II – und war es von ihrer beliebten Mutter „Queen Mum". Eine handschriftliche Notiz an ihren Butler [64], in der sie ihn bittet, Dubonnet und Gin mitzunehmen „in case it is needed", erzielte in einer Versteigerung 16.000 £! Wieviel Dubonnet man dafür wohl hätte kaufen können…

Bildquelle: Ucci, wikimedia commons

Cocktail Nr. 2: Vesper Martini, James Bond's favourite drink
3 Teile Gin, 1 Teil Wodka, 1/2 Teil Lillet Blanc
Mit Eis kräftig schütteln („shaken, not stirred") und in ein vorgekühltes Martiniglas abgießen, garnieren mit Zitronenschale. (Bildquelle : NY-Trotter, wikimedia commons)

Lillet Blanc (frühere Bezeichnung Kina Lillet) ist ein Aperitif auf Weißweinbasis, der mit alkoholischen Auszügen aus Zitrusfrüchten und Chinarinde versetzt wird. Ursprünglich wurden Kina Lillet und andere Aperitifs in der Zeit der französischen Eroberung Nordafrikas entwickelt, um Chinin den Legionären in einer angenehmeren Form zu verabreichen.

Der Lillet Blanc wurde 2006 durch den James Bond Film „Casino Royal" wieder populär, in dem Daniel Craig 2006 am Pokertisch einen Vesper Martini ordert. Das in Ian Flemings Roman von 1953 beschriebene Originalrezept lässt sich heute nicht mehr nachmixen, da der Chiningehalt des Lillet Blanc 1986 reduziert wurde. Die fehlende Bitterkeit wissen aber findige Bartender durch Spritzer von Angostura oder Orange Bitter zu verstärken.

Häms in Form des kristallinen Hämozoins. Der genaue Mechanismus ist noch ungeklärt, ob z.B. Chinin an die dimeren Häm-komplexe bindet und so die weitere Zusammenlagerung verhindert oder ob Chinin an die schnell wachsenden Kristallflächen eine Art Schutzschicht bildet [48]. Wie der Mechanismus im Detail auch ablaufen mag, im infizierten Blutkörperchen sorgt der *Plasmodium*-Erreger durch den Hämoglobin-Abbau für eine hohe Häm-Konzentration und damit für sein eigenes Ende.

Chinin bzw. *Cinchonarinde* war für Jahrhunderte das einzige wirksame Antimalariamittel. Erst 1934 gelang mit Chloroquin (Resochin®) die Synthese eines synthetischen und hochwirksamen Malariamittels. 1940 folgten die Wirkstoffe Sulfadoxin/Pyrimethamine, in den 1970er Jahren Mefloquine (Lariam®) und Artemisinin [49]. Chinin wurde fast vollständig aus der Malariatherapie verdrängt. Da sich inzwischen bei den Erregern Resistenzen herausgebildet haben, werden heute meist Kombinationspräparate zur Prophylaxe und Therapie eingesetzt [50]. Wenn diese aber bei schweren Krankheitsverläufen wirkungslos bleiben, wird heute immer noch Chinin, zum Teil in Kombination mit anderen Wirkstoffen, verabreicht.

„…in case it is needed"

Chinin gewann als prophylaktisches und therapeutisches Mittel gegen Malaria mit jeder Eroberung der Europäer in Afrika, Asien und Amerika an Bedeutung. Die Kolonialmächte verabreichten ihren Soldaten, Beamten, Handelsvertretern und Missionaren Chinin in Pulver- und Tablettenform. Den überaus bitteren Geschmack des Chinins versuchte man durch zahlreiche Additive zu überdecken. Besonders erfolgreich waren dabei die Briten, die im von ihnen besetzen Indien ihre Chinindosis in Wasser lösten und dieses mit Gin und Zitrone versetzten. Das so entstandene Tonikum (engl. *tonic*), als solches wurden Stärkungs- und Kräftigungsmittel aller Art bezeichnet, wurde so zum Vorläufer eines immer noch beliebten Longdrinks, des *Gin Tonic*.

In Deutschland ist *Tonic Water* untrennbar mit dem Namen Schweppes verbunden. Der Uhrmacher Johann Jacob Schweppe (1740–1821) entwickelte um 1780 ein Verfahren, mit dem er Wasser mit Kohlensäure versetzen und in Flaschen abfüllen konnte. Er ließ sich diesen Vorgang patentieren und eröffnete bald darauf in Genf die erste Fabrik zur Herstellung von Sodawasser. 1792 gründete er mit Partnern eine weitere Fabrik in London - *Schweppes*. Schweppe selbst verließ die Firma 1802, aber sein Name blieb [51]. Die Nachfolger entwickelten in England das Sodawasser weiter und boten ab ca. 1830 „Wasser mit Geschmack" an, *Indian Tonic Water*. Die in Indien stationierten britischen Kolonialoffiziere sollen das Sprudelwasser mit Chinin begeistert angenommen haben. Stand es doch für die angenehmere Art, Chinin zu sich zu nehmen. Ob aber eine Prophylaxe oder Heilung von Malaria mit dem damaligen *Indian Tonic Water* gewährleistet war, scheint fraglich. Im heutigen *Schweppes Indian Tonic Water* sind 68 mg Chinin

pro Liter enthalten. Um auf eine bei Malaria oral wirksame Dosis von 2 g pro Tag (Mann, 70 kg) [52] zu kommen, müssten täglich 30 Liter *Schweppes Indian Tonic Water* getrunken werden. Das dürfte kaum zu schaffen sein, nicht *ohne* und schon gar nicht *mit* Gin [53].

Nicht nur Schweppes, auch französische Unternehmer nutzten die Möglichkeit, mit Chinin ihren Produkten eine bittere Note zu verleihen. Zahlreiche Kräuterschnäpse und Aperitifs wurden mit Chinarinde versetzt und die gewählten Getränkenamen wiesen deutlich auf ihre vermeintlich heilsame Wirkung hin. Doch nur der *Quinquina Dubonnet* (heute Dubonnet) und der *Kina Lillet* (heute Lillet Blanc) haben die Zeiten überdauert und werden noch heute konsumiert (Abbildung 11).

Chinin ist heute in Getränken ausschließlich als Aromastoff zugelassen und unterliegt strengen Grenzwerten und Vorschriften. Die deutsche Aromenverordnung schreibt Höchstmengen für Chinin in Spirituosen von 300 mg/kg und in alkoholfreien Getränken von 85 mg/kg vor [54]. Doch selbst diese Mengen können für bestimmte Personengruppen ein Gefährdungspotenzial besitzen. Das Bundesinstitut für Risikobewertung empfiehlt z.B. Schwangeren und Patienten, die Medikamente zur Hemmung der Blutgerinnung nehmen, vorsorglich auf den Konsum chininhaltiger Getränke zu verzichten, da Wechselwirkungen mit diesen Medikamenten eintreten können und auch Neugeborene gesundheitliche Beeinträchtigungen aufweisen können. Aufgrund dieser gesundheitlichen Bewertung müssen chininhaltige Bittergetränke als „*chininhaltig*“ (bei Spirituosen ist keine Kennzeichnung erforderlich) auf dem Etikett und den Getränkekarten der Gastronomie gekennzeichnet werden.

Kein bitteres Ende!

Die Isolierung (1820), Strukturaufklärung (1908) und Synthese (1944) des Hauptinhaltsstoffs der Chinarinde, sind Triumphe der Chemie. Die Krönung aller Bemühungen, eine wirtschaftliche industrielle Synthese, ist allerdings bisher weder gelungen noch in Sicht, so dass wir nach wie vor auf den weltbesten Chinin-Synthetiker angewiesen sind, den Chinarindenbaum.

Trotzdem haben sich die enormen Anstrengungen vieler Chemiker bei der Erforschung des Chinins gelohnt. 1853 trennte Louis Pasteur erstmals ein Racemat der Weinsäure in beide Enantiomere mit Hilfe der chiralen Hilfsbase Chinin, bis heute eine gängige Methode der Racematspaltung. 1856 ging William Perkins verwegener Versuch, Chinin durch Oxidation aromatischer Amine herzustellen, völlig daneben. Er erhielt zwar kein Chinin, dafür aber den ersten synthetischen Textilfarbstoff. Dies markiert den Beginn der Teerfarbenindustrie und der sich daraus entwickelnden chemisch-pharmazeutischen Industrie. Heute werden Chinin und die anderen Inhaltsstoffe der Chinarinde nicht nur als pharmakologische Wirkstoffe, sondern auch als chirale Katalysatoren und als Bausteine in der Organischen Synthese eingesetzt [55]. *Last not least* genießen wir Chinin als Bitterstoff in einigen Getränken und Cocktails. Viele Gründe also, dem Chinarindenbaum dankbar zu sein.

Danksagung

Bei der Einarbeitung in dieses umfangreiche und wissenschaftlich anspruchsvolle Gebiet und bei der Manuskripterstellung haben uns zahlreiche Kolleginnen und Kollegen hilfreich zur Seite gestanden. Unser Dank gilt: Onur Köksal, Harry's New-York Bar im Grand Hotel Esplanade, Berlin, Dr. Gabriele Pradel, RWTH Aachen, Dr. Robert Vogt, Botanisches Museum der FU Berlin und Dr. P. Winchester, FU Berlin. Ausgangspunkt dieses Artikels war unser Besuch der Chininfabrik Buchler in Braunschweig und wir bedanken uns bei T.W. Buchler, Dr. R. Böhm, A. Perrin und Dr. C. von Riesen für deren Gastfreundschaft und Unterstützung.

Zusammenfassung

Die chininhaltige Rinde von Cinchona war das wohl wertvollste Heilmittel, das uns die Neue Welt geschenkt hat. Über Jahrhunderte war dies die einzige Medizin gegen Malaria und wird auch heute noch dafür eingesetzt. Die Isolierung, Strukturbestimmung und Totalsynthese des Chinins waren chemische Meisterstücke. Heute werden mit Cinchona-Alkaloiden nicht nur verschiedene Krankheiten behandelt, sondern sie dienen als wirkungsvolle Katalysatoren und Hilfsstoffe zur Herstellung reiner Enantiomere in der Chemischen und Pharmazeutischen Industrie. Schließlich verleiht eine kleine Prise Chinin dem Tonic Water und einigen klassischen Cocktails das gewisse Etwas, das wir so genießen. Also, Prost auf alle Drinks, die dieses wunderbare Alkaloid enthalten, egal ob gerührt oder geschüttelt.

Literatur und Anmerkungen

[1] J. Hermann, *Pharm. Z. online* **2001** (http://www.pharmazeutische-zeitung.de/index.php?id=titel_18_2001).
Fünf Pflanzen verändern die Welt, H. Hobhouse, **1992**, dtv, München.

[2] Jesuitenpulver ist nur einer der vielen Beinamen der Chinarinde, andere sind Perurinde, Fieberrinde, *cortex americanus*, Kardinalspulver oder Pulver der Countess.

[3] U. Sellerberg, *pta-forum online* **2011** (http://www.pta-forum.de/index.php?id=43).

[4] Die spanische Gräfin Chinchón war die Frau des peruanischen Vizekönigs und ihre Malaria soll mit dem Sud des Chinarindenbaumes geheilt worden sein. Aus Dankbarkeit verteilte sie die Medizin an Fieberkranke im Volk, die alle prompt genasen. Unzählige Male wiedergegeben, wird die Geschichte jedoch nicht wahrer. Siehe: *Quinine's predecessor.* J. Saul, **1993**, S. 2ff., John Hopkins Press Ltd., London. Nach einer anderen Legende soll ein an Fieber schwer erkrankter spanischer Soldat (in anderen Versionen handelt es sich um einen Indianer) in einen Tümpel gefallen sein, in dem Chinarindenrindenbäume lagen. Er trank von dem Wasser und war nach erholsamem Schlaf genesen. Da Chinin schwer wasserlöslich ist, mag auch diese Geschichte von der Entdeckung eher ins Reich der Mythen gehören.

[5] *Drug Discovery – A History*, W. Sneader, **2005**, Wiley, Chichester

[6] Als Rechtfertigung für den Raub der Samen und Setzlinge findet man auch eine ganz selbstlose Variante: Die ehrenvolle Aufgabe bestand darin, den vor der Vernichtung stehenden Chinarindenbaum zu retten, indem er gezielt kultiviert werden sollte.

[7] W. Hahn, *Chemiker-Zeitung* **1938**, *62*, 659; Der Samenraub des Chinarindenbaumes hat sogar Eingang in die Kinderbuchliteratur gefunden. Von der Entdeckung der Chinarinde und der Geschichte des Botanikers Justus Hasskarl berichtet Hilda Knobloch recht frei in *Der Wunderbaum im Urwald*,**1954**, Eduard Wancura Verlag, Wien.

[8] Nachdem sich der sensationell hohe Chiningehalt bestätigte, zahlten die Holländer nochmals 500 Gulden an C. Ledger. Ledger selbst allerdings spricht in einem Brief an seinen Bruder von einer Zahlung in Höhe von £ 50 und einer zweiten Zahlung von £ 100. *American Journal of Pharmacy* **1881** (http://swsbm.com/AJP/AJP_1881_No_3.pdf).

[9] C. Ledger, *American Journal of Pharmacy* **1881** (3), *53*.

[10] *Chinin*, W. Dethloff, **1944**, Chemie Verlag, Berlin.

[11] http://www.ck-wein.de/Weingut-Info/Familie/familie.html.

[12] Um 1850 waren einige relative Atommassen der Elemente noch fehlerhaft und Wasser hatte die Formel OH. Im Original schrieb von Hofmann: „*Now if we take 20 equivalents of carbon, 11 equivalents of hydrogen, 1 equivalent of nitrogen, and 2 equivalents of oxygen, as the composition of quinine, it will be obvious that naphthalidine, differing only by the elements of two equivalents of water, might pass into the former alkaloid simply by an assumption of water.*“ Die Stöchiometrie der beiden hier ausgeschriebenen Summengleichungen entspricht dem heutigen Kenntnisstand. *loc.cit.*: W.H. Perkin, *J.Chem.Soc.* ***1896***, 596. A. Filarowski, *Resonance*, **2010**, *15*, 850.

[13] Z.H. Skraup, *Ber.Dtsch.Chem.Ges.* **1878**, *31*, 516, *Liebigs Ann.Chem.*, **1879**, *199*, 344.

[14] Das war nur der Anfang! Später stellte sich heraus, das nicht nur Textilien, sondern auch Mikroorganismen (Gram-Farbtest bei Bakterien) und subzelluläre Bestandteile (Chromosomen, *chroma* gr. Farbe) angefärbt werden konnten. Der folgerichtige Schritt war die Nutzung von Farbstoffabkömmlingen als Chemotherapeutika. Die Farbwerke Hoechst AG, Agfa (Aktiengesellschaft für Anilinproduktion) und BASF (Badische Anilin und Soda Fabrik) tragen diesen Ursprung in ihren Namen.

[15] P. Rabe, *Ber.Dtsch.Chem.Ges.* **1908**, *41*, 62.

[16] Auch das Stickstoffatom N1 ist stereogen, da dessen nach außen gerichtetes, freies Elektronenpaar formal als vierter Substituent betrachtet werden kann. Da wegen der Starrheit des bicyclischen Chinuclidinrings die Konfigurationen der beiden Brückenköpfe N1 und C4 identisch sein müssen, braucht die *S*-Konfiguration des N1 nicht extra angegeben zu werden.

[17] Hierzu wurde Chinin unter Erhalt der Konfigurationen, also sehr vorsichtig, nach allen Regeln der Kunst abgebaut, bis man schließlich auf kleinere Moleküle mit schon bekannter Konfiguration stieß. Die Geschichte der Konfigurationsaufklärung und vieles andere über Chinin ist in wunderbar lesbarer Form von Fritz Eiden dargestellt worden: *Pharm.Unserer Zeit*, **1998**,*27*, 257; *ibid.* **1999**, *28*, 11 und 74.

[18] V. Prelog und O. Häfliger, *Helv.Chim.Acta* **1950**, *33*, 2021.

[19] Die auf chemischer Basis ermittelten relativen Konfigurationen wurden 1955 durch Röntgenstrukturanalyse bestätigt. H. Mendel, *Proc. K. Akad. Wet.* **1955**, *58*, 132 , *loc.cit.* in P.M. Kimpenda und L.V. Meervelt, *Acta Cryst.* **2010**, *E66*, 2443. Die absolute Konfiguration wurde 1967 bestimmt: O.L. Carter *et al.*, *J.Chem.Soc.A*, **1967**, 365.

[20] L. Pasteur, *C.R. Hebd. Seances Acad.Sci.* **1853**, *37*, 110.

[21] P. Rabe und K. Kindler, *Ber. Dtsch. Chem.Ges.*, **1918**, *51*, 466.

[22] M. Proštenik und V. Prelog, *Helv.Chim.Acta*, **1943**, *26*, 1965.

[23] Diese Verknüpfung mit Chininsäure hatten Rabe und Kindler bereits bei der Synthese des analogen „Dihydro-chinotoxins“ beschrieben. P.Rabe, K.Kindler, *Ber. Dtsch.Chem.Ges.* **1919**, *52*, 1842.

[24] R.B. Woodward und W.E. Doering, *J. Am. Chem .Soc.* **1944**, *66*, 849; *ibid.* **1945**, *67*, 860.

[25] Dieser heute übliche, präzisierende Begriff wurde damals noch nicht verwendet.

[26] J.I. Seeman, *Angew. Chem.* **2007**, *119*, 1400.

[27] T.S. Kaufman und E.A. Rúveda, *Angew. Chem.* **2005**, *117*, 876.

[28] *New York Times*, **1944**, *May 5th*, 18.

[29] *loc. cit.* in C. Orr und P. Hamburger, *The New Yorker*, **1944**, *May 13*, 19. In den Auszügen aus „*The New Yorker*“ wurde versucht, die fachlich teilweise nicht korrekte bzw. ungewöhnliche Ausdrucksweise des Originaltextes beim Übersetzen zu erhalten.

[30] Gemeint ist hier natürlich die Messung des optischen Drehwerts in einem Polarimeter. Dabei dreht sich kein Kristall, sondern die Ebene des linear polarisierten Lichts.

[31] G. Stork *et al.*, *J.Am.Chem.Soc*, **2001**, *123*, 3239.

[32] Nur eine der vielen Würdigungen: S.M. Weinreb, *Nature*, **2001**, *411*, 429.

[33] Ausdrücklich muss betont werden, dass Gilbert Stork nie auch nur den geringsten Zweifel an der Brillanz der Totalsynthese von Homomerochinon äußerte. Er schrieb in einem Leserbrief (*Chem.Engin.News*, **2001**, *Oct. 22*, 8): *..(die Synthese) ist schön und erleuchtend ... und Doerings hervorragende und zu wenig anerkannte Meisterschaft bei der Überwindung der experimentellen Schwierigkeiten macht diese Synthese von Homomerochinon zu einem Meisterstück“* .

[34] *loc. cit.* in A.M. Rouhi, *Chem.Engin.News*, **2001**, *May 7*, 54.

[35] J.L. Seeman, *Angew. Chem.* **2012**, *124*, 3068. siehe auch http://cenblog.org/newscript/2012/03/gilbert-stork-on-how-not-to-dispose-of-a-steak/.

[36] In diesem Zusammenhang bedeutet der Begriff Mythos: *meist glorifizierende und oft kultisch verbrämte Legende zur Deutung historischer Erscheinungen. Digitales Wörterbuch der Deutschen Sprache* (www.dwds.de).

[37] M. Jacobs, *Chem.&Engin.News*, **2001**,*79*, *May 7*, 5.

[38] z.B. im Bloggerarchiv http://totallysynthetic.com/blog/?p=838.

[39] P. Rabe, *Ber.dtsch.chem.Ges.* **1911**, *44*, 2088.

[40] Chininon steht im Alkalischen mit dem isomeren Chinidinon im Gleichgewicht. Da Chinidinon schwerlöslicher ist, fällt es zuerst aus. Rabe isolierte also nicht Chininon, sondern Chinidinon.

[41] P. Rabe, *Justus Liebigs Ann.Chem.* **1932**, *492*, 242.

[42] Chininon steht im Alkalischen mit dem isomeren Chinidinon im Gleichgewicht. Für die nachfolgende Reduktion ist dies aber unerheblich, da sich im Alkalischen wieder das Gleichgewicht zwischen beiden Isomeren einstellt. In den Formelbildern geben wir das Gleichgewicht zwischen beiden Isomeren an.

[43] P. Rabe und K. Kindler, *Ber.Dtsch.Chem.Ges.*, **1939**, *72*, 263.

[44] B. Halford, *Chem.& Engin.News*, **2008**, *86 (5)*, 8.

[45] A.C. Smith und R.M. Williams, *Angew. Chemie*, **2008**, *120*, 1760.

[46] K.A.F.D. Souza und P.A. Porto, *J.Chem.Educ.* **2012**, *89*, 58.

[47] D.J. Sullivan Jr., in *Biopolymers*, A. Steinbüchel und M. Hofrichter, **2003**, *Band 9*, 129, WILEY-VCH, Weinheim.
Malaria, D.J. Sullivan, S. Krishna (*eds.*), **2005**, Springer, Heidelberg
E. Hempelmann, I. Tesarowicz, B.J. Oleksyn, *Pharmazie Unserer Zeit*, **2009**, *38*, 500.

[48] E. Hempelmann, *Parasitol. Res.* **2007**, *100*, 671.

[49] P. Shetty, *Nature* **2012**, *484*, 14.

[50] Über den aktuellen Stand der Malariaprophylaxe und –therapie informiert die Deutsche Gesellschaft für Tropenmedizin unter http://dtg.org/uploads/media/Leitlinien_Malaria_2011_01.pdf.

[51] www.schweppes.de.

[52] http://www.gigers.com/matthias/malaria/heal.htm.

[53] Tonic Water gehört zu den nicht ganz kalorienarmen Limonaden. Ein Liter Schweppes *Indian Tonic Water* bringt es auf 380 kcal (www.schweppes.de). Bei einer täglichen „Dosis“ von 30 Litern, die einer malariawirksamen Chinindosis entsprächen, wären das ganze 11.400 kcal! Selbst bei einer *Tour de France* Bergetappe verbraucht ein Rennprofi „nur“ ca. 8000 kcal. http://www.pharmazeutische-zeitung.de/index.php?id=29803.

[54] Bundesinstitut für Risikobewertung. Aktualisierte gesundheitliche Bewertung Nr. 020/2008 des BfR, aktualisiert am 9. Mai 2009 http://www.bfr.bund.de/cm/343/chininhaltige_getraenke_koennen_gesundheitliich_problematisch_sein.pdf.

[55] Cinchona-Alkaloide werden heute nicht nur zur Racematspaltung, sondern auch als Bestandteil chiraler Katalysatoren verwendet.

Siehe: *Cinchona Alkaloids in Synthesis and Catalysis*, C.E. Song *(ed.)*, **2009,** Wiley-VCH, Weinheim.

[56] WHO Malaria Report 2011, http://www.who.int/malaria/world_malaria_report_2011/en/.

[57] *Humanity's Burden. A global history of Malaria*, J. Webb Jr., **2008**, Cambridge University Press, Cambridge.

[58] Dies ist eine stark vereinfachte und verkürzte Darstellung des *Plasmodium*-Lebenszyklus. Eine spielerische Einführung bietet das Stockholmer Nobelkommittee: www.nobelprize.org/educational/medicine/malaria/.
Weiterführende Darstellungen findet man bei: *Malaria*, (D.J. Sullivan , S. Krishna (eds), **2005**, Springer Verlag, Berlin-Heidelberg.

[59] *Pflanzliche Drogen Teil 1 A-C*, W. Schneider, **1974**, Govi-Verlag, Frankfurt a.M.

[60] E. Schwenk, Die Wiege der Pharma-Industrie stand in Oppenheim, *Oppenheimer Hefte*, ***2000***, 22, 2–21.

[61] R. Böhm und A. Perrin, Buchler GmbH, Braunschweig, persönliche Mitteilung.

[62] Perkin fand später selbst heraus, dass Mauvein ein Gemisch von mindestens zwei Verbindungen sein musste, und dass das ursprünglich eingesetzte „Anilin" größere Anteile von *o*- und *p*-Toluidin enthielt und sich diese Strukturelemente in den Reaktionsprodukten wiederfinden mussten. Die viele Jahrzehnte in der Literatur angegebene Strukturformel für Mauvein stellte sich 1994 als falsch heraus. Hier ist die korrekte Strukturformel der Hauptkomponente in Perkins Mauvein angegeben. O. Meth-Cohn und M. Smith, *J. Chem. Soc.,Perkin Trans. 1*, **1994**, 5. M.M. Sousa *et al.*, *Chem. Eur. J.* **2008**, *14*, 8507.

[63] *Classics in Total Synthesis II*, K.C. Nicolaou und S.A. Snyder, **2003**, Wiley-VCH, Weinheim.

[64] http://www.dailymail.co.uk/news/article-1032245/Letter-Queen-Mother-asking-servant-pack-gin-sold-16-000.html.

[65] www.quinine-buchler.com/index.htm .

Dr. Gert Wlasich, Scheringianum der Fa. Schering

Die Pille

Kein Medikament zog solch große gesellschaftliche Veränderungen nach sich wie die oralen Verhütungsmittel. Mit der Markteinführung der „Pille" 1961 in Deutschland bekamen erstmals die Frauen eine sichere Kontrolle über ihre Schwangerschaft in die Hand. Heute ist die „Pille" selbstverständlich und vergessen sind alle moralisierenden, gesellschaftlichen und theologischen Streitereien, vergessen aber auch die immensen Anstrengungen von Chemikern, Biologen, Medizinern und engagierten Frauen, die den Traum einer zuverlässigen Geburtenkontrolle wahr werden ließen. Erinnern wir uns!

Seit Jahrtausenden versuchen die Menschen, ungewollte Schwangerschaften zu verhindern. Der dabei gezeigte Erfindungsreichtum beweist eindrucksvoll die schier unendliche Kreativität des menschlichen Geistes. Besonders exotische Mixturen sind aus dem alten Ägypten bekannt: 4000 v. Chr. war es populär, aus gestampften Granatapfelkernen Zäpfchen zu rollen oder man griff zu einer Mischung aus Honig, gesäuerter Milch und Krokodilexkrement, um diese vor dem Beischlaf in die Scheide einzuführen [1]. In den USA wurde um 1830 eine wässrige Lösung von Alaun und Essig oder auch Zinksulfat als Spülung nach dem Beischlaf empfohlen; in Frankreich waren im 19. Jahrhundert Spülungen mit Essig und in Puerto Rico noch um 1970 mit Coca-Cola gängige Verhütungsmethoden [2].

So verrückt uns heute diese Methoden erscheinen, sie könnten tatsächlich eine gewisse empfängnisverhütende Wirkung gehabt haben: Granatäpfel enthalten geringe Mengen eines natürlichen Estrogens, Spermien sind im saurem Millieu weniger beweglich [3] und auch viskose Pasten verlangsamen die Spermienwanderung. Heute muss von diesen Methoden abgeraten werden, sie sind viel zu unsicher.

Die ersten industriell gefertigten und kommerziell vertriebenen selbstauflösenden Pessare aus Chinin und Kakaobutter waren wenig zuverlässig, erfreuten sich aber trotzdem bis zum Zweiten Weltkrieg großer Beliebtheit [4]. Zuverlässiger waren handgenähte Kondome aus Schafsdarm, die bereits Casanova (1725–1798) nutzte, um sich vor allem vor der Syphilis zu schützen [5]. Erst 1912 gelang es dem Berliner Gummifabrikanten Julius Fromm (1883–1945), nahtlose Gummikondome herzustellen, die bei sachgerechter Anwendung eine sichere Verhütung boten. Dies war ein Riesenerfolg und jede Woche verließen rund eine Million „Fromms" die Fabrik in Berlin-Köpenick [6].

Entscheidendes Bewertungskriterium eines Verhütungsmittels ist dessen Zuverlässigkeit, die mit einem von Raymond Pearl (1879–1940) vorgeschlagenen Index angegeben wird (Abbildung 1). Ein Vergleich zeigt, dass neben der Sterilisation nur diejenigen Verhütungsmethoden eine hohe Zuverlässigkeit bieten, die in den Zyklus der Frau direkt eingreifen. Über solche Verhütungsmittel konnte aber erst im 20. Jahrhundert nachgedacht werden, *nachdem* die physiologischen Grundlagen des weiblichen Zyklus aufgeklärt waren.

Der weibliche Zyklus – das große Mysterium

Warum bei Frauen zwischen 15 und 45 Jahren fast genau alle 28 Tage Blutungen einsetzen, war den Menschen seit Jahrtausenden ein unlösbares Rätsel. Zwar war der Zusammenhang zwischen Regelblutung und Schwangerschaft offensichtlich, aber man zog daraus falsche Schlüsse. In der

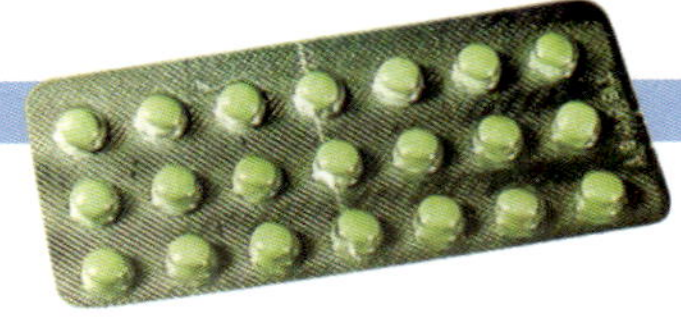

Antike glaubte man, dass ein Kind aus dem Blut der Mutter und dem Samen des Vaters entstand und dass die fruchtbaren Tage der Frau mit der Monatsblutung zusammen fielen [7]. Die Monatsblutung war nach Aristoteles (386–322 v.Chr.) Zeichen des Überflusses, der ausgeschieden werden musste. Im Mittelalter stand die Blutung für das Böse, als Zeichen der Unvollkommenheit der Frau und als Strafe Gottes für den Sündenfall. Im 19. Jahrhundert wurde die Menstruation zu einem krankhaften Leidenszustand des „schwachen“ Geschlechts degradiert [8].

Immer jedoch wurden menstruierende Frauen als „unrein“ betrachtet und von bestimmten sozialen und rituellen Aktivitäten ausgeschlossen: In Südfrankreich durften sie nicht auf Blumenfeldern arbeiten und in einigen Dörfern Russlands keine Fässer mit Kohl oder Gurken öffnen, da diese sonst angeblich anschließend verderben würden. Vor allem der Glaube, dass Menstruationsblut giftig sei, hielt sich bis weit ins 20. Jahrhundert. Einen traurigen Höhepunkt erreichte diese Gifttheorie mit dem Wiener Arzt Bela Schick, der in einer obskuren Publikation in der angesehenen „*Wiener klinischen Wochenschrift*“ im Mai 1920 die Existenz eines Menstrualgifts, des Menotoxins, glaubte nachgewiesen zu haben. Aufbauend auf dem tief verwurzelten Volks(irr)glauben führte er darin folgenden haarsträubenden „Beweis“:

„Ich erhielt am 24. August 1919 mittags eine größere Anzahl, ca. 10 Stück langstielige, sehr frisch aussehende, dunkelrote, kaum aufgeblühte Rosen. Um sie frisch zu erhalten, übergab ich sie einer Haushälterin zum Einwässern. Ich war ein wenig überrascht, als ich am nächsten Morgen konstatierte, dass alle Rosen welk, verdorrt waren, ein großer Teil der Blätter der Blüte lag auf dem Tische. Ich vermutete, dass dieses Zugrundgehen nicht mit rechten Dingen zugegangen sei und erkundigte mich bei der Hausgehilfin, was mit den Blumen geschehen sei. Sie antwortete, dass sie schon gestern gewusst hätte, dass die Blumen zugrunde gehen würden, sie hätte sie nicht berühren sollen, da sie gerade in der Zeit der Menstruation stehe. Alle Blumen, die sie während dieser Zeit in die Hand nehme, gehen zugrunde.“ [9].

Glücklicherweise hielten die meisten Naturwissenschaftler und Mediziner diese obskure Idee für Unsinn [10] und versuchten dem Geheimnis des weiblichen Zyklus nicht auf der Basis von überliefertem Volksglauben, sondern durch experimentelle Studien auf die Spur zu kommen. 1905 wies Joseph Halban (1870–1937) die Bedeutung der Eierstöcke (Ovarien) im weiblichen Zyklus nach, indem er jungen Pavianweibchen die Ovarien entfernte. Der Menstruationszyklus setzte sofort aus, begann aber wieder nach erneutem Einpflanzen der Ovarien unter die Haut. Seine Schlussfolgerung: *„Deswegen müsse man wohl auch zur Erklärung der Menstruation die innere Sekretion der Ovarien zuhilfe nehmen. Durch dieselbe scheinen also Stoffe in den Kreislauf zu gelangen, die den Reiz für den Eintritt der Menstruation liefern.“* [11]. Ernst Starling (1866–1927) und William Bayliss (1860–1924) führten den Begriff Hormon (*gr. horman*, antreiben, erregen) ein [12], mit dem körpereigene Botenstoffe bezeichnet wurden, die aus endokrinen Drüsen in den Blutkreislauf abgegeben werden, um in einem Organ eine spezifische Wirkung zu erzielen.

Nur wenige Jahre später, 1908, erkannten Franz Hitschmann (1870–1926) und Ludwig Adler (1876–1958) die zeitlichen Veränderungen (Wachstum, zunehmende Durchblutung, Ablösung) der Gebärmutterschleimhaut (Endometrium) im Zyklus und räumten mit der falschen Vorstellung auf, dass die zyklische Veränderung der Gebärmutterschleimhaut ein krankhafter, entzündlicher Prozess sei. Robert Meyer (1864–1947), Endokrinologe an der Berliner Charité-Frauenklinik, berichtete 1911 erstmals über den Gelbkörper, das *Corpus luteum* [13]. Es entwickelt sich aus dem Eibläschen, dem sogenannten Follikel, der in der ersten Hälfte des Zyklus heranreift. Um den 14. Tag platzt der Follikel, gibt die Eizelle frei und die im Ovar zurückbleibende aufgeplatzte Hülle wandelt sich zum Gelbkörper um. Meyer und Robert Schröder (1884–1959) formulierten erstmals, dass von den Ovarien und vom Gelbkörper zwei Hormone freigesetzt werden, die die Gewebeveränderungen der Gebärmutterschleimhaut kontrollieren [14].

Um 1920 waren die biologischen Grundlagen des Zyklus im wesentlichen aufgeklärt (Abbildung 2). Vereinfacht ausgedrückt reift etwa alle 28 Tage im Eierstock in einem Follikel (Eihülle) eine Eizelle heran [15]. Etwa am 14. Tag nach Beginn der letzten Regelblutung platzt der Follikel (Eisprung). Die freiwerdende Eizelle gelangt in den Eileiter, wo sie befruchtet werden kann, während sich der Follikel zum

ABB. 1 | VERHÜTUNGSMETHODEN UND IHRE ZUVERLÄSSIGKEIT

Verhütungsmethode	Pearl-Index [51]
natürliche Methoden	
Kalendermethode nach Knaus-Ogino	14 – 40
Basaltemperaturmethode	1,4 – 34,9
Koitus interruptus [61]	> 25
Barrieremethoden	
Diaphragma	0,7-6,1
Spermatizide (Gel, Schaum, Zäpfchen)	0,3-17,9
Essigspülung	unzuverlässig
Kondom	0,7 – 6,0
operative Methoden	
Sterilisation der Frau	0,4
Sterilisation des Mannes	0,15
hormonelle Kontrazeption	
Pille	0,1
Minipille	0,3-3,1
Dreimonatsspritze	< 0,5

Der Pearl-Index als Maßzahl für die Zuverlässigkeit eines Verhütungsmittels gibt die Anzahl der Schwangerschaften pro 100 Frauen an, die ein Jahr lang diese Verhütungsmethode angewendet haben. Die teilweise starken Schwankungen in der Zuverlässigkeit sind dem Einfluss von Alter, Erfahrungen und Motivation der Nutzerinnen und Nutzer geschuldet.

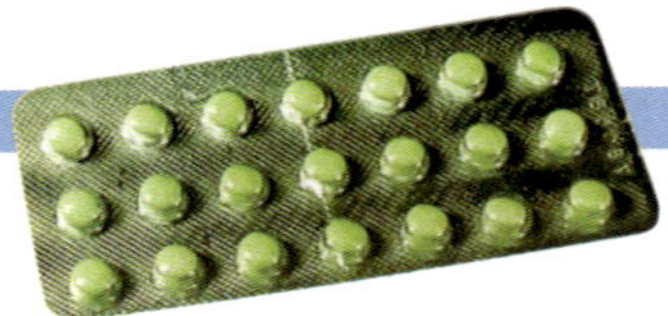

Gelbkörper umbildet. Die Schleimhaut der Gebärmutter wird stärker durchblutet und verdickt sich. Wurde die Eizelle nicht befruchtet, bildet sich der Gelbkörper langsam zurück, die innere Schicht der Gebärmutterschleimhaut wird abgebaut und abgestoßen. Es kommt zur Regelblutung am 28. Tag. Wird aber eine Eizelle befruchtet, nistet sie sich in der Gebärmutterschleimhaut ein und die Regelblutung bleibt aus. Die Schwangerschaft hat begonnen und jede weitere Eireifung wird in den folgenden Monaten unterdrückt.

Der Geistesblitz einer „Unfruchtbarmachung der Frau durch Tabletten"

Um 1920 bestand weitgehend Konsens innerhalb der medizinischen Fachwelt, dass der Zyklus der Frau hormonell

ABB. 2 | DER WEIBLICHE ZYKLUS – EIN KOMPLEXES REGELWERK [62]

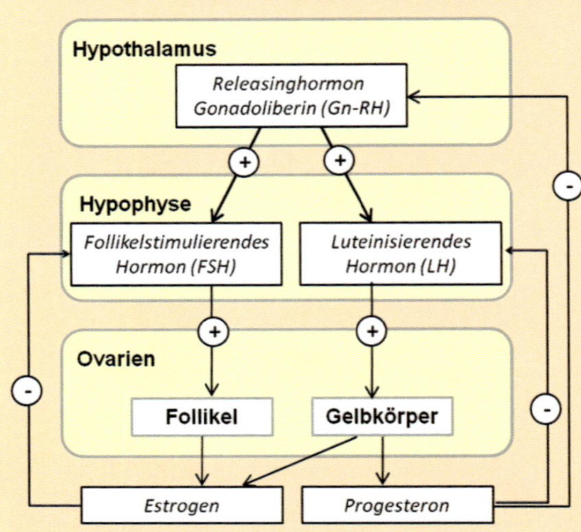

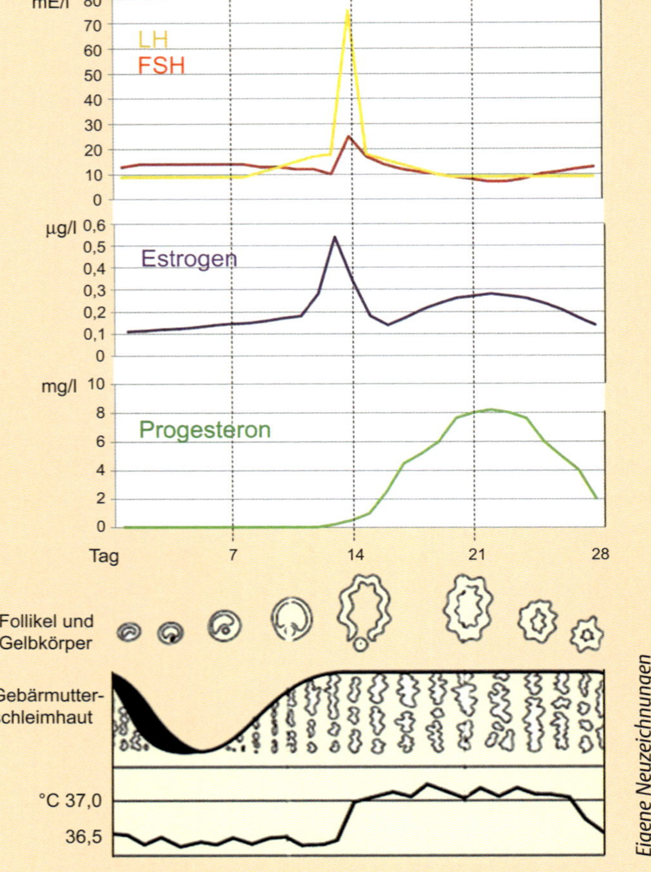

links: *Hormonelle Regulation des Zyklus (vereinfacht)*
rechts: *Plasmakonzentrationen der am Zyklus beteiligten Hormone sowie die Veränderungen des Follikels, der Gebärmutterschleimhaut und der morgendlichen Basaltemperatur im Verlauf von 28 Tagen*

Tag 1–9: *Der weibliche Zyklus wird vom Hypothalamus gesteuert. Das vom Hypothalamus freigesetzte Releasing-Hormon [63] bewirkt in der Hypophyse (Hirnanhangdrüse) die Synthese und Freisetzung zweier Hormone: des follikelstimulierenden Hormons (FSH) und des luteinisierenden Hormons (LH). Das FSH stimuliert im Eierstock das Wachstum eines Follikels. Dieser Follikel bildet Estrogen, das einerseits das Wachstum der Gebärmutterschleimhaut anregt und andererseits in einer negativen Rückkopplung den FSH-Spiegels senkt.*

Tag 9–11: *Der reifende Follikel produziert nun immer mehr Estrogen. Die Konzentration steigt steil bis zu einem Gipfel an, der ca. 36 Stunden vor dem Eisprung liegt.*

Tag 14: *LH und Estrogen gemeinsam bewirken die Umwandlung des Follikels in den Gelbkörper, der mit der Synthese von Gestagen (Gelbkörper- oder Schwangerschaftshormon) beginnt. Der leichte Anstieg der Gestagenkonzentration fördert durch die Freisetzung proteolytischer Enzyme die Öffnung der Follikelwand und damit die Entlassung der Eizelle (Eisprung). Zu dieser Zeit ist der Schleim, mit dem der Gebärmutterhals ausgekleidet ist, dünnflüssiger und die Spermienwanderung wird erleichtert.*

Tag 15–22: *Der Gelbkörper bestimmt nun den Zyklus. Das von ihm produzierte Gestagen führt zu mehreren Veränderungen: Eine verstärkte Durchblutung der Gebärmutterschleimhaut, eine zunehmende Viskosität des Schleimes im Gebärmutterhals und eine zunehmende Senkung von FSH und LH, so dass eine weitere Eireifung und ein weiterer Eisprung verhindert werden, sind die Folge.*

Tag 23 – 28: *Hat keine Befruchtung und Einnistung der Eizelle stattgefunden, sinkt die Aktivität des Gelbkörpers. Die Estrogen- und Gestagenkonzentrationen nehmen ab und damit geht die Hemmung des Hypothalamus zurück. Das Releasing-Hormon wird wieder freigesetzt und stimuliert so die neue Follikelphase.*

In der aufgebauten Schicht der Gebärmutterschleimhaut setzt langsam der proteolytische Abbau ein. Derart verflüssigt, wird sie ab Tag 1 als Menstrationsblut ausgeschieden. Der Zyklus ist geschlossen.

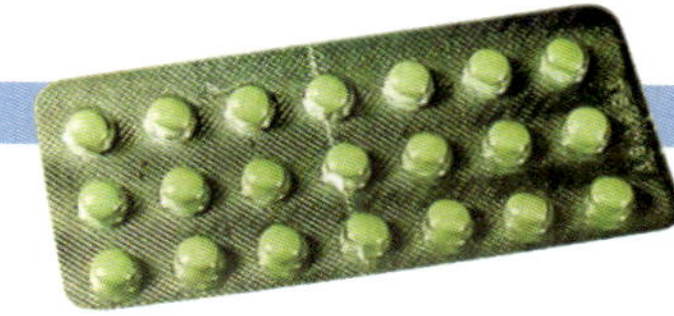

kontrolliert wird. Die Hormone waren zwar noch nicht nachgewiesen, aber es galt als sicher, dass der Gelbkörper ein Hormon produziert, das sowohl das Wachstum der Gebärmutterschleimhaut steuert als auch eine erneute Eireifung und damit den Eisprung unterdrückt. Es waren genau diese Erkenntnisse, die den außerordentlichen Professor für Physiologie an der Universität Innsbruck, Ludwig Haberlandt (1885–1932), im Februar 1919 zu dem folgenreichen Geistesblitz verhalfen: Man könnte in einer Frau die Eireifung vorübergehend und reversibel unterdrücken, wenn man ihr die im Gelbkörper gebildeten Hormone zuführen würde. Haberlandt schreibt: *„Die Sache ist allerdings ja so überraschend neu und doch wieder so einfach, daß sie mir von verschiedener Seite übereinstimmend als ‚Ei des Columbus' bezeichnet wurde. – Daher wundere ich mich auch immer wieder von neuem, daß sie bisher unentdeckt blieb."* [16].

Haberlandt überprüfte seine Idee experimentell, indem er nichtträchtigen Kaninchenweibchen die Eierstöcke eines trächtigen Kaninchens einpflanzte (diese enthalten den Gelbkörper). Nach der Transplantation wurden die Weibchen für zweieinhalb Monate nicht schwanger, obwohl sie häufig von Männchen gedeckt wurden. Offensichtlich produzierten die Gelbkörper im Transplantat wie gewünscht

ABB. 3 | KEINE ANGST VOR GROSSEN FORMELN!

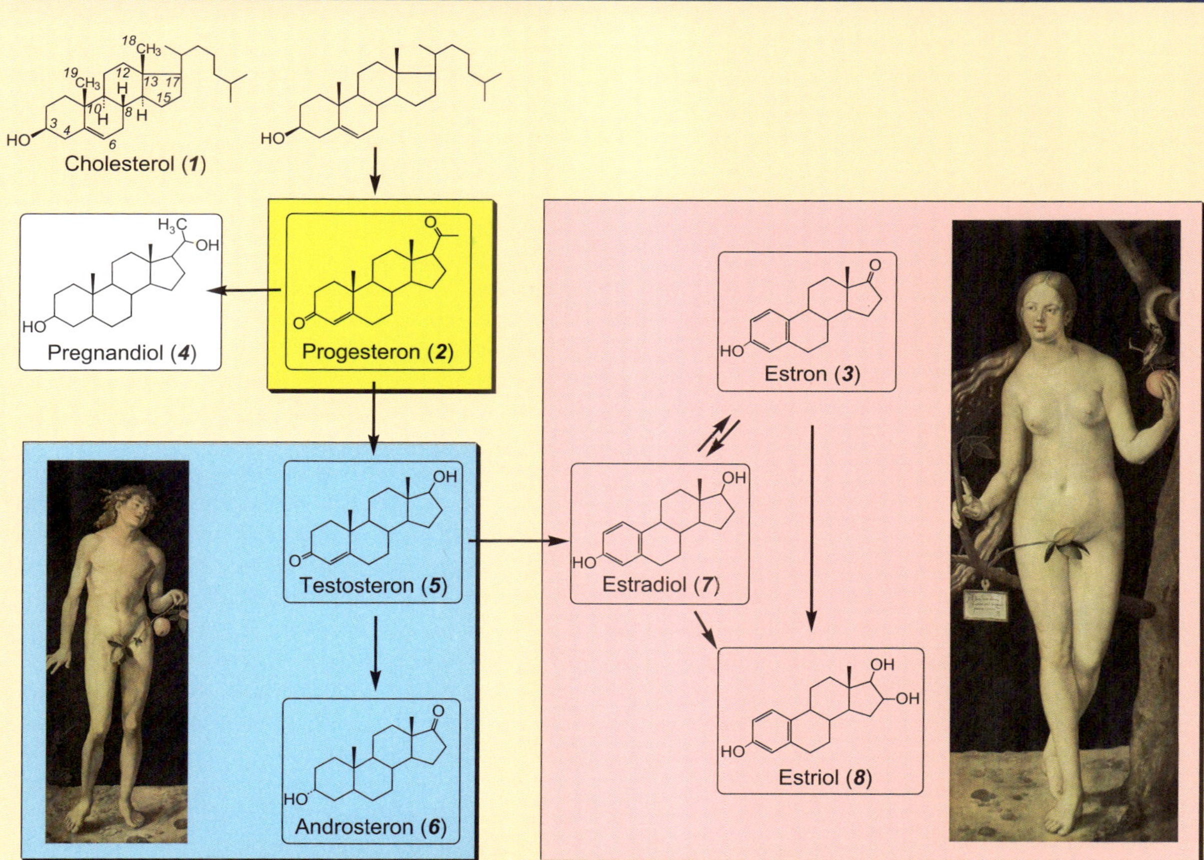

*Zugegeben, der erste Blick auf Steroidformeln kann erschrecken. Aber Jammern hilft nicht, denn nicht Chemiker, sondern die Natur hat im Laufe der Evolution diese variantenreiche Substanzklasse entwickelt und perfektioniert. Die Herstellung aller Steroide beginnt in den Säugetieren mit der 30-stufigen Synthese von Cholesterol (**1**) aus Essigsäure. Diese Synthesesequenz ist nicht nur aufwendig, sondern wird auch mit hohem Durchsatz durchgeführt; ein erwachsener Mensch enthält etwa 250 g (!) Cholesterol (**1**). Dies dient vor allem der Stabilisierung der Zellmembranen, ist aber auch Ausgangsprodukt für die Synthese anderer hochaktiver Verbindungen, wie den Steroidhormonen der Nebennierenrinde, den Gallensäuren und den Sexualhormonen.*

*Das Cholesterol-Molekül (**1**) (oben links) ist nicht eben und so können Substituenten, wie die OH-Gruppe an C-3, die Methylgruppen 19 und 20 an C-10 und C-13, sowie die Wasserstoffatome an C-8, C-9 und C-14 entweder in oder senkrecht auf der gedachten mittleren Molekülebene liegen. Für die biologischen Funktionen sind diese Konfigurationen entscheidend und werden mit Keilstrichen bzw. gestrichelten Bindungen symbolisiert (oberste Reihe links). Zur besseren Übersichtlichkeit wird im Folgenden eine vereinfachte Formeldarstellung verwendet (obere Reihe rechts).*

*Eine zentrale Rolle bei der Biosynthese der Sexualhormone spielt das Schwangerschaftshormon Progesteron (**2**), aus dem zunächst die männlichen Sexualhormone Testosteron (**5**) und Androsteron (**6**) und daraus die weiblichen Sexualhormone Estron (**3**), Estradiol (**7**) und Estriol (**8**) hergestellt werden.*

Gemälde: „Adam und Eva" von A. Dürer (1471–1528), Museo del Prado, Madrid, Botaurus, wikimedia commons

das Hormon. Dieser Versuch klappte auch mit Meerschweinchen und Haberlandt ging im nächsten Schritt dazu über, nur die Eierstockextrakte trächtiger Tiere zu injizieren. Mit Erfolg! Daraufhin setzte er der Trinkmilch von Mäusen Eierstockextrakte zu, die dann zeitweilig unfruchtbar wurden. Dies war das erste oral verabreichte Präparat, mit dem zumindest im Tierversuch eine temporäre Sterilisation gelang.

Haberlandt publizierte seine Ideen in Fachzeitschriften und trug sie auf Kongressen vor. Jedoch war ihm nicht immer Anerkennung beschieden. Widerstände von Seiten der katholischen Kirche gegen Verhütungsmittel ganz allgemein, aber auch Skepsis in Wissenschaftlerkreisen schlugen ihm entgegen. Nicht allen erschien die Verabreichung von Organpräparaten ein praktikabler Weg für eine Verhütung zu sein. An eine Realisierung der wagemutigen Haberlandtschen Ideen konnte erst gedacht werden, als die Sexualhormone isoliert und aufgeklärt worden waren. Haberlandt war seiner Zeit einfach voraus und durch seinen frühen Tod im Jahre 1932 war es ihm nicht vergönnt, die Entdeckung und Isolierung des Gelbkörperhormons im Jahr 1934 zu erleben.

Die Entdeckung eines hormonellen Schatzes im Urin

Die Isolierung und Strukturaufklärung der Sexualhormone und das Studium ihrer chemischen Reaktionen sind wahrhaft heroische wissenschaftliche Leistungen, die nicht genug gewürdigt werden können [17]. Welche Hochachtung die daran beteiligten Wissenschaftler verdienen, lässt sich nur erfassen, wenn wir deren Laborarbeit um 1930 am Beispiel der Isolierung des weiblichen Sexualhormons in einem Gedankenexperiment nachvollziehen. Beginnen wir also mit unserer Arbeit.

Viele experimentelle Tierstudien hatten bewiesen, dass die Ovarien weibliche Sexualhormone enthalten. Bei der Beschaffung unseres Ausgangsmaterials wären gute Beziehungen zu einem Schlachthof sehr hilfreich, denn wir benötigen 20 kg Schweine-Ovarien. Diese müssen wir gut zerkleinern und den Gewebebrei mit einem unpolaren Lösemittel wie Petrolether extrahieren. Nach der Extraktion und allen noch folgenden Trennungsschritten stellt sich immer die gleiche Frage: Wo befindet sich das Sexualhormon, im Petrolether oder im Rückstand? Zur Beantwortung dieser Frage benötigen wir eine spezifische Nachweisreaktion. Da sich hormonelle Wirkungen nur an lebenden Säugetieren zeigen, muss ein Bioassay entwickelt werden, d.h. ein Testverfahren, mit dem man schnell und möglichst quantitativ das Hormon bestimmen kann. Ohne Bioassay wäre eine Isolierung aussichtslos.

Ein brauchbares Bioassay für weibliche Sexualhormone wurde 1923 von dem Endokrinologen Edgar Allen (1892–1943) und dem Biochemiker Edward Doisy (1893–1986) entwickelt. Danach würden wir in unserem Fall die beiden getrennten Phasen (natürlich nach Abziehen des Lösemittels) Mäuseweibchen verabreichen, denen die Eierstöcke vorher chirurgisch entfernt worden sind. Eine estrogene Aktivität zeigt sich an der Verschuppung der obersten Zellschicht der Vagina, die in einem Abstrich sicher, leicht und schnell mikroskopisch erkannt werden kann. Die minimale Substanzmenge, die notwendig ist, um bei einem Mäuseweibchen diese Gewebeveränderung hervorzurufen, wird als *m.u.* (*mouse unit*, Mauseinheit) bezeichnet. Das Allen-Doisy-Bioassay ergibt erstaunlich reproduzierbare Ergebnisse und macht eine Quantifizierung möglich. Vor allem aber ist das Bioassay schnell, denn der Zyklus eines Mäuseweibchens dauert nur wenige Tage.

Bei der Aufarbeitung der 20 kg Schweine-Ovarien, mit denen wir unser Gedankenexperiment begannen, könnten wir mit dem Bioassay zwar bei jeder Trennstufe den estrogenhaltigen Teil identifizieren, dennoch gelänge die Isolierung eines reinen, kristallinen Estrogens auch mit viel Aufwand nicht, denn die in den Ovarien enthaltene Estrogenmenge wäre einfach viel zu gering.

Einen wichtigen Schritt in Richtung Isolierung von Estrogenen eröffneten S. Aschheim und B. Zondek 1927, indem sie mit dem Allen-Doisy-Assay nachweisen konnten, dass der Estrogen-Gehalt im Frauenurin mit Beginn einer Schwangerschaft sprunghaft ansteigt [18]. Ein Jahr später entdeckten sie, dass nicht nur der Urin schwangerer Frauen, sondern auch der trächtiger Stuten besonders reich an Estrogenen ist. Erst mit diesen ergiebigen Hormonquellen konnten A. E. Doisy in St. Louis, A. Butenandt (1903–1995) in Göttingen und F. Laqueur (1880–1947) in Amsterdam um 1929/30 mit Estron (*3*) das erste weibliche Sexualhormon isolieren [19] (Abbildung 3).

Dies war der Beginn einer wahrhaft stürmischen Entwicklung. Publikationen über neue Sexualhormone [20], deren Abbauprodukte im Urin und vor allem über die überraschenden Umwandlungen dieser strukturell eng verwandten Substanzen ineinander, erschienen in fast jedem Heft der führenden Fachzeitschriften:

1929: Isolierung des inaktiven Pregnandiols (**4**) aus dem Urin schwangerer Frauen durch G. F. Marrian
1929: Entwicklung des Allan-Corner-Bioassays auf gestagene Aktivität
1930: Isolierung von Estriol (**8**) aus dem Urin schwangerer Frauen durch G. F. Marrian.
1930: Isolierung von Estron (**3**) durch A.E. Doisy in St.Louis, A. Butenandt in Göttingen und F. Laqueur in Amsterdam
1931: Isolierung von 15 mg Androsteron (**6**) aus 15.000 Liter Männerurin der Berliner Polizeikasernen durch A. Butenandt
1933: Umwandlung von Estron (**3**) in das stärker estrogen wirkende Estradiol (**7**) durch E. Schwenk und F. Hildebrandt

ABB. 4 ESTROGENGEHALTE VERSCHIEDENER URINE

	m.u./Liter *	*m.u.*/Tag
geschlechtsreife Frauen	100	150
schwangere Frauen	10.000	15.000
Stuten	200	2.000
trächtige Stuten	100.000	1.000.000

* m.u. = *mouse unit*

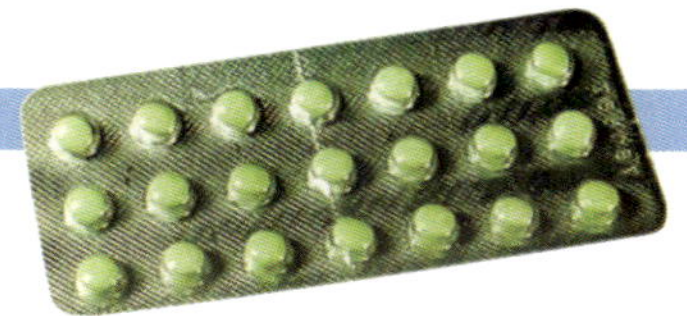

1934: Isolierung von Progesteron (*2*) aus dem Gewebe von Gelbkörpern von Sauen durch A. Butenandt *et al.* (April), Slotta (Juli), Allen und Wintersteiner (August), Hartmann und Wettstein (Oktober). Hohlweg, Westphal und Butenandt setzten bei ihrer Isolierung das Gelbkörpergewebe von 50.000 Sauen (1281 kg) ein.
1934: Überführung von inaktivem Pregnandiol (*4*) in Progesteron (*2*) (A. Butenandt)
1934: Abbau von Stigmasterol aus Sojabohnen zu Progesteron(*2*)
1935: Abbau von Cholesterin (*1*) zu Testosteron (*5*)
1935: Isolierung von 11 Milligramm Estradiol (*7*) aus vier Tonnen (!) Eierstöcken von Sauen durch E.A. Doisy
1935: Isolierung von 10 mg Testosteron (*5*) aus 100 kg Stierhoden durch E. Laqueur
1938: Synthese von Estradiol (*7*) aus Cholesterol (*1*) durch H.H. Inhoffen

Welche gewaltigen intellektuellen, handwerklichen und logistischen Anstrengungen hinter jeder dieser Entdeckungen steht, wird erst beim sorgfältigen Studium der Original-Publikationen offenbar: Es mussten Tausende Liter von Schwangerenurin in Frauenkliniken eingesammelt oder aus Schlachttieren große Mengen von Organen entnommen und aufgearbeitet werden [21]. Für die Verarbeitung solcher Mengen sind Hochschulinstitute nicht ausgestattet und so bestanden zwischen den meisten der beteiligten Forschergruppen und Pharmaunternehmen enge Kooperationen. Besonders erfolgreich war die Zusammenarbeit zwischen der Forschungsabteilung der Berliner Schering-Kahlbaum AG und der Arbeitsgruppe von Adolf Butenandt. Schering

ABB. 5 | „MACHEN SIE MIR DOCH MAL DIE 17-CARBONSÄURE“ [17]

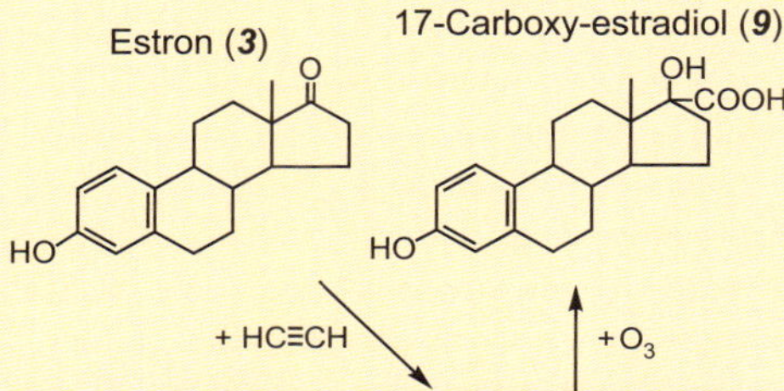

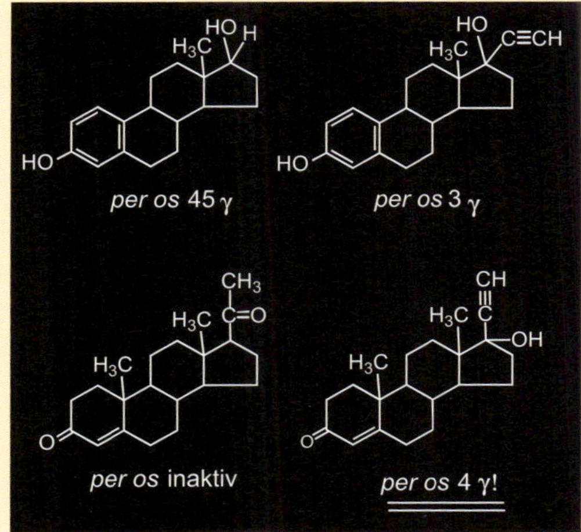

*Auf dem Foto (rechts) aus dem Winter 1937/38 werden auf der Wandtafel eines Schering-Labors in Berlin die oralen Wirksamkeiten von zwei natürlichen und zwei unnatürlichen Steroiden gegenübergestellt. Ausgangspunkt war ein Vorschlag von W. Hohlweg (Foto 2.von rechts) ein 17-Carboxy-estradiol (**9**) herzustellen. H.H. Inhoffen (nicht im Foto) griff die Idee auf und wollte mit seinem Laboranten Johannes Schultze (Foto 2. von links) Estron (**3**) erst mit Acetylen (Ethin) und dann das entstandene Ethinderivat **10** mit Ozon zur Carbonsäure (**9**) umsetzen (Reaktionssequenz links oben). Dieser wohl eher aus dem Bauch heraus gemachte Synthesevorschlag erwies sich als außerordentlicher Glücksgriff, denn das Zwischenprodukt 17-Ethinylestradiol (**10**) überraschte mit einer fünfzehnmal stärkeren estrogenen Wirkung als Estradiol (**7**) [64]. Die eigentlich geplante Carbonsäure (**9**) wurde erst viele Jahre später synthetisiert und erwies sich als unwirksam. Die erfolgreiche Syntheseidee wurde umgehend auf das Testosteron (**10**) übertragen, um ein dringend benötigtes oral wirksames Androgen in die Hand zu bekommen. In dieser Hinsicht wurden sie enttäuscht, denn das 17-Ethinyltestosteron (**11**) wirkte nur schwach androgen, aber es zeigte völlig unerwartet eine sehr hohe orale gestagene Wirkung.*

Die Bedeutung der Arbeit von Hohlweg und Inhoffen war enorm, denn hier wurde erstmals gezeigt, dass nicht-natürliche Steroide hochwirksam sein können und vor allem oral verabreicht werden können, eine Voraussetzung für jeden breiten medikamentösen Einsatz. Der glückliche und eher zufällige Einbau einer Ethinylgruppe erwies sich als probates Mittel, um Steroiden eine orale Wirksamkeit zu verleihen. Bis heute findet man diese Gruppe in 17-Stellung in den meisten oralen Verhütungsmitteln.

Auf der Tafel und im dunkel unterlegten Formelbild:
oben: Die oralen estrogenen Wirksamkeiten von Estradiol (7) und 17-Ethinylestradiol. (10)
unten: Die oralen gestagenen Wirksamkeiten von Progesteron (2) und 17-Ethinyltestosteron (11).
(Foto: Bayer AG, Schering Archives)

lieferte konzentrierte Extrakte von Organen oder Urin an Butenandts Gruppe, die daraus die Hormone isolierte und deren Chemie studierte. Schering nutzte den Wissensvorsprung zur Entwicklung von Hormonpräparaten und Butenandt wurde 1939 *„for his work on sex hormones"* mit dem Nobelpreis für Chemie ausgezeichnet.

Eine Voraussetzung für die industrielle Produktion von Hormonpräparaten waren ergiebige biologische Ausgangsmaterialien. Nachdem B. Zondek 1930 entdeckt hatte, dass der Urin trächtiger Stuten die zehnfache Menge Estrogene enthält wie der schwangerer Frauen (Abbildung 4), sammelte z. B. Schering in einer unglaublichen logistischen Leistung jährlich über 500.000 Liter (!) Urin trächtiger Stuten von Bauernhöfen und Gestüten aus ganz Mitteleuropa und dem Balkan ein: Schering zahlte dafür am Ende des Zweiten Weltkrieges den halben (!) Milchpreis.

Obwohl die pharmazeutische Industrie in den Dreißigerjahren bereits einige erfolgreiche Hormonpräparate entwickeln konnte, scheiterte deren breite Anwendung an der geringen oralen Wirksamkeit der natürlichen Hormone wie Estron und Progesteron. Diese Arzneimittel mussten den Patientinnen injiziert werden. In diesem Zusammenhang erwies sich eine im Spätsommer 1937 bei Schering durchgeführte Umsetzung als großer Glücksfall. Hans Herloff Inhoffen (1906–1992), damals junger Forschungschemiker bei Schering, berichtete [22]:

„Eines Morgens kommt mein Kollege Walter Hohlweg [...] zu mir und sagt: 'Machen Sie mir doch mal vom Follikelhormon (Estron, Anm. d. A.) ein Derivat, die 17-Carbonsäure; ich glaube, dass sie per os (durch den Mund, Anm. d. A.) wirksam ist'. Ich gucke ein paar Sekunden in die Luft und sage: 'Die Säure können Sie in zwei Wochen haben. Ich lagere an das Estron Acetylen an und ozonisiere dann'." (Abbildung 5)

Am 6. September 1937 übergab Inhoffen 50 mg der ersten Reaktionsstufe, 17-Ethinylestradiol (***10***), zur Bestimmung seiner physiologischen Wirkung an Walter Hohlweg (1902-1992). Einige Tage später stellte sich zur großen Überraschung heraus, dass die estrogene Wirkung des injizierten Ethinylestradiols (***10***) genauso groß war wie die des Ausgangsprodukts Estron (***3***). Aber Ethinylestradiol (***10***) zeigte eine 15fach höhere orale Wirksamkeit! Das war genau das, wonach man suchte, allerdings nicht bei diesem Zwischenprodukt. Das eigentliche Zielmolekül, die Carbonsäure (***9***), wurde erst 50 Jahre später hergestellt und erwies sich als völlig unwirksam.

Angespornt von diesem unerwarteten Erfolg synthetisierte Inhoffen sofort das „männliche Pendant" Ethinyl*testosteron* (***11***), in der Hoffnung auf ein oral wirksames Androgen, für das ein großer klinischer Bedarf bestand. Die Enttäuschung war groß, denn diese Verbindung war androgen wirkungslos. Hohlweg schrieb: *„Wir waren [.....] sehr betrübt, dass dieser Stoff kaum noch androgen wirksam war und wir also kein oral wirksames Testosteronpräparat entwickelt hatten".*

Als die beiden Forscher ihrem Vorgesetzten, den Laboratoriumsleiter Walter Schoeller (1880–1965) die schlechte Nachricht überbrachten, riet dieser, die Substanz doch noch auf eine mögliche gestagene Wirkung zu untersuchen. Tatsächlich stellte sich dabei heraus, dass Ethinyltestosteron (***11***) oral verabreicht, eine sechsfach höhere gestagene Wirkung zeigte als das natürliche Schwangerschaftshormon Progesteron (***2***). Inhoffen und Hohlweg war also bei ihrer Suche nach einem oral wirksamen androgenen Wirkstoff durch Zufall die Entdeckung des ersten partialsynthetischen Gestagens gelungen (Abbildung 5). Das Glück der Tüchtigen!

Bei der Behandlung von Menstruationsbeschwerden, Zyklusstörungen, bestimmten Formen der Unfruchtbarkeit und Klimakteriums-Beschwerden waren die erzielten Heilerfolge mit den in den Dreißiger- und Vierzigerjahren entwickelten Hormonpräparaten beachtlich. Die Aufarbeitung riesiger Mengen tierischen Urins und Schlachttier-Organen oder der vielstufige Abbau von Cholesterol hatten aber ihren Preis, die Medikamente waren sehr teuer. Diese Situation änderte sich dramatisch mit der Entdeckung einer ungewöhnlichen und sensationell ergiebigen Rohstoffquelle für die Gewinnung von Sexualhormonen. Im Mittelpunkt dieses unglaublichen und atemberaubenden Stücks Chemiegeschichte steht ein Chemiker, eigenwillig, stur, fast fanatisch zielstrebig, auf jeden Fall einzigartig. Er hatte einen chemischen Traum, den er fast besessen verwirklichen wollte. Folgen wir ihm dabei.

Der talentierte Mr. Marker

Russell M. Marker (1902–1995) war ein begeisterter organischer Synthesechemiker. Dank harter Arbeit, 24-Stundenschichten eingeschlossen, konnte er bereits nach einem Jahr seine Dissertation an der *University of Maryland* zusam-

ABB. 6 | MARKERS ISOLIERUNG VON PREGNANDIOL AUS BULLENURIN UND DESSEN UMWANDLUNG IN PROGESTERON

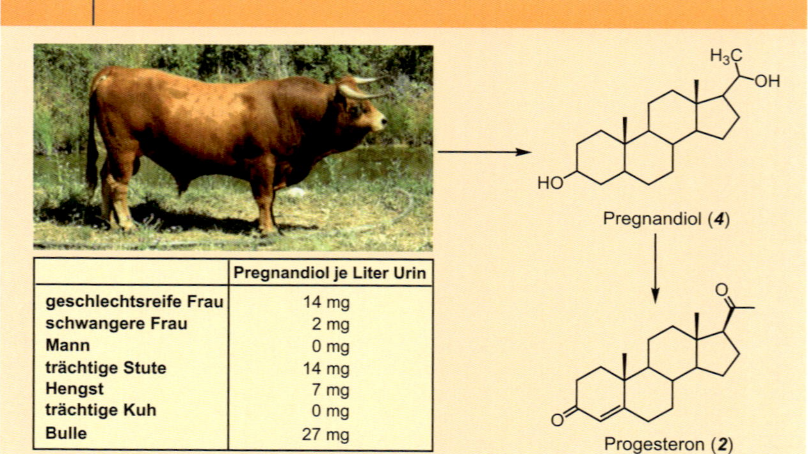

	Pregnandiol je Liter Urin
geschlechtsreife Frau	14 mg
schwangere Frau	2 mg
Mann	0 mg
trächtige Stute	14 mg
Hengst	7 mg
trächtige Kuh	0 mg
Bulle	27 mg

Bei seiner Suche nach einer ergiebigen Pregnandiol-Quelle untersuchte Marker den Urin vieler Nutztiere und fand in Bullenurin die höchste Konzentration. Das physiologisch inaktive Pregnandiol konnte nach einer vierstufigen Synthese von Butenandt [65] in Progesteron überführt werden. *(Foto: Arouquesa Bullen, Susanne Maeder, wikimedia commons)*

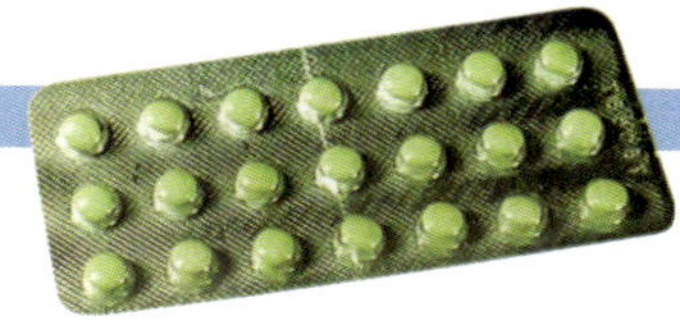

menschreiben. Zur Promotion fehlte ihm noch ein Kurs in Physikalischer Chemie, den abzulegen er aber als reine Zeitverschwendung betrachtete. Sein Doktorvater warnte ihn, dass er ohne Promotion irgendwann als *„Urin-Analytiker"* enden würde und damit sollte er im gewissen Sinn Recht behalten. Marker blieb stur, publizierte die Ergebnisse und verließ die Universität 1925 ohne formalen Abschluss.

Nach mehreren Jahren Forschungs- und Industrietätigkeit nahm Marker 1935 ein Forschungsstipendium der Firma *Parke, Davis & Co.* an, mit dem er in der Lage war, am *Pennsylvania State College* (heute *PennState University*) selbstständige Forschung durchzuführen. Seine Leidenschaft galt der präparativen Steroidchemie und bereits nach kurzer Zeit vertraute ihm *Parke, Davis & Co.* eine Extraktionsfraktion vom Urin schwangerer Frauen zur weiteren Aufarbeitung an. Marker gewann daraus eine größere Menge Pregnandiol (*4*), die er nach einer Vorschrift von Butenandt in insgesamt 35 g Progesteron (*2*) umwandelte, damals eine astronomische Menge (Abbildung 6). Um die Ausbeute der Umwandlung von Pregnandiol in Progesteron zu verbessern, bestimmte Marker in einer systematischen Studie den Pregnandiol-Gehalt im Urin verschiedener Spezies. Völlig überraschend erwies sich Bullenurin als die ergiebigste Quelle und mit seiner Publikation *„Isolation of Pregnanediols from Bull's Urin"* [23] bewahrheitete sich die Prophezeiung seines Doktorvaters. Er war tatsächlich zum *„Urin-Analytiker"* geworden, aber zu einem ganz besonderen!

Trotz der Erschließung einer für damalige Verhältnisse ergiebigen Methode zur Gewinnung von Progesteron aus Bullenurin war Marker klar, dass auf der Basis von Tierorganen oder Urin der zukünftige Bedarf an Steroidhormonen nicht gedeckt werden konnte. Er sah nur eine Alternative: Die *kostengünstige* chemische Umwandlung pflanzlicher Steroidinhaltsstoffe in Steroidhormone wie Progesteron. Als geeignete Ausgangsverbindungen erschienen ihm die Steroid-Saponine, in denen unpolare Steroid-Alkohole (Sapogenin) mit polaren Mehrfachzuckern glykosidisch verknüpft sind. Marker entdeckte in der damals aktuellen Fachliteratur ein interessantes Sapogenin, das Diosgenin (*12*), das T. Tsukamoto 1937 aus einer japanischen Yamswurzel (*Dioscorea tokoro*) isoliert hatte [24]. Marker bat den japanischen Kollegen um eine Substanzprobe, die er dann chemisch äußerst elegant in Progesteron umwandelte (Abbildung 7).

Die Umwandlung von Diosgenin in Progesteron lief in guten Ausbeuten ab, jedoch war der Diosgenin-Gehalt der japanischen Yamswurzel für die industrielle Produktion viel zu gering. Marker suchte deswegen nach anderen Arten der Gattung *Dioscorea* (Yams) mit hohem Diosgenin-Gehalt. Dabei bewährten sich zwei seiner hervorstechendsten Charaktereigenschaften: sein starker Wille und seine grenzenlose Ausdauer. Zusammen mit Studenten und pensionierten Botanikern sammelte er ab 1941 in Californien, Arizona und Texas viele *Dioscorea*-Arten, wobei dies keineswegs ge-

ABB. 7 | MARKER-ABBAU VON DIOSGENIN ZU PROGESTERON

Diosgenin (**12**)
+ Ac_2O
200° (!)
CrO_3
NaOH/ Alkohol
H_2/Pd
Prognenolon
1. Br_2
2. CrO_3
3. Zn/HOAc
Progesteron (**2**)

In dieser äußerst eleganten und effizienten Reaktionssequenz wird der „überflüssige" Spiroacetal-Ring (in rot) des Diosgenins (12) zunächst aufgespalten, dann oxidativ der zweite (Dihydrofuran)-Ring geöffnet und nach einer Esterspaltung und Reduktion mit Natrium in Ethanol in Pregnenolon überführt. Wenn man es weiß, sind die Reaktionsschritte leicht zu durchschauen, aber Markers unglaublicher Kunstgriff war die Reaktion von Diosgenin bei 200 °C mit heißem Acetanhydrid (Sdp. 130 °C) im Autoklaven. Erst unter diesen drastischen Reaktionsbedingungen ließ sich der Spiroacetal-Ring aufbrechen und anschließend stufenweise abbauen. Damit war nicht nur eine ergiebige Progesteronsynthese gefunden, sondern auch die Zwischenstufen des Marker-Abbaus eröffneten einen einfachen Zugang zu anderen Sexualhormonen (Testosteron, Estron und Estradiol).

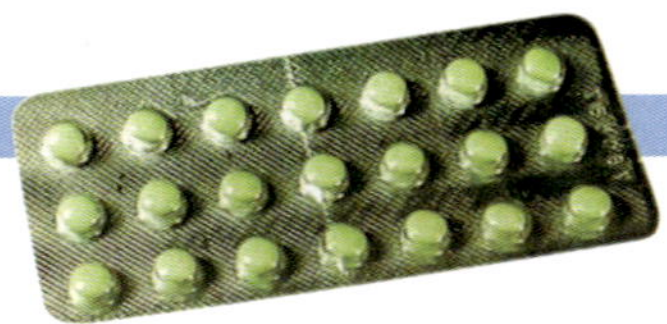

mütliche Botanik-Exkursionen waren, sondern eine extrem aufwendige und harte Schufterei. Seine Bilanz [25]:

„In einer Untersuchung von über 40.000 kg Pflanzenmaterial, das vor allem in den Südstaaten der USA und Mexiko gesammelt wurde und über 400 verschiedene Arten umfasste, haben wir

1. *neue Quellen für nahezu alle bekannten Sapogenine gefunden, einschl. Diosgenin, dem Ausgangsprodukt für die Synthese verschiedener Sexualhormone,*
2. *12 neue Sapogenine isoliert und identifiziert,*
3. *zwei neue Steroide isoliert und identifiziert, die offensichtlich Vorstufen der Sapogenine sind und*
4. *einen Zusammenhang zwischen dem Sapogenin-Gehalt und dem Wachstumszyklus beobachtet, der einen biogenetischen Ursprung nahelegt."*

In einem alten Botanik-Lehrbuch fand er ein Foto mit einer über 100 kg schweren *Dioscorea*-Wurzel, die im mexikanischen Bundesstaat Veracruz irgendwo zwischen Orizaba und Córdoba an einer Flussbiegung gefunden wurde und von den Einheimischen als *cabeza de negro* („Negerkopf", *Dioscorea macrostachya*) bezeichnet wurde. Sofort rief Marker den mit ihm befreundeten Dekan des *Penn State College* an und bat ihn um Geld für seine Reise nach Mexiko – der schickte es ihm [26].

Marker reiste im Januar 1942 nach Mexiko-Stadt und fuhr mit dem Bus nach Orizaba durch, um nach der *cabeza de negro* zu suchen. Auf freier Strecke sah er plötzlich eine Flussbiegung und bat den Busfahrer an einem kleinen Straßenladen anzuhalten. Der Besitzer hieß Alberto Moreno und Marker machte ihm klar, wonach er suchte (Abbildung 8). Moreno sagte seine Hilfe zu.

Am nächsten Tag hatte Alberto Moreno für ihn zwei große Wurzelexemplare ausgegraben. Im heimischen Labor im Penn State College isolierte er das Diosgenin aus dem Wurzelmaterial und überführte es in Progesteron. Marker war am Ziel, er hatte eine kostengünstige Rohstoffquelle für die industrielle Gewinnung von Steroidhormonen gefunden. Er schlug dem Präsidenten von Parke, Davis & Co., Dr. Alexander Lescohier, den Aufbau eines Produktionsbetriebes für Progesteron in Mexiko-City vor. Die Antwort war ernüchternd [27]:

„Das wäre doch reine Geldverschwendung und nebenbei, Sie haben doch für uns die Herstellung von Progesteron aus Bullenurin entwickelt. Sie haben es doch auch aus Pregnandiol gewonnen, das wir aus dem Urin von Schwangeren isolieren können. Das reicht uns! Wir sind gerade dabei, einen Bullenstall zu errichten, genauso wie wir schon einen Stutenstall haben. Wenn es nötig ist, werden wir tausende Bullen da hineinstellen und deren Urin sammeln. Aber es ist sinnlos, überhaupt darüber nachzudenken, irgendetwas in Mexiko City anzufangen, denn dort kann man überhaupt nichts anfangen."

Marker beendete daraufhin seine Zusammenarbeit mit Parke, Davis & Co. und versuchte, andere chemisch-pharmazeutische Firmen von seiner Idee zu überzeugen. Alle winkten ab und Marker entschied Ende 1942, die Sache selbst in die Hand zu nehmen. Beim nächsten Besuch in Mexiko-Stadt suchte er im Telefonbuch unter *„laboratorios"* nach möglichen Partnern. Er stieß dabei auf die Firma *Laboratorios Hormona* und bereits im ersten Gespräch erkannte deren Forschungsleiter Dr. Federico Lehmann das Potenzial von Markers Plänen. Nach einigen Verhandlungen gründete man zum 1. Januar 1944 die neue Firma Syntex S.A., deren Ziel die Produktion von Progesteron aus *cabeza de negro* war. Obwohl Marker inzwischen *Full Professor* (ohne Promotion!) am *Penn State College* war, kündigte er im September 1943, um sich ganz auf die Progesteron-Produktion in Mexiko zu konzentrieren.

Im Januar 1944 lief bei Syntex die Produktion an und zwei Monate später war das erste Kilogramm Progesteron fertig. Obwohl Syntex am Markt sehr erfolgreich war, kam es zu finanziellen Differenzen, da Marker nicht die ihm zustehende Gewinnbeteiligung ausbezahlt bekam. Dies führte zum Bruch, Marker ließ sich seinen Firmenanteil ausbezahlen und verließ Syntex.

Russel Marker brachte das von ihm bewusst nicht patentierte Syntheseverfahren von Progesteron in den folgenden Jahren in weitere, mit Syntex konkurrierende mexikanische Firmen ein, wobei er inzwischen eine *Dioscorea*-Art nutzte, die fünfmal so viel Diosgenin enthielt wie *cabeza de negro*. Diese von den Einheimischen als *Barbasco* bezeichnete Yamspflanze (*Dioscorea composita*) kann bis zu 250 Kilogramm wiegen. Daneben publizierte er weiter. 1949 erschien seine 175. und letzte Arbeit über Sapogenine [28]. Marker hatte sich zu diesem Zeitpunkt bereits aus der Wis-

ABB. 8 | DIE PFLANZLICHEN ROHSTOFFE FÜR MARKERS INDUSTRIELLE PROGESTERON-SYNTHESE

Marker bestimmte den Diosgeningehalt hunderter Arten der Gattung Dioscorea (Yams). Mit Dioscorea macrostachya, die von den mexikanischen Einwohnern als cabeza de negro (Negerkopf) bezeichnet wurde, fand er eine sehr diosgeninreiche Art für die industrielle Gewinnung von Diosgenin (12).
Bei späteren botanischen Exkursionen entdeckte Marker in der Barbasco-Wurzel (Dioscorea composita) eine Pflanze, die fünfmal so viel Diosgenin enthielt wie cabeza de negro. Dieses ergiebigere Pflanzenmaterial wurde später ausschließlich Ausgangsmaterial für die Diosgenin-Isolierung in Mexiko.
links: Russel Marker mit einem kleinen Exemplar cabeza de negro *(Foto: PennState University Archives)*
rechts: mexikanischer Landarbeiter mit einer Barbasco-Wurzel *(Foto: Bayer AG, Schering Archives)*

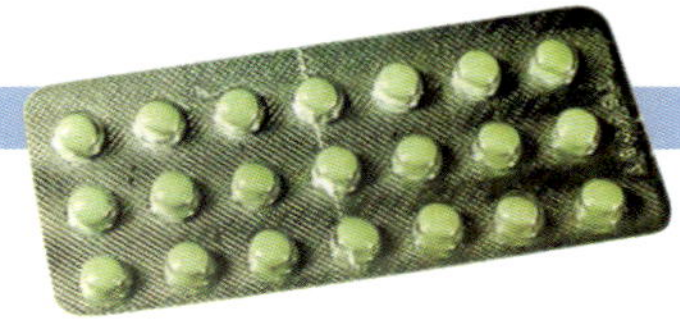

senschaft zurückgezogen, wie die angegebene Korrespondenz-Adresse belegte: *Present address: Hotel Geneva, Mexico City, Mexico*. In einem Brief von 1969 resümierte er: *„Als ich mich 1949 aus der Chemie zurückzog, hatte ich nach 5 Jahren Produktion und Forschung in Mexiko das Gefühl, dass ich erreicht hatte, was ich erreichen wollte. Ich hatte Rohstoffe gefunden, die eine Produktion von Hormonen in großen Mengen und zu niedrigen Preisen ermöglichten, habe Herstellungsprozesse entwickelt und sie in die Produktion überführt. Ich hatte dabei geholfen, ohne jeglichen Patentschutz oder Abgaben an Hersteller viele konkurrenzfähige Firmen an den Markt zu bringen, um faire Preise für die Allgemeinheit sicherzustellen."*

Nach seinem Rückzug aus der Chemie beschäftigte sich Russell Marker mit der Anfertigung hochwertiger Repliken ausgefallener französischer Silberarbeiten des 18. Jahrhunderts, die er von mexikanischen Silberschmieden anfertigen ließ. Sämtliche Kontakte zu früheren Mitarbeitern und Kollegen brach er völlig ab und galt für viele Jahre als verschollen oder tot. Erst 1969 tauchte er zu einer Ehrung der Chemischen Gesellschaft von Mexiko wieder auf. Die *University of Maryland* verlieh ihm 1987 schließlich die Ehrendoktorwürde, diesmal ohne Vorlage des immer noch fehlenden Kurses in Physikalischer Chemie.

Auf dem Weg zur ersten Pille

Die gestagenen Wirkstoffe

Nach der Aufklärung der physiologischen Prozesse des weiblichen Zyklus und der Isolierung und Strukturaufklärung der Steroidhormone kam man Ludwig Haberlandts Vision von einer *„reversiblen Unterdrückung der Eireifung durch Zufuhr der im Gelbkörper gebildeten Hormone"* einen großen Schritt näher. Mit einer stetigen Zufuhr von Progesteron kann der Zyklusregelung eine Schwangerschaft hormonell vorgetäuscht werden, so dass weitere Eireifungen unterbleiben und eine tatsächliche Schwangerschaft verhindert wird.

So brillant einfach die Formel Progesterongabe = Verhütung klingt, eine praktische Umsetzung scheitert, denn Progesteron ist oral unwirksam. Im Prinzip hatten Hohlweg und Inhoffen die Lösung schon 1938 in der Hand, denn ihr Ethinyltestosteron (*11*) war eine oral wirksame gestagene Verbindung und Schering hatte daraus bereits 1939 ein Medikament (Proluton C®) entwickelt. Allerdings dachte damals noch niemand an Verhütung, sondern im Gegenteil: Proluton C® wurde verabreicht, wenn eine Schwangerschaft durch zu geringe Progesteronbildung und den dann einsetzenden Zwischenblutungen gefährdet war. Die gestagene Wirkung des Ethinyltestosterons (*11*) war aber re-

ABB. 9 | DIE SYNTHESE DER GESTAGENE DER ERSTEN PILLENGENERATION

Strophantidin (*13*) → M. Ehrenstein → 19-Norprogesteron (*14*)

Estronmethylether (*15*) → A.J. Birch *et al.* → [Zwischenprodukt] → 2 Stufen A.J. Birch *et al.* → 19-Nortestosteron (*16*)

[Zwischenprodukt] → 2 Stufen F.B. Colton *et al.* → Norethynodrel (*17*)

19-Nortestosteron (*16*) → 3 Stufen C. Djerassi *et al.* → 19-Nor-17-ethinyltestosteron Norethisteron (*18*)

Maximilian Ehrenstein erhielt 1944 beim Abbau des Strophantidins (13) das 19-Norprogesteron (14), das überraschenderweise eine höhere gestagene Wirkung zeigte als das Progesteron (2) selbst. Dies richtete das Interesse auf die 19-Nor-Steroide und nach der Entwicklung einer einfachen und in guten Ausbeuten ablaufenden Hydrierung des aromatischen Rings von Estronmethylether (15) durch Birch (Birch-Reduktion), stand eine ergiebige Synthese von 19-Nortestosteron (16) zur Verfügung. Darauf aufbauend gelangten Colton (Searle) und Djerassi (Syntex) zu den beiden in der ersten Pillengeneration verwendeten oral wirksamen Gestagen Norethynodrel (17) und Norethisteron (18). *Haberlandt: Abdruck erlaubt gem. Webseite des MFVS, Wien*

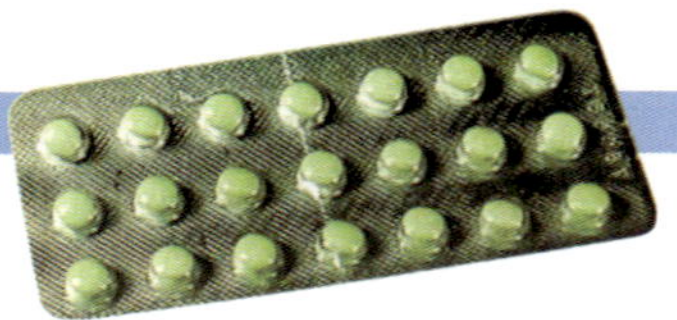

lativ gering und den Patientinnen mussten über zwei Wochen täglich 100-200 mg zu sich nehmen. Eine aus heutiger Sicht gewaltige Steroidmenge.

Bei der Suche nach potenteren, oral wirksamen Gestagenen half der Zufall: Maximilian Ehrenstein (1899-1968) überraschte 1944 [29] mit einer Umwandlung des u.a. in Maiglöckchen enthaltenen Herzglykosids Strophanthidin (*13*) in 19-Norprogesteron (*14*) [30]. Obwohl, verglichen mit dem natürlichen Progesteron (*2*), dem 19-Norprogesteron (*14*) nur eine einzige Methylgruppe fehlte, war die gestagene Wirkung der Nor-Verbindung ganz wesentlich erhöht. Ehrensteins Untersuchung weckte das generelle Interesse an den nichtnatürlichen 19-Nor-Steroiden, leider waren aber diese Verbindungen nur sehr schwer zugänglich, eine industrielle Verwendung damit ausgeschlossen. Dies änderte sich 1950 schlagartig, als A. J. Birch mit Hilfe einer neuartigen, heute nach ihm benannten Hydrierungsmethode (Birch-Reduktion) Estronmethylether (*15*) in guten Ausbeuten in 19-Nortestosteron (*16*) überführte (Abbildung 9). Zur großen Überraschung veränderte die fehlende Methylgruppe die physiologische Wirkung drastisch. 19-Nortestosteron (*16*) war im Vergleich zum Testosteron (*5*) nur noch ein schwaches Androgen. Daraufhin kündigte Birch die Herstellung der 19-Nor-Analoga anderer Sexualhormone an [31].

Carl Djerassi (geb. 1923), der im Spätherbst 1949 zur mexikanischen *Syntex* stieß, griff die herumschwirrenden Ideen der 19-Nor-Analoga auf und fügte die Puzzleteile neu zusammen. Gemeinsam mit Luis Miramontes und George

DIE PATENTANTEN UND -ONKEL DER PILLE

Der Pionier: Ludwig Haberlandt (1885–1932)

Der Arzt und Professor für Physiologie führte erstmals 1921 durch Transplantation von Eierstöcken eine hormonale Sterilisierung von weiblichen Tieren durch. Mit seinem Einsatz für die Erforschung der „Unfruchtbarmachung der Frau durch Tabletten" erntete er aus religiösen, politischen und medizinischen Kreisen massive Kritik. Trotz aller Widerstände entwickelte er mit einer Budapester Firma das Produkt Infecundin, das jedoch nie auf den Markt kam.

Durch seinen Freitod 1932 und die Machtübernahme durch das nationalsozialistische Regime 1933 traten alle Diskussionen um eine hormonale Empfängnisverhütung in eine langjährige Pause [70]. (Foto: Museum für Verhütung und Schwangerschaft, Wien, http://de.muvs.org/museum/info/

Die Wirkstoffentdecker: Hans Herloff Inhoffen (1906–1992) und Walter Hohlweg (1902–1992)

Dem deutschen Chemiker Inhoffen und dem österreichischen Endokrinologen Hohlweg, beide in der Forschung bei Schering tätig, gelang 1937 die Synthese des ersten oral wirksamen Estrogens – des Ethinylestradiols. 33 Jahre später, 1961, fand dieses synthetische Estrogen als Teil eines oralen Verhütungsmittels Verwendung. Anovlar, ein Produkt der Firma Schering, war die erste Pille auf dem deutschen Markt. Noch heute ist Ethinylestradiol Bestandteil zahlreicher Antibabypillen.

Zum Gedenken an Hohlweg und Inhoffen wurden Nachwuchspreise der Schering-Stiftung nach diesen beiden Forschern benannt [18]. (Fotos: Bayer AG, Schering Archives)

Der Hormonsucher: Russel E. Marker (1902–1995)

Marker war zwar an der Entwicklung der Pille nicht direkt beteiligt, aber seine langwierige Suche nach Pflanzen, deren Inhaltsstoffe sich chemisch in Sexualhormone umwandeln ließen, war ein gewaltiger Schritt vorwärts zur industriellen Hormonherstellung. Die von ihm dafür entwickelte Reaktionssequenz (Marker-Abbau) zur Herstellung von Progesteron aus einer mexikanischen Yamswurzel ist eine synthetische Meisterleistung. Das durch ihn leicht zugänglich gewordene Progesteron war nicht nur der Ausgangspunkt für andere Sexualhormone, sondern auch für die erste industrielle Cortison-Synthese in den 1950er Jahren. (Foto: Courtesy Penn State University Archives)

Die Wirkstoffentdecker: Frank B. Colton (1923–2003) und Carl Djerassi (geb. 1923)

Colton, geboren in Polen, und Djerassi, geboren in Österreich, immigrierten Anfang der 1930er Jahre in die USA. Beide machten Karriere als Chemiker und führten unabhängig voneinander die Arbeiten von R. Marker zur Synthese von Gestagenen fort. Obwohl sie nicht das Ziel hatten ein orales Verhütungsmittel zu entwickeln, gelang ihnen in den frühen 1950er Jahren unabhängig voneinander die Synthese oral wirksamer Gestagene: Colton entdeckte bei der Firma Searle die gestagene Wirkung von Norethynodrel, Djerassi bei der Firma Syntex die von Norethisteron. Dafür wurden beide in die National Inventors Hall of Fame aufgenommen. In der ersten Pille der Welt, Enovid©, fand Norethynodrel Verwendung. (Foto Djerassi: Universität Bielefeld, Colton: wikimedia commons)

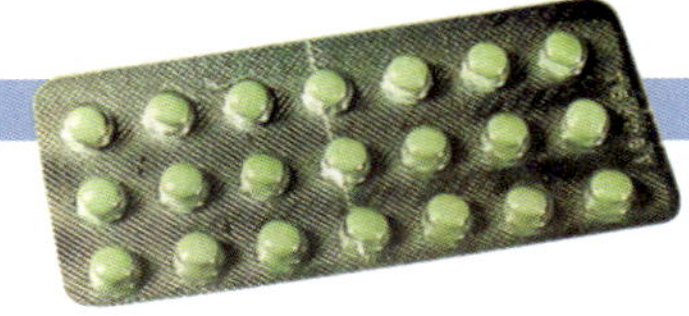

Rosenkranz stellte er zunächst 19-Nortestosteron (*16*) nach Birch her und überführte es 1951 in 19-Norethinyltestosteron (*18*). Diese Verbindung erwies sich als oral hochwirksames Gestagen, das in den USA als Norethindron und in Europa als Norethisteron (*18*) bezeichnet wurde [32]. Wenig später gelang Frank Colton (G.D. Searle & Co.) ausgehend von Estronmethylether (*15*) die Synthese eines zweiten oral wirksamen Gestagens, des Norethynodrels (*17*) [33].

Mit der Synthese von zwei oral hochwirksamen Gestagenen, Norethynodrel (*17*) und Norethisteron (*18*), war zu Beginn der 1950er-Jahre die chemisch-pharmazeutische Grundlage für eine hormonelle Verhütung geschaffen.

Obwohl viele Pharmafirmen das *Know-how* für eine vorklinische Phase im Hause hatten, blieb ein orales Verhütungsmittel zunächst noch ein rein akademisches Gedankenspiel. Die großen Firmen fürchteten nämlich bei einer Markteinführung auf erhebliche Widerstände großer Bevölkerungsteile und der Religionsgemeinschaften zu stoßen, die bis hin zum Boykott ihrer ganzen Produktpalette hätte führen können. Der entscheidende Anstoß zur Entwicklung einer marktfähigen „Pille" kam letztlich nicht aus der Wissenschaft oder der Pharmaindustrie, sondern von zwei außergewöhnlichen Frauen.

Die notwendige Frauenpower

Margaret Sanger (1879–1966) [34] wuchs in ärmlichen Verhältnissen einer irisch-katholischen Familie in Corning, New York auf. Ihre Mutter verstarb bereits mit 49 Jahren, war 18

Die Kämpferin: Magret Sanger (1879–1966)
Als Kind einer Frau, die 18 mal schwanger war und 7 Fehlgeburten erlitt, wurde sie in Corning, NY,geboren. Die gelernte Krankenschwester, kämpfte für das Frauenwahlrecht und veröffentlichte ab 1912 Kolumnen und Pamphlete über Aufklärung und Verhütung. Sie prägte den Begriff „birth control". Spektakuläre Gerichtsprozesse wegen unerlaubter Verbreitung von Verhütungsmitteln machten sie berühmt. Illegal gründete sie 1916 in einer New Yorker Wohnung die erste Klinik für Geburtenkontrolle. 1937 erlangte sie endlich einen Sieg vor Gericht gegen das Verbot von Verhütungsmitteln, auch wenn es noch bis 1965 dauerte, bis Verhütungsmittel in den USA offiziell erlaubt wurden [71]. (Foto: wikimedia commons)

Die Investorin: Katherine McCormick (1875–1967)
Die Anwaltstochter machte 1904 als erste Frau am MIT einen Abschluss als Biologin. Sie kämpfte an vorderster Front für das Frauenwahlrecht und lernte so M. Sanger kennen. Da das Ehepaar McCormick aufgrund der erblichen Schizophrenie-Erkrankung des Mannes keine Kinder wollte, stand McCormick Sanger auch in Fragen der Geburtenkontrolle zur Seite. Nicht nur mit Geld; sie schmuggelte auch von Europareisen Diaphragmen und andere „obszöne Materialien" in Sangers Klinik. Initialzündung für die Entwicklung der Pille war die Begegnung mit Gregory Pincus; McCormick investierte 2 Millionen Dollar ihres Privatvermögens in das revolutionäre Projekt [72]. (Foto: wikimedia commons)

Der Entwickler: Gregory Goodwin Pincus (1903–1967)
Der amerikanische Biologe hatte an Ratten und Kaninchen die eisprunghemmende Wirkung von Gestagenen intensiv getestet, so dass ihm die Anwendung auch an Frauen realistisch schien. M. Sanger und K. McCormick überzeugten ihn von der Notwendigkeit der Entwicklung einer zuverlässigen oralen Verhütungsmethode für Frauen. 1953 machte sich Pincus in Zusammenarbeit mit Min Chueh Chang an die Arbeit. Bereits 1957 wurde ein Medikament, getarnt als Mittel gegen Menstruationsstörungen, zugelassen. 1960 erhielt das erste orale Verhütungsmittel Enovid® in den USA die Zulassung. (Foto: wikimedia commons)

Der Arzt: John Rock (1890–1984)
Der Gynäkologe und Reproduktionsbiologe galt als Spezialist in Fragen der Unfruchtbarkeit. Er war maßgeblich an der Entwicklung der Methode der in-vitro-Befruchtung beteiligt. Rock betreute die erste klinische Studie, in der das von Pincus entwickelte Mittel zur Verhütung von Schwangerschaften getestet wurde. Die erste Studie war noch getarnt als Fruchtbarkeitsstudie, denn die klerikalen Wiederstände gegen Verhütungsmittel in den USA waren massiv. Der kirchentreue Rock dagegen vertrat den Standpunkt, dass die Pille nichts anderes tue als die Natur; sie unterdrücke lediglich während einer gewissen Zeit den Eisprung. (Foto: wikimedia commons)

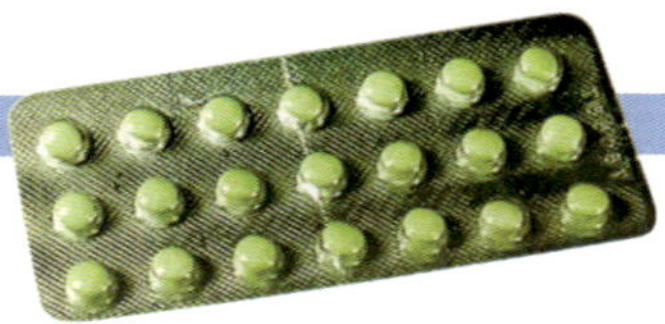

mal schwanger und erlitt dabei 7 Fehl- bzw. Totgeburten, ein zu Beginn des 20. Jahrhunderts kein ungewöhnliches Schicksal. Margaret Sanger wurde Krankenschwester in *New York City* und betreute und versorgte als Hausschwester Frauen von Zuwanderern in der armen *Lower East Side*. Häufig wurde sie gerufen, wenn im Hinterzimmer vorgenommene Abtreibungen zu Komplikationen bis hin zum Tod führten.

Geprägt durch ihre Herkunft und dem erfahrenen Leid von Frauen nach illegalen Abtreibungen, begann sie zusammen mit ihrem Mann, trotz zwei eigener kleiner Kinder, den Kampf um bessere Verhütungsmittel. Sie gründete 1921 die American *Birth Control League* [35] und schrieb 1922 *„Keine Frau kann sich als frei bezeichnen, wenn sie nicht über ihren eigenen Körper verfügen und ihn kontrollieren kann ..... Das ist für die Frauen der Schlüssel zur Freiheit.“* [36]. Sanger verschickte Informationen über Verhütungsmethoden und auch Verhütungsmittel wie Diaphragmen (Scheidenpessare) an interessierte Frauen. Dies scheint aus heutiger Sicht nichts Aufregendes zu sein, aber damals war schon allein das Verteilen von Informationen über Verhütungsmethoden nach dem so genannten *Comstock Act* in den USA verboten. Selbst im Alter von über 80 Jahren wurde Margaret Sanger beim Gedanken an diese Gesetze wütend. *„Ich stieß mich an diesen sehr, sehr arroganten, altmodischen und dummen Gesetzen, die geändert werden mussten. Aber das würde eine lange Zeit dauern. Deswegen entschied ich mich dafür, dass der beste Weg, die Gesetze zu ändern, war, sie zu brechen“* [37]. Für ihre Überzeugung verbrachte Margaret Sanger im Laufe ihres Lebens viele Wochen im Gefängnis.

Im Kampf um die Verwirklichung dieser Vision hatte Margaret Sanger viele Mitstreiterinnen aus der amerikanischen Suffragetten-Bewegung [38], darunter Katherine McCormick (1875–1967), die nach dem frühen Tod ihres Mannes über ein riesiges Vermögen verfügte. Auch sie war in der Frauenbewegung äußerst engagiert, war Vizepräsidentin der *National Woman's Suffrage Association* und sich selbst nicht zu schade, von Europareisen große Mengen an Pessaren in die USA zu schmuggeln, die dann von Sangers *Birth Control League* verteilt wurden.

Trotz aller Erfolge musste Margaret Sanger Ende der 1940er-Jahre resignierend feststellen, dass Scheidenpessare zwar eine zuverlässige, aber teure und unpraktische Methode der Empfängnisverhütung waren. Nach ihrer Auffassung konnte nur eine *„birth control pill“* Frauen aller sozialen Schichten in die Lage versetzen, ihre Schwangerschaften sicher und selbst zu kontrollieren. Diese Idee nahm Katherine McCormick auf und wollte Forschungsarbeiten zur Entwicklung einer oralen Verhütung finanziell unterstützen.

Margaret Sanger suchte nach geeigneten Wissenschaftlern und lernte im März 1951 den brillanten Reproduktionsbiologen Gregory Goodwin Pincus (1903–1967) kennen. Ihm war 1934 an der Harvard Universität die erste *in vitro*-Befruchtung am Kaninchen gelungen, allerdings war *„ein Kaninchen ohne Vater“* nicht nach dem Geschmack des konservativen und katholischen Harvard Establishments. Da er dort keine akademische Anstellung bekam, wechselte Pincus als Codirektor zur *Worcester Foundation for Experimental Biology*, einem auf Steroidhormone spezialisierten Forschungsinstitut in der Nähe von Boston, das z. B. neue Steroidabkömmlinge auf ihre hormonellen Wirkungen untersuchte. Die Unabhängigkeit und Gemeinnützigkeit erlaubte dem Forschungsinstitut eine Arbeit frei von staatlichen Restriktionen. Allerdings darf nicht vergessen werden, dass im Staat Massachussetts der *Comstock Act* bis 1972 (!) galt, wonach Forschungen über Verhütung gesetzlich verboten waren. Für Pincus war das Einwerben

ABB. 10 | DIE ESTROGENEN UND GESTAGENEN KOMPONENTEN DER ERSTEN PILLEN

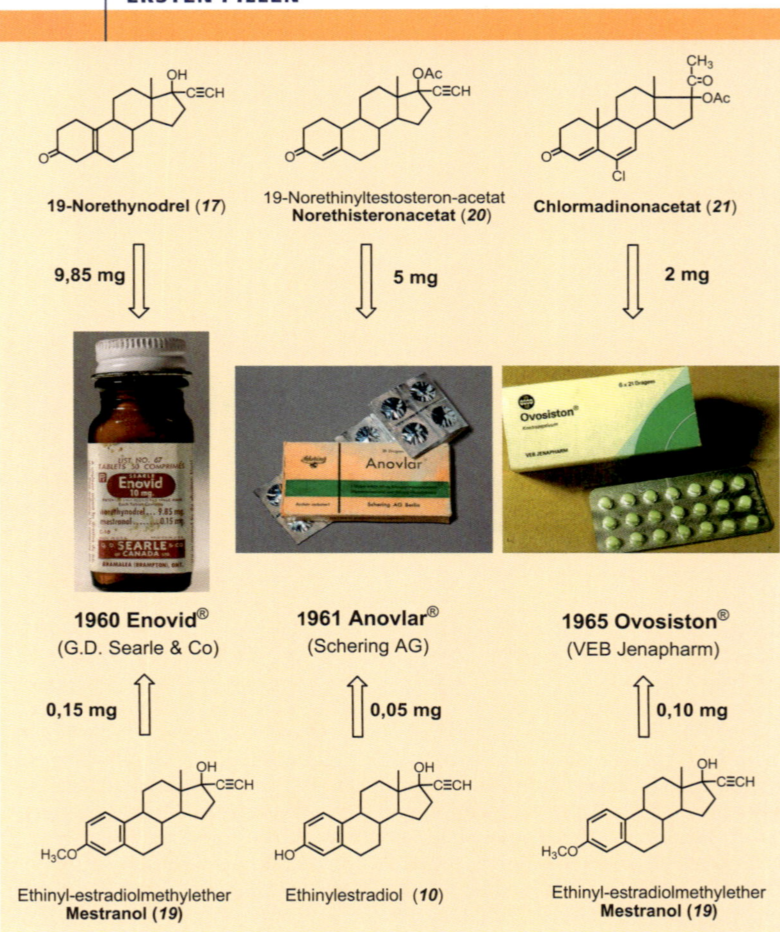

Die ersten beiden zugelassenen oralen Kontrazeptiva, Enovid® (Searle,1960) und Anovlar® (Schering, 1961), enthielten beide das von Hohlweg und Inhoffen 1938 synthetisierte Ethinylestradiol (10) bzw. dessen Methylether (19) als estrogene Komponente. Die Herstellung der unterschiedlichen gestagenen Komponenten ging in beiden Präparaten von Estronmethylether (15) aus, wobei Enovid® das von Colton synthetisierte Norethynodrel (17) und Anovlar® das Acetat (20) des von Djerassi, Miramontes und Rosenkranz synthetisierten Norethisteron (18) enthielten. Das Anfang der Sechzigerjahre entwickelte Chlormadinonacetat (21) wurde in Lizenz in der ersten Pille in der DDR als Gestagen verwendet. Als estrogene Komponente wurde im Ovosiston® der Methylether des Ethinylestradiols (Mestranol, 19) verwendet. *(Fotos: wikimedia commons)*

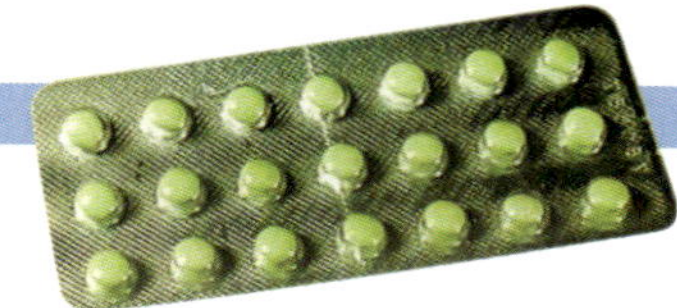

staatlicher Mittel für seine reproduktionsbiologische Forschung immer ein Balanceakt am Rande der Legalität. Das sollte sich schlagartig ändern.

Die klinischen Studien

Am 8. Juni 1953 marschierten zwei sehr dominante Frauenrechtlerinnen von 74 bzw. 78 Jahren in Pincus' Labor, um ihn zur Entwicklung einer Pille zu überreden. Am Ende des Treffens zückte Mrs. McCormick ihr Scheckbuch und überreichte einen Scheck über $40.000 (heutige Kaufkraft: etwa $500.000) mit dem deutlichen Hinweis, wenn es voran gehen würde, gäbe es noch mehr [39]. Katherine McCormick war aber keineswegs eine stille Gönnerin, keineswegs *„ein kleines altes Muttchen, sondern sie war ein Grenadier."* [36]. Sie hatte 1904 als eine der ersten Frauen am MIT (*Massachussetts Institute for Technology*) ein Biologiestudium abgeschlossen und wollte die Entwicklungsarbeiten an der Pille genauestens vor Ort verfolgen. Dazu zog sie von Santa Barbara, Kalifornien nach Boston und verlangte regelmäßig die Fortschrittsberichte aus Pincus' Labor.

In wenigen Monaten konnte Pincus mit seinem Mitarbeiter Min-Chueh Chang zeigen, dass wiederholte Progesteron-Injektionen den Eisprung in Kaninchen verhinderten. Pincus testete eine Vielzahl gestagener Wirkstoffe, wobei das Norethynodrel (***17***) der Firma *Searle* und das Norethisteron (***18***) von *Syntex* am erfolgversprechendsten waren. Pincus entschied sich letztlich für Norethynodrel (***17***).

Die klinischen Studien konnte Gregory Pincus als Biologe nicht allein durchführen, sondern nur in Zusammenarbeit mit einem Mediziner. Pincus wandte sich an den anerkannten Harvard-Gynäkologen Dr. John Rock (1890–1984), dessen Spezialgebiet die Behandlung weiblicher *Unfruchtbarkeit* (!) war. Rock behandelte z. B. unfruchtbar erscheinende Frauen über Wochen mit Progesteron-Injektionen, was in dieser Zeit einen Eisprung verhinderte. Nach Absetzung der Hormongabe führte eine Art *Rebound*-Effekt häufig zu der ersehnten Schwangerschaft.

Obwohl Rock bereits über 60 Jahre alt war und seiner Pensionierung entgegen sah, war er von der absoluten Notwendigkeit einer Geburtenkontrolle in den Händen der Frauen so sehr überzeugt, dass er bereit war, seine ganze Reputation einzubringen und zusammen mit Pincus die von Katherine McCormick finanzierten klinischen Studien durchzuführen. Als gläubiger und täglich praktizierender Katholik hatte John Rock keinerlei Bedenken gegen orale Verhütungsmittel, denn Papst Pius XII hatte 1951 die Kalendermethode nach Knaus-Ogino nicht nur begrüßt, sondern auch seine Hoffnung auf eine verbesserte Methodik ausgedrückt. Für John Rock war die durch Hormongaben verursachte vorübergehende Sterilität nur die Verlängerung der natürlichen unfruchtbaren Tage im Zyklus einer Frau.

John Rock musste die erste klinische Studie, die 1953 im katholischen Boston, Massachusetts mit 50 Frauen durchgeführt wurde, offiziell als Fruchtbarkeits-Studie deklarieren. Das Resultat der Studie war überzeugend, keine der Frauen wurde schwanger. Unter Leitung von Dr. Edris Rice-

DIE „GEBURT" DER PILLE

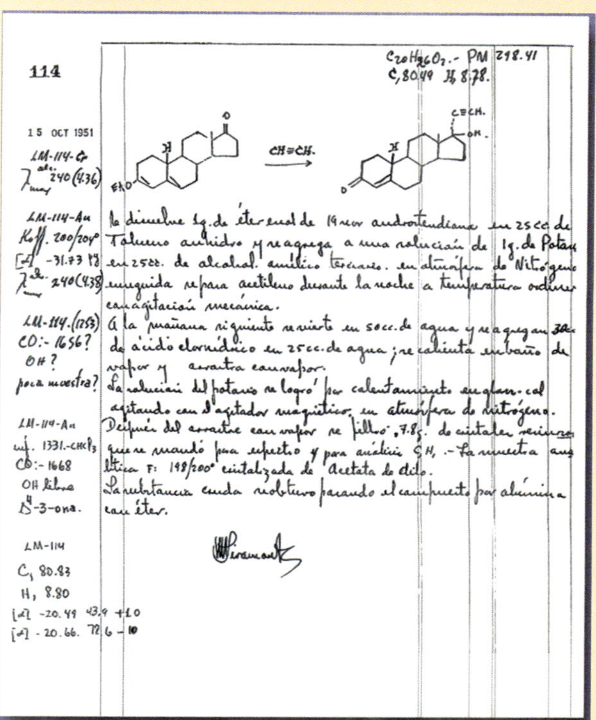

114

$C_{20}H_{26}O_2$.- PM 298.41
C, 80.49 H, 8.78.

15 OCT 1951

LM-114-G
λ max alc. 240 (4.36)

CH≡CH.

LM-114-An
Koff. 200/204°
[α] -31.73
λ max alc. 240 (4.38)

Se disuelve 1g. de éter enol de 19 nor androstendiona en 25 cc. de Tolueno anhidro y se agrega a una solución de 1g. de Potasio en 25 cc. de alcohol amílico terciario en atmósfera de Nitrógeno enseguida se pasa acetileno durante la noche a temperatura ordinaria con agitación mecánica.

LM-114 (1253)
CO:- 1656?
OH?
poca muestra?

A la mañana siguiente se vierte en 50 cc. de agua y se agregan 3 cc. de ácido clorhídrico en 25 cc. de agua; se calienta en baño de vapor y se arrastra con vapor.

La solución del potasio se logró por calentamiento en glas-col agitando con el agitador magnético, en atmósfera de nitrógeno.

LM-114-An
inf. 1331.- $CHCl_3$
CO:- 1668
OH libre
Δ4-3-ona.

Después del arrastre con vapor se filtró 7.8 g. de cristales resinosos que se mandó para espectro y para análisis C, H. - La muestra analítica F: 198/200° cristalizada de Acetato de etilo.

La substancia cruda se obtuvo pasando el compuesto por alúmina con éter.

LM-114
C, 80.83
H, 8.80
[α] -20.49 43.9 +1.0
[α] -20.66. 72.6 - 10

Die Pille, eines der „Sieben Weltwunder der Moderne" [73], entstand nicht durch den Geniestreich eines Einzelnen, sondern ist die Krönung jahrzehntelanger Anstrengungen, beginnend mit den ersten physiologischen Untersuchungen des weiblichen Zyklus an Labortieren über die Isolierung und Strukturbestimmung der Sexualhormone, der Synthese oral wirksamer Abkömmlinge, der Durchführung vorklinischer und klinischer Studien bis hin zur Zulassung. Unzählige Menschen in vielen Ländern [74] trugen letztlich zur erfolgreichen Markteinführung bei, so dass es gänzlich unmöglich wäre, einen Menschen herauszuheben und ihm oder ihr eine exklusive „Elternschaft" zuzusprechen. Genau dies aber versucht Carl Djerassi seit Jahrzehnten, in dem er sich in zahllosen Publikationen und Interviews als selbsternannte „Mutter der Pille" präsentiert. So autorisiert erklärt er den 15.Oktober 1951 zum Geburtstag der Pille. An diesem Tag synthetisierten nämlich sein Mitarbeiter Luis E. Miramontes im Labor der Fa. Syntex erstmals das 19-Nor-ethinyltestosteron (Norethisteron). Diese „Geburt" ging jedoch nach eigenen Angaben an allen, auch an Djerassi selbst, völlig unbemerkt vorbei [75], da sich damals niemand eine Pille selbst bei kühnster Fantasie vorstellen konnte. Als 1960 schließlich mit Enovid® die erste Pille auf den US-Markt kam, war Norethisteron nicht darin enthalten, sondern gewann erst später an Bedeutung. Trotzdem feiert Djerassi mit kräftiger Medienbegleitung in regelmäßigen Abständen seinen Geburtstag der Pille. In dem von ihm entworfenen Stammbaum stehen neben Carl Djerassi als Mutter der 1967 verstorbene Gregory Pincus als Vater der Pille, Ludwig Haberlandt als Großvater, John Rock als Geburtshelfer und Russell Marker als weit entfernter Großonkel. Anderen Schwergewichte, wie Birch, Butenandt, Doisy, Hohlweg, Inhoffen, McCormick, Miramontes, Rosenkranz u.a., spricht Djerassi eine Blutsverwandtschaft ab.

In jüngster Zeit erklärt sich nun Djerassi als einziger noch lebender „Verwandter" mit dem Buchtitel „This Man's Pill" [76] kurzerhand zum Alleinerfinder. Ein distanzierter Blick auf die Entwicklungsgeschichte der Pille zeigt jedoch, dass alle an deren Entwicklung und Markteinführung beteiligten Personen in Forschungsinstituten und in der chemisch-pharmazeutischen Industrie unsere höchste Anerkennung verdienen. Wollte man einen Stammbaum niederschreiben, müsste man sie wohl alle zu Patentanten und -onkel erklären. Dazu zählt ganz sicher auch Carl Djerassi, aber er ist eben nicht der Einzige [77]. Und wenn nun unbedingt Geburtstag gefeiert werden sollte, dann kann es nur der Tag sein, an dem die Frauen die Pille endlich erstmals in ihren Händen hatten. Das wäre in den USA der 18. August 1960 und in Deutschland und anderen europäischen Staaten der 1. Juni 1961. Bildquelle: courtesy Miramontes-Vidal family.

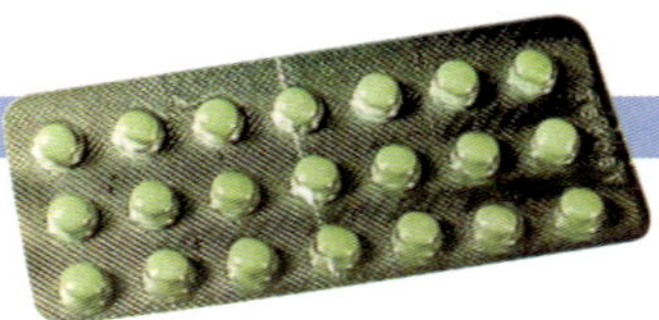

Wray wurden die notwendigen und vorgeschriebenen Großstudien in Puerto Rico durchgeführt, denn dort waren Verhütungsmittel nicht verboten. Rice-Wray hatte in den USA Medizin studiert, arbeitete an der *Puerto Rico Medical School*, war medizinische Direktorin der *Puerto Rican Family Planning Association* und bildete Medizinstudenten in Verhütungsmethoden aus. Sie führte die Studie mit den Frauen eines neuen Wohnprojekts in Rio Piedras aus, einem Armenviertel von San Juan. Ziel dieses Wohnprojektes war die Lebenssituation von Familien in Slums zu verbessern. Die dort wohnenden Frauen waren aus naheliegenden Gründen an einer Verhütung interessiert. Aus heutiger Sicht entsprach diese klinische Studie nicht unseren modernen Standards, besonders wegen der recht mangelhaften Information der freiwillig teilnehmenden Frauen. Diese Vorgehensweise entsprach aber dem damals üblichen Standard, denn die heute vorgeschriebenen, viel strengeren Verfahrensregeln sind erst später, nach den fürchterlichen Erfahrungen mit dem Wirkstoff Thalidomid im Beruhigungsmittel „Contergan" gesetzlich festgelegt worden [40].

Die estrogenen Wirkstoffe

Eine völlig überraschende Beobachtung der klinischen Studien in Puerto Rico erwies sich als besonderer Glücksfall. Im Verlauf der klinischen Studien traten bei den Teilnehmerinnen plötzlich verstärkt Zwischenblutungen und auch einige unerwünschte Schwangerschaften auf. Pincus ging der Ursache nach und fand heraus, dass die ersten Norethynodrel-Chargen einige Prozente des estrogenen Mestranols (***19***) als Verunreinigung enthielten. Das später eingesetzte Norethynodrel war dagegen hochrein, aber erst damit wurden Zwischenblutungen und einige ungewollte Schwangerschaften beobachtet. Nachdem Pincus die segensreiche Wirkung der „Verunreinigung" in den ersten Chargen erkannt hat, wurde Norethynodrel (***17***) nunmehr absichtlich Mestranol (***19***) oder Ethinyl-estradiol (***10***) zugesetzt. Dies ist bis heute so geblieben, fast alle oralen Verhütungsmittel enthalten sowohl eine gestagene als auch eine estrogene Komponente (Abbildung 10).

Die Wehen beginnen

Die Untersuchungen an den ersten 600 Frauen waren so vielversprechend, dass am 10. Juni 1957 auf Antrag von *Searle* „Enovid® 10 mg" zur Behandlung von Menstruationsstörungen in den USA zugelassen wurde. Schnell sprach sich herum, dass dieses Arzneimittel eine sehr erwünschte „Nebenwirkung" hatte: Nach Einnahme wurden Frauen nicht schwanger. Prompt brachen epidemieartig starke und schmerzhafte chronische Menstruationsbeschwerden aus und binnen zwei Jahren wurden eine halbe Million Amerikanerinnen mit Enovid® „behandelt".

Die Geburt

Auf der Basis dieser großen Anzahl von Patientinnen beantragte *Searle* am 23. Juli 1959 eine erweiterte Zulassung von Enovid® 10 mg als orales Verhütungsmittel, dem am 23. Juni 1960 stattgegeben wurde. Allerdings hat *Searle* Enovid® 10 mg, das in jeder Tablette 9,85 mg Norethynodrel (***17***) und 0,15 mg Mestranol (***19***) enthielt, auch nach der Zulassung *nicht* als orales Verhütungsmittel vermarktet. Erst nach einem erneuten Zulassungsverfahren brachte Searle ein Jahr später das geringer dosierte Enovid® 5 mg (5 mg Norethynodrel und 0,075 mg Mestranol) tatsächlich als orales Verhütungsmittel auf den Markt.

In Deutschland kam am 1. Juni 1961 mit Anovlar® die erste deutsche „Pille" auf den Markt. Sie enthielt 5 mg Norethisteronacetat (***20***) als gestagene und 0,05mg Ethinylestradiol (***10***) als estrogene Komponente. Der Beipackzettel von Anovlar® verriet den deutschen Frauen die Hauptanwendung allerdings nur verschämt. Als Indikationen wurden schmerzhafte Regelblutungen, Endometriumsbeschwerden und funktionelle Sterilität genannt. Erst ganz zum Schluss wurde eine *„temporäre Konzeptionsverhinderung, allerdings nur bei strenger Indikationsstellung"* erwähnt. Auch bei der Einführung von Anovlar® in anderen Ländern mogelte man die Verhütung zu einer Nebenwirkung herunter oder erwähnte sie gar nicht. Sprachlich besonders kreativ umging *Schering* das gesetzliche Verbot von Antikonzeptiva 1964 bei der Einführung von Anovlar® in Frankreich, indem im Beipackzettel die bis dahin unbekannte therapeutische *„Ruhigstellung des Ovars"* als Indikation angegeben wurde.

MARKERS MISSGLÜCKTER BESUCH BEI ADOLF BUTENANDT IN BERLIN 1938

(Foto: wikimedia commons)

Vor seiner ersten Europareise im Jahr 1938 hatte Marker bereits über 50 wissenschaftliche Steroid-Arbeiten publiziert und hatte mit Adolf Butenandt ein persönliches Treffen in den Räumen der Schering AG verabredet. Marker berichtete darüber später [27]: „Ich hatte eine Verabredung mit Butenandt in Berlin und traf Samstag Abend in Berlin ein. Am Montagmorgen rief ich in Butenandts Büro (bei der Fa. Schering in Berlin-Wedding, Anm. d. A.) an, aber er wollte mich nicht sehen. Ich glaube, das lag daran, dass ich mir am Samstag in der Nähe meines Hotels die Aushänge eines Nachtklubs angesehen hatte. Ein junger Mann kam auf mich zu und fragte: „Sind Sie Engländer?". Ich sagte ihm, ich sei Amerikaner. Er sagte „Die haben da drin eine gute Show. Wollen Sie heute Abend hineingehen?". Ich sagte: „Schon, wenn es eine gute Show zu einem vernünftigen Preis gibt, würde ich es mir überlegen." Er antwortete „Könnte ich Sie dabei begleiten? Wenn ich das dürfte, würde ich nach Hause gehen und meine Frau mitbringen". Als dann die Rechnung kam, wollten sie alles bezahlen. Die Frau sagte: „Wenn wir nicht mit Ihnen zusammen gewesen wären, wären wir hier gar nicht hereingekommen, denn wir sind Juden." Am nächsten Tag fuhren wir dann gemeinsam nach Potsdam, aßen dort zusammen Mittag und am Abend kochte sie ein leckeres Hühnchengericht. Dass ich mit jüdischen Freunden zusammen gewesen war, musste sich sehr schnell herumgesprochen haben, denn am nächsten Morgen erfuhr ich bei meinem Anruf in Butenandts Büro, dass meine Verabredung mit ihm geplatzt war."

Grün, ja grün sind Pillen in Ost und West [41]

Als 1961 die Pille in der Bundesrepublik zugelassen wurde, hatte die DDR kein entsprechendes hormonelles Verhü-

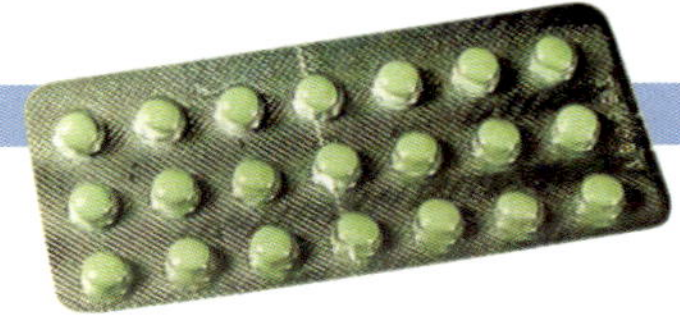

tungsmittel in der Entwicklung. Zwar wurden im Ehebuch, das seit 1957 erschien, Ehepaare über verschiedene Methoden der Empfängnisverhütung aufgeklärt, doch blieb die Pille – als teurer Westimport – nur einer verschwindend geringen Menge von Frauen vorbehalten. Ein schwungvoller illegaler Handel mit Anovlar® über die deutsch-deutsche Grenze begann. Die DDR-Funktionäre mussten reagieren. Die Entwicklung einer Pille für den osteuropäischen Markt lief bei VEB Jenapharm auf Hochtouren und am 15. November 1965 wurde Ovosiston® zugelassen und im Arzneimittelregister eingetragen. Die Inhaltsstoffe des rezeptpflichtigen Medikaments waren damals 2 mg Chlormadinonacetat (***21***) und 0,1 mg Mestranol (***19***).

Trotz aller Unterschiede zwischen den beiden deutschen Staaten (1948-1990) bestand in einem Punkt Einigkeit: Sowohl Anovlar® im Westen als auch und Ovosiston® im Osten waren grün. Ovosiston® glänzte aber nicht so schön wie das Westprodukt, denn in der DDR fehlten die technischen Voraussetzungen für die Herstellung von Dragees. Man musste sich mit genauso wirksamen Tabletten zufrieden geben. Da die Tabletten manuell verpackt wurden, atmeten die Frauen in den Verpackungsabteilungen gezwungenermaßen den Tablettenstaub ein, was in einigen Fällen zum Ausbleiben einer gewünschten Schwangerschaft geführt haben mag.

In den ersten Jahren musste die Pille mit 3,50 Mark pro Monatsdosis bezahlt werden. Am 9. März 1972 verabschiedete die Volkskammer in einer denkwürdigen Sitzung erstmals mit Gegenstimmen, dass Pille und Spirale den Frauen kostenlos zur Verfügung standen. Weiterhin konnte jede Frau seit dem 1. Januar 1972 in den ersten zwölf Wochen der Schwangerschaft selbst über das Austragen des Kindes oder einen Schwangerschaftsabbruch entscheiden. Auch beim Schwangerschaftsabbruch entstanden für die Frau keine Kosten.

DIE ERSTE PILLE WAR AUS HEUTIGER SICHT EIN HORMONELLES SCHWERGEWICHT

Die Nachwehen der ersten Pille

Die erste Pille war kein normales Medikament, sondern traf auf schwere ethische und religiöse Bedenken. In der Bundesrepublik und vielen anderen europäischen Staaten zog sich ein schmerzhafter und Jahre dauernder Diskussionsprozess hin, wobei die Mehrheit der katholischen Gläubigen immer davon ausging, dass die hormonelle Geburtenkontrolle früher oder später vom Papst anerkannt werden würde. In der Praxis jedenfalls entsprach der Anteil der katholischen Frauen an den Nutzerinnen der Pille dem Bevölkerungsanteil in Deutschland.

Im Juli 1965 erwarteten über 60 % der Katholiken in den USA eine positive Entscheidung aus Rom. Es gab Grund für Optimismus, denn die Pille war bereits seit Jahren auf dem Markt und der Papst hatte sie bisher nicht verbannt. Auch John Rock war überzeugt, dass der Papst in der Pille eine „natürliche" Geburtenkontrolle sehen würde und den katholischen Frauen deren Nutzung erlauben würde. Schließlich hatte 1958 der Papst die Gabe von hormonhaltigen Medikamenten bei Menstruationsstörungen gebilligt, obwohl dabei eine vorübergehende Unfruchtbarkeit als damals bekannte „Nebenwirkung" auftrat. Beim entscheidenden Hearing vor der amerikanischen Zulassungsbehörde FDA (*Food and Drug Administration*) fragte der Vorsitzende, der katholische Frauenarzt Dr. Pasquale DeFelice von der Georgetown University, was denn wäre, wenn die Katholische Kirche die Pille zur Geburtenkontrolle für ihre Gläubigen nicht zulassen würde. Rock antwortete darauf: *„Junger Mann, unterschätzen Sie mir nicht meine Kirche"* [42].

John Rock und viele Katholikinnen und Katholiken irrten sich und wurden von ihrer Kirche tief enttäuscht, als am 25. Juli 1968, acht Jahre nach Markteinführung der Pille, auf einer Pressekonferenz in Rom die Entscheidung verkündet wurde: Mit der Enzyklika *„Humanae Vitae"*, die später umgangssprachlich als *„Pillenenzyklika"* bezeichnet wurde, verdammte Papst Paul VI. die Pille. Er sah in ihr eine *künstliche* Form der Geburtenkontrolle und unterstrich erneut, dass der Schwangerschaftsabbruch, die Sterilisation, die Pille und alle anderen Verhütungsmittel (Präservative, Pessare) Sünden seien. Der Papst sprach deutlich:

„Verständige Menschen können sich noch besser von der Wahrheit der kirchlichen Lehre überzeugen, wenn sie ihr Augenmerk auf die Folgen der Methoden der künstlichen Geburtenregelung richten. Man sollte vor allem bedenken, wie bei solcher Handlungsweise sich ein breiter und leichter Weg einerseits zur ehelichen Untreue, andererseits zur allgemeinen Aufweichung der sittlichen Zucht auftun könnte. Man braucht nicht viel Erfahrung, um zu wissen, wie schwach der Mensch ist, und um zu begreifen, dass der Mensch – besonders der Jugendliche, der gegenüber seiner Triebwelt so verwundbar ist – anspornender Hilfe bedarf, um das Sittengesetz zu beobachten (gemeint ist wohl „beachten", Anm. d. A.), und dass es unverantwortlich wäre, wenn man ihm die Verletzung des Gesetzes selbst erleichterte. Auch muss man wohl befürchten: Männer, die sich an empfängnisverhütende Mittel gewöhnt haben, könnten die Ehrfurcht vor der Frau verlieren, und, ohne auf ihr körperliches Wohl und seelisches Gleichgewicht Rücksicht zu nehmen, sie zum bloßen Werkzeug ihrer Triebbefriedigung erniedrigen und nicht mehr als Partnerin ansehen, der man Achtung und Liebe schuldet." [43].

Dieser Text ließ keinen Interpretationsfreiraum. Welche Schwierigkeiten ein weltoffener und dem Neuen zugewandter katholischer Vordenker mit der Pillenenzyklika nach ihrem Erscheinen hatte, zeigte das Spiegel-Interview mit Jesuitenpater Prof. Dr. Karl Rahner (1904–1984) [44]. Der tröstete die Gläubigen mit dem Hinweis, dass die damals bereits 30 bis 35 Jahre andauernde negative Haltung des Heiligen Stuhls zur Geburtenkontrolle, *„vielleicht doch ganz anders aussieht, wenn wir mit größeren Zeiträumen rechnen."* Bis heute, über 40 Jahre nach dem Erlass der

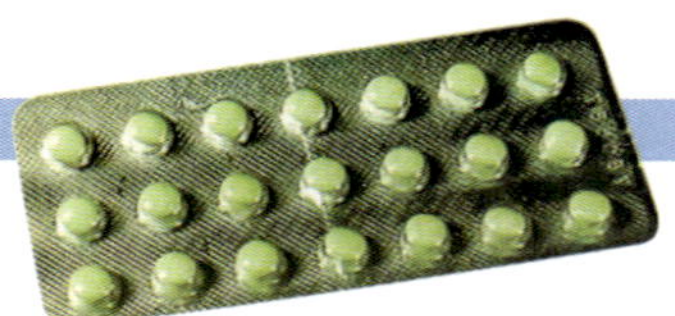

ABB. 11 | DIE ZUSAMMENSETZUNG AKTUELLER PILLEN

Die Pille ist das Verhütungsmittel Nr. 1 in Deutschland. Nach Angaben der Bundeszentrale für gesundheitliche Aufklärung nehmen in Deutschland 55 % der 20-44 Jährigen die Pille, bei den 20-29 Jährigen sogar 72 % [66]. In Deutschland waren 2010 insgesamt 174 Präparate von etwa 20 Herstellern zur hormonellen Kontrazeption zugelassen [67]. Der weltweite Marktführer, Bayer Health Care, machte im Jahr 2009 allein mit oralen Verhütungsmitteln einen Jahresumsatz von 1,2 Milliarden € [68]. 450 Millionen Monatspackungen Pillen wurden dazu verkauft, d.h. dass 34 Millionen Frauen zu den Pillen des Bayer Konzerns griffen. Eine Monatspackung der Pille kostet in Deutschland zwischen 13 € und 20 €. Unangefochtener Spitzenreiter im Verkauf ist Valette (ca. 19 €). Die Pille von Jenapharm (Teil des Bayer Konzerns) ist mit einem Marktanteil von 32,4 % bei den oralen Kontrazeptiva führend [69].

Estrogen

17-Ethinylestradiol (**10**)

17-Ethinylestradiol-3-methylether
Mestranol (**19**)

Gestagen

Chlormadinonacetat (**21**)

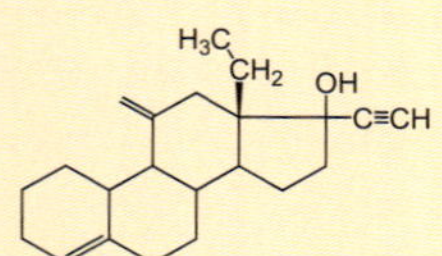

Desogestrel (**22**)

(±)-18-Methyl-19-norethinyltestosteron
Norgestrel (**23**)

(-)-18-Methyl-19-norethinyltestosteron
Levonorgestrel (**24**)

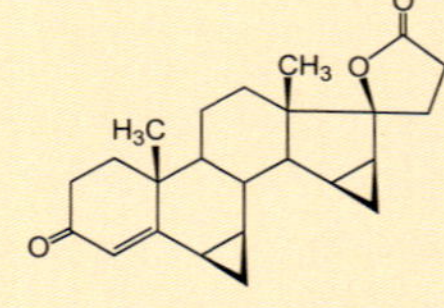

Drospirenon (**25**)

Dienogest (**26**)

Antigestagen

Mifepriston (RU 486) (**27**)

Verkaufs-ranking**	Pillensorte	Hersteller	Estrogen	Gestagen
Kombinationspräparate				
	*Enovid 10 mg**	*Searle*	*0,15 mg Mestranol (19)*	*9,85 mg Norethynodrel (17)*
	*Enovid 5 mg**		*0,075 mg Mestranol (19)*	*5,0 mg Norethynodrel (17)*
	*Anovlar**	*Schering AG*	*0,05 mg Ethinylestradiol (10)*	*5,0 mg Norethisteronacetat (20)*
	*Ovosiston**	*VEB Jenapharm*	*0,10 mg Mestranol (19)*	*2,0 mg Chlormadinonacetat (21)*
1	*Valette*	*Jenapharm*	*0,03 mg Ethinylestradiol (10)*	*2,0 mg Dienogest (26)*
2	*Lamuna 20*	*Hexal (Novartis)*	*0,02 mg Ethinylestradiol (10)*	*0,15 mg Desogestrel (22)*
3	*Belara*	*Grünenthal*	*0,03 mg Ethinylestradiol (10)*	*2,0 mg Chlormadinonacetat (21)*
4	*Aida*	*Jenapharm (Bayer)*	*0,02 mg Ethinylestradiol (10)*	*3,0 mg Drospirenon (25)*
5	*Minisiston*	*Jenapharm (Bayer)*	*0,03 mg Ethinylestradiol (10)*	*0,125 mg Levonorgestrel (24)*
6	*Yasminelle*	*Schering (Bayer)*	*0,017 mg Ethinylestradiol (10)*	*3,0 mg Drospirenon (25)*
7	*Yasmin*	*Schering (Bayer)*	*0,03 mg Ethinylestradiol (10)*	*3,0 mg Drospirenon (25)*
8	*Leios*	*Wyeth (Pfizer)*	*0,02 mg Ethinylestradiol (10)*	*0,10 mg Levonorgestrel (24)*
9	*Monostep*	*Schering (Bayer)*	*0,03 mg Ethinylestradiol (10)*	*0,125 mg Levonorgestrel (24)*
Minipille				
	28 mini	*Jenapharm (Bayer)*	–	*0,03 mg Levonorgestrel (24)*
Pille danach				
	Levogynon	*Schering (Bayer)*	–	*1,5 mg Levonorgestrel (24)*

*diese Präparate sind nicht mehr auf dem Markt
**Platz 1 bis 9 der meistverkauften oralen Verhütungsmittel (Pille) in Deutschland; Tagesspiegel, 15.8.2010

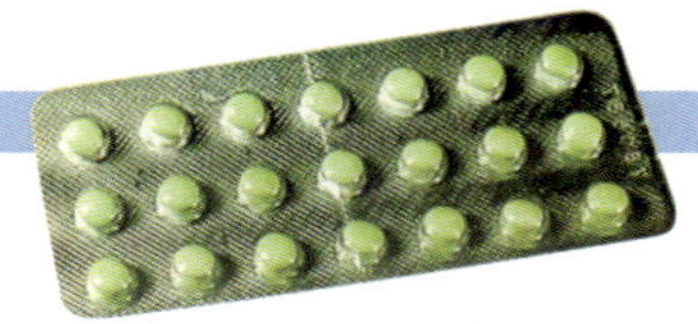

„*Humanae vitae*", blieb der Heilige Stuhl unbeirrt bei seiner Meinung [45]. Dies scheint die katholischen Gläubigen in ihrem Verhalten nur wenig zu beeinflussen, denn sie nutzen Verhütungsmittel wie Pille und Kondom genauso häufig wie Nichtkatholiken [46].

Die modernen Pillen

Nach der Einführung der ersten Generation oraler Verhütungsmittel war die pharmazeutische Industrie bemüht, die Spezifität zu maximieren und die Nebenwirkungen zu minimieren. Dies gelang zunächst durch eine stufenweise Reduktion der Wirkstoffmengen. Tatsächlich war die Urpille mit fast 10 mg Gestagen und 0,15 mg Estrogen aus heutiger Sicht ein hormonelles Schwergewicht. Bis heute hat sich die estrogene Komponente nicht geändert, Hohlwegs und Inhoffens Ethinylestradiol (***10***) und dessen Methylether Mestranol (***19***) werden immer noch eingesetzt (Abbildung 11).

Im Bereich der Gestagene wurden in den letzten 50 Jahren viele tausende Steroidabkömmlinge synthetisiert, von denen sich einige wenige als Wirkstoffe bewährten. Auch hier konnten die pharmakologischen Eigenschaften wesentlich verbessert und mit gleichzeitig verringerten Dosen die Nebenwirkungen reduziert werden. Zu jeder dieser synthetisierten Verbindungen gehört eine Entstehungsgeschichte, die sicherlich so interessant ist, wie die von Norethynodrel (***17***) und Norethisteron (***18***). Hier können nur einige Beispiele herausgegriffen werden.

INDUSTRIELLE SYNTHESEN MUSSTEN LIEFERABHÄNGIGKEITEN DER AUSGANGSSTOFFE BERÜCKSICHTIGEN

Chlormadinonacetat (***21***): Dieser Wirkstoff war bis zu Beginn der 1970er-Jahre in der Bundesrepublik die gestagene Komponente in Aconcen® (Merck) und in der DDR in Ovosiston® (VEB Jenapharm [47]). Anfang der Siebzigerjahre wurde in Langzeitversuchen mit Hunden (Beagles) festgestellt, dass sich bei der 10- bis 25-fachen Dosis gutartige Knötchen im Brustgewebe der Tiere bilden können. Entsprechende Versuche mit anderen Säugetieren (Ratte, Maus und Affe) verliefen allerdings negativ. Merck nahm trotz der widersprüchlichen Ergebnisse sein Produkt vom Markt und beendete zugleich alle Aktivitäten im Bereich der Verhütungsmittel. Später stellte sich heraus, dass Chlormadinonacetat in Hinblick auf Veränderungen des Brustgewebes völlig unbedenklich war und ist. Heute ist diese Verbindung z.B. in Belara® die gestagene Komponente.

Norgestrel (***23***) : Der britische Chemiker Hershel Smith von der University of Manchester hatte 1963 für die Firma *Wyeth Laboratories Limited* (heute Teil von Pfizer) das 18-Methyl-19-norethinyltestosteron (Norgestrel, ***23***) entwickelt [48]. Steroide mit einer Ethylgruppe in Position 13 kommen in der Natur nicht vor, deswegen konnte diese Verbindung nicht wie die bisherigen steroiden Wirkstoffe durch *Partial*synthese aus einem anderen natürlichen Steroid gewonnen werden, sondern war der erste *total*synthetisch hergestellte gestagene Wirkstoff. Norgestrel war so hoch wirksam, dass eine bis dahin unglaublich niedrige Dosierung ausreichte: statt 4 mg Norethisteronacetat (***20***) reichten bereits 0,5 mg Norgestrel (***23***) zur Verhütung aus. Schon 1966 brachten *Wyeth* in den USA und *Schering* in Europa das äußerst erfolgreiche Antikonzeptivum Eugynon® auf den Markt, das 0,5 mg Norgestrel (***23***) und 0,05 mg Ethinylestradiol (***10***) enthielt.

Levonorgestrel (***24***): Das bei Smiths Norgestrel-Totalsynthese anfallende Produkt war ein Racemat, bestand also je zur Hälfte aus dem links- und dem rechtsdrehenden Enantiomer. Chemiker bei Schering entdeckten, dass nur das linksdrehende Enantiomer wirksam war [49] und entwickelten ein biotechnologisches Verfahren zur Herstellung des reinen linksdrehenden Enantiomers. Damit war der Wirkstoff Levonorgestrel® geboren. Mit dem allein wirksamen Enantiomer konnte die Dosis und damit die Leberbelastung noch einmal halbiert werden. Das daraus entwickelte Neogynon® enthielt 0,25 mg Levonorgestrel und 0,05 mg Ethinylestradiol und wurde 1970 eingeführt.

Der Kreativität bei der Entwicklung neuer industrieller Synthesen werden durch die zur Verfügung stehenden Ausgangsstoffe und einer gnadenlosen Kostenrechnung enge Grenzen gesetzt. Eine weitblickende Produktionsstrategie muss dabei auch mögliche Lieferabhängigkeiten berücksichtigen. Bei Schering basierte die Steroidchemie zunächst auf dem Urin trächtiger Stuten und auf dem oxidativen Abbau von Cholesterol (***1***). Mitte der Fünfzigerjahre stieg man auf Diosgenin (***12***) um, erprobte aber gleichzeitig andere Pflanzensapogenine. Auf der anderen Seite versuchte man sich am Abbau von engen Verwandten des Cholesterols wie Ergosterol (aus Hefe) und β-Sitosterol (aus Sojaöl). Im Fall des preiswerten Rohstoffs β-Sitosterols, einem Abfallprodukt der industriellen Aufarbeitung von Sojaöl zu Speiseöl, gelang es schließlich, durch eine Kombination von chemischen und mikrobiologischen Abbaustufen die ganze Hormonpalette auf ökonomische Weise herzustellen.

Heute steht den Frauen eine große Vielfalt verschiedener Pillentypen mit unterschiedlichen Wirkstoffkombinationen und -zusammensetzungen zur Verfügung (Abbildung 11). Welcher Typ mit welchen Wirkstoffen im Einzelfall am günstigsten ist, kann nur mit dem behandelnden Gynäkologen herausgefunden werden. Hier können daher nur die wichtigsten Weiterentwicklungen aus chemischer Sicht vorgestellt werden.

Kombinations- oder Einphasenpräparate: Kombinationspräparate, wie die ersten Pillen, enthalten eine estrogene und eine gestagene Komponente. Sie sind die am häufigsten verwendeten oralen Verhütungsmittel. Seit der Aufdeckung des Zusammenhangs zwischen Thromboserisiko und Estrogengehalt der Pille ist man um eine stetige Reduktion des Estrogens bemüht. 1973 wurde in den USA die erste Pille mit einem Gehalt von 0,05 mg Estrogen eingeführt und als Mikropille bezeichnet. Per Definition fasst man

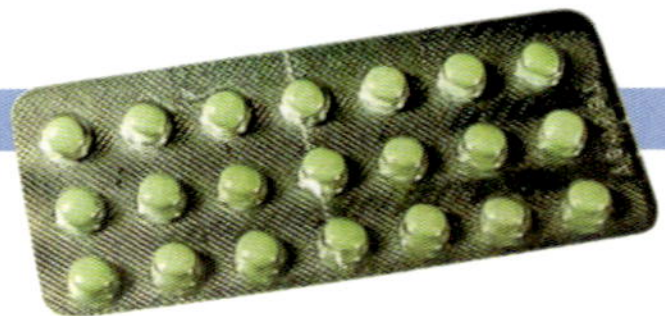

heute unter dem Begriff Mikropille solche Präparate, die weniger als 0,035 mg Estrogen enthalten, ohne auf die Menge an Gestagen Bezug zu nehmen [50]. Die meisten der in Deutschland vertriebenen Pillenpräparate sind Mikropillen.

Sequentialpräparate: Ein anderer Pillentyp orientiert sich am natürlichen Zyklus der Frau. So gibt es Präparate, die in der ersten Zyklusphase von 7–11 Tagen nur eine relativ hochdosierte Estrogenkomponente (z.B. 0,05 mg Ethinylestradiol) enthalten, wodurch der Eisprung verhindert wird. In der zweiten Phase werden sowohl Estrogene als auch Gestagene verabreicht. Mehrstufenpräparate enthalten bereits vom ersten Einnahmetag an eine Estrogen- und eine niedrig dosierte Gestagenkomponente, wobei die jeweiligen Mengen weitgehend dem Anstieg und Abfall der Hormonkonzentrationen während des natürlichen Zyklus entsprechen.

Minipille: Die Minipille enthält nur eine gestagene Komponente. Deren verhütende Wirkung beruht vorwiegend auf der Viskositätserhöhung des Schleimes im Gebärmutterhals, so dass die Wanderung der Spermien behindert wird. Die Hormonmenge ist sehr gering, allerdings auf Kosten einer geringeren kontrazeptiven Sicherheit (Abbildung 11).

Dreimonatsspritze: [50] Die Dreimonatsspritze enthält ein Gestagen in suspendierter kristalliner Form, das an der Injektionsstelle verbleibt [51]. Aus diesem Depot wird gleichmäßig in geringen Mengen der Wirkstoff freigesetzt und so der Eisprung für mindestens drei Monate unterdrückt. Da das Depot-Gestagen nur an Frauen mit normalen Zyklusverlauf und die eine andere Verhütungsmethode nicht vertragen abgegeben wird, ist ihre Bedeutung gering.

Die Pille danach: Sie muss möglichst bald nach dem Geschlechtsverkehr eingenommen werden, bei dem das Verhütungsmittel versagte oder vergessen wurde. Das synthetische Gestagen Levonorgestrel (***24***), das auch in normalen Pillen verwendet wird, ist in der „Pille danach“ relativ hoch dosiert (Abbildung 11). Einerseits verhindert bzw. verzögert die „Pille danach“ den Eisprung, andererseits führt sie zu einem zäheren Sekret des Schleimpfropfes im Gebärmutterhals und verlangsamt so eine Fortbewegung der Spermien. Bei einer Einnahme bis 24 Stunden nach dem Beischlaf wird eine Schwangerschaft zu 95 %, binnen 24 bis 48 Stunden noch zu 85 % verhindert. Danach nimmt die Wirkung der Pille sehr schnell ab.

In 19 europäischen Ländern ist die „Pille danach“ auf Gestagenbasis ohne Rezept erhältlich, nicht aber in Deutschland [52]. Dies ist verwunderlich, denn der zuständige Ausschuss des Bundesinstituts für Arzneimittel und Medizinprodukte hat sich schon im Jahr 2004 für eine Freigabe der „Pille danach“ auf Basis von Levonorgestrel ausgesprochen. Die bis heute andauernde Verschreibungspflicht erschwert Frauen und Paaren den Zugriff auf das Medikament vor allem nachts, an Wochenenden, Feiertagen und im Urlaub. Für ein Ende der Rezeptpflicht sprechen die Erfahrungen aus der Schweiz, Schweden und England, wonach die rezeptfreie „Pille danach“ nicht zu einem Rückgang von regulären Verhütungsmitteln führt. In Schweden ging sogar die Anzahl der Schwangerschaftsabbrüche zurück [53].

Die Pille für den Mann [54]: Die „Pille für den Mann“ ist eine Spritze, die alle acht Wochen neu verabreicht werden muss. Diese hormonelle Verhütungsmethode ähnelt im Prinzip der Pille. Auch hier wird durch eine Hormonkombination von Testosteron und Gestagen (Norethisteronacetat) die Ausschüttung des follikelstimulierenden Hormons (FSH) und des luteinisierenden Hormons (LH) aus der Hirnanhangdrüse unterdrückt. Die Folge ist ein Ende der Spermienproduktion. Diese Unterdrückung ist aber völlig reversibel: Zwei Monate nach dem Absetzen der „Pille für den Mann“ ist er wieder fruchtbar. Seit 2009 läuft eine Studie der Weltgesundheitsorganisation (WHO) an der 400 Paare, 80 davon aus Deutschland, teilnehmen. 2012 soll diese letzte Phase der klinischen Prüfung abgeschlossen sein. Diese Methode verspricht eine hormonelle Verhütungsmethode mit den geringsten Nebenwirkungen und der größten Sicherheit zu werden (Pearl-Index: 0). Sollte die klinische Prüfung positiv ausgehen, wird es spannend zu beobachten sein, ob und wie sich die Industrie um eine Markteinführung bemühen wird und ob und wie die „Pille für den Mann“ von Männern und Frauen (!) akzeptiert werden wird.

WELTWEIT GREIFEN 100 MILLIONEN FRAUEN ZUR PILLE

Die Abtreibungspille – RU 486

Zellulär werden Hormonkonzentrationen über die Bindung des Hormons an einen spezifischen Rezeptor auf der Zelloberfläche erkannt. Ist die Konzentration hoch, werden viele Rezeptoren belegt und jeder Rezeptor leitet beim Anbinden ein chemisches Signal ins Innere der Zelle. Ist die Konzentration gering, liegen die meisten Rezeptoren frei.

Der französische Biochemiker Etienne-Emile Baulieu hatte den Progesteron-Rezeptor identifiziert und schlug dem französischen Pharmaunternehmen *Roussel-Uclaf* vor, Progesteron chemisch so zu modifizieren, das es sich wie ein Anti-Hormon verhält. Das gesuchte Anti-Progesteron sollte folgende Eigenschaften haben: Einmal sollte es stärker an den Progesteron-Rezeptor binden als Progesteron selbst und beim Bindungsprozess sollte *kein*(!) chemisches Signal in das Zellinnere gesandt werden, d.h. das Andocken sollte aus innerzellularer Sicht unbemerkt erfolgen. Die Chemiker von Roussel-Uclaf konnten tatsächlich einen Steroidabkömmling (***27***) mit den gewünschten Eigenschaften herstellen, der unter der firmeninternen Abkürzung RU-486 (RU für Roussel-Uclaf) bekannt wurde.

Wie wirkt RU 486? Wenn eine Frau schwanger ist, führt die angekurbelte Gestagenproduktion des Gelbkörpers zu einer hohen Progesteron-Konzentration. Wird jetzt eine höhere Dosis RU 486 (***27***) aufgenommen, bindet diese Substanz aufgrund ihrer gegenüber Progesteron 6-8mal höheren Affinität zum Progesteron-Rezeptor dort und das schwä-

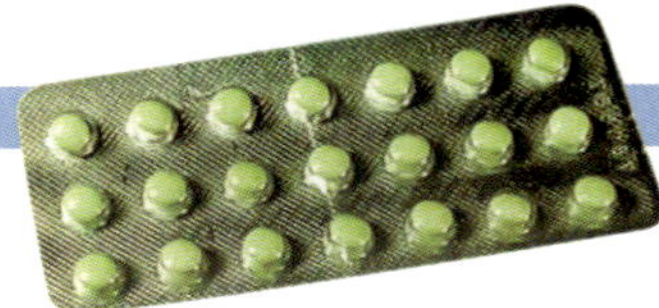

cher bindende Progesteron kann nicht andocken. Da der Bindungsvorgang des RU 486 stumm erfolgt, also *kein* (!) Signal in das Zellinnere gesandt wird, interpretiert das Hormonregelsystem die nur noch mit wenigen Progesteronmolekülen besetzten Rezeptoren fälschlicherweise als geringe Progesteron-Konzentration. Dies wird vom hormonellen Regelsystem als Fehlen einer Schwangerschaft interpretiert und die nächste Regelblutung wird eingeleitet. Mit der Blutung wird dann das bereits eingenistete und befruchtete Ei abgestoßen.

Baulieu arbeitete fast 20 Jahre an der Entwicklung einer Abtreibungspille, in der er eine schonendere Methode des Schwangerschaftsabbruchs als einen operativen Eingriff sah [55]. Am 9.Oktober 1987 beantragte die Hoechst-Tochter *Laboratoires Roussel* die Zulassung für den Wirkstoff Mifepriston. Der Handelsname der Abtreibungspille ist in Frankreich und Deutschland *Mifegyne*®. Seit Ende 1999 ist der Wirkstoff Mifepriston in Deutschland zugelassen und darf bis zum 63. Tag der Schwangerschaft verabreicht werden. Die Anwendung ist denkbar einfach. Die schwangere Frau erhält nach Einhaltung der gesetzlichen Vorschriften für einen Schwangerschaftsabbruch 600 mg Mifepriston als Tablette, die sie zu Hause einnehmen kann. 36-48 Stunden später wird das Prostaglandin (400 µg Misoprostol) eingenommen. Die zusätzliche Gabe von Prostaglandin führt zu kräftigen Uteruskontraktionen und einer verbesserten Austreibung der Gebärmutterschleimhaut. Je weiter die Schwangerschaft fortgeschritten ist, desto höher werden die Dosen der Medikamente, die Behandlung findet ambulant statt [56]. Auch diese Methode des Schwangerschaftsabbruchs ist nicht schmerzfrei, aber deutlich schonender, seelisch weniger belastend und kostengünstiger als der chirurgische Eingriff.

Im Jahr 2009 war die Zahl der Frauen in Berlin und Brandenburg, die einen Schwangerschaftsabbruch mit Hilfe der Abtreibungspille vornahmen, doppelt so hoch wie noch 5 Jahre zuvor. 1800 Frauen griffen zu *Mifegyne*®, deren Akzeptanz, gegenüber der sonst gängigen Abtreibungsmethode des Absaugens bzw. Ausschabens, offenbar steigt [57].

Blick zurück und nach vorn

Die Entwicklung der oralen Verhütungsmittel ist zweifellos eine der größten wissenschaftlichen Leistungen der letzten 100 Jahre. Die Pille erwies sich bei sachgerechter Nutzung als sicher, nur eine von 1000 Frauen wird über einen Zeitraum eines Jahres schwanger. Kein Wunder, dass die Pille Deutschlands Verhütungsmittel Nr. 1 ist und sich nach Angaben der Bundeszentrale für gesundheitliche Aufklärung 72 % der 20–29-jährigen [58] und immer noch 55 % der 20–44-jährigen Frauen bei ihrer Familienplanung auf sie verlassen. Dies erlaubt ihnen, eine erwünschte Schwangerschaft auf einen späteren Lebensabschnitt zu verschieben und vorher ihre Berufsausbildung abzuschließen. Man darf nicht vergessen: Bis vor 50 Jahren war eine unerwünschte Schwangerschaft der häufigste Grund für den Studienabbruch von Studentinnen [59].

Weltweit greifen 100 Millionen Frauen zur Pille und wegen dieser extrem hohen Fallzahlen und der vielen begleitenden Studien ist die Pille das am besten untersuchte Arzneimittel überhaupt. Dabei erwies sich die Pille als risikoarm, aber natürlich nicht risikofrei. Manche bedauerlichen Einzelfälle wurden aber so aufgebauscht, dass viele Frauen glauben, die Pille stelle für sie ein erhebliches Risiko dar, obwohl statistisch gesehen jede Schwangerschaft gefährlicher ist.

Der Weltmarkt an oralen Kontrazeptiva stagniert seit einigen Jahren und dies brachte die Forschungsaktivitäten der großen Pharmaunternehmen in diesem Bereich praktisch zum Erliegen [60]. Dies ist bedenklich, denn angesichts der weiter fortschreitenden Bevölkerungszunahme in den Entwicklungsländern und der daraus resultierenden Armut ist es nicht hinnehmbar, dass 92 % der gebärfähigen Frauen auf der Erde die Pille entweder nicht nehmen wollen, können oder dürfen.

Es muss daher in den nächsten Jahrzehnten gelingen, preiswerte, sichere und einfach zu handhabende Verhütungsmittel zu entwickeln und vor allem die ethischen, religiösen und sozialen Widerstände gegen ihre Anwendung zu überwinden. Wie immer die Verhütungsmittel der Zukunft auch aussehen werden, eins ist sicher, deren Entwicklungen werden in chemischen Labors beginnen.

Zusammenfassung

Die Erarbeitung der wissenschaftlichen Grundlagen und die darauf aufbauende Verwirklichung einer oralen Verhütung ist eine der größten Leistungen der Menschheit. Fast unglaublich klingende Forschungsanstrengungen an Universitäten und in der Industrie, erhebliche finanzielle Investitionen der pharmazeutischen Industrie sowie der Mut Einzelner, die öffentliche Meinung zu beeinflussen und die Gesetzgebung zu verändern, machten den Erfolg möglich. Erst seit 1961 haben die Frauen in Europa verlässliche und sichere Vergütungsmittel in der Hand. Und alles begann mit Chemie. Schauen wir zurück und nach vorn.

Danksagung

Wir danken Dr. G. Wlasich vom ehemaligen Scheringianum und I. Römer, FU Berlin, für ihre Hilfe bei den Recherchen, Prof. Dr. H.-U. Reißig für seine fachliche Beratung, Prof. Dr. C. Djerassi für seine kritischen Anmerkungen und Dr. P. Winchester, FU Berlin, für ihre Hilfe bei der Fertigstellung des Manuskripts.

Literatur und Anmerkungen

[1] *Contraception and Abortion from the Ancient World to the Renaissance*, J.M. Riddle, **1992**, Harvard UP, Cambridge http://www.infobarrel.com/History_of_Birth_Control (Zugriff 3.5.2011)

[2] Der IgNobelpreis für Medizin 2008 ging zu gleichen Teilen an S. A. Deborah (Boston) und B.N. Chiang (Taipei) für die Entdeckung, dass CocaCola ein sehr effektives Spermizid ist bzw. dass CocaCola das gerade nicht ist: http://improbable.com/ig/winners/

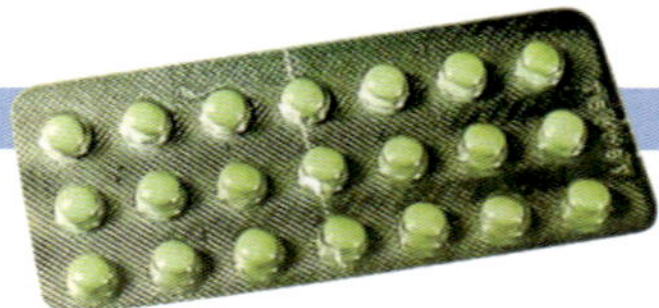

[3] *Biologie des Menschen. Mörike, Betz, Mergenthaler*. E. Betz (Hg.), **2001**, Quelle & Meyer Verlag, Wiebelsheim.

[4] *Lust und Liebe – alles nur Chemie?*, G. Froböse, R. Froböse, **2004**, Wiley VCH, Weinheim.

[5] Solche Kondome aus Lämmerdarm sind heute noch erhältlich, teuer, dick wie Butterbrotpapier und von strengem Geruch. http://www.latexfreiekondome.de/latexfreiekondome.naturalamb.php

[6] *Fromms: Wie der jüdische Kondomfabrikant Julius F. unter die deutschen Räuber fiel*, G. Aly und M. Sontheimer, **2008**, Fischer, Frankfurt.

[7] Die völlig falsche Vorstellung aus der Antike konnte bis heute nur teilweise korrigiert werden, obwohl der Zyklus obligatorischer Unterrichtsstoff ist. Gerade einmal die Hälfte (52 %) der befragten 16–24-Jährigen weiß, dass die fruchtbaren Tage in der Zyklusmitte (um den 14. Tag) liegen. *Einfluss neuer gesetzlicher Regelungen auf das Verhütungsverhalten Jugendlicher und junger Erwachsener*, B. Nickel, K. Plies, und P. Schmidt, **1995**, Bundeszentrale für gesundheitliche Aufklärung, Köln

[8] *Das Blut der fremden Frauen*, J. Schlehe, **1987**, Campus, Frankfurt/Main

[9] *loc.cit.* in A. Weber: www.uni-kassel.de/upress/online/frei/978-3-89958-832-3.volltext.frei.pdf

[10] Die Suche nach Menstrualgiften führte zu originellen Experimenten: Lupinensamen wurden in einer Nährlösung, die mit verschiedenen Stoffen versetzt war, aufgezogen und die Keimlänge nach wenigen Tagen bestimmt. Bei den zugegebenen Stoffen handelte es sich um Blut, Menstrualblut, Blutserum, Blut aus der Vene einer menstruierenden Frau, Speichel und auch Wasser, mit welchem die Brust einer menstruierenden Frau abgewaschen wurde. Mandelstamm *et al.* konnten so beweisen, dass die Behauptung, Menstrualblut sei giftig, blanker Unsinn war (*Archives of Gynecology and Obstretics* **1933**, *154*, 636).

[11] C. Bucura, *Zeitschrift für Heilkunde* **1907**, *28*, 147.

[12] U. Meyer, *Pharm. Unserer Zeit* **2004**, *33*, 352.

[13] *Endokrinologische Forschung an der Charité-Frauenklinik 1908–1951.* W. Rohde, G. Hinz, in: M. David & A.D. Ebert (Hrsg.) *Geschichte der Berliner Universitätsfrauenkliniken*, **2010**, de Gruyter, Berlin. Hier findet der Leser in aller Ausführlichkeit und lesenswerter Form die Historie der Hormonforschung in Berlin.

[14] H. Ludwig, *Der Gynäkologe* **2003**, *8*, 723.

[15] Im Leben einer Frau reifen ca. 300–400 Follikel heran. Ab dem 45.–50. Lebensjahr enthalten die Eierstöcke keine Follikel mehr und die Zyklusbildung bleibt aus. *Lehrbuch der Physiologie*, Klink, R., Silbernagel, S. (Hrsg.), **2003**, Thieme, Stuttgart, siehe [3]

[16] S. Köstering, *Etwas Besseres als das Kondom*. In: G. Staupe, Vieth, L. (Hg.), *Die Pille. Von der Lust und von der Liebe.* **1996**, Rowohlt, Berlin.

[17] Alle weiterführenden Literaturstellen der frühen Steroidchemie findet sich in: *Steroids*, L.F. Fieser und M. Fieser, **1959**, Reinhold Publishing Corporation, New York.

[18] Bei diesem als Aschheim-Zondek-Reaktion bezeichneten ersten Schwangerschaftstest der Medizingeschichte werden 1–2 ml Frauenharn infantilen Mäusen in 5–6 Portionen subkutan injiziert. Am vierten Tag lassen sich im Falle einer Schwangerschaft charakteristische Veränderungen an den Ovarien der Maus erkennen. *Endokrinologische Forschung an der Charité-Frauenklinik* 1908–1951. Rohde, W., Hinz, G. In M. David & A.D.Ebert (Hrsg.) *Geschichte der Berliner Universitätsfrauenkliniken*, **2010**, De Gruyter, Berlin.

[19] E.A. Doisy *et al.*, *Am. J. Physiol.* **1929**, *90*, 329; experimentelle Details der Urinextraktion: *J. Biol. Chem.* **1930**, *87*, 357
A. Butenandt, *Naturwissenschaften* **1929**, *17*, 879; A. Butenandt und E. von Ziegner, *Z. physiol.* **1930**, *188*, 1

[20] Auch die Isolierung der Androgene und Gestagene setzte die Entwicklung entsprechender Bioassays voraus. So wurde die androgene Wirkung durch Verabreichung an kastrierte Hähne (Kapaune) und anschließender Messung der Flächenzunahme des Hahnenkamms bestimmt.

[21] Bei einer Abholungstour von Urin geriet ein Mitarbeiter Doisys wegen einer Verkehrsübertretung in eine Polizeikontrolle. Wegen der vielen, mit einer gelben Flüssigkeit gefüllten Flaschen auf der Ladefläche des Lieferwagens waren die Polizisten fest davon überzeugt, einen Schwarzbrenner mit seinem Whiskey erwischt zu haben, damals während der Prohibition (1919–1933) in den USA eine Straftat. Natürlich nahmen sie dem Fahrer die Geschichte vom Urintransport nicht ab und öffneten eine der Flaschen und rochen daran. *„Mein Gott, das ist ja wirklich Urin!"*. Voller Mitleid wandte sich der Polizisten an den Fahrer: *"Dein Job ist schon mies genug, wenn Du nicht geschnappt wirst – also fahr weiter!"* R.D.Simoni *et al*, *J.Biol.Chem.* **2002**, *277*, 35.

[22] Eine spannend geschriebene Geschichte des Ethinylestradiols: *Ein Siegeszug mit Hindernissen*, W. Frobenius, Schriftenreihe des Scheringianums, **1989**, Schering AG, Berlin

[23] R.E. Marker *et al.*, *J. Amer. Chem. Soc.*, **1938**, *60*, 2931

[24] Marker fiel nichts in den Schoß. Er begann zunächst mit dem aus der mexikanischen Sarsaparilla-Wurzel gewonnenen Sarsasapogenin (*J.Amer.Chem.Soc.*, **1939**, *61*, 846), das er in 8 Stufen in Progesteron umwandelte (*J.Amer.Chem.Soc.*, **1940**, *62*, 518). Sarsaparilla-Wurzeln waren jedoch für eine industrielle Produktion zu teuer.

[25] R.E. Marker *et al.*, *J.Amer.Chem.Soc.*, **1947**, *69*, 2167

[26] Was waren das für märchenhafte Zeiten, in denen man seinen Dekan anrufen und um Geld bitten konnte und der den Betrag auch noch umgehend überwies.

[27] Interview vom 17.4.1987 mit R.E. Marker, Interviewer: J.L. Sturchio, *Chemical Heritage Foundation*, Philadelphia.

[28] R.E. Marker, *J. Amer. Chem. Soc.*, **1949**, *71*, 4149

[29] W.M. Allen und M. Ehrenstein, *Science*, **1944**, *100*, 251

[30] Mit dem Präfix Nor- wird das Fehlen der entsprechenden Gruppe bezeichnet.

[31] A.J. Birch, *J.Chem.Soc.* **1950**, 367

[32] Eine detaillierte Darstellung der Geschichte der Synthese von Norethindron: *Steroids Made it Possible*, C. Djerassi, **1990**, *Amer. Chem. Soc.*, Washington, DC

[33] C. Djerassi weist daraufhin, dass sich das von Searle patentierte Norethynodrel schon im Magen in das von ihm früher synthetisierte Norethisteron umlagert. Diese Isomerisierung im Sauren ist tatsächlich wahrscheinlich, da Norethisteron thermodynamisch stabiler ist. Ob Searle damit eine Patentverletzung begangen hat, wie Djerassi meint, wurde juristisch nie abschließend geklärt.

[34] *The Autobiography of Margaret Sanger*, M. Sanger, **2004**, Dover Publications, Mineola, NY.

[35] Aus der *„Birth Control League"* entwickelte sich 1942 die *Planned Parenthood* Organisation, die heute international arbeitet und deren deutscher Ableger *pro familia* ist.

[36] Dieses Zitat ist einer sehr kompetenten sozialwissenschaftlichen Darstellung der Geschichte der Pille entnommen: *Sexual Chemistry*, Lara V. Marks, **2010**, Yale University Press, New Haven.

[37] Den sprühenden Geist und die Schlagfertigkeit der fast 80-Jährigen Margaret Sanger zeigt ihr berühmtes Mike-Wallace-Interview aus dem Jahr 1957: www.hrc.utexas.edu/multimedia/video/2008/wallace/sanger_margaret_t.html

[38] Sufragetten (*suffrage*, engl./franz. „Wahl") nannte man die amerikanischen und englischen Frauenrechtlerinnen zu Beginn der 20. Jhd., die mit teilweise militantem Engagement um die gesetzliche Verankerung des vollen Frauenwahlrechts kämpften.

[39] Pincus selbst sagte:" *Ich habe die Pille auf Bitten einer Frau erfunden.*" *siehe* [36]

[40] K. Roth, *Chemie Unserer Zeit*, **2005**, *39*, 212

[41] *Von der Antibaby- zur Wunschkindpille und zurück*, G. Schwarz in *Die Pille. Von der Lust und von der Liebe* (G. Staupe, L. Vieth, Hrsg.), **1996**, Rowohlt, Berlin.

[42] *loc.cit.* M. Gladwell, *The New Yorker*, **2000**, *13. März*, 52

[43] Von den deutschen Bischöfen approbierte Übersetzung: http://stjosef.at/dokumente/humanae_vitae.htm

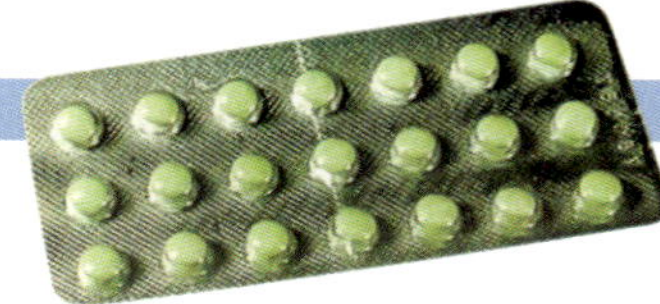

[44] http://wissen.spiegel.de/wissen/image/show.html?did=45935495&aref=image036/2006/02/15/PPM-SP196803901660176.pdf&thumb=false

[45] Papst Benedikt XVI. forderte am 29. Oktober 2007 in einer Grußadresse vor dem in Rom stattfindenden *25. International Congress of Catholic Pharmacists* die katholischen Apotheker sogar zur gesetzwidrigen Dienstverweigerung auf, in dem sie Frauen die Aushändigung von Medikamenten, *„die die Einnistung eines Embryos verhindern"* verweigern. Offizielle englische Übersetzung des Papstrede: www.zenit.org/rssenglish-20955

[46] Umfrage der seit 1840 erscheinenden britischen katholischen Wochenzeitschrift *„The Tablet"* von 2008: www.thetablet.co.uk/article/11769

[47] K. Bruckner *et al. Chem. Ber.* **1961**, *94*, 1225

[48] H. Smith *et al., J. Chem. Soc.* **1963**, *5072; ibid.* **1964**, 4472

[49] C. Rufer *et al. Lieb.Ann.Chem.* **1967**,*702*,141; R. Wiechert *et al., Angew.Chem.* **1975**, *87*, 413

[50] *Empfängnisverhütung*, H.P.G. Schneider (Hg.), **1996,** Urban & Schwarzenberger, München.

[51] Im Krüger Nationalpark in Südafrika, mussten immer wieder Elefantenherden abgeschossen werden, weil sie sich so stark vermehrt hatten, dass sie eine Bedrohung für die Vegetation darstellten. Seit 1997 kommt eine Kapsel (Depotgestagen) erfolgreich zum Einsatz, die Elefantenkühen unter die Haut gepflanzt wurden und die verhindert, dass sie trächtig werden. *Das bizarre Sexualleben der Tiere*, Miersch, M., **2002,** Piper München.

[52] Länder und Jahr, seit denen die „Pille danach" auf Levonorgestrel-Basis rezeptfrei verkäuflich ist: Belgien 2001, Dänemark 2001, Estland 2003, Frankreich 1999, Finnland 2002, Griechenland 2005, Großbritannien u. Nordirland 2001, Irland 2010, Island 2006, Lettland 2003, Litauen 2005, Luxemburg 2005, Niederlande 2004, Norwegen 2000, Österreich 2009, Portugal 2000, Schweden 2001, Schweiz 2002, Slowakei 2006, Spanien 2009. Stand März 2011 http://www.profamilia.de/pro-familia/projekte-und-kampagnen/kampagne-pille-danach/pille-danach-weltweit.html

[53] *Die Pille danach – Mythen und Wirklichkeit. pro Familia*-Bundesverband, Mai 2010, www.profamilia.de/?id=2840

[54] M. Zitzmann, *Die Pille für den Mann*. In: *Pillen und Pipetten*. Begleitband zur Ausstellung im Deutschen Technikmuseum Berlin. **2010**, Koehler & Amelang, 152-157

[55] *RU 486 Die Abtreibungspille*. Baulieu, E.-E., **1994**, Springer, Berlin. Baulieu schildert in seinem Buch die Gefährlichkeit und Grausamkeit von operativen Abtreibungen: Laut WHO gibt es weltweit ca. 50 Millionen Abtreibungen pro Jahr, von denen wahrscheinlich die Hälfte illegal vorgenommen wird. Jährlich sterben 200 000 Frauen an den Folgen einer Abtreibung. 2–3 Millionen Frauen müssen schwere Verletzungen wie Gebärmutterperforationen ertragen, verlieren nach auftretenden Infektionen ihre Fruchtbarkeit, abgesehen von den angerichteten seelischen Schäden. In seinem Buch berichtet Baulieu auch über die mit der Zulassung und Markteinführung einhergehenden Schwierigkeiten, internationale Diskussionen, Proteste und persönlichen Anfeindungen.

[56] Expertise Schwangerschaftsabbruch mit Mifepriston und Misoprostol, Fachinformationen für FrauenärztInnen und BeraterInnen. C. Fiala, Mai **2008**, *pro familia*-Bundesverband (Hrsg.)

[57] Berliner Morgenpost vom 3.1.2011

[58] http://www.forschung.sexualaufklaerung.de/fileadmin/fileadmin-forschung/pdf/Hintergrundpapier_Verhuetung.pdf

[59] R.D. Gerste, Neue Zürcher Zeitung vom 18.8.2010

[60] A. Glasier, *Spektrum*, **2004**, *Juni*, 76; J.F. Strauss III. und M. Kafrissen, *Nature*, **2004**, *432*, 43

[61] Der *Koitus interruptus* wird bereits in der Bibel erwähnt: 1 Mose 38: 8 *Da sprach Juda zu Onan: Gehe zu deines Bruders Weib und nimm sie zur Ehe, daß du deinem Bruder Samen erweckest.* 9 *Aber da Onan wußte, daß der Same nicht sein eigen sein sollte, wenn er einging zu seines Bruders Weib, ließ er's auf die Erde fallen und verderbte es, auf daß er seinem Bruder nicht Samen gäbe.* 10 *Da gefiel dem HERRN übel, was er tat, und er tötete ihn auch.*

[62] *Lehrbuch der Physiologie*, R. Klink, S. Silbernagel (Hrsg.), **2003**, Stuttgart, Thieme, 4. Aufl. Hier findet sich eine detaillierte Beschreibung des komplexen Menstruationszyklus.

[63] Auch beim Mann bewirkt die Ausschüttung von Gn-RH die Freisetzung der beiden Hormone LH (Luteinisierendes Hormon) und FSH (Follikelstimulierendes Hormon). Dies mag seltsam erscheinen, denn der Mann produziert weder Follikel noch Gelbkörper! Doch Namen sind Schall und Rauch... Beim Mann führt FSH zur Spermienbildung in den Hodenkanälchen und LH zur Produktion von Testosteron im Hodengewebe.

[64] γ steht hier für Mäuseeinheit, d.h. die Substanzmenge die bei einer Maus in einem Biosassay eine entsprechende Gewebeveränderung hervorruft. Mit 3 γ ist 17-Ethinylestradiol oral also fünfzehnmal wirksamer als Estradiol mit 45 γ.

[65] A. Butenandt und J. Schmidt, *Ber.Dtsch.Chem.Ges.* **1934**, *67*, 1901

[66] http://www.forschung.sexualaufklaerung.de/fileadmin/fileadmin-forschung/pdf/Hintergrundpapier_Verhuetung.pdf

[67] Die Suche in der Arzneimitteldatenbank auf PharmaNet ergibt im Anwendungsgebiet *Kontrazeption* 88 Einträge für die Darreichungsform Filmtablette, 16 für Tablette, 79 für überzogene Tablette, 1 für Dragee. http://www.pharmanet-bund.de/dynamic/de/am-info-system/index.html (Zugriff 9.6.2011)

[68] www.aktionaersbrief-q1-2010.bayer.de/de/homepage.aspx . Anm.:2009 firmierte Bayer Health Care noch unter dem Namen Bayer Schering Pharma.

[69] www.jena.de/sixcms/detail.php?id=160267&_lang=de

[70] E. Haberlandt, *Wiener Klin. Wochenschr.* **2009**, *121*, 746

[71] *The Autobiography of Margaret Sanger*, M. Sanger, **2004**, Dover Publications, Mineola, NY.

[72] C. Louis, *Emma* **2011**, *34*, 1

[73] Neben der Pille gehören nach *The Economist* **1993** folgende modernen Weltwunder dazu: Mikrochip, Telefon, Jumbo Jet, Nordsee Ölbohrinsel Gullfaks C, Wasserstoffbombe, bemannte Mondlandung.

[74] Ein interessanter Rückblick auf die „Geburt" der Pille: W. Frobenius, *Geburtsh. Frauenheilk*. **2002**, *62*, 849

[75] *Nicht einmal in unseren wildesten Träumen konnten wir uns vorstellen, dass diese Substanz einmal der aktive gestagene Wirkstoff in fast der Hälfte aller auf der Welt verwendeten Kontrazeptiva werden würde. The Pill, Pygmy Chimps, and Degas' Horse*, C. Djerassi, **1992**, Basic Books, New York

[76] *This Man's Pill*, C. Djerassi, **2001**, Oxford University Press, Oxford vgl. hierzu: *This Man's Pill?*, W. Frobenius, *Geburtsh Frauenheilk*, **2002**, *62*, 849

[77] Er sieht das anders: C. Djerassi, *Chemie Unserer Zeit*, **2011**, *45*, 424 vgl. dazu S. Streller und K. Roth, *Chemie Unserer Zeit*, **2011**, *45*, 430

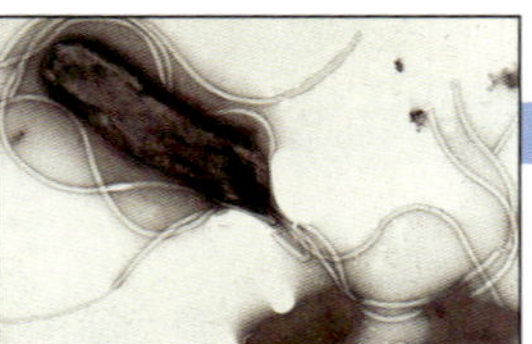

Helicobacter pylori zum Abschied

In über der Hälfte aller Menschen hat sich das Bakterium Helicobacter pylori angesiedelt und treibt im Magen, von Salzsäure umspült, gelegentlich sein Unwesen. Bestaunen wir, mit welch raffinierter Chemie der Quälgeist in dieser unwirtlichen Umgebung überleben kann, spüren ihn auf und untersuchen den Preis unserer unfreiwilligen Gastfreundschaft. Bei Bedarf nehmen wir den Kampf auf, wobei hier chemische Kampfstoffe nicht nur erlaubt, sondern willkommen und absolut notwendig sind. Wohl an!

Seine Urease ermöglicht Helicobacter pylori das Überleben im salzsauren Magensaft: sie spaltet Harnstoff zu Kohlendioxid und Ammoniak – aber das allein reicht noch nicht.

Viele Menschen leiden unter gelegentlichem Bauchgrimmen, wenn ihnen etwas *„auf den Magen geschlagen"* ist. Dass der Magen störanfällig ist, kann nicht verwundern, denn er enthält eine aggressive Flüssigkeit, verdünnte Salzsäure. Auf der einen Seite tut die uns gut, indem sie in der Nahrung enthaltene schädliche Mikroorganismen abtötet und Verdauungsenzyme wie Pepsin aus inaktiven Vorläufern herstellt [1]. Auf der anderen Seite muss das Gewebe der Magenwand genau gegen diese Verdauungsenzyme und Salzsäure geschützt werden. Diese physiologisch und chemisch delikate Aufgabe löst eine viskose Schutzschicht, die Magenschleimhaut. Störungen des Gleichgewichts zwischen Säureproduktion und -pufferung können zu gelegentlichem oder chronischem Sodbrennen führen. Langfristig können daraus Schäden an der Magenschleimhaut entstehen, die zu Gastritis und Geschwüren des Magens und Zwölffingerdarms bis zum Karzinom führen können. Bei vielen dieser Erkrankungen spielt das Bakterium *Helicobacter pylori* [2] eine unsägliche Rolle. Wie schafft es dieses kleine Bakterium, es sich bei pH-Werten um 1 in unserem Magen einzurichten und zu vermehren? Eins ist klar, in der Säure-Base-Theorie muss sich der kleine Racker schon auskennen. Wie können wir ihn aufspüren? Wie quält er uns und wie können wir ihn loswerden? Es gibt also genügend Gründe, den ungeladenen Gast chemisch zu studieren und Gegenmaßnahmen zu entwickeln.

Die Entdeckung von Helicobacter pylori

Nach der Entdeckung der Magensäure im Jahr 1825 durch William Beaumont wurde klar, dass die Verdauung kein mechanischer, sondern ein chemischer Prozess ist. Zunehmend geriet überschüssige Magensäure in den Verdacht, die Ursache von Magen- und Zwölffingerdarmgeschwüren zu sein. Dies gipfelte in dem von Karl Schwarz 1910 publizierten Lehrsatz *„Ohne Säure kein Ulkus (Geschwür)"* [3].

Alle therapeutischen Ansätze bis Ende des letzten Jahrhunderts waren auf die Verminderung der Magensäure fokussiert [4]. Dies gelang einmal direkt durch puffernde Verbindungen (Antiacida) [5] wie Natriumhydrogencarbonat (Bullrich-Salz) oder durch medikamentöse Dämpfung der Säureproduktion in den Belegzellen der Magenwand. In historischer Reihenfolge wurden zuerst die H_2-Rezeptor-Antagonisten (z.B. Cimetidin) entwickelt [6], die eine durch Histamin angekurbelte Säureproduktion unterdrücken. Der therapeutische Erfolg und die enormen, weltweit davon profitierenden Patientenzahlen veranlassten das Nobelkomitee 1988, diese Leistung mit einem Nobelpreis an James W. Black zu würdigen [7]. Etwa 10 Jahre später konnte ein Protonenpumpen-Inhibitor (PPI) entwickelt werden, der direkt den Protonenausstoß der Belegzellen in das Mageninnere verringert. Der Wirkstoff Omeprozol war ein Riesenerfolg [8].

Beide Medikamentenklassen, die H_2-Antagonisten und die Protonenpumpen-Inhibitoren, waren für die betroffe-

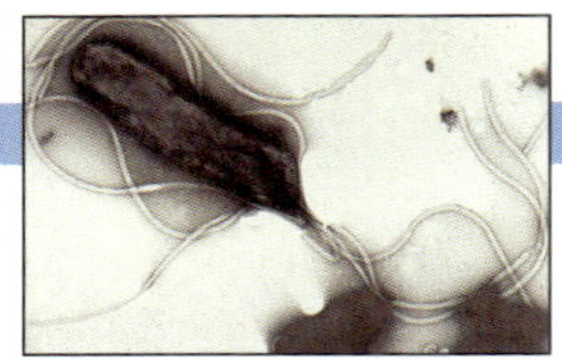

nen Patienten ein Segen. Sie hatten aber einen entscheidenden Nachteil: Die Rückfallquote nach der Behandlung war hoch, d.h. die Medikamente unterbanden zwar die Säureproduktion und heilten damit Entzündungen und Geschwüre, aber nach Absetzen der Präparate keimten die Krankheiten erneut auf.

In dieser wissenschaftlichen Ausgangslage erprobte der australische Pathologe J. Robin Warren (Abbildung 1) am Royal Perth Hospital an histologischen Schnitten verschiedene Anfärbeverfahren gramnegativer Bakterien (Abbildung 2). Dabei entdeckte er in der Magenschleimhaut eines Patienten mit chronischer Gastritis ein später als *Helicobacter pylori* bezeichnetes Bakterium. Im Patientenbericht schrieb er am 12. Juni 1979 [9]:

„Es handelt sich um eine chronische Entzündung der Magenschleimhaut. Die Schleimschicht erscheint an vielen Stellen etwas dichter als üblich und enthält zahlreiche Bakterien im direkten Kontakt mit der oberflächlichen Gewebeschicht. ..... Sie scheinen sich aktiv zu vermehren und sind keine Fremdkontamination. Ich bin nicht sicher über die Bedeutung dieser ungewöhnlichen Ergebnisse, aber weitere Untersuchungen der Essensgewohnheiten des Patienten, der Magen-Darm-Funktionen und der Mikrobiologie erscheinen angebracht."

Robin Warrens Vorstellung, dass womöglich ein Bakterium im Magen der Auslöser für Gastritis sein könnte, traf auf völlig taube Ohren, denn jedermann „wusste" doch, dass Bakterien im Magen nicht leben können. Die Kollegen im Krankenhaus von Perth hielten ihn für ziemlich exzentrisch. Warren schrieb im Rückblick:

„Genaugenommen gab es nur einen Doktor, der an das glaubte, was ich machte, meine Frau Win. Sie war Psychiaterin und ermutigte mich immer wieder an den späten Abenden, als ich von der Arbeit kam, Unterlagen mitbrachte und oft bis 2 Uhr früh arbeitete. ... Wenn ich an die Zeit zurückdenke, als sie ihren Ehemann wegen eines „nicht existierenden" Magenbakteriums praktisch verlor, hätte Win allen Grund gehabt, mich zu einem Ihrer Kollegen zu schicken."

Warren gab nicht auf und fand das Bakterium in weiteren Gewebeproben von Gastritis-Patienten. Um die Skeptiker zu überzeugen, musste er den pathogenen Charakter des Bakteriums *beweisen*. Das dafür notwendige „Wie" hatte Robert Koch vorgegeben. Nach den Kochschen Postulaten [11] muss ein Erreger:

1. in jedem erkrankten, aber nicht in gesunden Wirten anzutreffen sein,
2. aus dem erkrankten Wirt isoliert und dann kultiviert werden,
3. nach Kultivierung und Infektion eines gesunden Wirts bei ihm die Krankheit auslösen und
4. aus diesem künstlich infizierten Wirt wiederum isoliert, kultiviert und mit dem ursprünglichen Erreger identisch sein.

Bei diesem Erkenntnisstand begegnete Robin Warren dem jungen Barry Marshall, der in seiner Facharztausbildung verschiedene klinische Fachdisziplinen durchlaufen musste. Zusammen planten sie ein systematisches Vorgehen und studierten in den nächsten Wochen 20 Patienten mit diagnostizierter Gastritis. Diesmal wurden aber nicht nur Gewebeproben von entzündeten, sondern auch von normal erscheinenden Bereichen genommen. In allen Gewebebereichen, auch den gesund erscheinenden, konnte *H. pylori* nachgewiesen werden. Warren und Marshall waren begeistert und zumindest für diese wenigen Fälle war *die erste Hälfte des 1. Kochschen Postulats erfüllt*.

Durch diesen ersten Erfolg motiviert, versuchten sie *H. pylori* zu kultivieren. Über mehrere Monate versuchten sie dies vergebens, bis schließlich das Glück nachhalf. Vor den Osterfeiertagen 1982 war die mikrobiologische Abteilung des Krankenhauses stark überlastet, und eine Probe blieb im Kulturschrank versehentlich liegen. Zur großen

ABB. 1 | BARRY J. MARSHALL UND J. ROBIN WARREN

Die beiden australischen Mediziner wurden 2005 mit dem Nobelpreis für Physiologie und Medizin ausgezeichnet „for their discovery of the bacterium Helicobacter pylori and its role in gastritis and peptic ulcer disease". Das Nobelkomitee hatte etwas übertrieben, denn die beiden hatten keineswegs H. pylori entdeckt. In einem 2002 von Barry Marshall selbst herausgegebenen Sammelband [10] wird über eine ganze Zahl von Wissenschaftlern berichtet, die seit dem 19. Jahrhundert Bakterien in der Magenschleimhaut von Tieren und Menschen nachgewiesen hatten. Streng genommen haben Marshall und Warren H. pylori also wiederentdeckt, aber vor allem isoliert, kultiviert und den Zusammenhang zwischen Infektion und den pathologischen Folgen nachgewiesen. Dafür gebührte ihnen völlig zu Recht der Nobelpreis. (Bildquelle: A. Sharma, wikimedia commons; pennstatelive, flickr.com)

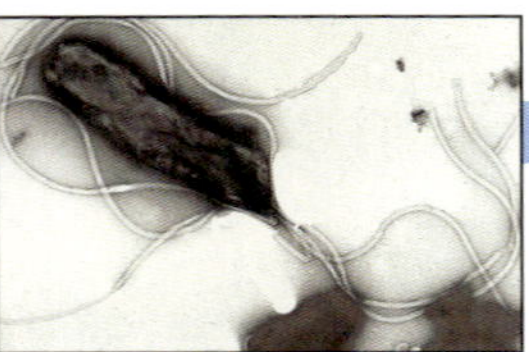

Überraschung entdeckte man nach den Feiertagen, dass *H. pylori* darin inzwischen gewachsen waren. *Das 2. Kochsche Postulat war erfüllt!*

Nun drängte Marshall auf eine schnelle Publikation, weil er sich wunderte, dass noch niemand das Bakterium aufgespürt hatte. Zwei Kurzmitteilungen wurden im Januar 1983 gleichzeitig zur Publikation in der renommierten medizinischen Fachzeitschrift *Lancet* eingereicht. In der einen beschrieb Warren die Entdeckung von *H. pylori* und den wahrscheinlichen Zusammenhang mit chronischer Gastritis; in der zweiten stellte Marshall die mikrobiologischen und klinischen Aspekte dar. Die Arbeiten wurden zunächst von den Gutachtern abgelehnt und erschienen erst im Juni 1983. Dann aber suchten und fanden Arbeitsgruppen in aller Welt *H. pylori* in Gewebeproben entsprechender Patienten.

In einer größer angelegten Studie konnten Marshall und Warren zeigen, dass alle Patienten mit Magengeschwüren mit *H. pylori* infiziert waren [12]. Ihre Ergebnisse reichten sie im Januar 1984 wiederum bei *Lancet* ein. Wie schon die beiden Kurzmitteilungen wurde auch diese Arbeit von den Fachgutachtern abgelehnt: nicht wichtig, nicht allgemein und nicht interessant genug. Daraufhin baten Warren und Marshall einen der führenden englischen Mikrobiologen, Martin Skirrow, die Experimente zu überprüfen und seine Resultate dann als Kurzmitteilung bei *Lancet* einzureichen. Mit dieser fachlichen Unterstützung konnte endlich ein Gutachter überzeugt werden. Die Arbeit erschien im Juni 1984 [13].

Bereits Anfang 1984 begann Marshall an der Erfüllung des 3. und 4. Kochschen Postulats zu arbeiten. Dazu mussten gesunde Wirte mit kultiviertem *H. pylori* infiziert werden, in denen sich dann nach einiger Zeit die Krankheitssymptome zeigen mussten. Für diesen Versuch boten sich Schweine als Versuchstiere an, da sie wie Menschen an Gastritis und Magengeschwüren erkranken können. Die mehrmonatige Tierstudie wurde ein völliger Misserfolg, keines der Schweine entwickelte Gastritis.

Für Marshall war dies ein herber Rückschlag, denn im Juni 1984 hatte er nur noch einen Arbeitsvertrag für 6 Monate. Beherzt führte er einen Selbstversuch durch. Zunächst ließ er mit einer Magenspiegelung sicherstellen, dass er nicht mit *H. pylori* infiziert war. Am nächsten Morgen trank er 30 ml einer Nährlösung mit ca. einer Milliarde *H. pylori* und 7 Tage später zeigten sich erste Krankheitssymptome mit Unwohlsein und Erbrechen. Am 10. Tag wurde in einer Magenspiegelung Gastritis diagnostiziert und in allen bei ihm entnommenen Gewebeproben ließen sich große Bakterienmengen nachweisen. Nach Kultivierung konnte die Identität mit dem ursprüngliche Erreger bestätigt werden. *Damit waren das 3. und 4. Kochsche Postulat erfüllt!*

Den Selbstversuch hatte Marshall seiner Frau verheimlicht. Erst als er sich selbst erfolgreich mit *H. pylori* infiziert hatte, freute er sich so sehr, dass er ihr die wahre Ursache seiner „grippeähnlichen" Symptome der letzten Tage gestand. Seine Frau war entsetzt und befürchtete, dass sie und vor allem ihre vier Kinder über eine Infektion unfreiwilliger Teil des Experiments werden könnten. Marshall beruhigte sie mit dem Hinweis, dass das Bakterium eigentlich harmlos sei. Dies überzeugte seine Frau nur wenig, denn mitten im Satz rannte er zur Toilette, um sich wieder zu übergeben. So kann es nicht verwundern, dass sie ihn vor die Wahl stellte, entweder sofort ein Antibiotikum zu nehmen oder *„das Haus zu verlassen und unter einer Brücke zu schlafen"*. Er entschied sich fürs Antibiotikum [14].

Trotz der Erfüllung aller Kochschen Postulate war der größte Teil der Mediziner immer noch nicht davon überzeugt, dass ein Magenbakterium Ursache von Magener-

ABB. 2 | HELICOBACTER PYLORI

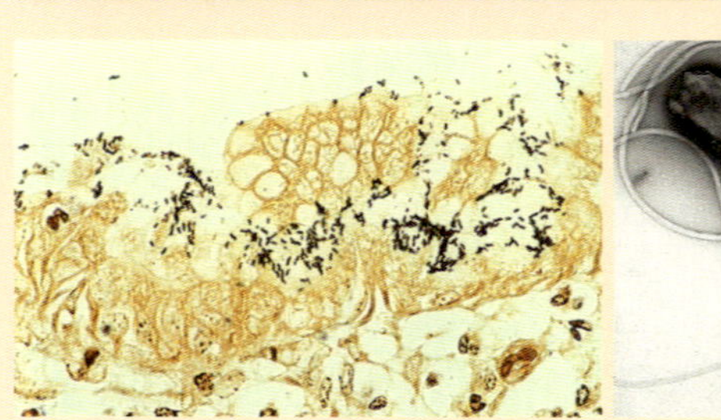

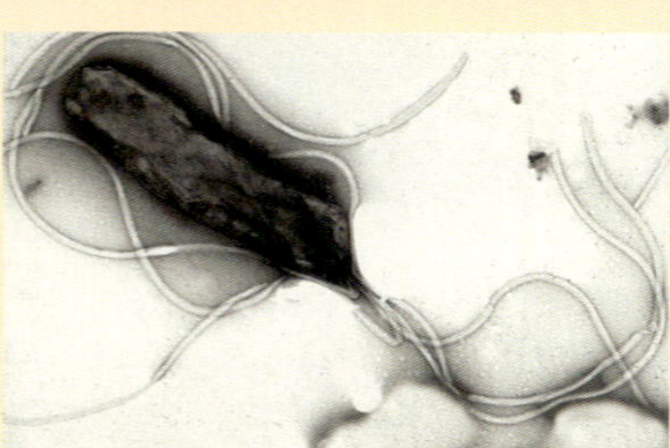

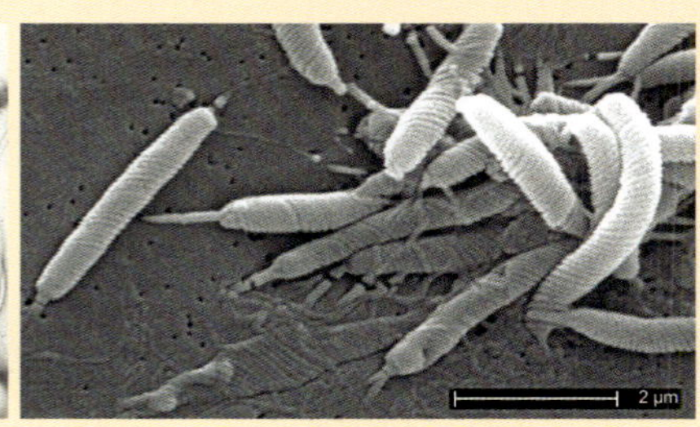

Helicobacter pylori ist ein gekrümmtes, etwa dreitausendstel Millimeter langes Bakterium, mit der über die Hälfte der Weltbevölkerung infiziert ist. Die Wege der Infektion sind noch weitestgehend unklar, jedoch erfolgen sie meist bereits im Kindesalter. Einmal infiziert, behält man H.pylori für den Rest des Lebens.

links: Magenschleimhaut eines Patienten mit chronischer Gastritis, in der H.pylori nach Silberfärbung deutlich sichtbar wird.

Mitte: Elektronenmikroskopische Aufnahme, in der die an einem Pol lokalisierten 3-6 Flagellen erkennbar sind, mit denen H. pylori sich in der viskosen Magenschleimhaut fortbewegen und außerhalb davon plötzlichen Muskelkontraktionen des Magens widerstehen kann.

rechts: Rasterelektronenmikroskopische Aufnahme mit 14.000facher Vergrößerung, in der die schraubenförmig strukturierte Oberfläche sichtbar wird.

(Bildquellen wikimedia commons: links und Mitte, Y. Tsutsumi, http://info.fujita-hu.ac.jp/~tsutsumi/case/case002.htm; rechts: P. Fields, C. Fitzgerald, F. Lamiot, Centers of Disease Control and Prevention)

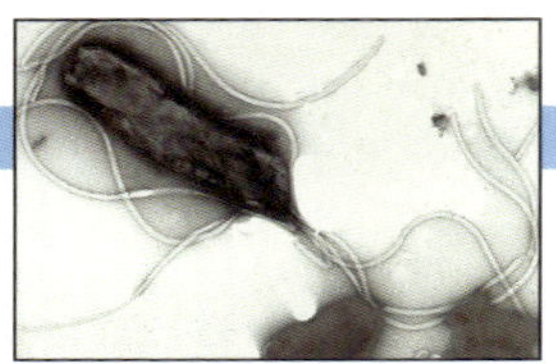

krankungen sein könne. Dies lag einerseits am fest verankerten Glauben, dass Bakterien im Magen überhaupt nicht leben können und zum anderen war die Mehrheit der mit *H. pylori* infizierten Menschen beschwerdefrei [15]. Der medizinische Zeitgeist brauchte weitere 10 Jahre, bis *Helicobacter pylori* als Ursache vieler Magenerkrankungen endgültig akzeptiert wurde.

Überleben in verdünnter Salzsäure

Helicobacter pylori ist eines der ganz wenigen Lebewesen, das bei pH = 1 überleben kann [16]. Grundlage seines Überlebenskampfes gegen die millionenfache Protonenübermacht ist die Säure-Base-Theorie und seine chemischen Waffen sind sparsam, aber zielgerichtet eingesetzte Basen! Einen ersten Hinweis auf deren chemische Natur gab 1984 M.-L. Langenberg, wonach *H. pylori* überraschend große Mengen Urease synthetisierte [17]. Schauen wir uns dieses bemerkenswerte Enzym näher an (Abbildung 3).

Ureasen werden nur von Pflanzen, Pilzen und Bakterien hergestellt. Sie sind hoch spezialisiert und können ausschließlich Harnstoff zu Kohlendioxid und Ammoniak hydrolysieren [18]. Das aber in Perfektion! (Abbildung 4)

Die Vermutung lag nahe, dass *H. pylori* den in der Magenflüssigkeit vorhandenen Harnstoff mit seiner Urease hydrolysiert und sich mit einer Ammoniakwolke umgibt und dort den pH auf verträgliche Werte anhebt. Da alle bis dahin aus anderen Organismen gewonnenen Ureasen nur im pH-Bereich von 5–8 arbeiteten, war man gespannt, wie die wesentlich säurestabilere Super-Urease von *H. pylori* wohl aufgebaut sein mag.

Als Bruce Dunn 1990 die Urease aus *H. pylori* erstmals in reiner Form isolieren [19] und ihre Eigenschaften studieren konnte, waren die Ergebnisse enttäuschend! Die Urease bestand aus zwei Aminosäurenketten mit jeweils 238 und 569 Aminosäuren, deren Sequenzen man bestimmen konnte, die aber keinerlei Besonderheiten verrieten (Abbildung 5 *links*). Der optimale Aktivitätsbereich des Enzyms lag bei pH = 7–8 und in einer gepufferten Lösung bei pH = 5 wurde die Urease irreversibel inaktiviert [20]. Ein solches Enzym kann im Magen bei pH = 1 wohl kaum funktionieren!

Erst die von der koreanischen Gruppe um Byung-Ha Oh 2001 publizierte Röntgenstrukturanalyse brachte neue Erkenntnisse [28]. Einmal wurde dadurch die dreidimensionale (tertiäre) Struktur der α- und β- Peptidketten deutlich und deren Zusammenlagerung zur heterodimeren (αβ)-Quartärstruktur. Zum anderen ergab ein Vergleich mit den Ureasen anderer Organismen, dass sich die kleinsten Einheiten aller Ureasen im räumlichen Aufbau kaum unterschieden. Mit anderen Worten: Die Urease von *H. pylori* zeigte keinerlei Besonderheiten.

Die eigentliche Sensation der Röntgenstrukturanalyse war die Zusammenlagerung der (αβ)-Heterodimere zu einer supramolekularen Gesamtstruktur. Das in Abbildung 5 gezeigte (αβ)-Heterodimer lagert sich zunächst zu einem Trimeren $(\alpha\beta)_3$ zusammen und vier dieser Trimere bilden den supramolekularen Gesamtproteinkomplex $((\alpha\beta)_3)_4$ (Abbildung 6). Damit besteht die biologisch aktive Form der *H. pylori*-Urease aus 9684 Aminosäuren und hat die Molmasse 1,1 MDa. Aus welcher Richtung man das supramolekulare Riesenmolekül auch betrachtet, durch den hochsymmetrischen dodekaedrischen Aufbau beeindruckt es nicht nur durch schiere Größe, sondern auch durch Schönheit.

Ausgehend von der dreidimensionalen Urease-Struktur entwickelten B.-H. Oh und seine Mitarbeiter Hypothesen

ABB. 3 | UREASE, DAS ERSTE KRISTALLISIERTE ENZYM

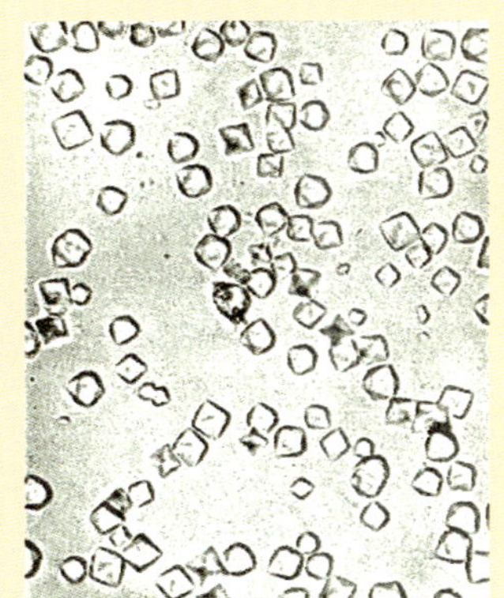

Mit Urease ist eine der ganz großen Entdeckungen der modernen Biochemie verbunden. James B. Sumner (links) konnte 1926 dieses Enzym in reiner, kristalliner Form (rechts) aus der Jackbohne (Canavalia ensiformis) gewinnen [21]. Damit konnte er zwei damals weitverbreitete Vorstellungen widerlegen:

1. *Enzyme kommen nur in winzigsten, nicht isolierbaren Mengen in Lebewesen vor.*
2. *Enzyme sind lockere, undefinierte Aggregate kleinerer Moleküle der verschiedensten Art.*

Seine Kristalle bewiesen, dass er eine reine Verbindung und kein undefiniertes Aggregat isoliert hatte und die Elementaranalyse zeigte, dass es sich um ein aus den Elementen C, H, N und O aufgebautes Protein handelte. Urease enthält weder Eisen, Mangan noch Phosphor oder andere Metalle, denn „the crystals are nearly free from ash." Für seine bahnbrechenden wissenschaftlichen Leistungen wurde James Sumner 1946 mit dem Nobelpreis für Chemie ausgezeichnet.

1975 überraschte Burt Zerner mit der Entdeckung, dass Sumners Urease doch nicht ganz aschefrei gewesen sein kann, denn Urease enthält Nickel [22]. Bis dato sahen Biowissenschaftler in Nickel lediglich ein giftiges Schwermetall, aber kein, zumindest für einige Lebewesen, lebenswichtiges Spurenelement [23]. (Bildquelle: unknown, wikimedia commons (links); nach [21] (rechts))

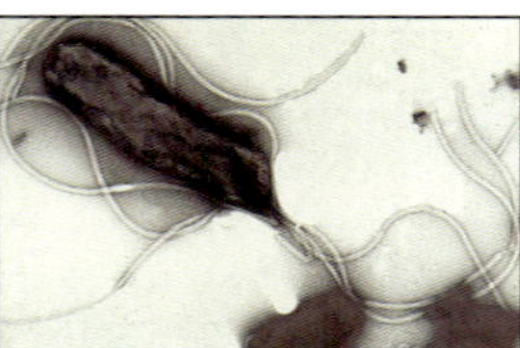

über die Arbeitsweise des Enzyms, die sie mit einfachen, aber klug überlegten Experimenten überprüften. Folgen wir ihren Gedanken und betrachten das Enzym genauer (Abbildung 6).

Aus jedem der katalytischen Zentren diffundieren bei den im Magen gegebenen Konzentrationsverhältnissen in jeder Minute etwa eine Million Ammoniakmoleküle an die Enzymoberfläche und verteilen sich über die Außenfläche. So trägt jedes aktive Zentrum kooperativ zur pH-Stabilisierung der gesamten Molekülumgebung bei. Dies klingt einleuchtend, aber leider steht dies im Gegensatz zur schon erwähnten Beobachtung, dass die Urease von *H. pylori* in einer gepufferten Lösung von pH = 5 ihre Aktivität irreversibel verliert [20]. Diesen Widerspruch klärte die Gruppe um Byung-Ha Oh mit zwei brillant einfachen Experimenten [28].

Urease mal gerührt:

Urease wird in Gegenwart von Harnstoff bei pH = 7 gelöst und unter leichtem Rühren mit Salzsäure *ohne weiteren Pufferzusatz* auf pH = 3 gebracht.

Resultat: Die Urease behält bei pH = 3 ihre volle Aktivität.

Interpretation: Urease umgibt sich mit einer Ammoniakwolke, die auch bei leichtem Rühren erhalten bleibt. Nach Zugabe einer starken Säure verhindert das Ammoniak das Herandiffundieren von Protonen an die Enzymoberfläche. In einer *ungepufferten Lösung* reichen dort relativ geringe Ammoniakmengen aus, den pH-Wert auf physiologische Werte anzuheben.

und mal geschüttelt:

Die Urease-Lösung aus dem voranstehenden Experiment (pH = 3) wird für kurze Zeit kräftig von Hand geschüttelt.

Resultat: Urease wird bei pH = 3 durch Schütteln irreversibel inaktiviert.

Interpretation: Durch sehr starkes Schütteln wird die Ammoniakwolke um das Enzym herum weggespült, der pH-Wert fällt an der Enzymoberfläche auf 1 und die katalytischen Zentren werden inaktiviert.

Nun wurde auch klar, warum Urease in dem früheren Experiment [20] in einer *gepufferten Lösung* bei pH = 5 inaktiviert wurde. Damals wurde der pH-Wert, wie in allen biochemischen Labors, mit einer Pufferlösung eingestellt. Dem Enzym nützt dann seine Ammoniakwolke nichts, denn in einer Pufferlösung bleibt der pH-Wert auch nach Ammoniakzugabe nahezu konstant. Das ist ja der Sinn von Pufferlösungen. Dann herrscht also an der Enzymoberfläche immer pH = 5 und das überlebt die Urease nicht [30].

Nach der Klärung der makroskopischen Funktionalität der Urease steht natürlich der molekulare Ablauf der Katalyse im Brennpunkt des Interesses, denn nur damit kann z.B. gezielt nach Inhibitoren gesucht werden. Unter einer „Klappe" aus 33 Aminosäuren liegt das Nickelionen-Paar eng nebeneinander, beide mit mehreren elektronenreichen Seitenketten von Aminosäuren koordinativ verbunden (Abbildung 6 unten links). Eine weitere Seitenkette im katalytischen Zentrum ist äußerst bemerkenswert. Die endständige primäre Aminogruppe ($R-CH_2-NH_2$) der Aminosäure Lysin 219 hat mit einem Kohlendioxidmolekül ein Carbamid

ABB. 4 | HYDROLYSE VON HARNSTOFF

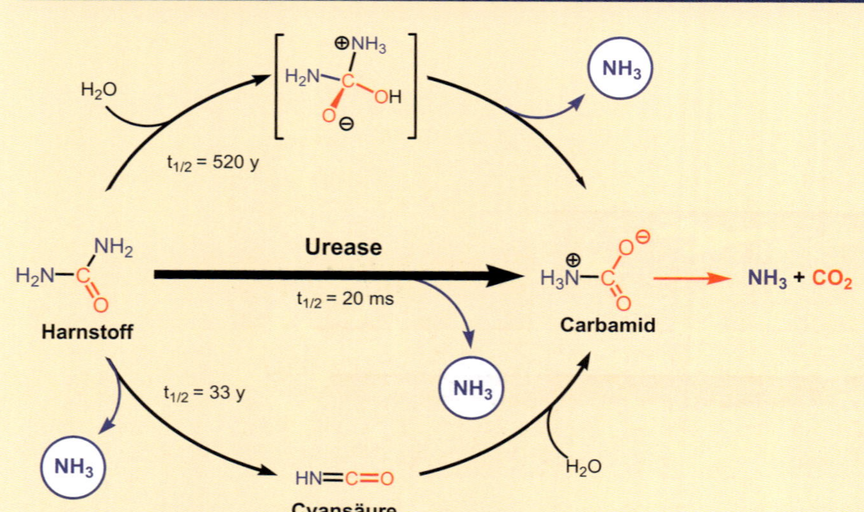

Harnstoff ist äußerst stabil und nur unter drastischen Bedingungen zu Ammoniak und Kohlendioxid hydrolysierbar. Zwei Reaktionsmechanismen sind möglich: Eliminierungs-Additionsmechanismus (untere Hälfte): Nach Abspaltung von Ammoniak wird an die entstandene Cyansäure [24] Wasser zum Carbamid addiert. Dieses zerfällt spontan in Ammoniak und Kohlendioxid. Die Halbwertszeit dieses Reaktionswegs bei 25 °C konnte auf 33 Jahre abgeschätzt werden [25].

Additions-Eliminierungs-Mechanismus (obere Hälfte): Wasser addiert an die CO-Doppelbindung des Harnstoffs und nach Abspaltung von Ammoniak bildet sich Carbamid, das spontan in Ammoniak und Kohlendioxid zerfällt. Die Halbwertszeit des Harnstoffs bei 25 °C kann für diesen Reaktionsweg auf 520 Jahre abgeschätzt werden [26].

Harnstoff-Hydrolyse in Gegenwart von Urease (Mitte): In Gegenwart von Urease wird Harnstoff nach dem Additions-Eliminierungs-Mechanismus hydrolysiert. Die Reaktionsbeschleunigung beträgt etwa $3 \cdot 10^{+15}$. Damit gehören Ureasen zu den leistungsfähigsten Enzymen überhaupt [27].

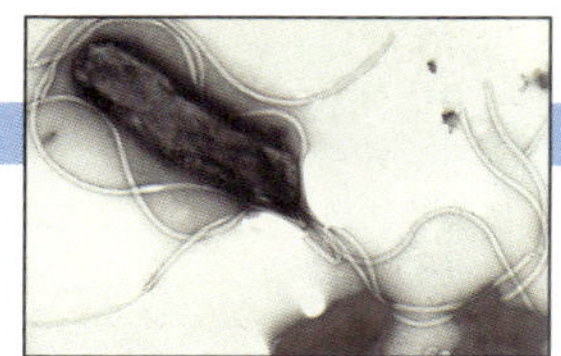

ABB. 5 | DIE MOLEKULARE STRUKTUR DER UREASE VON HELICOBACTER PYLORI

MKLTPKELDKLMLHYAGELAKKRKEKGIKLNYVEAVALISAHI
MEEARAGKKTAAELMQEGRTLLKPDDVMDGVASMIHE
VGIEAMFPDGTKLVTVHTPIEANGKLVPGELFLKNEDITINEGK
KAVSVKVKNVGDRPVQIGSHFHFFEVNRCLDFDREK
TFGKRLDIAAGTAVRFEPGEEKSVELIDIGGNRRIFGFNALVD
RQADNESKKIALHRAKERGFHGAKSDDNYVKTIKE

MKKISRKEYVSMYGPTTGDKVRLGDTDLIAEVEHDYTIYGEEL
KFGGGKTLREGMSQSNNPSKEELDLIITNALIVDYTG
IYKADIGIKDGKIAGIGKGGNKDMQDGVKNNLSVGPATEALAG
EGLIVTAGGIDTHIHFISPQQIPTAFASGVTTMIGGG
TGPADGTNATTITPGRRNLKWMLRAAEEYSMNLGFLAKGNA
SNDASLADQIEAGAIGFKIHEDWGTTPSAINHALDVADK
YDVQVAIHTDTLNEAGCVEDTMAAIAGRTMHTFHTEGAGGG
HAPDIIKVAGEHNILPASTNPTIPFTVNTEAEHMDMLMV
CHHLDKSIKEDVQFADSRIRPQTIAAEDTLHDMGAFSITSSDS
QAMGRVGEVITRTWQTADKNKKEFGRLKEEKGDNDNF
RIKRYLSKYTINPAIAHGISEYVGSVEVGKVADLVLWSPAFFGV
KPNMIIKGGFIALSQMGDANASIPTPQPVYYREMFA
HHGKAKYDANITFVSQAAYDKGIKEELGLERQVLPVKNCRNV
TKKDMQFNNTTAHIEVNPETYHVFVDGKEVTSKPANKV
SLAQLFSIF

A	Alanin	L	Leucin
R	Arginin	K	Lysin
N	Asparagin	M	Methionin
D	Asparaginsäure	F	Phenylalanin
C	Cystein	P	Prolin
Q	Glutamin	S	Serin
E	Glutaminsäure	T	Threonin
G	Glycin	W	Tryptophan
H	Histidin	Y	Tyrosin
I	Isoleucin	V	Valin

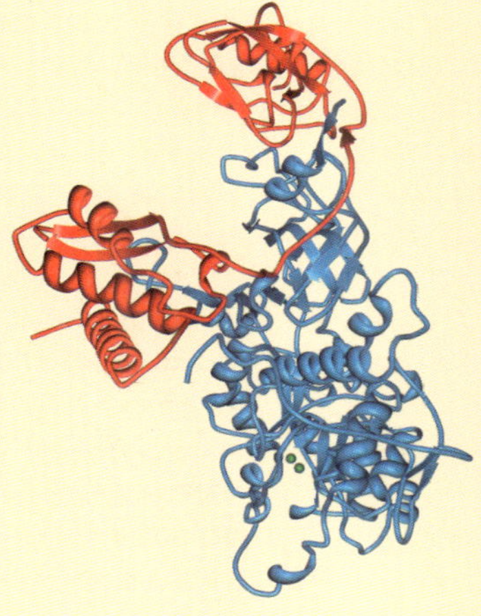

links: Die Urease von H. pylori besteht aus zwei unabhängigen Peptidketten, α(rot) und β(blau), in denen jeweils 238 bzw. 569 Aminosäuren miteinander verbunden sind (Primärstruktur).
rechts: Einzelne Abschnitte der Einzelketten ordnen sich zunächst zu Faltblättern oder Helices (Sekundärstruktur) und jede der beiden Peptidketten faltet sich zu einer dreidimensionalen Gesamtstruktur (Tertiärstruktur). Schließlich lagern sich die α- und β-Kette über Wasserstoffbrücken und andere schwache Wechselwirkungen zu einem Proteinkomplex zusammen (Quartärstruktur).

ABB. 6 | SUPRAMOLECULAR IS BEAUTIFUL

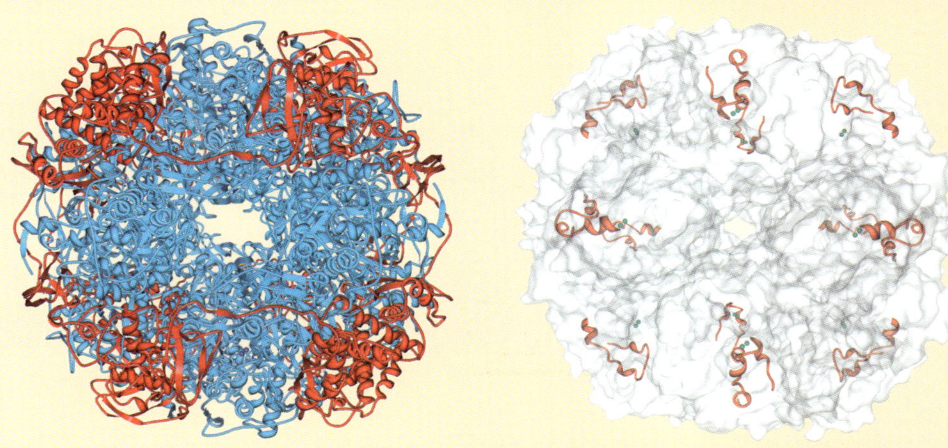

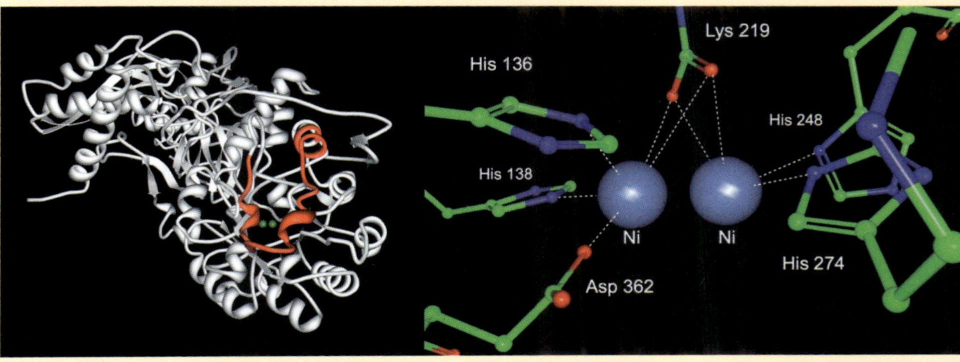

oben links: Die ästhetische Struktur dieses Riesenmoleküls war eine große Überraschung! 12 der in Abbildung 5 gezeigten Heterodimere ($\alpha\beta$) lagern sich zu einem Dodekaeder mit insgesamt 12 katalytischen Zentren zusammen. Dieser supramolekulare, hohlkugelförmige Proteinkomplex hat einen Durchmesser von 160 Å (16 nm) und eine Molmasse von über einer Million Dalton.
oben rechts: Die 12 katalytischen Zentren mit den Nickelionen (grün) sind dicht unter der Oberfläche über den ganzen Molekülkomplex verteilt und mit jeweils einer „Klappe“ aus 33 Aminosäuren (rot) verdeckt.
unten links: Ein Blick in das aktive Zentrum zeigt die beiden dicht beieinander liegenden Nickelionen.
unten rechts: Im Inneren werden die beiden Nickelionen an vier Histidine gebunden. Bemerkenswert ist Lysin 219, dessen endständige primäre Aminogruppe durch Reaktion mit CO_2 in ein Carbamat umgewandelt wurde. Beide Sauerstoffatome des Carbamats binden an beide Nickelionen.

Über den genauen Reaktionsmechanismus der Katalyse gibt es verschiedene Modellvorstellungen [29]. Gemeinsam ist ihnen der Angriff eines OH-Anions an das C-Atom des Harnstoffs.

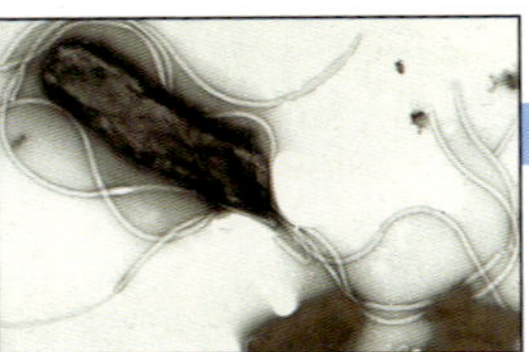

($R\text{-}CH_2\text{-}NH\text{-}CO_2^-$) gebildet und jedes dieser beiden Sauerstoffatome ist mit beiden Nickel-Ionen verknüpft [28].

Über den genauen Reaktionsmechanismus der Katalyse im aktiven Zentrum wurde schon viel gearbeitet und verschiedene Modellvorstellungen entwickelt [29]. Harnstoff bindet zunächst zumindest an ein Nickelion und ein Hydroxylanion, das an den Nickelionen gebunden ist, greift dann das C-Atom des Harnstoffs an [31]. Nach Abspaltung einer protonierten Aminogruppe als NH_3 verlassen die beiden Reaktionsprodukte Ammoniak und Carbamid das aktive Zentrum. Das Ammoniak und das spontan in CO_2 und NH_3 zerfallende Carbamid diffundieren über die Oberfläche des Dodekaeders und schützen das Enzym gegen Protonen. Dies gelingt, weil die Salzsäure im Magen *ungepuffert* ist und für die lokale Anhebung des pH-Wertes um das Bakterium herum relativ geringe Mengen an Ammoniak ausreichen.

Wenn man in den Naturwissenschaften Licht am Ende des Tunnels sieht, blickt man manchmal in die falsche Richtung. Genauso ist es hier, denn das fantasievolle entworfene Schauspiel hat einen entscheidenden Haken: In allen Organismen, die Urease synthetisieren, befindet sich dieses Enzym ausschließlich im Zytosol, also im Inneren der Zelle. Dort kann der pH-Wert mit dem gebildeten Ammoniak hochgehalten werden, aber die Außenseite von *H. pylori* bliebe der Magensäure ungeschützt ausgeliefert und das würde das Bakterium nicht überleben.

Da ein Transport des Urease-Riesenmoleküls durch die Zellmembran nach außen ausgeschlossen werden kann, muss *Helicobacter* noch einen Säure-Base-Trumpf aus dem Ärmel gezogen haben. Und was für einen! Im Überlebenskampf gegen die Säure opfern sich Heerscharen von Bakterien für das Leben der anderen. Die sich auflösenden Bakterien schütten ihre gesamten Urease-Dodekaeder aus, die sofort an die äußeren Zelloberflächen intakter *H. pylori* gebunden werden. Dort beginnen die Enzymmoleküle mit der Harnstoffhydrolyse und schützen so die noch lebenden Bakterien [32]. Es klingt unglaublich, aber 30 % der gesamten Urease-Moleküle von *H. pylori* sitzen außen auf der Zelloberfläche, stammen also von verstorbenen Artgenossen. Ein Beispiel von bakteriellem Altruismus. Die Verteidigungslage für *H. pylori* innerhalb der intakten Magenschleimhaut ist günstiger als im Laborexperiment, denn nach der Stokes-Einstein-Gleichung ist die Diffusion umgekehrt proportional zur Viskosität [33] und erleichtert dem Bakterium die Aufrechterhaltung des Ammoniakschutzes.

ABB. 7 | DER QUÄLGEIST HELICOBACTER PYLORI

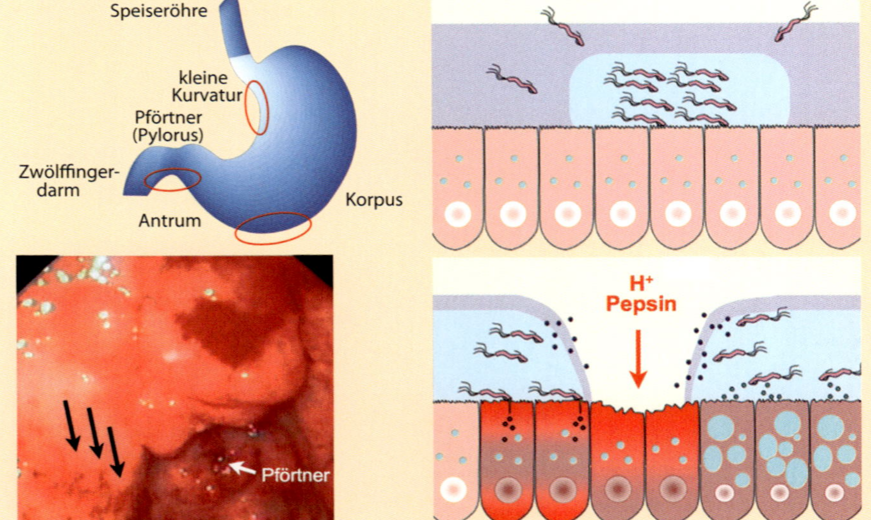

Die Übertragung mit H. pylori erfolgt meist im Kindesalter und über 50 % der Weltbevölkerung sind infiziert, wobei in den Industriestaaten der Anteil der Infizierten stetig sinkt. In Deutschland sind ca. 33 Millionen Menschen betroffen, von denen 10–20 % wahrscheinlich eine chronische Gastritis entwickeln werden.
links oben: H. pylori besiedelt nach der Infektion bevorzugt die Bereiche um den Pförtner (Pylorus), vom Antrum bis in den Zwölffingerdarm hinein, der kleinen Kurvatur und die unteren Teile des Korpus (links oben).
rechts oben: Nach dem Festsetzen in der Magenschleimhaut produziert ihre Urease genügend Ammoniak, um den pH-Wert um sich herum hoch zu halten.
rechts unten: Die Biochemie der pathologischen Wechselwirkung zwischen H .pylori und den Zellen der Magenwand sind komplex [34], führen aber immer zu einem Abbau der Magenschleimhaut, eine Voraussetzung für den direkten Angriff von Protonen und Verdauungsenzymen. Auch gibt H. pylori über ein spezielles Sekretionssystem entzündungsauslösende Toxine ab. Die aus all dem resultierende chronische Gastritis kann zu einem Magengeschwür oder Karzinom führen. Wie virulent H. pylori ist, hängt vom Bakterium ab, von dem man über 300 Stämme kennt, und von der genetischen Disposition des Patienten. Die Weltgesundheitsorganisation WHO hat H. pylori bereits 1994 in die gefährlichste Krebsauslöser-Kategorie eingestuft.
links unten: Ein Blick durchs Endoskop direkt auf den geschlossenen Pförtner (Pylorus). Die fleckige Rötungen (schwarze Pfeile) weisen auf eine Entzündung hin, als deren Ursache histologisch H. pylori erkannt werden konnte.
(Bildnachweis: www.medioconsult.de (links unten) und Y. tambe, wikimedia commons)

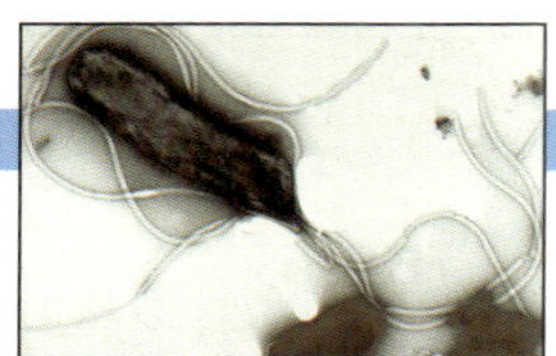

Auf in den Kampf

Wenn sich *Helicobacter pylori* in der Magenschleimhaut ausgebreitet hat, können die abgegebenen Toxine schmerzhafte Entzündungen hervorrufen, die langfristig zur lokalen Zerstörung der Magenschleimhaut bis schließlich zu Geschwüren und sogar Karzinomen führen können (Abbildung 7). Bei auftretenden Magenbeschwerden sollte daher zunächst nachgeschaut werden, ob *H. plyori* sich im Magen breit gemacht hat. Bei einem positiven Befund muss gehandelt werden!

H. pylori kann auf verschiedene Weise nachgewiesen werden. Es gibt Tests auf Antikörper im Blut oder Stuhl. Häufig steht aber am Anfang eine Magenspiegelung, um den gesamten Zustand des Magens und Zwölffingerdarms direkt beurteilen zu können und dann gleichzeitig Gewebeproben an den bevorzugten Siedlungsstellen des *H. pylori* zu entnehmen. Die histologische Untersuchung der Gewebeproben ist auch die sicherste Nachweismethode von *Helicobacter*.

Ist eine Besiedlung des Magens mit *H. pylori* gesichert, beginnt die Therapie. Auf den ersten Blick klingt es einfach, wir geben Antibiotika und die Bakterien sind weg. Obwohl *H. pylori* auf viele Antibiotika *in vitro* empfindlich reagiert, gelingt es nicht, es *in vivo* mit einem einzigen Antibiotikum auszurotten. Dafür wurde vor allem der niedrige pH-Wert im Magen verantwortlich gemacht, der die Bioverfügbarkeit der Antibiotika stark vermindert. Der niedrige pH-Wert scheint dem Antibiotikum mehr zu schaden als *H. pylori*. Deswegen hebt man während der Antibiotikagabe den pH-Wert im Magen mit einem Protonenpumpen-Inhibitor (PPI) kräftig an. Die Heilerfolge stiegen dadurch deutlich an, wobei sich eine Kombination mit dem Antibiotikum Clarithromycin am besten bewährte. Heute ist eine Tripeltherapie aus zwei Antibiotika (Chlorithromycin + Amoxicillin) und ein PPI (Omeprazol) die erste Wahl [35] (Abbildung 8).

Morgens und abends müssen über 7 Tage jeweils 20 mg Omeprazol (PPI), 500 mg Clarithromycin (Makrolid-Antibiotikum) und 1000 mg Amoxicillin (Penicillin-Antibiotikum) aufgenommen werden, wobei diese Behandlung vom Patienten äußerste Disziplin bei der Einnahme verlangt. Die häufigsten Nebenwirkungen beider Antibiotika sind einer Gastritis ähnlich - Übelkeit, Magenschmerzen und Durchfall - so dass das Durchhaltevermögen auf eine harte Probe gestellt wird.

Etwa 6 Wochen nach Beendigung der medikamentösen Therapie muss der Erfolg überprüft werden. Dazu wurde ein Atemtest entwickelt [37], der auf dem im natürlichen Kohlenstoff zu 1,1 % vorkommenden, nichtradioaktiven ^{13}C-Kohlenstoffisotop beruht. Das Grundprinzip ist denkbar einfach. Der Patient trinkt eine wässrige Lösung von 75 mg Harnstoff, dessen Kohlenstoffatom mit ^{13}C-markiert worden ist. Sollte nach einer medikamentösen Therapie immer noch *H. pylori* im Magen vorhanden sein, wird dessen Urease den eingenommenen ^{13}C-markierten Harnstoff zu Ammoniak und $^{13}CO_2$ hydrolysieren. Nach etwa 20–30 Minuten taucht dieses $^{13}CO_2$ in der Atemluft auf [38]. Ohne Bakterium würde der Harnstoff unverändert über die Nieren ausgeschieden.

Fällt der ^{13}C-Atemtest wider Erwarten positiv aus, muss eine neue medikamentöse Therapie mit anderen Antibiotika und gleichzeitiger Verlängerung der Einnahmezeit durch-

ABB. 8 | TRIPELTHERAPIE BEI EINER INFEKTION MIT H. PYLORI

Omeprazol

Amoxicillin

Clarithromycin

Zur erfolgreichen Behandlung von H.-pylori-Infektionen müssen mehrere schwere Geschütze der Pharmaindustrie gleichzeitig eingesetzt werden. Die heute in Deutschland übliche Erstbehandlung nutzt einen Protonenpumpen-Inhibitor (z.B. Omeprazol), mit dem zum Schutz der beiden halbsynthetischen Antibiotika [36] die Salzsäureproduktion im Magen soweit gedrosselt wird, dass über eine Woche der pH-Wert im Magen angehoben wird. Clarithromycin als Makrolid-Antibiotikum bindet an einen Teil des bakteriellen Ribosoms und unterbindet dadurch die Proteinbiosynthese. Amoxicillin als Penicillin-Antibiotikum verhindert die Vernetzung von Peptidoglycanketten, so dass keine stabilen bakteriellen Zellwände ausgebildet werden können.

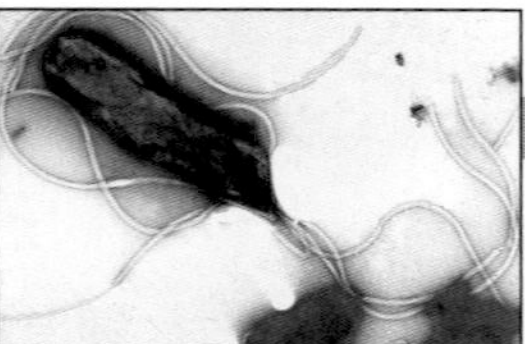

geführt werden. Alles in allem zeigt sich, dass die Ausrottung von *H. pylori* nur mit der ganzen Kraft der modernen Pharmaindustrie gelingt. Und das klappt bei *Helicobacter pylori* wirklich hervorragend. Wie so häufig muss es uns in diesem Zusammenhang nachdenklich stimmen, dass viele Menschen gern auf die Pharmaindustrie schimpfen, gleichzeitig aber deren Produkte gedankenlos und wie selbstverständlich zum Erhalt ihrer Gesundheit einsetzen, als ob sie vom Baum gefallen wären.

Helicobacter pylori, ein in der verdünnten Salzsäure unserer Mägen lebendes Bakterium, hielt man vor 25 Jahren noch für undenkbar. Heute kennen wir sie fast genauer als uns selbst. Die erste Genomsequenzierung im Jahr 1997 ergab eine Länge von 1.667.867 Basenpaaren [39]. Die Entdeckungsgeschichte von *H. pylori* ist ein Lehrstück über den Widerstand festgemauerter Vorstellungen gegen neue Blickweisen. Das „unmögliche" kleine Bakterium beweist uns eindrucksvoll, was in garstigen Biotopen mit raffinierter Chemie alles möglich ist. *Helicobacter pylori* beherrscht die Säure-Base-Theorie, nutzt die geringe Pufferkapazität starker Säuren, kennt also Titrationskurven, macht aus der in seinem Lebensraum unbrauchbaren Urease durch supramolekulare Aggregation einen fast überirdischen Katalysator, der auch noch schön anzusehen ist. Außerdem ist *H. pylori* ein sehr soziales Wesen mit ausgeprägtem Altruismus und kennt obendrein auch noch die Stokes-Einstein Gleichung. Sagen Sie bitte nie wieder, Bakterien seien dumm.

Zusammenfassung

Mehr als die Hälfte der Weltbevölkerung ist mit Helicobacter pylori infiziert. Meistens führt der ungeladene Gast in unserem Magen ein ruhiges Leben, aber er kann auch eine Menge Ärger machen. Um in einer Umgebung mit pH = 1 zu überleben, hat er eine glänzende Strategie entwickelt, um mit der übermächtigen Salzsäure zurechtzukommen. Seine Hauptwaffen sind die Säure-Base-Theorie und eine potente Urease. Dieses Enzym hydrolysiert Harnstoff zu Ammoniak und Kohlendioxid, die H. pylori helfen, um sich herum den pH auf verträgliche Werte zu halten. Um H. pylori loszuwerden, nutzen auch wir die Säure-Basen-Therorie plus Antibiotika und pfiffige Methoden, um den Therapieerfolg zu überprüfen. Auch wenn wir die Schlacht gewonnen haben, müssen wir trotzdem zugeben, dass H. pylori ein bemerkenswerter Chemiker ist und unseren Respekt verdient hat.

Danksagung

Für die Unterstützung bei den Recherchen und der Manuskripterstellung bedankt sich der Autor bei Dr. B. Kuhlmann, Fischer Analysen Instrumente, Leipzig, Dr. S. Streller und Dr. P. Winchester, Freie Universität Berlin.

Literatur und Anmerkungen

[1] Dem von Zellen der Magenwand abgegebenen inaktiven Pepsinogen wird bei pH = 1 ein Stück von 44 Aminosäuren abgespalten. Erst dieses aktive Pepsin katalysiert die hydrolytische Vorverdauung von Proteinen im Magen.

[2] Eine lesenswerte Einführung gibt: M.J. Blaser, *Spektrum*, **1996**, *April*, 68. Zunächst wurde dieses Bakterium der Gattung *Campylobacter* zugeordnet und als *C. pyloridis* bzw. CLO (*Campylobacter-like organism*) bezeichnet. Später wurde es wegen seiner schraubenförmigen Form einer neuen Gattung *Helicobacter* zugeordnet. Wegen der bevorzugten Besiedlung am Magenausgang (*pylorus* = Pförtner) wurde es als *Helicobacter pylori* bezeichnet.

[3] K. Schwarz, *Beitr. Klin. Chirurgie*, **1910**, *67*, 96. Auszüge in www.sodbrennen-welt.de/history/schwarz.htm.

[4] Y. Syha *et al.*, *Pharm. Unserer Zeit*, **2005**, *34*, 188.

[5] W. Meyer, *Pharm. Unserer Zeit*, **2007**, *36*, 10.

[6] H. Kubas und H. Stark, *Pharm. Unserer Zeit*, **2007**, *36*, 24.

[7] www.nobelprize.org/nobel_prizes/medicine/laureates/1988/black-lecture.pdf.

[8] U. Klotz, *Pharm. Unserer Zeit*, **2005**, *34*, 200. K.-H. Holtermüller, *ibid*, **2005**, *34*, 206.

[9] J.R. Warren in *Helicobacter pioneers: firsthand accounts from the scientists who discovered helicobacters*, B. Marshall (*ed.*), **2002**, Blackwell Science Asia, Victoria, Australien.

[10] B.Marshall in Lit. [9].

[11] Das vierte Kochsche Postulat wurde von späteren Autoren hinzugefügt. Koch selbst sprach nie von Postulaten, sondern sah darin eher ein Denkgebäude. Er selbst identifizierte Krankheitserreger, die seine Kriterien streng genommen nicht erfüllten. Träger von Cholera- und Typhuserregern können symptomfrei bleiben, viele Krankheitserreger (z.B. Viren) können auf zellfreien Nährmedien nicht kultiviert werden und Menschen mit Sichelzellenanämie sind immun gegen Malaria. Zu einer Version Kochscher Postulate auf molekularbiologischer Ebene: D.N. Fredericks und D.A. Reiman, *Clin. Microbiol. Rev.* **1996**, *9*, 18.

[12] In vier Fällen von Magengeschwüren konnten keine Bakterien nachgewiesen werden. Diese Patienten nahmen aber chronische Schmerzmittel, wie Acetylsalicylsäure, Ibuprofen oder Diclofenac, von denen lange bekannt war, dass diese zu Magengeschwüren führen können.

[13] B.J. Marshall und J.R. Warren, *Lancet*, **1984**,*1*,1311.

[14] B.J. Marshall *et al.*, *Med. J. Austr.*, **1985**, *142*, 436. Fast gleichzeitig führte auch der Neuseeländer A. Morris einen Selbstversuch durch. Er hatte Pech und wurde *H. pylori* mit der ersten Antibiotikabehandlung nicht los und musste sich über drei Jahre mit den Bakterien herumquälen. A. Morris *et al.*, *Am.J.Gastroenterol.* **1987**, *82*, 192.

[15] Dies widerspricht streng genommen dem zweiten Halbsatz im 1. Kochschen Postulat. Allerdings trifft dies auch für andere Mikroorganismen zu, die im Menschen verbreitet sind aber nur selten zu Erkrankungen führen, wie Tbc und Herpes.

[16] Solche Extrembedingungen können nur wenige Archebakterien aushalten. Einsame Weltrekordler an Säurefestigkeit sind zwei Arten der Gattung *Picrophilus*, die sich bei pH = 0,7 am wohlsten fühlen, aber auch noch bei pH = 0 wachsen und dann am liebsten bei 60 °C.

[17] M.-L. Langenberg *et al.*, *Lancet*, **1984**, *1*, 1348.

[18] Es gibt einige unnatürliche Urease-Substrate, die für Untersuchungen des Enzyms von großer Bedeutung sind. Siehe: B. Zerner, *Bioorg. Chem.* **1991**, *19*,116.

[19] B.E. Dunn *et al.*, *J.Biol.Chem.* **1990**, *265*, 9464.

[20] P. Bauerfeind *et al.*, *Gut*, **1997**, *40*, 25.

[21] J.B. Sumner, *J.Biol.Chem.* **1926**, *69*, 435. J.B. Sumners wurde 1946 mit dem Nobelpreis für Chemie gewürdigt, siehe: www.nobelprize.org/nobel_prizes/chemistry/laureates/1946/sumner-lecture.pdf.

[22] N.E. DIxon, B. Zerner *et al.*, *J.Amer.Chem.Soc.* **1975**, *97*, 4131.

[23] P.A. Karplus *et al.*, *Acc.Chem.Res.* **1997**, *30*, 330.

[24] Über die Umkehrung der Reaktion konnte Friedrich Wöhler 1828 Harnstoff aus festem Ammoniumcyanat (= Ammoniak+ Cyansäure) herstellen. Dies markierte das Ende einer grundsätzlichen Unterscheidung zwischen anorganischer und organischer Chemie. F. Wöhler, *Pogg.Ann.* **1828**, *12*, 253.

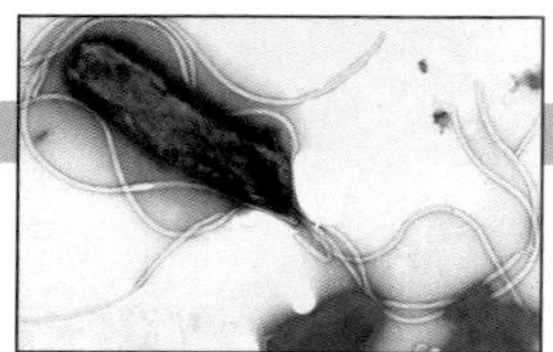

[25] R.C. Warner, *J.Biol.Chem.* **1941**, *23*, 705.

[26] Da Harnstoff nach diesem Mechanismus nicht hydrolysiert, wurde die Halbwertszeit aus Messungen an Harnstoffanaloga abgeschätzt, die keine Ammoniak-Eliminierung zulassen, z.B. Tetramethylharnstoff. B.P. Callahan *et al.*, *J.Amer.Chem.Soc.* **2005**, *127*, 10828.

[27] R. Wolfenden und M.J. Snider, *Acc.Chem.Res.* **2001**, *34*, 938. Die Ureasen verschiedener Organismen unterscheiden sich natürlich in ihrer katalytischen Wirkung, jedoch liegen alle in der gleichen Größenordnung und die von *H. pylori* ragt nicht spektakulär heraus. Allerdings entwickelt *H. pyloris* Urease seine volle Aktivität bereits bei den im Magen vorliegenden, geringen Harnstoff-Konzentrationen und ist damit bestens angepasst.

[28] N.-C. Ha, B.-H. Oh *et al.*, *Nat.Struct.Biol.* **2001**, *8*, 505.

[29] Zum Einstieg: Y. Quin *et al.*, *Biocatalysis Biotransform.* **2002**, *20*, 1. B. Zambelli *et al.*, *Acc.Chem.Res.* **2011**, *44*, 520.

[30] Bereits bei pH = 5 werden die vier Histidinreste im aktiven Zentrum protoniert. Dadurch sind die beiden Nickelionen nicht mehr fest koordiniert und diffundieren weg, sodass das Enzym inaktiv wird.

[31] Im Gegensatz zu den anderen nickelhaltigen Enzymen ändern die Nickelionen während der Katalyse nicht ihre Oxidationsstufen.

[32] B.E. Dunn *et al.*, *Infect. Immun.* **1996**, *64*, 905. Die externen Urease-Moleküle spielen offenbar auch bei der Besiedlung eine wichtige Rolle, in dem *H. pylori* über sie an die Zellen der Magenwand anbindet. T. D. Schoeb, B.J. Marshall *et al.*, *PLoS One*, **2010**, *5*, e15042.

[33] Nach der Stokes-Einstein-Gleichung gilt für den Diffusionskoeffizienten in Flüssigkeiten: $D = (kT)/(6\pi\eta r)$, wobei k die Boltzmann-Konstante, T die absolute Temperatur, η die Viskosität und r der hydrodynamische Radius des Teilchens ist.

[34] Eine verständliche Einführung gibt M.J. Blaser, *Spektrum*, **2005**, *September*, 82.

[35] Consensus Report der *European Helicobacter Study Group*: P. Malfertheiner *et al.*, *Gut*, **2007**, *56*, 772.

[36] Diese beiden hochwirksamen Antibiotika sind halbsynthetisch, d.h. Naturstoffe wurden chemisch modifiziert zu Verbindungen, die es in der Natur nicht gibt.

[37] D.Y. Graham *et al.*, *Lancet*, **1987**; *May 23* ;1174. Der Atemtest kann völlig analog mit ^{14}C-markiertem Harnstoff durchgeführt werden. Das ausgeatmete $^{14}CO_2$ wird mit einem Szintillationszähler erfasst. G.D. Bell *et al.*, *Lancet*, **1987**, *Jun 13*, 1367.

[38] Die Messung des ^{13}C-Gehaltes der Atemluft gelingt massenspektroskopisch oder mit hochauflösender IR-Spektroskopie. Beide Messmethoden sind im klinischen Bereich wegen der Kosten und der mangelnden Robustheit nicht geeignet. Diagnostische Atemtests werden heute bevorzugt mit nichtdispersiven isotopenselektiven IR-Spektrometern gemessen. Näheres über dieses einfache, aber brillante Messprinzip findet man bei: www.fan-gmbh.de/c13.htm.

[39] J.F. Tomb *et al.*, *Nature*, **1997**, *388*, 515. Heute liegen Genomanalysen von über 30 verschiedenen Stämmen von *H. pylori* vor. Aktuelle Angaben siehe: Y. You *et al.*, *J. Bacteriology.* **2012**, *194*, 6314.

Die Saccharin-Saga

Abb. 1 ***Zuckerverbrauch in Deutschland***
Die Zuckerrübe (Beta vulgaris) und das Zuckerrohr (Saccharum officinarum) sind die beiden ertragsreichsten Nutzpflanzen überhaupt: 45 t/ha Ertrag entsprechen 7 t Rohzucker bei der Zuckerrübe und 40–200 t/ha entsprechen 3–13 t Rohzucker beim Zuckerrohr.

Der Zuckerverbrauch stieg in Deutschland seit 1800 stetig an und veränderte sich seit 1980 kaum. 3,1 Millionen Tonnen Zucker wurden 2009/10 in Deutschland verbraucht (Weltmarkt 164 Mio. t) [45]. Hauptabnehmer ist die Nahrungsmittelindustrie, nur ein Siebtel setzt der Verbraucher als Haushaltszucker ein.
(Fotos: rufino uribe, wikimedia commons und W. Dürr, Südzucker AG)

Sommer 1878: Zwei Chemiker erfinden unverhofft eine extrem süße Verbindung, die sich später als völlig nicht-toxisch erweist. Anstelle einer chemischen Erfolgsgeschichte eines billigen Zuckerersatzstoffes beginnt ein turbulentes Auf und Ab, dessen Handlung von einem lebenslangen Prioritätenstreit, wirtschaftlichen Interessengruppen, der Steuergesetzgebung, dem Markt, wilden Schmugglerbanden und dem Zeitgeist bestimmt wird. Kuriositäten, Tragik, Neid, Leidenschaft und packende Chemie nehmen ihren Lauf. Nehmen Sie Platz! Vorhang auf!

Prolog: Unsere unstillbare Sehnsucht nach Süßem

Menschen lieben Süßes! Kein Wunder, denn über Zehntausende von Jahren half dieser Geschmackseindruck unseren Vorfahren, den frühen Sammlern, beim Aufspüren kalorienreicher Nahrung. Bedenken wir, dass die Steinzeitmenschen mit der Nahrungssuche vollauf beschäftigt waren, verschaffte ihnen der süße Geschmackssinn einen entscheidenden evolutionären Vorteil. Süßer Honig, süße Früchte und Wurzeln signalisierten hohen Nährwert.

Der Naturstoff Zucker wurde erst 600 n.Chr. von den Persern durch Eindampfen wässriger Auszüge des ostasiatischen Zuckerrohrs (*Saccharum officinarum*) in reiner Form dargestellt. Rohrzucker [1] war der erste organische Naturstoff, der in reiner kristalliner Form von Menschen isoliert wurde. Arabische Händler brachten diese exotische Spezialität im frühen Mittelalter nach Europa, die nur in Apotheken als teure Arznei oder kostbares Gewürz verkauft werden durfte. Süße Speisen und Getränke blieben über Jahrhunderte ein Privileg der Wohlhabenden. Zwar wurde im 16. Jahrhundert der Rohrzucker durch den aufblühenden Überseehandel mit den eroberten Kolonien leichter zugänglich, aber er blieb für die Mehrheit der Bevölkerung unerschwinglich [2].

Dem Zuckerhandel verdanken Großbritannien und die anderen großen Kolonialmächte bis ins 19. Jahrhundert ihren Wohlstand. Kein Wunder, dass die findigsten Köpfe auf der Suche nach einer in Zentraleuropa wachsenden zuckerhaltigen Pflanze waren. Andreas Sigismund Markgraf, Mitglied der Königlichen Akademie in Berlin, fand 1747 schließlich in der Runkelrübe (*Beta vulgaris*) eine geeignete Pflanze, aus der er *„einen wahren, vollkommenen Zucker, der dem gemeinen, aus Zuckerrohr gefertigten Zucker vollkommen ähnlich war"* isolieren konnte. Aber erst seinem Schüler und Nachfolger an der Königlichen Akademie, Franz Carl Achard, gelang es in langjährigen Züchtungen, den Zuckergehalt der Runkelrübe von 1,6 % auf 5 % zu steigern [3]. Als Achard dem Preußenkönig Friedrich Wilhelm III. die erste Probe seines „Rübenzuckers" überreichte, wurde er mit 50.000 Talern belohnt, mit denen er ein Gut im schlesischen Cunern kaufen konnte. Dort baute er Zuckerrüben an und errichtete 1801 die erste Rübenzuckerfabrik der Welt. Das Monopol des Rohrzuckers war damit gebrochen.

Die Zuckerfabriken mit ihren großen Extraktionstürmen, Kalköfen, Verdampfungsstationen, Zentrifugen und Zuckersilos waren die ersten agrarindustriellen Betriebe auf der Welt. Unter dem Schutze der von Napoleon am 21. November 1806 in Berlin verfügten Kontinentalsperre blühte die junge europäische Rübenzuckerindustrie auf, denn diese gegen England gerichtete Wirtschaftsblockade verbot jeglichen Import von Rohrzucker aus Übersee [4].

Als die Kontinentalsperre nach Napoleons Niederlage 1814 aufgehoben wurde, strömte billiger Rohrzucker nach Zentraleuropa und es ging mit der noch nicht konkurrenzfähigen Rübenzuckerindustrie erst einmal bergab. Nur im Schutz hoher Importzölle und nach umfassenden verfahrenstechnischen Verbesserungen erholte sich die Rübenzuckerindustrie und wurde Mitte des 19. Jahrhunderts Vorreiter und Motor der industriellen Revolution: 1840 wurden im Deutschen Zollverein bereits 22 %, 1850 bereits 50 % und 1880 im Deutschen Reich 100 % des verbrauchten Zuckers aus Rüben gewonnen. Zucker wurde preiswerter und für breitere Bevölkerungsschichten erschwinglich, der Zuckerverbrauch stieg an (Abbildung 1).

Jahr	Verbrauch [kg/Kopf]
1800	1
1850	2
1870	5
1890	10
1910	18
1930	23
1950	27
1970	33
1990	37
2010	38

Jährlicher Zuckerverbrauch in Deutschland in Kilogramm pro Person.

Die Staatskasse kompensierte die geringeren Einnahmen aus den Importzöllen ab 1841 mit einer Zuckersteuer [5] auf einheimischen Rübenzucker. Der zunehmende Verbrauch ließ die Steuereinnahmen aus der Zuckersteuer so weit ansteigen, dass sie mit 7–10 % die größte Einzelsteuer im Deutschen Reich wurde und damit eine tragende Säule des Staatshaushalts. Dementsprechend groß war der politische Einfluss der Zuckerindustrie, die bereits 1850 mit dem *„Verein für die Rübenzuckerindustrie im Zollverein"* den ersten deutschen Wirtschaftsverband gegründet hatte.

Ob Rohr- oder Rübenzucker, Saccharose hatte als Süßungsmittel keinen Konkurrenten, da Honig wegen der aufwendigen Gewinnung immer teurer war. Dies änderte sich im Juni 1878 als ein Konkurrent, zunächst noch unbemerkt, die Bühne betrat. Ein Drama voller Leidenschaften und tiefen menschlichen Abgründen begann.

Saccharin erblickt das Licht des Labors [6]

Die in Baltimore angesiedelte Firma William H. Perot & Co. engagierte 1877 Constantin Fahlberg, einen in New York lebenden deutschen Chemiker, als Sachverständigen für einen Prozess gegen die Vereinigten Staaten wegen der Beschlagnahmung von 712 Säcken Demerara-Zucker [7]. Diese Ware sollte angeblich künstlich dunkler gefärbt worden sein, um in eine günstigere Einfuhrsteuerklasse eingestuft zu werden [8]. Dieser Verdacht erwies sich am Prozessausgang als unbegründet. Fahlberg sollte die gutachterlichen Zuckeranalysen im Labor von Ira Remsen an der Johns Hopkins University in Baltimore durchführen.

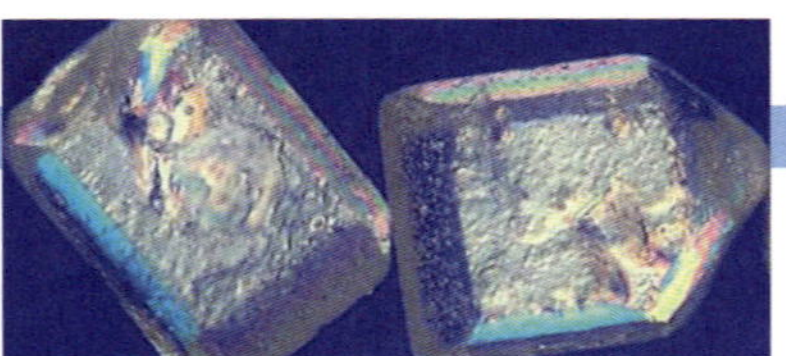

Der Prozessbeginn verzögerte sich, und als Fahlberg seine Zuckeranalysen abgeschlossen hatte, fragte er Remsen, ob er in der Wartezeit bis zum Prozessbeginn in dessen Arbeitsgruppe mitarbeiten könne. Remsen willigte ein und schlug Fahlberg vor, die Oxidation von *o*-Toluensulfonsäure (*1*) näher zu untersuchen (Abbildung 2). Remsens erste Versuche mit Kaliumdichromat direkt zur *o*-Sulfobenzoesäure (*2*) zu gelangen, waren einige Jahre zuvor fehlgeschlagen [9]. Als Remsen und sein Doktorand M.W. Iles aber zeigen konnten, dass *ortho*-ständige Methylgruppen in aromatischen Sulfonamiden mit Kaliumpermanganat glatt oxidiert werden konnten, änderte Remsen seinen Syntheseplan für *1* [10]. Dieser Umweg über das Sulfonamid erwies sich als erfolgreich, Fahlberg konnte die Zielverbindung *2* tatsächlich als Nebenprodukt isolieren (Abbildung 2). Als Hauptprodukt fiel die damals als *„Anhydroorthosulfaminbenzoësäure“* [11] bezeichnete Verbindung *5* an. Eigentlich keine Sensation, aber zwei kurze und beiläufige Sätze in der im Februar 1879 eingereichten Publikation *„Über die Oxidation das Orthotoluolsulfamids“* [12] markieren die Geburt des ersten Süßstoffs [13] (Abbildung 3): *„Sie schmeckt angenehm süss, sogar süsser als der Rohrzucker. In sehr verdünnten Lösungen ist ihre Gegenwart leicht durch den Geschmack zu erkennen.“*

Wie die Entdeckung tatsächlich ablief, erzählte Fahlberg später [14]:

ABB. 2 | DIE ZUFÄLLIGE ERFINDUNG DES SACCHARINS

1875: CH_3 / SO_3H (**1**) —/→ $K_2Cr_2O_7$ → $COOH$ / SO_3H (**2**)

1879: CH_3 / SO_2NH_2 (**3**) → $KMnO_4$ → [$COOH$ / SO_2NH_2 (**4**)] → O=C—N(H)—SO_2 (**5**, Saccharin)

Da sich o-Toluensulfonsäure ***(1)*** *mit Kaliumdichromat nicht zur o-Sulfobenzoesäure* ***(2)*** *oxidieren ließ, schlug Remsen vor, Fahlberg solle es über einen Umweg über das o-Toluensulfonamid* ***(3)*** *versuchen und dabei Kaliumpermanganat als Oxidationsmittel einsetzen. Bei dieser Oxidation entstand allerdings nicht o-Sulfamoylbenzoesäure* ***(4)****, sondern in 40%iger Ausbeute überraschenderweise gleich das eigentliche Zielmolekül, die o-Sulfobenzoesäure* ***(2)****. Als Hauptprodukt fiel in 50%iger Ausbeute das Dehydratisierungsprodukt von* ***4*** *an, dem die Struktur einer „Anhydroorthosulfaminbenzoesäure“* ***(5)*** *zukam, das unter dem Namen Saccharin bekannt wurde.*

*oben: Ira Remsen (*1846 in New York; †1927 in Carmel, Kalifornien) reiste 1867 im Anschluss an sein Medizinstudium nach Deutschland, um Chemie zu studieren. Er promovierte 1870 in Göttingen bei Rudolph Fittig und ging mit ihm an die Universität Tübingen, wo er 1870–72 als Assistent für Theoretische Chemie arbeitete. 1875 nahm er eine Professur am Williams College in Massachusetts an. 1878 wurde er an die Johns Hopkins University in Baltimore berufen, um dort eine Chemische Fakultät aufzubauen. Er gründete 1879 das „American Chemical Journal“, dessen Editor er 35 Jahre blieb und das im „Journal of the American Chemical Society“ aufging. (Foto: ThereIsNoSteve, wikimedia commons)*

*unten: Constantin Fahlberg (*1850 in Tambow, Russland; †1910 in Nassau/Lahn) studierte an der Polytechnischen Schule in Moskau Chemie und Physik und ab 1870 an der Gewerbe-Akademie in Berlin bei Carl Scheibler. In Berlin führte er erste Untersuchungen an Zuckern durch und wurde 1871 Schüler des Geheimen Hofrats Carl Fresenius. Ab 1872–73 promovierte er bei Adolf Kolbe in Leipzig. 1874 eröffnete er in New York ein auf Zucker spezialisiertes chemisches Untersuchungslabor. (Foto: Deutsches Museum, München)*

„Ich hatte, nachdem ich den ganzen Tag in Baltimore im Laboratorium der Johns Hopkins University fleißig gearbeitet hatte, meine Hände abends vor dem Nachhausegehen gründlich gewaschen und geglaubt, dabei meine Schuldigkeit vollauf getan zu haben. Ich war sehr überrascht, als meine Hände beim Essen, als ich das Brot zum Munde führte, süß schmeckten. Ich hatte die Hausfrau im Verdacht, mir das Brot unerwarteterweise versüßt zu haben, und stellte sie deshalb zur Rede. Es gab ein kleines Wortgefecht, aus dem die Hausfrau als Siegerin hervorging. Nicht das Brot schmeckte süß, sondern meine gewaschenen Hände, und ich war überrascht, nach weiterer Berührung mit der Zunge konstatieren zu müssen, dass nicht nur beide Hände, sondern auch beide Arme süß schmeckten. Es konnte kein anderer Umstand hier mitgewirkt haben, als dass ich sie mir, trotz des Waschens, von meiner Arbeit aus dem Laboratorium so mitgebracht hatte. Ich lief ins Laboratorium zurück und durchkostete meine sämtliche Becher, Gläser und Schalen, die ich auf meinem Arbeitstische stehen hatte, bis ich schließlich auf den Geschmack des Inhalts kam, der mir von ganz frappanter Süßkraft zu sein schien. Die Entdeckung des Körpers von eminenter Süßkraft war hiermit jedenfalls gemacht." [15]

Ira Remsen würde wohl dieser Darstellung zustimmen, aber vielleicht ergänzend hinzufügen, dass sich 75 seiner insgesamt 158 Publikationen mit der Chemie aromatischer Sulfonsäuren befassten. Als Fahlberg in seine Gruppe kam, hatte der keinerlei Erfahrungen auf diesem Gebiet und Remsen musste *„genau sagen, wie er vorgehen sollte und das er (Remsen) täglich mit ihm (Fahlberg) über die Arbeit vom Anfang bis zum Ende besprach, so dass jeder Schritt das Ergebnis seiner (Remsens) persönlicher Anleitung war."* [16]

Remsen war bei der Autorenschaft sehr großzügig. So durfte sein Doktorand Iles zusammen mit Fahlberg Anfang 1878 eine Arbeit in den *Berichten der deutschen chemischen Gesellschaft* publizieren, in dem eine verbesserte Methode der Schwefelbestimmung an verschiedenen Sulfonsäuren aus Remsens Arbeitsgruppe erprobt wurde. Remsen verzichtete dabei auf eine Koautorenschaft. Dies wäre auch heute eine äußerst joviale und nicht selbstverständliche Geste eines Hochschullehrers.

Remsen würde auch darauf hinweisen, dass 1880 in der umfassenden Publikation *„On the Oxidation of Orthotoluenesulphamide"* [17], in der alle experimentellen Details beschrieben wurden, die Autorenreihung *„I. Remsen and C.Fahlberg"* ausdrücken sollte, wem die grundlegende Idee dieser Arbeit zuzuschreiben war.

Alles in allem stimmten, trotz gewisser Nuancen, die Aussagen beider Entdecker überein, als sich ihre Wege im Juni 1880 trennten. Fahlberg verließ die Johns Hopkins University [18] und nahm eine neue Position in der Zuckerfabrik Harrison Bros. & Comp. in Philadelphia an.

Streit um die Vaterschaft

Die „Anhydroorthosulfaminbenzoësäure" (**5**) ließ Fahlberg auch nach Verlassen von Remsens Labor nicht los und wahrscheinlich kam ihm bald die Idee einer wirtschaftlichen Nutzung. Die Entwicklung eines im Labor ohne Rücksicht auf Kosten und Arbeitsaufwand hergestellten Wirkstoffs zu einem marktfähigen Produkt verlangt neben Ausdauer und aufwendigen Forschungsanstrengungen vor allem kauf-

ABB. 3 | STECKBRIEF SACCHARIN, 1,2-BENZOISOTHIAZOL-3(2H)-ON-1,1-DIOXID, E 954

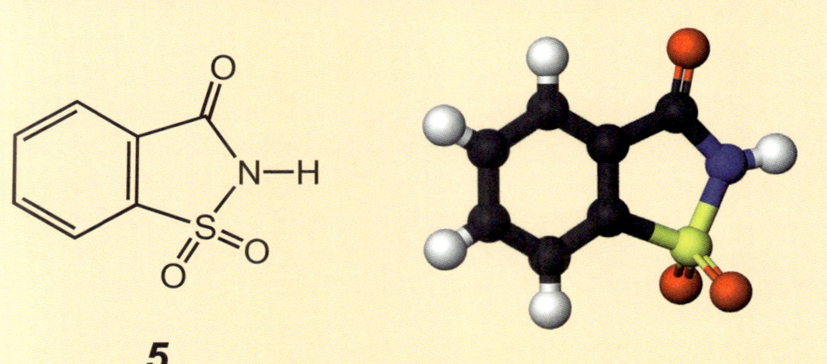

Weiße rhomboedrische Kristalle

Summenformel	$C_7H_7NO_3S$
Molare Masse	*183,2 g/mol*
Schmelzpunkt	*228–30°C*
Dichte	*0,83 g/cm³*
Süßkraft (bezogen auf Saccharose = 1)	
Saccharin	*550*
Na-Salz	*450*
Ca-Salz	*450*
Löslichkeit	
Saccharin	*3 g/l in Wasser (20°C)* *40 g/l in Wasser (100°C)* *30 g/l in Ethanol (20°C)*
Na-Salz	*1000 g/l bei 20°C; 3000 g/l bei 100°C*
Ca-Salz	*370 g/l bei 20°C ; 3000 g/l bei 100°C*
Toxizität	*LD_{50} 5.000–18.000 mg/kg je nach Versuchstier* ***[46]***
ADI:	*5 mg/kg* ***[47]***

Der Süßstoff Saccharin darf nur in bestimmten Lebensmitteln verwendet werden und darin die folgenden Höchstwerte nicht überschreiten. In höheren Konzentrationen hat Saccharin einen metallisch-bitteren Nachgeschmack.

Lebensmittel	max. Saccharingehalt [mg/kg bzw. mg/l]
energiereduzierte Getränke	80
energiereduzierte Desserts	100
energiereduzierte Brotaufstriche, Konfitüren, Marmeladen, Gelees	200
energiereduzierte Süßwaren auf der Basis von Kakao oder Trockenfrüchten	500
süßsaure Obst- und Gemüsekonserven	160
süßsaure Fisch-, Meeres- und Weichtierkonserven	160
Soßen	160
Senf	320
alkoholische Getränke	80
Knabbererzeugnisse aus Getreide und Nüssen	100
Nahrungsergänzungsmittel [48]	1.200

Weitere Verwendungszwecke außer in Lebensmitteln: Zur Versüßung von Medikamenten, Kaugummi, Mundwasser, Zahnpasta, Lebertran und Kautabak. Seit 1955 Zusatz in galvanischen Bädern zur Erhöhung des Glanzes und der Elastizität einer Nickelschicht. (Foto: Ben Mills, wikimedia commons, Deutscher Süßstoffverband e.V., Köln)

männischen Sachverstand. Im Sommer 1882 besuchte Fahlberg seinen Onkel, den erfolgreichen Kaufmann Adolph List (1823-1885) in Leipzig und mit ihm wurden erste Vorstellungen über eine mögliche industrielle Nutzung entwickelt.

Unmittelbar nach seiner Rückkehr begann Fahlberg noch bei Harrison Bros. & Comp. in Philadelphia mit Verträglichkeitsstudien an Kaninchen und Hunden. Es zeigte sich, dass Saccharin praktisch vollständig und unverändert mit dem Harn ausgeschieden wurde. Fahlberg bestätigte dies auch für den Menschen in einem Selbstversuch [19]: *„Ich erinnere mich, einmal 10 g Saccharin im Laufe eines Tages eingenommen und am nächsten Tage dieser Menge aus dem Urin bis auf einen kleinen Bruchteil wieder ausgeschieden zu haben."*

Parallel dazu optimierte Fahlberg die technische Synthese in Hinblick auf Ausbeute und Nebenprodukte. Beim nächsten Besuch in Leipzig im Sommer 1884 fiel dann die endgültige Entscheidung für eine Produktionsaufnahme. Fahlberg und sein Onkel Adolph List beantragten Patente in Deutschland und den USA (Abbildung 4).

Nach seiner Rückkehr im Herbst 1884 kündigte Fahlberg bei Harrison Bros. & Comp., zog nach New York und errichtete in der 117. Straße am East River eine kleine Versuchsfabrik. Mit nur einem Angestellten wurde Saccharin in Mengen von 5 kg am Tag hergestellt, die für weiterführende Tierversuche an wissenschaftliche Institute abgegeben wurden. Danach wurden potenzielle Kunden mit Mustern versorgt und ab 1885 stellte Fahlberg seinen neuen Süßstoff auf internationalen Messen vor und wurde dort vielfach ausgezeichnet. 1886 ließ sich Fahlberg den Namen „Saccharin" im Handelsregister schützen, der sich vom lateinischen *saccharum* für Zucker ableitete. Fahlberg sieht sich selbst als den Entdecker und stellt im Rückblick selbstbewusst fest: *„Mit dem Namen „Saccharin" bezeichne ich einen von mir im Juni 1878 entdeckten Körper."*

Fahlberg hatte Remsen weder über die Patentierung noch über die geplante kommerzielle Nutzung von Saccha-

ABB. 4 | FAHLBERGS DEUTSCHE UND US-AMERIKANISCHE PATENTANMELDUNGEN

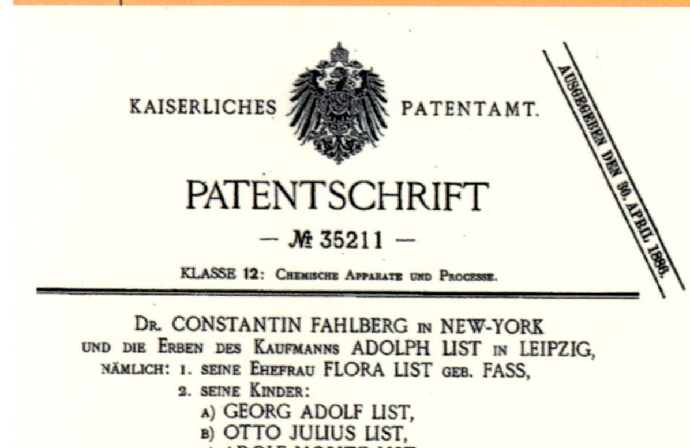

KAISERLICHES PATENTAMT.

AUSGEGEBEN DEN 30. APRIL 1886.

PATENTSCHRIFT

— № 35211 —

KLASSE 12: Chemische Apparate und Processe.

Dr. CONSTANTIN FAHLBERG in NEW-YORK
und die Erben des Kaufmanns ADOLPH LIST in LEIPZIG,
nämlich: 1. seine Ehefrau FLORA LIST geb. FASS,
2. seine Kinder:
a) GEORG ADOLF LIST,
b) OTTO JULIUS LIST,
c) ADOLF MORITZ LIST,
d) SOPHIE BERTHA vereh. BECKER geb. LIST,
e) AUGUST ROBERT BRUNO LIST,
f) MADLEINE ANTONIE AUGUSTE LIST,
zu e) und f) noch minorenn und vertreten durch ihre Mutter als Vormünderin.

Verfahren der Fabrikation von Benzoësäuresulfinid, auch Anhydroorthosulfaminbenzoësäure oder Saccharin genannt.

Patentirt im Deutschen Reiche vom 16. August 1884 ab.

Durch die Untersuchungen des Dr. Fahlberg über die Oxydationsproducte der Amide der Toluolsulfosäuren ist in die chemische Wissenschaft ein Körper eingeführt worden, der, sich von der Orthotoluolsulfosäure ableitend, mit dem Namen Benzoësäuresulfinid oder Anhydroorthosulfaminbenzoësäure belegt worden ist.

Dieser Körper, in den Ber. der deutsch. chem. Ges., XII., 469 u. f. beschrieben, zeichnet sich durch eine aufserordentliche Süfsigkeit aus, ferner durch antiseptische Einwirkungen, und haben diese Eigenschaften den Gedanken nahe gelegt, den Versuch zu machen, das besagte Product als Artikel der Grofstechnik zu gewinnen und zu versuchen, den genannten Stoff als Versüfsungsmittel, z. B. für Stärkezucker, und als Medicament einzuführen.

Bisher scheiterte die Verwirklichung jener Ideen an den völlig ungenügenden Ausbeuten, welche das von Fahlberg und Remsen eingeschlagene Verfahren zur Darstellung des betreffenden Körpers erzielen liefs. Es wurden aus 1 kg Toluol ungefähr 25 g der Anhydroorthosulfaminbenzoësäure erhalten, ein Umstand, der jede technische Verwerthung des Products unmöglich erscheinen liefs. Es kam daher darauf an, festzustellen, ob jene geringe Ausbeute wirklich unter allen Umständen den Gesammtprocefs charakterisire, oder aber, ob bestimmte Arbeitsbedingungen die Quantität der Ausbeute angemessen zu erhöhen im Stande seien. Infolge dieser Untersuchungen ist das Darstellungsverfahren des Benzoësäuresulfinids derart vervollkommnet, dafs heute aus 1 kg Toluol ca. $1\frac{1}{2}$ kg des Benzoësäuresulfinids, also das etwa Sechzigfache der früheren Ausbeute erzielt wird, und gestaltet sich hierdurch das in Rede stehende Product in der That zu

(2. Auflage, ausgegeben am 22. December 1897.)

UNITED STATES PATENT OFFICE.

CONSTANTIN FAHLBERG, OF NEW YORK, N. Y., ASSIGNOR OF ONE-HALF TO ADOLPH LIST, OF LEIPSIC, GERMANY.

MANUFACTURE OF SACCHARINE COMPOUNDS.

SPECIFICATION forming part of Letters Patent No. 319,082, dated June 2, 1885.

Application filed August 7, 1884. (Specimens.) Patented in Belgium August 16, 1884, No. 66,048, and in France August 16, 1884, No. 163,797.

To all whom it may concern:

Be it known that I, CONSTANTIN FAHLBERG, of the city, county, and State of New York, have invented a new and useful Compound called Saccharine, and Process of Manufacturing the Same, as hereinafter fully described.

My invention relates to the manufacture of a saccharine compound from toluene and other derivatives of coal-tar, which compound contains the elements of carbon, hydrogen, oxygen, sulphur, and nitrogen, and possesses a similar sweet taste as saccharose or cane-sugar. It may be used for many purposes where sugar would be too costly—for instance, in sweetening glucose, grape or starch sugar, and for other purposes where cane-sugar is used for sweetening and preserving purposes.

The invention is based upon the original researches published by myself in the American Chemical Journal, Volume 1, Nos. 2 and 3, June, 1879, pages 170 to 175, and jointly by myself and Ira Remsen, in the same journal, Volume 1, No. 6, pages 426 to 438, in which a saccharine compound was first described, to which the name of "benzoic sulfinide" was given.

The object of this invention is to provide a process by which said saccharine compound can be manufactured on a large scale, and cheap enough to be used in the arts.

The special characteristics of the compound are its sweetness and antiseptic properties.

The high antiseptic properties of my improved saccharine compound will recommend it for many purposes in the arts and medicine. Owing to the fact that it cannot be classed under the heading of nourishments, like sugar and similar carbon hydrates, it may be used for many medical purposes in which cane-sugar is excluded from the diet, as in the case of "diabetes mellitus," and other diseases.

My improved compound does not dissolve easily in cold water. It is more soluble in warm or hot water and can be easily obtained from its aqueous solution in crystalline form. Alcohol and ether dissolve it readily. It crystallizes in thick, short prisms, in all probability belonging to the monoclinic system. The crystals, however, are small and not well formed. It fuses at about 200° centigrade under partial decomposition. Saccharine possesses a marked sweet taste, being much sweeter than cane-sugar and sweeter than grape or starch sugar. A diluted solution of the compound tastes like a saturated solution of cane-sugar.

In an aqueous solution my improved saccharine compound forms readily salt-like compounds with the alkalies, alkaline earths or metals, similar to cane-sugar. These salts possess the same pleasant sweet taste as the compound itself. All salts of the compound crystallize badly, those of the alkalies yielding on evaporation a sirup-like mass, which is unable to crystallize even after long standing.

The saccharine compound forms, under certain conditions, with the residues of the hydrocarbons, as methyl, ethyl, propyl, &c., compounds which are termed "esters," possessing the same sweet properties as the primary compound.

The saccharine compound, being a derivative of benzoic acid, does not ferment, like grape sugar and other carbon hydrates.

Having described so far the properties and advantages of my new sweet compound, to which I have given the name "saccharine," I shall now proceed to describe the process of its preparation.

Operation 1: Saccharine is prepared from coal-tar and similar products, in particular from such products containing abundantly benzine, toluene, xylem, &c. Although toluene generally is used, for economical reasons, other substitution products of benzine and the like, which yield on oxidation or which contain without previous oxidation benzoic acid, may be used. Toluene is first treated with fuming sulphuric acid in the cold, or with concentrated sulphuric acid at a temperature of 220° Fahrenheit, and above, in leaden vessels until it is dissolved, respectively converted into the two isomeric toluene-monosulphonic acids. It has been found, however, that strong concentrated sulphuric acid, or a mixture of hydrated sulphuric acid and anhydrous sulphuric acid is better adapted for this purpose, inasmuch as the yield of saccharine was larger than when fuming sulphuric acid was used.

Operation 2: As soon as the last trace of toluene has become converted into the two toluene-monosulphonic acids the contents of the vessel are allowed to run into wooden tanks, neutralized with chalk or carbonate of lime, and filtered through a filter-press. The

Constantin Fahlberg reichte zusammen mit seinem Onkel Adolph List im August 1884 Patentanmeldungen in Deutschland, Frankreich, Belgien und den USA ein. Die Patente bezogen sich nicht auf das Saccharin selbst, denn dessen Laborsynthese war bereits 1879 in den Berichten der deutschen chemischen Gesellschaft publiziert worden. Das Patent beinhaltete vielmehr ein verbessertes technisches Syntheseverfahren, das aber in seinen chemischen Grundzügen dem in der Publikation mit Remsen entsprach.

rin informiert, geschweige denn um seine Zustimmung gebeten. Erst im Frühsommer 1886 erfuhr Remsen von Fahlbergs Aktivitäten und war verständlicherweise stocksauer. Remsen protestierte sofort im *American Chemical Journal* gegen Fahlbergs Hintergehung [20]:

„.... Diese Substanz hat unter dem Namen „Saccharin" in jüngster Zeit eine gewisse Bekanntheit erreicht, die auf dem süßen Geschmack beruht. In Beschreibungen, selbst in wissenschaftlichen Zeitschriften, wird ständig die Behauptung aufgestellt, dass diese Substanz von Fahlberg entdeckt wurde. Diese Behauptung muss korrigiert werden. In Wirklichkeit wurde diese Substanz im Zuge einer Untersuchung entdeckt, die Fahlberg auf meinen Vorschlag und unter meiner Anleitung durchführte und erstmals in einer Publikation von mir und Fahlberg in den „Berichten der deutschen chemischen Gesellschaft" publiziert wurde."

Einige Monate später wurde er in einer Mitteilung an die *Berichte der deutschen chemischen Gesellschaft* noch deutlicher [21]:

„Da es scheint, als ob ein Missverständnis in einigen Kreisen existirt in Betreff der Entdeckung des Benzoësäuresulfinids (sogen. Saccharin), erlaube ich mir folgende Erklärung zu geben: Dieser Körper wurde im Verlaufe einer Untersuchung, welche Fahlberg vor einigen Jahren auf meine Veranlassung unternahm, entdeckt. Diese Untersuchung war Theil einer grösseren Untersuchung über die „Oxidation aromatischer Substitutionsprodukte", welche ich damals in Arbeit hatte. Das Sulfinid wurde zuerst in einer Abhandlung beschrieben, welche ich der Redaktion dieser Berichte sandte, und später in einer grösseren Abhandlung, welche in dem von mir redigierten „American Chemical Journal" erschien. Seit der Zeit habe ich manche Versuche anstellen lassen, um die Ausbeute des Sulfinids zu verbessern, in der Hoffnung, den Körper in grösserer Quantität zur Untersuchung zu bekommen, und obwohl die Darstellungsmethode bis jetzt noch nicht eine befriedigende ist, habe ich die oben erwähnten Untersuchungen ausführen können. Der Ausdruck „Fahlberg's Saccharin" ist durchaus unberechtigt und wird hoffentlich in der Zukunft nicht wieder zum Vorschein kommen. Die einzige mögliche Berechtigung dazu ist vielleicht die Thatsache, dass Fahlberg den Körper hat patentiren lassen, ohne vorher mit mir die Sache zu besprechen. Diese Thatsache braucht keinen Commentar."

Remsen nahm Fahlberg vor allem die Leugnung von Remsens wissenschaftlichem Beitrag zur Saccharin-Entdeckung übel und hat ihm das nie verziehen. Zu einem Studenten sagte er kurz vor seinem Ruhestand: *„Ich wollte nicht (Fahlbergs) Geld, aber ich hatte das Gefühl, auch mir stünde ein wenig Anerkennung für die Entdeckung zu."* [22]

Sicher ist zweifellos, dass neben einer großen Portion Forscherglück der Tüchtigen, Remsen und Fahlberg zur Erfindung des Saccharins beigetragen haben, und keiner ohne den anderen erfolgreich gewesen wäre. Die industrielle Umsetzung ist unstrittig Fahlbergs Verdienst, allerdings sind das Verschweigen seiner Pläne und die Geheimniskrämerei um die Patentierung gegenüber Remsen moralisch bedenklich und unverständlich, da Fahlberg genau wusste, dass Remsen an Kommerzialisierungen von Forschungsergebnissen generell nicht interessiert war und einer wirtschaftlichen Nutzung durch Fahlberg sicherlich zugestimmt hätte. Remsen ging es allein um die wissenschaftliche Anerkennung, die ihm Fahlberg versagt hatte und er brachte seine Sichtweise auf den Punkt: *„Fahlberg ist ein Gauner. Mir wird übel, wenn man meinen Namen mit seinem in einem Atemzug nennt."*

Kampf ums Saccharin
Saccharin fürs Volk

Eine industrielle Saccharin-Produktion in den USA scheiterte an den zu hohen Lohn- und Rohstoffkosten. Eine Fabrikerrichtung in Leipzig, dem Wohnsitz von List, kam wegen der damit verbundenen Geruchsbelästigung nicht infrage und so wurde die erste Saccharin-Fabrik der Welt in Salbke bei Magdeburg an der Elbe errichtet.

Am 9. März 1887 begann die Produktion in der ersten Saccharin-Fabrik der Welt. Nachdem verfahrenstechnische Schwierigkeiten gelöst waren, gedieh die Firma prächtig

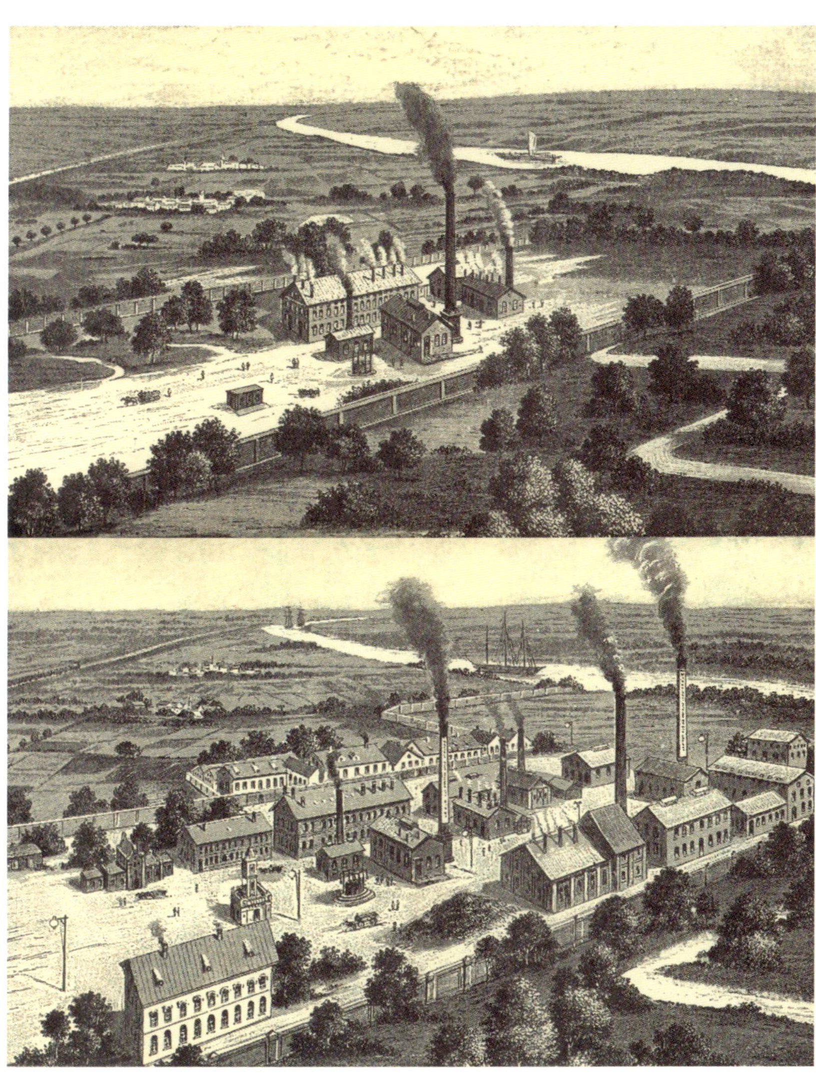

Abb. 5 ***Die erste Saccharin-Fabrik der Welt in Salbke bei Magdeburg***
oben: Ansicht des Fabrikgeländes der Commanditgesellschaft Fahlberg, List & Co. [49] im Jahr 1887, im Hintergrund ist die Elbe zu erkennen. Das Werksgelände lag verkehrsgünstig zwischen der Landstraße von Magdeburg nach Schönebeck und der Bahnlinie Magdeburg-Leipzig.
unten: die gleiche Ansicht 1893. Bereits nach 6 Jahren stieg die Gebäudezahl auf das Fünffache [23].

und expandierte (Abbildung 5). Der Produktionsbeginn in Salbke und der wirtschaftliche Erfolg wurden vom Reichsschatzamt argwöhnisch beobachtet und damit begann das steuergesetzgeberische Leid des Saccharins.

„Reines Saccharin“ mit der 300fachen Süßkraft von Rohrzucker wurde ein großer Erfolg, allerdings stellte sich 1890/91 heraus, dass es keineswegs „rein“, sondern mit sage und schreibe 40 % *p*-Sulfamoylbenzoesäure (7) verunreinigt war (Abbildung 6) [23]. Aus heutiger Sicht eine fast unglaubliche Tatsache, bei der jedem, nicht nur in der Pharmabranche arbeitenden Chemiker die Haare zu Berge stehen dürften!

Die Einführung einer zusätzlichen Reinigungsstufe führte zu einem wirklich reinen Endprodukt, das ab 1891 als „raffiniertes“ Saccharin vermarktet wurde. Durch Entfernen der nicht-süßen Verunreinigung 7 stieg die Süßkraft von 300 im *„Reinen Saccharin“* nun auf 550 im *„Raffinierten Saccharin“*!

Durch die anfängliche Monopolstellung konnte Fahlberg, List & Co. einen stolzen Saccharinpreis von 150 Reichsmark/kg am Markt durchsetzen. Der Umsatz schoss in die Höhe (Abbildung 7). Dies weckte das Interesse der Konkurrenz, die auf den Markt drängte. Aus Kostengründen wurde versucht, das von Fahlberg patentierte Herstellungsverfahren zu umgehen (Abbildung 8). So gelang der Chemischen Fabrik von Heyden in Radebeul Toluen mit Chlorsulfonsäure direkt in Toluensulfochlorid zu überführen.

Vergeblich versuchte Fahlberg, List & Co. die Patentierung des Konkurrenzverfahrens in einem dreijährigen Rechtsstreit zu verhindern. Der neue Syntheseweg war wirtschaftlicher und von Heyden konnte Saccharin wesentlich günstiger anbieten als Fahlberg, List & Co. Durch einen unerbittlichen Preiskampf sank der Kilopreis für Saccharin in Deutschland von 150 (1888) über 30 (1895) auf schließlich 15 Reichsmark (1902) [24]. Um 1900 agierten mehrere Saccharin-Hersteller auf dem deutschen Markt, die ihren

ABB. 6 | „REINES“ SACCHARIN WIRD CHEMISCH RAFFINIERT

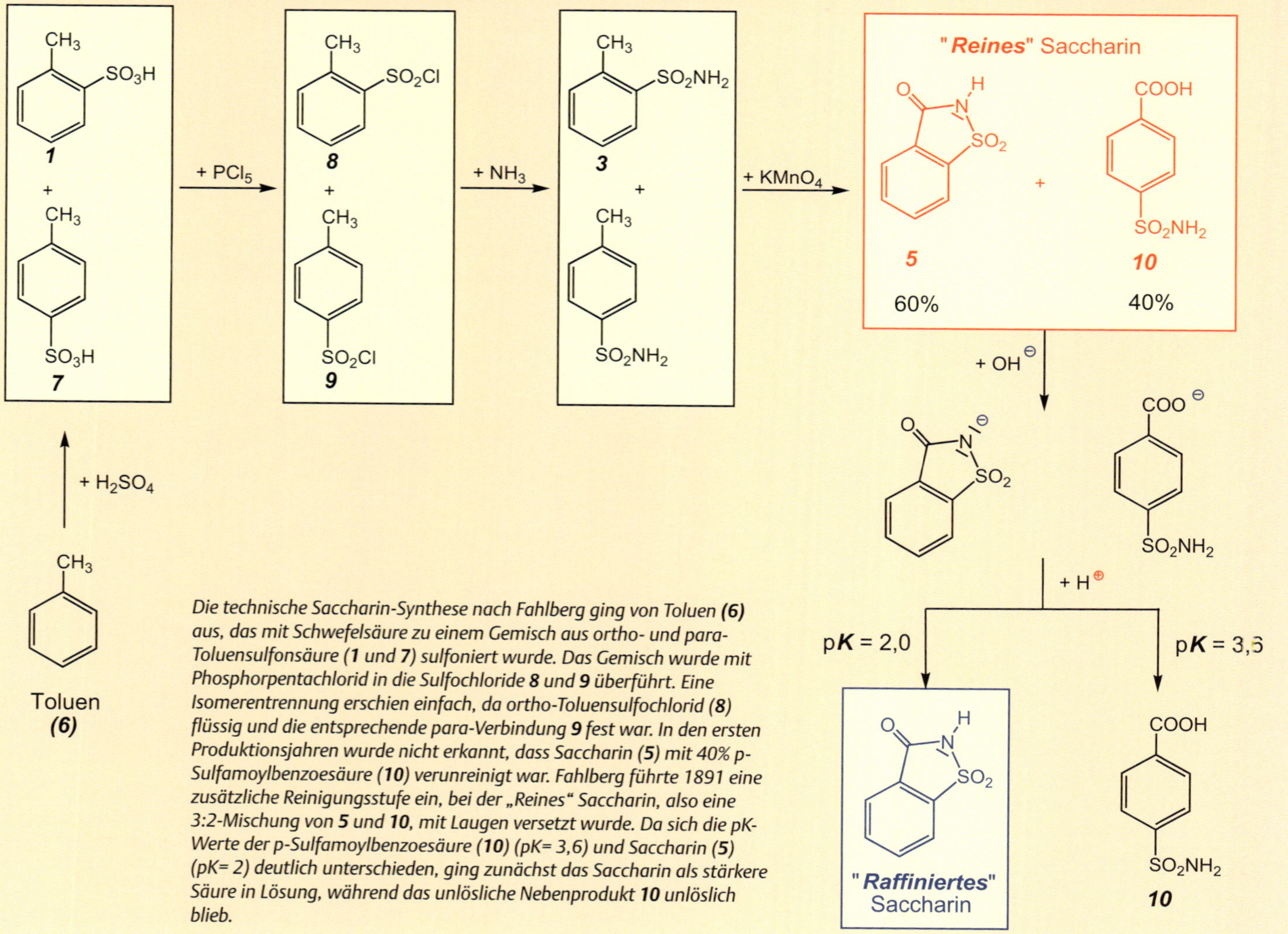

*Die technische Saccharin-Synthese nach Fahlberg ging von Toluen **(6)** aus, das mit Schwefelsäure zu einem Gemisch aus ortho- und para-Toluensulfonsäure (**1** und **7**) sulfoniert wurde. Das Gemisch wurde mit Phosphorpentachlorid in die Sulfochloride **8** und **9** überführt. Eine Isomerentrennung erschien einfach, da ortho-Toluensulfochlorid **(8)** flüssig und die entsprechende para-Verbindung **9** fest war. In den ersten Produktionsjahren wurde nicht erkannt, dass Saccharin **(5)** mit 40% p-Sulfamoylbenzoesäure **(10)** verunreinigt war. Fahlberg führte 1891 eine zusätzliche Reinigungsstufe ein, bei der „Reines“ Saccharin, also eine 3:2-Mischung von **5** und **10**, mit Laugen versetzt wurde. Da sich die pK-Werte der p-Sulfamoylbenzoesäure **(10)** (pK= 3,6) und Saccharin **(5)** (pK= 2) deutlich unterschieden, ging zunächst das Saccharin als stärkere Säure in Lösung, während das unlösliche Nebenprodukt **10** unlöslich blieb.*

Süßstoff allerdings unter anderen Namen vertreiben mussten, da Fahlberg „Saccharin" als Warenzeichen hatte schützen lassen (Abbildung 9) .

Auftritt der Zuckerbarone

Saccharin war sechsmal so teuer wie Zucker, aber 550mal so süß, bezogen auf gleiche Süße war Saccharin somit 100mal preiswerter als Zucker. Man kann verstehen, dass der wirtschaftliche Erfolg des Saccharins die Zuckerrüben-Industrie beunruhigte. Zur Wahrung ihrer Interessen setzten daher die Zuckerindustrien in den meisten Ländern Europas Markteinschränkungen für Saccharin durch. In Spanien, Belgien und Frankreich durfte es nur für pharmazeutisch-medizinische Anwendungen abgegeben werden und seit 1898 war die Einfuhr von Saccharin nach Österreich einschließlich Böhmen völlig verboten. Das Deutsche Reich war Ende des 19. Jahrhunderts der weltweit größte Zuckerexporteur und die Zuckerindustrie entsprechend mächtig. Auf deren Druck wurde im Juli 1898 das 1. Süßstoffgesetz verabschiedet, das neben der Kennzeichnungspflicht

ABB. 7 | JÄHRLICHER SACCHARIN-VERBRAUCH IM DEUTSCHEN REICH

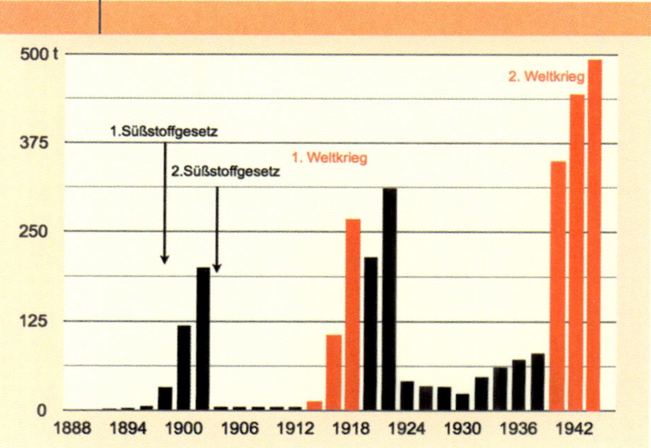

Das Auf und Ab des deutschen Saccharin-Verbrauchs bestimmten Kriege, von der Zuckerlobby durchgesetzte Süßstoffgesetze und der Zeitgeist [3]. (Genaue Angaben über den Saccharin-Verbrauch nach dem Zweiten Weltkrieg liegen nicht vor.)

ABB. 8 | INDUSTRIELLE SACCHARIN-SYNTHESEN

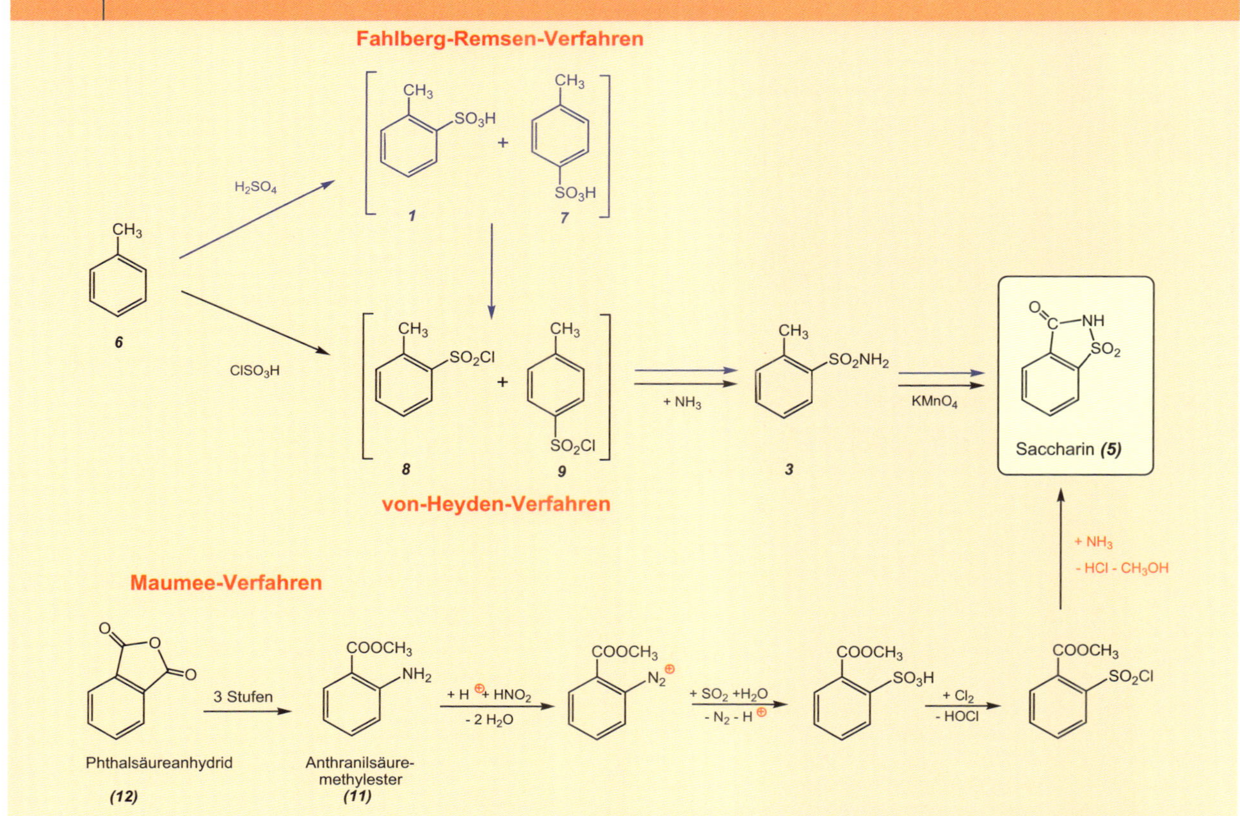

*Im Vergleich zur Originalsynthese von Remsen und Fahlberg gelang es der „Chemischen Fabrik von Heyden" eine Stufe einzusparen und Toluen **(6)** mit Chlorsulfonsäure direkt zu einem Gemisch der Toluensulfochloride **8** und **9** umzusetzen **[50]**. Dieses kostengünstigere Verfahren setzte sich durch und wurde 1906 auch von Fahlberg, List &Co übernommen.*

*In den 1950er Jahren entwickelten O. Senn und G.F. Schlaudecker ein alternatives Verfahren, das vom Anthranilsäuremethylester **(11)** ausging, der aus Phthalsäureanhydrid **(12)** leicht zugänglich war. Durch Diazotieren und Umsetzen mit Schwefeldioxid, Chlor und schließlich Ammoniak konnte Saccharin hergestellt werden. Das Verfahren wurde Mitte der 50er Jahre von der Maumee Chemical Company in Toledo, Ohio technisch umgesetzt. Sein großer Vorteil ist die Umgehung der aufwendigen Trennung der ortho- und para-Isomere.*

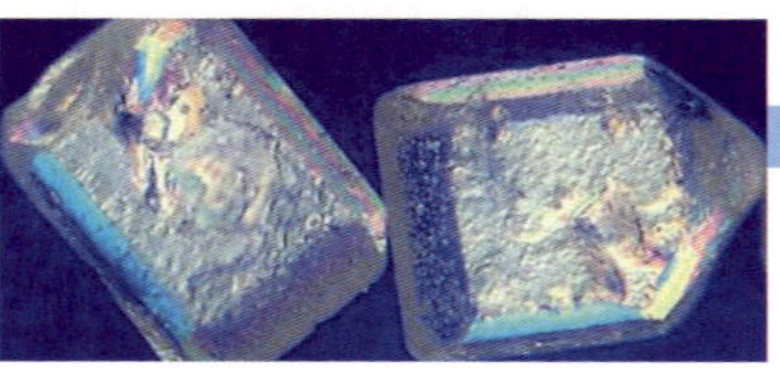

bei vielen in großen Mengen verzehrten Lebensmitteln sogar ein völliges Verbot von Saccharin beinhaltete (Abbildung 10).

Aus heutiger Sicht erscheinen diese Beschränkungen verbraucherfreundlich, damals standen aber nur wirtschaftliche Interessen dahinter. Die Zuckerindustrie wollte sich einfach den Konkurrenten vom Hals halten. Fahlberg schimpfte deswegen z. B. auf das gesetzliche Verbot des Süßens von Wein mit Saccharin [23]:

„Auch ist mein Vorschlag häufig dahingegangen, alte, herbe Weine schmackhaft zu machen, doch hat die puritanische Mehrheit des Reichstags hierfür kein Verständnis gezeigt, wie aus den jüngsten Weingesetzen zu ersehen, wonach die Verwendung das Saccharin für die Weinbereitung verboten ist."

Es sollte aber noch schlimmer kommen, denn das 1. Süßstoffgesetz konnte den Erfolg des Saccharins nicht aufhalten. 1901/02 erlitt der Weltzuckermarkt eine große Absatzkrise, während gleichzeitig die deutsche Jahresproduktion an Saccharin 200.000 kg überschritt, bei einem neuen Tiefpreis von 12 RM/kg. Bezogen auf die Süßkraft entsprach dies bereits 5 % des Zuckerverbrauchs in Deutschland. Nun liefen die politischen Schwergewichte der Rübenzuckerindustrie Sturm und erzwangen ein faktisches Saccharin-Verbot. Gegen die Stimmen der Freisinnigen und Sozialdemokraten beschloss der Deutsche Reichstag 1902 in einer turbulenten Aussprache das 2. Süßstoffgesetz (Abbildung 11). Nur Fahlberg, List & Co. durfte als konzessionierter Monopolist Saccharin für den deutschen Markt herstellen, das nur in Apotheken auf ärztliches Rezept und zu einem staatlich festgelegten Preis abgegeben werden durfte [25]. Die Folgen: Während Fahlberg, List & Co. 1901 noch 170 t Saccharin produzierte, sank diese Menge 1903 auf 3–5 t. Im Jahr nach dem Saccharin-Verbot stieg der Zuckerpreis übrigens um 23 %.

Seit 1901 produzierte Fahlberg, List & Co. die für die Saccharinproduktion benötigte Schwefelsäure in Lizenz nach dem damals neuen Kontaktverfahren der BASF [26]. Dies erwies sich als Glücksgriff, denn nach kurzer Zeit überstieg der Gewinn aus der Schwefelsäureproduktion den aus der Saccharin-Herstellung und die Firma konnte die drastischen Einschränkungen der Saccharin-Produktion durch das Süßstoffgesetz von 1902 verkraften.

Der heilige Nepomuk erschien

Die meisten europäischen Staaten schützten ihre nationalen Zuckerrübenindustrien durch hohe Saccharin-Steuern und Einfuhrbeschränkungen. Aber mitten in Europa gab es um 1910 ein Land, in dem Saccharin nicht nur in beliebigen Mengen produziert werden konnte, sondern auch hinterher nicht mit Steuern belastet wurde. Genauso wurde importierter Zucker mit nur wenig Zoll belegt. Die süße Oase in Europa war die Schweiz. Warum verzichtete der Schweizer Staat freiwillig auf diese sprudelnden Einnahmequellen? Die Antwort ist einfach: Einmal unterstützte ein niedriger Zuckerpreis die eigene Schokoladenindustrie und zum anderen verhalf man der damals noch jungen schweizerischen Chemischen Industrie (Sandoz, CIBA) durch den Verzicht auf eine Süßstoffsteuer zu einem preisgünstigen *Blockbuster*, der am wirtschaftlichen Aufstieg dieser Firmen ganz erheblichen Anteil hatte.

Die Schweiz Steueroase mit ihrer hohen Saccharin-Produktion, umgeben von bevölkerungsreichen Abnehmer-

ABB. 9 | SACCHARIN UND SEINE KONKURRENZPRODUKTE

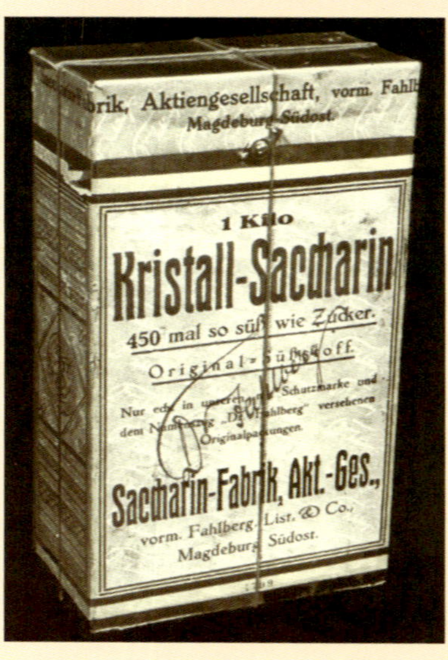

*Saccharin wurde in verschiedenen Handelsformen angeboten, kristallin oder als feines Pulver. Wegen der geringen Löslichkeit des Saccharins (**5**) in Wasser war das Natriumsalz die bevorzugte Handelsform. Das Dihydrat des Natriumsalzes wurde von Fahlberg, List & Co. unter dem Namen Kristall-Saccharin vermarktet.*

Da Fahlberg den Handelsnamen „Saccharin" 1896 schützen ließ, mussten die konkurrierenden Firmen ihre chemisch identischen Produkte unter anderen Handelsnamen vertreiben.

Saccharin:	*Fahlberg, List & Co., Salbke*
Zuckerin, Crystallose	*Chemische Fabrik von Heyden, Radebeul*
Sucrin, Sycose	*Farbenfabriken, vorm. Friedr. Bayer & Co., Elberfeld*
Süßstoff Höchst	*Farbwerke, vorm. Meister, Lucius & Brüning, Hoechst*
Sycorin	*Straßfurter Chemische Fabrik, vorm. Vorster und Grüneberg*

Die Chemische Fabrik von Heyden erreichte 1901 mit 47,9 % den größten Marktanteil, gefolgt von Fahlberg, List & Co. mit 31,8 %, Hoechst mit 10,7 %, Bayer mit 6,3 % und Straßfurt mit 3,5 %.

Erst 1932 gab Fahlberg, List & Co. gegen eine Kompensationszahlung den Handelsnamen Saccharin frei, der dann von allen Herstellern genutzt werden konnte. (Fotos oben: Deutsches Museum, München)

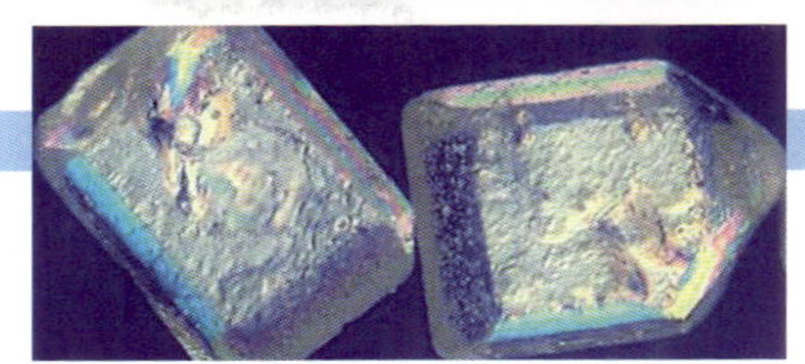

ABB. 10 | DIE FÜNF DEUTSCHEN SACCHARIN-GESETZE

Der Saccharin-Verbrauch in einem Land war immer Ausdruck des Kräftespiels verschiedener wirtschaftspolitischer Interessen. Einmal als Quelle einer problemlos zu erhebenden und leicht zu erhöhenden Luxussteuer, zur Wahrung der Interessen der nationalen Zuckerindustrie als meist übermächtiger Konkurrenz und dem Verlangen der Bevölkerung nach einer ausreichenden Versorgung mit Süßungsmittel. Bereits vor (!) Produktionsbeginn geriet die weltweit erste Saccharin-Fabrik ins Fadenkreuz des Staates. Von Anfang an mussten „besondere Fabrikbücher" geführt werden, die der Steuerbehörde jederzeit zugänglich sein mussten und das Reichsschatzamt wies den Reichsbevollmächtigten für Zölle und Steuern in Magdeburg schon 1886 an, die Saccharinfabrik Fahlberg, List & Co. in Salbke in „unauffälliger Weise" zu kontrollieren. Das war aber nur der Anfang.

*Das **1. Süßstoffgesetz** wurde auf Druck der Zuckerindustrie im Juli 1898 verabschiedet. Danach müssen „die unter Verwendung künstlicher Süßstoffe hergestellten Nahrungs- und Genussmittel" entsprechend gekennzeichnet werden. Weiterhin wird die Verwendung von künstlichen Süßstoffen in der gewerbsmäßigen Herstellung von Bier, Wein, Fruchtsäften, Konserven, Likören, sowie von Zucker- und Stärkesirup verboten."*

*Das **2. Süßstoffgesetz** wurde im Juli 1902 auf massiven Druck der Zuckerindustrie verabschiedet. Danach wurde die Saccharin-Herstellung im Deutschen Reich verboten, allein Fahlberg, List & Co. durfte als konzessionierter Monopolist für den deutschen Markt Saccharin produzieren [25]. Dieses Saccharin durfte nur in Apotheken auf ärztliches Rezept und zu einem staatlich festgelegten Preis abgegeben werden.*

*Das **3. Süßstoffgesetz** gab 1922 die Herstellung und Verarbeitung von Saccharin weitgehend frei, allerdings blieb Saccharin ein Reichsmonopol, d. h. die Regierung setzte den Preis fest und die Differenz zum Herstellungspreis floss in die Reichskasse.*

*Das **4. Süßstoffgesetz** schaffte 1926 wegen des viel zu großen und teuren Verwaltungsaufwandes das Reichsmonopol wieder ab und führte die Süßstoffsteuer von 2 RM/kg ein.*

*Das **5. Süßstoffgesetz** wurde auf massiven Druck des NS-Reichsbauernbundes 1939 erlassen. Die Süßstoffsteuer wurde darin von 2 auf 7,50 RM/kg erhöht. Dieses Gesetz wurde von der Bundesrepublik Deutschland übernommen und mehrfach novelliert. Entgegen aller Erfahrung, wonach Finanzminister auf einmal eingeführte Luxussteuern niemals verzichten werden, wurde 1965 wegen des zu großen Verwaltungsaufwandes und im Zuge der EU-Steuerharmonisierung die Süßstoffsteuer tatsächlich abgeschafft.*

ABB. 11 | DIE TURBULENTE 191. SITZUNG DES DEUTSCHEN REICHSTAGS IN BERLIN AM 11.6.1902

Im Deutschen Reichstag wurde das 2. Süßstoffgesetz am 11. Juni 1902 behandelt. Die Befürworter des Gesetzes, die Konservativen, Deutschnationalen und das Zentrum, wollten den Saccharin-Handel in Deutschland praktisch unterbinden. Gegen die Zerstörung der gesamten Saccharin-Industrie liefen die Sozialdemokraten und die Freisinnigen Sturm. Der Abgeordnete Dr. Otto Hermes der Deutsch-freisinnigen Partei (rechts), Zoologe und Direktor des Berliner Aquariums, glänzte in seinem scharfzüngigen Wortbeitrag auch mit chemischem Sachverstand:

Dr. Hermes, Abgeordneter: Meine Herren, eine Regierung, die einem Gesetz zustimmt, durch welchen eine blühende Industrie einfach vernichtet wird, muß agrarisch sein bis auf die Knochen.
(Sehr richtig! links.)

Jedenfalls, meine Herren, ist dieser Vorgang, wie er sich hier zeigt, ein einzig dastehender Vorgang, wenigstens in der modernen Zeit. Man muß weit zurückgehen, um einen Vergleich mit den gegenwärtigen Verhältnissen ziehen zu können: man muß schon zurückgreifen auf das Jahr 1594.
(Große Heiterkeit rechts.)

Damals wurde im Regensburger Reichstag über denjenigen die Todesstrafe verhängt, welcher Indigo einführte, weil nämlich die Waidpflanze, Isatis tinctoria, im Lande gebaut wurde, und die damaligen Agrarier sich natürlich – genau wie heute – die Konkurrenz nicht gefallen lassen wollten.
(Zuruf: Sehr gut! rechts und Heiterkeit.)

Meine Herren, nur die Form ist heute eine andere geworden, – der Geist ist derselbe geblieben. Die agrarische Partei wird heute noch beherrscht von diesem mittelalterlichen Geiste, der überall zum Ausdruck kommt, wo es sich um ihre Interessen handelt.
(Sehr richtig! links.)

Meine Herren, es ist ein wahres Glück, daß die Indigopflanze nicht in Deutschland kultiviert wird; die schöne Entdeckung des Professors Baeyer, der das Problem der künstlichen Darstellung des Indigos löste, wäre, wie hier das Saccharin, unterdrückt worden. Glücklicherweise aber wächst die Indigopflanze nicht bei uns, und daher hat die agrarische Partei – außerhalb dieses Hauses – gar kein Interesse daran, und so verdankt es denn diese Erfindung dem Zufall, daß die daraus entstandene Industrie nicht unterdrückt worden ist."

(Foto: wikimedia commons (links); Reichstags-Handbuch Wahlperiode 1907, Digitalisierte Sammlung der Bayrischen Staatsbibliothek (rechts))

ländern (Deutschland, Russland und Österreich einschl. Böhmen), in die jede Saccharin-Einfuhr verboten war, das waren die idealen Voraussetzungen für Schmuggel, *en gros* und *en détail* [27]! Die Schweizer versüßten Briefe und Päckchen an ihre Freunde und Verwandten im Ausland mit kleinen Saccharin-Geschenken. Dies bescherte den Empfängern süße Freude und den Absendern die nicht minder süße Schadenfreude, den Zollverwaltungen anderer Länder ein Schnippchen geschlagen zu haben. Viele kleine Leute in den Grenzgebieten deckten ihren Saccharin-Bedarf durch Schmuggelei ab. Da die Zöllner auf Schweizer Seite desinteressiert und die der Anrainerstaaten wegen der langen Grenzen machtlos waren, passierten große Mengen Saccharin, versteckt in der Kleidung oder aufgelöst in Champagnerflaschen, die Schweizer Grenze.

Die einfachen Leute erschmuggelten sich mit Saccharin kein Vermögen, den großen Gewinn machten professionelle Banden. So wurde das in der Schweiz völlig legal produzierte Saccharin an „Schmuggel"-Grossisten in Zürich verkauft und kleine „Handlungsreisende" verschoben es über die Grenze.

Über die unwegsame österreichisch-schweizerische Grenze gab es nur wenige leicht begehbare Wege, die obendrein von österreichischen Zöllnern gut bewacht wurden, sodass Schmuggelprofis schon erhebliche intellektuelle Anstrengungen machen mussten, um Saccharin direkt aus der Schweiz nach Österreich zu bringen. So entwickelte eine Bande auf der Basis solider chemischer Kenntnisse der Säure-Basen-Theorie die folgende bemerkenswerte Schmuggelmethode: Die Bande löste in der Schweiz das Saccharin (nicht das Natriumsalz!) in wenig Ether auf und rührte die konzentrierte Lösung in geschmolzenes Wachs ein. Aus dieser Schmelze wurden große Altarkerzen gegossen, die im Kloster Einsiedeln (Kanton Schwyz) gesegnet wurden. Als Devotionalien passierten die Kerzen ungehindert die Grenze nach Österreich und wurden in Wien, in einer eigens eröffneten Devotionalienhandlung, wieder eingeschmolzen. Aus der Schmelze wurde mit verdünnter, wässriger Natronlauge das Saccharin quantitativ ins Natriumsalz überführt und in der wässrigen Phase gelöst. Das oben schwimmende Wachs wurde abgetrennt und konnte für den nächsten Coup wiederverwendet werden. Durch Zugabe von Salzsäure konnte das reine Saccharin aus der wässrigen Phase ausgefällt werden. Da bis auf wenig Kochsalz keine chemischen Abfälle anfielen, war dieser Schmuggel vorbildlich *sustainable* und *green*! Dies ging jahrelang gut, bis der österreichische Zoll einen so großen Verdacht schöpfte, dass die religiösen Hemmungen überwunden wurden und eine der gesegneten Kerzen eingeschmolzen und näher untersucht wurde.

Abb. 12 ***Der heilige „Saccharin"-Nepomuk***
Die ausgehöhlte, lebensgroße Holzstatue des heiligen Nepomuks eröffnete den Bischofsreutern Anfang des 20. Jahrhunderts einen genialen Schmuggelweg. Über Jahre brachten sie alle zwei Wochen die mit Saccharin ausgestopfte Statue in einer Bittprozession ins böhmische Röhren, wo sie das Saccharin mit Gewinn verkauften. Was der heilige Nepomuk unter seinem Deckmantel versteckt hatte, wurde nie entdeckt und kein Dörfler wurde bestraft. 1960 ehrten sie deshalb ihren Saccharin-Nepomuk mit einer eigenen kleinen Kapelle, von wo aus er weiterhin seine Hände schützend über die Bischofsreuter hält.
(Foto: Tourist-Info Haidmühle)

Ein solcher Schmuggel über die schweizerisch-österreichische Grenze war aber ungewöhnlich. Die Gegenden um Schaffhausen und am Bodensee mit seiner langen Küste erweisen sich als problemlos zu passierende Grenzen. Ein Grenzgänger verdiente lediglich eine Reichsmark je Kilogramm Saccharin. Hier musste es die Menge bringen, und wie pfiffig Schmugglerbanden waren, konnte man am 11. September 1913 der „Neuen Zürcher Zeitung" entnehmen. Dort wurde berichtet, dass sich in jüngster Zeit auffällig viele Schweizer in Deutschland beerdigen ließen. Nachdem an vier aufeinanderfolgenden Tagen insgesamt 7 Leichenzüge die Grenze nach Deutschland passierten, schöpften die deutschen Zöllner Verdacht und stoppten den nächsten Trauerzug. Der Sarg wurde geöffnet und in ihm befand sich statt eines Verstorbenen nur Saccharin. Alle Sargträger und die gesamte Trauergemeinde wurden verhaftet und in ihre Kleidung eingenäht fanden sich weitere große Saccharin-Mengen. Insgesamt wurden so auf einen Schlag mehrere Zentner Saccharin beschlagnahmt.

Für professionelle Schmugglerbanden war der Abtransport des Saccharins aus dem deutsch-schweizerischen Grenzgebiet zur österreichischen Grenze der schwierigste Teil. Hierbei konnten Schmuggler drei Reichsmark/kg Saccharin verdienen. Gelang es der Schmugglerbande, das Saccharin über die deutsch-österreichische Grenze zu schmuggeln, konnte das mit etwa 6–8 RM/kg in der Schweiz gekaufte Saccharin in Böhmen mit einem Gewinn von etwa 25 RM/kg verkauft werden [28]. Hier erwiesen sich die Grenzen zwischen dem Bayrischen Wald und dem damals zu Österreich gehörenden Böhmerwald als günstig. Dabei entwickelten die kreativen Bischofsreuter eine Saccharin-Schmuggelmethode, die alles

andere in den Schatten stellte und die vor allem unentdeckt blieb. Erst Jahre nach Ende des Saccharin-Schmuggels wurde darüber gesprochen. Im Mittelpunkt ihres Schmuggeltricks stand der heilige Nepomuk, der Schutzheilige der Böhmen, Bayern und des Beichtgeheimnisses [29]. Der Bischof von Passau hatte 1874 dem Mesner von Bischofsreut in Anerkennung seiner treuen Dienste eine lebensgroße barocke Holzfigur geschenkt, die seitdem von einem kleinen Balkon seines Hauses schützend über das Dorf wachte.

Als der Saccharin-Schmuggel im Bayrischen Wald um 1908 in Schwung kam, hatte Wilhelm Blöchl, der damalige Besitzer des heiligen Nepomuks, einen, man ist fast versucht zu sagen, gesegneten Einfall. Als treuer Kirchgänger wollte er tätige Nächstenliebe und aktive Buße praktizieren, und diese guten Taten mit einem kleinen Geschäft verbinden. Und so sah sein Plan aus: Die hohle Holzfigur wurde von den Bischofsreutern mit Saccharin-Päckchen randvoll gefüllt. Alle zwei Wochen trugen die Dörfler den süß gefüllten Nepomuk singend und betend zusammen mit ihrem katholischen Geistlichen in einer Bittprozession ins nahe Böhmisch-Röhren (damals Teil von Österreich, heute Ceske Zleby, Tschechien). Wilhelm Blöchl zeichnete sich dabei als inbrünstiger Vorbeter und Träger aus. Beim Grenzübertritt mussten die österreichischen Grenzer mit ihren Gewehren vor Nepomuk die vorgeschriebene Ehrenbezeigung machen. Die Prozession ging über einige Kilometer und war für die Träger immer ein schwerer Gang, denn der Heilige war durch die aus der Schweiz stammende Füllung ein Schwergewicht. Zum Unterstreichen ihrer Bußfertigkeit *„erschwerten"* alle Mitglieder der Prozession ihren Bittgang, in dem sie ihre Kleidung obendrein mit Saccharin-Päckchen vollstopften [28].

Die Zöllner kamen nie dahinter, dass die Bischosfsreuter über Jahre alle zwei Wochen zwei Zentner Saccharin nach Böhmen schafften und dort mit Gewinn verkauften. Niemand fühlte sich betrogen und so kamen alle, die Bischofsreuter und die vielen armen und kinderreichen Familien im Böhmerwald gut durch die bitteren Zeiten. Ihr fester Glaube, doch nur Gutes unter dem Schutzmantel des heiligen Nepomuks getan zu haben, ließ auch nicht die Spur von Unrechtsbewusstsein auftreten. So nimmt es nicht Wunder, dass die Kirchengemeinde ihren Nepomuk liebevoll zum Saccharin-Heiligen erklärte. Die Familie Blöchl stiftete 1960 die Figur der Gemeinde, der heilige Nepomuk bekam ein neues Farbenkleid und seine eigene kleine Kapelle am Ortsausgang von Bischofsreut (Abbildung 12). Saccharin dürfte die einzige organische Verbindung sein, über die ein Heiliger seinen schützenden Mantel gehalten hat.

Der Saccharin-Schmuggel blühte bis in den Ersten Weltkrieg hinein. Die einfachen Leute sahen darin einen kleinen Triumph über die ungerechte Staatsgewalt, die mit Steuern und Zöllen die Armen ausraubte und die Reichen verschonte. Schmuggler waren deswegen angesehen und – waren sie im Gefängnis – als Märtyrer der staatlichen Gewalt verehrt (Abbildung 13). Der gewaltige Umfang des Schmuggels beweist allerdings, dass vor allem kriminelle Großbanden das Geschäft kontrollierten. An den deutschen Grenzen wurden allein 1913 insgesamt 950 Personen wegen Schmuggels aufgegriffen, bei denen insgesamt über 5 Tonnen Saccharin beschlagnahmt wurden [30].

Die gewaltigen, vom Zoll konfiszierten Saccharin-Mengen wurden nicht etwa vernichtet, sondern für 1–3 Reichsmark je Kilogramm an den lizenzierten Monopolisten Fahlberg, List & Co. verkauft. Der Erlös floss in die Staatskasse und das Saccharin wurde erneut verkauft [28]. Da zumindest ein Teil des beschlagnahmten Saccharins aus Magdeburg stammte, war dies im Widerspruch zur alten Kaufmannsweisheit, dass Ware nur einmal verkauft werden kann. Fahlberg, List & Co. verkauften so manches Saccharin-Molekül zweimal.

Die anderen Saccharin-Firmen kamen mit dem 1. Süßstoffgesetz von 1902 ganz gut zurecht. Einmal wurden sie für den Umsatzverlust des Binnenmarktes entschädigt, zum anderen bezog sich das Herstellungsverbot nur auf das Saccharin selbst. Da die letzte Vorstufe zur Saccharin-Herstellung, das *o*-Toluensulfonamid, nicht betroffen war, pachtete die Chemische Fabrik von Heyden in Nidau am Bieler See im Kanton Bern eine Fabrik [31]. Dort wurde dann nur der letzte Syntheseschritt durchgeführt, die Oxidation mit Permanganat.

Auch neue Firmen stiegen in das Saccharin-Geschäft ein, wenn auch indirekt. So entwickelte die BASF eine kostengünstige Synthese von *o*-Toluensulfonamid und wurde zum führenden Hersteller dieser Saccharin-Vorstufe. Besonders

ABB. 13 | DER „SACCHARINKÖNIG" VOM BAYERISCHEN WALD

Kajetan Schinkinger, liebevoll „Maxl Kajetan" genannt, hatte seine Gaunerkarriere als Falschmünzer begonnen und stieg nach Absitzen einer zweieinhalbjährigen Gefängnisstrafe in den Saccharin-Schmuggel ein. Er übernahm in Radolfzell am Bodensee von einem Mittelsmann das legal in der Schweiz für einen Kilopreis von 5–9 Reichsmark gekaufte Saccharin. Dann reiste er als Tourist mit zwei Rucksäcken zurück nach Deutschland und brachte das Saccharin nachts über die Grenze nach Böhmen (damals Teil von Österreich). An jedem geschmuggelten Kilo verdiente er 25 Reichsmark. Das äußerst lohnende Geschäft lief so reibungslos, dass Maxl Kajetan expandierte. Seine Mitarbeiter gingen mit altbewährten Schmuggelwesten, die Mitarbeiterinnen mit eleganten, faltenreichen Schmuggelröcken auf Tour. Er selbst verschob als Fuhrunternehmer große Mengen Saccharin in ausgehöhlten Baumstämmen, Umzugskisten und Möbeln. Am 7. Dezember 1906 wurde er mit 1,5 Zentnern (!) Saccharin im Gepäck am Bahnhof Hauzenberg in der Nähe von Passau verhaftet und sechs Wochen eingesperrt. In den nächsten Jahren wurde er mehrfach verhaftet und bestraft. 1908 professionalisierte er den Schmuggel soweit, dass er mit 18 Mitarbeitern einen Großschmuggel über den gesamten Bayerischen Wald nach Böhmen betrieb. Seine Bande flog im Sommer 1912 auf und wurde vom Landgericht München abgeurteilt. Schinkinger tauchte unter und wurde erst am Faschingsdienstag 1913 gefasst und zu einem Jahr und 9 Monaten Gefängnis, 1700 Mark Geldstrafe, sowie 3160 Mark an Wertersatz für den bayerischen Staat verurteilt. Als Maxl Kajetan aus dem Gefängnis entlassen wurde, lohnte sich der Saccharin-Schmuggel nicht mehr. Er starb 1950 im Alter von 83 Jahren. (Foto: P. Reischl, Schmiedberg)

erfolgreich war für die BASF das Geschäft mit Russland, da die Saccharin-Vorstufe dorthin uneingeschränkt exportiert werden konnte.

Mit Ausbruch des Ersten Weltkrieges änderten sich die Rollen von Zucker und Saccharin grundlegend. Die Anbauflächen für Zuckerrüben wurden drastisch reduziert, um darauf Kartoffeln und Getreide anzubauen. Die deutsche Zuckerrübenernte 1915 war so katastrophal schlecht, dass Zucker rationiert werden musste und in den Hungerjahren 1917 und 1918 nur noch auf Bezugsscheine abgegeben wurde. Bereits 1916 wird das 2. Süßstoffgesetz von 1902 außer Kraft gesetzt und die Firmen Fahlberg, List & Co. und von Heyden wurden aufgefordert, ihre Saccharin-Produktion hochzufahren. Über Nacht priesen die gleichen Politiker, die Saccharin wenige Jahre zuvor noch verteufelten, es plötzlich als Geschenk des Himmels.

Amerika, du hast es besser!

Wie überall wurde auch in den USA Saccharin zu Beginn des 20. Jahrhunderts von Diabetikern als Zuckerersatz, von krankhaft Übergewichtigen zur Gewichtsreduktion und in der Lebensmittelindustrie als Süßungsmittel eingesetzt und geschätzt. Nicht wegen Saccharin, aber wegen zahlloser missbräuchlicher und teilweise krimineller Zusätze und Verfälschungen von Lebensmitteln und Medikamenten wurde in den USA 1906 auf politischen Druck der Bevölkerung der *Pure Food and Drug Act* verabschiedet [32]. Danach wurden Herstellung und Handel verfälschter und mit gesundheitsschädlichen Zusätzen versehener Lebensmittel und Medikamente verboten. Besonders mit Blick auf die zahlreichen und äußerst beliebten Stärkungsmittel mussten ab sofort alle darin enthaltenen Rauschmittel Alkohol, Morphium, Opium, Cocain, Heroin oder Cannabis auf der Packung angegeben werden.

Die treibende Kraft hinter dem Gesetz war der Chemiker Dr. Harvey W. Wiley, der im Landwirtschaftsministerium das *Bureau of Chemistry* leitete, dass die Einhaltung des Gesetzes überwachen sollte. Er legte den Gesetzestext streng aus und brachte damit die Lebensmittelindustrie gegen sich auf, da er das Süßen von Maiskonserven mit Saccharin verbieten lassen wollte, denn er hielt den Süßstoff für gesundheitsschädlich. Die Lebensmittelindustrie intervenierte 1908 bei Präsident Theodore Roosevelt [33] und drängte darauf, die Aufgaben des *Bureau of Chemistry* zu beschneiden. Daraufhin bat Präsident Roosevelt Industrievertreter und Dr. Wiley ins *Oval Office*. Über das Gespräch ist nur Wileys Darstellung überliefert, die nach seinen Angaben wortgetreu sein soll. Spielen wir also Mäuschen im *Oval Office*. Es ist 10:00 Uhr vormittags und Dr. Wiley berichtet:

Theodore Roosevelt erteilte zunächst James S. Sherman von Sherman & Brothers, einem Maiskonserven-Hersteller aus New York, das Wort:

J.S. Sherman: „Herr Präsident, durch den Einsatz von Saccharin hat meine Firma allein im letzten Jahr $ 4.000 eingespart, indem sie die Maiskonserven mit Saccharin anstelle von Zucker gesüßt hat. Hierzu möchten wir eine Entscheidung von Ihnen."

Unglücklicherweise wartete ich nicht, bis der Präsident die üblichen Fragen stellte. Ich war viel zu hastig in dieser Sache. Ich sprach sofort den Präsidenten an, ohne dass er mich gefragt hatte. Für Könige und Präsidenten ist das eine Beleidigung. In Gegenwart von Führungskräften sollte man immer warten, bis man angesprochen wird, bevor man in das Gespräch eingreift. Wäre ich diesem Grundsatz treu geblieben, hätte die nun folgende Katastrophe möglicherweise verhindert werden können. Ich sagte sofort zum Präsidenten:

H.W. Wiley: „Jeder, der süße Maiskolben isst, wird betrogen. Er denkt, er isst Zucker, doch in Wahrheit nimmt er ein Produkt aus Steinkohlenteer zu sich, ohne jeden Nährwert und extrem gesundheitsschädlich."

Seine Antwort war der Anfang der völligen Zerstörung des Lebensmittelgesetzes. In einem Wutanfall wandelte sich der Präsident beim Umdrehen von Mr. Jekyll in Mr. Hyde und sagte:

T. Roosevelt: „Wollen Sie mir sagen, dass Saccharin schädlich für die Gesundheit sei?"

H.W. Wiley: „Ja, Herr Präsident, genau das will ich damit sagen!"

T. Roosevelt: „Dr. Rixley [34] gibt es mir jeden Tag."

H.W. Wiley: „Er glaubt wahrscheinlich, dass Sie Diabetes bekommen könnten.

T. Roosevelt: „Jeder, der sagt, Saccharin sei schädlich für die Gesundheit, ist ein Idiot!"

JEDER, DER SAGT, SACCHARIN SEI SCHÄDLICH FÜR DIE GESUNDHEIT, IST EIN IDIOT!

Diese Bemerkung des Präsidenten beendete die Sitzung. Hätte er noch das königliche Schwert Excalibur herausgezogen, wäre ich wahrscheinlich zum Ritter „Idiot" geschlagen worden.

Gleich am nächsten Tag setzte Präsident Roosevelt eine Expertenkommission ein (*Referee Board of Consulting Scientific Experts*), um die gesundheitlichen Risiken von Saccharin abschließend bewerten zu lassen. Zum Vorsitzenden dieser Kommission bestellte er ausgerechnet Ira Remsen, der diese Aufforderung des Präsidenten nicht ablehnen konnte. Da der Ausschuss letztlich über ein Saccharinverbot in den USA zu entscheiden hatte, kam Remsen in eine persönlich schwierige Situation. Vergessen wir nicht, dass Fahlberg ihn hintergangen hatte und Remsens wissenschaftlichen Beitrag bei der Entdeckung des Saccharins nie angemessen gewürdigt hatte. Die Firma Fahlberg, List & Co. war aber 1908 von den Exporten in die USA stark abhängig, da der deutsche Saccharin-Markt 1902–1916 per Gesetz zusammengebrochen war. Remsen bewies in beeindruckender Weise, dass seine wissenschaftliche Urteilskraft über persönlichen Abneigungen oder Rachegefühlen stand.

Nach sorgfältiger Prüfung und Bewertung aller damals vorliegenden toxikologischen Studien kam die Remsen-Kommission zum einstimmigen Ergebnis, Saccharin sei nicht gesundheitsschädlich. Der amerikanische Absatzmarkt blieb für Fahlberg, List & Co. erhalten.

Des Saccharins weiteres Auf und Ab und Auf und Ab

Bereits kurz nach Ausbruch des Ersten Weltkrieges konnte die Bevölkerung nicht mehr ausreichend mit Zucker versorgt werden, da auf einem Teil der für Zuckerrüben genutzten Ackerflächen nun Kartoffeln und Getreide angebaut werden mussten. Die Bevölkerung brauchte Saccharin

und so wurden 1916 alle Beschränkungen des 2. Saccharingesetzes von 1902 außer Kraft gesetzt. Die beiden verbliebenen Herstellerfirmen Fahlberg, List & Co. in Salbke/Magdeburg und die Chemische Fabrik von Heyden in Radebeul wurden angewiesen, ihre Produktion sofort hochzufahren. Obwohl bereits im gleichen Jahr 110 t Saccharin ausgeliefert werden konnten und die Jahresproduktion bis 1922 auf 540 t anstieg, waren Saccharin und Zucker bis weit nach Ende des Ersten Weltkrieges nur auf Bezugsscheine erhältlich.

Die Saccharin-Preise wurden staatlich von der Reichszuckerstelle festgelegt. Diese Behörde sollte die Verkaufspreise für Saccharin dem jeweiligen Zuckerpreis anpassen. Da die mächtige Zuckerindustrie die Reichszuckerstelle praktisch kontrollierte, wurde im Frühling 1920 der Saccharin-Preis über Nacht verdoppelt, obwohl Zucker immer noch knapp war. Der Staat, der noch 1916 von der Saccharin-Industrie hohe Produktionsmengen gefordert hatte, schraubte den Preis jetzt so hoch, dass die Saccharin-Hersteller auf ihrem Produkt sitzen blieben. Nach heftigen Protesten wurde dann der Saccharin-Preis ein Jahr später, trotz hoher Inflation drastisch reduziert.

SACCHARIN WAR ÜBERALL KNAPP UND DESWEGEN EIN BELIEBTES TAUSCHOBJEKT.

1922 wurde das *3. Süßstoffgesetz* erlassen, in dem der Staat die Herstellung und Verarbeitung von Saccharin weitgehend freigab, allerdings blieb Saccharin ein Reichsmonopol, d. h. die Regierung setzte den Preis fest und die Differenz zum Herstellungspreis floss in die Reichskasse. Die Folge war eine starke Abnahme der Nachfrage, die schon 1924 auf nur 41 t Saccharin in Deutschland absank (Abbildung 7).

1926 wurde klar, dass ein staatliches Saccharin-Monopol einen viel zu großen und teuren Verwaltungsaufwand mit sich brachte. Im *4. Süßstoffgesetz* wurde das Monopol aufgegeben und die wegfallenden Staatseinnahmen aus der Monopolwirtschaft durch eine Süßstoffsteuer von 2 RM/kg ausgeglichen.

Kurz vor Ausbruch des Zweiten Weltkrieges wurde auf Druck des NS-Reichsbauernbundes 1939 die Süßstoffsteuer im *5. Süßstoffgesetz* von 2 auf 7,50 RM/kg erhöht. Die Zuckerindustrie fürchtete um ihren Binnenabsatzmarkt, da der Saccharin-Verbrauch in Deutschland von 65 t im Jahr 1934 auf 117 t im Jahr 1939 angestiegen war.

Wie schon im Ersten Weltkrieg wurden auch nach Ausbruch des Zweiten Weltkrieges alle Beschränkungen der Saccharin-Herstellung aufgehoben. Die Kriegsernährungswirtschaft führte zu einem immer dramatischer werdenden Zuckermangel und der Saccharin-Absatz schnellte hoch, von 117 t im Jahr 1939 auf 492 t im Jahr 1944. Dies wird verständlich, wenn man die zugeteilten monatlichen Zuckermengen betrachtet: Im August 1939 noch 1120 g Zucker, im April 1945 nur noch 375 g pro Kopf und Monat.

Nach Ende des Zweiten Weltkrieges erhielt die IG-Farbenindustrie, Werk Leverkusen (die spätere Bayer AG) die erste Konzession zur Herstellung von Saccharin in Deutschland. Andere, wie Casella und Hoechst in Frankfurt, folgten. Die Arbeiter bei Hoechst bekamen in den ersten Nachkriegsjahren Saccharin für den Eigenbedarf von ihrer Firma geschenkt. In der Sowjetischen Besatzungszone wurden die Anlagen der Firma von Heyden demontiert und als Reparationen in die Sowjetunion abtransportiert. Fahlberg, List & Co. bekamen nicht genügende Mengen an Steinkohle, um das für die Saccharin-Synthese notwendige Toluen gewinnen zu können. Die begrenzten Mengen an hergestelltem Saccharin mussten zum größten Teil an die Sowjetunion geliefert werden. Saccharin war überall knapp und deswegen ein beliebtes Tauschobjekt auf dem Schwarzmarkt. Bis zur Währungsreform waren in den drei Westzonen insgesamt 38 Süßstoffhersteller zugelassen.

Anfang der Fünfziger Jahre standen dem Verbraucher wieder ausreichende Zuckermengen zur Verfügung und der Saccharin-Verbrauch ging zurück. 1957, 1960 und 1961 wurden vom Deutschen Bundestag mehrere Änderungen des 5. Süßstoffgesetzes von 1939 beschlossen, bis schließlich am 1. Juli 1965 die Süßstoffsteuer als Bagatellsteuer abgeschafft wurde.

Amerika, du hast es doch nicht besser!

1959 verlieh die FDA (*Food and Drug Administration*) Saccharin den GRAS-Status (*Generally Recognized As Safe*) und wiederholte diese Bewertung mehrfach, so auch im Januar 1977 als Reaktion auf eine Zeitungsmeldung, dass „ *im fortgesetzten Verbrauch von Saccharin keine Gefährdung*“ bestand. Am 9. März, also nur zwei Monate später kündigte die gleiche Gesundheitsbehörde ein Verbot von Saccharin an. Was war geschehen?

Der kanadische Gesundheitsminister Marc Lalonde informierte Anfang März 1977 die WHO und seine Kollegen in aller Welt über eine in Ottawa durchgeführte Studie, bei der Ratten nach Fütterung mit großen Mengen Saccharin an Blasenkrebs erkrankten [35]. Zur Verdeutlichung seiner Ernsthaftigkeit präsentierte der Minister gleichzeitig einen Zeitplan für ein stufenweises kanadisches Saccharin-Verbot, u.a. sollten bereits vier Monate später Saccharin-gesüßte Limonaden wie Coca-Cola und Pepsi völlig verboten werden.

Der Aktionismus von Minister Lalonde war befremdlich, denn die von ihm angeführte wissenschaftliche Studie war noch nicht publiziert, ja nicht einmal abgeschlossen. Die daran beteiligten Wissenschaftler distanzierten sich prompt von dem Vorgehen ihres Gesundheitsministers und lehnten die voreilig gezogenen Schlüsse und vor allem die direkte Übertragung von Tierstudien auf den Menschen ab. Diese besonnene Erklärung der Wissenschaftler ging allerdings in der hochschwappenden Medienhysterie völlig unter. Die Lawine war nicht mehr aufzuhalten.

Die US-amerikanische FDA sah sich durch Minister Lalondes Fernschreiben gezwungen, ein Saccharin-Verbot anzukündigen. Sie hatte keine Wahl, denn 1958 wurde das amerikanische Lebensmittelrecht mit der nach einem New

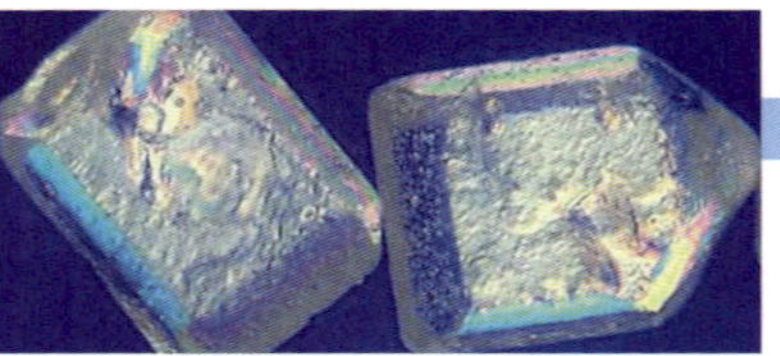

Yorker Kongressabgeordneten benannten Delaney-Klausel (*Delaney Clause*) ergänzt [36]:

„Kein Zusatzstoff darf als sicher erachtet werden, der nach Aufnahme durch Menschen oder Versuchstieren Krebs erzeugt oder wenn sich in geeigneten Versuchen zur Bewertung der Sicherheit von Lebensmittelzusatzstoffen herausstellt, dass in Menschen und Tieren Krebs hervorgerufen wird" [37].

Beim Versuch einer wissenschaftlich vernünftigen Auslegung der Delaney-Klausel stolpert man sofort über die Formulierung *„geeignete Versuche zur Bewertung der Sicherheit"*. War also die Ottawa-Studie im Sinne der Delaney-Klausel *geeignet*? Schauen wir genauer hin: Ratten wurden über zwei Generationen mit Nahrung aufgezogen, die 5 % Saccharin enthielt. Das entsprach einer Tagesgabe von etwa 2500 mg/kg Körpergewicht. In der ersten Generation entwickelten 3 von 100 Ratten Blasenkrebs. In der zweiten Generation, die bereits als Fötus und das gesamte Leben über Saccharin aufnahmen, entwickelten 14 von 100 Blasenkrebs.

In einer Presseerklärung wies die FDA selbst daraufhin, dass die den Ratten verabreichten 2500 mg/kg eine gewaltige Überdosis war. Ein Mensch müsste lebenslang, täglich mehr als 800 Flaschen Saccharin-gesüßter Limonade trinken. Zum Vergleich: Ein Diabetiker, der Zucker vollständig durch Saccharin ersetzt, nimmt täglich nur 1–2 mg/kg Körpergewicht auf. Die Ratten wurden also mit mehr als der tausendfachen Dosis gefüttert. Die Saccharin-Anhänger drehten deswegen den Spieß um. Für sie war die kanadische Studie der beste Beweis für die hervorragende Verträglichkeit von Saccharin, schließlich waren die Ratten trotz dieser irrsinnigen Überdosis alt geworden. Hätte man sie mit nur einem Zehntel der Zuckermenge gleicher Süßkraft gefüttert, hätten die Ratten ein nur kurzes und von Arteriosklerose geplagtes Leben gehabt [38].

Ein weiterer Schwachpunkt der Ottawa-Studie war das Versuchstier selbst. Ratten konzentrieren ihren Urin in ungewöhnlich hohem Maße, d. h. über Nieren ausgeschiedene Substanzen verbleiben lange in hoher Konzentration in der Blase. Dort kann dann der ungewöhnlich hohe pH-Wert des Rattenurins zusammen mit den hohen Konzentrationen von Proteinen und Calciumionen zur Bildung von Mikrokristallen führen. Wenn diese Kristalle die Blaseninnenwand mechanisch reizen, kann dies eine erhöhte Zellteilung auslösen.

Das Saccharin-Verbot war bei strenger Anwendung der Delaney-Klausel juristisch folgerichtig, widersprach aber dem gesunden Menschenverstand und erschien auch der *American Cancer Society* und *American Diabetic Association* völlig überzogen. Für die Amerikaner war es auch ein Déjà-vu-Erlebnis, denn 1970 hatte die FDA den künstlichen Süßstoff Cyclamat auch auf der Basis der Delaney-Klausel übereilt verboten. Obwohl sich hinterher herausstellte, dass dieses Verbot nicht gerechtfertigt war, gilt es in den USA bis heute. Mit dieser noch nicht lange zurückliegenden schlechten Erfahrung mit der FDA und dem drohenden völligen Saccharin-Verzicht waren 80 % der Amerikaner und eine Mehrheit der Kongressabgeordneten davon überzeugt [39], dass Roosevelts Ausspruch von 1908 auch noch 1977 Gültigkeit hatte, nämlich *„Jeder, der sagt Saccharin sei schädlich, ist ein Idiot!"*

Die Amerikaner reagierten auf die Verbotsandrohung panisch. Es kam zu Hamsterkäufen und auch in Deutschland wurden die Süßstoffregale in der Nähe rheinischer Burgen und bayerischer Königsschlösser von amerikanischen Touristen leergekauft. Die amerikanische Volksseele kochte und bis Ende des Jahres wurden der frisch gewählte Präsident Jimmy Carter, die Kongressabgeordneten und Senatoren mit zirka einer Million Protestbriefen überschüttet.

In den USA wurde 1976 Saccharin mit einem Marktwert von 2 Milliarden Dollar konsumiert, das meiste über kalorienarme Lebensmittelzubereitungen und vor allem kalorienarme *Light-Erfrischungsgetränke*. Für Weight-Watchers, ein kommerzielles Unternehmen mit eigenen Kliniken in den USA, stand Saccharin im Mittelpunkt ihrer Programme zur Gewichtsreduzierung. Es waren vor allem die Frauen, die bei der Aussicht auf das Verbot von Saccharin, ihren Protest lautstark vorbrachten [40]. Das Resultat: Am 23. November 1977 wurde mit einem *Saccharin Study and Labeling Act* die Anwendung der Delaney-Klausel für 18 Monate ausgesetzt. Allerdings mussten alle Saccharin-haltigen Produkte mit einer entsprechenden Warnung versehen werden (Abbildung 14). Damit wollte man Zeit zur Durchführung weiterer Studien gewinnen.

Es war naiv zu glauben, dass innerhalb von 18 Monaten eine definitive Entscheidung über die mögliche Karzinogenität eines Stoffes gegeben werden konnte. Unzählige Tierstudien besonders an kleinen Labortieren wurden durchgeführt und es konnten keine Schädigungen nachgewiesen werden. Dies war zu erwarten, denn Saccharin wurde ja bereits seit fast einem Jahrhundert von großen Bevölkerungsteilen konsumiert und entsprechend groß war die Zahl der staatlich angeordneten Untersuchungen. In keiner

Abb. 14 ***Die Vielfalt der Süßstoff-Warnungen***
Bis 1990 waren zwei Süßstoffe als Lebensmittelzusatzstoffe geeignet, Saccharin und Cyclamat. Jedes Land entschied auf der Basis vorliegender Studien unabhängig über deren Zulassung. Dies führte in Nordamerika zur grotesken Situation, dass in Kanada Cyclamat erlaubt, Saccharin ab 1977 verboten war, während es in den USA genau umgekehrt war. Cyclamat war dort seit 1970 verboten, Saccharin aber erlaubt, ab 1977 mit dem Warnhinweis „Die Nutzung dieses Produkts kann schädlich für ihre Gesundheit sein. Dieses Produkt enthält Saccharin, von dem herausgefunden wurde, dass es Krebs in Labortieren erzeugt". (Foto: Maksim, wikimedia commons).

seriösen Studie konnte eine Schädigung durch Saccharin nachgewiesen werden. Wirklich neue Erkenntnisse konnten nur noch aus epidemiologischen oder Langzeitstudien an Primaten erwartet werden.

In einer bereits 1975 publizierten epidemiologischen Studie wurden die Totenscheine von 18.733 an Blasenkrebs mit 19.709 von an anderen Krebsarten Verstorbenen verglichen. In beiden Gruppen wurden die Diabetiker identifiziert, die über viele Jahre Saccharin zu sich genommen hatten. Ergebnis: Es gibt kein erhöhtes Blasenkrebs-Risiko bei Diabetikern, die Saccharin jahrelang zu sich nahmen [41].

Langzeitstudien an Affen sind sehr teuer und dauern lange. In einer bereits 1973 begonnenen Studie wurden 20 Affen (Grüne Meerkatzen, Rhesusaffen und Makaken) vom ersten Lebenstag an mit Saccharin aufgezogen, wobei die täglich aufgenommene Menge etwa dem Zehnfachen der heute zugelassenen Höchstmenge entsprach. Bereits zum Zeitpunkt des drohenden Saccharin-Verbots lief die Studie schon vier Jahre und alle mit Saccharin aufgezogenen Affen waren genauso wohlauf wie die gleich große Kontrollgruppe. Erst 1997, nach 24 Jahren konnte die Langzeitstudie abgeschlossen werden. Auch hier war das Ergebnis eindeutig: Saccharin führte nicht zu Blasenkrebs in Primaten [42].

Am Ende siegten die amerikanischen Verbraucher, sie durften ihr Saccharin behalten. Noch 1977 verschob der Senat die Umsetzung des Verbots um einige Jahre, um Zeit für weitere wissenschaftliche Untersuchungen zu gewinnen. Die Frist wurde mehrfach verlängert, bis schließlich im Jahr 2000 Saccharin von der Liste der krebserzeugenden Stoffe gestrichen wurde. Das geplante Saccharin-Verbot und der obligatorische Aufdruck eines Warnhinweises wurden 2001 in aller Stille zu Grabe getragen.

Das drohende amerikanische Saccharin-Verbot und die damit verbundenen Auseinandersetzungen zeigten natürlich auch in Europa Wirkung. Verbraucher und Politik waren verunsichert. Da glücklicherweise kein zur Delaney-Klausel vergleichbares Gesetz zu übereilten Handlungen zwang, war Besonnenheit möglich. Bereits am 24. März 1977 reagierte die Bundesregierung auf eine parlamentarische Anfrage im Bundestag [43]:

„In der Bundesrepublik ist Saccharin in jahrelangen Untersuchungen im Bundesgesundheitsamt und im Krebsforschungszentrum in Heidelberg geprüft worden, ohne dass sich Anhaltspunkte für eine Krebserregung gezeigt hätten."

In der Schweiz gaben die Präsidenten der Ärztekommission des Diabetikerbundes und der medizinisch-wissenschaftlichen Sektion folgende Erklärung ab:

„Nun soll es (das Saccharin) aufgrund einer wissenschaftlich unhaltbaren Versuchsanordnung und einer falschen Interpretation von Befunden kurzerhand verboten werden. Selbst dann, wenn es in großen Dosen beim Menschen krebsfördernd wäre, so müsste man sich fragen, ob sozial-medizinisch die Krebsgefahr nicht viel kleiner wäre als die Gefahr der Atheromatose (Verfettung und Verkalkung der Arterien) bei Übergewichtigen und Diabetikern. Wir glauben, dass das letztere Risiko schwerwiegender und viel weiter verbreitet wäre."

Schließlich ebbte die Diskussion um die gesundheitliche Gefährdung in den USA und in Europa ab und Saccharin verschwand aus den Schlagzeilen. In der öffentlichen Diskussion kamen wieder andere Stimmen zu Wort. So wiesen die Ärzte- und Zahnärzteorganisationen auf die großen Gefahren und Folgen des viel zu hohen Zuckerverbrauchs hin und empfahlen Saccharin als eine probate und unschädliche Alternative. Als 1982 die von Jane Fonda initiierte Fitnesswelle über Europa schwappte, stieg der Süßstoff-Verbrauch wieder an. Es schien, als ob Saccharin, als Lebensmittelzusatzstoff E 954 immer und immer wieder nochmals auf Herz und Nieren überprüft, endlich ruhigeres Fahrwasser erreicht hatte. Saccharin hätte es verdient gehabt.

Epilog: Welcher Epilog?

Absatzentwicklungen von Produkten der chemischen Industrie gehören nicht zu den prickelnden Grafiken. Bei Saccharin trifft dies nicht zu, denn hier blickt man in das Abbild eines bewegten Molekülschicksals (*Abbildung 7*). Das ewige Auf und Ab konnte an Saccharin nicht spurlos vorübergehen. Zum einen blieb ihm immer der Ruf eines Arme-Leute-Ersatzes für Zucker und zum anderen haftete in den Köpfen vieler Verbraucher eine diffuse Angst vor einer möglichen Gesundheitsgefährdung. Dies, obwohl Saccharin der bestuntersuchte Lebensmittelzusatzstoff überhaupt war und ist und in unzähligen Studien seine völlige Unschädlichkeit immer wieder überzeugend unter Beweis gestellt hatte [44].

Gegen Vorurteile kam Saccharin langfristig nicht an und sein Zenit wurde überschritten, als in den 1980er Jahren neue und unbelastete Süßstoffe auftauchten. Besonders durch deren geschmackliche Überlegenheit in nährwertreduzierten Erfrischungsgetränken wurde Saccharin aus diesem wichtigen Marktsegment gedrängt. Trotzdem wird Saccharin auch weiterhin eine wichtige Rolle spielen, da neben dem Preis auch seine chemische Stabilität z. B. beim Kochen ein entscheidender Vorteil sein wird.

Es ist eine altbekannte Lebensweisheit, dass man aus Biografien von interessanten Menschen viel über sich und unsere sich ständig wandelnde Gesellschaft erfahren und lernen kann. Dass auch ein kleines Molekül das kann, beweist uns das 1,2-Benzisothiazol-3(2*H*)-on-1,1-dioxid. Möge der heilige Nepomuk das Saccharin weiter beschützen!

Über weitere natürliche und künstliche Süßstoffe, die bereits zugelassenen und auch die möglichen zukünftigen, wird in einem zweiten Teil berichtet werden.

Zusammenfassung

Die Saga vom Saccharin beginnt mit seiner zufälligen Erfindung in einem Labor der Johns Hopkins Universität in Baltimore vor 130 Jahren. Kurz danach bricht zwischen den beiden Entdeckern ein lebenslanger Prioritätenstreit aus. Erhebliche Schwierigkeiten bei der Entwicklung des technischen Herstellungsprozesses, nie endende Streitereien mit der Gesetzgebung, medizinischen und pseudo-medizinischen Kapazitäten und Lobbyisten in nahezu jedem Land machen Saccharin das Leben schwer. Hinzu kommen exzessive Besteuerung und Schmuggeleien. Die Molekül-Saga des Saccharins kann sich mit den Werken der phantasievollsten Dichter messen. Aber diese ist wahr – und noch nicht zu Ende.

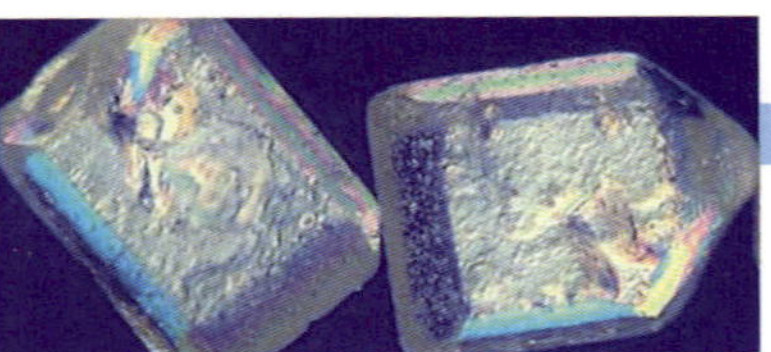

Dieses Diorama in Washingtons Smithsonian Institutions erscheint aus heutiger Sicht nur als eine nostalgische und geschmacklich grenzwertige Präsentationsform. Ungeachtet dessen erinnert uns aber der hohe Herstellungsaufwand dieses im frühen 20. Jahrhundert angefertigten Dioaramas an die damalige außerordentliche Wertschätzung der Entdeckung des Saccharins durch Ira Remsen (links) und Constantin Fahlberg.

Danksagung

Unser Dank gilt Dr. C. Hass vom Europäischen Patentamt, Berlin, für seine Hilfe bei den Patentrecherchen, Frau G. Madl von der Tourist-Info in Haidmühle für das Foto des heiligen Nepomuks, Dr. R. Langlais, Düsseldorf, Dr. B. Nickl und Prof. Dr. H. Olbrich, dem jetzigen und ehemaligen Direktor des Zuckermuseums, Berlin, Frau A. Krumbe vom Deutschen Süßstoffverband, Köln und Prof. Dr. G.-W. von Rymon Lipinski für ihre Unterstützung bei den Recherchen. P. Reischl, Schmiedberg, und J. Schörnich, Ringelai, beides freie Mitarbeiter der Passauer Neuen Presse und Heimatforscher, danke ich für die Übersendung von wunderbarem Bild- und Textmaterial, Frau Prof. Dr. S. Streller, RWTH Aachen und Frau Dr. P. Winchester, FU Berlin für ihre sorgfältige und konstruktive Manuskriptdurchsicht und Frau Prof. Dr. E. Vaupel, Deutsches Museum München für die Beratung und das Bildmaterial.

Literatur

[1] Das Disaccharid Saccharose (1-(2-β-D-Fructofuranosyl)-α-D-glucopyranosid) wird umgangssprachlich als „Zucker" bezeichnet. Mit Rohr- oder Rübenzucker kann man zusätzlich die Herkunft angeben, wobei beide chemisch Saccharose sind.

[2] Eine spannend und kenntnisreich geschriebene Kulturgeschichte des Zuckers: *Die süße Macht*, S.W. Mintz, **1987**, Campus Verlag, Frankfurt/New York.

[3] Das Standardwerk: *Zucker gegen Saccharin*, C.M. Merki, **1993**, Campus Verlag, Frankfurt/New York. Siehe auch: C. M. Merki in *Genussmittel* (T. Hengartner und C.M. Merki , Hrsg.), **1999**, Campus Verlag, Frankfurt/New York.

[4] O. Krätz und E. Vaupel, *Angew. Chem.* **2007**, *119*, 24

[5] Reiner Kristallzucker war und ist für unsere Ernährung nicht notwendig, denn mit Getreide und stärkehaltigem Gemüse stehen überall auf der Welt billige heimische Kohlenhydratquellen zur Verfügung. Zucker ist also ein Genussmittel und damit Liebling aller Finanzminister, denn Luxus lässt sich leicht und hemmungslos besteuern (z. B. aktuell die Tabak-, Sekt-, Branntwein-, Kaffeesteuer etc.). Da sich Staatskassen von einmal eingeführten Steuern kaum trennen können, hatte die Zuckersteuer ein langes Leben. Die 1841 in Preußen eingeführte Zuckersteuer wurde vom Deutschen Reich und später von der Bundesrepublik Deutschland übernommen und erst 1994 im Rahmen der EU-Steuerharmonisierung abgeschafft.

[6] Eine kompetente und detailreiche Darstellung der Entdeckung des Saccharins und der nachfolgenden Auseinandersetzungen findet sich bei: G.B. Kauffman und P.M. Priebe, *Ambix*, **1978**, *25*, 191.

[7] Demerara-Zucker ist eine grob kristalline, 2–3 % Melasse enthaltene, braune Rohrzuckersorte, die früher vornehmlich in Demerara (auch Niederländisch-Guayana) hergestellt wurde.

[8] Für Fahlberg waren Reinheitsbestimmungen von Zucker ein Kinderspiel, denn er hatte 1869-71 als Praktikant bei dem damals führenden Zuckerchemiker Carl Scheibler am *Zentrallaboratorium der Deutschen Zuckerindustrie* in Berlin gearbeitet. Scheibler hatte 1870 die Polarimetrie in die Zuckeranalytik eingeführt, was damals ein großer Fortschritt war.

[9] I. Remsen, *Liebig. Ann. Chem.*, **1875**, *178*, 275.

[10] M.W. Iles und I. Remsen, *Ber.dtsch.chem.Ges.* **1878**, *11*, 229.

[11] Später wurde die „*Anhydroorthosulfaminbenzoësäure*" von Fahlberg und Remsen in *Benzoesäuresulfinid* umbenannt. Der heute korrekte IUPAC-Name wäre 1,2-Benzisothiazol-3(2*H*)-on-1,1-dioxid. Zum besseren Verständnis wird im Weiteren der einige Jahre später eingeführte und heute übliche Handelsname Saccharin verwendet.

[12] C. Fahlberg und I. Remsen, *Ber.dtsch.chem.Ges.*,**1879**, *12*, 469.

[13] Nach dem Süßstoffgesetz vom 1.2.1939 sind Süßstoffe auf künstlichem Wege gewonnene Stoffe, die eine höhere Süßkraft als Rohr- oder Rübenzucker haben, aber nicht den gleichen Nährwert besitzen.

[14] *25 Jahre im Dienste der Saccharin-Industrie*, C. Fahlberg, **1903**, 5. Internationaler Kongress für Angewandte Chemie im Deutschen Reichstag Berlin.

[15] Das Verkosten von Kolben- und Bechergläserinhalten unbekannter Natur ist heute eher unüblich, hat aber in der mit der Pharmazie eng verbundenen Chemie durchaus Tradition. Der Geschmackssinn ist sehr empfindlich und kann sehr fein differenzieren. Emil Fischer verkostete Ende des 19. Jahrhunderts alle in seiner Gruppe synthetisierten Zucker. Seine bedauernswerten Doktoranden mussten oft hilflos zusehen, wie die wenigen, über Wochen hergestellten und gereinigten Substanzkrümel in Fischers Mund auf Nimmerwiedersehen verschwanden. Furchtlose Pharmazeuten unterschieden bis Mitte des 20. Jahrhunderts die beiden extrem bitteren Naturstoffe Chinin und Strychnin am Abgang: Die Bitterkeit von Chinin ließ relativ schnell nach, während die von Strychnin auch ein Mittagessen überdauerte (sensorische Eigenexperimente von E.L.).

[16] *loc. cit.* in G.B. Kauffman und P.M. Priebe, *Ambix*, **1978**, *XXV (4)*, 191.

[17] I. Remsen und C. Fahlberg, *Am.Chem.J.*, **1880**, *1*, 426.

[18] Für die immer wieder aufgestellte Behauptung, Fahlberg hätte an der Johns Hopkins University gelehrt und sich habilitiert, gibt es in den Unterlagen der Universität keinen Beleg.

[19] Fahlberg berichtete 1903 über eine 1889 an seiner neugeborenen Tochter durchgeführten Studie [6]: *„Auch meine Tochter, die jetzt bald 15 Jahre alt wird, habe ich … vom ersten Tage nach ihrer Geburt mit Kuhmilch unter Anwendung von Saccharin großgezogen und dabei die besten Erfahrungen gemacht. Sie hat diese saccharinierte Milch unausgesetzt ein volles Jahr gebraucht und sich dabei bei normaler Entwicklung und Gewichtszunahme stets wohl gefühlt." 25 Jahre im Dienste der Saccharin-Industrie*, C. Fahlberg, Vortrag vor dem V. Internationalen Kongress für angewandte Chemie in Berlin, **1903**.

[20] I. Remsen und A.G. Palmer, *Am.Chem.J.* **1886**, *8*, 223.

[21] I. Remsen, *Ber.dtsch.chem.Ges.* **1887**, *20*, 2274.

[22] *loc.cit.* in S. Tarbell und A.T.Tarbell, *J.Chem.Educ.*, **1978**, *55*, 161.

[23] *Saccharin*, Fahlberg, List & Co., **1893**, Faksimile Nachdruck der VEB Fahlberg-List, **1980**, Magdeburg.

[24] *Vom süßen Anfang bis zum bitteren Ende*, H. Rasenberger, **2009**, Dr. Ziethen Verlag, Oschersleben.

[25] P. Pries, *Gordian*, **1991**, *91/3*, 35.

[26] *Vom süßen Anfang bis zum bitteren Ende*, H. Rasenberger, **2009**, Dr. Ziethen Verlag, Oschersleben. Mit dem dabei gewonnenen Schwefeltrioxid konnte Chlorsulfonsäure hergestellt werden, die es Fahlberg, List & Co erlaubte, 1906 auf das wirtschaftlichere Heydensche Verfahren umzusteigen.

[27] Der gesamte Saccharinhandel wurde von Zürich aus gesteuert. Dort wurden Riesenmengen von Saccharin völlig legal verkauft, die dann hinterher zum größten Teil im Schwarzen Markt versickerten. In einem frech geschriebenen Artikel verglich die Zeitschrift *„Dummy"* die Stellung Zürichs um 1910 mit der von Medellin im heutigen Cocain-Handel. Obwohl sich Cocain und Saccharin schön reimen, hinkt dieser unfaire Vergleich, denn schließlich war Saccharin keine süchtig machende Droge, sondern war damals nur ein durch willkürliche Zölle und Steuern in den umgebenden Staaten künstlich verteuerter Süßstoff. Siehe: C. Litz, *Dummy*, **2008**, *Ausgabe 19*, 80.

[28] W. Wilhelm, *unpubliziert*. Dieses Manuskript aus dem Nachlass des Autors wurde von H. Olbrich dankenswerter Seite als Faksimile abgedruckt in *Saccharin, seine Herstellung und Handhabung*, H. Olbrich, **2011**, Universitätsverlag der TU Berlin.

[29] Johannes von Nepomuk war Ende des 14. Jahrhunderts Beichtvater der Frau von König Wenzel IV. (1316–1419) und er weigerte sich standhaft dem König zu verraten, was dessen Gattin ihm gebeichtet hatte. Der König ließ ihn kurzerhand foltern und, als das nicht half, schließlich in der Moldau ertränken. Nepomuk wurde 1729 von Papst Benedikt XIII. heiliggesprochen.

[30] *Dissertation*, J. Kuhfuss, **1921**, Universität Gießen, *loc. cit.* in [28].

[31] *Saccharin, seine Herstellung und Handhabung*, H. Olbrich, **2011**, Universitätsverlag der TU Berlin.

[32] Der *Pure Food and Drug Act* wird als Geburtsstunde des heutigen FDA (*U.S. Food and Drug Administration*) angesehen, der US-amerikanischen Bundesbehörde, die für die Zulassung und Überwachung von Lebensmitteln und Medikamenten zuständig ist.

[33] Es gibt zwei US-Präsidenten mit dem Namen Roosevelt: Theodore Roosevelt Jr. (1858–1919) war der 26. Präsident der USA (1901–1909) und zählt zu den erfolgreichsten US-Präsidenten. Sein Kopf ist einer der vier in Mount Rushmore (South Dakota) in Granit gehauenen Präsidenten. Franklin D. Roosevelt (1882–1945), ein Vetter von Theodore Roosevelt, war der 32. US-Präsident (1936–1945).

[34] Dr. Rixley war Theodore Roosevelts Hausarzt.

[35] http://whqlibdoc.who.int/hq/pre-wholis/FIS_77.36.pdf.

[36] P.M. Priebe und G.B. Kauffman, *Minerva*, **1980**, *18*, 556.

[37] *Auditierung zur Lebensmittelhygiene*, O.P.Snyder, (N. Chesworth, Hrsg.), **1999**, Behr's Verlag, Hamburg. Seit langem bemühen sich die FDA und andere amerikanische Gesundheitsbehörden die starre Delaney-Klausel dem heutigen Stand der Wissenschaft anzupassen. Der Vorschlag, karzinogene Substanzen mit einem vernachlässigbaren Risiko (niedriges Gefahrenpotenzial, zum Beispiel 1:1.000 000) auszunehmen war bereits Gegenstand vieler rechtlicher Diskussionen. Davon unbeachtet halten amerikanische Gerichte in der praktischen Rechtsprechung bisher am „Absolutverbot" fest.

[38] Dieser von Saccharin-Befürwortern gern herangezogene Vergleich hinkt natürlich. Beim Hochrechnen auf äquivalente Süßkraft werden die Zuckermengen so astronomisch groß, dass sie schon wegen der osmotischen Wirkung letal sind. Die aus Tierversuchen abgeleitete akute Toxizität von Rohrzucker beträgt 20–30 und die von Saccharin 14–17 g/kg Körpergewicht. Zum Vergleich: Der Wert für Kochsalz beträgt 4g/kg Körpergewicht.

[39] Kommentar in *Science*, **1977**, *196* ,1179.

[40] *Empty Pleasures*, C. de la Peña, **2010**, University of North Carolina Press.

[41] B. Armstrong und R.Doll, *Brit.J.Prev. Soc.Med.*, **1975**, *29*, 73.

[42] U.P. Thorgeitsson *et al.*, *J.Nat.Cancer Inst.*, **1998**, *90*, 19.

[43] G. Kaufmann, *Verlagsbeilage „journalist"*, **1979**, Heft 3 , Verlag Rommerskirchen.

[44] Die amerikanische *Environmental Protection Agency* (EPA) hat im Dezember 2010 Saccharin den Ritterschlag erteilt: Saccharin gilt nicht mehr als potenziell schädlich für die menschliche Gesundheit. Zusammenfassung älterer Toxizitätsstudien: www.inchem.org/documents/jecfa/jecmono/v17je25.htm.

[45] www.lfl.bayern.de/iem/agrarmarktpolitik/41419/linkurl_0_6_0_0.pdf; www.zuckerverbaende.de.

[46] Der LD_{50}-Wert gibt an, nach welcher Aufnahmemenge 50 % der Tiere sterben. Der ADI-Wert (*Acceptable Daily Intake*) gibt die Aufnahmemenge an, die ein Mensch lebenslänglich täglich verzehren kann, ohne gesundheitliche Schäden davonzutragen.

[47] Dieser ADI-Wert wurde von dem *Scientific Committee for Food* der Europäischen Kommission 1977 auf 2,5 mg/kg festgelegt und 1997 nach Auswertung neuer Tierversuche und epidemiologischer Studien auf 5 mg/kg hochgesetzt. http://ec.europa.eu/food/fs/sc/oldcomm7/out26_en.pdf.

[48] Nahrungsergänzungsmittel sind dosierte vitamin- und mineralhaltige Konzentrate, die in Form von Pillen, Tabletten und Brausetabletten oder ähnlichen Darreichungsformen abgegeben werden.

[49] Die Namen der Firmengründer überlebten im Firmennamen über 100 Jahre. In der ehemaligen DDR als VEB Fahlberg-List, ab 1979 als Teil des Kombinats Piesteritz. 1990 erfolgte die Umwandlung in eine „Chemische und Pharmazeutische Fabriken Fahlberg-List GmbH" durch die Treuhand. Die Pharmasparte wurde 1990 von der Hexal AG übernommen, die wiederum 2005 von Novartis aufgekauft wurde.

[50] Die *von Heydensche* Saccharin-Synthese kann heute als dreistufiges Organikum-Präparat im Labor nachvollzogen werden. *Organikum*, 23. Auflage, **2009**, Wiley-VCH, Weinheim; 1. Stufe S. 364; 2. Stufe S. 664; 3. Stufe S. 427.

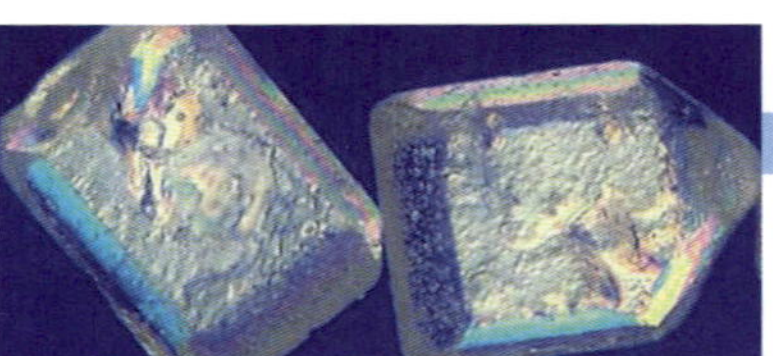

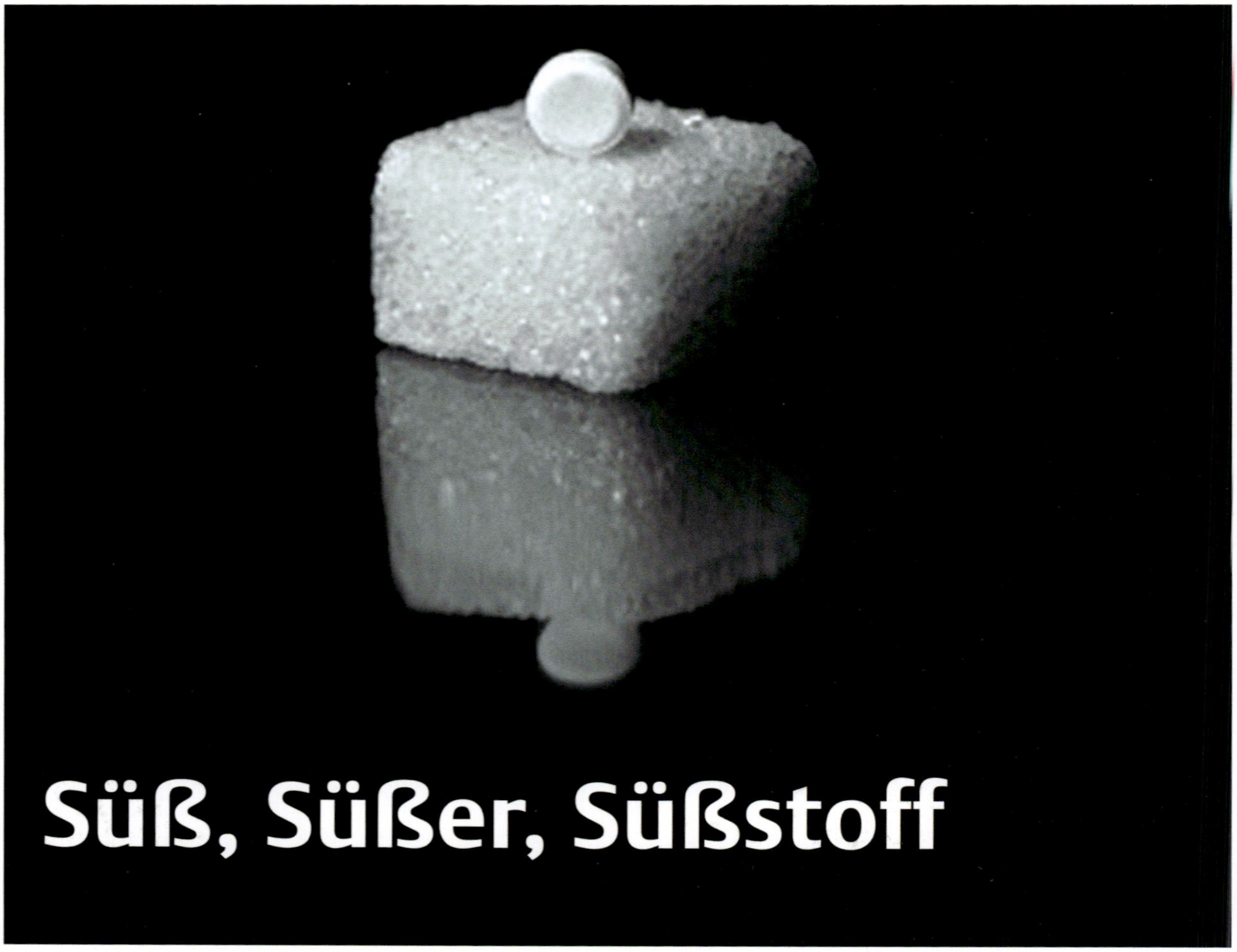

Süß, Süßer, Süßstoff

Der sich im Laufe des 20. Jahrhunderts verändernde Lebensstil mit zunehmender Bewegungsarmut und zu süßer, zu fetter Ernährung führte in den Industrienationen zur Übergewichtigkeit großer Bevölkerungsteile. Als Reaktion darauf stieg das Interesse an nährwertreduzierten Diäten unter Verwendung kalorienfreier Süßstoffe. Heute steht dem Verbraucher eine Vielzahl synthetischer und natürlicher Süßstoffe zur Verfügung, aber der perfekte Zuckerersatz ist noch nicht gefunden. Die Suche geht weiter.

Die dem Menschen angeborene Sehnsucht nach Süßem veranlasste Chemiker bereits im 19. Jahrhundert nach einem Zuckerersatz zu suchen, einmal für Patienten mit schweren Stoffwechselkrankheiten wie Diabetes und für Menschen, die sich Haushaltszucker (*1*) nicht leisten konnten. Durch einen glücklichen Zufall entdeckten Constantin Fahlberg und Ira Remsen 1879 die außerordentliche Süße eines ihrer Syntheseprodukte, des Saccharins (*2*) [1], dem ersten Vertreter der heute als Süßstoffe (Abbildung 1) bezeichneten kalorienfreien Süßungsmittel [2].

Das Saccharin war ein Segen für Diabetiker, seine große wirtschaftliche Bedeutung erlangte es allerdings als preiswerter Zuckerersatz für breite Bevölkerungsschichten. Erst in der zweiten Hälfte des 20. Jahrhunderts änderte sich die gesellschaftliche Struktur der Saccharin-Verbraucher. Durch zunehmende Bewegungsarmut und viel zu zucker- und fetthaltige Ernährung wurden große, vor allem wohlhabendere Bevölkerungsteile übergewichtig. In den frühen Sechziger Jahren setzte als Gegenbewegung die Fitnesswelle ein, wodurch die Nachfrage nach kalorienreduzierten Lebensmitteln enorm stieg. Kaum eine Illustrierte, die nicht mit neuen kalorienarmen Rezepten vor allem die weiblichen Leser ansprach. Der unglaubliche Aufstieg des 1963 in den USA gegründeten (in Deutschland seit 1970) und heute börsenno-

Chemische Leckerbissen. Klaus Roth · Copyright © 2014 WILEY-VCH Verlag GmbH & Co. KGaA, Weinheim · ISBN: 978-3-527-33739-2

tierten Unternehmens *Weight Watchers®* zeugte und zeugt von der alle Bevölkerungsschichten umfassenden Sehnsucht nach einer schlanken Figur. Plötzlich griffen nicht mehr nur die Armen und Zuckerkranken zu Süßstoffen, *obwohl* sie ohne Nährwert waren, sondern die Erfolgreichen und Wohlhabenden, die übergewichtig waren, oder dies zumindest glaubten, *weil* Süßstoffe ohne Nährwert waren.

Bevor wir uns der Vielfalt heutiger Süßstoffe zuwenden (Abbildung 2), blicken wir zurück ins Alte Rom mit dem haarsträubendsten aller Süßstoffe.

Bleizucker, der unerkannte „Süßstoff" der Römischen Antike

Im Alten Rom war Kristallzucker unbekannt und Honig relativ teuer, gesüßt wurde mit konzentriertem Traubenmost. Drei Varianten wurden verwendet: Für *caroenum* wurde der Most auf 2/3, für *defrutum* (*defrito temperabis*) auf die Hälfte und für *sapa* auf 1/3 des ursprünglichen Volumens eingedampft. Mit *defrutum* gesüßter Wein war so populär, dass Plinius (23–79 n.Chr.) schimpfte: „*Naturbelassener, unverfälschter Wein ist heute nicht mehr zu haben, selbst nicht für die Oberschicht*", und er legte nach: „*Soviel Gifte werden dem Wein zugesetzt, um ihn unserem Geschmack anzupassen – und dann wundern wir uns, dass er unbekömmlich ist*" [3].

ABB. 1 | SÜßUNGSMITTEL

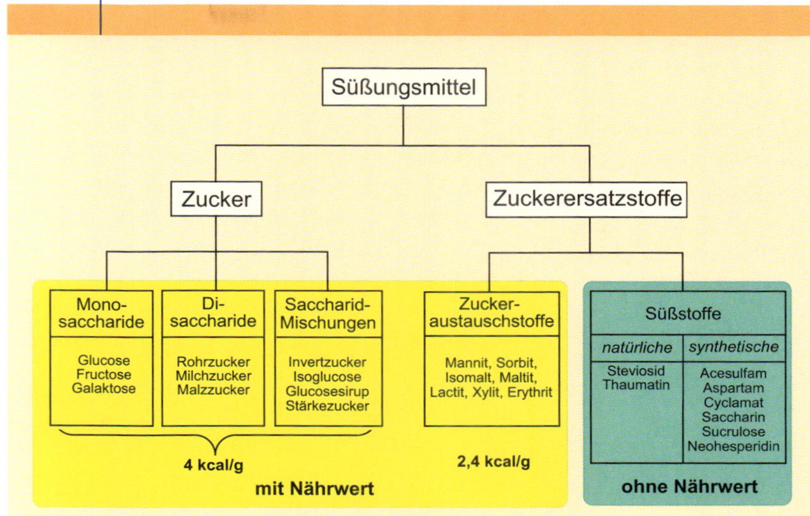

Süß schmeckende Stoffe können in Süßungsmittel mit (gelb unterlegt) und ohne Nährwert (blau unterlegt) unterschieden werden. Aus chemischer Sicht können die nährwerthaltigen Süßungsmittel in Zucker und Zuckermischungen einerseits und in als Zuckeraustauschstoffe bezeichnete Zuckeralkohole andererseits unterschieden werden. Die Süßungsmittel ohne wesentlichen Nährwert werden als Süßstoffe bezeichnet, die natürlicher oder synthetischer Herkunft sein können (nach K.O. Paulus [57]).

BEGRIFFE

***ADI:** Acceptable Daily Intake*
Der ADI-Wert gibt die Menge eines Lebensmittelzusatzstoffes in Milligramm pro Kilogramm Körpergewicht und pro Tag [mg/kg bw/d] an, die ein Mensch lebenslang täglich verzehren kann, ohne gesundheitliche Schäden davonzutragen. Dieser Wert ergibt sich aus dem an Versuchstieren ermittelten NOEL-Wert, der zusätzlich durch den Sicherheitsfaktor 100 geteilt wird. Der ADI-Wert ist eine *Empfehlung* für den Verbraucher, jedoch werden ausgehend von einer durchschnittlichen Mischkost daraus Höchstmengen für einzelne Produktgruppen *per Gesetz* festgelegt.

***bw:** body weight*
Die auch in der deutschen Fachliteratur bevorzugte Bezeichnung für Körpergewicht, da die früher verwendete Abkürzung KG mit kg (Kilogramm) verwechselt werden kann.

***EFSA:** European Food Safety Authority*
Die 2002 gegründete Europäischen Behörde für Lebensmittelsicherheit (EFSA) ist eine beratende Agentur, die aus dem Haushalt der EU finanziert wird und unabhängig von der Europäischen Kommission, dem Europäischen Parlament und den EU-Mitgliedstaaten tätig ist.

***GRAS:** generally recognized as safe*
Bezeichnung der FDA für Lebensmittel und Zutaten einschl. Lebensmittelzusatzstoffe, die nach allgemeiner Expertenmeinung als sicher gelten.

***JECFA:** Joint FAO/WHO Expert Committee on Food Additives*
Gemeinsamer UN-Sachverständigenausschuss für Lebensmittelzusatzstoffe der Ernährungs- und Landwirtschaftsorganisation (FAO) und der Weltgesundheitsorganisation (WHO)

***FDA:** U.S. Food and Drug Administration*
Behörde im amerikanischen Gesundheitsministerium, die für die Lebensmittelüberwachung und die Zulassung von Arzneimitteln und Lebensmittelzusatzstoffe zuständig ist.

***LD_{50}:** lethal dose*
Diese Maßzahl für die akute Toxizität entspricht der Menge eines Stoffes in [mg/kg bw], bei deren einmaliger Verabreichung die Hälfte der Tiere überleben. Der LD_{50}-Wert bezieht sich immer auf ein bestimmtes Labortier und eine bestimmte Verabreichungsform.

***NOEL:** no observed effect level*
Der Wert in [mg/kg bw] wird an Tieren ermittelt, in der Regel Nagetiere. Er gibt die Dosis an, bei der auch nach lebenslanger Aufnahme keine Schäden nachweisbar waren.

***SCF:** Scientific Committee on Food*
Wissenschaftlicher Lebensmittelausschuss der EU-Kommission, dessen Aufgaben 2002 im Rahmen einer Umorganisation von der neugegründeten EFSA übernommen wurden.

Süßkraft: Bei der Bestimmung der Süßkraft wird die Konzentration bestimmt, bei der die Lösung eines Stoffes genauso süß schmeckt wie eine bestimmte Vergleichslösung von Saccharose (meist 8-10proz.). Die Süßkraft ist der Quotient der Konzentrationen von Zucker und Süßstoff in beiden gleich süß schmeckenden Lösungen. Diese Definition legt die Süßkraft von Saccharose auf S=1 fest. Ein Beispiel: Mit 5 mg Aspartam (S= 200) erreicht man die gleiche Süße wie mit 1g Saccharose.

Defrutum wurde nicht nur in großen Mengen dem Wein zugegeben, sondern verlieh Gerichten den beliebten süßen Beigeschmack. Vor allem war *defrutum* eine unentbehrliche Zutat für die auf fermentiertem Fisch basierende als *liquamin* (oder *garum*) bezeichnete altrömische „Maggi"-Soße. Im Kochbuch des altrömischen Gastroautors *Marcus Gravius Apicius* (25 v.Chr. – ca. 35 n.Chr.) [4] wurden *defrutum, sapa* und vor allem *liquamin* in mehr als einem Viertel der Rezepte zugegeben (Abbildung 3).

Allein das Süßen von Wein (!) mit *defrutum*, also eingedicktem Traubenmost, ruft aus heutiger kulinarischer Sicht nur ein Kopfschütteln hervor, aber bei genauerer Betrachtung der Herstellungsvorschrift erschaudert man erst richtig. Das beste *defrutum* erhielt man nämlich mit einem ganz besonderen Küchenkniff, den uns *Lucius Iunius Moderatus Columella* (gest. 70 n.Chr.) in seinem Lehrbuch *de re rustica* („Von der Landwirtschaft") verraten hat:

ABB. 2 | IN DER EU ZUGELASSENE SÜẞSTOFFE

			Süßkraft	ADI-Wert [mg/kg bw/d] *JECFA*	*EFSA*
1	Saccharose (Rohr-, Rübenzucker)		1		
2	Saccharin	E 954	550	5	5
3	Saccharin Na-Salz	E 954	450		
4	Cyclamat	E 952	45	11	7
5	Aspartam	E 951	200	40	40
6	Acesulfam K	E 950	200	15	9
7	Aspartam-Acesulfam-Salz	E 962	350	*nicht festgelegt* [58]	
8	Neohesperidin DC	E 959	400–600	*noch nicht festgelegt*	5
9	Neotam	E 961	8.000	2	2
10	Thaumatin	E 957	2.000–3.000	*noch nicht festgelegt*	
11	Sucralose	E 955	600	15	15
12	Steviolglykoside	E 960	200–300	4	4

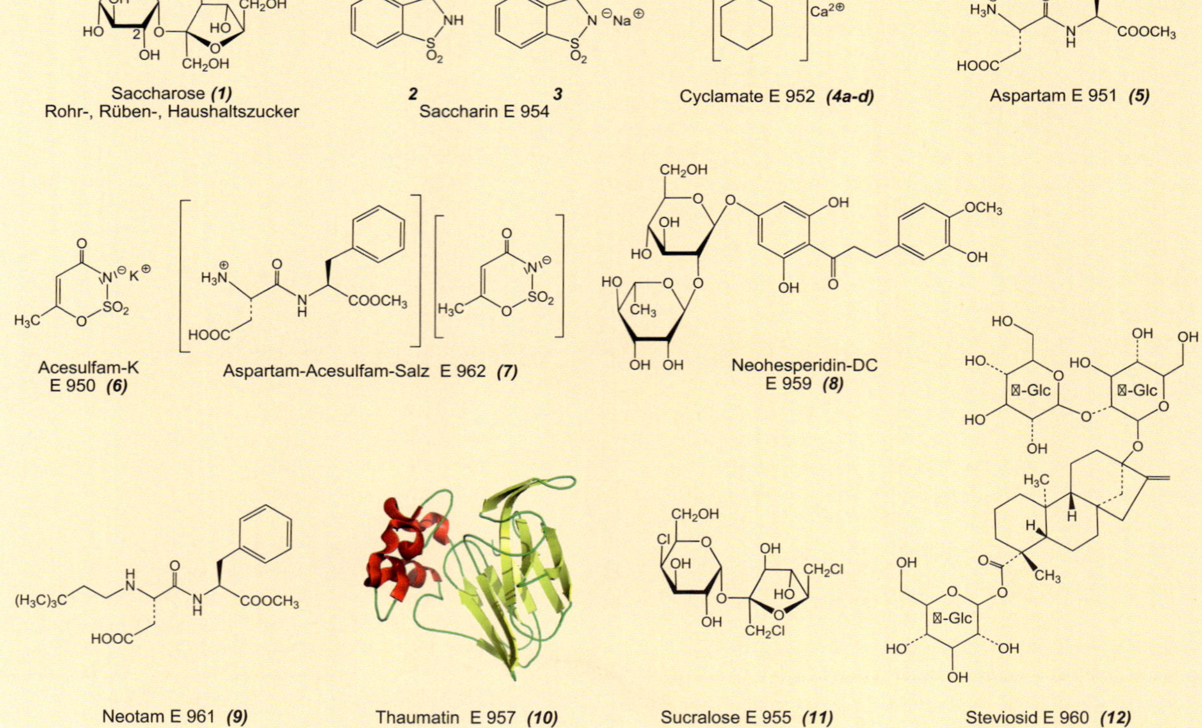

Alle Süßstoffe wurden vor ihren gesetzlichen Zulassungen von der Europäischen Behörde für Lebensmittelsicherheit (EFSA früher SCF) und dem Gemeinsamen FAO/WHO-Sachverständigenausschuss für Lebensmittelzusatzstoffe (JECFA) auf der Basis aller zur Verfügung stehenden wissenschaftlichen Studien gesundheitlich bewertet.
(Foto: www.pdb.org/pdb/explore.do?structureId=1RQW)

IPSA AUTEM VASA, QUIBUS SAPA AUT DEFRUTUM COQUITUR, PLUMBEA POTIUS QUAM AENEA ESSE DEBENT. NAM IN COCTURA AERUGINEM REMITTUNT AENEA ET MEDICAMINIS SAPOREM VITIANT.
(Die Behälter, in denen sapa oder defrutum eingekocht werden, sollen lieber bleiern als bronzen sein. Denn die bronzenen geben beim Kochen Grünspan ab und verderben den Geschmack der Zubereitung.)

Columella hatte aus chemischer Sicht recht, denn metallisches Kupfer gab beim Erhitzen mit saurem Most Kupferionen ab, die dem Konzentrat einen unangenehmen metallischen Beigeschmack verliehen. Kochtöpfe und Pfannen aus Blei taten das nicht. Im Gegenteil, sie verstärkten die Süße des Konzentrats, denn beim Kochen von saurem Most bildet sich süß schmeckendes Blei-(II)-acetat, $Pb(CH_3COO)_2$, das bis heute auch als Bleizucker bezeichnet wird. Dieser unwissentlich *in situ* hergestellte „Süßstoff" war kalorienfrei, aber wie alle Blei-(II)-salze giftig. Deren Toxizität beruht auf dem Einbau von Blei(II)-Ionen anstelle von Calcium-, Zink- und Eisen(II)-Ionen in zahllose Enzyme. Deswegen sind die Vergiftungssymptome auch außerordentlich vielfältig und betreffen das Zentralnervensystem und bei chronischer Vergiftung vor allem den Verdauungstrakt und die Bildung des Blutfarbstoffs, da ein zentrales Enzym der Häm-Synthese, die δ-Aminolävulinsäuredehydratase, durch Blei-Ionen gehemmt wird [5].

Ob große Bevölkerungsteile des Alten Roms an chronischer Bleivergiftung litten, ist Gegenstand vieler Spekulationen gewesen. So schätzte der Geochemiker J.O. Nriagu 1983 aus den getrunkenen, mit *defrutum* gesüßten Weinmengen die durchschnittliche Bleibelastung ab und behauptete [6], dass eine chronische Bleivergiftung der Oberschicht zum Niedergang des Römischen Reiches beigetragen hatte. Diese Hypothese wurde scharf angegriffen [7] und Messungen an 55 in Herkulaneum ausgegrabenen Skeletten zeigten, dass deren Bleigehalt geringer war als der von modernen Europäern [8]. So scheint es, dass der Niedergang des Römischen Reichs andere Ursachen gehabt haben muss. Die Gefahren chronischer Bleivergiftungen sind heute wohlbekannt und Kontaminationen unserer Nahrung und des Trinkwassers mit Blei-(II)-Verbindungen werden durch verschiedenste Vorsichtsmaßnahmen verhindert [9].

Saccharin

Das 1878 von Fahlberg und Remsen entdeckte Saccharin (***2***) war der erste moderne Süßstoff, der ab etwa 1890 als diätetisch wertvolle und gleichzeitig preiswerte Alternative zum Zucker auf dem Markt war. Das aufregende Auf und Ab dieses Moleküls als Spielball zwischen Politik, Steuergesetzgebung, Protektion und kriminellem Milieu wurde im ersten Teil unseres Artikels ausführlich behandelt [10]. Es ist bemerkenswert, dass sich der Urahn aller Süßstoffe bis

ABB. 3 | EIN FESTSCHMAUS: FLAMINGOBRATEN MIT ANTIKEM SÜẞSTOFF

Gourmets mit erlesenem Geschmack und Großem Latinum sollten ihre Lieben mit einem altrömischen Festschmaus alla maniera di Apicius überraschen. Chemie in unserer Zeit empfiehlt einen jungen Flamingo (links) [59] in den Ofen zu schieben. Gekrönt wird der Braten durch eine mit liquamen und defrutum fein abgeschmeckte Sauce. Hier Apicius' Originalrezept [60]:

ASSAS AVEM, TERES PIPER, LIGUSTICUM, APII SEMEN, SESAMUM FRICTUM, PETROSELINUM, MENTAM, CEPAM SICCAM, CARYOTAM, MELLE, VINO, LIQUAMINE, ACETO, OLEO ET DEFRITO TEMPERABIS.
(Brate den Vogel, mische zerstoßenen Pfeffer, Liebstöckel, Selleriesamen, gerösteten Sesam, Petersilie, Minze, getrocknete Zwiebeln, Datteln, Honig, Wein, liquamen, Essig, Öl und defrutum.)

Moderne Feinschmecker, die authentisch kochen wollen, müssten defrutum durch Eindicken von Traubenmost in Kochgeschirr aus Blei selbst herstellen. Dabei bildet sich in geringem Maße süß schmeckendes, aber giftiges Blei-(II)-acetat. Da Bleitöpfe (Mitte) nicht mehr handelsüblich sind, könnten Puristen den Schwermetallkick durch Zugabe einer Prise Bleiacetat (rechts) chemisch simulieren. Chemie in unserer Zeit rät von dieser Methode ausdrücklich ab und empfiehlt die Herstellung einer bleifreien defrutum-Variante. Dazu wird mit Honig gesüßter Rotwein auf die Hälfte eingedickt. Das altrömische liquamen kann nahezu gleichwertig durch fermentierte asiatische Fischsoßen (thailänd.: nam pla; vietnam.: nuoc mam) ersetzt werden. (Fotos von links: longhorndave, wikimedia commons; Dr. M. Euskirchen, Römisch-Germanisches Museum der Stadt Köln, doemroomchemist, wikimedia commons)

ABB. 4 | SYNTHESE VON CYCLAMAT

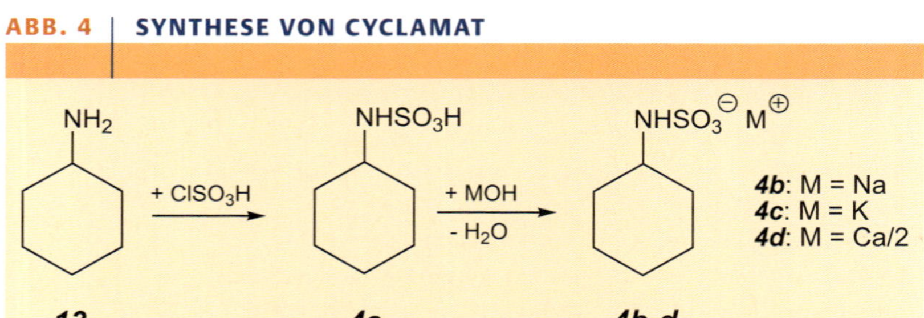

heute, trotz aller seitdem entwickelten natürlichen und künstlichen Alternativen, am Markt behaupten konnte.

Cyclamat

Über 50 Jahre nach der zufälligen Entdeckung des Saccharins (*2*) war das süße Glück wieder einem Chemiker hold. Diesmal traf es den Doktoranden Michael Sveda (1912–1999) an der *University of Illinois*. In seiner Doktorarbeit bei Ludwig F. Audrieth (1907–1967) sollte er neue fiebersenkende Wirkstoffe synthetisieren, als ihm eine im Labor angezündete Zigarette ungewöhnlich süß schmeckte. Die Ursache war schnell gefunden (Abbildung 4): Die durch Chlorsulfonierung von Cyclohexylamin (*13*) hergestellte Cyclohexylsulfaminsäure (*4a*) [11] entpuppte sich als extrem süß [12]. Die Säure *4a* und ihre Natrium-, Kalium- und Calciumsalze (*4b-d*) wurden nach Svedas Wechsel zur Firma *E.I. du Pont de Nemours & Comp.* dort unter dem Sammelbegriff Cyclamate patentiert. Später übernahm die Firma *Abbott Laboratories* das Patent, denn man hoffte, mit Cyclamat die unangenehme Bitterkeit von Antibiotika und dem Schlafmittel Pentobarbital maskieren zu können.

Als Süßstoff konnte sich Cyclamat mit Saccharin (*2*) nicht messen, denn Saccharin war zehnmal so süß und konnte billiger hergestellt werden. Cyclamat hat allerdings einen entscheidenden Vorteil: Der Geschmackseindruck entsprach fast dem des Rohrzuckers, ohne den unangenehmen metallischen Nachgeschmack des Saccharins. Kein Wunder also, dass das erste kalorienfreie Erfrischungsgetränk nicht mit Saccharin, sondern mit Cyclamat gesüßt wurde (Abbildung 5).

Seine eigentliche Bedeutung gewann Cyclamat aber nicht als reiner Süßstoff, sondern in Mischungen. So bewährte sich eine 1:10-Mischung aus Saccharin (S = 350)

ABB. 5 | CYCLAMAT UND NO-CAL, DAS ERSTE KALORIENFREIE ERFRISCHUNGSGETRÄNK

1952 wurde Hyman Hirsch (links), ein wohlhabender New Yorker Getränkefabrikant zum ehrenamtlichen Vizepräsidenten des Jüdischen Sanatoriums für Chronisch Kranke in Brooklyn gewählt. Den chronisch zucker- und herzkranken Patienten wollte er mit einem zuckerfreien und kalorienfreien Erfrischungsgetränk das Leben erleichtern. Es wurden verschiedene Rezepturen mit den beiden damals zur Verfügung stehenden Süßstoffen, Saccharin und dem neuen Cyclamat erprobt. Saccharin fiel wegen seines metallischen Nachgeschmacks bei Tests sensorisch durch, und da für Herzkranke nur ein natriumfreies Getränk infrage kam, blieb Calciumcyclamat übrig. Dieser Süßstoff war die Basis für „No-Cal“ dem ersten kalorienfreien Erfrischungsgetränk, das in den Geschmacksrichtungen „Ginger“ und „Black Cherry“ 1953 erstmals den Patienten serviert werden.

Das Getränk wurde geschmacklich so sehr geschätzt, dass es Kirsch Beverages Inc. auch außerhalb des Sanatoriums verkauften. Dies wurde ein sensationeller Erfolg, vor allem dank einer Anzeigenkampagne, in der das Hauptaugenmerk nicht auf die gesundheitlichen Vorteile von „No-Cal“, sondern auf die weibliche schlanke Linie gelenkt wurde. Hollywood-Schönheiten wie Kim Novak und Jan Sterling überzeugten mit ihren (damaligen) Traumfiguren die weiblichen Kunden von „No-Cal“. Bereits nach einem Jahr überstieg der Umsatz von sechs Millionen Dollar.

(Fotos von links: www.gono.com; Woman's Day 1955; Woman's Day 1954)

und Cyclamat (S = 35), in der beide Komponenten gleiche Teile an Süßkraft beisteuerten, am besten und wurde wegen des fehlenden Saccharin-Nachgeschmacks und der guten Hitze- und pH-Stabilitäten ein Welterfolg [13a, 14]. Dazu trugen die kalorienfreien Erfrischungsgetränke, insbesondere alle Sorten von Cola, wesentlich bei (Abbildung 6).

Cyclamat geht es an den Kragen

Saccharin und Cyclamat werden von Säugetieren über Niere und Blase unverändert ausgeschieden. Dies und alle bis dahin vorliegenden wissenschaftlichen Studien veranlassten die US-amerikanische FDA (*Food and Drug Administration*) 1958 beide Süßstoffe als GRAS (*Generally Recognized As Safe*) einzustufen, also als völlig unbedenklich. Diese Einschätzung wurde 1967 von der FDA bestätigt. Allerdings gab es einen Hinweis, dass Darmbakterien Cyclamate (***4a-d***) zu Cyclohexylamin (***13***) abbauen konnten, das als primäres Amin karzinogenes Potenzial hat [15]. Einer von der Herstellerfirma Abbott Laboratories finanzierte und an einem unabhängigen Forschungsinstitut 1967 begonnene Langzeitstudie kam deswegen eine besondere Bedeutung zu [16]:

An 60 Ratten wurden täglich 2,5 g/kg bw der Saccharin/Cyclamat-Mischung (1:10) verfüttert. Bei diesen hohen Dosen schieden fast alle Tiere mehr als 0,1 % des verfütterten Cyclamats als Cyclohexylamin über die Blase aus.

Nach einem Jahr waren die Tiere immer noch wohlauf. Nach 78 Wochen lebten noch 50 Tiere, von 60 Ratten in einer Kontrollgruppe lebten noch 55 Tiere [17]. Nach 104 Wochen (= 2 Jahre) lebten noch 34 Tiere (Kontrollgruppe 39) und am Ende des Experiments hatten sich in 8 von 60 Ratten Blasentumore gebildet.

Die FDA wies zwar darauf hin, dass es keinerlei Hinweise gäbe, wonach die Süßstoffmischung auch beim Menschen karzinogen wirken würde, musste aber gemäß der Delaney-Klausel Cyclamat den GRAS-Status aberkennen [18] und ein Verbot dieses Süßstoffs empfehlen. Höhepunkt war der Auftritt der FDA-Wissenschaftlerin Jaqueline Verrett in den NBC-Abendnachrichten zur besten Sendezeit. Sie zeigte dort Bilder verkrüppelter Küken, die aus Eiern geschlüpft waren, in denen vorher eine Cyclamat-Lösung eingespritzt worden war. Mit ihrer Aussage: „*Gefährlicher als Thalidomid*" wurde die Öffentlichkeit in den USA endgültig davon überzeugt, dass Cyclamat ein Teufelszeug war [19].

Im Oktober 1969 wurde Cyclamat in den USA verboten, gleichzeitig kurioserweise in Großbritannien und anderen europäischen Staaten erstmals als unbedenklicher Süßstoff zugelassen. Wie können Gesundheitsbehörden verschiedener Länder auf der gleichen wissenschaftlichen Basis nur zu gegensätzlichen Schlussfolgerungen kommen? Hier lohnt ein genauerer Blick.

Zunächst muss man sich vor Augen führen, dass die den Ratten in der ausschlaggebenden Studie zugeführten Süßstoffmengen exorbitant hoch waren und auf den Menschen hochgerechnet dem lebenslangen täglichen Trinken von 330 Büchsen mit Süßstoff versetzter Cola entsprachen. Entsprechend sarkastisch waren die Reaktionen. In einem Kommentar der führenden Medizinzeitschrift „*The Lancet*" wurde gespottet: „*Nie sind so viele Pathologen zusammengerufen worden, um ihre Urteile über so geringe Gewebeänderungen in einer so bescheidenen Spezies wie der Laborratte abzugeben*", und ein Kommentar in *Nature* stellte fest, dass die Beweise gegen Cyclamat „*so tragfähig sind wie Zuckerwatte*." Tatsächlich stellten viele amerikanische Wissenschaftsinstitutionen wie die *US National Academy of Sciences* und das *Cancer Assessment Committee* der *FDA* fest, dass Cyclamat nicht karzinogen war und kritisierten die unbedachte behördliche Vorgehensweise.

Alle in den folgenden Jahren durchgeführten Studien an Ratten, Mäusen, Hunden, Hamstern und Affen ergaben keine karzinogene Wirkung von Cyclamat. Deswegen beantragte die Firma Abbott 1973 eine Aufhebung des Cyclamat-Verbots. Der Antrag wurde 1980 abgelehnt, worauf Abbott 1982 einen zweiten Antrag stellte. Inzwischen hatte die *National Academy of Sciences* erklärt, dass sich in allen Tieruntersuchungen weder für Cyclamat noch für seine Ab-

ABB. 6 | DAS DUO CYCLAMAT & SACCHARIN UND DIE ERSTE KALORIENFREIE COLA

Nach dem überraschenden Erfolg von „No-Cal" brachte die Firma Royal Crown Co. 1958 die erste kalorienfreie Cola auf den Markt. Diet Rite Cola wurde mit einer Cyclamat/Saccharin-Mischung gesüßt und zunächst nur als rein diätetisches Getränk vermarktet. 1962 änderte man die Werbestrategie. Nicht die schlanke Linie, sondern der Geschmack von Diet Rite und ein positives Lebensgefühl wurden in den Vordergrund gestellt. Als „Feel All Right" Getränk eroberte Diet Rite in kurzer Zeit den amerikanischen Markt, da auch die weniger figurbewussten Männer als Käuferschaft gewonnen werden konnten. Die kalorienfreie Diet Rite eroberte den 4. Platz unter den Erfrischungsgetränken in den USA, übertroffen nur von zuckerhaltigen Colas. Der Umsatz kalorienfreier Limonaden überstieg erstmals die $18 Millionen Grenze.

Da erwachten die Riesen Coca-Cola und Pepsi und zogen nach. Anfangs noch zögerlich, denn beide Konzerne vermieden jede Namensähnlichkeit der neuen kalorienfreien mit den traditionellen Produkten, wohl um bei einem möglichen Misserfolg die klassischen Markennamen nicht zu beschädigen [61]. So brachten 1963 Coca-Cola „Tab" und Pepsi seine Patio Diet Cola (ab 1964 Diet Pepsi) auf den Markt. Alle kalorienfreien Colas wurden damals mit Cyclamat/Saccharin (10:1) gesüßt. (Foto: Christian Montone, flickr.com)

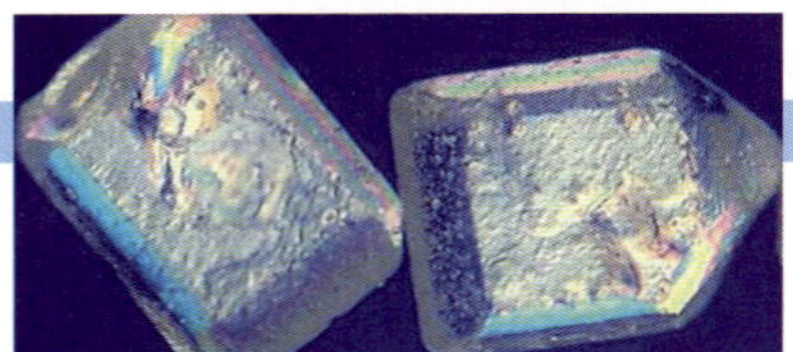

bauprodukte ein Verdacht auf Karzinogenität ergeben hatte. Auch die FDA selbst vertrat seit Mitte der 1980er Jahre diesen Standpunkt, trotzdem ist Cyclamat bis heute in den USA verboten. Der Antrag von 1982 wird gegenwärtig, nunmehr seit 30 Jahren, nicht mehr verfolgt [20]. Sollte die FDA irgendwann Cyclamat wieder als GRAS einstufen, ist ungewiss, ob nach dem nun schon über vierzigjährigen Cyclamatverbot und den inzwischen entwickelten Süßstoffalternativen überhaupt noch ein US-amerikanischer Markt vorhanden wäre.

Schon nach Ankündigung des Cyclamatverbots im Oktober 1969 mussten die amerikanischen Getränkehersteller ihre Produkte praktisch über Nacht aus den Regalen holen und durch neue Rezepturen ersetzen. Als Süßstoff war nur noch Saccharin zugelassen und dessen bitter-metallischer Nachgeschmack wurde entweder dem Verbraucher zugemutet, z.B. bei Coca-Colas *„Fresca"*, oder durch Zusatz von wenig Zucker maskiert wie bei Coca-Colas *„Tab"*. Die letztere Methode wurde auch von anderen Cola-Herstellern bevorzugt und so verwandelten sich praktisch über Nacht die kalorien*freien* in kalorien*reduzierte* Colas (Abbildung 7).

Saccharin geht es an den Kragen

Neues Süßstoff-Ungemach drohte wenige Jahre später. Diesmal war Saccharin an der Reihe, wieder war eine zweifelhafte Rattenstudie Ausgangspunkt. Für die US-Amerikaner ein *Déjà-vu*-Erlebnis [10]. In einer 1977 abgeschlossenen kanadischen Studie wurden Ratten über zwei Generationen mit 2,5 g/kg bw/d Saccharin gefüttert. In der ersten Generation bekamen 3 von 100 und in der zweiten 14 von 100 Tieren Blasentumore. Die verabreichte Menge entsprach beim Menschen der Aufnahme von 800 Saccharin-gesüßten Getränkedosen oder über 6.000 Saccharin-Süßstofftabletten, und das jeden Tag, ein Leben lang. Wieder siegte politischer Aktionismus über Augenmaß und Vernunft: Der kanadische Gesundheitsminister Marc Lalonde setzte 1977 in seinem Land ein Saccharinverbot durch.

Das kanadische Saccharinverbot brachte die US-amerikanische FDA in die Zwickmühle, denn diese Entscheidung konnte nicht ignoriert werden. Bei Beachtung der Delaney-Klausel drohte damit auch in den USA ein Saccharin-Verbot, sodass dort überhaupt kein Süßstoff mehr zugelassen wäre. Bei dieser düsteren Aussicht begann die amerikanische

ABB. 7 | DAS USA-CYCLAMATVERBOT VON 1969

Nach dem Cyclamatverbot blieb den amerikanischen Getränkeherstellern nur noch Saccharin mit seinem metallischen Nachgeschmack zum Süßen. Sie hatten die Wahl zwischen zwei Übeln: Entweder sie hofften, dass die Kunden den Nachgeschmack akzeptierten oder sie überdeckten den Nachgeschmack mit einem geringen Zusatz von Zucker. Coca-Cola entschied sich für ein Sowohl-als-auch. Das 1967 eingeführte „Fresca", ein kohlensäurehaltiges Diätgetränk mit Pampelmusen-/Zitronenaroma, das nicht wegen der fehlenden Kalorien, sondern vor allem wegen seines frischen Geschmacks erfolgreich war, wurde völlig auf Saccharin umgestellt. Der Slogan „We found a way to keep the taste in and the sugar out" konnte viele Kunden aber nicht überzeugen, die zu anderen Marken wechselten. Bei Tab entschied man sich für die zweite Variante, d.h. dem Saccharin wurde eine geringe Menge Zucker zugesetzt, um den Nachgeschmack zu maskieren (rechts).
(Foto von links: afiler, flickr.com; jbcurio, flickr.com; The Globe and Mail, 1969,)

New cyclamate-free Fresca.
It's the only good-tasting sugar-free soft drink you can buy.

We're not going to let you or your waistline down. New Fresca is cyclamate free, of course. But Fresca will still be sugar-free, as well. Still only 2 calories per 8-ounce serving. We didn't add sugar. We found a way to keep the taste in and the sugar out.

"Fresca" is a registered Trademark that identifies a product of The Coca-Cola Company.
Bottled under authority of The Coca-Cola Company by: The Coca-Cola Company of Wisconsin, Milwaukee

Volksseele zu kochen. Moralische Unterstützung erhielt die Bevölkerung von der *American Cancer Society* und der *American Diabetic Association,* die das drohende Verbot für völlig überzogen hielten. Der frisch gewählte Präsident Jimmy Carter und alle Kongressabgeordneten wurden mit Protestbriefen überschüttet und besonders die Frauen organisierten eine lautstarke Protestbewegung.

Dieser gewaltige Druck zwang die amerikanische Politik in die Knie, die daraufhin bemerkenswert kreativ wurde. Man fand ein raffiniertes juristisches Hintertürchen und erließ ein Moratorium, in dem die Entscheidung über ein Saccharinverbot verschoben wurde, damit weitere klärende Tierstudien abgeschlossen werden konnten. Gleichzeitig mussten alle Saccharin-haltigen Produkte mit einem Warnhinweis versehen werden (Abbildung 8). Das Moratorium wurde immer wieder verlängert, bis schließlich 2001 das Saccharin-Verbot samt dem obligatorischen Warnhinweis in aller Stille zu Grabe getragen wurde.

Da das Süßstoff-Duo Saccharin/Cyclamat auch heute noch viel in Tafelsüßen in Form kleiner Würfelchen oder als Lösung verwendet wird, fassen wir das verwirrende Hin und Her zusammen: Durch zwei zweifelhafte Rattenstudien, die sich schnell als nicht reproduzierbar erwiesen, aber dennoch aus rein politischen Gründen zu überhasteten und wissenschaftlich nicht begründeten Verboten in den USA bzw. Kanada führten, gerieten Saccharin und Cyclamat völlig zu Unrecht in Verruf. Schon seit vielen Jahren stehen weder Saccharin noch Cyclamat in irgendeinem Verdacht, beim Menschen gesundheitliche Schädigungen zu verursachen, wenn sie im üblichen Rahmen konsumiert werden. Dieser Standpunkt wird von allen wissenschaftlichen Institutionen und Gesundheitsbehörden auf der Welt vertreten und folgerichtig sind diese Süßstoffe überall zugelassen. Warum allerdings bis heute Saccharin nur in Kanada und Cyclamat nur in den USA verboten sind, versteht niemand, auch schon lange nicht mehr die dortigen Gesundheitsbehörden.

Aspartam

James Schlatter, ein Chemiker der Firma G.D. Searle & Company, war mit der Suche nach neuen Behandlungsmöglichkeiten von Magengeschwüren beauftragt. Im Rahmen dieses Projektes wollte er im Dezember 1965 das Tetrapeptid H-Trp-Met-Asp-Phe-OH herstellen [21]. Diese Aminosäuresequenz entspricht dem C-terminalen Ende des Enzyms Gastrin, das u.a. die Magensäureproduktion stark stimuliert. Bei der vielstufigen Synthese fiel das mit Methanol veresterte Dipeptid H-Asp-Phe-OCH_3 (**5**) als Zwischenprodukt an. Diese Verbindung war kurz zuvor in der Arbeitsgruppe von J.S. Morley in England erstmals synthetisiert worden [22]. Schlatter hatte aber das große Glück, dass er großes Pech hatte, denn beim Umkristallisieren dieser Verbindung unterlief ihm ein Missgeschick [23], das ihm zu einer sensationellen Entdeckung verhalf:

„Als ich die Verbindung in einem Kolben mit Methanol erhitzte, spritzte etwas vom Inhalt auf die Außenseite des Kolbens. So kam etwas Substanz an meine Finger. Als ich wenig später an meinen Fingern leckte, um ein dünnes Blatt Wägepapier hochzuheben, bemerkte ich einen stark süßen Geschmack. Zunächst dachte ich, dass ich noch vom Frühstück Zucker an meinen Fingern gehabt hätte. Wie dem auch sei, mir wurde aber schnell klar, dass dies nicht der Fall gewesen sein konnte, da ich inzwischen meine Hände gewaschen hatte. Ich verfolgte daher die Spur der Substanz auf meiner Hand rückwärts bis zu dem Kolben, in dem ich den Aspartylphenylalanin-methylester umkristallisiert hatte. Da mir klar war, dass ein Dipeptidester nicht toxisch sein konnte, probierte ich davon ein wenig und merkte, dass dies tatsächlich die gleiche Substanz war, die ich schon an meinem Finger geschmeckt hatte."

Die Süße dieser Verbindung war nicht vorhersehbar, denn weder L-Asparaginsäure noch L-Phenylalanin schmecken süß, die letztere Aminosäure sogar bitter. Von diesem *N*-L-α-Aspartyl-L-phenylalanin-1-methylester (**5**), der später unter dem Namen Aspartam bekannt werden sollte, wurden auch die drei Stereoisomere mit den Asp-Phe-Konfigurationen L/D, D/D und D/L synthetisiert, die alle bitter schmeckten [24]. Weitere systematische Strukturvariationen ergaben [25a], dass alle süß schmeckenden Peptide am N-terminalen Ende eine L-Asparaginsäure mit freier α-Amino- und γ-Carboxylgruppe hatten. In kurzer Zeit wurden Hunderte Peptide hergestellt, von denen nur ganz wenige eine höhere Süßkraft als Aspartam hatten. Für eine kommerzielle Nutzung kam keine davon infrage, da im Vergleich zu Aspart-

Abb. 8 **Das im Jahre 1977 den US-Amerikanern drohende Saccharin-Verbot hätte dazu geführt, dass dort überhaupt kein Süßstoff mehr hätte verwendet werden dürfen. Die Bevölkerung protestierte so lautstark, dass mit einem juristischen Trick die Entscheidung immer wieder hinausgezögert wurde. Dafür mussten ab 1978 alle saccharinhaltigen Getränke mit einem Warnhinweis versehen werden. Diet Rite Cola ohne (links) und mit (rechts) dem seit 1978 in den USA obligatorischen Warnhinweis (Foto: Jason Watson, http://sodacancollection.weebly.com).**

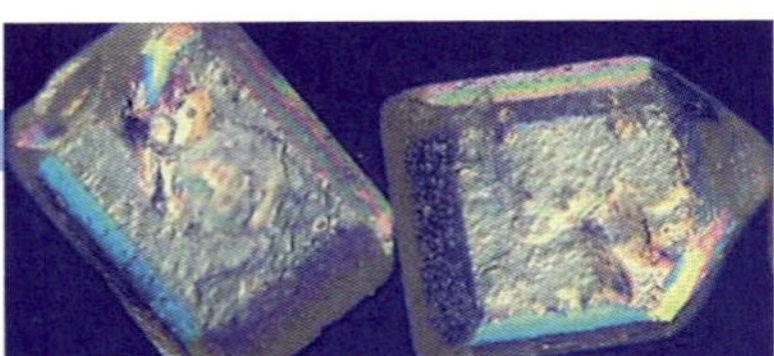

ABB. 9 | SYNTHESE VON ASPARTAM

Aspartam wird heute durch direkte Umsetzung des Phenylalanin-methylesters mit N-formyliertem Asparaginsäureanhydrid gewonnen. Das in 20 % Ausbeute anfallende Nebenprodukt des β-Isomers mit der „falschen" Peptidverknüpfung wird durch Kristallisation abgetrennt [62].

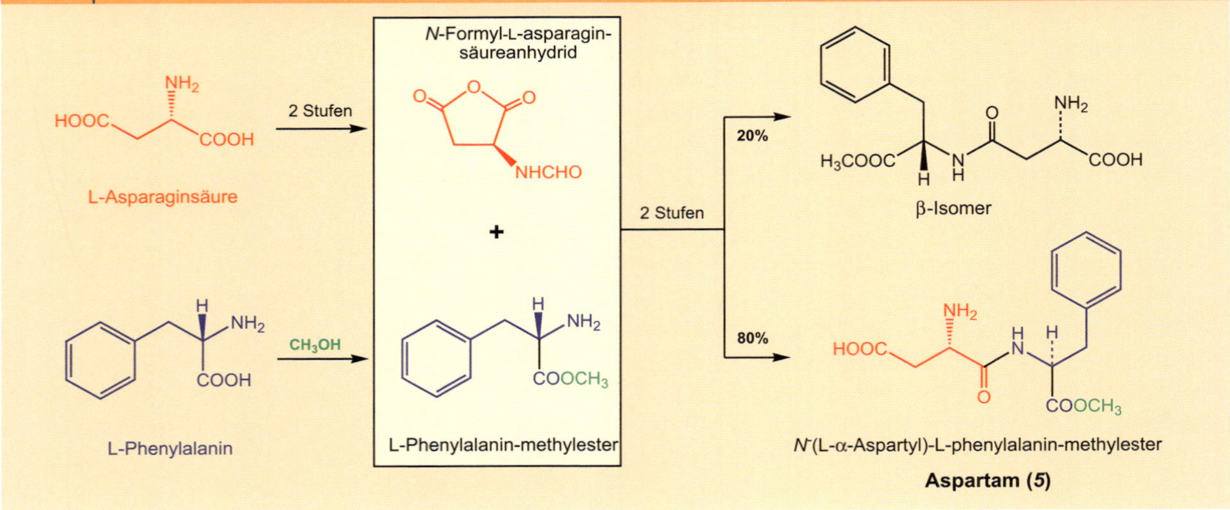

L-Asparaginsäure
2 Stufen
N-Formyl-L-asparaginsäureanhydrid
L-Phenylalanin
CH_3OH
L-Phenylalanin-methylester
2 Stufen
20%
β-Isomer
80%
N-(L-α-Aspartyl)-L-phenylalanin-methylester
Aspartam (*5*)

ABB. 10 | ZERFALL VON ASPARTAM

Beim thermischen und säurekatalysierten Zerfall des Aspartams findet eine Methanolabspaltung statt. Bei vollständiger Verdauung im Magen-Darm-Trakt des Menschen wird sowohl die Ester- als auch die Peptidbindung zwischen Phenylalanin und Asparaginsäure gespalten.

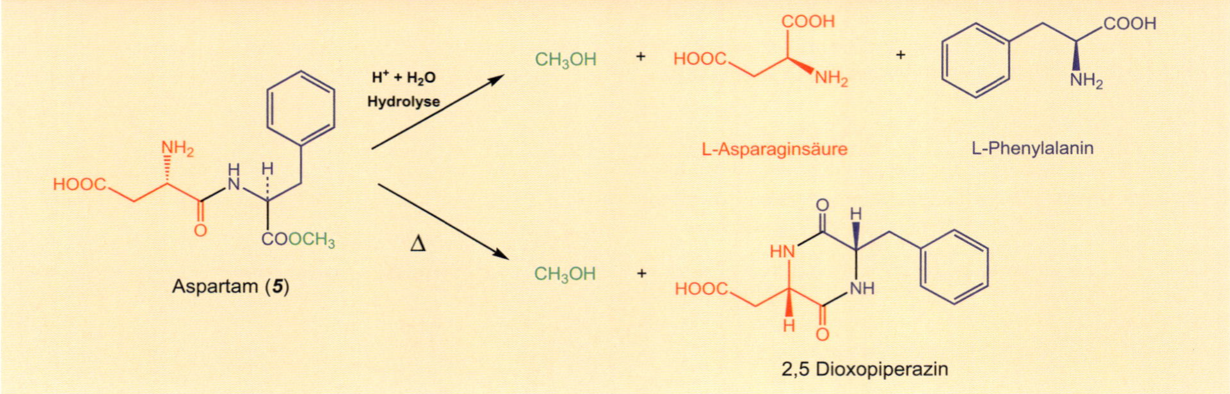

Aspartam (*5*)
$H^+ + H_2O$ Hydrolyse
CH_3OH + L-Asparaginsäure + L-Phenylalanin
Δ
CH_3OH + 2,5 Dioxopiperazin

ABB. 11 | STABILITÄT VON ASPARTAM

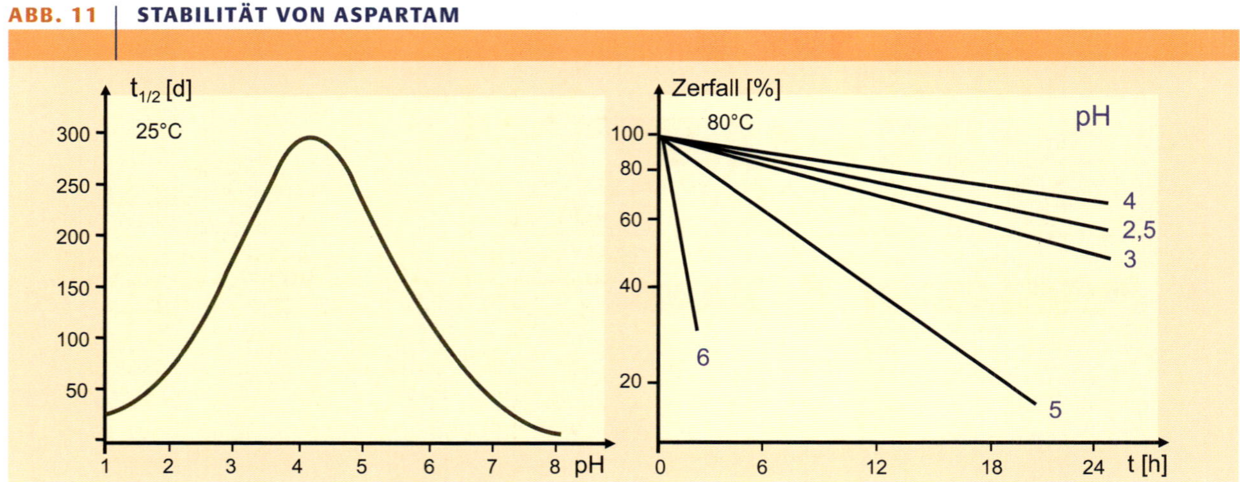

Mit einem Stabiltätsoptimum bei pH = 4 eignet sich Aspartam am ehesten zum Süßen von Erfrischungsgetränken. Bei höheren Temperaturen nimmt die Hydrolysegeschwindigkeit stark zu, sodass sich Aspartam nur bedingt zum Kochen oder bei der Hitzesterilisierung in der Lebensmittelindustrie eignet [13b]. links: Halbwertszeit von Aspartam bei 25°C in Abhängigkeit vom pH-Wert; rechts: Zerfall von Aspartam bei 80 °C in Abhängigkeit vom pH-Wert

am ihre Synthesen aufwendiger (Abbildung 9) und damit teurer waren oder sie ungewöhnliche Aminosäuren enthielten, deren Abbau im menschlichen Körper weniger gut bekannt war, als die der körpereigenen Aminosäuren Phenylalanin und Asparaginsäure.

Wie beim Saccharin und Cyclamat führten auch beim Aspartam erste Verträglichkeitsstudien an Ratten zu einer kontroversen Diskussion über dessen gesundheitliche Unbedenklichkeit. Eine Zulassung für wenige Monate in den Jahren 1974 und 1975 wurde deshalb zunächst widerrufen. Erst 1981 erhielt G.D. Searle & Company die Zulassung für Aspartam (*NutraSweet*®, *Equal*®), zunächst jedoch nur für den Einsatz in Trockenprodukten (z.B. Cerealien). 1983 wurde Aspartam für kohlensäurehaltige Erfrischungsgetränke in den USA und 1990 als Süßstoff für Lebensmittel zugelassen.

Nach weiteren Verträglichkeitsstudien erklärten Ende 1984 sowohl die *FDA*, das *Center for Disease Control* und 1985 auch die *American Medical Association*, übereinstimmend, dass Aspartam kein gesundheitliches Risiko darstellt. Auch die europäischen Gesundheitsbehörden bezogen eindeutig Stellung: Bis zu einem ADI-Wert von 40 mg/kg bw/d ist Aspartam gesundheitlich völlig unbedenklich [26].

Im Gegensatz zu Saccharin und Cyclamat hat Aspartam als Dipeptid einen zu Zucker vergleichbaren Nährwert, allerdings sind wegen der hohen Süßkraft die aufgenommenen Aspartam-Mengen so gering, dass dieser Süßstoff praktisch als kalorienfrei gilt.

Aspartam hat gegenüber Saccharin und Cyclamat einen entscheidenden Nachteil: Es ist weniger stabil. Chemische Ursache dafür ist die Säurelabilität der Ester- und Peptidbindung und der bei thermischer Belastung typischen Ringschlussreaktion von Aminosäuren zu Dioxopiperazinen (Abbildung 10). Im Feststoff zerfällt Aspartam langsam bei Temperaturen ab 120 °C [27]. In wässriger Lösung hängt

ABB. 12 | READ THE LABEL!

Das war eine Premiere in der Werbung. Ein Hersteller fordert die Verbraucher in großen Lettern auf, das Kleingedruckte auf der Verpackungsrückseite des Konkurrenzprodukts zu lesen. Dies war und ist in den USA möglich, da vergleichende Werbung dort erlaubt ist. Pepsi stieß mit der Aufforderung „Read the Label" die Kunden mit der Nase darauf, dass Diet Pepsi im Gegensatz zu Diet Coke kein Saccharin mehr enthielt. So versuchte Pepsi im ewigen Kampf gegen Coca-Cola mit dem (unberechtigt) schlechten Saccharin-Ruf zu punkten (links). Die Werbung zeigte Wirkung. Coca-Cola änderte nach kurzer Zeit seine Rezeptur und süßte Diet Coke anstelle des bis dahin verwendeten Saccharin/Aspartam-Gemischs (rechts oben) bis heute in den USA allein mit Aspartam (NutraSweet®, rechts unten).

(Fotos links: OMNI Magazine, 1985; rechts: nach Dave Allen, http://picasaweb.google.com)

die Zersetzungsgeschwindigkeit von der Zeit, Temperatur und dem pH-Wert ab (Abbildung 11). Glücklicherweise liegt das Stabilitätsoptimum bei pH = 4 [13b], also im üblichen Bereich der Cola- und anderen Erfrischungsgetränke. Darin und natürlich in seiner hervorragenden Geschmacksqualität liegt die Basis für den grandiosen Erfolg von Aspartam.

Die Labilität der Ester- und Peptidbindung führt sowohl im Verdauungstrakt als auch bei unsachgemäßer Lagerung oder Verarbeitung, z.B. nach längerem Kochen zu den Zerfallsprodukten Methanol, Phenylalanin und Asparaginsäure. Die hohe Toxizität von Methanol ist bekannt und basiert auf dessen Oxidation zu Formaldehyd und Ameisensäure. Von Aspartam droht aber keine Methanolvergiftung, denn die freigesetzten Methanolmengen sind äußerst gering und selbst nach der Aufnahme großer Mengen Aspartam ändert sich die Blutkonzentration von Methanol praktisch nicht. Im Vergleich dazu wird nach Trinken gleicher Mengen von Orangen-, Apfel- und ganz besonders Tomatensaft die bis zu 5-fache Menge an Methanol im menschlichen Körper freigesetzt [28, 29a].

Auch für die bei der Verdauung von Aspartam freiwerdenden natürlichen Aminosäuren Phenylalanin und Asparaginsäure kann Entwarnung gegeben werden. Dies gilt jedoch nicht für Phenylketonurie-Patienten. Bei dieser relativ häufigen Erbkrankheit (1 von 8.000 Neugeborene) kann Phenylalanin nicht in die wichtige Aminosäure Tyrosin überführt werden, da das entsprechende Enzym fehlt, die Phenylalaninhydroxylase. Die Erkrankung zeigt sich durch ungewöhnliche Abbauprodukte des Phenylalanins im Harn, den Phenylketonen, die der Krankheit den Namen gaben. Unbehandelt führt sie zu schweren geistigen Entwicklungsstörungen und Epilepsie. Alle Neugeborenen werden heute auf diese Krankheit untersucht, wobei durch strenge eiweißarme Diät in der Wachstumsphase eine schwere geistige Behinderung verhindert werden kann. Wegen der Gefährdung dieser Patienten müssen alle aspartamhaltigen Lebensmittel mit einem Warnhinweis versehen werden.

ABB. 13 | SÜẞE OXATHIAZINE

*oben: Clauß erhielt 1967 bei der Hoechst AG in Frankfurt bei der Umsetzung von 2-Butin (**14**) mit Fluorsulfonylisocyanat (**15**) nach Aufarbeitung einen Abkömmling des bis dahin nicht bekannten heterocyclischen 1,2,3- Oxythiazin-Ringsystems. Die erstmals synthetisierte Verbindung **16** schmeckte sehr süß und dies führte zur systematischen Erforschung dieser Substanzklasse.*

*Mitte: Als die für einen Süßstoff geeignetste Verbindung erwies sich das Acesulfam-K (**6**). Technisch wurde die Verbindung zunächst durch Umsetzung des tert.-Butylesters der Acetessigsäure (**17**) mit **15** hergestellt. Das Additionsprodukt (**18**) zerfällt bei leicht erhöhten Temperaturen unter CO_2- und Isobuten-Abspaltung in N-Fluorsulfonylacetessigsäureamid (**19**), aus dem mit KOH der Ringschluss zu **6** gelingt [63].*

unten: Eine kleine Auswahl aus der immens fleißigen Synthesearbeit der Hoechst-Chemiker zeigt den Einfluss der Struktur auf die Süßstärke. Die Abhängigkeit der akuten Toxizität des 6-Methyl-1,2,3-oxathiazin-4(3H)-on-2,2-dioxid vom Gegenion (Na, K, Ca, rot) deutet darauf, dass bei diesen extrem hohen Dosen überwiegend die Metallionen und weniger das Acesulfam-Anion die Gesamttoxizität des Acesulfams bestimmen.

14 + 2 15 → (+ H_2O, - CO_2, - H_2N-SO_2F) → ([NaOH], - HF) → 16

17 + 15 → 18 → (Δ, - CO_2, - $H_2C=C(CH_3)_2$) → 19 → (+ KOH, - HF) → 6 Acesulfam-K

R_5	R_6	M	Süßkraft	LD_{50} [g/kg bw]
CH_3	CH_3	Na	130	8,7
C_2H_5	CH_3	Na	250	9,9
H	C_2H_5	Na	150	
H	CH_3	Na	130	10,4
H	CH_3	K	130	7,4
H	CH_3	Ca/2	130	6,5
CH_3	H	Na	20	
H	H	Na	10	

Trotz der langen Zeit zwischen Entdeckung des Aspartams 1965 und der Zulassung als Süßstoff 1981 in den USA (ab 1983 auch in kohlensäurehaltigen Erfrischungsgetränke) profitierte Aspartam wesentlich davon, dass es chemisch betrachtet das Bruchstück eines natürlichen Proteins war. Diesem Süßstoff wurde von vornherein mehr Vertrauen geschenkt, mehr jedenfalls als dem in den USA verbotenen Cyclamat und dem immer wieder in Krebsverdacht geratenen Saccharin. Da zum Zeitpunkt der Zulassung von Aspartam für kohlensäurehaltige Getränke sowohl *Diet Pepsi* als auch die 1982 neu eingeführte *Diet Coke* [30] nur mit dem (zu Unrecht) unter einem schlechten Ruf stehenden Saccharin gesüßt wurden, begannen 1983 sowohl *Coca-Cola* als auch *Pepsi* ihren kalorienlosen *Diet Coke* und *Diet Pepsi* Aspartam zuzusetzen. Diet Coke wurde zunächst mit einer Saccharin-Aspartam-Mischung gesüßt, *Diet Pepsi* sofort ganz auf Aspartam umgestellt. Natürlich schlachtete *Pepsi* diesen Schritt werbestrategisch aus (Abbildung 12). Letztlich aber vergebens, denn *Coca-Cola* passte seine Rezeptur umgehend an. Das zahlte sich langfristig aus, 2011 erreichte *Diet Coke* den 2. Platz auf der amerikanischen Hitliste der Erfrischungsgetränke, übertroffen nur vom zuckerhaltigen *Coca-Cola*-Original.

Acesulfam-K

Auch diese Entdeckungsgeschichte beginnt mit einem Zufall. Karl Clauß führte 1967 bei der Hoechst AG in Frankfurt eine Reaktion von 2-Butin (***14***) mit Fluorsulfonyl-isocyanat (***15***) durch [31]. Selbst die furchtlosesten Chemiker dürften vor dieser Umsetzung zwischen zwei so reaktiven Ausgangsmaterialien gehörigen Respekt haben. Nach alkalischer Hydrolyse entstand ***16***, der erste Vertreter des bis dahin unbekannten heterocyclischen 1,2,3-Oxathiazinon-Ringsystems (Abbildung 13). Obwohl dies allein schon interessant war, erkannte man den Wert dieser Verbindung erst, nachdem Dr. Clauß versuchte, ein paar weiße Pulverflecken auf seinem Pullover mit dem feuchten Finger zu entfernen. Der Finger schmeckte plötzlich süß. Der Hoechst-Forscher durchsuchte diese bis dato unbekannte Substanzklasse auf besonders süße Vertreter. In ihrer ersten, einige Jahre später erschienenen Publikation stellten Clauß und Jensen nicht nur die süße Zufallsverbindung ***16*** vor, sondern eine Vielzahl verwandter Verbindungen und mehrere synthetische Zugänge zu dieser neuen Substanzklasse.

Einen ersten Hinweis für eine mögliche kommerzielle Nutzung eines süßschmeckenden Stoffes als Süßstoff gibt dessen akute Toxizität. Hier ergaben sich für einige Verbindungen mit LD_{50}-Werten > 6g/kg bw erstaunlich gute Verträglichkeiten, die weit über denen von Kochsalz (LD_{50} = 3 g/kg bw) und Kaliumchlorid (LD_{50} = 2,6 g/kg bw) lagen.

Über die Überlegungen, welcher der vielen süß schmeckenden Kandidaten die wohl größte Chance als kommerzielles Produkt haben könnte, berichteten Clauß und Jensen 1973 [31]:

Unser Augenmerk ist vor allem auf das 6-Methyl-Derivat gerichtet, dessen Kalium- oder Calciumsalz etwa viermal süßer als Cyclamat ist und sich nach der Verkostung verschiedener Zubereitungen und Säfte in der Reinheit des Süßegeschmacks von den übrigen Derivaten abhebt. Auch die hohe Wasserlöslichkeit bietet für die Anwendung Vorteile, da die meisten synthetischen Süßstoffe in Wasser nur unbefriedigend löslich sind.

In der Hydrolysegeschwindigkeit genügen die Salze ebenfalls den Anforderungen der Praxis. Selbst in den stark sauren Erfrischungsgetränken bleiben sie über Monate unverändert und ohne Beeinträchtigung der Geschmacksreinheit.

Die akute Toxizität wurde in einzelnen Fällen bestimmt. Die geprüften Verbindungen sind demnach als praktisch ungiftig einzustufen. ..... Es handelt sich hierbei aber ... nur um Teilergebnisse, deren Vervollständigung abgewartet werden muss, bevor ein Urteil über die toxikologische Eignung der Salze als Süßstoffe gefällt werden kann.

Ferner muss der Metabolismus geklärt werden. Wenn im ersten Schritt eine Ringöffnung zu N-Acetoacetylamidoschwefelsäure erfolgen sollte, führt der weitere Abbau nur zu körpereigenen Stoffen. Auch aus diesem Grund werden die Salze der 6-Methyl-oxathiazinondioxide ausgewählt: Sie sind Derivate der Acetessigsäure.

Ganz entscheidend für die Auswahl des Kaliumsalzes ***6***, das ab 1980 als Acesulfam-K bezeichnet wurde, war nicht die Süßkraft allein, denn es gab wesentlich süßere Abkömmlinge, sondern „***die Reinheit des Süßegeschmacks***", also der Geschmackseindruck. Man „erschmeckt" die Qualität eines Süßstoffs eben, Süße allein reicht nicht, denn ein unangenehmer Beigeschmack oder eine auf der Zunge ewig anhaltenden Süße wird vom Verbraucher abgelehnt.

Neben der geringen *akuten* Toxizität ergaben viele Studien auch eine geringe *chronische* Toxizität von Acesulfam. Dies liegt vor allem daran, dass Acesulfam-K im Körper nicht metabolisiert wird, sondern schnell und unverändert über die Nieren ausgeschieden wird. Hier soll nur auf eine amerikanische Studie im Rahmen des National Toxicology Program vom Oktober 2005 eingegangen werden [32]. Dabei wurden Mäuse von zwei genetisch veränderten Stämmen, die besonders leicht Tumore entwickelten, über 9 Monate mit täglich 4–5 g/kg bw Acesulfam-K gefüttert. Weder hatte dies Einfluss auf die Lebenszeit und noch traten Tumore im Vergleich zu einer Kontrollgruppe häufiger auf. Zur rich-

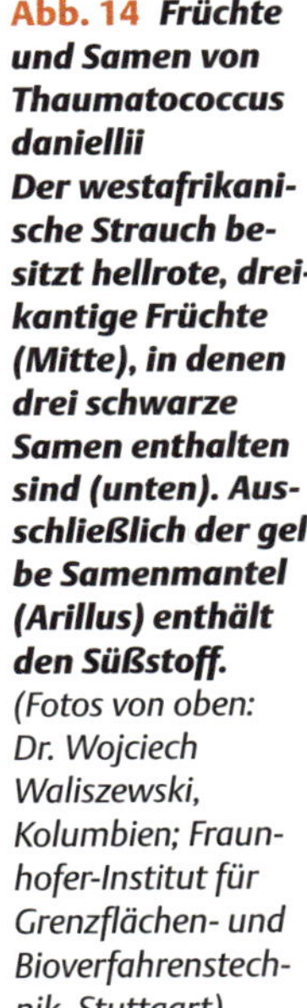

Abb. 14 Früchte und Samen von *Thaumatococcus daniellii*
Der westafrikanische Strauch besitzt hellrote, dreikantige Früchte (Mitte), in denen drei schwarze Samen enthalten sind (unten). Ausschließlich der gelbe Samenmantel (Arillus) enthält den Süßstoff.
(Fotos von oben: Dr. Wojciech Waliszewski, Kolumbien; Fraunhofer-Institut für Grenzflächen- und Bioverfahrenstechnik, Stuttgart)

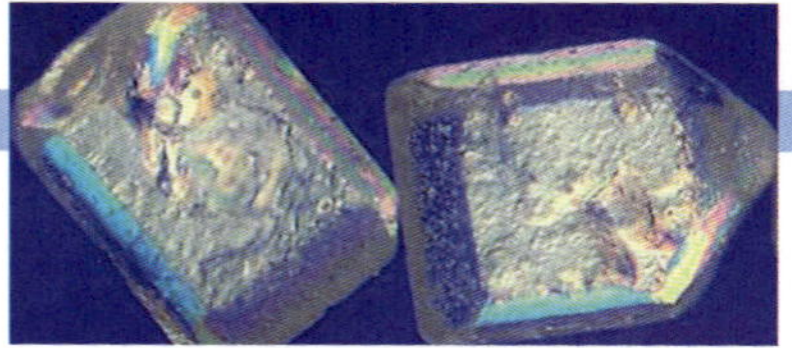

tigen Einordnung dieser Studie sei darauf hingewiesen, dass die den Mäusen oral verabreichten Acesulfam-K-Mengen exorbitant hoch waren! Sie entsprachen für einen 70 kg schweren Erwachsenen der täglichen Aufnahme von 315 g Acesulfam-K, der Süßkraft von 63 kg (!!) Saccharose.

Die JECFA legte für Acesulfam-K den ADI-Wert auf 15 mg/kg bw/d fest, während das SCF 1991 für den EU-Raum 9 mg/kg bw/d zuließ. Ein Antrag ans SCF, den ADI-Wert zu harmonisieren, wurde 2000 abgelehnt, da in Hunden eine wesentlich längere Verweilzeit des Acesulfams im Körper festgestellt wurde als in Ratten. Das SCF sprach der Hundestudie eine wesentliche Bedeutung zu und blieb bei dem schon 1991 ausgesprochenen ADI-Wert von 9 mg/kg bw/d [33].

Acesulfam-K war und ist bis heute sehr erfolgreich, wozu seine hohe Stabilität und vor allem sein synergistisches Verhalten in Mischungen mit anderen Süßstoffe, insbesondere mit Aspartam, wesentlich beitrugen.

Thaumatin

Thaumatin ist ein natürlicher Süßstoff, der aus den Beeren der westafrikanischen Katamfe Staude (*Thaumatococcus daniellii*, Familie: Pfeilwurzgewächse) gewonnen wird. Diese in Ghana, Elfenbeinküste, Togo und Sierra Leone heimische Pflanze wurde sicherlich lange vor Einführung des Rohrzuckers von den Einwohnern als Süßungsmittel eingesetzt. W.F. Daniell, ein englischer Militärarzt und Amateurbotaniker brachte 1839 die dreikantigen Früchte nach England, die selbst nach der langen Rückreise immer noch süß schmeckten (Abbildung 14) [13c].

Der süße Inhaltsstoff in *Thaumatococcus daniellii* erwies sich als ein Gemisch von 6 strukturell sehr ähnlichen Proteinen, die als Thaumatin I,II,III, a,b und c bezeichnet wurden, die alle aus genau 270 Aminosäuren bestanden. Die Isolierung der beiden Hauptbestandteile Thaumatin I und Thaumatin II gelang 1972 Wissenschaftlern der Firma Unilever [34]. Die Unterschiede zwischen beiden Aminosäuresequenzen erwiesen sich als sehr gering [35] und auch die Röntgenstrukturanalysen zeigten deren praktisch identischen dreidimensionalen Aufbau [36] (Abbildung 15).

Thaumatin hat eine Süßkraft von 2000–3000 bezogen auf Saccharose, würde man die Süßkraft nicht auf das Gewicht, sondern auf die Molmasse beziehen, wäre der Faktor mit 100.000 noch wesentlich höher. Interessanterweise zeigt dieser Süßstoff eine veränderte Geschmacksqualität: Die Süße stellt sich verzögert ein, ist dann von langer Dauer und zeigt einen Nachgeschmack von Lakritze.

Thaumatin wird im Körper wie jedes Protein unserer Nahrung abgebaut, sodass körperfremde Metaboliten nicht auftreten können. Studien an Ratten zeigten, dass eine tägliche Aufnahme von bis zu 2,8 g/kg bw keine nachteiligen Effekte auf das Wohlbefinden der Tiere auslöste. In Hinblick auf die Verwendung als Süßstoff sind die verabreichten Mengen jenseits aller Vorstellungskraft, denn dies entspräche bei einem Erwachsenen der Aufnahme von täglich 200 g Thaumatin. Bezogen auf die Süßkraft wären dies 600 Kilogramm Saccharose. Auf die Festlegung eines ADI-Werts wurde beim Thaumatin verzichtet, da dieser jenseits aller praktischen Anwendungen liegen würde. Für Tierfreunde sei noch darauf hingewiesen, dass Ratten, aber auch

ABB. 15 | STRUKTUR VON THAUMATIN I UND II

ALA THR PHE GLU ILE VAL ASN ARG CYS SER
TYR THR VAL TRP ALA ALA ALA SER LYS GLY
ASP ALA ALA LEU ASP ALA GLY GLY ARG GLN
LEU ASN SER GLY GLU SER TRP THR ILE ASN
VAL GLU PRO GLY THR ASN^{LYS} GLY GLY LYS ILE
TRP ALA ARG THR ASP CYS TYR PHE ASP ASP
SER GLY SER^{ARG} GLY ILE CYS LYS^{ARG} THR GLY ASP
CYS GLY GLY LEU LEU ARG^{GLN} CYS LYS ARG PHE
GLY ARG PRO PRO THR THR LEU ALA GLU PHE
SER LEU ASN GLN TYR GLY LYS ASP TYR ILE
ASP ILE SER ASN ILE LYS GLY PHE ASN VAL
PRO MET ASN^{ASP} PHE SER PRO THR THR ARG GLY
CYS ARG GLY VAL ARG CYS ALA ALA ASP ILE
VAL GLY GLN CYS PRO ALA LYS LEU LYS ALA
PRO GLY GLY GLY CYS ASN ASP ALA CYS THR
VAL PHE GLN THR SER GLU TYR CYS CYS THR
THR GLY LYS CYS GLY PRO THR GLU TYR SER
ARG PHE PHE LYS ARG LEU CYS PRO ASP ALA
PHE SER TYR VAL LEU ASP LYS PRO THR THR
VAL THR CYS PRO GLY SER SER ASN TYR ARG
VAL THR PHE CYS PRO THR ALA

Alle Thaumatine bestehen aus einer Kette von 207 Aminosäuren beginnend und endend mit Alanin. links: Angegeben ist die Sequenz von Thaumatin I und die fünf Änderungen im Thaumatin II (rot). Mitte und rechts: Nicht nur die primären, sondern auch die dreidimensionalen Strukturen von Thaumatin I und II [64] unterscheiden sich kaum. Für die Funktion des Thaumatins als Süßstoff scheinen die fünf Lysine 78, 97, 106, 137 und 187 (blau markiert) entscheidend, da die Phosphorylierung der Aminogruppen in deren Seitenketten zur Abnahme der Süße führt [65].

ABB. 16 | GESCHMACK EINIGER SACCHAROSE-ABKÖMMLINGE

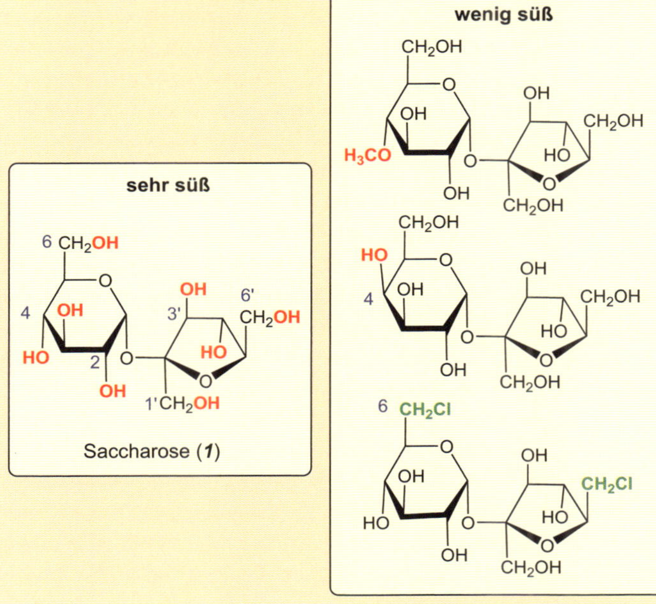

***links:** Saccharose (links) entsteht durch Verknüpfung einer Glucose- mit einer Fruktoseeinheit, wobei beide Zucker in der Ringform vorliegen. **Mitte:** Praktisch alle Versuche, die Süße von Saccharose durch Eingriffe in die Molekülstruktur zu steigern, gingen bis 1976 schief. Selbst geringste Änderungen der molekularen Struktur, wie die Einführung einer Methylgruppe in 4-Position (oben) oder Änderung der Konfiguration am C-4 (zur „Galakto-saccharose") oder die Einführung von zwei Chloratomen in 6,6'-Position verringern die Süße. **rechts:** Häufig schmeckten die Abkömmlinge sogar bitter, wie die Octaacetylsaccharose, die durch einfache Umsetzung von Saccharose mit Acetanhydrid entsteht: Diese Verbindung ist dreimal so bitter wie Strychnin und gehört zu den bittersten Stoffen überhaupt.*

ABB. 17 | CHLORHALTIGE SACCHAROSE-ABKÖMMLINGE

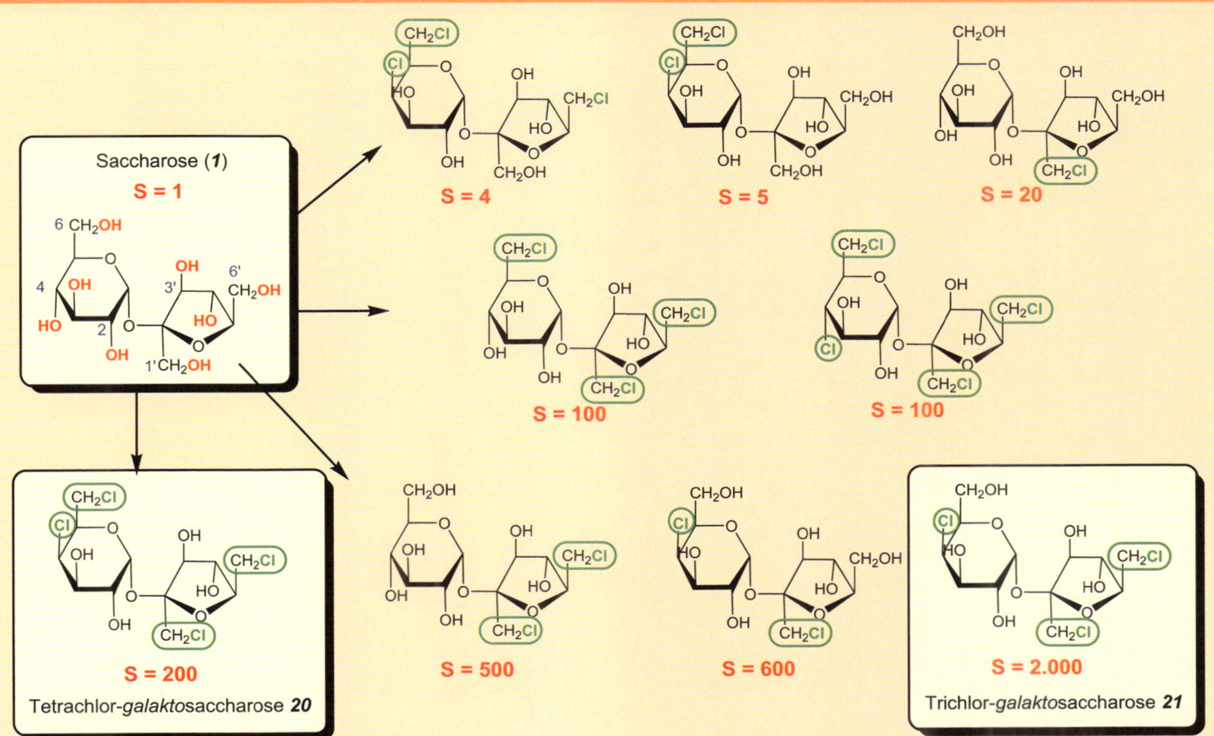

Nach der überraschenden Entdeckung der 4,6,1',6'-Tetrachlor-4,6,1',6'-tetradesoxy-galaktosaccharose (20) erwiesen sich weitere chlorhaltige Saccharose-Abkömmlinge als süß. Für eine kommerzielle Weiterentwicklung zu einem Süßstoff spielten neben der Süße das Geschmacksprofil, der synthetische Aufwand und toxikologische Überlegungen eine Rolle. Hier erwies sich letztlich die 4,1',6'-Trichlor-4,1',6'-tridesoxy-galakto-saccharose (21) als geeignetste und wurde unter dem Namen Sucralose (Splenda®) bekannt. Die im Original-Patent [66] angegebene Süßkraft von 2.000 für Sucralose, musste später auf 600 korrigiert werden.

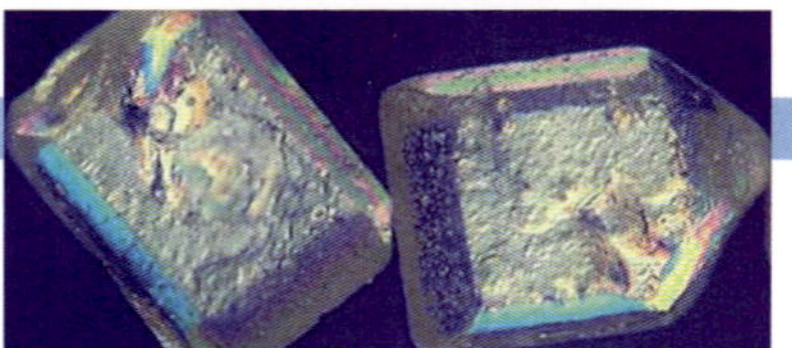

Meerschweinchen und Hamster die Süße von Thaumatin glücklicherweise nicht schmecken können, denn nur dadurch waren Fütterungsversuche überhaupt möglich.

Thaumatin wird unter dem Handelsnamen Talin® vertrieben und ist in Japan bereits 1970 und in der EU als Lebensmittelzusatzstoff E 957 zugelassen. Von der FDA hat Thaumatin den GRAS-Status erhalten. Thaumatin wird heute vor allem in Nachspeisen und Kaugummis eingesetzt.

Sucralose

Die Saccharose war und ist für jedes Süßungsmittel das Maß der Dinge. Seit der Aufklärung der Glucosestruktur durch Emil Fischer (1852–1919) haben unzählige Arbeitsgruppen auf der Welt Zuckerchemie betrieben und behielten dabei immer die Süße im Auge. Aber selbst nach einhundert Jahren war keinem das chemische Kunststück gelungen, durch geringe Strukturänderungen die Süßkraft von Saccharose zu erhöhen und gleichzeitig den angenehmen Geschmackseindruck beizubehalten. Im Gegenteil, viele der Saccharose-Abkömmlinge schmeckten ausgesprochen bitter (Abbildung 16).

Es war daher eine große Überraschung, als 1976 die Forschergruppe von Leslie Hough von der *University of London* im britischen Wissenschaftsmagazin „*Nature*" berichtete [37], dass die neu synthetisierte „Tetrachlor-*galakto*saccharose" ***20*** etwa 200mal süßer war als Saccharose (Abbildung 17). Wie die Süße der Tetrachlor-Verbindung ***20*** wirklich entdeckt wurde, steht nicht in der *Nature*-Publikation. Schade, denn damit hatte man den Lesern die wohl kurioseste Entdeckungsgeschichte eines Süßstoffs vorenthalten [38].

Zwischen der Arbeitsgruppe von Leslie Hough und dem Zuckerproduzenten *Tate & Lyle Sweeteners* bestand eine enge Zusammenarbeit. Ein ehemaliger Doktorand von Hough, Dr. Riaz Khan arbeitete bei *Tate & Lyle* und untersuchte den enzymatischen Abbau chlorsubstituierter Saccharosen. Eines Tages fragte Khan bei Hough an, ob er für seine biochemischen Studien eine reine Probe der Tetrachlorverbindung ***20*** zur Verfügung stellen könne. Hough verwies ihn direkt an seinen Doktoranden Shashikant Phadnis. Über das Gespräch zwischen den beiden aus Indien stammenden Chemikern berichtete Dr. Riaz Khan [38]:

„Ich rief ihn (Phadnis) an und er fragte, wofür ich die Substanz benötige. Ohne zu sehr in die Einzelheiten zu gehen, gab ich die einfache Antwort, dass wir die Substanz auf irgendetwas „testen" wollten. Dass wir beide

ABB. 18 | FLAVONOIDE IN ZITRUSFRÜCHTEN

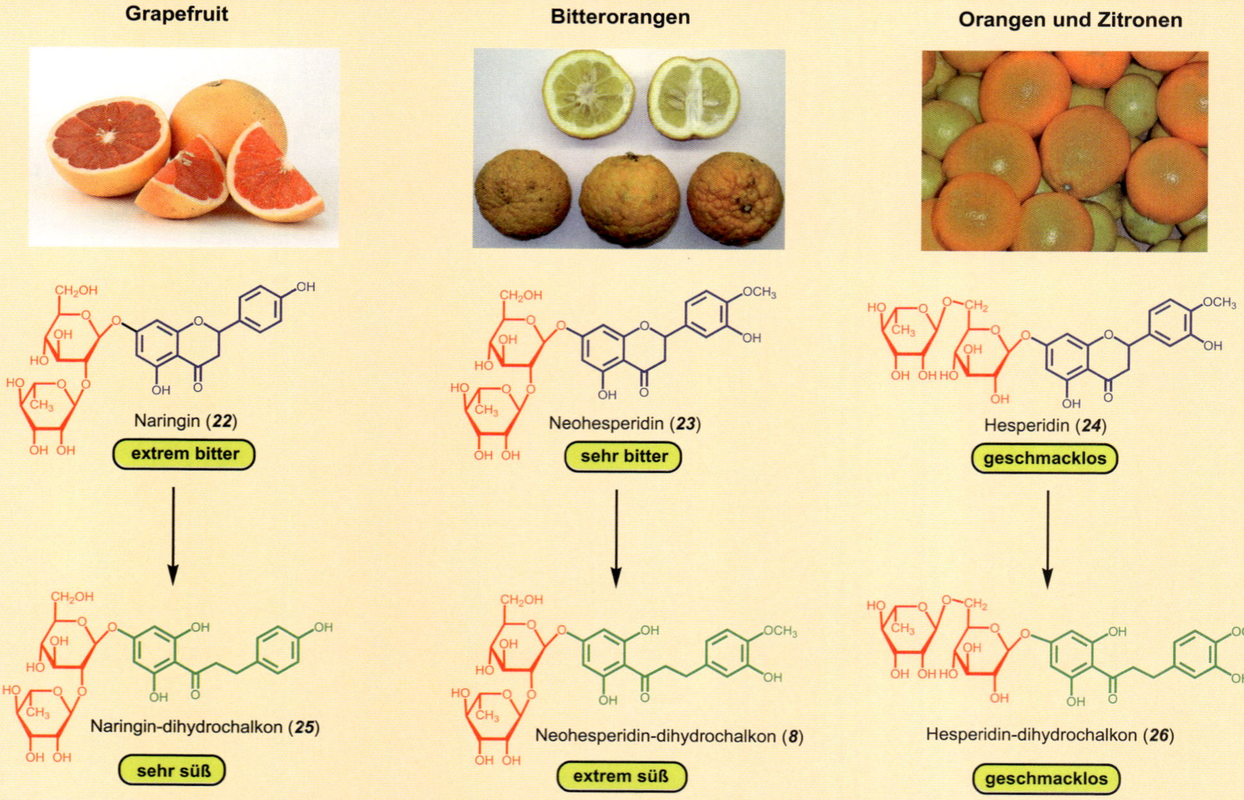

Grapefruit — Bitterorangen — Orangen und Zitronen

Naringin (***22***) – extrem bitter → Naringin-dihydrochalkon (***25***) – sehr süß

Neohesperidin (***23***) – sehr bitter → Neohesperidin-dihydrochalkon (***8***) – extrem süß

Hesperidin (***24***) – geschmacklos → Hesperidin-dihydrochalkon (***26***) – geschmacklos

Die Schalen von Citrusfrüchten enthalten relativ große Mengen von Flavonoiden [67], in denen ein hydroxyliertes Flavonsystem (blau) mit einem aus Glucose und Rhamnose bestehenden Disaccharid (rot) glykosidisch verknüpft ist. Diese Flavonoide können präparativ sehr leicht in die teilweise extrem süßen Dihydrochalkone 8 und 25 überführt werden. *(Fotos: aleph und Magnus Manske, wikimedia commons)*

aus Indien kamen, war ein glücklicher Umstand. Er missverstand „test" mit „taste" (engl. schmecken). Erst dadurch wurde die Entdeckung möglich.„

Shashikant Phadnis beschreibt den weiteren Verlauf wie folgt [38]:

„Ich dachte, ich sollte es kosten!....Also nahm ich eine kleine Menge davon auf den Spatel und kostete es mit meiner Zungenspitze! Welch eine Überraschung! Es war intensiv und angenehm süß. Dann machte ich weiter und kostete alle Saccharosederivate, die ich auf meinem Laborplatz hatte, eins nach dem anderen. Ich fand heraus, dass viele von denen süß schmeckten, allerdings variierte die Süße stark.

.....Als ich Les (Leslie Hough) von meiner Entdeckung erzählte, war er völlig überrascht und ein wenig besorgt. „Bist Du verrückt geworden?", fragte er mich, „Wie kannst Du nur Verbindungen kosten, ohne irgendetwas über deren Giftigkeit zu wissen? Das kann sehr gefährlich sein". Ich versicherte ihm aber, dass ich die Verbindungen nur gekostet, aber nicht heruntergeschluckt hatte. ..... Schließlich taufte Les die Tetrachlorsaccharose auf den Namen Zufalllose (engl. serendipitose). Später streute er ein paar Krümel Zufalllose [39] in eine Tasse Kaffee. Als ich ihn nun meinerseits daran erinnerte, dass es giftig sein könnte, erwiderte er nur: „Ach, vergiss es, wir werden's schon überleben!", und schluckte die ganze Tasse Kaffee herunter."

Khan hatte bereits nachgewiesen, dass ein Ersatz der OH-Gruppe in 6'-Position der Saccharose durch Chlor die enzymatische Spaltung des Saccharosegerüsts verhinderte. Somit konnten solch modifizierte Saccharosederivate im Körper nicht abgebaut und zur Energieproduktion genutzt werden. Mit anderen Worten: Ein Chlorsubstituent in 6'-Stellung machte die Verbindung „kalorienlos".

Nach der überraschenden Entdeckung der neuen Substanzklasse wurden die verschiedenen Hydroxylgruppen der Saccharose systematisch gegen Chlor ausgetauscht. Im ersten Patent von 1976 wurden bereits die in Abbildung 17 aufgeführten 9 chlorhaltigen Abkömmlinge angegeben und es sollten noch viele folgen [25b]. Die dazu notwendige Synthesearbeit war immens und schwierig, denn nur durch ständigen An- und Abbau von Schutzgruppen gelang die selektive Steuerung der vielen Synthesen. Beim Verkosten aller Syntheseprodukte zeigte 4,1',6'-Trichlor-4,1',6'-tridesoxy-*galacto*saccharose (***21***) das größte Potential als Süßstoff. Diese Verbindung ist heute unter dem Namen Sucralose (Splenda®) als Süßstoff in aller Munde [40].

ABB. 19 | SYNTHESE VON NEOHESPERIDIN-DC AUS NARINGIN

Die industrielle Synthese des Süßstoffs Neohesperidin-DC steckt voll spannender organischer Synthesechemie.

*oberste Reihe: Der direkte Weg ausgehend vom Neohesperidin (**23**) ist präparativ einfach [13d]: In einer Eintopfreaktion wird **23** in 10proz. Kalilauge gelöst, der Palladium-Kohle-Katalysator zugefügt und Wasserstoff bei Raumtemperatur mit geringem Überdruck (2 bar = 200 kPa) eingepresst. Nach zwei Stunden wird der Katalysator abfiltriert und **8** kristallisiert im Kühlschrank aus [68].*

*unten: Da Neohesperidin nicht in den ausreichenden Mengen in der Natur zur Verfügung steht, geht die industrielle Herstellung von Naringin (**22**) aus, das zunächst zum Naringin-chalkon (**28**) umgelagert wird. Unter den drastischeren Bedingungen (30 % KOH, 100 °C) läuft im Anschluss eine Retro-Aldolkondensation unter Bildung von Phloracetophenon (**29**) ab. Nach dessen Isolierung wird anstelle des abgespaltenen p-Hydroxybenzaldehyds nun der Aldehyd Isovanillin ankondensiert und schließlich das entstandene Chalkon **27** zum Süßstoff **8** hydriert. Insgesamt eine elegante Zerlegung und Neuzusammensetzung eines Naturstoffs in einen anderen und das im industriellen Maßstab.*

Neohesperidin (*23*) → RT [10% KOH] → Neohesperidin-chalkon (*27*) → $+ H_2$ [Pd/C] → Neohesperidin-DC (*8*)

Naringin (*22*) → [30% KOH] 100°C → Naringin-chalkon (*28*) → $+ H_2O$ → Phloracetophenon (*29*) + p-Hydroxybenzaldehyd

Phloracetophenon (*29*) + Isovanillin, $- H_2O$ → Neohesperidin-chalkon (*27*)

R = Neohesperidosyl (CH_2OH, OH, HO, CH_3, OH OH)

Zwischen der Patentierung und der ersten Zulassung 1991 in Kanada (1993 Australien, 1999 USA, 2004 EU) vergingen immerhin 15 Jahre, in denen die gesundheitlichen Risiken von Sucralose in unzähligen und umfangreichen Studien untersucht wurden. Dabei stellte sich heraus, dass Sucralose im Körper nicht metabolisiert wird. Nach einmaliger Gabe von ^{14}C-markierter Sucralose scheidet der Mensch im Laufe von fünf Tagen 85,5 % der aufgenommenen Sucralose über die Fäzes und weitere 11 % über den Urin aus [41].

Ein gewisser Verbrauchervorbehalt gegenüber Sucralose beruhte auf Ängsten gegenüber chlorhaltigen organischen Verbindungen. Zwischen chlorierten Biphenylen oder Tetrachlordioxin und Sucralose besteht aber ein entscheidender Unterschied: Sucralose wird schnell unmetabolisiert ausgeschieden und sammelt sich nicht im Fettgewebe an. Dies liegt am ausgeprägten hydrophilen Charakter der Sucralose, der sich in der hohen Wasserlöslichkeit von 283 g/l bei 20 °C ausdrückt.

Am Beispiel der Sucralose soll der wichtige Zusammenhang zwischen ADI-Wert und Verbraucherrisiko herausgearbeitet werden. Der ADI-Wert von 15 mg/kg bw/d ist nur ein empfohlener Richtwert, der allein auf Studien der chronischen Toxizität beruht. Dieser Wert kann vom Verbraucher völlig gefahrlos gelegentlich überschritten werden, es wird eben nur empfohlen, ihn nicht dauernd zu überschreiten. Da Sucralose z.B. in kalorienreduzierten Erfrischungsgetränken, Süßspeisen, Soßen etc. enthalten sein kann, hängt die tatsächlich aufgenommene Menge von der individuellen Ernährunsgweise ab, die wiederum vom Kulturkreis geprägt wird. So wurde das tägliche Essverhalten von 2.000 US-amerikanischen Haushalten über zwei Wochen protokolliert und daraus die täglich aufgenommene Zuckermenge berechnet. Würde nun dieser gesamte (!) Zucker allein durch Sucralose ersetzt werden, ergäbe sich ein Verbrauch von 1,1 mg/kg bw/d [42], ein Wert weit unterhalb des empfohlenen ADI-Wertes von 15 mg/kg bw/d. Selbst die größten Süßschnäbel können also Zucker durch Sucralose bedenkenlos ersetzen.

ABB. 20 | ASPARTAM WIRD NOCH SÜẞER

R = H Aspartam (*5*)
S = 200

X = O Superaspartam (*30*) S = 14.000
X = S Thio-Superaspartam (*31*) S = 50.000

R	Süßkraft
HO-CH_2-CH_2-	15
$HOCH_2CHOH$-CH_2-	40
CH_3-CH_2-CH_2-CH_2-CH_2-	100
H	200
CH_3-CH_2-CH_2-CH_2-	400
$(CH_3)CH$-CH_2-	500
$(CH_3)_2CH$-$CH(CH_3)$-CH_2-	650
Cycylhexyl-	900
Cycloheptyl-	1.000
Cyclooctyl	1.200
$(CH_3)_2CH$-CH_2-CH_2-	1.400
$(CH_3$-$CH_2)_2CH$-CH_2-	2.200
$(CH_3)_3C$-CH_2-CH_2-	11.000

Neotam (*9*)
S = 7-13.000

Nach der Synthese Tausender Aspartam-Abkömmlinge wurden Modelle des Rezeptors aufgestellt, die den Zusammenhang zwischen der dreidimensionalen Struktur des Süßstoffs und der Süßkraft erklären konnten. Durch ständige Verfeinerung des Modells kombiniert mit Forscherglück ließ sich die Süßkraft des Grundkörpers Aspartam (5) durch Substitution z.B. in 30 und 31 um mehr als eine Größenordnung steigern. Nur der nach einer systematischen Variation des Substituenten 1991 entdeckte N-[N-(3,3-dimethylbutyl)-L-α-aspartyl]-L-phenylalanin-1-methylester (Neotam, 9) wurde zu einem kommerziellen Süßstoff entwickelt.

Aspartam-Acesulfam-Salz

Ein Salz aus einem kationischen und einem anionischen Süßstoff hat den Vorteil, dass keine Gegenionen enthalten sind, wie es z.B. in natriumarmen Diäten erwünscht ist. Als Kation bot sich Aspartam (*5*) an, das im Sauren protoniert vorliegt, als anionisches Gegenion das Acesulfam-Anion(*6*). Im Vergleich zu einem Gemisch aus (*5*) und (*6*) nimmt im Salz wegen des fehlenden Metallkations die Süßkraft um 11 % zu. Zusätzliche Synergieeffekte zwischen den beiden Komponenten steigern die Süßkraft schließlich auf Werte um S = 350.

Da das Aspartam-Acesulfam-Salz in Wasser vollständig dissoziiert, schmeckt es genauso wie eine Mischung beider Süßstoffe. Trotzdem bietet das Aspartam-Acesulfam-Salz gegenüber der Süßstoffmischung einige Vorteile [29b]: Das Salz ist nicht hygroskopisch, im kristallinen Zustand sehr stabil und löst sich schneller in Wasser, Vorteile für Anwendungen in Tafelsüßen, pulverförmigen Instantgemischen (Instantgetränke, Instant-Desserts) und pharmazeutischen Zubereitungen (Pulver, Tabletten). In Kaugummis erhöht das Aspartam-Acesulfam-Salz gegenüber dem sehr häufig allein verwendeten Aspartam die Lagerfähigkeit, da die Reaktivität der Aminogruppe im Salz gegenüber aldehydischen Aromakomponenten (Zimt, Kirsch) geringer ist als im Aspartam. Trotz dieser Vorteile hat das Salz neben der Verwendung in Kaugummis jedoch keine größere Verbreitung gefunden.

Neohesperidin-dihydrochalkon

Im Rahmen eines Forschungsprojektes des US-amerikanischen Landwirtschaftsministeriums wurden in den 1960er Jahren die Bitterstoffe in den Schalen von Citrusfrüchten strukturell charakterisiert, um Hinweise auf den Zusammenhang zwischen chemischer Struktur und Bitterkeit zu bekommen. Chemisch gesehen handelt es sich bei diesen Inhaltsstoffen um Flavonoide, in denen substituierte Flavone mit einem Saccharidteil glykosidisch verknüpft sind (Abbildung 18).

Die beiden häufigsten in Citrusfrüchten vorkommenden Flavonoide sind das bittere Naringin (*22*) und Neohesperidin (*23*) in Grapefruits (*Citrus paradisi*) bzw. Bitterorangen (*Citrus aurantium*) und das geschmacklose Hesperidin (*24*) in Orangen (*Citrus sinensis*) und Zitronen (*Citrus li-*

mon). Diese Flavonoide können in einer Eintopfreaktion bei Raumtemperatur mit 10prozentiger Kalilauge und in Gegenwart eines Pd/C-Katalysators mit Wasserstoff in nahezu quantitativer Ausbeute zu den Dihydrochalkonen hydriert werden [13d]. Zur sprachlichen Vereinfachung wird bei ***8*, *25*** und ***26*** die Endung DC als Abkürzung für Dihydrochalkon verwendet.

Die beiden Dihydrochalkone ***8*** und ***25*** erwiesen sich völlig überraschend als äußerst potente Süßstoffe, wobei das Neohesperidin-DC (***8***) eine deutlich höhere Süßkraft besitzt [43]. Für eine kommerzielle Gewinnung der notwendigen Mengen von Neohesperidin (***23***) reichen allerdings die weltweit angebauten Bitterorangen nicht aus. Im Gegensatz dazu stand Naringin (***22***) in nahezu beliebigen Mengen zur Verfügung, da Grapefruitschalen etwa 8 % davon enthalten und es daraus leicht extrahiert werden konnte [44]. In einer chemisch brillanten Synthesesequenz (Abbildung 19) wurde der Naturstoff Naringin (***22***) zunächst vorsichtig zerlegt und mit Isovanillin zum Naturstoff Neohesperidin (***23***) zusammengesetzt [29c].

Neohesperidin-DC (***8***) zeichnet sich durch hohe Stabilität im für Erfrischungsgetränke und Obstsäfte interessanten sauren pH-Bereich aus. Auch typische Bedingungen einer industriellen Hitzesterilisierung überstand Neohesperidin-DC in Fruchtsäften schadlos. Erst bei pH = 2 waren nach einer Stunde und 90 °C gerade einmal 8 % abgebaut. Aus toxikologischen Untersuchungen an Ratten wurde 1987 vom SCF ein ADI-Wert von 5 mg/kg bw/d abgeleitet. Inzwischen durchgeführte Tests auf mögliche Fruchtschädigungen an weiblichen Ratten ergaben bei Dosen bis zu 3,3 g/kg bw/d keine pathologischen Veränderungen. Bei einem Erwachsenen entspräche diese *no-effect*-Dosis der Aufnahme von täglich über 200 Gramm Süßstoff, entsprechend der Süßkraft von 100 kg (!!) Saccharose.

Neohesperidin-DC kann wegen seines bei höheren Konzentrationen auftretenden unbefriedigenden Beigeschmacks nur begrenzt eingesetzt werden. In geringen Mengen wirkt Neohesperidin-DC als Aromaverstärker und wird hauptsächlich deswegen verwendet.

Neotam

Alle bisher vorgestellten Süßstoffe wurden zufällig entdeckt. Anschließend haben Chemiker versucht, mit synthetischer Fantasie an dem Zufallsfund chemische Veränderungen vor-

ABB. 21 | SYNTHESE VON NEOTAM

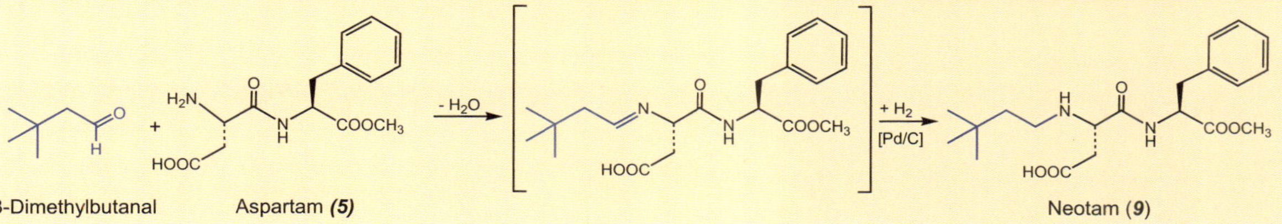

3,3-Dimethylbutanal + Aspartam (*5*) —(− H_2O)→ [Schiffsche Base] —(+ H_2 [Pd/C])→ Neotam (*9*)

Zunächst greift die freie Aminogruppe des Aspartams die Carbonylgruppe des 3,3-Dimethylbutanals nukleophil an und es entsteht nach Wasserabspaltung die Schiffsche Base, die katalytisch zum alkylierten Amin hydriert wird. Die Reaktion in Methanol kann auch industriell als Eintopfreaktion mit hoher Ausbeute durchgeführt werden [69].

ABB. 22 | ABBAU VON NEOTAM IM KÖRPER

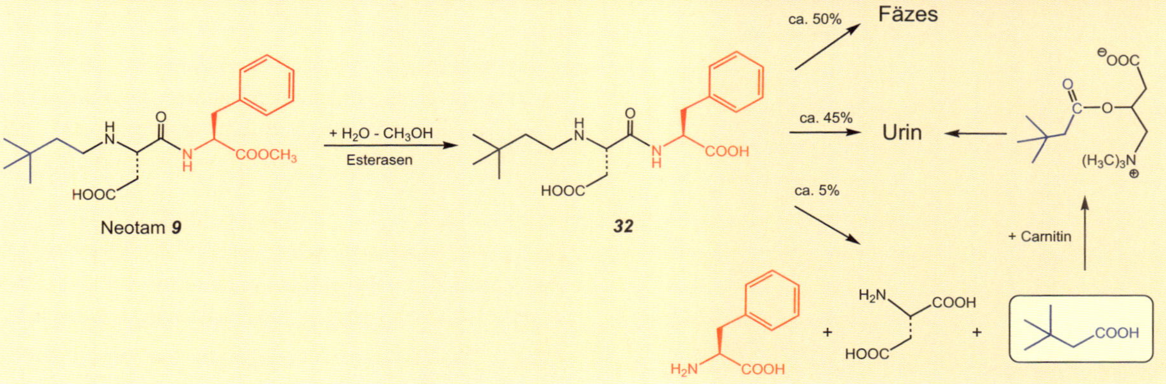

Neotam *9* —(+ H_2O - CH_3OH, Esterasen)→ *32* → ca. 50% Fäzes; ca. 45% Urin; ca. 5% → Phenylalanin + Asparaginsäure + 3,3-Dimethylbutansäure —(+ Carnitin)→ Urin

Abgesehen von der Abspaltung von Methanol durch Esterasen wird der überwiegende Teil des Neotam in Form der Carbonsäure (32) unverändert ausgeschieden. Nur ein kleiner Teil (< 5 %) wird wie beim Aspartam in Asparaginsäure und Phenylalanin aufgespalten und der Dimethylbutylrest wird zur 3,3-Dimethylbutansäure oxidiert, die als Carnitinester wiederum über den Urin ausgeschieden wird.

zunehmen, in der Hoffnung die Süßkraft erhöhen zu können. Das klappte beim Acesulfam-K (*6*), denn aus dem zufällig entdeckten, süßen Molekül ***14*** konnte durch Weglassen einer Methylgruppe ein am Markt erfolgreicher Süßstoff entwickelt werden.

In anderen Fällen, wie beim Aspartam (*5*), wurden Tausende von Abkömmlingen durch Variationen an allen Ecken und Enden des Moleküls hergestellt und verkostet, aber alles war mehr oder weniger vergeblich. Zwar gelang es, süßere Verbindungen als Aspartam herzustellen, was aus der Sicht der Grundlagenforschung interessant war, jedoch darf bei der Entwicklung eines kommerziellen Süßstoffs die Wirtschaftlichkeit des Synthesewegs nicht aus den Augen verloren werden. Man muss diejenigen Chemiker bewundern, die sich auf der Suche nicht entmutigen ließen. Prof. Claude Nofre und Dr. Jean-Marie Tinti von der *Université Claude Bernard* in Lyon gehörten dazu.

Sie hofften aber nicht auf den glücklichen Zufall, sondern versuchten aus der Süßkraft der vielen Aspartam-Varianten Rückschlüsse auf den räumlichen Aufbau des Rezeptors auf unserer Zunge zu ziehen, um dann intelligente Strukturvorschläge entwickeln zu können. Dann wurde synthetisiert und gekostet: „*Wir kosteten alle unseren Verbindungen, wirklich alle*!“ [44]. Auf der Basis von Hunderten verkosteter Aspartam-Abkömmlinge postulierten sie, dass der Rezeptor neben einer Bindungsstelle für den Aspartat-Teil und den Phenylring eine weitere hydrophobe Bindungstasche besitzen musste. Modellbetrachtungen leiteten sie, die freie Aminogruppe des Aspartatteils entsprechend zu substituieren [45]. 1982 hatten sie das Glück des Tüchtigen und entdeckten „*Superaspartam*“ ***31*** (Abbildung 20) mit einer Süßkraft von 14.000.

Dies war nur der Anfang, denn auf der Basis intelligenter Suchstrategien konnten weitere extrem süße Verbindungen entdeckt werden. So gelang durch den Austausch des Sauerstoffs in der Harnstoff-Einheit im Superaspartam (*31*) gegen Schwefel 1985 eine weitere Steigerung der Süßkraft im Thio-Superaspartam (*32*) auf unglaubliche 50.000. So erfreulich und bewundernswert diese Erfolge für die Grundlagenforschung sind, über den Erfolg eines kommerziellen Süßstoffs entscheiden neben der reinen Süßkraft noch weitere Parameter wie Toxizität, Herstellungskosten, Produktqualität und Marktchancen. Man kann sich mit wenig Fantasie vorstellen, dass der mit Nofre und Tinti kooperierende, führende Aspartam-Produzent NutraSweet® von der Süßkraft des Superaspartams (*31*) zwar beeindruckt, aber durch die furchterregende Nitrilgruppe mit ihrer Verwandtschaft zur Blausäure und die schwierig abzuschätzende Metabolisierung abgeschreckt wurde. Also wurde weiter gesucht und der hydrophobe Substituent

ABB. 23 | SÜẞE INHALTSSTOFFE VON STEVIA REBAUDIANA

Das aus Paraguay stammende Süßkraut ist eine bis 80 cm hochwachsende, mehrjährige Pflanze mit 2–3 cm langen Laubblättern, aus denen eine Vielzahl süß schmeckender Inhaltsstoffe isoliert werden konnten. Sie alle leiten sich vom Grundkörper Steviol (34) ab, an dessen Carboxylgruppe eine Glucose (rot) gebunden ist. In dem an die Hydroxylgruppe glykosidisch gebundenen Di- bzw. Trisaccharid (blau) unterscheiden sich die Inhaltsstoffe, wobei die seltenen 1,2-glykosischen Verknüpfungen (gelb unterlegt) zwischen zwei Zuckern überraschen.
(Fotos: Ethel Aardvark und Yoki, beide wikimedia commons)

Steviol (*33*)
geschmacklos

5-10%
Steviosid (*12*)
S = 150-250

2-4%
Rebaudiosid A (*34*)
S = 200-300

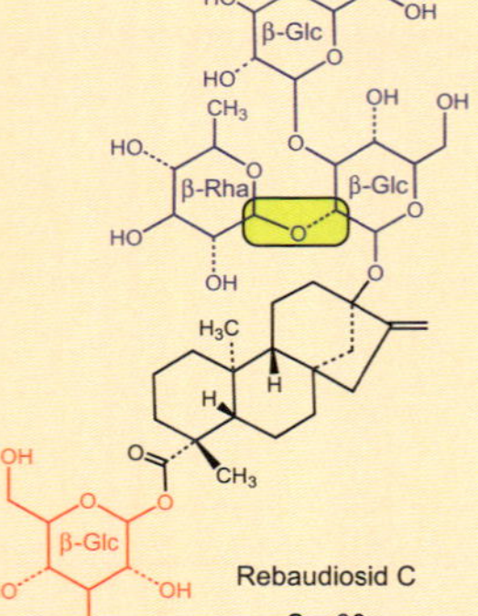

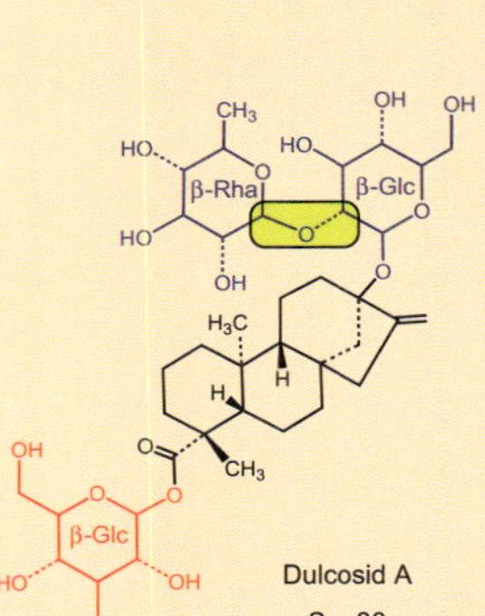

ABB. 24 | GESCHMACKSBEWERTUNGEN VON SACCHAROSE UND EINIGEN SÜßSTOFFEN IN WASSER, COLA-GETRÄNKEN UND VANILLE-PUDDING

Eine Gruppe trainierter Testpersonen bewertete die Geschmackseindrücke auf einer Notenskala von 0 bis 4 (0 = nicht vorhanden; 1= schwach; 2= deutlich; 3 = stark; 4 = sehr stark). Angegeben sind die Mittelwerte [57]. Die Süßen aller verkosteten Lösungen entsprachen einer 8prozentigen Saccharoselösung. Mit wässriger Süße bezeichnet man eine langsam an- und abschwellende Süße und mit harter Süße einen schnellen Anstieg und Abfall der Süße.

Reines Wasser: Ein teilweise deutlicher Beigeschmack charakterisiert alle Süßstoffe. Hervorzuheben ist der geschmackliche Synergieeffekt in der Saccharin/Cyclamat-(S/C)-Mischung (1:10), wodurch der Nebengeschmack gegenüber den Einzelbestandteilen deutlich abgeschwächt ist.

Cola-Getränke: Überraschenderweise zeigt Saccharose in Cola ein deutlich schlechteres Geschmacksprofil als in Wasser. Dem Geschmackseindruck von Saccharose in Cola kommt Cyclamat am nächsten. Aspartam-gesüßte Cola gibt den besten Geschmackseindruck, wenn man Zuckerwasser als Geschmacksmaß anstrebt. Auch das Saccharin/Cyclamat-Gemisch zeichnet sich durch eine relativ reine Süße aus.

Vanille-Pudding: Hier zeichnet sich das Saccharin/Cyclamat-Gemisch durch große Ähnlichkeit zur Saccharose aus, bei einem nur wenig ausgeprägten Beigeschmack.

REINES WASSER

Eigenschaft	Saccharose 8% H_2O	Saccharin	Cyclamat	Aspartam	Acesulfam-K	S/C (1/10)
Süße						
volle	3,5	–	–	2,0	–	0,4
wässrige	–	0,8	0,4	0,3	1,4	2,5
harte	–	1,3	2,6	0,6	2,0	0,5
anhaltende	1,5	1,6	2,6	2.3	1,6	2,1
Beigeschmack						
zusammenziehend	–	0,9	1,2	0,8	1,2	0,5
bitter	–	1,0	1,4	0,4	1,8	0,6
seifig	–	0,1	0.6	–	0,5	0,4
metallisch	–	–	–	–	0,5	–

COLA-GETRÄNKE

Eigenschaft	Saccharose	Saccharin	Cyclamat	Aspartam	Acesulfam-K	S/C (1/10)
Süße						
volle	0,4	–	–	2,5	–	1,8
wässrige	0,5	2,4	0,7		1,6	0,4
harte	2,0	–	2,5		0,8	–
anhaltende	0,5	0,5	0,8	0,8	0,5	1,0
Beigeschmack						
zusammenziehend	–	0,9	1,2	0,8	1,2	0,5
bitter	–	1,0	1,4	0,4	1,8	0,6
seifig	–	0,1	0.6	–	0,5	0,4
metallisch	–	–	–	–	0,5	–

VANILLE–PUDDING

Eigenschaft	Saccharose	Saccharin	Cyclamat	Aspartam	Acesulfam-K	S/C (1/10)
Süße						
volle	1,5	0,8	0,5	1,5	0,6	1,8
wässrige	0,7	0,5	–	0,5	1,5	0,4
harte	–	0,7	2,0	0,4	0,4	0,7
anhaltende	0,5	0,7	1,0	0,7	0,4	1,0
Beigeschmack						
zusammenziehend	–	–	0,5	–	–	–
bitter	–	0,5	1,2	0,5	0,6	0,4
seifig	–	–	–	–	–	–
metallisch	–	–	–	–	–	–

systematisch in Hinblick auf Kettenlänge und Verzweigung untersucht. 1991 wurden die französischen Forscher für die Ausdauer belohnt: Sie erhielten nach Einführung eines 3,3-Dimethylbutyl-Substituenten den N-[*N*-(3,3-dimethylbutyl)-L-α-aspartyl]-L-phenylalanin-1-methylester (*9*) (Neotam) mit einer Süßkraft von etwa 11.000.

Neotam kann auf einfache Weise in hoher Ausbeute aus 3,3-Dimethylbutanal und Aspartam hergestellt werden (Abbildung 21). Der zusätzliche Syntheseaufwand wird durch die um den Faktor 50 höhere Süßkraft mehr als wettgemacht. Neotam zeigt ein ähnliches Geschmacksprofil wie Aspartam, ist aber aus chemischer Sicht dem Aspartam aus zwei Gründen überlegen.

1. Neotam enthält keine primäre Aminogruppe, sodass die Bildung von Schiffschen Basen nicht möglich ist. Damit unterbleiben unerwünschte Reaktionen des Süßstoffs mit aldehydischen Aromastoffen wie Vanillin und Zimtaldehyd.
2. Als sekundäres Amin neigt Neotam nicht wie Aspartam bei höheren Temperaturen zur Bildung von Dioxopiperazinen (siehe Abbildung 10), sodass auch die Verwendung in Backwaren möglich ist.

Der Metabolismus des Aspartams im Körper (Abbildung 10) unterscheidet sich grundsätzlich von dem des Neotam (Abbildung 22). Während Aspartam vollständig zu Methanol, Phenylalanin und Asparaginsäure abgebaut wird, spalten Esterasen zwar die Esterbindung im Neotam unter Methanolbildung, aber der größte Teil der freiwerdenden Carbonsäure ***33*** wird über Urin und Fäzes unverändert ausgeschieden; nur ein kleiner Teil (< 5 %) wird, wie beim Aspartam, zu Phenylalanin und Asparaginsäure abgebaut.

Alle Tierversuche ergaben eine gute Verträglichkeit von Neotam bei chronischer oder hoher Einzeldosierung. Allerdings verweigerten Mäuse, Ratten und Hunde die Futteraufnahme bei Neotamgehalten von 5 %. Die höchste chronische Dosis in einer einjährigen Rattenstudie war die Gabe von 1g/kg bw/d, die entsprechend 70 Gramm Neotam am Tag bedeuten würde. Dies entsprach auf einen Erwachsenen hochgerechnet 700 kg Zucker am Tag. Eine ausführliche und fundierte Zusammenstellung aller vorliegenden Studien gab die EFSA 2007 [46]. Neotam wurde 2002 in den USA und 2010 in der EU als Süßstoff zugelassen. Der ADI-Wert wurde auf 2 mg/kg bw/d festgelegt, was bei einem Erwachsenen der Süßkraft von über 1000 kg Zucker entspricht.

ABB. 25 | SYNERGIEEFFEKTE IN WÄSSRIGEN LÖSUNGEN VON ASPARTAM/ACESULFAM-K

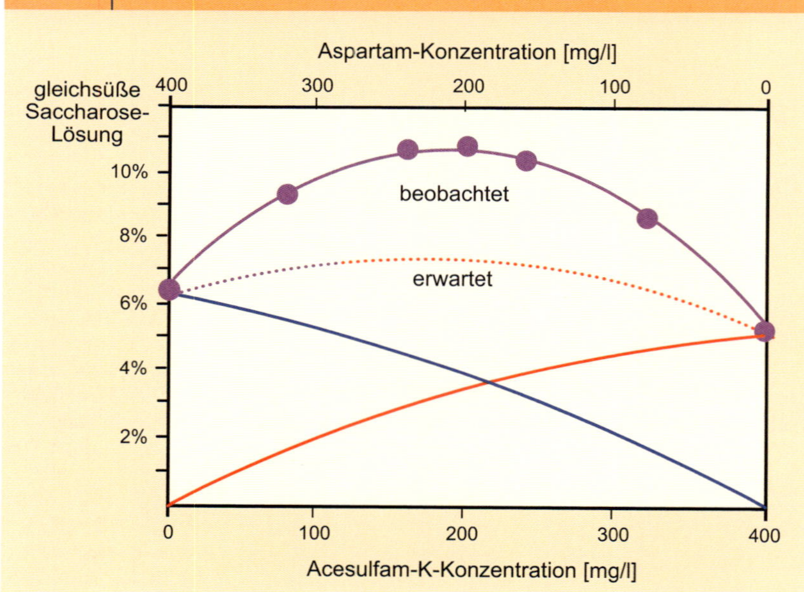

In Mischungen von Süßstoffen übertrifft häufig die beobachtete Süßkraft die aus den Einzelkomponenten berechneten Erwartungswerte. Im Fall des Systems Aspartam/Acesulfam-K führt eine geschmackliche Synergie zu einer maximalen Süßkrafterhöhung von rund 50 % (quantitative Synergie). Daneben schwächen sich im Gemisch auch die Beiträge der Einzelkomponenten zum Neben- bzw. Nachgeschmack ab (qualitative Synergie).

Steviolglykoside

Die Gattung *Stevia* (Familie: Korbblütler) mit ihren 150-300 Arten war ursprünglich in ganz Amerika beheimatet. Nur eine einzige Art aus dem Grenzgebiet zwischen Paraguay und Brasilien hatte kräftig süß schmeckende Blätter, mit denen die dort ansässigen Ureinwohner schon seit Jahrhunderten ihren Mate süßten. Diese *Stevia*-Art wurde 1899 von dem Schweizer Botaniker M.S. Bertoni klassifiziert. Der portugiesische Chemiker Ovidio Rebaudi extrahierte 1900 daraus erstmals eine süße Substanz. So bekam die Pflanze den wissenschaftlichen Namen *Stevia rebaudiana,* Bertoni.

Die Strukturaufklärung der Inhaltsstoffe beschäftigte Chemiker viele Jahrzehnte, 1956 konnte erstmals die Struktur des Hauptinhaltsstoffes, des Steviosids (***12***), aufgeklärt werden [47]. Die getrockneten Blätter enthalten 8–10 % süßschmeckende Inhaltsstoffe, von denen inzwischen über 30 identifiziert und charakterisiert werden konnten [29d]. Sie alle leiten sich vom Grundkörper Steviol (***34***) ab und unterscheiden sich nur in den über glykosidische Bindungen verknüpften Zuckerresten (Abbildung 23). Chemisch gesehen handelt es sich bei den süßen Inhaltsstoffen von *Stevia* also um ein Gemisch von Steviolglykosiden, in dem Steviosid (***12***) und Rebaudiosid (***35***) die Hauptkomponenten sind.

Obwohl Steviablätter und Steviolglykoside schon seit vielen Jahren z.B. in Japan als Süßungsmittel verwendet wurden, gestaltete sich die abschließende Begutachtung durch die JCEFA und die EFSA als langwierig. Allerdings gaben erste Tierstudien Hinweise auf schädigende Wirkungen aller Art, so über fruchtschädigende Wirkung in Hamstern oder die Beeinträchtigung der Fruchtbarkeit männlicher Ratten. Weiterhin war bekannt [48], dass Frauen der am Mato Grosso lebenden Pai-Tavitera-Indianerstämme die Steviapflanzen als oral empfängnisverhütendes Mittel nutzten. Diese Wirkung konnte auch in weiblichen Ratten bestätigt werden [49]. Weitere Tierstudien zeigten, dass Steviablätter und deren Rohextrakte eine ganze Reihe physiologischer Wirkungen zeigten [50].

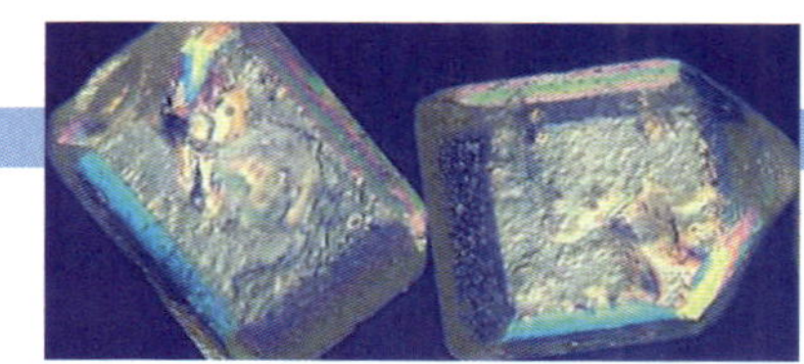

Erst im Nachhinein wurde klar, dass diese frühen Studien nur mit unreinen *Stevia*-Extrakten durchgeführt wurden [51]. In allen neueren Studien, auf denen allein die Zulassung als Süßstoff basierte, wurden nur noch hochreine Extrakte mit einem *Steviol*glykosidgehalt von >95 % verwendet. Nach der kritischen Auswertung vieler tierexperimenteller und klinischer Studien stellte die JCEFA 2008 fest: *„die Steviolglykoside mit 95% Reinheit sind für den menschlichen Verzehr im Bereich bis 4 mg/kg bw/d unbedenklich."*

Daraufhin wurden noch 2008 *Steviol*glykoside in der Schweiz und Rebaudiosid A in den USA zugelassen, 2009 folgte Frankreich mit einer vorläufigen Zulassung für zwei Jahre und schließlich bewertete die EFSA im April 2010 Steviolglykoside als gesundheitlich unbedenklich und empfahl die Zulassung als Lebensmittelzusatzstoff E 960 mit einem ADI-Wert von 4 mg/kg bw/d [52]. Im Dezember 2011 erfolgte die Zulassung für die gesamte EU [53].

Neben der gesundheitlichen Unbedenklichkeit ist auch der Geschmackseindruck für den kommerziellen Erfolg entscheidend. Hier zeigte sich, dass Steviosid (***12***) bei höheren Konzentrationen einen bitter-metallischen, teilweise lakritzartigen und lang anhaltenden Nachgeschmack besitzt, der beim Rebaudiosid A (***35***) weniger stark ausgeprägt ist. Da sich die Zulassung von E 960 auf eine Mischung von Steviolglykosiden (praktisch ***12*** und ***35***) bezieht, wurden bereits *S. rebaudiana* Sorten mit hohem Rebaudiosid A-Anteil gezüchtet, um das Geschmacksprofil zu verbessern.

Willkommen in der Wunderwelt der Süßstoffe

Mit allen 10 in diesem Artikel vorgestellten Süßstoffen können EU-Bürger ihre Nahrung versüßen. Da alle auf Herz und Nieren geprüft worden und in vernünftigen Mengen genossen gesundheitlich völlig unbedenklich sind, scheint es völlig egal zu sei, welchen der Süßstoffe wir nutzen, Hauptsache süß!

Ganz so einfach ist es aber nicht, denn Süßstoff ist nicht gleich Süßstoff. Welche Eigenschaften neben der blanken Süßkraft die Qualität eines Süßstoffs ausmachen, hat Grant E. DuBois von der Coca-Cola Company brillant gewichtet [54]:

1. Geschmacksqualität
2. Geschmacksqualität
3. Geschmacksqualität
4. Geschmacksqualität
5. ungiftig
6. stabil
7. löslich
8. kostengünstig
9. patentfähig

Ein Süßstoff muss also vor allem gut schmecken, möglichst genauso wie Zucker! Abbildung 24 zeigt am Beispiel von 8%igem Zuckerwasser, dass kein Süßstoff Zucker geschmacklich vollständig ersetzen kann: Allein Zucker entfaltet eine von jedem Beigeschmack freie, volle und anhaltende Süße, während gleich süße Süßstofflösungen teilweise deutlich von diesem Ideal abweichen. Der Geschmack von reinem Zuckerwasser kann am besten durch Aspartam oder das Saccharin/Cyclamat-Gemisch (1:10) angenähert werden. In Cola-Getränken mit ihrem starken Eigengeschmack sieht es anders aus, denn dort entwickelt selbst Saccharose nicht die volle Süße. Hier trifft Cyclamat am ehesten der zuckergesüßten Cola, allerdings lässt Aspartam Cola fast wie Zucker*wasser* schmecken. In Vanille-

ABB. 26 | SÜßSTOFFZUSÄTZE IN KALORIENARMEN COCA-COLA-ERFRISCHUNGSGETRÄNKEN

Getränk	Saccharin	Aspartam	Acesulfam-K	Cyclamat	Sucralose
USA					
Diet Coke Diet Coke caffeinfree		550			
Diet Coke with Splenda			132		132
Coke Zero		255	136		
Sprite Zero		220	150		
Deutschland					
Coca-Cola light Coca-Cola light koffeinfrei Coca-Cola Zero		120	150	240	
Sprite Zero	40	120		220	
Fanta Zero		110	110	200	
Frankreich					
Coca-Cola light Coca-Cola light koffeinfrei		240 240	160 160		
Coca-Cola Zero		390	44		
Sprite Zero		151	102		
Fanta Zero	52	232	232		

Die in den kalorienreduzierten Erfrischungsgetränken verwendeten Süßstoffkombinationen (alle Angaben in mg/l) unterscheiden sich zwischen den USA und Deutschland. Ein vergleichender Blick zeigt, dass die Süßstoffmischungen keine Standard-Lösungen sind, sondern jeweils dem Geschmack des individuellen Erfrischungsgetränks angepasst worden sind [70].

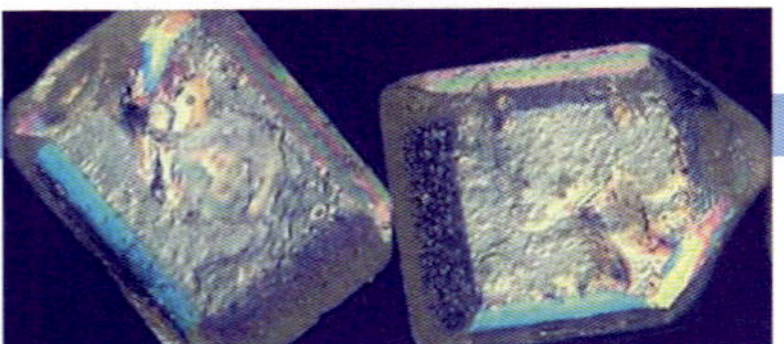

Pudding ist ein Saccharin/Cyclamat-Gemisch wohl am ehesten geeignet, Zucker geschmacklich zu ersetzen.

Die Beispiele zeigen, dass die Geschmacksqualität eines Süßstoffes auch von der Lebensmittelmatrix bestimmt wird. Weiterhin zeigen Süßstoffe in Gemischen, z.B. von Saccharin und Cyclamat, qualitative und quantitative Synergien. Abbildung 25 verdeutlicht den quantitativen Synergieeffekt im Aspartam/Acesulfam-K-Gemisch. Dabei tritt in der optimalen 1:1-Mischung ein beachtenswerter Süßkraftgewinn von etwa 50 % ein. Dadurch kann die Gesamtmenge an Süßstoffen reduziert werden.

Wichtiger noch als der quantitative ist der qualitative Synergieeffekt in Mischungen. Dabei verbessert sich der Gesamtgeschmackseindruck, in dem die Süßstoffe wechselseitig ihre bei höheren Konzentrationen auftretenden Beigeschmäcke „maskieren“. So erwies sich nach umfangreichen sensorischen Tests, dass in wässriger Lösung die Acesulfam-K/Aspartam-Mischung (1:1) und noch mehr die Acesulfam/Aspartam/Saccharin/Cyclamat-Mischung (2:2:1:10) ein nahezu perfekter Ersatz für Saccharose ist [55].

Industrielle Lebensmittelhersteller treiben einen enormen Aufwand, um für jedes ihrer Produkte die optimale Süßstoffmischung mit wenig Beigeschmack zu finden. Dies gilt besonders für die kalorienreduzierten Erfrischungsgetränke, wie Abbildung 26 am Beispiel der Firma Coca-Cola zeigt. Die zugesetzten Süßstoffe und deren Mengen werden für jedes Land im Einklang mit den gesetzlichen Vorschriften und den jeweiligen Geschmackspräferenzen angepasst. Wegen des Cyclamatverbots in den USA fehlt dieser Süßstoff in der amerikanischen Diet Coke, die allein mit Aspartam gesüßt wird, während in Deutschland eine Dreierkombination von Aspartam, Acesulfam-K und Cyclamat zugesetzt wird.

ABB. 27 | ABSENKEN DER WAHRNEHMUNGSSCHWELLEN DURCH THAUMATIN

Aromatische Öle bzw. Extrakte	Absenken der Geschmacksschwellen
Pfefferminz	6–10
Zimt	5–7
Menthol	3–5
Kaffee	3–4

Durch den Zusatz von 0,5 mg/kg Thaumatin zu Aromaölen oder -extrakten wird die Nachweisgrenze dieser Zusätze um den angegebenen Faktor herabgesetzt [13c]. Besonders starke Empfindlichkeitssteigerungen werden bei den für Kaugummis typischen Geschmackszusätzen beobachtet. Bei dieser Anwendung hat auch der leichte lakritzartige Nachgeschmack von Thaumatin selbst keine negativen geschmacklichen Auswirkungen.

ABB. 28 | SUCRONONSÄURE, DER BISHER SÜßESTE SÜßSTOFF

Die 1990 von Nofre und Tinti entdeckte Sucrononsäure (35) [25c] hält mit einer Süßkraft von 200.000 bisher den Süße-Weltrekord. Ob diese Verbindung jedoch jemals Marktreife erlangen wird, bleibt zweifelhaft.

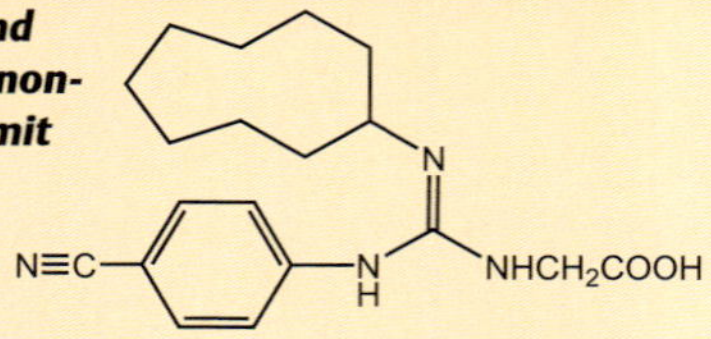

Manche Süßstoffe können mehr als nur süß schmecken

Beim Geschmack von Süßstoffen werden fast immer negative Eigenschaften betrachtet, wie der bittere Nachgeschmack. Beim Thaumatin wird häufig auf den lakritzähnlichen Nachgeschmack verwiesen, nicht aber auf dessen durchaus positiven und geschmacksverbessernden Eigenschaften. Geschulte Testpersonen berichteten um 1975, dass die nach Ende der Verkostungen als „Belohnung“ gereichten Pfefferminzbonbons nach einer Testreihe mit Thaumatin besonders „minzig“ und viel aromatischer schmeckten [13c]. Diesem Phänomen ging man auf den Grund und entdeckte, dass Thaumatin die Geschmacksschwellenwerte bestimmter etherischer Öle erheblich absenkt (Abbildung 27). Wegen dieser geschmacksverstärkenden Wirkung wird Thaumatin heute vor allem in Kaugummis verwendet, um wegen der verringerten Geschmacksschwellenwerte der aromatischen Zusätze einen möglichst langen Kaugenuss zu gewährleisten.

Die Suche nach dem besseren Süßstoff

Selbst ein flüchtiger Blick auf die heute zugelassenen Süßstoffe (Abbildung 2) lässt keinen Zusammenhang zwischen chemischer Struktur und Süße erkennen. Von Bleiacetat über Diterpene, von chlorierten Disacchariden bis Amidosulfonsäuren, von Dihydrochalkonen bis Oxathiazinonen, von Dipeptiden bis zu Proteinen, überall findet man einzeln verstreute süße Vertreter. Wegen dieser Unvorhersagbarkeit wurden tatsächlich *alle* künstlichen Süßstoffe zufällig entdeckt, indem im chemischen Labor Substanzspuren irgendwie den Weg in den Mund irgendeines Chemikers fanden [56]. Sollten wir nun in der chemischen Forschung dem hoffentlich nicht ganz ernst gemeinten Vorschlag von Robert H. Mazur von der amerikanischen NutraSweet Company folgen [25d]: „*Koste jede Substanz die du synthetisiert hast*!“? Wohl kaum, denn heute ist Essen, Trinken und Rauchen im Chemischen Labor aus gutem Grund streng verboten. Vielleicht blieben dadurch einige Süßstoffe unentdeckt, dafür aber viele tüchtige Chemikerinnen und Chemiker bei bester Gesundheit.

Ob neue Süßstoffe entdeckt werden, ist ungewiss, ob einer davon zur Marktreife gebracht wird, ist noch ungewisser. Schon jetzt hätten etwa ein gutes Dutzend Verbindungen das Potenzial dazu. Darunter sind einige Pflanzeninhaltsstoffe, aber auch einige hochpotente Synthesepro-

dukte wie die Sucrononsäure (Abbildung 28), die sich durch eine extrem hohe Süßkraft auszeichnet. Jede Zulassung eines Süßstoffs, egal ob synthetisch oder natürlich, verlangt exorbitant hohe finanzielle Mittel, denn die dafür verlangten Untersuchungen sind für Lebensmittelzusatzstoffe viel höher und strenger als für medizinische Wirkstoffe. Deswegen kann man davon ausgehen, dass neue Süßstoffe nicht plötzlich vom Himmel fallen und in großer Anzahl auf dem Markt erscheinen werden.

Bleiben wir beim Warten auf den nächsten Süßstoff gelassen: Abwarten und Teetrinken. Und wenn wir uns diesen Tee versüßen wollen, können wir uns an der bunten Vielfalt der heute zugelassenen Süßstoffe erfreuen. Da ist für jeden etwas dabei, man muss nur die Packung umdrehen und eventuell eine Lupe beim Einkaufen mitnehmen. Ganz klassisch wäre Cyclamat/Saccharin (z.B. Assugrin Classic®) oder Zückli®), vielleicht auch mit einem Schuss Thaumatin raffiniert verfeinert (z.B. Feine Süße, Natreen®), oder, wenn es ein bisschen retro sein soll, reines Aspartam aus den Achtziger Jahren (z.B. Assugrin Gold®), oder eine hippe frisch zugelassene Steviol-Sucralose-Mischung (z.B. Natreen Stevia®) oder für kompromisslose Bio-Freaks reine Steviolglykoside mit Aromen zubereitet (Assugrin SteviaSweet®). Man kann Tee aber auch ganz altmodisch mit Zucker genießen oder natürlich auch ungesüßt. Hoch lebe die Freiheit der Wahl: *Chacun à son goût* !

Danksagung

Die Autoren bedanken sich bei den folgenden Kolleginnen und Kollegen für deren Mithilfe bei den Recherchen, der Manuskriptabfassung und beim Zusammenstellen des Fotomaterials: Dr. M. Euskirchen, Römisch-Germanisches Museum zu Köln, A. Krumbe vom Deutschen Süßstoffverband, Köln, Dr. R. Langlais, Düsseldorf, Prof. Dr. H.-U. Reißig, Freie Universität Berlin, Prof. Dr. G.-W. von Rymon Lipinski, Schwalbach, Prof. Dr. S. Streller, RWTH Aachen, Dr. B. Sumfleth, Coca-Cola GmbH Berlin, Prof. Dr. E. Vaupel, Deutsches Museum München und Dr. P. Winchester, Freie Universität Berlin.

Zusammenfassung

Zu üppige und zu süße Ernährung bei zu wenig Bewegung führten zur starken Gewichtszunahme großer Teile der Bevölkerung. Heute stehen 10 zugelassene kalorienfreie Süßstoffe zur Verfügung, um den großen Bedarf zu decken. Keiner von ihnen ist ideal, aber optimale Mischungen zeigen eine so gute Geschmacksqualität, dass selbst Gourmets den Zucker in verschiedenen Essenszubereitungen ersetzen können. Kalorienfreie Süßstoffe sind, trotz ihres schlechten Rufs in den Medien, eine wirkliche Erfolgsgeschichte. Die Chemie hat sie möglich gemacht.

Literatur und Anmerkungen

[1] C. Fahlberg und I. Remsen, *Ber.dtsch.chem.Ges.*,**1879**, *12*, 469.

[2] G.-W. von Rymon Lipinski und E. Lück, *Chemie Unserer Zeit*, **1975**, *9*, 142.

[3] Wie Recht Plinius hatte, ergibt sich im weiteren Text. Siehe: J. Grout, http://penelope.uchicago.edu/~grout/encyclopaedia_romana/wine/leadpoisoning.html.

[4] *De re coquinaria – Über die Kochkunst*, Apicius, Hrsg. R. Maier, **1991**, Reclam, Stuttgart. *Die alten Römer bitten zu Tisch*, H. Schareika, **2007**, Konrad Theiss Verlag, Stuttgart.

[5] H. Needleman, *Ann. Rev. Med.* **2004**, *55*, 209.

[6] J.O. Nriagu *et al.*, *New. Engl. J. Med.* **1983**, *308*, 660. *Lead and Lead Poisoning in Antiquity*, J.O. Nriagu, **1983**, Wiley&Sons, New York.

[7] „Scharf angegriffen" klingt bei Anthropologen wie folgt: „*(Das Buch) ist so voller falscher Beweise, falscher Zitate und Schreibfehler, und zeigt eine offensichtliche Leichtfertigkeit beim Umgang mit Originalquellen, dass der Leser nicht einmal den grundlegenden Argumenten vertrauen kann.*" Zitiert aus J. Scarborough, *Hist. Med. Allied Sci.* **1984**, *39*, 469.

[8] *A Clue to the Decline of Rome*, J.N. Wilford, New York Times, **1983**, May 31. Vergl. S. Hernberg, *Am.J.Industr.Med.*, **2000**, *38*, 244 F. Retief und L.P.Cilliers, *Acta Theologica*, **2006**, *26*, 147.

[9] Bleizucker wurde bis ins Mittelalter als Süßungsmittel eingesetzt und erfreute sich auch als unverdächtig wohlschmeckendes Gift bei der Lösung von Erbschaftsstreitereien und Nachfolgeschaften großer Beliebtheit, siehe: *Mörderische Elemente*, J. Emsley, **2006**, Wiley-VCH Verlag, Weinheim. Die Verwendung bleihaltiger Farbpigmente, wie Bleiglätte (PbO) und Mennige (Pb_3O_4), zum Schönen von Lebensmitteln wurde bereits in der Renaissance verboten und schwer bestraft. Später verschwand das bleierne Kochgeschirr und im 20. Jahrhundert die Bleirohre in der Trinkwasserversorgung. Jüngst wurde die Verwendung von verbleiten Kraftstoffen stark eingeschränkt. Die Sinnhaftigkeit dieser Maßnahmen konnte am abnehmenden Bleigehalt menschlicher Knochenproben bestätigt werden. Siehe: L. Patrick, *Altern. Med. Rev.* **2006**, *11*, 2; 114.

[10] K. Roth und E. Lück, *Chemie Unserer Zeit*, **2011**, *45*, 406.

[11] L.F. Audrieth und M. Sveda, *J.Org.Chem.* **1944**, *9*, 89.

[12] Einen sehr kompetenten Überblick über die Synthesen aller Süßstoffe gibt: D.J. Ager *et al.*, *Angew. Chem.* **1998**, *110*, 1900.

[13] *Alternative Sweeteners*, L.O'Brien Nabors und R.C. Gelardi (eds.), **1986**, Marcel Dekker, New York. a) A.I. Bakal b) A. Ripper *et al.* c) J.H. Higginbotham d) R.M. Horowitz und B. Gentili.

[14] K.O. Paulus und M. Braun, *Ernährungs-Umschau*, **1988**, *35*, 384.

[15] Durch Reaktion von Nitriten mit Cyclohexylamin C_6H_{11}-NH_2 kann im Körper N-Nitroso-cylclohexylamin C_6H_{11}-NH-NO entstehen, das karzinogen sein könnte.

[16] J.M. Price *et al.*, *Science*, **1970**, *167*, 1131.

[17] Ab der 79 Woche wurde einem Teil der Tiere zusätzlich 125 mg/kg Cyclohexylamin verabreicht. Dies hatte überraschenderweise auf die Ausbildung von Blasentumoren keinen signifikanten Einfluss.

[18] Die vom Kongress beschlossene und nach einem New Yorker Kongressabgeordneten benannte Delaney-Klausel (*Delaney Clause*) ließ der FDA keinen Handlungsspielraum: „*Kein Zusatzstoff darf als sicher erachtet werden, der nach Aufnahme durch Menschen oder Versuchstieren Krebs erzeugt oder wenn sich in geeigneten Versuchen zur Bewertung der Sicherheit von Lebensmittelzusatzstoffen herausstellt, dass in Menschen und Tieren Krebs hervorgerufen wird.*

[19] J. Schwarcz, *The Gazette*(Montreal), **2007**, 16.2. Die Präsidentin des *American Council on Science and Health* wies darauf hin, dass auch nach Einspritzen von Salzlösungen oder Luft in Hühnereier solche Missbildungen auftraten. E.M. Whelan, *Wall Street Journal*, **1999**, 26. August. Thalidomid war der Wirkstoff im damals frei verkäuflichen Schlafmittel Contergan, das zwischen 1959 und 1962 zum größten Medikamentenunglück mit Zehntausenden von missgebildeten Neugeborenen führte. Siehe: K. Roth, *Chemie Unserer Zeit*, **2005**, *39*, 212.

[20] Stand Januar 2012: www.fda.gov/food/foodingredientspackaging/foodadditives/ucm082418.htm.

[21] Kurzschreibweisen einiger Aminosäuren: Trp = Tryptophan, Met = Methionin, Asp = Asparaginsäure, Phe = Phenylalanin, Ala = Alanin, Val = Valin.

[22] Die Publikation J.M. Davey, J.S. Morley *et al.*, *J. Chem. Soc. (C)*, **1966**, 555 wurde am 30.9.1965 eingereicht und erschien Mitte 1966. Aspartam wurde demnach von zwei Gruppen unabhängig voneinander synthetisiert, allerdings bemerkte nur eine dessen außergewöhnliche Süße.

[23] *Aspartam: Physiology and Biochemistry* Lewis D. Stegink, Lloyd J. Filer (*eds.*), **1984**, Marcel Dekker, New York, *loc. cit.* in *Serendipity*, R.M. Roberts, **1989**, John Wiley&Sons, Chichester.

[24] R.H. Mazur, J.M. Schlatter *et al.*, *J.Am.Chem.Soc.*, **1969**, *91*, 2684. R.H. Mazur, J.M. Schlatter *et al.*, *J. Med. Chem.*, **1973**, *16*, 1284.

[25] *Sweeteners*, D.E. Walters, F.T. Orthoefer and G.E. DuBois (*eds.*), **1991**, ACS Symposium Series, American Chemical Society, Washington, D.C. a) Y. Ariyoshi *et al.* b) M.R. Jenner c) J.M. Tinti und C. Nofre d) R.H. Mazur.

[26] *Update on the Safety of Aspartam*, **2002**: http://ec.europa.eu/food/fs/sc/scf/out155_en.pdf.

[27] S. Rastogi *et al.*, *Pharm. Res.* **2001**, *18*, 267.

[28] K. Wucherpfennig *et al.*, *Flüssiges Obst*, **1983**, *8*, 348.

[29] *Alternative Sweeteners*, L.O'Brien Nabors (*ed.*), *4th edition*, **2012**, CRC Press, Boca Raton, USA. a) E. G. Abegaz *et al.* b) J.C. Fry *et al.* c) F. Borrego d) M. Carakostas.

[30] *Für Gott, Vaterland und Coca-Cola*, M. Pendergast, **1993**, S. 381*ff*, Zsolnay, Wien.

[31] K. Clauß und H. Jensen, *Angew. Chem.*, **1973**, 85, 965.

[32] *Toxicity studies of acesulfame potassium*, National Institutes of Health, **2005** : *http://ntp.niehs.nih.gov/files/GMM2_Web.pdf*.

[33] E.J. Sinkeldam *et al.* in *Acesulfam*, D.G. Mayer und F.H. Kemper (*eds.*), **1991**, Marcel Dekker Inc., New York.

[34] H. van der Wel und K. Loeve, *Eur.J.Biochem.* **1972**, *31*, 221.

[35] R. B. Iyengar *et al.*, *Eur.J.Biochem.* **96,** 193 (1979); L. Edens *et al.*, *Gene*, **1982**, *18*, 1.

[36] A. M. de Vos *et al.*, *Proc. Natl. Acad. Sci. USA* **1985**, *82*, 1406.

[37] L. Hough und S. P. Phadnis, *Nature*, **1976**, *263*, 800; Schon vorher wurden zwei „Trichlorsaccharosen" dargestellt, die süßer waren als Saccharose, deren Süßkraft aber von der „Tetrachlorsaccharose" weit überstiegen wurde. R. Khan, *Carbohydr. Res.* **1972**, *25*, 504 L. Hough *et al.*, *Carbohydr. Res.* **1975**, *44*, 37.

[38] *From Sugar to Splenda*, B. Fraser-Reid, **2012**, Springer Verlag, Berlin-Heidelberg. In diesem lesenswerten Buch wird die kuriose Entdeckungsgeschichte von Splenda anhand von Interviews der Beteiligten authentisch rekonstruiert. Achtung: Im Internet kursieren viele verkürzte und/oder falsch dargestellte Versionen der damaligen Geschehnisse.

[39] Zucker werden mit der Endung -ose charakterisiert, z.B. Glucose, Fruktose, Ribose, Maltose etc.

[40] www.kon.org/urc/frank.html.

[41] Überblick über die toxikologischen Daten: H.C. Griece und L.A. Goldsmith, *Food Chem. Toxicology*, **2000**, *38*, S1. Knapp 3 % der aufgenommen Sucralose werden im Urin als Glucuronide ausgeschieden, d.h. ein kleiner Sucraloseanteil wir glykosidisch mit Glucoronsäure verbunden, um so die Ausscheidung über die Nieren noch zu erhöhen. A. Roberts *et al.*, *Food Chem. Toxicology*, **2000**, *38*, S31.

[42] I. McLean Baird *et al.*, *Food Chem. Toxicol. 2000*, **38**, 123.

[43] R.M. Horowitz und B. Gentili, *J. Agr. Food Chem.* **1969**, *17*, 696.

[44] wörtliches Zitat aus B. Bilger, *The New Yorker*, **2006**, May 22, 40.

[45] Der Weg zur Entwicklung einer rationellen Findungsstrategie für süß schmeckende Verbindungen ist viel komplexer und mit vielen Rückschlägen verbunden. Siehe Lit. 30c.

[46] www.efsa.europa.eu/de/scdocs/doc/afc_op_ej581_neotame_op_en,0.pdf.

[47] E. Vis und H.G. Fletcher, Jr., *J. Am. Chem. Soc.*, **1956**, *78*, 4709.

[48] *loc. cit.* in J. Seidemann, *Die Nahrung*, **1976**, *20*, 675.

[49] G.M. Planas und J. Kuc, *Science*, **1968**, *162*, 1007.

[50] A. Drabczynska *et al.*, *Arch.Pharm.Chem.Life Sci.* **2011**, *1*, 20.

[51] A. Abdel-Rahman *et al.*, *Toxicol. Sci.*, **2011**, *123*, 333.

[52] Umfassender Bericht der EFSA von 2010: www.efsa.europa.eu/de/efsajournal/pub/1537.htm.

[53] Die Zulassung von hochreinen Steviolglykosiden schließt die *Stevia*-Pflanze selbst oder deren Rohextrakte *nicht* (!) ein. Deren Verwendung als Süßungsmittel in Lebensmitteln ist in der EU nicht zulässig. Ein entsprechender Antrag wurde 2001 vom SCF geprüft und mit der Begründung abgelehnt *„die Datenlage reiche nicht aus, um die gesundheitliche Unbedenklichkeit zu gewährleisten"*.

[54] G.E. DuBois in *Sweetness and Sweeteners*, D.K. Weeransighe und G.E. DuBois (*eds.*) **2008**, American Chemical Society, Washigton DC.

[55] L.Y.Hanger, *J. Food Science*, *61*, **1996**, 456.

[56] Hier wird etwas übertrieben. Genau genommen half der Zufall bei der Entdeckung neue Leitstrukturen. Anschließend wurden zumindest einige davon erst durch chemische Variationen zu einem Süßstoff entwickelt.

[57] K.O. Paulus, *Handbuch Süßungsmittel*, G.-W. von Rymon Lipinski und H. Schiweck (eds.) **1991**, Behr's Verlag, Hamburg.

[58] Für die JECFA und EFSA ist der ADI-Wert des Salzes bereits durch die ADI-Werte beider Bestandteile festgelegt.

[59] Sollte Ihr heimatlicher Zoo gerade keinen Flamingo abgeben wollen, harmoniert diese wunderbare Sauce auch hervorragend mit einem Straußen- oder Papageienbraten. Nicht vergessen: Die Bratzeit muss der Vogelgröße angepasst werden.

[60] Der Flamingo muss vor dem Grillen gekocht werden. Nähere Angaben: *www.imperiumromanum.com/kultur/kulinarium/rezept_apicius06_06.htm*.

[61] Überblick über die Geschichte der US-amerikanischen kalorienlosen Erfrischungsgetränke: B. Siegel, *American Heritage*, **2006**, *57* (Issue 3).

[62] G.-W. von Rymon Lipinski in *Ullmann's Encyclopedia of Industrial Chemistry, 7th edition*, **2011**, Wiley-VCH, Weinheim.

[63] Mit den Ausgangsverbindungen Blausäure, Chlor, Chlorcyan und Fluorwasserstoff ging diese Synthese fast an die Grenzen des industriell Möglichen. Deswegen wurde bei Hoechst ein einfacheres Herstellungsverfahren entwickelt, bei dem Diketen mit Amidosulfonsäure zu Acetoacetamido-N-sulfosäure umgesetzt wurde. Mit Schwefeltrioxid gelang dann der Ringschluss zum Acesulfam. A. Linkies und D.B. Reuschling, *Synthesis*, **1990**, 405.

[64] T. Masuda *et al.*, *Acta Cryst. F*, **2011**, *67*, 652; Protein Data Bank: 3ALD und 3AOK.

[65] R. Kaneko *et al.*, *Chem. Senses*, **2001**, *26*, 167.

[66] British Patent 1,543,167.

[67] O. Gerngross und N. Renda, *Liebigs Ann. Chemie*, **1966**, *691*, 186.

[68] Mechanistisch handelt es sich um die Umkehrung einer nucleophilen Addition eines Phenolat-anions an die Doppelbindung einer α,β-ungesättigten Carbonylverbindung (Retro-Oxa-Michael-Addition) und anschließende Hydrierung des Chalkons ***28*** zu ***26***.

[69] C. Nofre und J.-M. Tinti, *Food Chemistry*, **2000**, *69*, 245.

[70] http://static.diabetesselfmanagement.com/pdfs/DSM0310_012.pdf und Coca-Cola-GmbH, Berlin.

Die Blätter des Süß- oder Honigkrauts (*Stevia rebaudiana*) werden seit Jahrhunderten von der indigenen Bevölkerung in Paraguay zum Süßen des Mate oder als Heilmittel genutzt. Das süßschmeckende Gemisch der Steviolglykoside ist seit 2011 als Süßstoff E 960 in der EU zugelassen. Die Pflanze selbst, frisch oder getrocknet, ist als Lebensmittel jedoch nicht zugelassen. *(Bildquelle: Ethel Aardvark, wikimedia commons)*

Manche mögen's scharf

Die Pflanzengattung Capsicum beschert uns mit Paprika- und Chilischoten ein auf der ganzen Welt beliebtes Gewürz, mit dem Gerichte optisch und geschmacklich aufgepeppt werden können. Die ungarische, mexikanische, koreanische und indische Küche wären ohne deren charakteristische Schärfe überhaupt nicht denkbar. Wie schafft es ausschließlich Capsicum; chemische Verbindungen zu synthetisieren, die unsere Zunge gerade so stark reizen, dass wir dies als wohlige Schärfe empfinden? Decken wir die naturwissenschaftlichen Hintergründe des langsam nachlassenden Zungenbrennens auf und genießen pikante Gerichte in Zukunft noch bewusster.

Für Liebhaber scharfer Speisen ist der 1. Januar ein hoher Feiertag, denn am Neujahrstag 1493 entdeckte Christopher Columbus auf seiner ersten Reise an der Nordküste des heutigen Haiti eine Pflanze, die er wegen ihrer außerordentlich scharfen Früchte für Pfeffer hielt. *„Der Pfeffer, den die hiesigen Indianer als Gewürz verwenden, wächst überall und ist wertvoller als Schwarzer oder Melegueta-Pfeffer“* [1]. Das war keine Zufallsentdeckung, denn ein Ziel der vom spanischen König finanzierten Expedition war die Suche nach ergiebigen Pfeffervorkommen. In Europa war Pfeffer zwar nicht das teuerste, aber das mengenmäßig wichtigste Gewürz und dessen lukrativer Handel lag, sehr zum Leidwesen des spanischen Hofes, fest in den Händen Venedigs und diese Vormachtstellung sollte gebrochen werden [2]. Columbus war sich bei der Bezeichnung *„Roter Pfeffer“* selbst nicht sicher: *„Es bereitet mir großen Kummer, dass ich sie [die Pflanzen] nicht identifizieren kann, vor allem weil ich sicher bin, dass sie wertvoll sind.“* [3]. Seine botanische Bestimmung erwies sich tatsächlich als falsch. Erst der französischen Botaniker Joseph Pitton de Tournefort (1656–1708) ordnete den vermeintlichen *„Ro-*

ABB. 1 | DIE DOMESTIZIERTEN ARTEN DER GATTUNG PAPRIKA

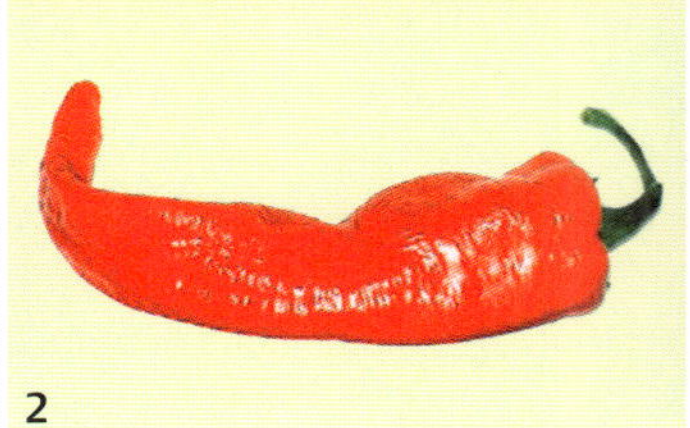
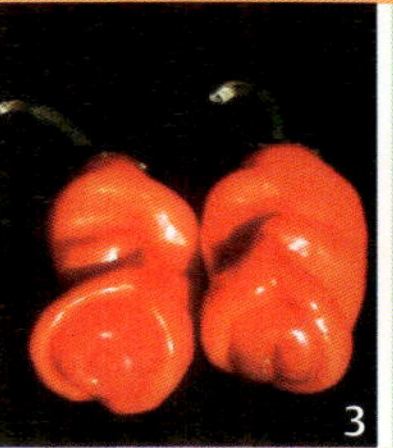

ten Pfeffer" einer neuen Gattung Capsicum innerhalb der Familie der Nachtschattengewächse zu [4]. Der Schwarze Pfeffer (*Piper nigrum*, Familie: Pfeffergewächse) ist mit Columbus vermeintlichem „Pfeffer" überhaupt nicht verwandt, aber sein Irrtum überdauerte alle Zeiten und in vielen Sprachen werden noch heute verschiedene *Capsicum*-Früchte als Pfeffer bezeichnet.

Die von Columbus nach Europa gebrachten Pflanzen verbreiteten sich über den Handel entlang der Gewürzstraße bis nach Fernost. Während *Capsicum* rasch in die regionalen Küchen der Mittelmeerländer, Nordafrikas und des Nahen und Fernen Ostens integriert wurde, standen die Mitteleuropäer dem neuen „Pfeffer" skeptisch gegenüber und nutzten ihn nur als Zierpflanze [5]. Dies ist erstaunlich, denn Leonhart Fuchs wies schon in seinem Kräuterbuch von 1543 darauf hin, dass die Samen des indianischen Pfeffers *„fast alle würckung und tugendt des rechten Pfeffers"* haben. Erst über das Osmanische Reich kam Capsicum im 17. Jahrhundert nach Ungarn, wo es sich schnell zum Nationalgewürz entwickelte und von dort aus langsam den Weg nach Mitteleuropa fand.

Botanisches von Capsicum

Capsicum stammt ursprünglich aus Bolivien und Peru. Durch Vögel verbreitete sich die robuste Wildpflanze über große Teile Süd- und Mittelamerikas. Die dortige Urbevölkerung domestizierte die Pflanze schon vor 6000 Jahren [6]; *Capsicum* ist damit eine der ältesten von Menschenhand angebauten Pflanzen überhaupt.

Von den über 30 wildwachsenden *Capsicum*-Arten sind nur fünf domestiziert worden: *C. annuum, C. frutescens, C. chinense, C. baccatum und C. pubescens* [7] (Abbildung 1), wobei vor allem die drei ersten von wirtschaftlicher Bedeutung sind. An der Spitze liegt eindeutig *Capsicum annuum* und das aus einem einfachen Grund: Columbus hatte auf Haiti per Zufall eben genau diese *Capsicum*-Art entdeckt und nach Europa gebracht.

__C. annuum__ (einjährig) [7] ist die auf der Welt am meisten verbreitete Paprika-Art. Die Früchte der verschiedenen Varietäten weisen eine große äußere Vielfalt auf; deren Größe schwankt zwischen 1–25 cm und die Schärfe reicht von den ganz milden, leicht süßen Gemüsepaprikas bis zu den kleinen, aber scharfen Jalapeños. Auch die Fruchtformen und -farben sind äußerst vielfältig. Die Varietät C. annuum var. acuminate wird als Cayenne bezeichnet, wobei dieser Name im Laufe der Zeit mehreren Sorten in unterschiedlichen Arten zugeordnet war. Bilder 1–4 von links nach rechts: Gemüsepaprika, Cayenne, Peter Pepper und Jalapeño.

__C. chinense__ stammt aus der Karibik und umfasst die schärfsten bekannten Sorten wie Habaneros und Scotch Bonnet. Typisch ist neben der großen Schärfe auch das charakteristische Aroma. Varietäten von C. chinense wachsen bevorzugt in feuchttropischem Klima, z.B. Fatalii im tropischen Afrika, Datil in Florida, Adjuma in Surinam und Naga Morich in Bangladesch. Gemeinsam ist neben der extremen Schärfe ein delikates fruchtiges Aroma, das allen anderen Arten fehlt und nur in rohen Früchten zur Geltung kommt. Bilder 5 und 6: Habanero und Scotch Bonnet.

__C. frutescens__ hat meist kleine, nur 1–3 cm lange, scharfe Früchte und zeichnet sich durch ein charakteristisches Aroma aus. Diese Art wird vor allem als Gewürz verwendet. Bekannte Varietäten sind Piri-Piri (African Devil) und Thai-Chili (Bird's Eye). Die Varietät Tabasco ist die Grundlage für die gleichnamige Gewürzsoße. Bilder 7 und 8: Tabasco und Thai-Pepper.

__C. baccatum__ (beerenartig) stammt ursprünglich aus Bolivien oder Peru und die großen, länglichen und scharfen Früchte zeichnen sich durch ein sehr eigenes, fruchtiges Bouquet aus. Die Varietät C. baccatum var. pendulum wird in Südamerika als Aji bezeichnet und war bereits den Inkas bekannt. Heute sind C.-baccatum-Varietäten ein fester Bestandteil der peruanischen Küche und machen Cuy chactado zu einer Delikatesse [44]. Bilder 9 und 10: Aji peruano und Lemon drop.

__C. pubescens__ (behaart) wächst vor allem in den höher gelegenen Andenregionen von Kolumbien bis Bolivien, aber auch Südmexiko. Im Unterschied zu den anderen Capsicum-Arten sind die Samenkörner schwarz. Typische Vertreten sind Rocoto (Bolivien, Peru) und Manzano (Mexiko). Als einzige Capsicum-Art übersteht C. pubescens geringen Frost. Bilder 11 und 12: Rocoto und Manzano Amarillo. [alle Bilder: Wikipedia commons]

Abb. 2 ***Das Farbenspiel während des Reifungsprozesses von C. annuum cv. Charleston Hot: Während der Reifung werden zunächst die grünen Chlorophylle abgebaut, gleichzeitig werden gelbe Xantophylle wie Lutein gebildet, die langsam durch rote Xanthophylle verdrängt werden***

Durch den jahrhundertelangen Anbau in unterschiedlichen Klimazonen und durch viele Neuzüchtungen verbergen sich heute hinter den nur fünf Arten eine überwältige Anzahl von Unterarten, Sorten und Varietäten, die jeweils nach Kriterien wie Robustheit, Erntemenge, Farbintensität, niedrige oder hohe Schärfe oder Aroma herausgezüchtet wurden. Die Folge ist ein babylonisches Sprachgewirr. Die im Deutschen als Paprikaschoten [8] oder Gemüsepaprika bezeichneten Früchte heißen im Angelsächsischen *pepper* und in der Schweiz *Peperoni*. *Pfefferoni* sind in Österreich scharfe Paprikaschoten, in Deutschland nennt man diese *Peperoni*. Im Italienischen und Englischen sind *Peperoni* scharf gewürzte Würste. Scharfe Paprikaschoten nennt man in Teilen Lateinamerikas *Aji*, im südlichen Afrika *Piri-Piri* und in vielen Ländern *Chili*, in den USA *Chile Pepper*, in Mexico *Chile*. In einigen südwestlichen Staaten der USA bezeichnet *Chile* sowohl die scharfen Früchte als auch einen Bohneneintopf, beide heißen in Texas aber *Chili*. Unter *Chilli* mit zwei L versteht man in England und Australien scharfe *Capsicum*-Varietäten, die auch in Deutschland immer häufiger als *Chilli* oder aber *Chili*, manchmal aber auch als *Peperoni* bezeichnet werden. Botanisch gesehen wäre es ganz einfach: Es sind alles Früchte der Gattung *Capsicum* und die heißt auf Deutsch *„Paprika“*. Punktum!

Für Laien ist die Zuordnung einer Paprikapflanze zu einer bestimmten Art kaum möglich, ja selbst unter Botanikern ist die Zahl, die Zuordnung zu und die Abgrenzung zwischen den Paprika-Arten umstritten. So ist man bei *C. annuum*, *C. frutescens* und *C. chinense* nicht sicher, ob es sich überhaupt um drei eigenständige Arten handelt. Vollends verwirrend sind die unzähligen Kreuzungen und Neuzüchtungen mit der damit verbundenen fantasievollen Namensgebung durch Züchter und Samenhändler. Der Botaniker C. B. Heiser, der viele Jahre über *Capsicum* gearbeitet hatte, beantwortete die Frage nach der Zahl der Paprika-Arten salomonisch: *„Es kann auf diese Frage keine definitive Antwort geben, außer dass man feststellen muss, es gibt wirklich eine Menge verschiedener Paprika!“* [9].

ABB. 3 | DIE FARBEN IN PAPRIKA

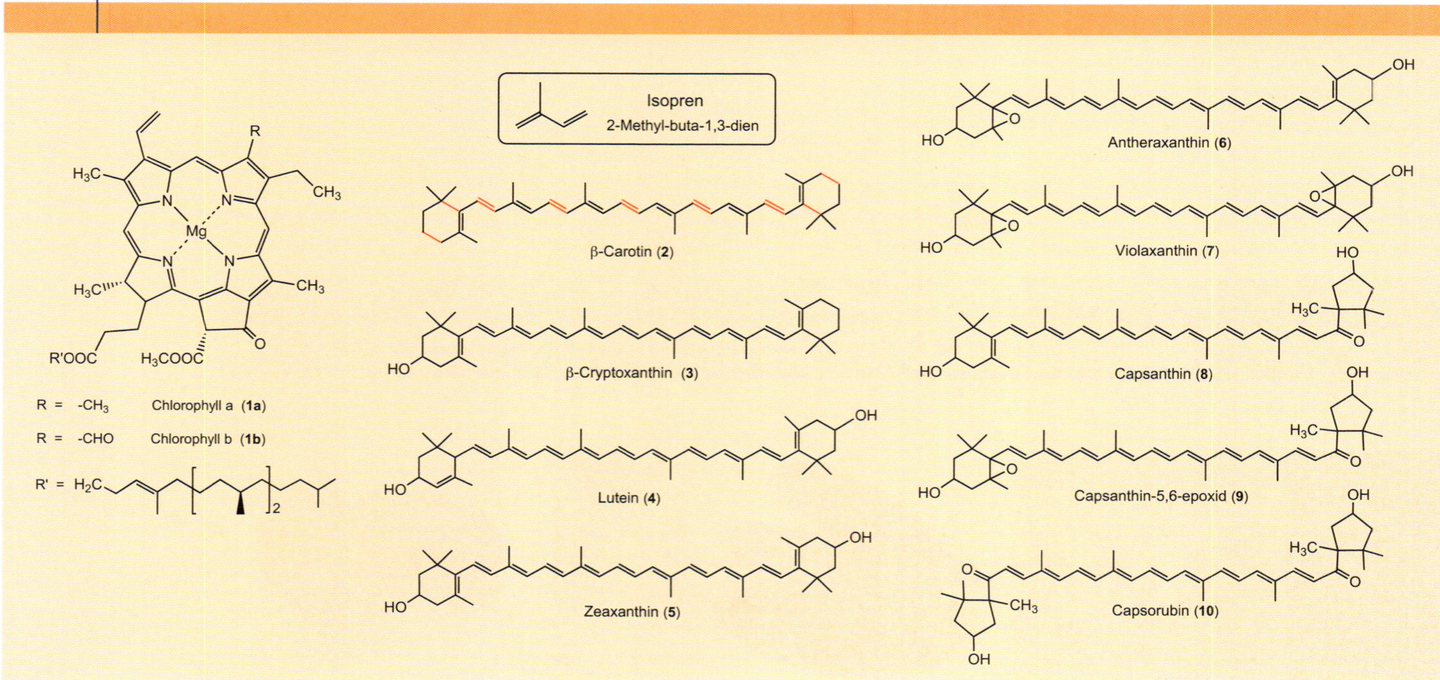

Kulinarisches von Paprika

Die prächtige Farbe

Wenn wir Paprika genießen, egal ob roh oder in einer raffinierten Zubereitung, ist dies immer das Ergebnis eines harmonischen Zusammenspiels aller Sinne. Das Auge erfasst die schöne Form und Farbe, die Ohren das Knacken und die Konsistenz beim Kauen, die Zunge die süßen, sauren, salzigen, bitteren und *umami* [10] Geschmackskomponenten und die Nase das Aroma. Betrachten wir das sensorisch Besondere an Paprika einmal aus chemischer Sicht. Sie werden staunen!

Die grünen, gelben, orangeroten oder tiefroten Paprikafrüchte sind optisch äußerst attraktiv und schon allein deswegen in jeder Küche beliebt. Während des Reifungsprozesses verändert sich die Fruchtfarbe in einem beeindruckenden Farbenspiel von kräftig grün über gelb, orange bis zum tiefen rot (Abbildung 2). Dies spiegelt einen koordinierten chemischen Syntheseablauf wider, der im Folgenden genauer untersucht werden soll.

Im unreifen, grünen Zustand sind die für uns sichtbaren Hauptfarbstoffe die Chlorophylle a und b (**1a, 1b**), die beiden universellen Blattfarbstoffe. Chlorophyll ist ein komplexer Makrozyklus mit einem ausgedehnten System konjugierter Doppelbindungen, das dem Molekül die Farbe verleiht (Abbildung 3). An einer Seitenkette ist über eine Esterbindung ein langer C_{20}-Alkohol (Phytol) gebunden, mit dem der Farbstoff in den Thylakoid-Membranen in den Chloroplasten verankert ist. Chlorophyll steht im Mittelpunkt der Photosynthese, ist aber keineswegs der einzige daran beteiligte Farbstoff, sondern einige gelbe und gelborange Carotinoid-Farbstoffe dienen zusätzlich als Lichtsammler [11]. Das Gelb dieser Farbstoffe bleibt unserem Auge meist verborgen, da das Chlorophyll andere Farben völlig überdeckt.

Im Reifungsprozess wird Chlorophyll mitsamt den Hilfsfarbstoffen der Photosynthese langsam abgebaut, und neue gelbe und schließlich rote Farbstoffe tauchen auf [12]. Abbildung 4 gibt einen Überblick über den Farbstoffgehalt von drei *Capsicum annuum* Varietäten vor und nach der Reife. Die Farbstoffveränderungen entsprechen dem in Abbildung 2 dargestellten Farbenspiel. Auffallend ist der nahezu vollständige Abbau des gelborangen Luteins (**4**) und die Neusynthese der tiefroten Farbstoffe Capsanthin (**8**), Capsanthin-5,6-epoxid (**9**) und Capsorubin (**10**).

Die Freude über die prächtigen Farben wird noch dadurch gesteigert, dass Paprika die einzigen Lebewesen sind, die diese roten Farbstoffe biosynthetisieren können und die deswegen als Paprikaketone bezeichnet werden [13,14]. Die Biosynthese der Paprikaketone Capsanthin und Capsorubin überrascht uns mit einer außergewöhnlichen Pinakol-Umlagerung (Abbildung 5) [15]. Der chemisch bewanderte Feinschmecker sollte sich den ungewöhnlichen Reaktionsmechanismus auf der Zunge zergehen lassen, denn im Labor läuft die Pinakol-Umlagerung typischerweise in Gegenwart von konzentrierter Schwefelsäure ab, Paprika schafft das spielend mit einem bisher unbekannten Enzymapparat bei pH=7 und Raumtemperatur. Hut ab!

Der verlockende Duft

Beim kulinarischen Genuss unterscheidet man meist nicht zwischen Geschmack und Geruch, denn beide Sinneswahrnehmungen werden ja gleichzeitig im Mund-Nasen-Raum wahrgenommen und zu einem „geschmacklichen" Gesamteindruck verarbeitet. Essen mit einer zugehaltenen oder verstopften Nase beweist eindrucksvoll, dass der „Geschmack" eines Nahrungsmittels vor allem über die Nase als Geruch und weniger über die Zunge als Geschmack wahr-

Abb. 4 ***Carotinoide in unreifen und reifen Papkrikafrüchten (C. annuum) [45]***

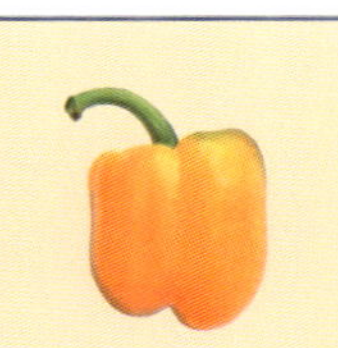

Carotinoid	Farbe	Gemüsepaprika *		Long Cayenne		Golden Wonder	
		unreif (grün)	reif (rot)	unreif (grün)	reif (rot)	unreif (grün)	reif (gelb)
β-Carotin (2)	gelb	13,4	11,6	28,3	14,8	30,6	16,6
Zeaxanthin (5)	orange	0,6	2,5	0,9	11,3	4,1	5,2
Antheraxanthin (6)	gelb	–	1,6	–	2,9	–	5,2
Violaxanthin (7)	gelb	13,8	9,9	25,9	5,6	10,2	0,4
Lutein (4)	orange	40,8	–	28,8	–	40,8	9,3
Capsanthin (8)	rot	–	34,7	–	44,6	–	–
Capsorubin (10)	rot	–	6,4	–	30,3	–	–
β-Cryptoxanthin (3)	orange	0,5	6,7	–	5,1	–	7,3
Capsanthin-5,6-epoxid (9)	rot	–	0,9	–	–	–	–

* Mengenangaben in % vom Gesamt-Carotinoidgehalt

genommen wird. Da der größte Teil der auf der Welt angebauten Paprika nicht wegen der Schärfe, sondern wegen des attraktiven Aromas verzehrt wird, liegen viele Studien über die charakteristischen Duftstoffe vor. Das uns in Mitteleuropa so vertraute, ganz typische Aroma einer grünen Gemüsepaprikaschote hat überraschenderweise einen einzigen Namen: 2-Methoxy-3-isobutylpyrazin (**11**) (Abbildung 6). Die menschliche Nase kann diese „nach Paprikaschoten" riechende Verbindung noch in einer unglaublichen wässriger Verdünnung von 0,002 ppb [16] also 2:1000.000.000.000 nachweisen. Damit zählt das sogenannte Paprikapyrazin **11** zu den für Menschen geruchsintensivsten Verbindungen überhaupt.

Neben dem Pyrazin tragen noch einige weitere Verbindungen zum charakteristischen Gesamtaroma von Paprika bei (Abbildung 6). Von kulinarischer Bedeutung ist dabei, dass die verschiedenen Paprika-Arten signifikante Unterschiede in ihrem Aromaprofil aufweisen. So enthalten die flüchtigen Verbindungen von *C. chinense* überhaupt kein Paprikapyrazin **11**, so dass der typische Geruch nach grüner Paprika völlig fehlt, dafür aber hohe Anteile von β-Ionon (**21**) und verschiedenen Estern, woraus ein dementsprechend fruchtiges und blumiges Bouquet resultiert. *C. pubescens* besitzt eine leichte zusätzliche Nussnote, die von 2-Heptanthiol (**19**) herrührt. Der Varietät Tabasco von *C. frutescens* verleiht eine Mischung kurzkettiger Ester (z.B. **20**) ein kräftiges, charakteristisches Fruchtaroma [17].

Wegen des Sortenreichtums und der unterschiedlichen Wachstumsbedingungen in den weltweiten Anbaugebieten können die hier angegebenen Aromenangaben nur An-

ABB. 5 | FÜR KENNER: DIE BIOSYNTHESE DER PAPRIKAKETONE

A) Die Biosynthese der herrlich roten Paprikafarbe ist ein biochemisches Wunderwerk. Mit dem Abbau der grünen Chlorophylle wird die Biosynthese der Carotinoide aus jeweils acht Isopreneinheiten verstärkt und die zunächst entstehenden Kohlenwasserstoffe wie β-Carotin zu Alkoholen bzw. Epoxiden oxidiert. Durch biochemische Studien mit markierten ^{14}C- und ^{3}H-markierten Verbindungen konnte gesichert werden, dass die Paprikaketone ausschließlich und direkt über eine Pinakol-Umlagerung aus den Epoxiden Anthraxanthin und Violaxanthin entstehen [46].

B) Die von Butlerov zuerst erkannte Pinakol-Umlagerung ist schon sehr erstaunlich. Schließlich muss dabei eine Methylgruppe in dem durch konzentrierte Schwefelsäure gebildeten Carbokation unter Mitnahme seiner Bindungselektronen auf das nächste C-Atom wandern (1,2-Verschiebung).

C) Den einer Pinakol-Umlagerung entsprechenden Reaktionsmechanismus kann für die Umlagerung z.B. von Antheraxanthin und Capsanthin leicht aufgestellt werden. Mit welchem Enzym dies Paprika ohne konzentrierte Schwefelsäure bei pH=7 und Raumtemperatur gelingt, ist jedoch noch völlig ungeklärt.

ABB. 6 | DER GERUCH VON PAPRIKA

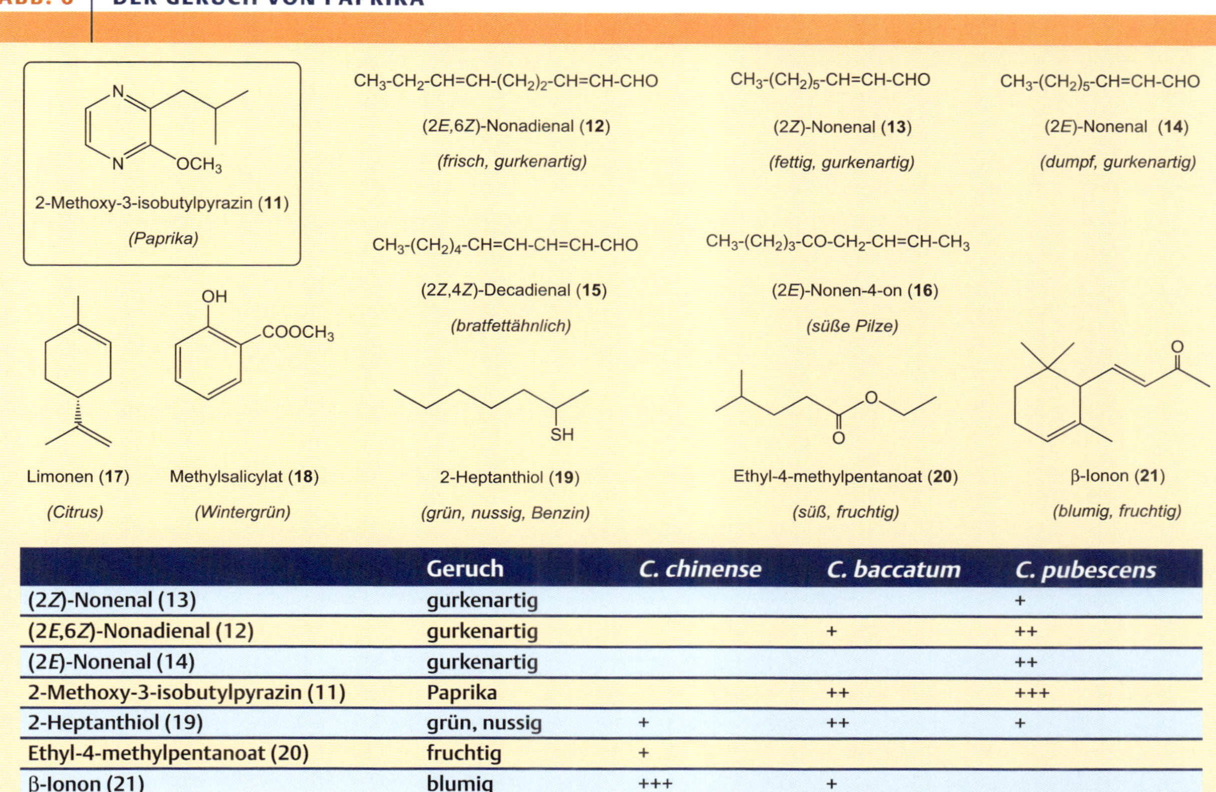

	Geruch	*C. chinense*	*C. baccatum*	*C. pubescens*
(2*Z*)-Nonenal (13)	gurkenartig			+
(2*E*,6*Z*)-Nonadienal (12)	gurkenartig		+	++
(2*E*)-Nonenal (14)	gurkenartig			++
2-Methoxy-3-isobutylpyrazin (11)	Paprika		++	+++
2-Heptanthiol (19)	grün, nussig	+	++	+
Ethyl-4-methylpentanoat (20)	fruchtig	+		
β-Ionon (21)	blumig	+++	+	

ABB. 7 | DIE SCHARFSTOFFE DER PAPRIKA

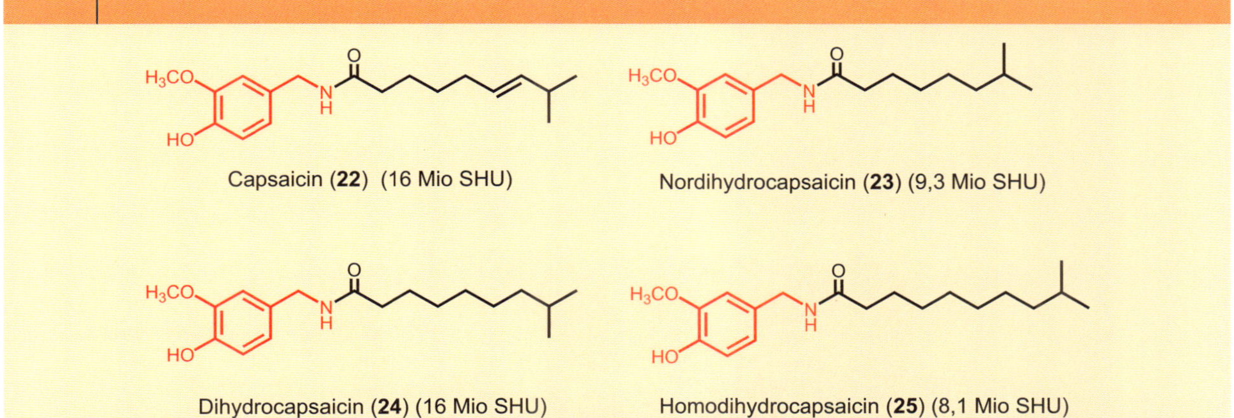

	Capsaicin (22)	Dihydro-capsaicin (24)	Nordihydro-capsaicin (23)	Homodihydro-capsaicin (25)
C. annum	44–51%	31–37%	8–15%	< 1%
C. chinense & frutescens	62–77%	17–29%	0,6–6%	< 3%
C. baccatum	38–40%	50–51%	< 1.1%	< 2%

Die verschiedenen Paprika-Arten und deren unzählige Varietäten unterscheiden sich sowohl in der Gesamtmenge an Scharfstoffen als auch in der Verteilung der verschiedenen Komponenten [47]. Inzwischen kennt man über 20 verschiedene Capsaicinoide, in denen ein invariabler aromatischer Vanillylrest (rot) über eine Amidbindung mit einer aliphatischen Carbonsäure (schwarz) verknüpft ist. Das Verhältnis von Capsaicin zu Dihydrocapsaicin ist artspezifisch: 1:0,8 in C. annuum, 2:1 bis 1:1,5 in C. baccatum, 2,5:1 in C. chinense/frutescens und 1:1,5 in C. pubescens.

haltspunkte sein. Es macht ja gerade den Charme von Paprika aus, dass weder von der Größe, der Farbe und der Herkunft auf den zu erwartenden kulinarischen Genuss geschlossen werden kann. Dies lässt Platz für Überraschungen.

Die Scharfstoffe

Ihre mehr oder weniger ausgeprägte Schärfe zeichnet Paprika vor allen anderen Pflanzen aus. Zwar verwenden wir Ingwer, Senf und Pfeffer zum kräftigen Würzen unserer Speisen, aber wenn es um Schärfe geht, kann es niemand mit Paprika aufnehmen. Kein Wunder, denn die entsprechenden Scharfstoffe kann in der Natur nur die Gattung *Capsicum* herstellen [18]. Paprika steht in seiner Synthesekreativität den engeren Verwandten in der Familie der Nachtschattengewächse in nichts nach. Während uns aber Bilsenkraut, Tollkirsche, Engelstrompete, Tabak und Stechap-

ABB. 8 | DIE BIOSYNTHESE VON CAPSAICIN

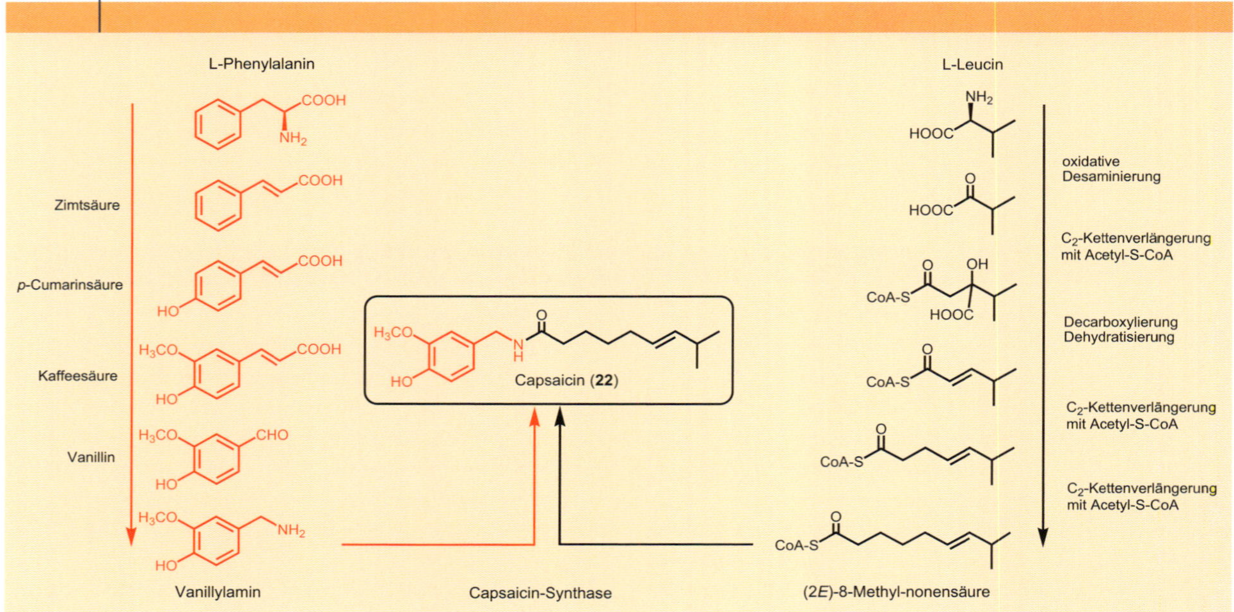

ABB. 9 | WO SITZT DIE SCHÄRFE IN DER PAPRIKA?

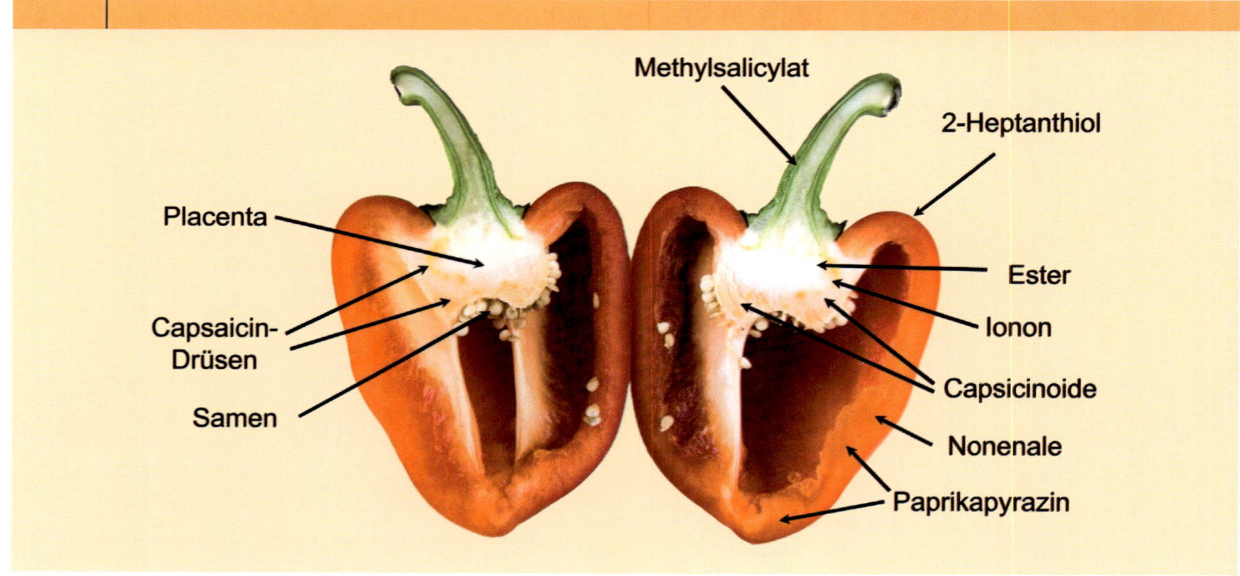

Die Synthese von Capsaicin und den anderen Scharfstoffen erfolgt in speziellen Drüsen in der oberen Placentaschicht. Die Samen enthalten kein Capsaicin, allerdings kann bei hohen Gehalten das Capsaicin aus der oberen Placentaschicht in die Samen eindiffundieren [48]. Die Aromakomponenten werden in verschiedenen Fruchtteilen synthetisiert, wobei die vom Paprikapyrazin 11 verursachte Duftnote der grünen Gemüsepaprika im Fruchtfleisch und die fruchtigen und blumigen Ester in der Plazenta entstehen. *(Bildquelle: Paul Goyette, wikimedia commons)*

fel das Fürchten lehren, erfreut uns *Capsicum* mit seinen Alkaloiden.

Es ist verständlich, dass Chemiker an den außergewöhnlichen Scharfstoffen der Paprika von je her interessiert waren. Die erste Isolierung des Scharfstoffes gelang Thresh 1876 [19], der den Namen Capsaicin festlegte. Die chemische Struktur **22** wurde 1919 erstmals von Nelson bestimmt [20] und seitdem auf unterschiedlichen Wegen durch Totalsynthese bewiesen [21]. Infolge der relativ einfachen Struktur konnten eine Vielzahl von Abkömmlingen synthetisiert und in Hinblick auf eine Struktur-Wirkungs-Beziehung pharmakologisch untersucht werden. Danach ist der Vanillylrest samt Amidbindung ein Muss und die Carbonsäureketten dürfen zwischen 8 und 11 Kohlenstoffatomen lang sein (Abbildung 7). Kürzere oder längere Ketten verringern, endständige Methylverzweigungen verstärken die Schärfe und eine Doppelbindung hat nur einen geringen Einfluss.

Von den vielen Scharfstoffen machen Capsaicin (**22**) und Dihydrocapsaicin (**24**) in allen untersuchten scharfen Paprika immer über 80 % der gesamten Capsaicinoide aus. Da diese beiden Verbindungen auch die größte sensorische Wirkung zeigen [22], bestimmen sie die Gesamtschärfe einer Paprika, allerdings tragen auch die Nebenkomponenten durch ihre unterschiedliche sensorische Charakteristik zum Genuss bei. Die Schärfe von *Capsaicin* (**22**) und *Dihydrocapsaicin* (**24**) steigt rasch im mittleren und hinteren Teil der Zunge und Gaumen an und hält lange vor, während *Homodihydrocapsaicin* (**25**) langsamer und nur im hinteren Mundraum wirkt. Die Schärfe von *Nordihydrocapsaicin* (**23**) wird im vorderen Zungenbereich als milder empfunden und klingt schneller ab.

ABB. 10 | DER CAPSAICIN-BINDENDE REZEPTOR TRPV1

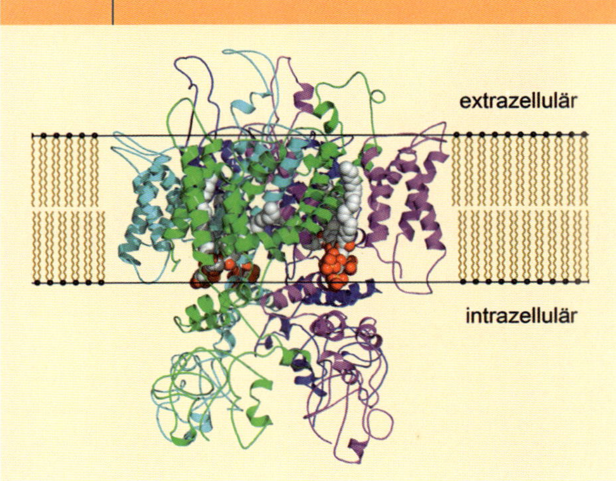

TRPV1 ist ein durch hohe Temperaturen schaltbarer Ionenkanal. Der Schaltungspunkt liegt bei über 42 °C, erniedrigt sich aber nach dem Anbinden von Liganden wie Capsaicin auf Werte unterhalb der Körpertemperatur. Dies führt im Falle von Capsaicin zur ständigen Aktivierung und Auslösen einer Schmerzempfindung. Das abgebildete Molekülmodell [49] stellt den TRPV1-Rezeptor mit einem anderen gebundenem Liganden (Phosphatidylinositol-4,5-bisphosphat) dar [50].

Wie schafft es *Capsicum* nur als einzige Art, diese herrlichen Scharfstoffe zu synthetisieren? Studien mit isotopenmarkierten Metaboliten konnten zeigen, dass die Aminosäure Phenylalanin Ausgangspunkt des aromatischen Molekülteils und die jeweiligen Carbonsäuren entsprechend der Kettenlänge und Verzweigungsmuster aus den Aminosäuren Valin, Leucin bzw. Isoleucin gebildet werden (Abbildung 8). Die Capsaicin-Synthase verknüpft dann im finalen Syntheseschritt die beiden Molekülteile über eine Amidbindung. Die Capsaicin-Synthase konnte als ein Protein mit einem Molekulargewicht von 38 kDa aus der Placenta von *Capsicum* isoliert werden und ihre Synthese-Aktivität korrelierte gut mit der Gewebekonzentration von Capsaicin [23]. Leider stellte sich nach der Publikation heraus, dass das Protein eventuell gar keine Capsaicin-Synthase war, sondern eine Protein-Kinase sein könnte und die Publikation wurde zwei Jahre später zurückgezogen [24]. Damit bleibt die Struktur der Capsaicin-Synthase weiterhin unbekannt.

Wo in der Paprikafrucht die Capsaicin-Synthese abläuft, kann man bei scharfen Varietäten mit der Zunge testen. Entgegen der landläufigen Meinung enthalten die Samenkörner kein Capsaicin. Die Capsaicin-produzierenden Drüsen liegen in der oberen Schicht der Placenta (Abbildung 9). Bei sehr hohen Capsaicin-Konzentrationen kann diese Verbindung jedoch in die benachbarten Gewebeschichten hinein diffundieren. Dies passiert auch häufig bei der Verarbeitung und Trocknung.

Das Paprikapyrazin **11,** das den typischen Geschmack von grünen Gemüsepaprika ausmacht, befindet sich vor allem im Fruchtfleisch. Einigen *Capsicum-chinense*-Varietäten wie Scotch Bonnet und Habanero enthalten praktisch kein Paprikapyrazin, so dass diesen besonders scharfen Varietäten das typische „Gemüsepaprika-Aroma" fehlt und sie dafür aber einen stark fruchtigen Charakter besitzen. Insgesamt gilt also, dass Schärfe und Aroma sich keineswegs ausschließen.

Wie „schmecken" wir Schärfe?

Wenn uns eine Schüssel *chili con carne* wegen seiner angenehmen Schärfe gut „schmeckt", ist dies genau genommen falsch ausgedrückt, denn wir können nur süß, bitter, sauer, salzig und *umami* schmecken. Scharf gehört nicht dazu! Warum eigentlich nicht, denn schließlich empfinden wir Schärfe und Temperatur zusammen mit den Geschmacksnoten auf der Zunge? Die Ursache für die strikte Unterscheidung liegt in der neuronalen Verarbeitung: Geschmack nehmen wir über spezialisierte Sinneszellen in der Zunge auf, die von drei Hirnnerven (*Nervus facialis, N. glossopharyngealis* und *N. vagus*) zum Zentralnervensystem

Abb. 11 ***Wilbur Lincoln Scoville und seine nach oben geschlossene Skala. W.L. Scoville war Chemiker beim Pharmahersteller Parke-Davis und entwickelte 1912 einen organoleptischen Test zur Bestimmung des Schärfegrades von scharfen Paprika-Früchten. Er wurde mit dem Ebert-Preis (1922) ausgezeichnet und bekam 1929 die Remington Honor Medal verliehen, die höchste Auszeichnung der American Pharmaceutical Society und wurde Ehrendoktor der Columbia University. Alle Ehrungen bezogen sich aber nicht auf seinen Schärfetest.***

geleitet und dort verarbeitet werden. Zu hohe Temperaturen oder Schärfe werden von einem anderen Hirnnerv erfasst, dem *Nervus trigeminus*. Die feinen Verästelungen des *Trigeminus* durchziehen u.a. den Mundraum einschließlich der Zunge. An den freien *Trigeminus*-Enden befinden sich spezielle Rezeptoren, die *Nozizeptoren* [25], die nach Fein [26] als eine „*black-box*" betrachtet werden können, die ein Stimulans in elektrische Impulse umwandelt. Egal, ob nun die Zunge mit einer viel zu heißen Suppe oder mit Cayenne-Pfeffer in Kontakt kommt, unser Gehirn verarbeitet die von den Nozizeptoren in der Zunge ausgehenden Signale ab einer gewissen Stärke zum Sinneseindruck „Schmerz" [27].

Das ist uns nicht neu, denn wir wissen aus (schlechten) Erfahrungen, dass man sich die Zunge sowohl mit zu heißen als auch mit zu scharfen Nahrungsmitteln „verbrennen" kann. Trotzdem gibt es einen kleinen, aber bedeutenden Unterschied. Der Genuss einer zu heißen Suppe führt zu Schmerzen, die lange anhalten und die aufgetretenen Gewebeschäden spüren wir noch tagelang auf unserer

ABB. 12 | DIE ALLERSCHÄRFSTE UNTER DEN SCHARFEN

Welche Paprika die allerschärfste ist, bewegt chili heads, Züchter und Samenhändler auf der ganzen Welt. 1994 wurde die kalifornische Habanero-Variante „Red Savina" (links) mit ihren 2x5 cm lampignonförmigen, leicht faltigen Früchten als „schärfster Chili der Welt" mit 570.000 SHU ins Guiness Buch der Rekorde aufgenommen [51]. Immer wieder wurde von angeblich noch schärferen Sorten berichtet, die jedoch eine seriöse Prüfung nicht bestanden. Dies liegt an der Schwierigkeit des Scoville-Tests, der organoleptisch nur begrenzt reproduzierbar ist, aber selbst, wenn die Schärfemessung mit HPLC nach dem standardisierten Protokoll durchgeführt wird, sind die Ergebnisse leicht manipulierbar, z.B. durch Einspritzen öliger Auszüge in die Frucht oder durch Anreicherung der getrockneten Früchte mit Capsaicin-reichem Placenta-Material.

Im September 2000 tauchten Berichte aus der indischen Provinz Assam auf, dass eine neue Paprikasorte der Art C. chinense mit einem Schärfegrad von 855 000 SHU aufgetaucht sein soll, Bhut Jolokia (Mitte und rechts) [36,40]. Dies war ein mediales Ereignis auch außerhalb von Indien, wurde aber zunächst skeptisch von den Fachleuten bewertet. Es kam zum ultimativen Showdown zwischen der Red Savin und der indischen Bhut Jolokia. Am Chile Pepper Institute der New Mexico State University wurden die Samen beider Pflanzen unter Aufsicht des Direktors Dr. Paul Bosland in einem klimatisch kontrollierten Gewächshaus vorgezogen und dann ins Freiland ausgesetzt. Von den je 10 Pflanzen wurden jeweils 25 Früchte geerntet, getrocknet und zermahlen. Die anschließende Bestimmung des Schärfegrades mit Hilfe der HPLC ergab eine Überraschung: Die Red Savina erreichte nur 248.000 SHU, blieb also deutlich unter dem bisher publizierten Wert. Im Gegensatz dazu erreichte Bhut Jolokia einen Wert von 1.001.304 SHU. Ein neuer Rekord! Seit 2006 ist Bhut Jolokia mit ihren 5cm langen und nur 1cm dicken Früchten durch Aufnahme ins Guiness Buch der Rekorde auch offiziell die schärfste Paprika der Welt.

Varietät	Schärfe [SHU]	Würzsauce	Schärfe [SHU]
Bell/sweet	0–100	Red Devil	300
New Mexican	800–1000	McIlhenny's Tabasco®	3.000
Espanola	1000–1 500	Inner Beauty Real Hot Sauce	15.000
Ancho & Pasilla	1000–2 000	Endorphin Rush Hot Sauce	33.000
Cascable & Cherry	1000–2 500	Blair's After Death Sauce	50.000
Jalapegno & Mirasol	2.500–5.000	Da' Bomb Beyond Insanity Hot Sauce	120.000
Serrano	5.000–15.000	Dave's Ultimate Insanity	250.000
De Arbol	15.000–30.000	Pure Cap	500.000
Cayenne & Tabasco	30.000–50.000	Satan's Blood Chile Extract	800.000
Chiltepin	50.000–100.000	Mad Dog's Revenge	1.000.000
Scotch Bonnet & Thai	100.000–350.000	Smack my Ass and call me Sally	1.500.000
Habanero	200.000– 350.000	Vicious Viper	2.000.000
Habanero „*Red Savina*"	577.000	Black Mamba Hot Sauce	2.500.000
Bhut Jolokia	1.001.000	Mongoose Hot Sauce	3.000.000

Zunge. Im Gegensatz dazu tut eine Prise Cayenne-Pfeffer auf der Zunge zwar genauso höllisch weh, aber der Schmerz vergeht nach einigen Minuten ohne Nachwehen. Durch viele Studien durchschauen wir aber inzwischen dieses chemische Täuschungsmanöver. Einer der in den Zellmembranen eingelagerten Rezeptoren ist TRPV1 (*transient receptor potential vanilloid subfamily 1*). Dieses Protein ist ein Wärmesensor [28] (Abbildung 10). Überschreitet die Temperatur 43 °C [26], öffnet der Rezeptor einen Kanal, durch den Calcium- und Natriumionen ins Zellinnere strömen. Durch den Einstrom von positiv geladenen Ionen ändert sich kurzzeitig die Potenzialdifferenz über der Zellmembran und diese Spannungsänderung ist nichts anderes als das elektrische Signal, das schließlich bis ins Zentralnervensystem gelangt.

Dieser Wärmesensor ist ein wichtiger Schutzmechanismus, denn durch die Öffnung des Ionenkanals im TRPV1-Rezeptor kann uns das Zentralnervensystem vor einer möglichen Verbrennung warnen. Capsaicin spielt uns einen Streich, indem es an den TRPV1-Rezeptor bindet und dadurch den Schwellenwert der Kanalöffnung von 43 °C auf Werte unterhalb der Körpertemperatur absenkt [29]. Dann ist der Ionenkanal im TRPV1-Capsaicin-Komplex dauerhaft geöffnet und schickt entsprechende Impulse an das Gehirn, das uns mit dem Sinneseindruck „Schmerz" vor einer potenziellen Verbrennung warnt. Und das mit Macht, denn Capsaicin „brennt" auf der Zunge wie heiße Suppe!

Eine Besonderheit der Wirkung von Capsaicin auf den Rezeptor ist das Phänomen der Desensitivierung [30], d.h. die mit regelmäßiger Aufnahme verbundene Verringerung der Empfindlichkeit. Dies entspricht unserer Erfahrung, dass Menschen in anderen Kulturkreisen extrem scharfe Speisen verzehren können, die für uns nicht zu ertragen sind. Zwei Effekte können zur Gewöhnung beitragen. Einmal könnte nach regelmäßiger Anregung *die Weiterleitung des Schmerzsignals zum Zentralnervensystem gedämpft werden* [31] oder zum anderen könnte die ständige Erregung zu einem teilweisen Abbau von TRPV1-haltigen Neuronen [32] führen.

Insgesamt muss also ernüchternd festgestellt werden, dass zu scharfe Paprikaschoten auf der Zunge genauso „schmecken" wie zu heiße Kartoffeln. Mit dem empfundenen Schmerz warnt uns das Gehirn einmal vor einer tatsächlich und das andere Mal vor einer eingebildeten zu hohen Temperatur. In beiden Fällen kann es mächtig weh tun. Beim Capsaicin sollte aber trösten, dass unsere Rezeptoren auf einen primitiven Trick der Paprikaschote hereingefallen sind und unser Gehirn es nie merkt. Ein Blick auf die chemische Strukturformel von Capsaicin weist uns die Richtung für die Erste Hilfe: Capsaicin ist nur wenig polar, also in Wasser schlecht und in Fett gut löslich. Experimentell wurden verschiedene Gegenmittel gegen das Zungenbrennen miteinander verglichen [33]: Wasser ist völlig ungeeignet, genauso Bier, wirksam ist kalte Vollmilch oder Sahneeis aus dem Kühlschrank. Vermutlich wird Capsaicin von Milchproteinen wie Casein vom Rezeptor verdrängt und anschließend in den feinen Fetttröpfchen aufgelöst [34].

Wie scharf ist scharf?

Der Schärfegrad von Paprika ist sowohl für die industrielle Verarbeitung als auch für den privaten Verbraucher ein wichtiges Qualitätskriterium. Der Käufer will *vorher* wissen, wie scharf die Paprika sind, damit nach der Verarbei-

ABB. 13 | CAPSAICIN ALS DOPINGMITTEL IM REITSPORT

Ein Auftragen von Capsaicin auf die Beine von Springpferden definiert der Reiter-Weltverband FEI als Doping, denn die stärkere Durchblutung erhöht dort die Schmerzempfindlichkeit. Es wäre dann möglich, dass ein Springreiter beim Aufwärmen absichtlich einen Probesprung falsch anreitet. Das Pferd schlägt dann unweigerlich am Hindernis an, hat große Schmerzen und wird im anschließenden Wettkampf bei jedem Sprung vor lauter Angst die Beine ganz nach oben reißen.

Der 33-jährige Christian Ahlmann, Mitglied der deutschen Springreiter-Equipe und Europameister von 2003, wurde bei den Olympischen Spielen 2008 wegen der Verwendung von Capsaicin bei seinem 15-jährigen Wallach Köster disqualifiziert. Hinterher wussten, wie immer, weder Reiter noch Betreuer, wie das Capsaicin auf Kösters Beine gekommen war. Im gleichen olympischen Wettbewerb wurden drei weitere Springreiter wegen Capsaicin-Missbrauchs disqualifiziert, u.a. der Norweger Andre Hansen, wodurch Norwegen seine olympische Bronzemedaille an die Schweiz verlor. Da in vier Fällen von nur 15 getesteten Pferden Capsaicin nachgewiesen werden konnte, scheint es sich um eine rätselhafte Epidemie gehandelt zu haben, denn eine gemeinsame Nutzung einer Zahnpastatube durch die Pferde kann wohl ausgeschlossen werden.

tung das Produkt oder das Gericht tatsächlich die gewünschte Schärfe hat. Wie lässt sich Schärfe messen?

Der Chemiker *Wilbur Lincoln Scoville*, Chemiker beim Pharmaunternehmen Parke-Davis (heute Pfizer), entwickelte 1912 ein Messverfahren zur Bestimmung der Schärfe [35]:

Man übergießt ein grain *(64,8 mg) vermahlene Paprikafrucht mit 100 ml reinem Ethanol und lässt es über Nacht stehen. Nach sorgfältigem Schütteln wird filtriert. Das Filtrat wird solange mit gesüßtem Wasser verdünnt, bis die Schärfe auf der Zunge nicht mehr spürbar ist. Der so gemessenen Verdünnungsgrad ist ein Maß für die Schärfe.*

Schon Scoville verglich die Schärfe von Paprika aus Japan, Kenia und Sansibar und kam auf Verdünnungen von bis zu 1:100 000. Zu seinen Ehren benannte man die Maßeinheit der Schärfe als SHU (*Scoville Heat Unit*). Die Messung der SHU-Schärfe ist aufwendig, denn es müssen immer mindestens sechs unabhängige Tester die verschiedenen Verdünnungen bewerten. Heute ersetzt eine chemisch-analytische die organoleptische Messung. Dazu wird die Menge von Capsaicin und Dihydrocapsaicin mit der HPLC-Technik (*High-Performance Liquid Chromatography*) quantifiziert [36]. Zur Bestimmung des Umrechnungsfaktors eines Capsaicin-Gehalts in Scoville-Einheiten wurde der SHU-Wert von reinem Capsaicin bestimmt. Die Scoville-Skala ist eben nicht „nach oben offen“, sondern endet bei 16 Mio SHU, dem Schärfegrad des reinen Capsaicins (Abbildung 11) [37].

Die schärfste Paprika-Varietät ist gegenwärtig die aus der indischen Provinz Assam stammende *C.-chinense*-Varietät *Bhut Jolokia* mit 1 Million SHU. Beim Verarbeiten der etwa 5 cm langen und 1 cm dicken Schoten sollte man in der Küche Handschuhe tragen, da selbst geringste Spuren in Wunden oder ins Auge gebracht äußerst starke Schmerzen verursachen (Abbildung 12). Hierbei stellt sich dem Paprika-Liebhaber grundsätzlich die Frage nach der Toxizität von Capsaicin. Das *Scientific Committee on Food* der Europäischen Kommission hat 2002 in einem Bericht Entwarnung gegeben [38]. Bei den in unseren Breiten aufgenommenen Capsaicin-Mengen (etwa 1,5 mg täglich) bestehen keinerlei Gefahren. In Ländern wie Indien, Thailand und Mexiko ist die tägliche Aufnahme um den Faktor 100 höher und dort gibt es Hinweise auf ein erhöhtes Risiko von Krebserkrankungen im oberen Verdauungstrakt.

Auf der ganzen Welt erfreuen sich aus Paprika hergestellte Gewürzsaucen großer Beliebtheit. Tabasco® & Co. sind einfach zu dosieren und geben ohne großen Aufwand Gerichten den richtigen Pepp. Diese Saucen können mit mehr als 1 Million SHU extrem scharf sein (Abbildung 11), da sie durch die Extraktion von Paprikafrüchten hohe Konzentrationen von Capsaicin enthalten. Wer aber schon nach ein paar Tropfen Tabasco® nach Luft schnappt, gehört aus

ABB. 14 | ANGEWANDTE CAPSAICINOLOGIE

In vielen Städten bieten Imbiss-Unternehmer seit einiger Zeit extrem scharfe Currywürste an. Der Frankfurter Imbiss „Best Worscht in Town“ würzt seine hervorragenden Currywürste in den Schärfegraden A = Angefeuertes Curry, B = Habanero-Chili, C= Puperzen Burner, D = Oral Warrior, E = Godfather’s Hell Kiss und F = „FBI“ Fucking Burning Injection, wobei ab Schärfegrad C die Abgabe nur an Volljährige und auf eigene Gefahr erfolgt. Offensichtlich sehen die gutsituierten, vorwiegend männlichen Besucher in dem schmerzvollen organoleptischen Abenteuer eine willkommene Abwechslung in der Eintönigkeit des Frankfurter Geschäftslebens.

Sicht der *chili heads* noch zu den Weicheiern, denn mit 3000 SHU ist diese Sauce noch recht milde. Bei Kennern beginnt die wahre Saucenfreude erst im höheren fünfstelligen SHU-Bereich und über die Qualitäten der verschiedenen Saucen wird in Büchern [39] und im Internet fortwährend diskutiert und gestritten [40].

Nicht-kulinarisches über Paprika

Neben dem direkten Verzehr als Gemüse oder Gewürz haben Paprikaprodukte viele weitere Anwendungen gefunden. Einmal ist Paprika der Rohstoff zur Gewinnung eines der wichtigsten Lebensmittelfarbstoffe, E160c. Hinter der kryptischen und von vielen Verbrauchern als „Chemie“ abgetanen Abkürzung verbirgt sich nichts anderes als der Farbstoffextrakt aus Paprika, im Wesentlichen ein Gemisch der Paprikaketone Capsanthin (**22**) und Capsorubin (**24**). Mit E160c verleiht die Lebensmittelindustrie Cerealien, Getränken, Soßen, Suppen und Süßwaren eine kräftige Farbe. Mag sein, dass kritische Verbraucher Fertigprodukte dieser Art aus geschmacklichen Gründen ablehnen, am E160c kann es jedenfalls nicht liegen, es ist ein reines Naturprodukt.

Die pharmakologische Wirksamkeit der Scharfstoffe führte zu interessanten Produkten und fantasievollen und skurrilen Einsatzgebieten. So stellt eine relativ konzentrierte Capsaicin-Lösung in Sprühdosen eine äußerst wirkungsvolle Waffe dar, die einen Gegner vorübergehend kampfunfähig macht, ohne dass eine Langzeitschädigung zu befürchten ist. Diese sogenannten Pfeffersprays (*polizeideutsch*: Reizstoffsprühgerät) fallen in Deutschland unter das Waffengesetz und können unter Beachtung der Verhältnismäßigkeit von der Polizei eingesetzt werden.

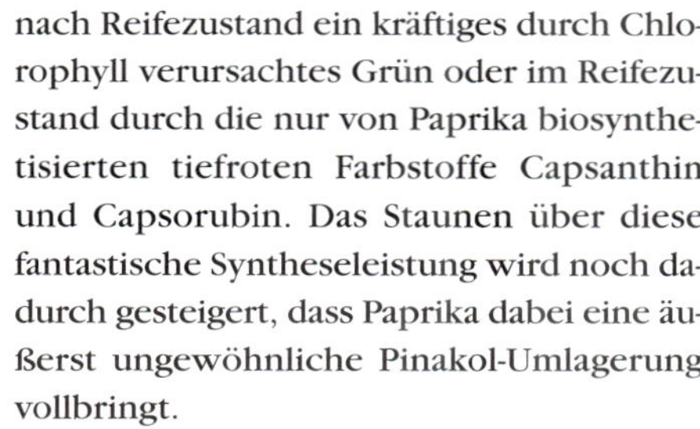

Die unangenehme Wirkung von Capsaicin empfinden nicht nur wir Menschen, sondern auch viele Tiere. Pfeffersprays können Postbeamte gegen aggressive Hunde einsetzen, Autobesitzer können Mardern den Appetit auf die Isolation der elektrischen Kabel im Motorraum durch Einreiben mit Capsaicinsalbe verderben. Auch Wildtieren, z.B. Rotwild oder Elefanten, kann das Abgrasen von Zier- und Nutzpflanzen verleidet werden [41], und kleine Nager, z.B. Eichhörnchen, können davon abgehalten werden, Vogelfutter zu fressen. Den Vögeln schadet Capsaicin nicht, denn sie haben keine entsprechenden Rezeptoren [42].

Capsaicin wird auch therapeutisch genutzt. Das 1928 entwickelte Hansaplast ABC-Wärmepflaster und daraus weiterentwickelte Wärme-Salben sind typische Beispiele [43]. Ursprünglich wurde das Pflastermaterial mit ***A***rnika, ***B***elladonna und ***C***apsaicin getränkt, jedoch schon lange nur noch mit Capsaicin. Die therapeutische Wirkung von Capsaicin beruht auf der Ausschüttung von Substanz P (*P für pain, engl. Schmerz*). Dieses Neuropeptid aus 11 Aminosäuren, ermöglicht als *Botenstoff (Neurotransmitter)* die Signalweiterleitung im Zentralnervensystem. Weiterhin verursacht Substanz P eine Gefäßerweiterung und die damit verbundene bessere Durchblutung wird, zumindest in Grenzen, als wohlige Wärme empfunden. Zusätzlich induziert Substanz P die Bildung von Endorphinen, also körpereigenen morphinähnlichen Verbindungen, die schmerzstillend wirken. Nach Auftragen der Pflaster oder der Salbe kommt es zuerst zu einem kräftigen „Brennen“ der behandelten Hautareale (Nozizeptoren), gefolgt von einem Wärmegefühl (verbesserte Durchblutung) und schließlich zu einer schmerzstillenden Wirkung (Endorphine).

Die durchblutungsfördernde Wirkung wird auch im Reitsport ausgenutzt, in dem die Vorderbeine der Springpferde im Training mit capsaicinhaltiger Salbe eingerieben werden. Die stärkere Durchblutung führt zunächst zu einer Schmerzsensibilisierung und ein Kontakt mit dem Hindernis ist für das Pferd äußerst schmerzhaft. Capsaicin ist deswegen im Pferdesport ein verbotenes Dopingmittel (Abbildung 13).

Fassen wir das großartige chemische Können der Gattung Paprika zusammen:

- Paprika ist in seinen milden Varietäten ein wunderbares Gemüse, das uns mit seinen kräftigen Farben erfreut. Je nach Reifezustand ein kräftiges durch Chlorophyll verursachtes Grün oder im Reifezustand durch die nur von Paprika biosynthetisierten tiefroten Farbstoffe Capsanthin und Capsorubin. Das Staunen über diese fantastische Syntheseleistung wird noch dadurch gesteigert, dass Paprika dabei eine äußerst ungewöhnliche Pinakol-Umlagerung vollbringt.

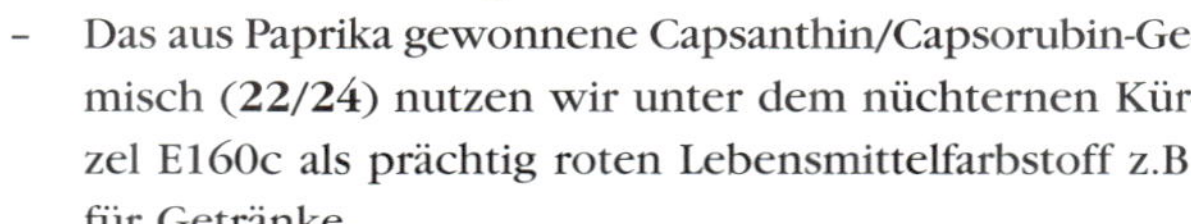

- Das aus Paprika gewonnene Capsanthin/Capsorubin-Gemisch (**22/24**) nutzen wir unter dem nüchternen Kürzel E160c als prächtig roten Lebensmittelfarbstoff z.B. für Getränke.
- Paprika enthält sehr viel Vitamin C und ist deswegen ein besonders hochwertiges Gemüse. Der Ungar Albert Szent-Györgyi konnte aus Paprika erstmals größere Mengen des Vitamins isolieren, so dass die Struktur und später eine ergiebige technische Synthese entwickelt werden konnte. Dafür bekam Szent-Györgyi 1937 den Nobelpreis für Physiologie und Medizin verliehen. Den hätte die Paprika für ihre Syntheseleistung eigentlich auch verdient.
- Das charakteristische Aroma verleiht der Paprika das 2-Methoxy-3-isobutylpyrazin (**11**), das Menschen noch in einer Verdünnung von 2: 1000 000 000 000 am Geruch erkennen können und somit zu den für Menschen geruchsintensivsten Verbindungen überhaupt zählt. Besonders die schärferen Varietäten haben ein ausgeprägtes fruchtiges Aroma, das Paprika aus Estern und Terpenen kreiert hat.
- Auch die Scharfstoffe der Paprika sind in der Natur einzigartig. Durch Verknüpfung von mittleren aliphatischen Carbonsäuren und einem Vanillinderivat entstehen Capsaicin & Co. (**22–25**), die auf unserer Zunge an Ther-

morezeptoren binden und uns dadurch eine potenzielle Verbrennung vorgaukeln, die wir – zumindest in gewissen Grenzen – als wohlige Wärme empfinden.

Bitte, sagen Sie jetzt nicht, Paprika hätte nichts mit Chemie zu tun!

Zusammenfassung

Überall auf der Welt sind die Arten der Gattung Paprika (Capsicum) beliebte Bestandteile der Nahrung. Die Biochemie von Paprika und Chili bietet uns viele Überraschungen. So beruht die brillante rote Farbe auf den „Paprika-ketonen", die nur von Paprika synthetisiert werden. Die von vielen Menschen so geschätzte Schärfe beruht auf Capsaicin und Dihydrocapsaicin, auch diese kann nur Paprika herstellen. In Anbetracht der außerordentlichen Biochemie sollten wir in Zukunft Paprika, Chilis, Jalapeños und Habaneros mit mehr Respekt vor deren chemischen Syntheseleistungen genießen.

Danksagung

Ich bedanke mich bei Dr. S. Streller und Dr. P. Winchester, Freie Universität Berlin für ihre Unterstützung und Mithilfe.

Literatur

[1] *loc.cit.* in *The Pepper Trail*, J. Andrews, **1999**, The University of North Texas Press, Denton, Texas; Melegueta-Pfeffer (*Aframomum melegueta*) ist ein westafrikanisches Ingwergewächs, dessen Samen (Paradieskörner) als scharfes Gewürz verwendet werden.

[2] Wie wertvoll Pfeffer war, beweisen die in den darauf folgenden Jahrhunderten ausgebrochenen Kriege um die Vorherrschaft im internationalen Pfefferhandel zwischen Portugal, England und Holland.

[3] *loc. cit.* in *Dangerous Tastes*, A. Dalby, **2000**, British Museum Press, London.

[4] Bis heute ist unklar, ob Tournefort den Namen vom lateinischen *capsa* (Box, Kiste) nach der äußeren Form oder vom griechischen *kapto* (Ich brenne) von der Schärfe ableitete.

[5] *Gewürze*, E. Vaupel, **2002**, Deutsches Museum München.

[6] L. Perry *et al.*, *Science*, **2007**, *315*, 986; L. Perry und K.V. Flannery, *Proc.Nat.Acad.Sci.*, **2007**, *104*, 11905.

[7] Schon die Namensgebungen machen ratlos, denn *C. annuum* ist keineswegs nur einjährig, *C. baccatum* trägt nicht nur beerenförmige Früchte, *C. chinense* stammt aus der Karibik und nicht aus China und die Blätter von *C. pubescens* sind nicht immer behaart. Weiterhin ist die Abgrenzung der verschiedenen Arten unter Botanikern strittig und manche Autoren fassen z.B. *C. chinense* und *C. frutescens* zu einem Komplex zusammen.

[8] Die *Capsicum*-Frucht ist botanisch keine Schote, sondern eine Hohlbeere, da sich diese Schließfrucht aus nur einem Fruchtknoten gebildet hat und die Fruchtwand (Perikarp) der reifen Frucht saftig und fleischig ist.

[9] C. B. Heiser, Jr., *Of Plants and People*, **1992**, University of Oklahoma Press, Norman.

[10] Übersicht: J. Chandrashekar *et al.*, *Nature*, *2006*, **444**, 1476; *Umami* (jap: herzhaft, köstlich) ist eine 1908 erstmals von Kikunae Ikeda beschriebene Geschmacksqualität, die besonders von natürlichem Glutamat verursacht wird (S. Yamaguchi und K. Ninomiya, *J. Nutrition*, **2000**, *130*, 921). Diese Verbindungen werden als Geschmacksverstärker (E620–E625) in der industriellen Nahrungsmittelproduktion eingesetzt, sind aber auch in vielen Lebensmitteln wie Fleisch, Muscheln, Pilzen, reifen Tomaten und in Käse (besonders Parmesan) enthalten.

[11] Unter dem Begriff Carotinoide fasst man die Carotine (C_{20}-Kohlenwasserstoffe) und deren sauerstoffhaltige Abkömmlinge, die Xanthophylle, zusammen.

[12] B. Camara und R. Monegar, *Phytochemistry*, **1978**, *17*, 91.

[13] Diese roten Farbstoffe finden sich tatsächlich nur noch in ganz wenigen, mit Paprika nicht verwandten Berberitzen- und Lilienarten und in der Rosskastanie. V.S. Govindarajan, *CRC Crit. Rev Food Sci.Nutr.*, **1986**, *24*, 245.

[14] Tiere können Carotinoide überhaupt nicht synthetisieren, nehmen sie aber mit der pflanzlichen Nahrung auf und verwenden sie direkt oder nach chemischer Modifikation: Hühner färben damit ihre Eidotter gelb, Flamingos ihr Gefieder rosa und Lachse erhalten ihre charakteristische Fleischfarbe über die Carotinoide in ihrer Nahrung. Der Ägyptische Geier (*Neophron percnopterus*) verdankt seine einzigartig gelbe Gesichtsfarbe seinem extravaganten Geschmack: Er ernährt sich zu einem großen Teil vom Dung pflanzenfressender Tiere. Eidotter: K. Roth, *Chemie Unserer Zeit*, **2009**, *43*, 100; Lachse und Flamingos: M. Ratermann, *Chemkon*, **2001**, *8*, 149; K. Meyer, *Chem.Unserer Zeit*, **2002**, *36*, 178; Ägyptischer Geier: J.J. Negro *et al.*, *Nature*, **2002**, *416*, 807.

[15] Stefan F. Kirsch, *Nachr. Chemie*, **2008**, *56*, 1228–1231.

[16] Achtung: In den Naturwissenschaften sind bei Abkürzungen die amerikanischen Zahlennamen gebräuchlich, *ppb* ist die Abkürzung für *parts per billion*, wobei mit einer *billion* eine deutsche Milliarde und mit einer *trillion* eine deutsche Billion gemeint ist.

[17] L.W. Haymon und L.W. Anrand, *J. Agric. Food Chem.***1971**, *19*, 1131.

[18] Mit Ausnahme einer einzigen Varietät von *H. sapiens*, dem „Organischen Synthesechemiker". Aber diese Varietät scheut wegen des großen Aufwandes die eigene Synthese und greift vorzugsweise auf das Naturprodukt zurück.

[19] Mit großer Wahrscheinlichkeit lag ein Gemisch vor. M. Thresh, *Pharm.J.Trans.* **1876**, 7.

[20] E.K. Nelson, *J.Am.Chem.Soc.* **1919**, *41*, 1115.

[21] L. Crombie *et al. J.Chem.Soc.* **1955**, 1025; P.M. Gannet *et al. J.Org.Chem.* **1988**,*53*,1064; H. Kaga *et al.*, *J.Org.Chem.* **1989**, *54*, 3477.

[22] P.H.Todd, Jr. *et al.*, *J. Food Sci.*, **1977**, *42, 660.*

[23] B.C.N. Prasad *et al.*, *Proc.Nat.Acad.Sci.*, **2006**, *103*, 13315.

[24] B.C.N. Prasad *et al.*, *Proc.Nat.Acad.Sci.*, **2008**, *105*, 20558.

[25] Im Begriff „Nozizeptor" sind die Begriffe *nocere* (lat. Schmerzen) und rezeptere (lat. empfangen) verbunden, weswegen sie auch als Schmerzrezeptoren bezeichnet werden. Dies ist allerdings nicht korrekt, denn die von den Nozizeptoren erzeugten elektrischen Signale werden erst im Gehirn zur Sinneswahrnehmung „Schmerz" weiterverarbeitet. Ob tatsächlich Schmerz subjektiv empfunden wird, hängt in hohem Maße auch von anderen Faktoren ab. Geburtsschmerzen werden häufig nicht als solche, sondern als Glück empfunden, im Gegensatz zu kleinsten Zahnbehandlungen, bei denen selbst geringste Schmerzen unerträglich erscheinen.

[26] *Nociceptors: the cells that sense pain*, A. Fein, http://cell.uchc.edu/faculty/fein/nociceptors.pdf.

[27] Nicht nur der Gesichtsbereich, sondern der gesamte Körper ist von Nervenzellen durchzogen, an deren Endigungen Nozizeptoren vorhanden sind. Diese Schmerzsensoren stellen einen lebenswichtigen Schutzmechanismus dar. Siehe: A.I. Basbaum und D. Julius, *Spektr. Wissensch.*, **2007**, *Juli*, 44.

[28] M.J. Caterina et al, *Nature*, **1997**, *389*, 816; A. Maelicke, *Nachrichten Chemie*, **2000**, *48*, 946; D.E. Clapham, *Nature*, **2003**, *426*, 517; W.Greffrath, *Der Schmerz*, **2006**, *20*, 219.

[29] D.B. Rusterholz, *J.Chem.Educ.* **2006**, *83*, 1809.

[30] A. Szallasi *et al.*, *Pharmacol. Rev.* **1999**,*51*,159.

[31] V. Di Marzo *et al.*, *Curr.Opin.Neurobiol.* **2002**, *12*, 372.

[32] M. Fitzgerald, *Pain*, **1983**, *15*, 109; Theodoros Kiapidis, ein 26-jähriger Deutsch-Grieche aus Lindau, bereitet sich durch Training mit tägliche steigenden Mengen an scharfen Schoten auf Wettkämpfe vor und wurde mit dem Aufessen von beeindruckenden 438

Gramm eines zerkleinerten Chilischoten-Mischung in nur 12 Minuten Weltmeister im Chilischoten-Wettessen. *Lindauer Bürgerzeitung*, **2006**, *7.Juli* (www.lindau-portal.de/bz_archiv/2006/bz_archiv=id4356.php) .

[33] C. W. Nasrawi und R.M. Pangborn, *Physiol.&Behav.*, **1990**, *47*, 617.

[34] R. Henkin, *JAMA*, **1991**, *266*, 2766.

[35] W.L. Scoville, *J.Am.Pharm.Assoc.*, **1912**, *1*, 453.

[36] T.A. Betts, *J.Chem.Educ.*, **1999**, *76*, 240.

[37] Reines Capsaicin kann nur unter extremen Schutzmaßnahmen (völlig geschlossene Ganzkörper-Schutzanzüge) gehandhabt werden kann. Das hindert vereinzelte *chili-heads* nicht daran, Ampullen mit Capsaicin ihrer Sammlung von scharfen Pulver und noch schärferen Saucen als Krönung hinzuzufügen.

[38] http://ec.europa.eu/food/fs/sc/scf/out120_en.pdf.

[39] *The Great Hot Sauce Book*, J.T. Thomson, **1995**, Ten Speed Press, Berkeley.

[40] z.B. die sehr kenntnisreiche und informative Webseite www.pepperworld.com .

[41] A.M. Rouhi, *Chem.Eng. News*, **1996**, *March 4*, 30.

[42] Mit seinem Capsaicingehalt verhindert Paprika, dass nur Vögel und keine kleinen Säugetiere die Früchte essen, denn Säugetiere verdauen die Samen bzw. sie werden so verändert, dass sie nicht mehr keimen. Vögel scheiden einen erheblichen Anteil der Samenkörnen unverändert und noch keimbar unter Schatten spendenden Bäumen aus, wo die Keimlinge besser wachsen. Siehe J.J. Tewksbury und G.P. Nabhan, *Nature* **2001**, *412*, 403; M. Groß, *Chem. Unserer Zeit*, **2008**, *42*, 306.

[43] www.hansaplast.de/news/warmcare.html.

[44] Fall Sie neugierig geworden sind, hier das Rezept. Die ausgenommenen Meerschweinchen (*Cuy)* werden wie ein Huhn im Ganzen verarbeitet. Die Tiere werden mit Aji-Gewürz eingerieben und nach einigen Stunden Marinieren in der Pfanne angebraten. Dazu werden Kartoffeln und eine scharfe Sauce gereicht. Üblichweise werden die Meerschweinchen ganz, mit Kopf auf dem Teller angerichtet.

[45] V.S. Govindarajan, *CRC Crit. Rev Food Sci.Nutr.*, **1986**, *24*, 245.

[46] B. Camara, *FEBS Letters* **1980**, *118*, 315; *Biochem.Biophys.Res. Commun.* **1980**, *93*,113; *ibid.* **1981**, *99*, 1117.

[47] J. Jurenitsch und U. Kastner, *Pharm. Unserer Zeit*, **1994**, *23*, 93.

[48] *Peppers: Vegetable and Spice Capsicums*, P.W.Bosland und E.J. Votava, 2000 CABI Publishing, Wallingford; H. Kollmannsberger, Dissertation TU München, 2007: http://deposit.ddb.de/cgi-bin/dokserv?idn=986302880&dok_var=d1&dok_ext=pdf&filename=986302880.pdf.

[49] S. Brauchi *et al.*, *Proc.Natl.Acad.Sci.USA*, **2007**, *104*, 10246.

[50] E.D. Prescott und D. Julius, *Science*, **2003**, *300*, 1284.

[51] www.scottrobertsweb.com/scoville-scale.php.

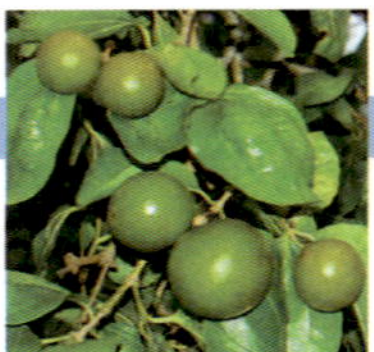

Die tödliche Brechnuss

Fasziniert von der starken Giftigkeit einiger Pflanzen untersuchen Chemiker seit Jahrhunderten deren Inhaltsstoffe. Hierbei erwies sich Strychnin, das Gift der Gewöhnlichen Brechnuss (Strychnos nux vomica), als besonders harte Nuss, an der sich viele Chemikergenerationen mit mehreren Nobelpreisträgern bei der Isolierung, Strukturaufklärung und schließlich der Totalsynthese die Zähne ausbissen. Blicken wir stolz zurück auf die herausragenden Leistungen, und lassen uns aber auch von der Begeisterung heutiger Organischer Synthesechemiker anstecken, diese komplexe Verbindung auf immer kürzeren und eleganteren Wegen herzustellen.

Chemische Leckerbissen. Klaus Roth · Copyright © 2014 WILEY-VCH Verlag GmbH & Co. KGaA, Weinheim · ISBN: 978-3-527-33739-2

Heilkräuter und Giftpflanzen üben auf Menschen seit jeher eine so magische Faszination aus, dass Ärzte, Naturforscher, Pharmazeuten und Chemiker sie seit Jahrhunderten studieren, um dem Geheimnis ihrer Wirkungsweise auf die Spur zu kommen. Obwohl reine Inhaltsstoffe aus Pflanzen schon seit fast 200 Jahren isoliert und untersucht werden können, ist dieses Forschungsgebiet immer noch hochergiebig, denn täglich werden neue Naturstoffe entdeckt und deren Strukturen aufgeklärt. Einige davon dienen direkt oder chemisch modifiziert als Arzneistoffe bzw. als Wegweiser zu potenziell wirksamen Stoffklassen [1].

Mit der Isolierung von Morphin aus Schlafmohn (*Papaver somniferum*) durch den deutschen Apotheker Friedrich Wilhelm Sertürner (1805) begann die eigentliche Naturstoffchemie. Die Darmstädter Firma E. Merck kommerzialisierte den Isolierungsprozess und vertrieb ab 1827 mit Morphin das erste Heilmittel, das aus einem reinen Naturstoff bestand. Damit wurde erstmals eine präzise Dosierung eines natürlichen Wirkstoffs möglich, ein Meilenstein in der medikamentösen Therapie. Angespornt von diesem Erfolg wurden in der ersten Hälfte des 19. Jahrhunderts weitere hochwirksame Pflanzenwirkstoffe isoliert, deren Aufzählung einer Wanderung durch den Giftschrank einer Apotheke gleichkommt (Abbildung 1).

Aus wissenschaftlicher Sicht überragt ein Pflanzeninhaltsstoff alle anderen: das Strychnin. Seit seiner Isolierung im Jahre 1818 durch Pierre Joseph Pelletier und Joseph-Bienaimé Caventou ist über keinen Naturstoff wissenschaftlich so viel gearbeitet worden wie über das Strychnin. Obwohl dessen hohe chemische Stabilität die Gewinnung aus Brechnusssamen einfach macht, erwies sich die Strukturaufklärung als äußerst schwierig. Bevor wir die Strukturaufklärung des Strychnins und die sich anschließenden Synthesen genauer betrachten, wollen wir den Fluch und Segen dieser Verbindung und der herstellenden Pflanze, dem Gewöhnlichen Brechnussbaum [2], genauer betrachten.

Die Brechnuss und ihr giftiger Samen

Der in Asien und Australien beheimatete Brechnussbaum (*Strychnos nux vomica*) enthält in jeder seiner gelben bis orangen Früchte zwei bis vier runde, knopfähnliche Samen, die wegen ihrer charakteristischen Form als Krähenaugen (früher auch Brauntaler, engl. *Quakers* oder *bachelor buttons*) bezeichnet werden (Abbildung 2).

Die hohe Giftigkeit der Brechnusssamen (Strychningehalt bis zu 3 %) wurde früh erkannt und ausgenutzt. Mit gemahlenen Brechnusssamen wurden Giftköder gegen Ratten, andere Nagetiere sowie herumstreunende und tollwütige Tiere hergestellt. Das Giftpulver war seit Beginn des 17. Jahrhunderts in jeder Apotheke erhältlich. Mit Blick auf die menschlichen Abgründe kann es nicht überraschen, dass mit einem so leicht zugänglichen, hochwirksamen Gift auch Missbrauch getrieben wurde und gelegentlich Erbschaftsstreitigkeiten, Eifersuchtsdramen und andere Tragödien mehr oder weniger unauffällig beendet wurden [3].

Die hohe Giftigkeit von Strychnin beruht auf seinem Eingriff in die Funktion von Neuronen. Deren Erregung und Abschaltung wird über die Ausschüttung chemischer Signalstoffe (Neurotransmitter) so streng geregelt, dass unkontrollierte Aktivitäten verhindert werden. Die Aminosäure Glycin ist einer der Neurotransmitter, der durch Anbinden an den Glycin-Rezeptor auf der Zelloberfläche die Erregbarkeit der Neuronen dämpft. Strychnin wirkt als Antagonist, d.h. es verdrängt Glycin vom Rezeptor, ohne aber dessen dämpfende Wirkung auszulösen. Dadurch werden die Neuronen extrem leicht und unkontrolliert erregbar. Bei Strychninvergiftungen führen unkontrollierte Aktivitäten der Rückenmarksneuronen zur gleichzeitigen maximalen Kontraktionen der Beuge- und Streckmuskeln eines Gelenks. Besonders die Starrkrampfanfälle der kräftigen Rücken-, Nacken- und Kiefermuskulatur sind äußerst schmerzhaft. Erst nach etwa ein bis zwei Minuten entspannen sich die Muskeln, um nach wenigen Minuten bei geringstem Reiz erneut zu kontrahieren. Während der gesamten Zeit ist der Vergiftete bei vollem Bewusstsein; der Tod tritt durch völlige Erschöpfung bzw. durch Atemstillstand als Folge der Verkrampfung der Atemmuskulatur ein.

„Alle Ding' sind Gift, und nichts ist ohn' Gift. Allein die Dosis macht, dass ein Ding kein Gift ist" formulierte Paracelsus 1585 und dementsprechend wurden den Brechnusssamen und seinem Inhaltsstoff Strychnin in geringen Dosierungen heilende Wirkungen zugesprochen. So pries 1785 Joseph Jacob Plenk, der Begründer der modernen Dermatologie, Brechnusspulver als wahres Wundermittel an: schmerz-

ABB. 1 | ERSTE ISOLIERTE WIRKSTOFFE AUS HEIL- UND GIFTPFLANZEN [38]

Jahr	Wirkstoff	Pflanze	Toxizität LD_{50}*
	Kaliumcyanid		5 (Ratte)
1805	Morphin	Schlafmohn (*Papaver somniferum*)	335 (Ratte)
1817	Narkotin	Schlafmohn (*Papaver somniferum*)	853 (Maus)
1818	Strychnin	Brechnuss (*Strychnos nux vomica*)	2 (Maus)
1818	Veratrin**	Weiße Germer (*Veratrum album*)	4 (Ratte)
1819	Colchicin	Herbstzeitlose (*Colchicum autumnale*)	6 (Maus)
1820	Coffein	Kaffeestrauch (*Coffea arabica*)	192 (Ratte)
1820	Chinin	Chinarindenbäume (*Cinchona*)	620 (Ratte)
1822	Emetin	Brechwurzel (*Caphaëlis ipecacuanha*)	12 (Ratte)
1827	Coniin	Gefleckter Schierling (*Conium maculatum*)	5 (Ratte)
1828	Nikotin	Tabak (*Nicotiana tabacum*)	50 (Ratte)
1831	Aconitin	Blauer Eisenhut (*Aconitum napellus*)	2 (Maus)
1832	Codein	Schlafmohn (*Papaver somniferum*)	427 (Ratte)
1833	Atropin	Schwarze Tollkirsche (*Atropa belladonna*)	75 (Maus)
1833	Thebain	Arznei-Mohn (*Papaver bracteatum*)	54 (Ratte)

* Der LD_{50}-Wert in mg/(kg Körpergewicht) gibt diejenige Menge der verabreichten Substanz an, bei der die Hälfte der Versuchstiere stirbt.

** „Veratrin" ist ein Gemisch verschiedener Veratrum-Alkaloide, vor allem aus Veratramin und Cevadin.

Die in der ersten Hälfte des 19. Jahrhunderts isolierten Naturstoffe stammen ausnahmslos aus Heil- oder Giftpflanzen. Obwohl 100 % „Bio" sind viele davon giftiger als Kaliumcyanid.

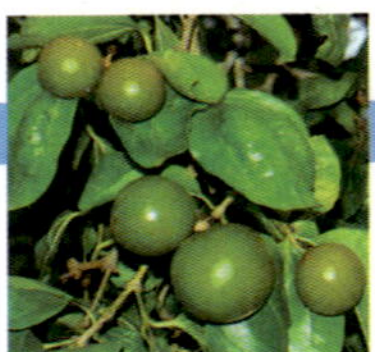

stillend, stärkend, bei Ruhr und Raserei, beim Biss der Brillenschlange, gegen Würmer, Pest und Kolikschmerzen. 1803 fügte Johann Friedrich Gmelin, Mediziner und Botaniker, noch Wechselfieber, Mutterweh, Fallsucht und allgemeines Verderben der Säfte als Indikationen hinzu. Diese Verheißungen machten pulverisierte Brechnusssamen und ab 1828 das Strychnin zur wichtigsten Zutat der weltweit beliebten und wirtschaftlich äußerst erfolgreichen Stärkungsmittel. Diese flaschenweise verkauften Hausmittel müssen fürchterlich geschmeckt haben, denn Strychnin ist einer der bittersten Naturstoffe überhaupt, was dem Erfolg der Stärkungstinkturen überhaupt keinen Abbruch tat, im Gegenteil, die extreme Bitterkeit war offensichtlich ein Qualitätsmerkmal [4].

Strychninhaltige Stärkungsmittel waren bis weit ins 20. Jahrhundert populär und wurden von ehrgeizigen Sportlern schon um 1900 als damals noch erlaubte Dopingmittel eingesetzt. Ein bizarres Beispiel ist der legendäre Marathonlauf bei den Olympischen Spielen 1904 in St. Louis, bei denen der spätere Sieger Thomas Hicks während des Laufs so üppig mit „stärkendem" Brandy und Strychnin versorgt wurde, dass er die Ziellinie in einem so erbärmlichen Zustand erreichte, dass er seine Goldmedaille erst Stunden später in Empfang nehmen konnte (Abbildung 3). Heute wird eine leistungssteigernde Wirkung aus medizinischer Sicht bestritten, wohl vorsichtshalber steht Strychnin trotzdem noch auf der aktuellen WADA-Liste verbotener Dopingmittel [5].

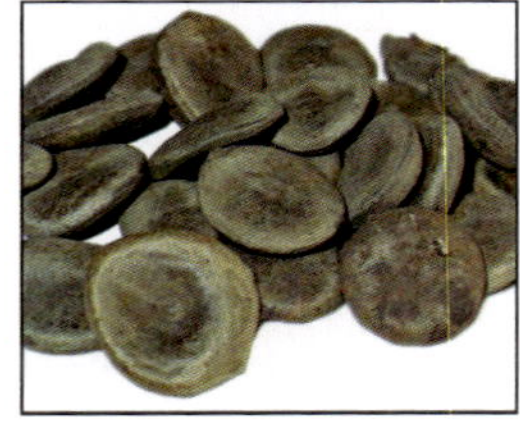

Abb. 2 ***Die Gewöhnliche Brechnuss (Strychnos nux vomica) Der bis zu 25 m hohe und immergrüne Gewöhnliche Brechnussbaum (oben) ist in Sri Lanka, Indien, Tibet, Südchina, Vietnam und Nordaustralien beheimatet und wird heute auch in Westafrika und Südostasien angebaut. Die in den aprikosengroßen Früchten (Mitte) enthaltenen 2-4 knopfartigen Samen (Durchmesser 1-2 cm) sind sehr dekorativ und werden direkt oder angefärbt in afrikanischen und indischen Schmuckketten verarbeitet [39]. Der Name Brechnusssamen ist irreführend, denn die Frucht ist keine Nuss, sondern eine Beere und nach ihrer Einnahme erbricht man nur selten.***
[Bildnachweis: oben: Priv.Doz. Dr. Thomas Schöpke, Friedrichsdorf; Mitte: Nilgiri Biosphere Reserve, http://opendata.keystone-foundation.org; unten: H. Zell, wikimedia commons]

Da strychninhaltige Hausmittel von den Apotheken in großen Flaschen abgegeben wurden, kam es häufig zu irrtümlichen oder beabsichtigten Überdosierungen. Aus heutiger Sicht ist es bedrückend, wie viele Menschen sich bei dem geringen Unterschied zwischen leicht anregender und toxischer Dosis mit Strychnin vergiftet haben müssen. Erschütternd lesen wir z.B. ein Rezept vom April 1900, auf dem der kanadische Arzt Dr. C.F. Abraham für das kleine „Baby Smith" ein Stärkungsmittel aus Strychnin, Belladonna und Tolubalsam mit dem Hinweis verschreibt *„alle zwei Stunden einen Teelöffel"* [6]. Kindern strychninhaltige Stärkungsmittel zu verabreichen, war bis weit ins 20. Jahrhundert üblich und selbst noch 1976 mussten Mediziner eindringlich vor diesem gefährlichen Unsinn warnen [7]. Strychnin wurde 1978 aus allen deutschen und europäischen amtlichen Arzneimittelsammlungen gesetzlich verbannt [8] und nachdem es auch in Giftködern nicht mehr verwendet werden darf, spielt Strychnin in unserem alltäglichen Leben praktisch keine Rolle mehr.

Aber Halt! Ganz verschwunden ist Strychnin dennoch nicht, denn für den Erfinder der Homöopathie, Samuel Hahnemann (1755–1843), war Brechnusssamen eine der wichtigsten Zutaten in homöopathischen Heilmitteln. Strychninhaltige Zubereitungen sollen bei Erkrankungen im Zentralnervensystem, Magen-Darm-Trakt, in der Leber und im Stütz- und Bewegungsapparat heilend wirken und werden Menschen mit gehetzter Lebensweise und sitzender Tätigkeit empfohlen, sowie bei

Magenschmerzen, Sodbrennen, Übelkeit, Erbrechen, Völlegefühl, Blähungskoliken, spastischen Verstopfungen, Gastritis, Gastroenteritis, Hämorrhoiden, Angina, Blasenentzündung, Dreimonatskrämpfen, Durchfall, Erbrechen, Fieber, Geburt, Grippe, Harnverhalten, Husten, Koliken, Kopfschmerzen, Lebensmittelvergiftung! (Ausrufungszeichen des Autors), Magen-Darm-Beschwerden, Menstruationsbeschwerden, Muskelkrämpfen, Nasennebenhöhlenentzündung, Nervosität, Operationen, Reisekrankheit, Rückenschmerzen, Schlaflosigkeit, Schnupfen, Schwangerschaftsbeschwerden, Schwangerschaftserbrechen, Schwindel, Verstopfung und Vergiftungen! (Ausrufungszeichen des Autors) [9].

Bei dieser beeindruckenden Indikationsbreite ist ein Preis von € 13,49 für eine Zehnerpackung 1 ml Ampullen *Strychninum nitric* D30 sicherlich gerechtfertigt [10]. Diese D30-Zubereitung könnte man sich nach Samuel Hahnemann auch leicht selbst herstellen. Zunächst werden für die „Urtinktur" z.B. 25 g Strychnin (als Nitrat oder Sulfat) in einem Liter Wasser gelöst. In diesem Liter 0,06 molarer Strychnin-„Urtinktur" wären $0{,}36 \cdot 10^{+23}$ Strychninmoleküle gelöst. Zur Herstellung einer D1 Potenz werden 100 ml (=1/10) davon auf einen Liter mit Wasser aufgefüllt. Dies entspricht einer Verdünnung von 1:10 (D = Deca). In diesem Liter D1-Potenz wären nur noch $0{,}36 \cdot 10^{+22}$ Strychnin-

Moleküle enthalten. Diese Verdünnungsprozedur muss 29mal wiederholt werden und ein Liter der dann entstandenen D30 Potenz enthielte noch $0{,}36 \cdot 10^{-7}$ Strychnin-Moleküle. Dies ist recht wenig und da wir annehmen, dass auch für Hahnemann und seine Jünger Moleküle unteilbar sind, kann dieser Wert mit Null gleichgesetzt werden. *Ergo, eine D30 Potenz enthält kein einziges Molekül Strychnin*. Anhänger der Homöopathie sind davon überzeugt, dass sich trotz der garantierten Wirkstofffreiheit eine therapeutische Wirkung einstellen wird [11].

Aber seien wir tolerant, *chacun à son goût*, denn homöopathische Medikamente schaden nicht. Dies bewiesen 20 tapfere Schweizer, in dem jeder von ihnen am 5. Februar 2011 um 10:23 Uhr auf dem Paradeplatz in Zürich eine Überdosis eines „strychninhaltigen" homöopathischen Heilmittels zu sich nahm [12]. Bei diesem nach der Loschmidtschen Zahl benannten 10:23 Challenge schluckte jeder Teilnehmer gleich eine ganze Packung *Strychninum nitric* D30. Bei keinem der Teilnehmer traten nach dieser Überdosis Wirkungen oder Nebenwirkungen auf. Eine Stellungnahme von Seiten der Homöopathie-Anhänger zu diesem Ergebnis steht noch aus.

Neben sinnlosen oder bedenklichen medizinischen Anwendungen ist Strychnin vor allem ein fantasieanregender Stoff für Kriminalschriftsteller. Von Agatha Christie bis zu aktuellen „Tatort"-Folgen, mit Strychnin wird häufig umgebracht. Im richtigen Leben sieht es völlig anders aus. Einmal ist Strychnin heute schwer zu beschaffen und zum anderen würde jedes Opfer eine vergiftete Speise wegen seiner großen Bitterkeit sofort ausspucken. Außerdem, und das weiß heute jeder Fernsehzuschauer nach nur zwei Folgen einer der täglich ausgestrahlten Gerichtsmedizin-Serien, erkennt man eine Strychnin-Vergiftung sofort an der verkrampften Körperhaltung des Toten und seinem sardonischen Lächeln. Da Strychnin wegen seiner außerordentlichen Stabilität noch Jahre später bei einer Exhumierung nachgewiesen werden kann, muss von Strychnin als Mordwaffe abgeraten werden.

Diese ernüchterne Einsicht soll uns aber nicht davon abhalten, die in vielen Kriminalromanen entwickelten Täuschungsmanöver zu bewundern, mit denen der Mörder seine Opfer dazu bringt, die tödliche Dosis des extrem bitteren Pulvers unbemerkt aufzunehmen. Einen besonders geschickt eingefädelten Mord mit einem im viktorianischen England üblichen strychninhaltigen Hausmittel servierte uns Agatha Christie in ihrem ersten Kriminalroman "*The Mysterious Affair at Styles*". Der chemisch interessierte Krimifreund hat dabei das Vergnügen, neben der Fantasie auch den chemischen Sachverstand der Autorin zu bewundern [13] (Abbildung 4).

Die mühsame Strukturaufklärung von Strychnin

Nach der Betrachtung des Strychnins aus historischer, medizinischer und kriminalistischer Sicht zeichnen wir im Folgenden die Aufklärung seiner molekularen Struktur nach. Der erste Schritt jeder Strukturaufklärung, die Ermittlung der Summenformel $C_{21}H_{22}N_2O_2$, erfolgte bereits in den Dreißiger Jahren des 19. Jahrhunderts [14]. Da von dieser Summenformel Millionen von Isomeren formuliert werden können, kam man der Verknüpfung der 21 Kohlenstoffatome nur durch einen schrittweisen chemischen Abbau näher.

Mit allen zur Verfügung stehenden Reaktionen wurde versucht, Strychnin in kleinere, einfachere Verbindungen abzubauen, immer in der Hoffnung auf strukturell bereits bekannte Substanzen zu stoßen, um zumindest Teilstrukturen dem Strukturpuzzle zufügen zu können. Diese Vorgehensweise war ein äußerst mühseliges Geschäft, weil der Ausgang jeder Abbaureaktion ungewiss war. Neben Können, Fleiß und Ausdauer gehörte auch Glück dazu und das

ABB. 3 | STRYCHNIN ALS OLYMPISCHES DOPINGMITTEL ANNO 1904

Bei den Olympischen Spielen 1904 in St. Louis fand der wohl denkwürdigste Marathonlauf aller Zeiten statt [40]. 31 Läufer gingen am 30. August 1904, kurz nach drei Uhr nachmittags, bei 32 °C im Schatten auf die lange Strecke. Die äußeren Bedingungen waren denkbar ungünstig, denn es gab nur zwei Wasserstationen auf der ganzen Strecke, bei denen mit feuchten Schwämmen Kopf und Arme abgekühlt werden konnten (links). Während des Rennens Wasser zu trinken, war völlig unüblich. Erschwerend kam für die Läufer hinzu, dass auf den meist sandigen Streckenabschnitten die begleitenden Automobile so viel Staub aufwirbelten, dass die Läufer ständig schlucken und husten mussten.

Bei Kilometer 14 gab der Favorit, der New Yorker Fred Lorz, wegen starker Krämpfe auf. Weitere Läufer taten es ihm gleich, insgesamt erreichte weniger als die Hälfte der Läufer das Ziel. Bei Kilometer 20 war auch der Amerikaner Thomas Hicks am Ende und wollte aufgeben. Sein Betreuer Charles Lucas hatte zwei Stärkungsmittel parat: einen großen Schluck Brandy und eine Portion Strychnin. Das half bis Kilometer 30. Dort bekam er eine zweite Dosis Strychnin. Dies half nur wenig, denn bereits nach wenigen Kilometern war Hicks völlig am Ende und legte sich am Straßenrand nieder. Sein eingefallenes Gesicht war aschfahl, seine Augen stumpf und starr und er redete wirr. Lucas gab ihm eine weitere Dosis Strychnin, zwei Eier, einen kräftigen Schluck Brandy und einen Schwamm voll warmes Wasser ins Gesicht. Hicks rannte weiter. Zwei Kilometer vor dem Ziel mussten zwei Hügel überwunden werden. Vor jedem Anstieg gab ihm Lucas einen kräftigen Schluck aus der Brandyflasche, allerdings konnte Hicks auch danach die Hügel nur hochgehen, runter aber rennen. Wie viel Brandy Hicks insgesamt getrunken hatte, ist nicht überliefert, auf jeden Fall war vor dem letzten Hügel die Flasche leer und musste nachgefüllt werden. Am Ende taumelte er, völlig dehydratisiert, wahrscheinlich volltrunken und mit Strychnin vergiftet über die Ziellinie und brach zusammen. Seine Lebenszeichen waren so schwach, dass er die Siegertrophäe nicht entgegennehmen konnte. Nach etwa einer Stunde erholte er sich langsam, konnte aber immer noch nicht stehen und musste mit dem Auto zur Verleihung der Medaille gefahren werden (rechts).

Sein Betreuer Charles Lucas war fest davon überzeugt, dass Hicks die Goldmedaille nur dank der Versorgung mit Brandy und Strychnin gewinnen konnte. Aus heutiger Sicht war es schwere Körperverletzung. Zum einen verringert das Beruhigungsmittel Alkohol die körperliche Leistungsfähigkeit [41] und zum anderen führt Strychnin zu unkontrollierten Krampfbildungen. Beide verabreichten Dopingmittel sind definitiv nutzlos und Strychnin darüber hinaus hochriskant. Thomas Hicks ahnte wohl, wie viel Glück er gehabt hatte, den Lauf lebend zu überstehen; er nahm nie wieder an einem Marathonlauf teil und wurde 89 Jahre alt.

ABB. 4 | AGATHA CHRISTIES ALLGEMEINE CHEMIE EINES (FAST) PERFEKTEN GIFTMORDES

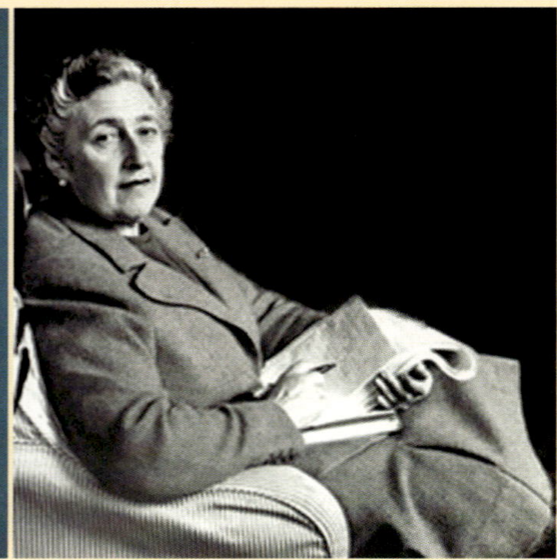

Agatha Christie (1890–1976) steht mit über zwei Milliarden (!) verkauften Büchern nach der Bibel und William Shakespeare auf Platz 3 der ewigen Bestsellerliste. In vielen ihrer Kriminalgeschichten wurden die Opfer vergiftet, Blausäure war dabei eindeutig ihr Lieblingsgift. Neben anderen unbekömmlichen anorganischen Verbindungen des Arsens und Thalliums griff sie auch auf giftige Alkaloide zurück. Da Agatha Christie als Krankenschwester in einer Krankenhaus-Apotheke gearbeitet hatte, fand mit Digitoxin, Cocain, Strychnin, Morphin, Nicotin, Aconit etc. so ziemlich alles, was eine Apotheke interessant und unheimlich machte, Eingang in ihre Krimis.

Bereits in ihrem ersten, 1920 erschienenen Kriminalroman „The Mysterious Affair at Styles" (deutscher Titel: „Das fehlende Glied in der Kette"), musste Hercule Poirot, der leicht verschrobene, belgische Detektiv im Ruhestand, einen heimtückischen Giftmord mit Strychnin aufklären. Mrs. Inglethorp, die reiche Besitzerin des Landguts Styles, wird mitten in der Nacht von ihrer Familie und den Gästen in einem erbärmlichen Zustand vorgefunden. Sie lag auf dem Bett und ihr ganzer Körper wurde von heftigen Krämpfen geschüttelt. Für kurze Zeit erschlaffte ihr Körper, sie fiel auf das Bett zurück. Nach kurzer Zeit packte ein neuer Anfall die alte Dame. Die Krämpfe waren von schrecklicher Heftigkeit. Die Anwesenden drängten sich um sie, konnten nichts tun. Ein letzter Krampfanfall verbog ihren Körper auf unvorstellbare Weise, so dass nur ihr Kopf und ihre Fersen das Bett berührten. Dann fiel sie in die Kissen zurück und regte sich nicht mehr. Die erste Diagnose des herbeigeeilten Hausarztes bestätigte sich bei der späteren Obduktion: Orale Vergiftung mit etwa 65 mg Strychnin.

Nach 200 Seiten voll spannender Unterhaltung kann Poirot den Fall lösen, allerdings nur mit Hilfe eines Lehrbuchs der Pharmazie. Darin wurde ein tragischer Unglücksfall beschrieben, bei dem eine Frau zu Tode kam, weil ihrem Stärkungsmittel neben dem leicht löslichen Strychninsulfat zusätzlich das Schlafmittel Kaliumbromid zugesetzt worden war. In diesem Kombipräparat führte die große Menge Kaliumbromid zum Auskristallisieren des schwerer löslichen Strychninbromids, dessen farblose Kristalle sich im Laufe der Zeit am Boden absetzten. Da die Frau die Flasche nie wie vorgeschrieben vor Gebrauch schüttelte, nahm sie mit der letzten Portion alle am Boden liegenden Strychninbromid-Kristalle auf und starb an einer Überdosis.

Auf diesem tragischen Unglücksfall baute der Mörder seinen teuflischen Plan auf. Mrs. Inglethorp bezog alle 14 Tage ihr Stärkungsmittel aus der Apotheke, das nach einer Rezeptur des Hausarztes immer frisch hergestellt wurde, natürlich ohne Kaliumbromid. Mrs. Ingelthorp nahm das Stärkungsmittel regelmäßig jeden Abend vor dem Zubettgehen ein. Nur wenn sie nicht einschlafen konnte, löste sie ein Tütchen Schlafpulver (Kaliumbromid) in Wasser auf. Dem Mörder war das alles wohlbekannt. Er brauchte nur einige Tütchen Kaliumbromid in die volle Flasche des frisch hergestellten Stärkungsmittels zu schütten. Nach wenigen Stunden kristallisierte die Hauptmenge des Strychnins als farbloses Bromid aus. Entscheidend für das Gelingen des Mordplans war es, dass der Mörder erfolgreich verhinderte, dass die Flasche jemals geschüttelt wurde. Dadurch nahm Mrs. Inglethorp mit der letzten Portion ihres Stärkungsmittels mit dem auf dem Flaschenboden liegenden Strychninbromid-Kristallen eine tödliche Dosis an Strychnin auf. Der Mörder konnte genau vorhersagen, wann es so weit war und besorgte sich für diesen Abend ein hieb- und stichfestes Alibi. Der eigentliche Giftmord vollzog sich also in Abwesenheit des Mörders. Brillant ausgedacht, denn bei einer Obduktion würde zwar eine tödliche Menge Strychnin nachgewiesen werden können, aber das Kaliumbromid würde keinen Verdacht erregen, denn dieses Schlafmittel nahm Mrs. Inglethorp ja gelegentlich freiwillig zu sich. Der Mordplan war perfekt!

Der Mörder machte einen entscheidenden Fehler: Er unterschätzte Hercule Poirots „Graue Zellen". Nicht nur der Mörder kannte die Hintergründe des tragischen Strychnin-Unfalls, sondern auch Poirot, denn der stieß bei seinen Nachforschungen auf das besagte pharmazeutische Lehrbuch. Dort stand das Rezept des tragischerweise mit Kaliumbromid versetzten Stärkungsmittels.

Strychninae Sulph	*1 grain*
Potass Bromide	*6 drams*
Aqua ad	*8 liquid ounces*
Fiat Mistura	

Nach Umrechnen der alten britischen Apothekermaße [42] wurden für das Stärkungsmittel aus 65 mg Strychninsulfat, 23 g Kaliumbromid und 237 ml Wasser eine Mischung bereitet [Fiat Mistura (lat.) = bereite eine Mischung] [43]. Aus dieser Mischung fällt nur dann Strychninbromid ($[StryH^+]$ $[Br^-]$) aus, wenn das Ionenprodukt IP der frischen Mischung größer ist als das Löslichkeitsprodukt LP des Strychninbromids.

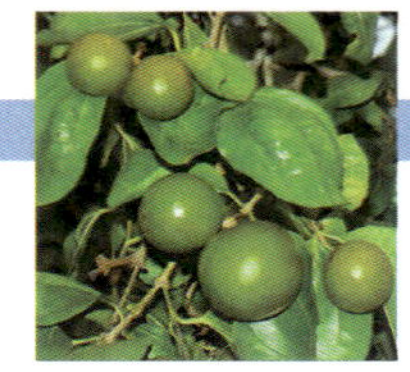

Das Ionenprodukt in der frisch hergestellten Mischung beträgt [44]

$IP = [StryH^+] \cdot [Br^-] = 5{,}9 \cdot 10^{-4}\ [mol^2/l^2]$

Das Löslichkeitsprodukt ist das Ionenprodukt einer gesättigten Lösung. Bei einer Löslichkeit von 1g Strychninbromid in 50ml H_2O [45] ergibt sich [44]:

$LP = [StryH^+] \cdot [Br^-] = 2{,}1 \cdot 10^{-3}\ [mol^2/l^2]$

Eindeutig ist das Ionenprodukt im Stärkungsmittel kleiner als das Löslichkeitsprodukt, d.h. Strychninbromid kann aus diesem Stärkungsmittel gar nicht ausfallen! Sollte Agatha Christie wegen mangelnden Kenntnissen der Allgemeinen Chemie gescheitert sein? Vorsicht ist geboten, Agatha Christie war eine Perfektionistin. Man erzählt, dass sie nachts aufgesprungen sei, weil ihr plötzlich Zweifel an einer Giftmordausführung kamen. Sie eilte dann ins naheliegende Krankenhaus, um ihre Idee mit den Fachleuten zu diskutieren. Ehe wir lange grübeln, ob nun die Allgemeinen Chemie oder Agatha Christie Recht hat, mischen wir uns das tödliche Stärkungsmittel selbst zusammen und schauen, ob Strychninbromid ausfällt oder nicht.

links: 65 mg Strychninsulfat in 237 ml Wasser, rechts: gleiche Lösung nach Zugabe von 23 g Kaliumbromid

Agatha Christie hatte Recht! Eine Lösung von 65 mg Strychninsulfat in 237 ml Wasser ist völlig klar (links) und nach Zugabe von 23 g Kaliumbromid fallen Kristalle von Strychninbromid aus (rechts). Sie wusste eben, was sie schrieb und vielleicht hatte sie es sogar experimentell überprüft. Wie dem auch sei, wir müssen kleinlaut unsere stark vereinfachte Betrachtung korrigieren. Durch die Zugabe einer großen Menge Kaliumbromid verringert sich nämlich die Löslichkeit von Strychninbromid (Aussalz-Effekt). Für Strychninbromid ist dieser Aussalz-Effekt von Simon [46] experimentell überprüft worden, allerdings erst 7 Jahre nach Veröffentlichung des Buches. Danach nimmt die Löslichkeit mit Zugabe von Bromidionen exponentiell ab. In Agatha Christies Stärkungsmittel entsprechen 23 g Kaliumbromid einer Bromidkonzentration von 0,86 Mol/l. Bei dieser Bromidkonzentration beträgt nach Simon die Sättigungskonzentration von Strychninbromid nur noch 0,00033 Mol/l. Da das zusammengebraute Stärkungsmittel eine Strychninkonzentration von 0,00072 Mol/l hatte, würde mehr als die Hälfte davon, also rund 40 mg ausfallen. Für eine alte, zierlich gebaute Dame wie Mrs. Inglethorp eine tödlich Dosis. Hercule Poirot war das längst klar, bei uns hat es etwas länger gedauert.

war den chemischen Strychninisten nicht besonders hold, denn die Strukturaufklärung dauerte von der Summen- bis zur Strukturformel über einhundert Jahre. Welchen Frust müssen Generationen von Chemikern bei ihrer Forschungsarbeit erlitten haben, wenn die kilogrammweise vor ihnen liegenden Strychninkristalle ihr Geheimnis nicht preisgaben? [15].

Das Hin und Her der vielen Strukturvorschläge kann hier nicht im Detail dargestellt werden, ein Blick auf Abbildung 5 gibt einen Überblick über die Evolution der Strychnin-Strukturformel. Im Laufe von über 100 Jahren waren Tausende von Wissenschaftlern daran beteiligt, darunter so kluge Köpfe wie Robert Robinson (Nobelpreis 1947), Vladimir Prelog (Nobelpreis 1975), Heinrich Wieland (Nobelpreis 1928) und Robert B. Woodward (Nobelpreis 1965). Bei dem packenden Wettlauf um den strukturellen Mount Everest der organischen Naturstoffchemie blieben bei der Hochkarätigkeit der Beteiligten persönliche Kränkungen und ruppige Schlagabtausche nicht aus [16]. So tat Woodward einen Strukturvorschlag von Robinson aus dem Frühjahr 1947 als *„reines Hirngespinst"* ab [16,17]. Die Retourkutsche kam prompt. In seiner Nobelpreisrede vom Dezember 1947 erwähnte Robinson zwar Hermann Leuchs, dessen Gruppe 125 Publikationen über das Strychnin veröffentlicht hatte und Vladimir Prelog, der den entscheidenden Nachweis erbrachte, dass das tertiäre Stickstoffatom nicht Teil eines 5-, sondern eines 6-Ring sein musste, aber Woodward wurde nicht mit einer einzigen Silbe [18] erwähnt, obwohl der beim Endspurt um die Strychnin-Struktur wesentliche Beiträge geliefert hatte und unabhängig von Robinson zum richtigen Ergebnis kam.

Woodwards Totalsynthese auf dem Papier (1948)

Nach der Isolierung des Strychnins (1828) und der Strukturaufklärung (1947), die mit der Röntgenstrukturanalyse 1950 endgültig abgesichert worden war [19], fehlte noch die Totalsynthese als krönender Abschluss. Sir Robert Robinsons Feststellung *„Für seine molekulare Größe ist es die komplexeste aller Substanzen"* [20] lies eine mögliche Synthese in weite Ferne rücken. Ein Blick auf die Strukturformeln in Abbildung 6 bestätigt seinen Pessimismus, denn das Knäuel der 7 Ringe lässt sich erst nach längerer Betrachtung räumlich erfassen. Ein synthetischer Aufbau dieses Kohlenstoffgewirrs erschien unmöglich.

Nur einer zog aus, das damals wohl kühnste Synthesevorhaben in Angriff zu nehmen, Robert Burns Woodward (1917-1979) [21]. Es erschien ihm am erfolgversprechendsten, sich bei der Entwicklung einer Synthesestrategie von der Natur leiten zu lassen, d.h. von den Ausgangsmaterialien bis hin zu einzelnen Reaktionsschritten am vermuteten Syntheseweg der Pflanze anzulehnen. Er begab sich damit auf schwankenden Boden, denn die Biosynthese der Alkaloide lag im Dunkeln, da Isotopenstudien noch nicht möglich waren [22].

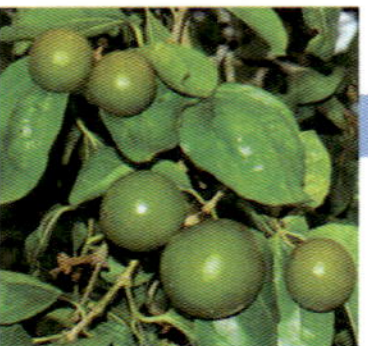

ABB. 5 | DIE EVOLUTION DER STRYCHNIN-STRUKTURFORMEL

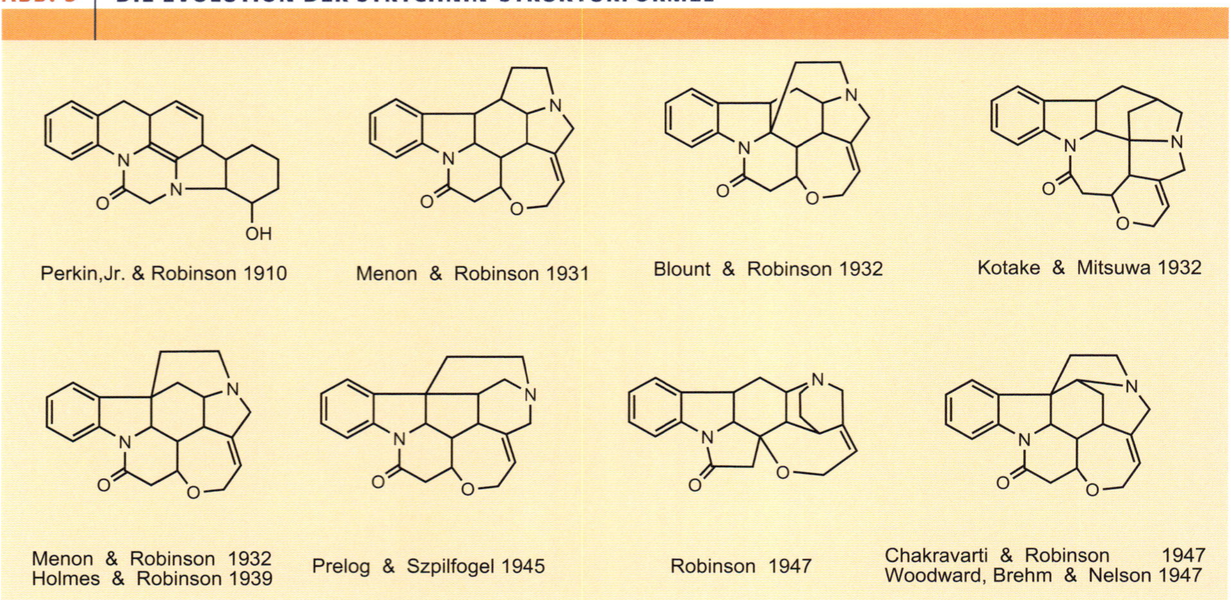

Ausgehend von der ersten Arbeitshypothese entwickelte sich die Strukturformel des Strychnins von 1910 bis 1947 in mehr oder weniger großen Schritten bis zur endgültigen Strukturformel. Jedem neuen Strukturvorschlag gingen jahrelange mühsame chemische Abbaureaktionen voraus. Vladimir Prelog, der 1945 nachwies, dass ein Stickstoffatom Teil eines Sechs- und nicht Fünfringes war, stellte in seiner Autobiographie fest: „Es gibt keine andere organische Verbindung, deren Strukturaufklärung so viel experimentelle und intellektuelle Arbeit abverlangt hat, wie die von Strychnin" [47].

ABB. 6 | DIE CHEMISCHEN STRUKTURFORMELN VON STRYCHNIN

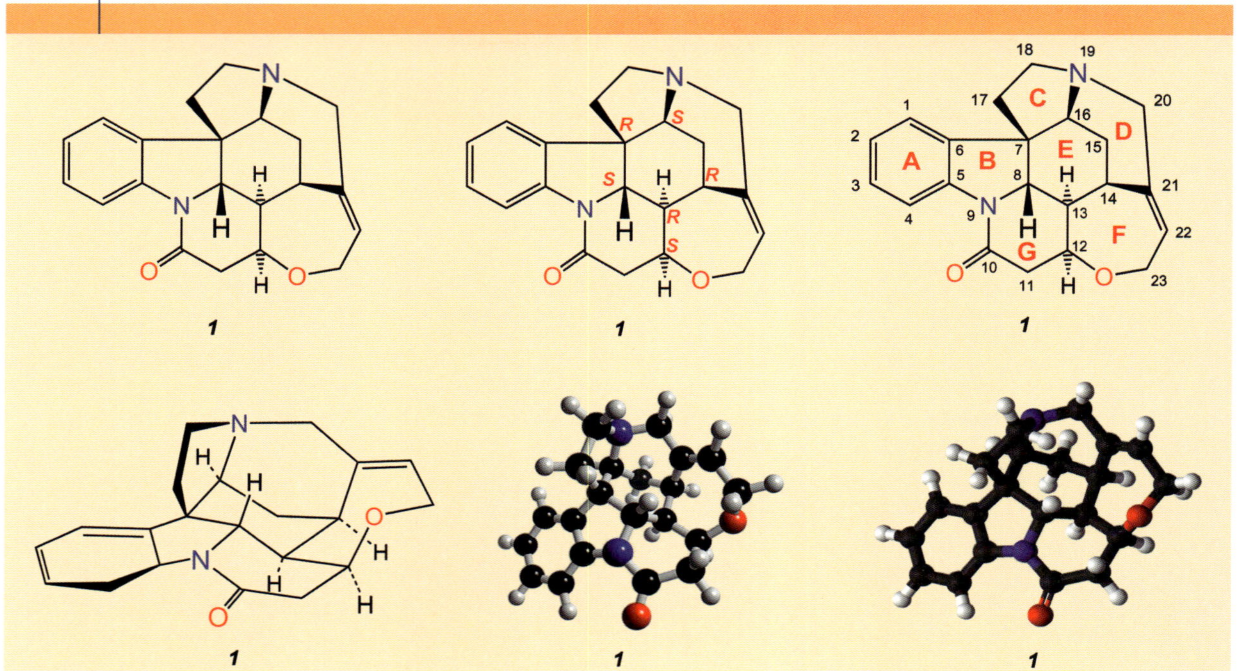

Bei einem dreidimensional so komplexen Molekül wie Strychnin reicht zum Erfassen aller relevanten Strukturdetails eine einzige Darstellungsform nicht aus.
oben: die gebräuchlichste Strukturformel (links) mit den Konfigurationen der 6 stereogenen Kohlenstoffatome (Mitte) und mit der Atomnummerierung und der auf Woodward zurückgehenden alphabetischen Benennung der 7 Ringe.
unten: Bei den perspektivischen Darstellungen benötigt der Betrachter schon einige Zeit, um die Details zu erfassen. Die beiden ball-and-stick-Darstellungen bestechen durch ihre Schönheit, sind dabei aber am unübersichtlichsten (rechts).
[Bildquellen: P. Luger, wikimedia und P.M. Burnham, www.chm.bris.ac.uk/motm/strychnine/strychnineh.html]

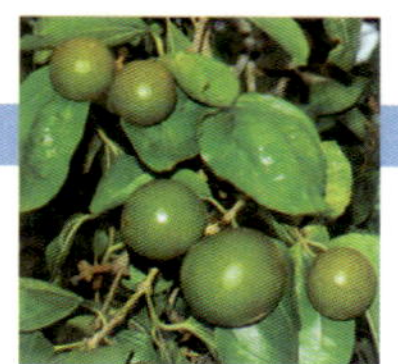

ABB. 7 | DIE BILDUNG STICKSTOFFHALTIGER HETEROCYCLEN AUS PROTEINEN UND FORMALDEHYD

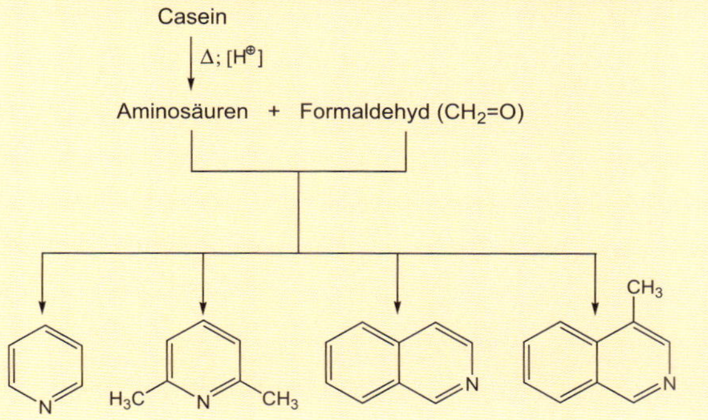

Casein

Δ; [$H^{\oplus}$]

Aminosäuren + Formaldehyd ($CH_2{=}O$)

Amé Pictet and Tsan Quo Chou führten 1916 ein wegweisendes Experiment durch [23]. Sie erhitzten Casein, ein aus Kuhmilch gewonnenes Gemisch aus vier Proteinen, in denen jeweils 160–210 Aminosäuren miteinander verknüpft sind, mit Formaldehyd im Sauren. Unter diesen Bedingungen bildeten sich aus den freiwerdenden Aminosäuren und Formaldehyd stickstoffhaltige Heterocyclen wie Pyridine (links) und Isochinoline (rechts), die Bausteine in vielen Pflanzeninhaltsstoffen sind und deren Biosynthese man sich bis dato nicht erklären konnte.

ABB. 9 | WOODWARDS STRYCHNIN-TOTAL-SYNTHESE AUF DEM PAPIER (1948)

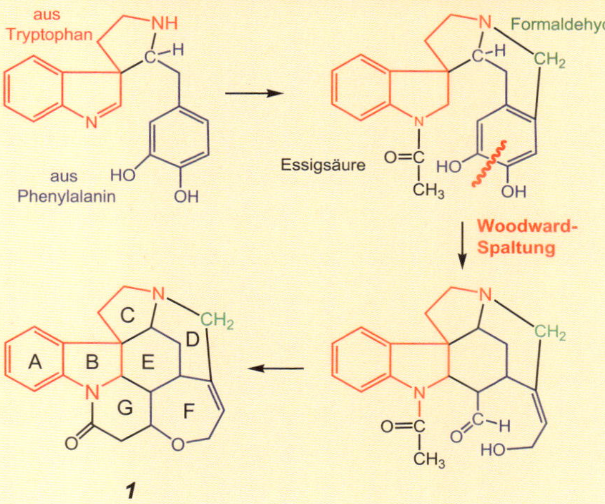

aus Tryptophan

aus Phenylalanin

Essigsäure

Formaldehyd

Woodward-Spaltung

1

Geprägt von der Vorstellung, dass Alkaloide in der Natur aus Aminosäuren entstehen und zusätzlich nur durch kleinere Bausteine wie Formaldehyd oder Essigsäure ergänzt werden, entwickelt Woodward das Synthesekonzept auf dem Papier: AB→C→D→E→FG. Bescheidenheit war wohl nicht sein hervorstechender Charakterzug, denn er gibt der Publikation von 1948 den anspruchsvollen Titel „Biogenese der Strychnos Alkaloide" und fasst sie mit den Worten zusammen: „Insgesamt ist die Möglichkeit, ein so komplexes Molekül wie Strychnin durch eine Aneinanderreihung einfacher Reaktionen aus plausiblen Ausgangsverbindungen aufzubauen, so überzeugend, dass es schwierig zu glauben sein dürfte, dass dieses Synthesekonzept nicht bedeutsam sei." [25].

ABB. 8 | AMINOSÄUREN ALS BIOSYNTHETISCHE VORSTUFEN VON ALKALOIDEN

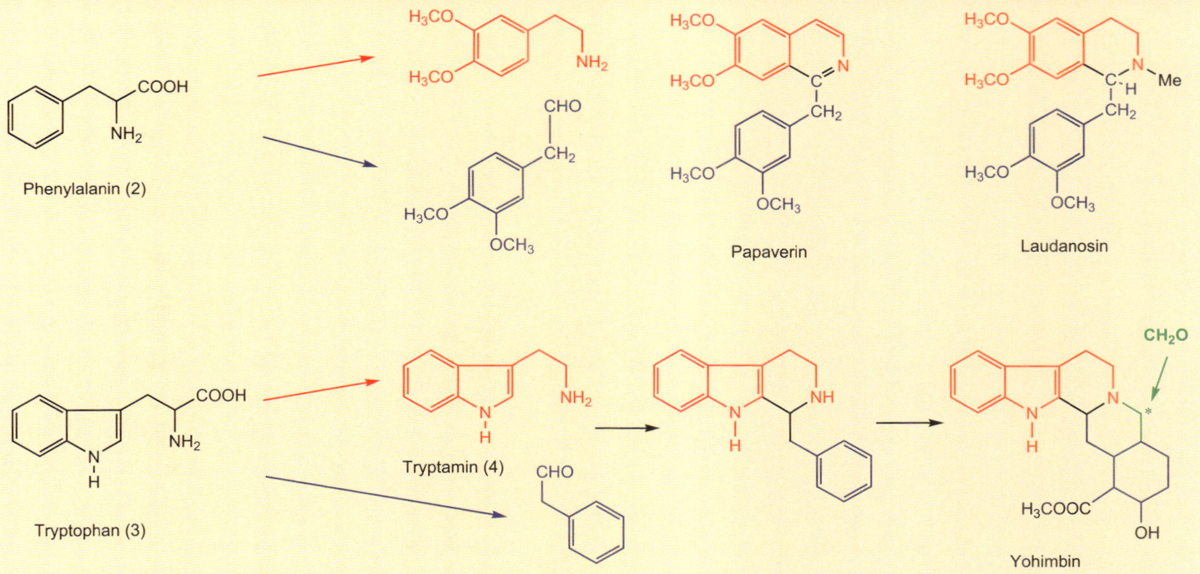

Phenylalanin (2)

Papaverin

Laudanosin

Tryptophan (3)

Tryptamin (4)

Yohimbin

oben: Die Biosynthese zweier Alkaloide des Schlafmohns, Papaverin und Laudanosin konnte durch Zerlegung auf die Reaktion von zwei Abbauprodukten eines substituierten Phenylalanins rationalisiert werden.
unten: Der biosynthetische Aufbau von Yohimbin konnte auf eine zuerst erfolgende Reaktion von Tryptamin (aus Tryptophan) mit Phenylacetaldehyd (aus Phenylalanin) und einer anschließenden Reaktion mit Formaldehyd zurückgeführt werden [24]. Diese einfache Rationalisierung der Biosynthese bei einem so komplexen Alkaloid überzeugte alle.

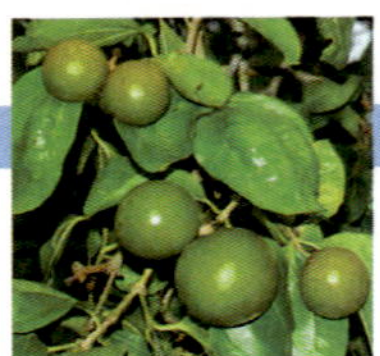

Die damals akzeptierten Vorstellungen über die Biosynthesen der Alkaloide beruhten weniger auf experimentellen Befunden, als vielmehr auf der Fantasie und Intuition Organischer Chemiker. Natürlich wurde nicht völlig in den blauen Dunst hinein spekuliert, sondern man orientierte sich an experimentellen Erfahrungen im Labor. Eine wegweisende Untersuchung stammte von Amé Pictet. Er erhitzte das aus Kuhmilch gewonnene Protein (Polyaminosäure) Casein 6 Stunden mit Formaldehyd in wässriger Salzsäure [23]. Aus dem komplexen Reaktionsgemisch konnte er stickstoffhaltige Heterocyclen wie Pyridine und Isochinoline isolieren (Abbildung 7), die Bausteine vieler Alkaloide sind. Daraus entwickelte sich die bis in die 60iger Jahre des letzten Jahrhunderts fest verankerte Auffassung, dass Alkaloide durch Reaktion zwischen aus Aminosäuren gebildeten Aminen und Aldehyden entstehen, bzw. als aldehydischer Reaktionspartner können auch niedermolekulare Stoffwechselprodukte wie Formaldehyd genutzt werden.

Das Syntheseprinzip

Amin (Aminosäure) + Aldehyd (Aminosäure oder Stoffwechselprodukt) → Alkaloid

überzeugte durch seine Einfachheit, denn bei einigen Alkaloiden, wie die im Schlafmohn vorkommenden Papaverin und Laudanosin, sind die beiden Aminosäurebausteine offensichtlich (Abbildung 8 oben).

Die formale Zerlegung von Alkaloiden in Aminosäurebausteine wurde nicht nur zur Strukturaufklärung genutzt, sondern man begann umgekehrt Alkaloid-Synthesen entsprechend diesem Bauprinzip auf dem Papier zu entwerfen. Ein besonders beeindruckendes Beispiel ist die von G. Barger und G. Hahn [24] entworfene Biosynthese von Yohimbin (aus *Corynanthe johimbe*) (Abbildung 8 unten).

Nur vor diesem Hintergrund können wir Woodwards Syntheseplanung des Strychnins folgen (Abbildung 9). In der Strukturformel ist der Tryptamin-Baustein (4) unverkennbar, der die Ringe A und B und ein Teil des Ringes C

ABB. 10 | WOODWARDS STRYCHNIN-TOTALSYNTHESE IM LABOR (1954)

A + B, 5, 8 Stufen, Woodward -Spaltung, O_3, MeOH, HCl, G, E, D, Dehydrostrychninon, Isostrychnin (**6**), KOH, EtOH, F, Strychnin (**1**)

links: Mit 8 Jahren erweckte ein Chemiebaukasten bei Robert Burnes Woodwards (1917–1979) das Interesse an Chemie. Mit 16 Jahren begann er sein Studium am Massachusetts Institute of Technology, mit 20 beendete er es gleichzeitig mit dem Master und der Promotion. Er wurde Assistent an der Harvard University, stieg schnell die Karriereleiter hinauf und blieb dort für den Rest seines Lebens. Im 2. Weltkrieg konzentrierte er seine Synthesen auf militärisch wichtige Verbindungen wie Chinin (Antimalariamittel) und Penicillin (Antibiotikum). Die Liste der von ihm erstmals synthetisierten Verbindungen ist lang und beeindruckend, z.B. Cholesterol, Cortison, Lysergsäure, Strychnin, Reserpin, Chlorophyll, Vitamin B12, Cephalosporin C etc. etc.. Zu Anfang eines Vortrages oder einer Vorlesung öffnete er eine Box mit den Initialen R.B., die mit farbigen Kreiden gefüllt war, mit denen er seine legendären Tafelbilder entwickelte. Er war Kettenraucher, auch während seiner Vorlesungen, schlief wenig und liebte Schottischen Whisky und einen Martini oder zwei. R.B. Woodward starb 62-jährig an den Folgen eines Herzinfarkts. [Foto: J.D. Roberts, Michigan State University].

*rechts: Die 1954 publizierte Strychnin-Synthese war ein präparativer Kraftakt und machte Woodward endgültig zu einer Lichtgestalt in der Organischen Synthesechemie. Beim Betrachten der 29-stufigen Synthese eines so komplexen Moleküls fällt es auch dem begeistertsten Organiker schwer den Überblick zu behalten. Zuerst werden die Ringe A und B des Indolsystems und dann Schritt-für-Schritt die Ringe G, E, und D [48] aufgebaut. Der letzte Ring F schließt sich durch eine bekannte Isomerisierung von Isostrychnin zu Strychnin [49]. Die Synthese beginnt mit einem furiosen Paukenschlag, die völlig sinnlos erscheinende Einführung eines Dimethoxyphenyl-Restes zum Indol **5**. Der Aha-Effekt kommt erst nach 9 Reaktionsstufen, wenn nämlich der Phenylring mit Ozon gesprengt wird und die beiden Teilstücke als molekularer „Steinbruch“ genutzt werden [50], um die Ringe G und E aufzubauen. Einfach genial!*

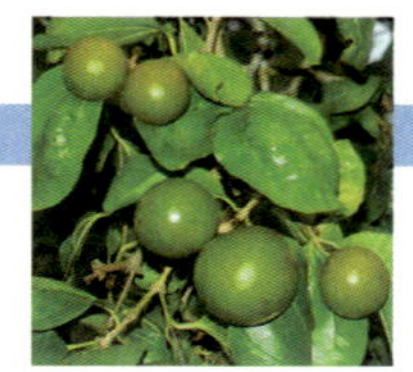

bildet. In dem verwirrenden Knäuel der Ringe D-G ist kein Aminosäurebaustein erkennbar. Woodward aber sah einen. Er greift 1948 Bargers und Hahns Idee auf und glaubt im Wirrwarr der Ringe D-G ein Phenylalanin als Baustein zu erkennen, dessen aromatischer Ring während der Biosynthese zertrümmert worden sein muss. Mit dieser wilden Idee im Zentrum publiziert er 1948, nur ein Jahr nach der Strukturaufklärung, seine Überlegungen über eine mögliche Biosynthese für Strychnin (Abbildung 9) [25], mit dem deutlichen Hinweis, dass die vorgeschlagene Biosynthese nicht in allen Details genauso ablaufen muss, sondern der Vorschlag flexibel interpretiert werden sollte.

Die Öffnung eines Phenylringes wird begeistert aufgenommen. Robinson lobt in einem Anhang an Woodwards Publikation: *„Die vorgeschlagene Öffnung eines Benzolringes ist in höchstem Maße originell. ... Es ist offensichtlich, dass durch Aufbrechen eines Benzolringes und der Wiederzusammenfügung der Fragmente nahezu jede Struktur aufgebaut werden kann.“* Bereits wenige Wochen später nutzt Robinson das Konzept einer Ringspaltung bei der Strukturaufklärung von Emetin, lobt Woodwards „genialen Vorschlag“ und nennt die Ringöffnung „Woodward-Spaltung“ [26].

Woodwards Totalsynthese im Labor (1954)

"If we can't make it, we'll take it" [27]

Woodward hatte schon Chinin (1944), Patulin und Cortison (1951) synthetisiert und publizierte 1954 die Totalsynthesen von Lysergsäure und Lanosterol. Aber in diesem Jahr war die Totalsynthese von Strychnin die absolute Sensation [28]! Nur 7 Jahre nach der Strukturaufklärung konnte er gemeinsam mit fünf Mitarbeitern in 29 Stufen aus bekannten Laborchemikalien diesen Naturstoff herstellen. Die Gesamtausbeute lag zwar unter 0,1 %, das aber war unwichtig, denn es ging vor allem um den Nachweis, dass sich ein so komplexes Molekül wie Strychnin im Labor herstellen lässt.

Für seine Leistungen auf dem Gebiet der Naturstoffsynthesen bekam Woodward, damals schon lange erwartet, den Nobelpreis für Chemie 1965 verliehen. Die bei der Verleihung verlesene Begründung endete mit einer kaum steigerbaren Lobpreisung [29]:

... Es wurde gelegentlich behauptet, dass Sie gezeigt haben, dass in der Organischen Synthese nichts unmöglich sei. Dies ist vielleicht etwas übertrieben. Sie haben aber in spektakulärer Weise dieses Gebiet und den Bereich des Möglichen ausgedehnt. Es wurde auch behauptet, dass Sie wie ein Zauberer herausragen. Wir wissen

ABB. 11 | DIE PFLANZLICHE BIOSYNTHESE VON STRYCHNIN

Tryptophan (*3*) — Tryptamin (*4*) — Secologanin (*7*) — Strictosidin — Geraniol (*8*) — Loganin — Geissoschizin — Preakuammicin — Norfluorocurarin — Wieland-Gumlich-Aldehyd (*9*) — Strychnin (*1*)

Nach den Untersuchungen von Wenkert und Thomas [32] werden die terpenoiden Indolalkaloide in der Pflanze aus der Aminosäure Tryptophan (3) und Secologanin (7) aufgebaut. Dieser C_{10}-Baustein entsteht aus Geraniol (8), das zunächst in Loganin und dann in Secologanin (7) umgewandelt wird. Dieser Aldehyd reagiert dann im Zuge einer Mannich-Reaktion mit Tryptamin (4) zu Strictosidin, einem Zwischenprodukt für unzählige Indolalkaloide. Der letzte Schritt in der Biosynthese von Strychnin ist der Einbau einer C_2-Einheit (Acetyl-CoA, aktivierte Essigsäure) in den sogenannten Wieland-Gumlich-Aldehyd (9) mit dem abschließenden Ringschluss.

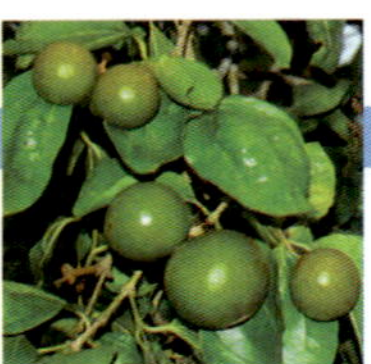

ABB. 12 | DIE BISHER PUBLIZIERTEN FORMALEN TOTALSYNTHESEN DES STRYCHNINS

	Autor	Jahr		Stufen	Ausbeute	Aufbau der Ringe
1	Woodward	1954	(–)	29	<0,1	A→B→C→G→E→D→F
2	Magnus	1992	(–)	30	<0,1	AB→D→CE→F→G
3	Overman	1993	(–)	27		
		1995	(+)	24	3,0	A→D→CE→B→F→G
4	Kuehne	1993	(*rac*)	20	1,0	AB→CE→D→G→F
5	Stork	1992	(*rac*)	19	n.d.	AB→CE→D→F→G
6	Rawal	1994	(*rac*)	22	1,0	A→C→E→G→D→F
7	Kuehne	1998	(–)	22	3,5	AB→CE→D→F→G
8	Bonjoch	1999	(–)	22	0,15	AE→C→D→B→F→G
9	Martin	1999	(*rac*)	17	1,0	AB→D→CE→F→G
10	Vollhardt	2000	(*rac*)	19	0,1	AB→EG→C→D→F
11	Bodwell	2002	(*rac*)	17	2,5	AB→CEG→D→F
12	Shibasaki	2002	(–)	30	1,0	E→A→BD→C→F→G
13	Mori	2002	(–)	27	0,1	E→A→B→C→G→D→F
14	Fukuyama	2004	(–)	29	1,0	A→B→D→CE→F→G
15	Padwa	2007	(*rac*)	22	0,5	AB→CE→D→F→G
16	Andrade	2010	(*rac*)	18	1,5	AB→CE→D→F→G
17	Beemelmanns &Reißig	2010	(*rac*)	16	1,0	AB→EG→C→D→F

zwar, dass in lange vergangenen Zeiten die Chemie als eine Geheimwissenschaft angesehen wurde, Sie erlangten ihren wissenschaftlichen Ruf jedoch sicherlich nicht durch magische Kräfte, sondern allein durch tiefe Schärfe in ihrem wissenschaftlichen Denken und ein genaues und fachlich kompetentes Planen ihrer Experimente. In dieser Hinsicht kommt Ihnen eine einzigartige Stellung unter den heutigen Organischen Chemikern zu. In Anerkennung Ihrer Verdienste für die Chemie, hat die Königlich-Schwedische Akademie entschieden, Ihnen dieses Jahr den Nobelpreis für Ihre herausragenden Erfolge in der Kunst der Organischen Synthese zu verleihen.

Die Kunst in Woodwards Strychnin-Synthese von 1954 kann hier nicht detailliert vorgestellt werden, dies ist von berufenerer Seite vielfach getan worden [30]. Beschränken wir uns auf den Paukenschlag zu Synthesebeginn, der Chemiker damals und heute verblüfft (Abbildung 10).

Der zu Beginn durch eine Fischer-Indolsynthese eingeführte dimethoxysubstituierte Phenylring scheint zunächst überhaupt keinen Sinn zu ergeben. Erst nach mehreren Reaktionsschritten löst sich das verworrene Rätsel, der aromatische Ring wird mit Ozon oxidativ aufgespalten. Diese ungewöhnliche Vorgehensweise wird aber verständlich, wenn man sie vor dem Hintergrund seiner davor angestell-

ABB. 13 | DIE SCHLÜSSELREAKTION DER STRYCHNIN-SYNTHESE NR. 17 [51]

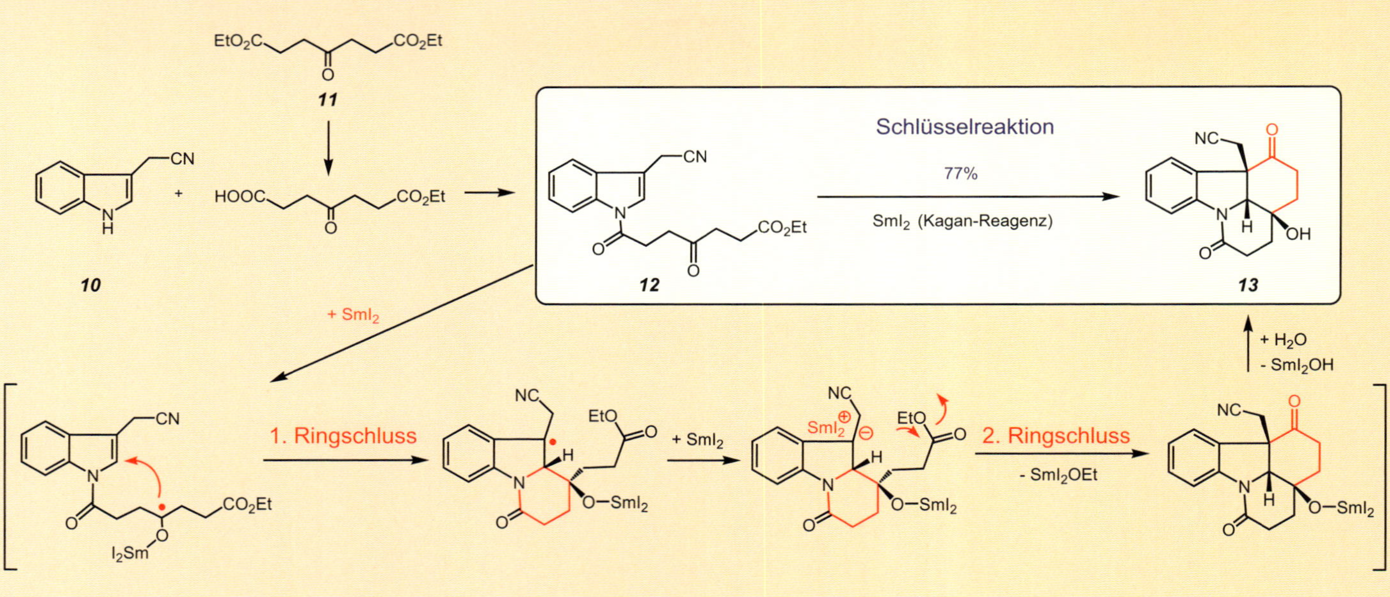

In der Schlüsselreaktion wird der leicht zugängliche Ester 12 in den Tetrazyklus 13 umgewandelt, wobei in einem Rutsch zwei Sechsringe mit drei benachbarten Stereozentren in der für die weitere Strychninsynthese benötigten Konfigurationen gebildet werden. Basis dieser komplexen Reaktionsabfolge ist das starke Reduktionsmittel Samariumdiiodid (SmI_2, Kagan-Reagenz). In der Arbeitsgruppe Reißig wird das präparative Potential dieses Reagenzes seit langen genutzt und sein Anwendungsbereich erweitert. Hier greift ein Molekül Samariumdiiodid an der Carbonylgruppe an und überträgt ein Elektron unter Bildung eines Ketylradikals [52]. Dieses radikalische Zentrum greift nun seinerseits an der 2-Stellung des Indols unter Bildung des ersten Sechsrings an. Dann überträgt ein zweites Molekül Samariumdiiodid wiederum ein Elektron auf die 3-Indolstellung und das gebildete Carbanion greift intramolekular nukleophil am Carbonylkohlenstoff der Estergruppe an. Ein zweiter Ring wird geschlossen. Wegen der zwei unmittelbar aufeinanderfolgenden Ringschlüsse spricht man von einer Kaskadenreaktion, die trotz ihres mechanistisch komplexen Ablaufs in 77 % Ausbeute den Tetrazyklus 13 liefert.

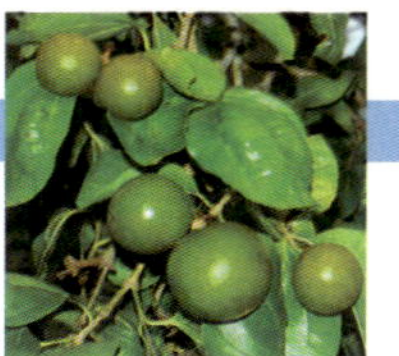

ten biochemischen Syntheseüberlegungen betrachtet. Danach sah er ja in *Phenyl*alanin eine biochemische Vorstufe des Strychnins.

Das Ende der Woodward-Spaltung

Anfang der Sechziger Jahre des letzten Jahrhunderts zeigten dann Isotopenstudien, dass in allen Indolalkaloiden der Indolteil aus der Aminosäure Tryptophan stammt. In den meisten Indolalkaloiden wird das aus Tryptophan gebildete Tryptamin mit dem C_{10}-Terpenbaustein Secologanin verknüpft. Viele der über 3000 Vertreter dieser terpenoiden Indolalkaloide besitzen faszinierend komplexe Strukturen. Das Secologanin (*7*) wird in der Pflanze aus Geraniol (*8*) hergestellt, einem zentralen Baustein der Terpenbiosynthese [31]. Dieses durch Isotopenstudien experimentell bestätigte Aufbauprinzip wurde von E. Wenkert und R. Thomas [32] um 1961 vorgestellt und bedeutete das abrupte Ende der Woodward-Spaltung [33]. Tatsächlich macht die Natur Strychnin anders als es sich Woodward vorgestellt hatte (Abbildung 11). Nicht aus Tryptophan und Phenylalanin, sondern aus Tryptophan und Secologanin synthetisiert der Brechnussbaum sein Strychnin.

Fassen wir zusammen: Robinson, Woodward und ihre Zeitgenossen folgten über Jahrzehnte der Vorstellung, dass die Natur Alkaloide aus Aminosäuren herstellt. Viele Befunde konnten dadurch schlüssig erklärt, wichtige Hinweise bei der Strukturaufklärung erhalten und die Syntheseplanung erleichtert werden. Viele dieser so geplanten Synthesen wurden erfolgreich im Labor umgesetzt, wie Woodwards brillante Strychnin-Synthese. Aus heutiger Sicht war Woodwards vorgeschlagene Biogenese von Strychnin mit der im Zentrum stehenden Spaltung eines Benzolringes zwar hochkreativ, aber falsch. Glücklicherweise, denn wenn Woodward 1949 die richtige Biosynthese aus Abbildung 11 gekannt hätte, ob er dann eine daran angelehnte Totalsynthese mit den damaligen synthetischen Möglichkeiten überhaupt begonnen hätte, muss stark bezweifelt werden. Seien wir also auch auf schwankendem Boden mit unseren Gedanken und Träumen mutig und kühn und folgen dem großen Philosophen Karl Valentin [34]:

Der Kapellmeister: *„... übrigens, was seh' ich denn da, Sie haben ja gar keine Gläser in Ihre Augengläser drin ... Was setzen Sie dann das leere Gestell auf, das hat doch gar keinen Zweck?"*

Karl Valentin: *„Besser ist's doch wie gar nichts!"*

Strychnin-Totalsynthese Nr. 17 *(Beemelmanns & Reißig 2010)*

Was treibt Organische Chemiker dazu, immer und immer wieder Strychnin auf neue Weise zu synthetisieren? Insbesondere wenn doch diese Verbindung hundertgrammweise bequem in wenigen Tagen aus dem Samen des Brech-

ABB. 14 | TOTALSYNTHESE VON STRYCHNIN NR. 17: PLAN A UND PLAN B

Der von Beemelmanns und Reißig aufgestellte Plan A zur Synthese des Strychninvorläufers 16 lieferte ein Syntheseprodukt, welches identisch mit dem Schlüsselbaustein der Strychninsynthese nach Li und Bodwell war [53]. Dieses erwies sich jedoch nach langwierigen NMR-Messungen nicht als die gewünschte Verbindung 14 mit einem cis-verknüpften Fünfring (blau), sondern als das Stereoisomer 15 mit einem trans-verknüpften Fünfring (rot). Die geplante Totalsynthese war damit gescheitert und Bodwells Totalsynthese hinfällig. Ein neuer Plan B wurde rasch entwickelt und die Verbindung 13 konnte doch noch in drei Reaktionsstufen in den gewünschten Pentazyklus 14 umgewandelt werden. Wegen der schlechten Erfahrung wurde 14 sicherheitshalber noch in 16 überführt und die Identität mit Rawals Zwischenprodukt nachgewiesen.

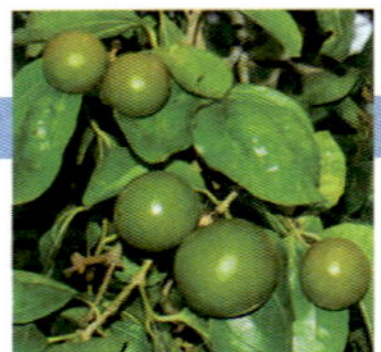

EIN GESPRÄCH

Die Strychnin-Synthese Nr. 17

Christine Beemelmanns und Hans-Ulrich Reißig gelang im letzten Jahr die 17. Totalsynthese von Strychnin. Das war aufregender als man auf den ersten Blick meinen möchte. Lesen Sie mehr zu diesem spannungsvollen Projekt im folgenden Gespräch.

links: Dr. Christine Beemelmanns und Prof. Hans-Ulrich Reißig von der Freien Universität Berlin, die beiden, an der Strychnin-Synthese Nr. 17 beteiligten Wissenschaftler. rechts: R. Huisgen bei der Verleihung der Ehrendoktorwürde der Freien Universität Berlin am 12. Februar 2010. Die Publikation der 17. Strychnin-Totalsynthese wollten die beiden Berliner Wissenschaftler Prof. Dr. Dr. h.c. mult. Rolf Huisgen zum 90. Geburtstag widmen. Trotz eines heftigen Rückschlags auf der Zielgeraden konnten C. Beemelmanns und H.-U. Reißig die Arbeit Anfang Juni erfolgreich abschließen, gerade noch rechtzeitig zum Geburtstag am 13. Juni 2010.

K.R.: Prof. Reißig, könnten Sie für unsere Leser kurz Ihr Arbeitsgebiet skizzieren, aus dem sich die neue Strychnin-Synthese entwickelt hat.

Prof. H.-U. Reißig: Das Ziel unserer Forschung ist die Entwicklung neuer Synthesemethoden zur Herstellung bioaktiver Verbindungen. Heterocyclische Verbindungen sind dabei von besonderem Interesse, wobei das Indolsystem zu den so genannten privilegierten Strukturen gehört, die in besonders vielen Wirkstoffen vorkommen, vom Neurotransmitter Serotonin bis zum halluzinogenen Psilocin, vom gefäßerweiternden Yohimbin zum blutdrucksenkenden Reserpin, vom cytostatisch wirkenden Vincristin bis zum Krampfgift Strychnin, alles Indole und es gibt noch über 3000 weitere.

K.R.: Frau Dr. Beemelmanns, der Titel ihrer Dissertation *„Samariumdiiodid-induzierte Cyclisierungen von Indol-1-ylketonen zum Aufbau funktionalisierter N-Heterocyclen – Eine formale Totalsynthese von Strychnin"* [51] ist ja ungewöhnlich umfangreich. Könnten Sie uns das Thema zusammenfassend etwas näherbringen.

Dr. C. Beemelmanns: Wie Prof. Reißig schon sagte, befassen wir uns mit Methodenentwicklung zur Synthese komplexer Heterocyclen. Im ersten Teil meiner Doktorarbeit habe ich Cyclisierungsmethoden mit Samariumdiiodid methodisch entwickelt [52] und optimiert, mit denen ich an ein substituiertes Indol möglichst einfach und mit guten Ausbeuten einen weiteren Lactamring anknüpfen kann. Natürlich versucht man dann, die selbst entwickelten Methoden dann auch zu erproben, indem man z.B. einen interessanten Naturstoff synthetisiert. Wenn man dann Glück hat, gelingt es auch. Und ich hatte am Ende eine Menge Glück.

K.R.: Herr Prof. Reißig, wann sind Sie auf die Idee gekommen, eine Strychnin-Synthese zu probieren?

Prof. H.-U. Reißig: Ich? Überhaupt nicht! Das war Dr. Steffen Groß (Promotion 2003), der mit der Idee zu mir kam, eine Strychnin-Synthese zu versuchen. Er verfolgte am Ende seiner Doktorandenzeit einen ersten Syntheseplan in Richtung Strychnin, der leider nicht erfolgreich war. Wir mussten das Projekt abbrechen, da er ja auch mit seiner Doktorarbeit fertig werden sollte.

K.R.: Warum begibt man sich überhaupt auf den dornigen Weg, Strychnin zum 17. Mal zu synthetisieren? Man kann es doch ganz einfach aus Brechnusssamen gewinnen.

Prof. H.-U. Reißig: Nun, warum klettert man auf der x-ten Route auf den Mont Blanc, warum malt ein Künstler eine Sonnenblume, das hat doch van Gogh schon in Vollendung gemacht, warum hört man sich „Tristan und Isolde" mit verschiedenen Dirigenten und Orchestern an?

Strychnin ist in der Organischen Chemie etwas ganz Besonderes, ein *magic molecule*. Denken sie nur an die unglaublich vielen Arbeitsgruppen, die sich am Strychnin versucht haben, erst bei der Isolierung, dann bei der Strukturaufklärung und schließlich bei der Totalsynthese. Hierzu Wesentliches beizutragen, das ist schon reizvoll. Aber es ist nicht allein sportlicher Ehrgeiz, denn man muss zwar ans Ziel kommen, aber entscheidend ist, wie man es erreicht. Der Weg ist das Ziel und das besteht darin, dieses hochkomplexe Molekül auf einfache, elegante und ergiebige Weise synthetisch in den Griff zu bekommen.

Dr. C. Beemelmanns: Bei der Strychninsynthese bilden die von berühmten Arbeitsgruppen publizierten Totalsynthesen eine Messlatte, die es zu übertreffen gilt. Nach der erfolgreichen Entwicklung des zentralen Syntheseschritts hatte ich eben das Gefühl, ich könnte das auch. Vor allem, vielleicht kann ich das sogar besser! Das war mein Hauptantrieb.

K.R.: Wann ist denn Ihrer Meinung nach eine Synthese besser, als andere?

Prof. H.-U. Reißig: Bewertungen von Synthesen sind schwierig und immer subjektiv. Allgemein gilt aber, eine Synthese ist umso besser, je kürzer, ergiebiger und schöner sie ist.

K.R.: Kürzer und ergiebiger in der Ausbeute sind nachvollziehbar und messbar. Aber wann ist in Ihren Augen eine Synthese schön?

Prof. H.-U. Reißig: Eine schöne Synthese führt in wenigen Schritten zu hoher Komplexität. Darin liegt der Witz unserer Synthese. Sehen Sie sich doch einmal die Schlüsselreaktion an. Das Ausgangsprodukt sieht doch wirklich primitiv aus. Kein Stereozentrum, ganz einfache funktionelle Gruppen und dann mit einem Schlag der doppelte Ringschluss, und das mit 77 % Ausbeute. Was will man mehr?

Dr. C. Beemelmanns: Genau! In unserem Schlüsselschritt entstehen gleich drei benachbarte Stereozentren in den gewünschten Konfigurationen. In einem Rutsch! Und der Sub-

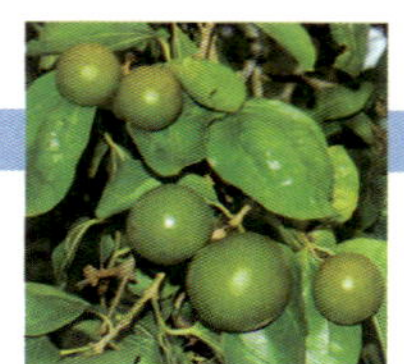

stituent -CH_2-CN liefert uns alle Atome für den oberen Fünfring. Diese nach Zugabe mit Samariumdiiodid nacheinander erfolgenden Ringschlüsse (Kaskaden-Reaktion) sind der Glanzpunkt der Synthese. Das ist elegant und schön!

K.R.: Frau Beemelmanns, im weiteren Verlauf der Synthese konnten Sie das von Bodwell bereits synthetisierte Zwischenprodukt herstellen [53]. Damit war doch Ihre formale Totalsynthese eigentlich abgeschlossen.

Dr. C. Beemelmanns: Richtig! Ich konnte die völlige Übereinstimmung aller spektroskopischen Daten meines Esters und dem von Bodwell feststellen. Das war Anfang Februar 2010 und ich ging zum Chef und sagte: „Wir haben's."

Prof. H.-U. Reißig: Als mein Doktorvater, Rolf Huisgen zur Verleihung einer Ehrenpromotion zu uns an die Freie Universität Berlin kam, fragte er mich, was denn bei uns so läuft. Stolz konnte ich ihm berichten, dass wir eine sehr elegante Strychnin-Synthese seit kurzem in der Tasche hatten. Die wollten wir ihm zu seinem 90. Geburtstag am 13. Juni 2010 widmen, aber das sagte ich ihm damals noch nicht. Ein Glück!

K.R.: Frau Beemelmanns, das war leider noch nicht das Happy End, denn es wurde dann richtig dramatisch.

Dr. C. Beemelmanns: Das können Sie wohl laut sagen. Meine Dissertation war ja praktisch abgeschlossen und wir hatten schon kräftig darauf angestoßen. Aber weil in den NMR-Spektren des Esters einige Signale überlagert waren, konnte ich nicht mit letzter Sicherheit beweisen, dass der obere 5-Ring tatsächlich *cis*- (***14***) und nicht *trans*-verknüpft (***15***) war. Er musste ja *cis*-verknüpft sein, denn dies entsprach der Verknüpfung dieses Ringes im Strychnin. Bodwell hatte diese Struktur zwar angegeben, aber ich wollte sicher sein.

Prof. H.-U. Reißig: Mit Signalüberlappungen hatte ich in meiner eigenen Doktorarbeit bei Huisgen auch viel zu kämpfen, und damals half mir oft ungemein ein Wechsel des Lösungsmittels von Chloroform auf Benzol, weil sich dabei die NMR-Signale leicht verschieben, und, wenn man Glück hat, sind Signale dann getrennt.

Dr. C. Beemelmanns: Das klappte auch so leidlich, aber erst eine Änderung der Messtemperatur erbrachte eine saubere Signaltrennung. Schon die ersten Messungen deuteten darauf hin, dass die beiden Wasserstoffatome H_a und H_b auf der gleichen Seite des Sechsringes lagen [54]. Wir hatten leider das falsche Isomer ***15*** hergestellt und aus dem kann man kein Strychnin machen. Aber auch Bodwell hatte nur das falsche Isomer in Händen.

Wir hatten immer noch Zweifel. Vielleicht hatte Bodwell doch Recht und so sahen wir uns die NMR-Spektren hundertfach an. Man geht sie noch mal durch, zeigt sie Kollegen und lässt sie nochmals messen. Dann misst man bei einer anderen Temperatur. Ich habe schon von den NMR-Signalen geträumt.

Aber nach einem Monat waren wir uns sicher, dass Bodwell und wir nicht ***14***, sondern das falsche *trans*-Isomer ***15*** hergestellt hatten. Meine schöne Synthese war dahin. Das war schon deprimierend.

K.R.: Bodwells Synthese war damit doch auch fehlgeschlagen.

Dr. C. Beemelmanns: Ja, furchtbar, denn dies zu beweisen war natürlich nie mein Ziel. Es ist doch äußerst unangenehm, einen Kollegen korrigieren zu müssen. Mir wäre es tausendmal lieber gewesen, es wäre bei uns beiden das richtige Isomer ***14*** gewesen.

K.R.: Und nun?

Prof. H.-U. Reißig: Sie war damals total niedergeschlagen. Das ist auch kein Wunder, denn sie war praktisch schon durchs Ziel, und dann das. Aber Sackgassen sind nun einmal Teil jeder wissenschaftlichen Forschung, es war für sie eine besonders bittere Lektion. Also gaben wir uns zwei weitere Monate, denn Frau Beemelmanns wollte ja ihre Dissertation fertigstellen. Wir haben einen Plan B entwickelt, bei dem wir uns aber keineswegs sicher waren, ob der überhaupt und dann noch in dieser kurzen Zeit zu realisieren wäre. Aber Frau Beemelmanns hat mit Fleiß, Können und Glück den richtigen *cis*-verknüpften Fünfring in kurzer Zeit hinbekommen und die Synthese blieb so kurz wie vorher. Ende gut, alles gut.

K.R.: Haben sie mit Bodwell über die Frage der Zuordnung der Schlüsselverbindung gesprochen?

Prof. H.-U. Reißig: Selbstverständlich, das gehört sich so. Wir haben Graham J. Bodwell (Memorial University, St. John's, Canada) das Manuskript vor der Einreichung geschickt und seine Reaktion erbeten. Dass ich ihn persönlich kannte, machte es einfacher offen zu sprechen, denn man darf nicht vergessen, dass darin indirekt stand, dass seine

SmI_2 (Kagan-Reagenz)

14 ***15***

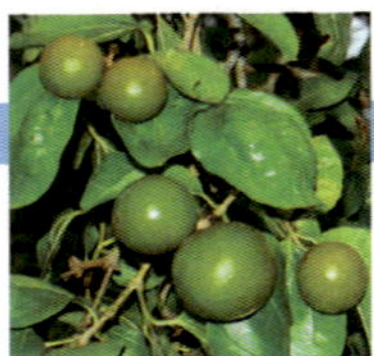

publizierte Strychnin-Totalsynthese in Wirklichkeit keine war. Ich schrieb ihm, dass es mir sehr Leid täte und dass ich hoffe, dass wir uns deswegen nicht entzweien. Aber wir mussten den Irrtum öffentlich korrigieren, damit unsere eigene Synthese als gelungen anerkannt wird.

K.R.: Und wie hat er darauf reagiert?

Dr. C. Beemelmanns: Er war natürlich ganz betroffen, reagierte aber sehr souverän. Er akzeptierte den *„extremely embarrassing"* Fehler und wollte nochmals nachvollziehen, warum sie ihre NMR-Messungen fehlerhaft interpretieren konnten.

Außerordentlich bewundernswert fand ich übrigens Bodwells Reaktion nach Erscheinen unserer Arbeit in der „Angewandten Chemie" [55]. Er gratulierte zum *„beautiful piece of chemistry"* und bedankte sich bei Prof. Reißig für die höchst professionelle und rücksichtsvolle Handhabung dieser wissenschaftlichen Differenz, stimmte der Korrektur seiner Zuordnung zu und sah darin ein perfektes Beispiel für die Selbstkorrektur in unserer Wissenschaft. Diese Reaktion war einfach vorbildlich.

K.R.: Haben Sie die Arbeit denn noch rechtzeitig vor Rolf Huisgens Geburtstag fertiggestellt?

Prof. H.-U. Reißig: Ganz knapp. Wir hatten die Arbeit Mitte Mai an die „Angewandte" geschickt und sie wurde glücklicherweise Anfang Juni 2010 angenommen, genau rechtzeitig zu seinem 90. Geburtstag am 13. Juni.

K.R.: Hat er sich denn über die Widmung der Synthese mit einem der giftigsten Naturstoffe gefreut? Das könnte man ja auch missverstehen.

Prof. H.-U. Reißig: Er hat sich sogar sehr darüber gefreut und in seinem Dankesschreiben bezeichnete er unseren doppelten Ringschluss als *elegant* und einen *„wahren Knüller"*. Sie fragten vorhin, was die Schönheit einer Synthese ausmacht. Rolf Huisgen erklärte es in seinem Brief: „ Wir sprechen von *Eleganz* einer Synthese und meinen damit *„unerwartete Einfachheit"*". Rolf Huisgen weiß übrigens in diesem Zusammenhang genau wovon er redet, denn er kennt das Strychnin allzu gut, da er bei Heinrich Wieland über Strychnosalkaloide promoviert hatte, vor allem über Vomicin, einem engen Verwandten des Strychnins. Er hat dieses Gebiet der Naturstoffe bald verlassen [56] und mit der Entdeckung und seinen vielen weiterführenden Untersuchungen zur 1,3-dipolaren Cycloaddition und vielen anderen ganz herausragende Beiträge vollbracht. In Anerkennung dieser Leistungen wurde ihm im Februar 2010 im Rahmen eines Festkolloquiums die Ehrendoktorwürde der Freien Universität Berlin verliehen und Frau Beemelmanns und ich fanden es angemessen, einem so hervorragenden Chemiker zu seinem 90.Geburtstag unsere neue und elegante Strychnin-Totalsynthese zu widmen.

K.R.: Frau Dr. Beemelmanns, Herr Prof. Reißig, Ich danke Ihnen ganz herzlich für das offene, kollegiale Gespräch.

nussbaums gewonnen werden kann. Der Reiz muss ja groß sein, denn inzwischen wurden bereits 17 Totalsynthesen publiziert [35] und keine gleicht der anderen (Abbildung 12). Ihre Motivation erläutern die beiden an der jüngsten Synthese Nr.17 beteiligten Berliner Wissenschaftler selbst (siehe Interview).

Die Synthese Nr. 17 geht von zwei käuflichen Laborchemikalien aus: Indol-3-acetonitril (***10***, € 160/25g) und Oxopimelinsäurediethylester (***11***, € 120/25g). Zunächst wird der Diester ***11*** in den zwar auch käuflichen, aber teuren Monoester überführt. Dessen Umsetzung mit ***10*** ergibt das Indolderivat ***12*** (Abbildung 13). Anschließend folgt der eigentliche Schlüsselschritt der Synthese, die doppelte Cyclisierung zum Tetracyclus ***13***.

Im Tetrazyklus ***13*** sind bereits mit der NC-CH_2-Seitenkette in 3-Stellung des Indols alle notwendigen Atome für den Aufbau des nächsten Rings angelegt. Der folgende dritte Ringschluss gelang glatt und ausgehend von Indol ***10*** konnte in drei Stufen der bereits von Bodwell in 13 Stufen synthetisierte Pentazyklus ***15*** dargestellt werden (Plan A in Abbildung 14). Da Bodwell die Umwandlung von ***15*** in den von Rawal in 18 Stufen hergestellten Strychninvorläufer ***16*** bereits beschrieben hatte, schien die 17. formale Totalsynthese [36] von Strychnin erfolgreich abgeschlossen zu sein. War das also das Happy End?

Nein, denn die von Bodwell publizierte Strukturzuordnung des Tetracyclus erwies sich als fehlerhaft. Beemelmanns und Reißig stellten überraschend fest, dass der hergestellte Tetrazyklus kein Synthesevorläufer von ***16***, sondern Tetracyclus ***15*** war, welcher nicht in Strychnin umgewandelt werden kann. Die Synthese war somit fehlgeschlagen und die Bodwellsche Strychnin-Synthese war nicht mehr haltbar.

Nun begann ein Drama, über das die beiden Forscher selbst offen Auskunft geben (siehe Interview). Es zeigt sich dabei, dass Totalsynthesen eben nicht nur aus dem Aufstellen von mit vielen geraden und krummen Pfeilen gepflasterten Reaktionsschemata und harter Arbeit im Labor bestehen. Das Umfeld, die Umstände und natürlich die Emotionen zwischen Triumph und Frust spielen eine große Rolle und natürlich auch das Glück des Tüchtigen. Das Glück war ihnen diesmal hold, denn mit einem schnell aufgestellten Plan B wurde die aufgetretene Klippe ohne Verlängerung der Synthesesequenz schadlos umschifft. Anfang Mai 2010 war es dann so weit, die Strychnin-Totalsynthese konnte doch noch erfolgreich abgeschlossen werden, die Publikation wurde geschrieben, angenommen und erschien im Oktober 2010. *Chapeau*! [37]

Danksagung

Mein besonderer Dank gilt Dr. C. Beemelmanns und Prof. Dr. Hans-Ullrich Reißig, FU Berlin für ihre fachliche Unterstützung bei der Einarbeitung in dieses anspruchsvolle Forschungsgebiet und ihre Bereitschaft, über ihre Arbeit offen

zu sprechen. Dr. C. Czekelius, FU Berlin danke ich für das sorgenvolle Stirnrunzeln bei meiner Bitte um eine Prise Strychnin, Prof. David W. Thomson, *College of William and Mary*, Williamsburg, Virginia, USA, für das Überlassen von Unterrichtsmaterialien, der Direktorin des Valentin-Musäums, Sabine Rinberger, München, danke ich für ihre Hilfe bei der Karl-Valentin-Recherche, Prof. E. Vaupel, Deutsches Museum München danke ich für die Hilfe bei den Recherchen, Priv.Doz. Dr. Thomas Schöpke, YES Pharmaceutical Development Services GmbH, Friedrichsdorf für die freundliche Abdruckerlaubnis eines seiner Fotos, Prof. Dr. Helmut Vorbrüggen, FU Berlin für seine Berichte von persönlichen Erinnerungen an R.B. Woodwards und Dr. S. Streller und Dr. P. Winchester, FU-Berlin für die wertvolle Hilfe beim Verfassen des Manuskripts.

Zusammenfassung

Strychnin, eines der giftigsten Alkaloide, hat Wissenschaftler seit seiner ersten Isolierung im Jahr 1818 fasziniert. Es dauerte über 130 Jahre bis die chemische Struktur zweifelsfrei gesichert werden konnte und weitere 7 Jahre bis zur ersten Totalsynthese durch Robert B. Woodward. Auch heute noch werden neue Synthesestrategien für diese faszinierend komplexe Verbindung entwickelt. Einige chemische Aspekte und persönliche Erfahrungen bei der Synthese Nr. 17 von 2010 werden berichtet.

Literatur und Anmerkungen

[1] D.J. Newman *et al.*, *Nat. Prod. Rep.*, **2000**, *17*, 215; Der Anteil an Naturstoffen unter den 2002 weltweit meistverkauften 100 Arzneimitteln betrug 17 % und entsprach einem Marktwert von knapp 30 Milliarden US$ (V. Knight *et al.*, *Appl. Microbiol. Biotechnol.* **2003**, *62*, 446). Zwischen 2005 und 2007 wurden insgesamt 13 Naturstoffe oder davon abgeleitete Strukturen als Arzneimittel weltweit zugelassen (M. S. Butler, *Nat. Prod. Rep.* **2008**, *25*, 475).

[2] Strychnin kommt auch in anderen Arten der Familie der Brechnussgewächse (*Loganiaceae*) vor, z.B. in der Ignatius-Brechnuss (*Strychnos ignatii*), aus der es erstmals isoliert wurde. Brechnusssamen enthalten neben Strychnin viele andere Alkaloide, z.B. Brucin und Vomicin.

[3] Eine besonders unterhaltsame, lesenswerte Zusammenstellung kurioser und heimtückischer Strychninmorde: *Bitter Nemesis – The Intimate History of Strychnine*", J. Buckingham, **2008**, CRC Press, Boca Raton, USA. Der aktuellste Fall ist der Mordversuch am Bürgermeister von Spitz in der Wachau (Niederösterreich), Hannes Hirtzberger. Der Täter saugte mit einer Injektionsnadel die Likörfüllung aus einer "Mon Chérie" Praline, vermischte die Flüssigkeit mit 700 mg fein pulverisiertem Strychnin, ein Vielfaches der tödlichen Dosis, und spritzte die pastöse Masse zurück in die Praline. Die wieder eingewickelte Praline heftete er an den Scheibenwischer des Opferfahrzeugs. Bei der anonymen Grußkarte „*Du bist etwas ganz Besonderes für mich*" schöpfte der Bürgermeister keinen Verdacht, er aß die Praline und fuhr los. Nach einigen Kilometern bekam er heftige Krämpfe und konnte noch einer Passantin zurufen „Hilfe! Ich habe ein Praline gegessen und bin vergiftet worden!". Trotz der hohen Dosis konnten die Ärzte das Leben des Bürgermeisters retten, aber irreversible Hirnschäden machen ihn zu einem lebenslangen Pflegefall. Der Täter wurde durch seine DNA-Spuren an der Grußkarte überführt und höchstinstanzlich zu lebenslanger Haft verurteilt. Siehe: *Arsen, Strychnin & Co.*, R. Sedivy, **2008**, Carl Ueberreiter, Wien.

[4] Strychnin wurde auch Lebensmitteln, wie Bier, zugemischt. Über den besonders kuriosen Fall des „Strychningespensts", in dem auch der große Justus von Liebig eine Rolle spielte, berichtete der unvergleichliche Otto Krätz an dieser Stelle: siehe *Chemie Unserer Zeit*, **1990**, *24*, 23.

[5] www.nada-bonn.de/fileadmin/user_upload/nada/Medizin/Prohibited_List_2011.pdf; Ein aktueller Sünder ist die russische Langstreckenläuferin Julia Smirnowa, die 2008 des Dopings mit Strychnin überführt und international gesperrt wurde.

[6] R.C. McGarry und P. McGarry, *Can. Med. Assoc. J.*, **1999**, *161*, 155.

[7] Hier wird nicht übertrieben: Nach Behandlung der durch Stärkungstabletten verursachten Strychninvergiftung eines 13-monatigen Kleinkindes wandten sich 1973 (!) zwei Ärzte vom Londoner King's College Hospital mit dem fast leidenschaftlichen Appell an die medizinische Öffentlichkeit, strychninhaltige Stärkungsmittel wie Easton's Tablets (1 mg Strychnin pro Tablette) überhaupt nicht mehr zu verschreiben. Siehe: G. Jackson und G. Diggle, *Brit. Med. J.*, **1973**, *21*, 176.

[8] Eine sehr lesenswerte Übersicht: F. Eiden, *Kultur&Technik*, **2003** (Heft 1), 24, Deutsches Museum München.

[9] www.suite101.de/content/nux-vomica—eines-der-wichtigsten-homoeopathischen-mittel-a85506.

[10] www.medvergleich.de/Preisvergleich-STRYCHNIN.

[11] Fairerweise muss erwähnt werden, dass Homöopathen nicht verdünnen, sondern verschütteln. Nach Hahnemann müssen beim Verdünnen jeweils „*10 starke Schüttelstöße mit der Hand gegen einen harten, aber elastischen Körper, etwa auf ein mit Leder eingebundenes Buch*" ausgeführt werden. Durch diesen, als Potenzieren bezeichneten Prozess wird "*die energetische Information des Mittels freigesetzt, die dann vom Körper aufgenommen wird und Selbstheilungskräfte und Selbstregulationsmechanismen anregen*" (aus E. Breu: www.bradefan.li/homoeopathie.htm).

[12] http://giordano-bruno-stiftung.ch/index.php/news/20-wissenschaft/34-aktion-homoeopathie.html.

[13] Der Lesegenuss der deutschen Ausgabe „*Das fehlende Glied in der Kette*" ist leicht getrübt, denn Agatha Christies fachliche Genauigkeit geht etwas verloren, weil die Übersetzerin z.B. zwischen Brom und Bromid nicht unterscheiden kann und z.B. Bromkristalle ausfallen lässt. Trotzdem, ein Krimi der Extraklasse!

[14] V. Regnault, *Liebigs Ann. Chemie*, **1838**, *26*, 17.

[15] Diese Menge ist keineswegs übertrieben, denn in den Arbeitskreisen wurden bei Abbaureaktionen häufig einige hundert Gramm Strychnin eingesetzt. Heute gelänge mit den raffinierten Methoden der modernen Massen- und NMR-Spektroskopie die Strukturaufklärung von Strychnin inklusive aller stereochemischen Details in wenigen Messstunden und ein paar Tagen Grübeln am Schreibtisch. Zum Nachvollziehen: *Classics in Spectroscopy*, S. Berger und D. Sicker, **2009**, Wiley-VCH, Weinheim.

[16] Die schillernden Persönlichkeiten, alles herausragende Chemiker, teilweise Nobelpreisträger, mit ihrem Humor und ihrer Kratzbürstigkeit hat Jerome A. Berson liebvoll und lebendig dargestellt: *Chemical Discovery and the Logicians' Program*, ***2003***, Wiley-VCH, Weinheim.

[17] R. Robinson, *Nature*, **1947**, *4034*, 263.

[18] http://nobelprize.org/nobel_prizes/chemistry/laureates/1947/robinson-lecture.pdf.

[19] J.H. Robertson und C.A. Beevers, *Nature*. **1950**, *165*, 690; *Acta Cryst.* **1951**, *4*, 270; absolute Konfiguration: A.F. Peerdeman, *Acta Cryst.* **1956**, *9*, 824.

[20] R. Robinson, *Progr. Org. Chem.* **1952**, *1*, 2.

[21] Einen auf persönlichen Erfahrungen beruhenden Einblick in das Schaffen und die Persönlichkeit von R.B. Woodward gibt D.M.S. Wheeler in *Chemie Unserer Zeit*, **1984**, *18*, 109.

[22] Dies änderte sich erst Mitte der Fünfziger Jahre mit der Entwicklung von Isotopentechniken, bei denen das Schicksal einzelner C-Atome durch ^{13}C- oder ^{14}C-Markierung im Stoffwechsel verfolgt werden konnte.

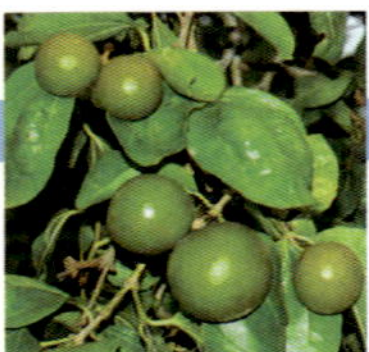

[23] A. Pictet, T.Q. Chou, *Ber. Dtsch.Chem.Ges.* **1916**, *49*, 376; Tatsächlich wurde Formaldehyd-dimethylacetal hinzugegeben, das jedoch unter den Reaktionsbedingungen in Methanol und Formaldehyd zerfällt.

[24] G. Barger und C. Scholz, *Helv.Chim.Acta, 1933, 16*, 1343; G. Hahn und H. Ludewig, *Ber. Dtsch. Chem. Ges.* **1934**, *67*, 2031.

[25] R.B. Woodward, *Nature*, **1948**, *162*, 155.

[26] R. Robinson, *Nature*, **1948**, *162*, 524.

[27] Dieser Ausspruch soll von Woodward stammen und dies würde seinem sarkastischen Humor entsprechen. Ob er ihn tatsächlich getan hat, ist jedoch nicht sicher.

[28] R.B. Woodward *et al.*, *J.Amer.Chem.Soc.* **1954**, *76*, 4749; *Tetrahedron*, **1963**, *19*, 247.

[29] http://nobelprize.org/nobel_prizes/chemistry/laureates/1965/press.html.

[30] *Classics in Total Synthesis*, K.C. Nicolaou und E.J. Sorensen, **1996**, Wiley-VCH, Weinheim; *The Way of Synthesis*, T. Hudlicky und J.W.Reed, **2007**, Wiley-VCH, Weinheim.

[31] *Medical Natural Products*, P. M. Dewick, 2nd edition, **2002**, Wiley&Sons, Chichester.

[32] E. Wenkert, *J.Amer.Chem.Soc.*,**1962**, *84*, 98; R. Thomas, *Tetrahedron Lett.* **1961**, 54; Ernest Wenkert war einer der ersten Doktoranden von Woodward, dessen Sohn David Wenkert war sein letzter.

[33] A.R. Battersby, *Pure&Appl. Chem. 1967*, **14**, 117.

[34] Dieses Zitat aus dem Kabarettprogramm „Tingeltangel" von Liesl Karlstadt und Karl Valentin stellten E. Heilbronner und H. Bock ihrem dreibändigen Buch *Das HMO-Modell und seine Anwendung* (**1968–70** Verlag Chemie, Weinheim) voran, wohl um den an Hückels MO-Theorie ewig herumnörgelnden Kritikern von vornherein die Luft aus den Segeln zu nehmen.

[35] J. Bonjoch und D. Solé, *Chem. Rev*. **2000**, *100*, 3455; M. Mori, *Heterocycles*, **2010**, *81*, 259.

[36] Bei einer formalen Totalsynthese wird nicht die gesamte Naturstoffsynthese, sondern nur bis zu einem Vorläufer durchgeführt, der bereits früher in das Zielmolekül überführt worden ist.

[37] Nach Abschluss des Manuskripts wurde im Februar 2011 die Strychnin-Totalsynthese Nr. 18 publiziert, die sich durch eine geringere Stufenzahl und durch einen sehr originellen, leider nur mit 5-10 % Ausbeute ablaufenden, doppelten Ringschluss auszeichnet. D.B.C. Martin und C.D. Vanderwal, *Chem Sci, **2011***, DOI: 10.1039/c1sc00009h.

[38] R.H. Huxtable and S.K.W. Schwarz, *Mol. Interv.* **2001**, *1*,189. http://molinterv.aspetjournals.org/content/1/4/189.full.pdf; S. McLaughlin und R.F. Margolskee, *Am. Sci.* **1994**, *82*, 538.

[39] Diese importierten oder als Souvenirs mitgebrachten Schmuckketten stellen besonders für Kinder ein gesundheitliches Risiko dar, vor dem ausdrücklich gewarnt wird: E. Stahl, *Dtsch. Apoth. Ztg.*, **1972**, *30*, 1154.

[40] S. Pain, *New Scientist*, **2004**, *7. August*, 46; *The Olympic Marathon*, D. Martin und R. Gynn, **2000**, Human Kinetics, Champaigne, USA.

[41] D. Dawson und K. Reid, *Nature*, **1997**, *388*, 235.

[42] 1 *dram* = 3 *scrupel* = 60 *grains* = 64,8 mg und 1 *fluid ounce* = 28,4 ml.

[43] Die Darstellung der Allgemeinen Chemie dieses Giftmordes basiert ganz wesentlich auf einer Publikation von R.E. Southward, W.G. Hollis,Jr. und D.W.Thomson (*J.Chem.Educ.* **1992**, *69*, 536). Hier bietet sich für Lehrkräfte die einzigartige Gelegenheit Schülern die meist ungeliebte Stöchiometrie an einem wirklich hoch spannenden Beispiel nahezubringen und vielleicht den Krimi in Deutsch oder Englisch lesen zu lassen.

[44] Strychninsulfat $(C_{21}H_{22}N_2O_2)_2 \cdot H_2SO_4$, Molmasse 766 g/Mol) und Kaliumbromid (KBr; Molmasse = 199 g/Mol)
$IP = [StryH^+] \cdot [Br^-] = [0,065/(0,237 \cdot 766/2)] \cdot [23/(0,237 \cdot 119)]$
Strychninbromid $(C_{21}H_{22}N_2O_2 \cdot HBr \cdot H_2O)$; Molmasse = 433 g/Mol)
$LP = [StryH^+] \cdot [Br^-] = [StryH^+]^2 = [1000/(50 \cdot 433)]^2$.

[45] *The Merck Index*, 9th edition, **1976**.

[46] I. Simon, *Arch. Intern. Pharmadyn.Therap.* **1927**, *33*, 61; Achtung! Ein Schülerversuch mit Strychninbromid könnte zu Schwierigkeiten mit der Schulaufsicht führen. Das Aussalzen kann Schülern fast noch eindrucksvoller mit Wodka demonstriert werden. In 100 ml Wodka (wahlweise 40 ml Brennspirirus + 60 ml Wasser) wird fein pulverisiertes Kaliumcarbonat geschüttet und umgerührt, bis ein Bodensatz bleibt. Es bilden sich zwei Phasen, wobei die leichtere aus hochprozentigem wässrigen Alkohol und die schwerere aus einer alkoholisierten Pottaschelauge besteht.

[47] *My 132 Semesters of Studies in Chemistry*, V. Prelog, **1991**, American Chemical Society, Washington D.C., USA.

[48] Gleich zu Beginn konnte er seinem ursprünglichen Syntheseplan (AB)→C→D→E→(FG) nicht folgen, da eine Substitutionsreaktion mit einem Phenylalanin-Baustein an ein Tryptophan nicht an der gewünschten 3-, sondern immer an der 2-Position erfolgen würde. Woodward blockiert mit dem über eine Fischersche Indolsynthese eingeführten Phenylsubstituenten die 2-Position und kann anschließend ungestört den Ring C aufbauen, insgesamt also (AB)→C→G →E→D→F.

[49] V. Prelog *et al.*, *Helv. Chim. Acta*, **1948**, *31*, 2244.

[50] J. Mulzer, *Nachr. Chem.* **2007**, *55*, 731.

[51] C. Beemelmanns, Dissertation **2010**, Freie Universität Berlin.

[52] C. Beemelmanns und H.-U. Reißig, *Pure Appl. Chem.* **2011**, *83*, 507.

[53] G.J. Bodwell und J. Li, *Angew. Chem.* **2002**, *114*, 3395.

[54] Die räumliche Nähe der beiden Wasserstoffatome kann über die Messung eines starken NOEs (*Nuclear Overhauser-Effect*) nachgewiesen werden. Eine Demonstration dieser Methode am Strychnin selbst, siehe [15].

[55] C. Beemelmanns und H.-U. Reißig, *Angew. Chem.* **2010**, *122*, 8195.

[56] Warum er der Naturstoffchemie den Rücken zukehrte, erläuterte Huisgen in seinen Lebenserinnerungen: *„Ich bin weit davon entfernt, die schlechten Arbeitsbedingungen für meine glanzlosen Beiträge zum Strychninproblem verantwortlich zu machen, allerdings bietet ein überfüllter Luftschutzkeller nicht gerade optimale Bedingungen für kreatives Denken. Im Alter von 22 Jahren (also 1942, Anm. des Autors) war ich auch noch nicht erfahren und reif genug, eine der härtesten Nüsse der Alkaloidchemie zu knacken. Kinder behalten manchmal eine lebenslange Abneigung gegenüber Büchern, die beim ersten Lesen ihren intellektuellen Horizont überstiegen haben. Es könnte sein, dass ähnliche Gründe mich daran hinderten, zu den Naturstoffen zurückzukehren, nachdem ich auf Ausflügen andere Gebiete kennengelernt hatte."* *The Adventure Playground of Mechanisms and Novel Reactions*, R. Huisgen, **1994**, American Chemical Society, Washington D.C., USA.

„Vanitas“

Pieter Claecz (1597–1660)

Dieses Stillleben mahnt den Betrachter an die Nichtigkeit (lat.** vanitas **= leerer Schein, Nichtigkeit) alles Irdischen. In dieser fast monochromen Komposition symbolisieren die goldene Taschenuhr, das umgestürzte Weinglas, die eingetrocknete Schreibfeder und der Totenschädel die Vergänglichkeit des Menschen selbst und all seiner nichtigen Taten.

Das auf die leere Öllampe nachträglich gestellte Molekülmodell des Strychnins zieht mit seinen kräftigen Farben und der fast kugelförmigen Gestalt als ästhetischer Kontrapunkt die Blicke des Betrachters auf sich. Fast scheint es, als ob auch der Totenschädel in dem Molekül einen engen Verbündeten des Todes erkennt.

Starker Tobak

Chemische Leckerbissen. Klaus Roth · Copyright © 2014 WILEY-VCH Verlag GmbH & Co. KGaA, Weinheim · ISBN: 978-3-527-33739-2

Tabak wird in großen Mengen konsumiert, am häufigsten in Form von Zigaretten. Weltweit gelangen jeden Tag rund 15.000 kg Nikotin in die Lungen der Raucher. Grund genug, sich mit diesem Naturstoff näher zu befassen. Wie und warum synthetisiert die Tabakpflanze überhaupt Nikotin und was passiert nach dessen Aufnahme mit uns und mit ihm im Körper der Raucher? Vor allem aber wollen wir ergründen, warum das auf den ersten Blick völlig unsinnig erscheinende Einsaugen von Verbrennungsgasen fermentierter Tabakblätter ein seit Jahrhunderten zelebrierter Genuss ist, und warum es so schwierig ist, davon zu lassen [1].

Eher unbemerkt veröffentlichte das Statistische Bundesamt am 12. März 2013 seine „Zahl der Woche": 225 Millionen! So viele Zigaretten wurden 2012 in Deutschland geraucht – und zwar an jedem Tag! Mit den täglich noch hinzukommenden 74 Tonnen Feinschnitt für Selbstgedrehte, den 3 Tonnen Pfeifentabak und den 10 Millionen Zigarren und Zigarillos ist das schon „*Starker Tobak*"! [2, 3]. Mit dem aufsteigenden Rauch flossen 2012 über 14 Milliarden Euro in die Staatskasse [4]. Von jeder Schachtel Zigaretten mit einem Verkaufspreis von rund 5 Euro landen aktuell 3,68 € (73,6 %) über die Tabak- und Mehrwertsteuer beim Fiskus [5]. Trotz der hohen Kosten, trotz aller statistisch belegten gesundheitlichen Risiken, trotz der deutlichen Warnhinweise auf den Packungen – die Raucher rauchen unbeeindruckt weiter. Grund genug näher hinzuschauen, welche Wege der Tabak nimmt, welche chemischen Veränderungen er durchläuft und wie es das Nikotin schafft, dass so viele von uns nicht mehr davon lassen mögen oder können.

Ein führnehmstes Arztney-Kräutleyn

Als die Tabakpflanze im 16. Jahrhundert erstmals europäischen Boden erreichte, wurde sie zunächst als Zierpflanze kultiviert. In den königlichen Gärten Lissabons lernte der Gesandte des französischen Königs Jean Nicot (1530–1604) die neue Pflanze kennen, hörte von ihren wundersamen Heilkräften und machte sie in Europa populär. Als Heilmittel gegen Fettsucht, Hühneraugen, Frostbeulen, Würmer, Warzen, Pest, Zahnschmerzen, Migräne und viele andere Leiden bekam Tabak für Jahrhunderte einen guten Ruf [6]. Nicht nur die Anwendungsbreite, auch die vielen Darreichungsformen des Tabaks überraschen: Tinkturen, Aufgüsse und Salben zur äußeren Anwendung, Pulver für die Nase, Blättern zum Kauen oder Tee zum Trinken, Rauch zum Inhalieren, schließlich gar Tabak-Klistiere, die Verstorbene zurück ins Leben bringen sollten [7]. Dies mag erschaudern, aber manch seltsame Einnahmeform erfreut sich bis heute großer Beliebtheit (Abbildung 1).

Vom Heil- zum Genussmittel

Den Tabak zu kauen ist eine der ältesten Arten des Tabakgenusses in Europa. Auch diese Tradition wie das Rauchen schaute sich der Europäer von den Ureinwohnern Amerikas ab. Diese ließen über Tag Tabakblätter, die sie mit Muschelkalk versetzt hatten, in der Backentasche ruhen. So ließen sich Hunger und Durst leichter ertragen. Der Name Kautabak ist somit eigentlich irreführend, denn dieser Tabak (Priem, Dip, Twist, Snus oder Scrab) wurde und wird überhaupt nicht gekaut. Im 30jährigen Krieg zeichneten sich besonders die schwedischen Soldaten durch ihren hohen Tabakverbrauch aus („*Priemen wie ein Alter Schwede*") und bis heute ist Kautabak in den skandinavischen Ländern äußert beliebt.

Ein wenig anders entwickelte sich das Schnupfen von Tabak. Diese Mode dominierte von der Einführung des Tabaks an fast zwei Jahrhunderte den Tabakkonsum. Männer wie Frauen aller Stände schnupften fleißig, immer mit dem Ziel, das Pulver möglichst graziös der Nase zuzuführen. Schnupftabak, der krümeliger als Kautabak war, wurde in kleinen Döschen aufbewahrt. Kunstvoll gearbeitete und

ABB. 1 | WER NIEST, FLIEGT RAUS

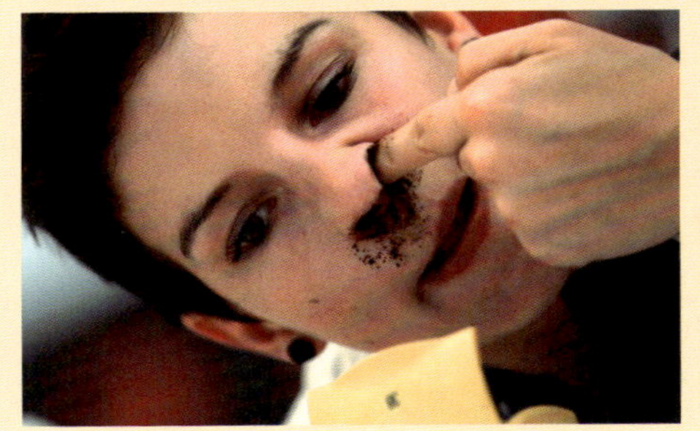

Eine der ältesten Varianten, Tabak zu konsumieren ist das Schnupfen. Eine wahre Renaissance erfährt diese etwas bizarr anmutende Gewohnheit in deutschen Schnupfclubs. Ungefähr 50 Schnupfclubs – vor allem in Bayern – sind im Schnupfverband Deutschlands e.V. organisiert. Die Schnupfclubs richten jährlich die Deutsche Meisterschaft und alle zwei Jahre die Weltmeisterschaft aus. Im Wettkampf herrschen strenge Regeln: Jeder Teilnehmer erhält exakt 10g Schnupftabak, die er oder sie sich binnen drei Minuten in die Nase zu stopfen hat. Wer niest, wird disqualifiziert. Alle Brösel, die nicht in die Nase passen und auf dem Tisch landen, dürfen nicht wieder aufgenommen werden. Tabak, der übrigbleibt und der auf dem Tisch liegt, wird abschließend gewogen. Gewonnen hat, wer den meisten Tabak in der Nase unterzubringen vermochte [64].

(Bildquelle: http://www.zimbio.com/pictures/f67awTaBvxH/18th+Snuff+Sniffing+World+Championships/IMA6edL_JRJ)

ABB. 2 | SCHÖN UND VERR(A)UCHT

Carmen, die wohl berühmteste rauchende lyrische Mezzosopranistin der Opernbühne, träumte zusammen mit den anderen Arbeiterinnen einer Zigarettenfabrik über 100 Jahre lang im 1. Akt beim Anblick des aufsteigenden Rauchs:

In der Luft folgen wir mit den Augen dem Rauch,
der zum Himmel aufsteigt, wohlriechend aufsteigt.
Das steigt angenehm zu Kopfe;
ganz sanft versetzt das eure Seele in festliche Stimmung.
Rauch ist das sanfte Sprechen von Liebenden;
Rauch sind ihre Leidenschaften und Schwüre.
Ja, das ist Rauch, ist Rauch.

Georges Bizets (1838–75) Oper Carmen wurde von der Waliser Nationaloper 2010 erstmals feuerpolizeilich und gesundheitspolitisch korrekt aufgeführt: Fiona Harrison als Carmen und ihre Kolleginnen zogen im 1. Akt an elektronischen Zigaretten. Dieser revolutionäre Regieeinfall wurde allerdings vom Publikum kaum bemerkt. (Bildquelle: nach www.ecigarettedirect.co.uk)

reich verzierte bzw. bemalte Schnupftabakdosen wurden Mode und dienten als Zeichen der gesellschaftlichen Stellung. Damals wurde 90 % des Tabaks in die Nase gestopft [7].

Mitte des 17. Jahrhunderts setzte sich langsam das Rauchen des Tabaks in Mitteleuropa durch. Man griff zur Pfeife aus Ton, die natürlich nicht ewig hielt. Die Herstellung von Tonpfeifen in Pfeifenbäckereien war lukrativ und verhalf z.B. dem Städtchen Gouda zu Weltruhm. Die später in Mode gekommenen Holzpfeifen waren weniger zerbrechlich, gingen aber manchmal samt dem Tabak in Rauch auf. In der Biedermeierzeit wurden Porzellanpfeifen modern, an denen sich so manch einer die Finger verbrannte. Ab 1723 wurden Pfeifen aus Meerschaum gefertigt [8]. Kenner schwören auf Meerschaumpfeifen und Pfeifen aus Bruyèreholz, dem Wurzelholz von *arborea erica*, der Baumheide. Die Pfeifenherstellung wurde ein wichtiger Wirtschaftszweig und ebenso wie die Schnupftabakdose wurde die Pfeife ein Zeichen von Beruf und Stand.

Tabak ohne weitere Utensilien zu rauchen, sondern nur in sich selbst eingewickelt war zuerst in Spanien und Portugal bekannt. Die Zigarre wurde ein Statussymbol und zunächst dem Adel vorbehalten. Napoleons Soldaten brachten die Zigarre aus dem eroberten Spanien mit nach Frankreich und zügig verbreitete sie sich im schnupfenden und schmauchenden Europa.

Der Siegeszug der Zigarette

Schon im 16. Jahrhundert rauchten die spanischen Kolonialisten „*papelitos*" – in Mais- oder Papierblätter eingewickelte Tabakschnitzel – doch der wahre Siegeszug der Zigarette begann erst Ende des 18. Jahrhunderts. Vor allem Soldaten im türkischen und russischen Heer begannen Tabak in Papier einzuwickeln und zu rauchen. Bald wurde die *papirossa* salonfähig: In St. Petersburg und in Konstantinopel fanden die Tabakröllchen als in Seidenpapier handgerolltes Fertigprodukt großen Anklang. Der Krimkrieg (1853–56) und der russische Adel sorgten für die Verbreitung der Zigarette in ganz Europa [9].

Zigaretten gingen bald in die Massenproduktion. 1785 begann die königliche Tabakmanufaktur in Sevilla, Zigaretten zu fabrizieren. Diese Fabrik blieb bis Mitte des 19. Jahrhunderts Europas größte Zigarettenfabrik. Die meisten der Arbeiter dort waren Frauen und eine davon wurde weltberühmt (Abbildung 2).

In Deutschland wurde die erste Zigarettenfabrik 1862 in Dresden gegründet. Dresden blieb wichtiger Tabakstandort: Von 1907–1909 wurde dort die sicher architektonisch außergewöhnlichste Zigarettenfabrik erbaut (Abbildung 3).

Die Tabaksorten für die Zigaretten in Deutschland wurden vor allem aus dem Osmanischen Reich importiert. Sie umgab ein Hauch Orient und Exotik, den die Zigarettenhersteller werbewirksam einsetzten. Die Markennamen und die fantasievoll gestalteten Schachteln erinnerten an Märchen aus 1001 Nacht: Salem (Yenidze), Echt Orient No. 5 (Waldorf Astoria Hamburg), Saba (Garbaty) oder Nil (Regie), wobei der letzteren bis 1920 sogar 8 % Cannabis beigemischt waren.

Der erste Weltkrieg führte in Europa zu einem unglaublichen Anstieg des Zigarettenkonsums. Soldaten rauchten ohnehin viel, doch nun gehörte die Zigarette in vielen

ABB. 3 | DIE TABAKMOSCHEE

Das Gebäude der ehemaligen Zigarettenfabrik Yenidze gehört zu den Sehenswürdigkeiten Dresdens. Es wurde 1909 nach Plänen des Architekten Martin Hammitzsch ähnlich einer Moschee gebaut und wird heute als Bürogebäude und Restaurant genutzt.

Der Unternehmer und Fabrikerbauer Hugo Zietz importierte den Tabak für seine Zigaretten aus dem Gebiet Yenidze, einem Ort im heutigen Griechenland, der damals unter osmanisch-türkischer Verwaltung stand. Mit der „Tabakmoschee" schuf Zietz nicht nur ein eindrucksvolles Gebäude, sondern auch ein Werbemonument für seine Orientalische Zigarettenfabrik, deren wohl bekanntestes Produkt die Marke Salem [65] war. (Bildquelle: Steffen Müller, wikimedia commons)

Armeen zur Tagesration. Nach ihrer Heimkehr wollten die meisten auf die Zigarette nicht mehr verzichten.

Bis ins 20. Jahrhundert hinein war das Pfeife- und Zigarrenrauchen reine Männersache [9]. Für Frauen galt Rauchen als unschicklich. Männer durften in Gegenwart von Frauen überhaupt nicht rauchen und in gutbürgerlichen Haushalten verließen die Männer zum Rauchen das Wohnzimmer und zogen sich mit ihren Zigarren- und Pfeifenutensilien ins „Herrenzimmer" zurück. Damit die feinen Nasen der Damen nicht durch einen Hauch von Tabakrauch belästigt wurden, trugen Gentlemen beim Rauchen eine spezielle Jacke: den Smoking.

Erst in den wilden 1920ern wurde die Zigarette auch für die Frau salonfähig, denn eine Zigarette rauchte sich schnell, war schlank, elegant und unschuldig weiß. Vor allem wurde die Zigarette mit einer Zigarettenspitze in der Frauenhand zu einem modischen Accessoire, das einen gewissen Hauch von Exklusivität versprühte. Mit der Einführung von Filterzigaretten verschwand diese elegante Sitte mehr und mehr. Das öffentliche Rauchen blieb aber bis in die Mitte des 20. Jahrhunderts bei Frauen verpönt.

Der Amerikaner James B. Duke (1856–1925) begann bereits 1881 im großem Stil mildere amerikanische Tabaksorten in Virginia anzubauen und nach neuen Verfahren zu trocknen und zu fermentieren. Durch moderne Produktionsmethoden wurde die Zigarette zu einem billigen, maschinell hergestellten Massenprodukt von stets gleichbleibender Qualität. Der Zigarettenkonsum in den USA und überall auf der Welt stieg Ende des 19. Jahrhunderts massiv an. Die „American Blend" war zu Beginn des 20. Jahrhunderts marktbeherrschend und revolutionierte das Rauchen: Der Rauch ließ sich durch die neue Rezeptur leichter in die Lungen inhalieren und sorgte so für einen schnellen Kick. Das Hantieren mit umständlichen Gerätschaften oder eine besondere Fingerfertigkeit beim Selberdrehen entfielen.

Auch die Entwicklung von Marktstrategien unter Einsatz massiver Werbung verhalf dem Zigarettenkonsum zu zusätzlichem Aufschwung. Marken wie *Camel* setzen auf afrikanische Exotik durch Dromedar und Pyramiden, *Lucky Strike* wurde als Alternative zur dickmachenden Schokolade beworben und *Marlboro* wurde 1927 als spezielle Frauenzigarette lanciert [9].

Abb. 4 ***Schwarzmarkt in Berlin 1949. Die Zigarettenwährung hatte im Nachkriegsdeutschland mehrere Vorteile: Sie war relativ inflationsstabil, da sie sich ständig in Rauch auflöste und mit geschätzten 60 % Rauchern im Nachkriegsdeutschland war die kontinuierliche Nachfrage mehr als gesichert.*** *(Bildquelle: Bundesarchiv, wikimedia commons)*

Die amerikanischen Zigarettenmarken eroberten den deutschen Markt erst nach dem Zweiten Weltkrieg. Zunächst behalf man sich im zerstörten Europa mit Tabakstauden vom Balkon, zur Not stopfte man sich Eichenblätter in die Pfeife. Tabak war rationiert und nur auf Raucherkarten erhältlich. Doch Tabak war für Zivilisten und Soldaten ein unentbehrliches Sedativum geworden. Die *„American Blend"* oder *„Ami"* wurde so begehrt, dass sie zur Währung auf den florierenden Schwarzmärkten im Nachkriegsdeutschland wurde [10]. Der direkte Tausch von Gütern wurde immer beliebter und die Zigarettenwährung galt als neuer und stabiler Wertmaßstab (Abbildung 4).

ABB. 5 | DAS PFLANZENGIFT NIKOTIN (1)

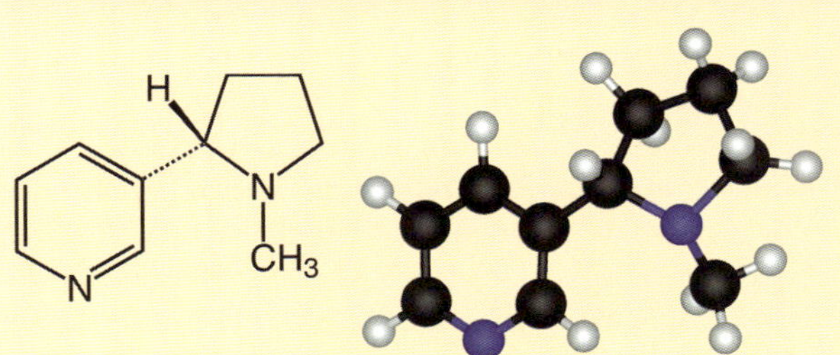

Pflanze	Nikotingehalt [%] [66]
Tabak	9,000 000 00
Blumenkohl	0,000 000 38
Aubergine	0,000 010 00
Kartoffel	0,000 000 71
unreife Tomate	0,000 004 30
reife Tomate	0,000 001 10

*Die Toxizität von (S)-(–)-3-(1-Methyl-pyrrolidin-2-yl) pyridin, Nikotin (**1**) hängt bei Säugetieren sehr stark von der Art ab [67]. Auf der Grundlage von Einzelfällen beträgt die tödliche orale Dosis für Erwachsene 0,5–1,0 mg/kg und für Kinder 0,1 mg/kg Körpergewicht. Nikotin ist für Menschen so giftig wie Blausäure. Erste leichte Vergiftungssymptome sind Speichelfluss, Übelkeit, Bauchschmerzen, Erbrechen und Durchfall, Kopfschmerzen, Schwitzen, Schwindel und Blutdruckerhöhung.*

Nikotin kommt mit einem Gehalt von bis zu 9 % im Trockengewicht im Tabak vor. Der Nikotingehalt anderer teilweise als Gemüse verzehrter Pflanzen kann demgegenüber vernachlässigt werden. (Bildquelle: Klutzky, wikimedia commons)

ABB. 6 | NIKOTIN UND VERWANDTE TABAKALKALOIDE

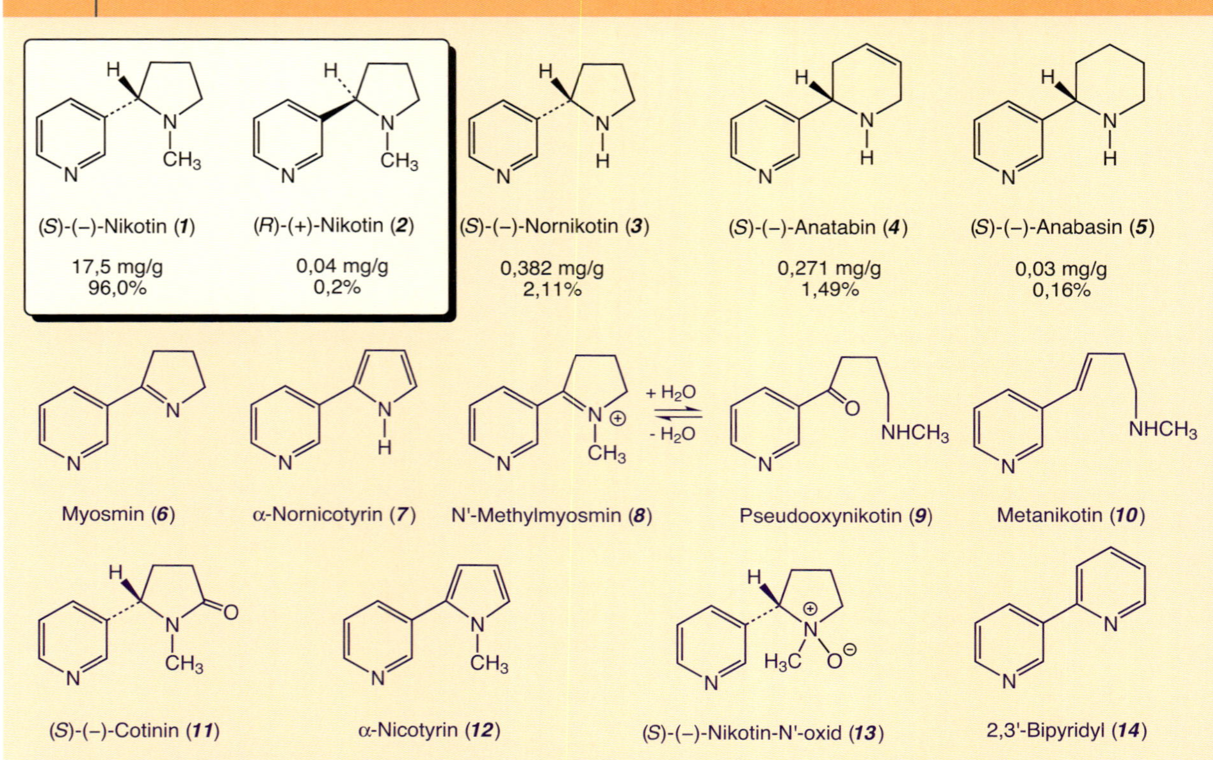

*obere Reihe: Das (S)-Nikotin (**1**) ist mit über 95 % das Hauptalkaloid der Tabakpflanze. Daneben kommen enantiomeres (R)-Nikotin (**2**) [68], Nornikotin (**3**), Anatabin (**4**) und Anabasin (**5**) vor [69], wobei Anabasin ein Isomeres des Nikotins ist und früher als Neonikotin bezeichnet wurde.*
untere Reihen: Während der Trocknung und Fermentierung wird ein Teil der in den Tabakblättern enthaltenen Alkaloide abgebaut [21].

ABB. 7 | NICOTIANA TABACUM, EIN KURZPORTRAIT

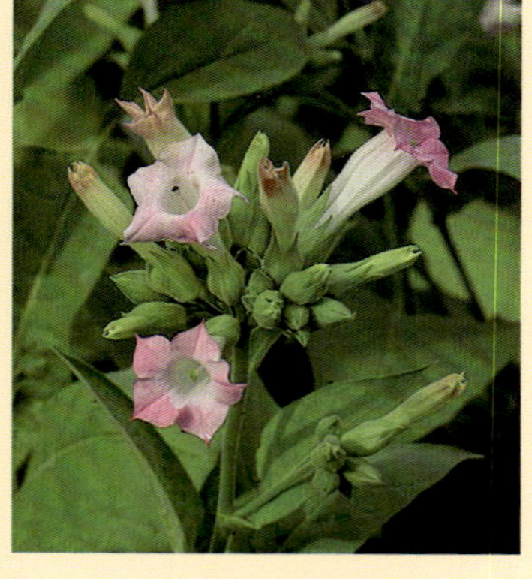

Die Gattung Tabak umfasst ca. 75 Arten von denen aber nur zwei wirtschaftliche Bedeutung haben: Nicotiana tabacum, der Virginiatabak und Nicotiana rustica, der Bauerntabak. Ursprünglich stammt die Tabakpflanze aus Südamerika, sie wird aber schon seit langem weltweit angebaut. Hauptalkaloid des Tabaks ist Nikotin, eine farblose Flüssigkeit. Tabak gedeiht im warmen Klima besonders gut, trotzdem wurde er sogar in Deutschland kultiviert. Heute werden in Deutschland nur noch 2.400 ha mit Tabak bepflanzt [70], er hat keinen besonders guten Geschmack, enthält wenig Nikotin und wird meist nur anderen Tabaken beigemischt.

Die Weltproduktion an Tabak beträgt rund 7 Millionen Tonnen pro Jahr auf insgesamt 3,8 Millionen Hektar Kulturland. Neben China waren 2011 Indien, Brasilien, USA, Argentinien und Malawi die größten Tabakproduzenten. Den größten Zuwachs in der Tabakproduktion haben die afrikanischen Länder Mosambik, Zambia, Mali und Ghana [71].Tabakpflanzungen werden stark mit Stickstoff gedüngt, damit der Tabak besser wächst und der Nikotingehalt steigt. (Bildquelle: Joachim Müllerchen, wikimedia commons)

Nach Gründung der Bundesrepublik Deutschland wurde die amerikanische Zigarette zum Symbol des modernen und weltoffenen Deutschlands. Der *American Way of Life* zog sich durch die Mode, die Musik, die Filme und eben auch durch die Lungen. Doch was steckt eigentlich drin, im Tabak?

Inhaltsstoffe der Tabakpflanze

Chemisch betrachtet besteht eine Tabakpflanze genau aus jenen Substanzen, die allen Pflanzen gemein sind, also Aminosäuren, Zucker und Fetten. Aus diesen Primärmetaboliten synthetisieren jedoch viele Pflanzen weitere Verbindungen, die im Stoffwechsel des Pflanzenindividuums nicht direkt eingreifen, sondern spezielle ökologische Funktionen erfüllen. Man kennt Zehntausende dieser als Sekundärmetaboliten bezeichneten Verbindungen. Typische Beispiele sind Duft- und Farbstoffe zum Anlocken von Insekten für die Bestäubung, Sexuallockstoffe zum Anlocken von Partnern oder Abwehrstoffe zum Vertreiben oder Vergiften von Fressfeinden.

Der charakteristische Sekundärmetabolit der Tabakpflanzen, das Nikotin [11] (*1*), wird nicht nur vom Tabak und anderen Nachtschattengewächsen, sondern auch von einigen mit Tabak nicht verwandten Pflanzen synthetisiert (Abbildung 5) [12].

Abb. 8 ***Von der Plantage in die Zigarettenschachtel.***

Tabak
Drei Tabaksorten dominieren im Anbau: Virginia-, Orient- und Burleytabak. Die winzigen Tabaksamen (12.000 Stück wiegen ein Gramm) werden mit Wasser gemischt und in den Boden eingegossen. Die Tabakpflanzen wachsen bis zu 2 m hoch und benötigen zwei bis drei Monate, bis geerntet werden kann.

Ernte (1)
Bei Virginia- und Orienttabak werden die einzelnen Blätter geerntet, wogegen der Burleytabak als ganze Pflanze Verwendung findet. Teilweise wird maschinell geerntet, doch die Hauptarbeit wird per Hand getätigt.

Trocknung (2)
Alle Tabake werden Blatt für Blatt auf lange Schnüre gefädelt und zum Trocknen aufgehängt. Die großen Blätter des Virginiatabak werden innerhalb von 4–7 Tagen im heißen Luftstrom getrocknet, Blätter des Orienttabak sind sonnengetrocknet, sie benötigen ungefähr vier Wochen und der dunkelbraune Burleytabak hängt für 6–8 Wochen in luftigen Scheunen.

Fermentation (3)
Das Fermentieren ist der zeitintensivste Arbeitsschritt. In großen Stapeln ruht der Tabak bis zu einigen Monaten. In dieser Zeit muss der Stapel ab und an gewendet werden, damit alle Blätter gleichmäßig fermentieren. Bei diesem Gärprozess werden Temperaturen von 50–60 °C erreicht, bei denen Eiweiße und Teile von Nikotin abgebaut werden und zahlreiche andere Verbindungen entstehen, die dem Tabak sein typisches Aroma verleihen.

Auswahl (4)
Die tabakverarbeitende Industrie prüft beim Einkauf die Qualität des Tabaks auf Geruch, Geschmack und den optischen Eindruck. Dann wird Lagerwirtschaft betrieben, denn der Tabak braucht Ruhe. Die Firma Reemtsma lagert in Hamburg auf 30.000m² ca. 30 Mill. Tonnen Tabak. Während der Lagerzeit entfaltet der Tabak sein volles Aroma.

Mischung
Pro Zigarettensorte werden ca. 30 bis 50 Partien Tabak gemischt. Der süßliche Orient, der aromatische Virginia und der eher würzige Burley kommen vor allem zum Einsatz. Experten gewährleisten die Konstanz der Geschmackskomponenten in den einzelnen Blends.

Würzen und Schneiden (5)
Der trockene Rohtabak wird mit Wasserdampf befeuchtet und mit Würzstoffen [72] besprüht. Für jede Marke gibt es eine eigene Rezeptur. Maschinell wird nun der Tabak in exakt 0,75 mm breite Fasern geschnitten.

Fertigstellung (6)
Ein 4-6 km langer Papierstreifen (ausreichend für 15 Minuten Produktionszeit !) wird mit Markenzeichen bedruckt, mit einer Leimspur versehen, und mit dem vorgerollten Tabak beladen. Nun wird gerollt, verklebt, zerschnitten und nach Bedarf mit einem Filter samt Mundstückpapier umwickelt.

(Quelle: www.reemtsma.com)

Ein typischer Zigarettentabak enthält etwa 1,5 % (*S*)-(–)-Nikotin (***1***), das mit über 95 % das Hauptalkaloid ist [13], und geringe Mengen des Enantiomeren (*R*)-(+)-Nikotin (***2***), außerdem Nornikotin (***3***), Anatabin (***4***) und Anabasin (***5***) [14] (Abbildung 6).

Von der Pflanze zur Zigarette

Mit 96 % stellen Zigaretten den größten Anteil an allen Produkten des Tabakmarktes dar (Abbildungen 7 und 8). Die meisten dafür verwendeten Tabaksorten wurden aus der Art *Nicotiana tabacum* gezüchtet. Nur der vor allem in Russland verwendete *Machorka*-Tabak wird aus *Nicotiana rustica* gewonnen.

Im Tabakanbau werden häufig große Mengen nitrathaltigen Düngers eingesetzt. Dieser Dünger führt zu einem verstärkten Wachstum der Pflanze und auch zu Nebeneffekten, die letztlich für den Tabakkonsum von großer Bedeutung sind. Die erhöhte Aufnahme von Nitrat durch die Düngung ermöglicht es der lebenden Pflanze einerseits mehr Nikotin zu synthetisieren, aber andererseits erhöht sich auch der Nitratanteil selbst in der Pflanze, was beim Rauchvorgang wiederum zu einem höheren Anteil von krebserzeugenden Substanzen im Rauch führt [15]. Doch auch, wenn die Pflanzenblätter schon geerntet sind, führen die Prozesse der Trocknung und besonders der Fermentation noch immer zu großen Veränderungen in der Zusammensetzung des Tabakblattes.

Eine kleine Chemiefabrik auch nach der Ernte

Als Fermentation werden Um- und Abbauvorgängen bezeichnet, die vor allem durch pflanzeneigene Enzyme oder mikrobielle Einflüsse bewirkt werden. Dabei erhält der Tabak sein typisches Aroma und die dunkle Farbe; der Kenner sagt: er wird rauchbar. Je nach den gewählten Bedingungen wie Temperatur, Feuchtigkeit und Pressung des Tabaks laufen in den Tabakblättern unterschiedliche Abbauprozesse ab, die zu verschiedenen Reaktionsprodukten führen. Insgesamt ist die Fermentation chemisch unübersichtlich und die Verarbeitung basiert vor allem auf langer praktischer Erfahrung. Trotzdem konnten Chemiker einige Grundabläufe identifizieren.

ABB. 9 | BIOSYNTHESE VON NIKOTIN IN DER TABAKPFLANZE

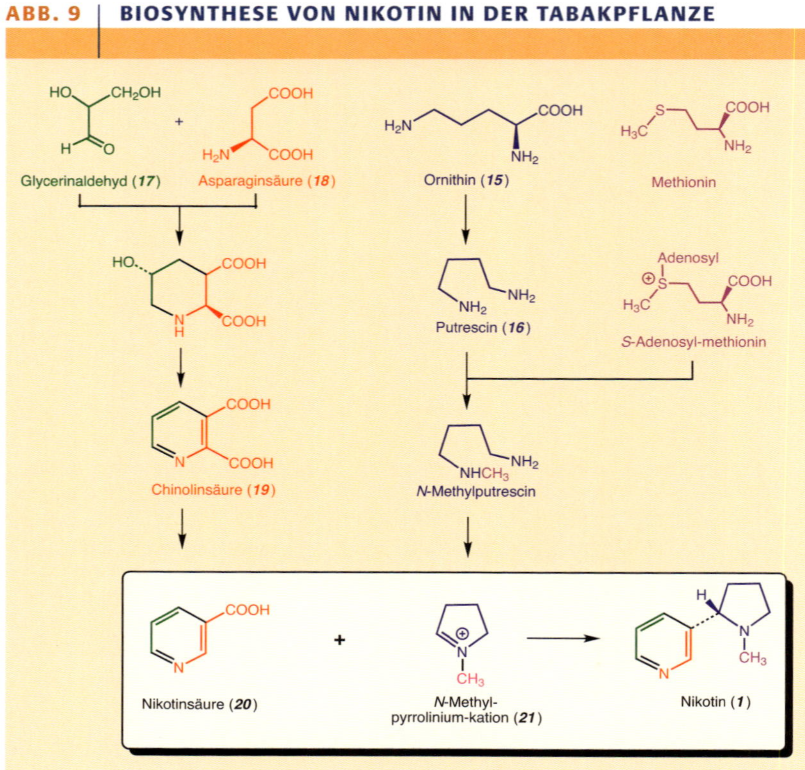

Das Gesamtbild der Biosynthese verrät das chemische Können der Tabakpflanze. Aus vier Allerweltskomponenten, drei Aminosäuren und einem Glucose-Abbauprodukt zaubert die Pflanze in ihren Wurzeln das Nikotin hervor und reichert es in ihren Blättern mit einem Trockengewicht von bis zu 9 %(!) an.

ABB. 10 | DIE VERBLÜFFENDE HETEROCYCLENCHEMIE DER TABAKPFLANZE

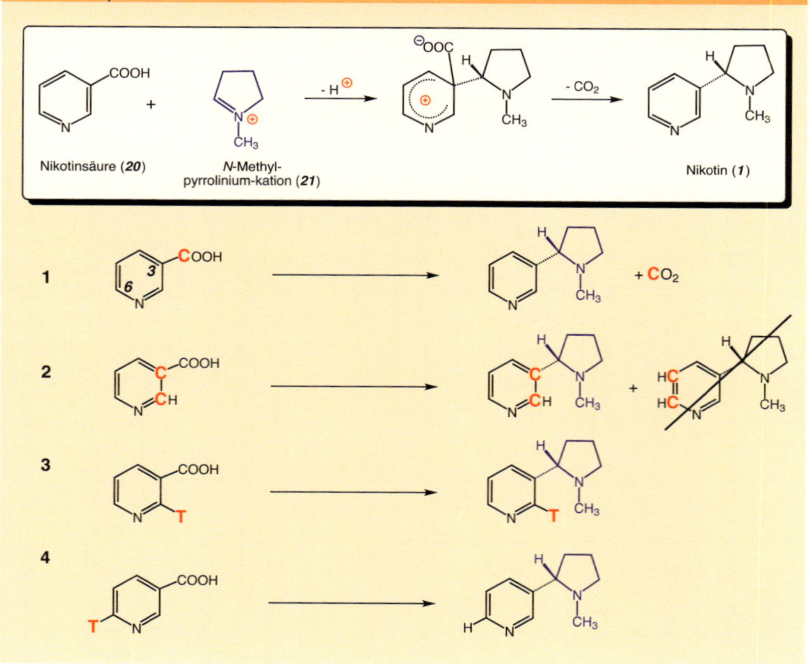

Nikotinsäure (20) + N-Methyl-pyrrolinium-kation (21) — $-H^{\oplus}$ → — $-CO_2$ → Nikotin (1)

1 → $+ CO_2$

2

3

4

oben: Die Erfahrungen der Aromaten- bzw. Heterocyclenchemie lehren uns, dass diese elektrophile Substitution bei Zimmertemperatur nicht ablaufen kann. Die Tabakpflanze ignoriert dies und synthetisiert unbeirrt große Mengen von Nikotin bei 25–30 °C [73].
unten: Über clevere Isotopenmarkierungen mit radioaktivem Tritium (^3T) oder Kohlenstoff (^{14}C) kam man der Tabakpflanze auf die chemische Schliche. Die ersten drei Markierungsexperimente stehen mit einer elektrophilen Substitution im Einklang. Der völlige Verlust der Tritiummarkierung in 6-Stellung der Nikotinsäure (unterste Reaktion) allerdings war völlig überraschend und konnte zunächst nicht erklärt werden.

Grundsätzlich entsteht während einer Fermentation Kohlendioxid, Wärme wird frei und der pH-Wert sinkt [16]. Der Gesamtstickstoff im Tabakblatt verändert sich überraschenderweise nur wenig, weil die Proteine ohne Stickstoffverlust zu niedermolekularen Stickstoffverbindungen abgebaut werden. Dies verbessert das Raucharoma entscheidend, da beim Abbrennen von Proteinen unangenehme Aromakomponenten entstehen. Der Nikotingehalt nimmt während der Trocknung und Fermentation um 30–50 % ab und eine Vielzahl von Abbauprodukten kann im fermentierten Tabak nachgewiesen werden (Abbildung 6). Ungeachtet welche komplexen Reaktionskaskaden während der Fermentation im Tabakblatt auch ablaufen, am Ende schmeckt der Tabak besser als vorher.

Zigarettentabake sind immer Mischungen verschiedener Sorten. Zur Verarbeitung von Tabak werden meist nur die Blätter verwendet. Sie werden zunächst von der Blattrippe befreit, die aber in vielen Fällen zerkleinert der Tabakmischung wieder zugeführt wird. Durch Zumischungen kann der Nikotingehalt so eingestellt werden, dass die gesetzlich vorgeschriebene Höchstgrenze von 1 mg im Rauch in einer Zigarette nicht überschritten wird [17].

Wie synthetisiert die Tabakpflanze Nikotin?

Unsere Kenntnisse über die Nikotin-Biosynthese basieren vor allem auf dem Einschleusen isotopenmarkierter Verbindungen in den Pflanzenstoffwechsel und der minutiösen Verfolgung der Markierung in den sich bildenden Metaboliten. Das sich nach vielen, vielen experimentellen Untersuchungen ergebende Gesamtbild zeigt [8, 18], auf welch meisterliche Art die Tabakpflanze aus drei Allerwelts-Aminosäuren (Asparaginsäure, Ornithin und Methionin) und Glycerinaldehyd, einem Abbauprodukt der Glucose, den Pyridin- und den Pyrrolidinteil separat aufbaut und schließlich zum Nikotin zusammenfügt (Abbildung 9).

Der krönende Abschluss der Biosynthese, die Verknüpfung des *N*-Methyl-pyrrolinium-Kations (***21***) mit der Nikotinsäure (***20***) [19], bereitete den Chemikern in den 1950er Jahren einige Kopfschmerzen. Für den Reaktionsmechanismus drängt sich eine elektrophile Substitution am Aromaten auf (Abbildung 7). Nach allen Erfahrungen der Heterocyclenchemie konnte diese Reaktion bei Raumtemperatur aber nicht ablaufen! Der große britische Naturstoffchemiker Robert Robinson, der 1947 mit dem Nobelpreis für Chemie *„für seine Untersuchungen biologisch wichtiger Pflanzenprodukte, besonders der Alkaloide"* geehrt wurde, hielt es für schlichtweg ausgeschlossen, dass Nikotinsäure der Ursprung für den Pyridinring im Nikotin sein könne und begründete dies wie folgt:

- Substitutionsreaktionen an Pyridin sind nur unter äußerst drastischen Reaktionsbedingungen möglich.
- Ein direkter Ersatz einer an einem Pyridin gebundenen Carbonsäuregruppe durch einen anderen Substituenten war noch nie beobachtet worden [20].

Robinsons Stimme hatte nicht nur damals Gewicht, sondern seine Argumente bestechen bis heute. Eine Bromierung von Pyridin zu 3-Brompyridin verlangt 300 °C, eine Nitrierung ist mit Kaliumnitrat nur in rauchender Schwefelsäure bei 370 °C möglich und Friedel-Crafts-Reaktionen an Pyridin gehen überhaupt nicht. Wie bewältigt aber die Tabakpflanze diese Reaktion bei Raumtemperatur?

Die Antwort ist einfach: Auch die Tabakpflanze kann Nikotin nicht über eine elektrophile Substitution an Nikotinsäure herstellen. Sie tut nur so, als könne sie es. In Wirklichkeit setzt sie zwar die gleichen Ausgangsprodukte ein und am Ende kommt das Richtige heraus, aber dazwischen verfolgt die Tabakpflanze einen raffinierten und verblüffenden chemischen Umweg. Erst durch eine ganze Zahl klug geplanter Markierungsexperimente kam man hinter den schlichtweg genialen chemischen Trick der Tabakpflanze [21]. Analysieren wir die entscheidenden Experimente (Abbildung 10):

Experiment 1: Die ^{14}C-markierte Carboxylgruppe der Nikotinsäure (***20***) wird nicht in Nikotin eingebaut, sondern als CO_2 abgespalten [22].

Experiment 2: Die C-Atome 2 und 3 im Pyridinring behalten im Nikotin ihre Positionen. Die Nikotinbildung ist daher eine echte Substitution der COOH-Gruppe.

Experiment 3: Die spezifische Tritium-Markierung der Position 2 im Pyridinring der Nikotinsäure bleibt bei der Nikotinbildung erhalten. Es findet in der Pflanze also während der Reaktion kein Austausch von Tritium gegen Wasserstoff statt [23].

Experiment 4: Nun die Sensation: Ein in 6-Position eingebautes Tritium geht bei der Nikotinsynthese der Pflanze vollständig verloren! [24]

Der vollständige Verlust der Tritium-Markierung in 6-Position der Nikotinsäure ist nur mit einer vorübergehenden Aufhebung der Aromatizität des Pyridinrings durch eine 3,6-Hydrierung erklärbar. Das dafür geeignete starke (biochemische) Reduktionsmittel ist NADPH, das flapsig als das Natriumborhydrid der Biochemie bezeichnet wird [25]. Über den weiteren genauen Reaktionsablauf kann bisher nur spekuliert werden, da das katalytisch wirkende Enzym, die Nikotin-Synthase, bisher nur wenig charakterisiert und nicht isoliert werden konnte. Die entstehende 3,6-Dihydropyridin-3-carbonsäure (***22***) ist nicht mehr aromatisch und kann leicht decarboxyliert werden, unter Bildung eines Azapentadienylanions. An dessen negativem C-3 greift das Kation ***21*** an und dies führt zur Substitution. Bei der anschließenden Dehydrierung wird die Tritium-Markierung vollständig abgespalten und es entsteht ein stabiler Pyridinring (Abbildung 11) [26]. Insgesamt wird jetzt das im ersten Reaktionsschritt entstandene Oxidationsmittel $NADP^+$ wieder verbraucht. Was für ein eleganter und ressourcenschonender Redoxkreislauf!

ABB. 11 | LOST IN REACTION

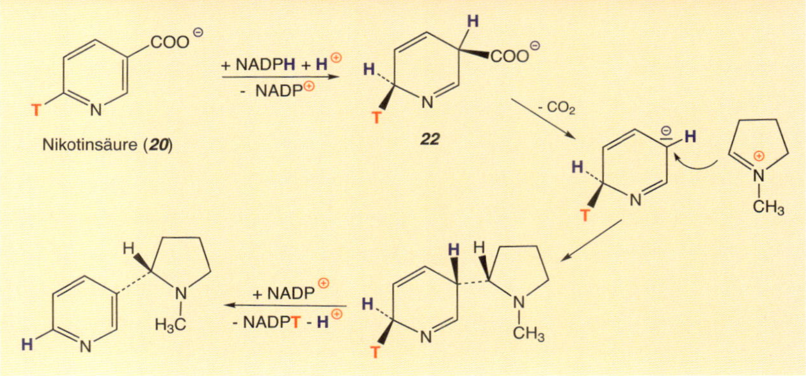

Die Tabakpflanze umgeht die nicht realisierbare Substitution am reaktionsträgen Heteroaromaten durch eine die Aromatizität aufhebende 3,6-Hydrierung. Nach einer Decarboxylierung wird das gebildete Carbanion vom Elektrophil angegriffen und mit einer Dehydrierung zum stabilen Heteroaromaten wird einen grandioser und ressourcenschonender Reaktionszyklus geschlossen, der summa summarum tatsächlich wie eine simple elektrophile Substitution der Carboxylgruppe erscheint. Chapeau!

Warum produziert die Tabakpflanze Nikotin?

Die Tabakpflanze verschafft sich mit der aufwendigen Nikotinsynthese einen Vorteil im Überlebenskampf, denn Nikotin ist giftig und vertreibt bzw. vernichtet Fraßfeinde. Da bei allen Pflanzen chronischer Stickstoffmangel herrscht,

ABB. 12 | SYNTHESE DES PFLANZENHORMONS JASMONSÄURE

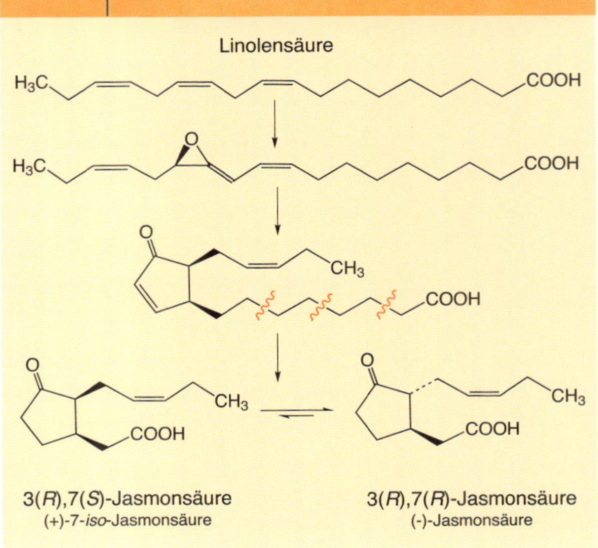

Durch ausgeschiedene Speichelkomponenten der Fraßfeinde wird die Synthese von Jasmonsäure aus der in den Zellmembranen der Blätter enthaltenen Linolensäure angetrieben. Das Pflanzenhormon Jasmonsäure seinerseits erhöht in den Wurzeln die Enzymsynthese für die Nikotinproduktion an.

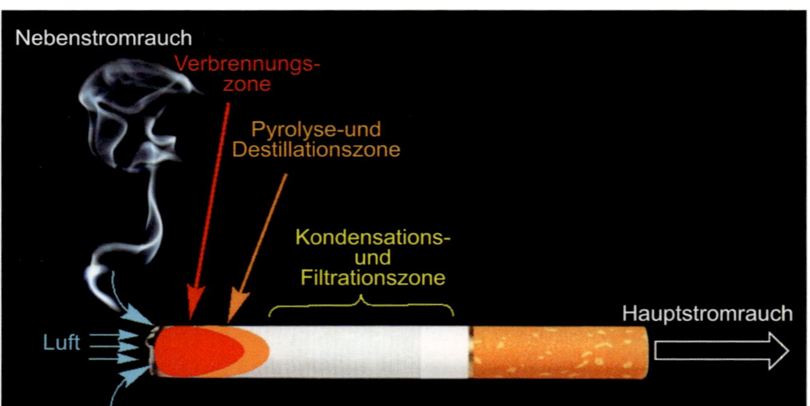

Abb. 13 ***Die verschiedenen Zonen einer Zigarette. Während des Ansaugens von sauerstoffreicher Luft werden in der Verbrennungszone organische Verbindungen verbrannt. Das Aufleuchten dieser Zone während des Zuges beweist den exothermen Charakter der ablaufenden Reaktionen. Die abgesaugten Verbrennungsgase heizen die benachbarte Zone auf, in der unter Sauerstoffmangel die verschiedensten Pyrolysereaktionen ablaufen und niedrig siedende Substanzen in die Kondensationszone mittransportiert werden. Zwischen zwei Zügen kühlen sich alle Zonen langsam ab, wobei auch bei tieferen Temperaturen Verschwelungsprozesse in Abwesenheit von Frischluft weiterlaufen.*** *(Bildquelle: nach R.R. Baker [74]).*

wird die Nikotinproduktion nur bei Bedarf hochgeregelt, wenn also Fraßfeinde an den Blättern knabbern.

An der Wundstelle reagieren Inhaltsstoffe (z.B. Glutamin) aus dem Speichel der angreifenden Insekten mit Fettsäuren aus den zerstörten Plasmamembranen. Die daraus entstehenden Reaktionsprodukte setzen einen Abwehrmechanismus in Gang, bei dem aus Linolensäure Jasmonsäure gebildet wird (Abbildung 12). Das Pflanzenhormon Jasmonsäure [27] verteilt sich über alle Pflanzenteile, erreicht die Wurzeln, wo allein die Nikotinsynthese lokalisiert ist. Dort greift Jasmonsäure in die Regulierung der Genexpression ein und treibt die für die Nikotinsynthese notwendige Enzymsynthese an [28]. Das Nikotin wird aus den Wurzeln zu den Blättern transportiert und dort akkumuliert. Bereits nach wenigen Tagen läuft die Nikotinproduktion auf vollen Touren, der Nikotingehalt der Tabakblätter verdoppelt sich. Der chemisch aufwendige Abwehrkampf gegen Fraßfeinde kommt die Pflanze teuer zu stehen, denn sie muss 6 % ihres Gesamtstickstoffs einsetzen, der dann z.B. bei der Samenbildung fehlt.

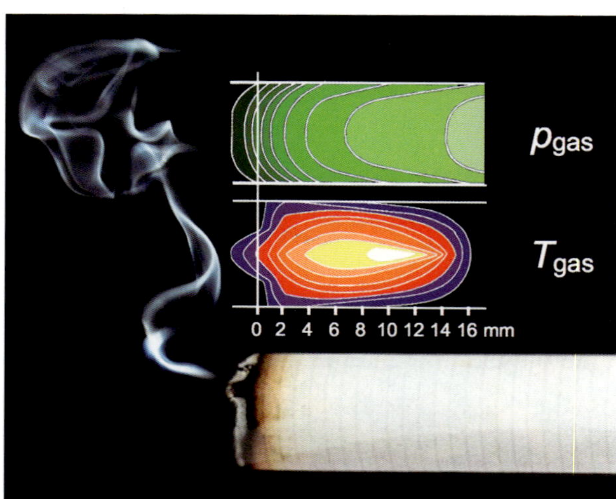

Abb. 14 ***Temperatur- und Druckverlauf während eines Zigarettenzuges. Beim Ziehen an einer Zigarette führt die Luftzufuhr zum schnellen Temperaturanstieg durch die stark exothermen Oxidationen. Die Temperaturverteilung ist jedoch nicht homogen, da nahe der Papierhülse die hohen Strömungsgeschwindigkeiten der Frischluft kühlen. Die maximalen Temperaturen von 800–900 °C werden in der Längsachse etwa 8 mm von der Außenfläche der Verbrennungszone beobachtet*** *(Bildquelle: nach R.R. Baker [75]).*

Reise zum Mittelpunkt einer brennenden Zigarette

Das Rauchen einer Zigarette ist ein chemisches Großspektakel, das an Komplexität kaum zu überbieten ist. Im Überblick: *Im Edukt*, den Tabakblättern, konnten bisher über 3.800 Verbindungen identifiziert werden [29], *im Produkt*, dem Zigarettenrauch [30], sogar 4.800 Verbindungen, wovon aber 2.800 nicht aus der Tabakpflanze stammten, also beim Rauchen entstanden sein müssen [31]. Chemikerherz, was willst du mehr?

Damit wir bei unserer chemischen Betrachtung über eine Zigarettenlänge nicht die Übersicht verlieren, unterteilen wir die brennende Zigarette in mehrere Zonen, in denen unterschiedliche Prozesse ablaufen (Abbildung 13). Beginnen wir mit dem ersten Zug.

- Während des ein bis zwei Sekunden dauernden Ansaugens von 35 ml Frischluft entsteht ein von der Verbrennungszone zum Mundstück zunehmender Unterdruck (Abbildung 14). Die stärksten Druckänderungen treten am Tabakrand nahe der Papierhülse auf, wo die Luftgeschwindigkeit Werte von bis zu 400 cm/s erreicht [32]. Das entspricht immerhin Windstärke 3 [33].
- Durch die Zufuhr sauerstoff*reicher* Frischluft steigt die Temperatur in der gut belüfteten äußeren Schicht der Glutzone schnell an und das helle Aufleuchten nach bereits 0,1 s macht die stark exothermen Oxidationsreaktionen sichtbar. In diesem sauerstoffreichen Bereich verbrennt der Tabak vollständig und nur mineralhaltige Asche bleibt zurück.
- Weiteres Ansaugen von kalter Außenluft kühlt die äußere Schicht der Glutzone nach einer Sekunde geringfügig ab und die nach innen gezogenen heißen Verbrennungsgase heizen den Innenbereich auf, so dass sich insgesamt eine komplexe Temperaturverteilung ergibt [34] (Abbildung 14).
- Das Temperaturmaximum wird in der Mittelachse 10–12 mm hinter der Verbrennungsfront erreicht. Dort und in der sich anschließenden, aufgeheizten Pyrolysezone herrscht Sauerstoffmangel und das Pflanzenmaterial verschwelt in dieser reduzierenden Atmosphäre. Die dabei freigesetzten organischen Verbindungen werden in *endothermen* Reaktionen dehydratisiert, decarboxyliert, dehydriert und gespalten.

ABB. 15 | HAUPTBESTANDTEILE IM INHALIERTEN TABAKRAUCH EINER ZIGARETTE [35, 76]

Gasphase (Menge/Zigarette)			Fest-flüssige Phase („Teer") in µg/Zigarette	
Verbindung			Verbindung	
55–64 %	Stickstoff	280–320 mg	Nikotin	100–3.000
11–14 %	Sauerstoff	50–70 mg	Nornikotin	5–150
9–13 %	Kohlendioxid	45–65 mg	Anatabin	5–15
2,8–4,6 %	Kohlenmonoxid	14–23 mg	Anabasin	5–12
1,4–2,4 %	Wasser	7–12 mg	4 Bipyridyle	10–30
1,0 %	Argon	5 mg	n-Hexatriacontain ($C_{31}H_{64}$)	100
Wasserstoff		0,5–1,0 mg	45 weitere nichtflüchtige KW	300–400
Ammoniak		10–130 µg	Naphthalin	2–4
Stickstoffoxide		100–600 µg	23 weitere Naphthaline	3–6
HCN		400–500 µg	7 Phenanthrene	0,2–0,4
H_2S		20–90 µg	5 Anthracene	0,05–0,1
Methan		1,0–2,0 mg	7 Fluorene	0,3–0,5
20 weitere flüchtige Alkane		1,0–1,6 mg	6 Pyrene	0,3–0,45
16 flüchtige Alkene		0,4–0,5 mg	5 Fluoranthrene	0,1–0,25
Isopren		0,2–0,4 mg	11 polyzyklische aromatische KW	80–160
Butadien		25–40 µg	Phenol	60–180
Ethin		20–35 µg	45 weitere Phenole	200–400
Benzol		7–70 µg	Catechol	100–200
Toluol		5–90 µg	4 weitere Catechole	200–400
Styrol		10 µg	10 weitere Dihydroxybenzole	15–30
29 weitere flüchtige, aromatische KW		15–30 µg	8 Polyphenole	40–70
Ameisensäure		200–600 µg	10 Cyclotene	0,5
Essigsäure		300–1.700 µg	7 Chinone	600–1000
Propionsäure		100–300 µg	Solanesol	200–350
Ameisensäuremethylester		20–30 µg	94 Neophytadiene	30–60
6 weitere flüchtige Säuren		5–10 µg	200–500 Terpene	100–150
Formaldehyd		20–100 µg	Palmitinsäure	50–75
Acetaldehyd		400–1400 µg	Ölsäure	40–110
Acrolein		60–240 µg	Linolsäure	150–250
weitere flüchtige Aldehyde		80–140 µg	Linolensäure	150–250
flüchtige Ketone		50–100 µg	Milchsäure	60–80
Methanol		100–650 µg	Indol	10–15
flüchtige Alkohole		10–30 µg	Skatol	12–16
Acetonitril		100–150 µg	7 Chinoline	2–4
10 weitere flüchtige Nitrile		50–80 µg	4 Benzofurane	200–300
Furan		20–40 µg		
4 weitere flüchtige Furane		45–125 µg		
Pyridin		20–200 µg		
α-, β-, γ-Picolin		15–80 µg		
3-Vinylpyridin		7–30 µg		
25 weitere flüchtige Pyridine		20–50 µg		
Pyrrole		0,1–10 µg		
Pyrrolidin		10–18 µg		
N-Methylpyrrolidin		2,0–3,0 µg		
18 flüchtige Pyrazine		3,0–8,0 µg		
Methylamin		4–10 µg		
23 weitere aliphatische Amine		3–10 µg		

ABB. 16 | NIKOTINKONZENTRATION IM BLUTPLASMA BEIM RAUCHEN EINER ZIGARETTE

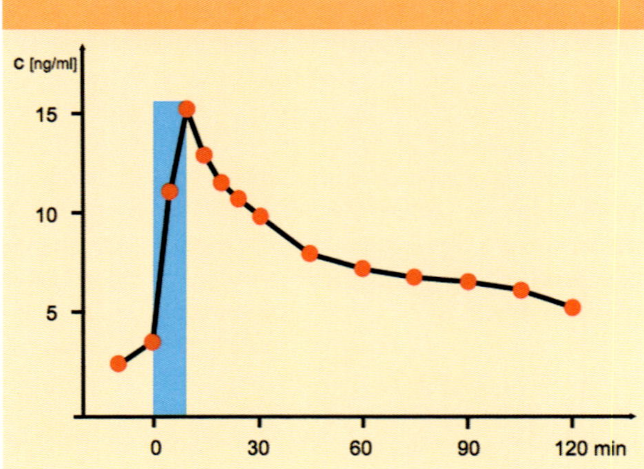

Bereits nach dem ersten Zug steigt die Nikotinkonzentration im Plasma steil an und erreicht am Ende einer Zigarettenlänge (blau markiert) das Maximum. Bei starken Rauchern werden Maximalwerte bis zu 100 ng/ml beobachtet. Anschließend verteilt sich das Nikotin über den ganzen Körper und wird mit einer Halbwertszeit von ein bis zwei Stunden abgebaut.

- Die sich beim Verschwelungsprozess bildenden festen, flüssigen und gasförmigen Produkte werden während des Zuges in die benachbarte Destillationszone gesaugt und können sich dort als Teilchen oder Tröpfchen niederschlagen [31].
- Zwischen zwei Zügen vergehen je nach Rauchgewohnheit 30–60 Sekunden. In dieser Zeit wird der Tabakfüllung kein Sauerstoff zugeführt, die Glutzone bleibt dunkel, jedoch laufen die Schwelungsprozesse weiter.

Was zieht der Raucher in seine Lungen hinein?

Tabakrauch ist ein Aerosol aus gasförmigen, flüssigen und festen Stoffen, das zwischen 10^7 und 10^{10} Feststoffpartikel und Flüssigkeitströpfchen pro Milliliter enthält, wobei die Teilchendurchmesser zwischen 0,1 und 1,0 µm liegen. Natürlich fragt man sich, woraus dieser Rauch besteht, denn nur dann kann man verstehen, warum so viele Menschen ihn genießen. Allerdings ist offensichtlich, dass es *„den Zigarettenrauch"* nicht geben kann. Zu unterschiedlich sind Tabaksorten, deren Verarbeitung, das Papier, die Zusatzstoffe und Filtermaterialien.

Ausschlaggebend für die Zusammensetzung des Rauches sind die chemischen Prozesse während des Rauchens. Eine Zigarette kann als komplexer chemischer Reaktor betrachtet werden, dessen zeitlich und örtlich variable Druck-, Temperatur- und Gasgeschwindigkeitsverteilungen die Pyrolyseprodukte des Tabaks, der Zusatzstoffe und des Papiers bestimmen. Bis heute konnten ca. 4800 Verbindungen im Tabakrauch identifiziert werden [35] (Abbildung 15). Viele davon gelten als gesundheitsschädlich, über 60 als karzinogen [36]. Es liegen unzählige Studien über die Wirkung, den Abbau und den damit verbundenen gesundheitlichen Risiken einzelner Inhaltstoffe des Tabakrauchs vor. Selbst eine nur oberflächliche Behandlung dieses wichtigen, aber sehr umfangreichen Fachgebiets würde den Rahmen dieses Artikels sprengen. Wir konzentrieren uns deswegen im Weiteren nur auf das Nikotin, da allein diese Verbindung den Rauchern Genuss bereitet und abhängig macht.

Was macht das Nikotin mit dem Raucher?

Von den 10–14 mg Nikotin, die eine Zigarette enthält, übersteht nur ein kleiner Teil den Rauchprozess unbeschädigt, so dass ein Raucher mit jeder Zigarette nur 1–1,5 mg Ni-

ABB. 17 | DIE NEURONALE INFORMATIONSVERARBEITUNG

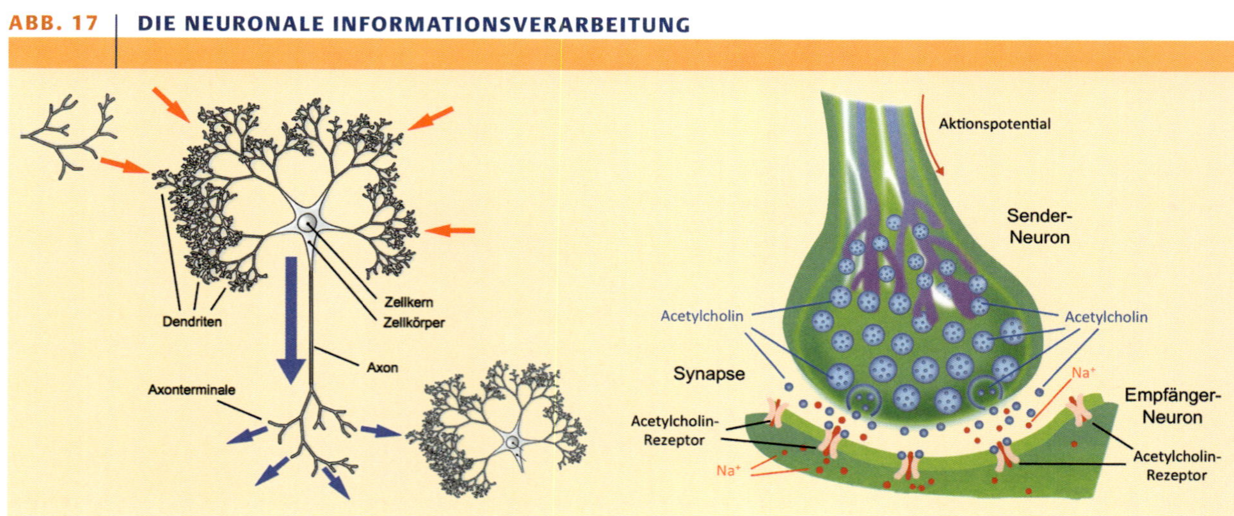

links: Ein Neuron nimmt die Nervenimpulse anderer Neuronen (links oben) vor allem mit den fein verästelten Dendriten auf (rote Pfeile). Die sich daraus ausbildenden elektrischen Aktionspotentiale pflanzen sich in Richtung des einzigen Axons fort. Dort werden alle eingehenden Signale verarbeitet und zu einem einzigen Aktionspotential verrechnet (blaue Pfeile), das über die Axonterminale auf andere, benachbarte Neuronen übertragen wird. *(Bildquelle: nach N. Rougier, wikimedia commons)*

kotin aufnimmt. Diese Menge erscheint gering, jedoch liegt die aus einzelnen Todesfällen abgeschätzte lethale Dosis für einen Menschen bei 30–60 mg. Nikotin ist damit so giftig wie Blausäure!

Nach dem Einatmen des Rauchs löst sich das auf den Schwebeteilchen aufkondensierte Nikotin in der Lungenflüssigkeit auf, mit der die 100 m^2 große Oberfläche der 300 Millionen Lungenbläschen bedeckt ist. Das Nikotin durchdringt die Zellmembran der Lungenbläschen und dringt in die dahinterliegenden Blutgefäße ein [37]. Nach Eintritt in den venösen Teil des Lungenkreislaufs gelangt das Nikotin in die linke Herzkammer und wird von dort in den Körper gepumpt. Da Nikotin in der Neutralform die Blut-Hirn-Schranke [38] ungehindert überwinden kann, erreicht es innerhalb von 8–10 Sekunden (!) das gesamte zentrale und periphere Nervensystem (Abbildung 16). Eine intravenöse Injektion wäre nicht schneller! Diese hohe Aufnahmegeschwindigkeit erlaubt es dem Raucher, den Nikotinspiegel im Blut Zug um Zug durch Zugfrequenz, -volumen und -tiefe genau auf seine Bedürfnisse einzustellen [39].

Nikotin ist vor allem ein starkes Nervengift und dies erklärt seine hohe und extrem breite physiologische Wirkung. Beschränken wir uns auf die grundlegenden biochemischen Prozesse im Nervensystem soweit [40], dass wir den Angriffspunkt des Nikotins präzise identifizieren können.

Unser Nervensystem besteht aus schätzungsweise 100 Milliarden bis 1 Billion Neuronen (Nervenzellen). In jeder dieser Zellen (Abbildung 17) führt ein externer Reiz zu einem kurzzeitigen elektrischen Impuls (Aktionspotential), der sich entlang der feinen Verästelungen (Dendriten und Axone) mit Geschwindigkeiten zwischen 10 bis 300 km/h fortpflanzt. Ein Neuron ist gerichtet aufgebaut, d.h. Nervenimpulse werden von den Dendriten aufgenommen, im Axon verarbeitet und das Ergebnis von dort über die Axonterminale auf andere, benachbarte Neuronen übertragen. Die extreme Komplexität unseres Nervensystems beruht vor allem darauf, dass jedes Neuron von Hunderten bis Tausenden anderen Neuronen Signale aufnimmt und nach der Verarbeitung das Ergebnis als Signal an Hunderte bis Tausende andere Neuronen weiterleitet. Genau hier, bei der Signalübertragung von einem zu einem anderen Neuron, greift Nikotin ein. Ergründen wir, wie es zwei Neuronen überhaupt fertigbringen, über einen 20 nm schmalen Spalt (Synapse) miteinander zu kommunizieren.

Betrachten wir das Geschehen zunächst aus Sicht des sendenden Neurons. Das Aktionspotential ist als kurzzeitige Spannungsänderung zwischen den beiden Membranseiten an die Membran gebunden und kann deswegen nicht direkt über die mit Wasser angefüllte Synapse weitergeleitet werden. Die Neuronen nutzen deswegen einen genialen

ABB. 18 | NIKOTINS TATORT, DER NIKOTINERGE ACETYLCHOLIN-REZEPTOR

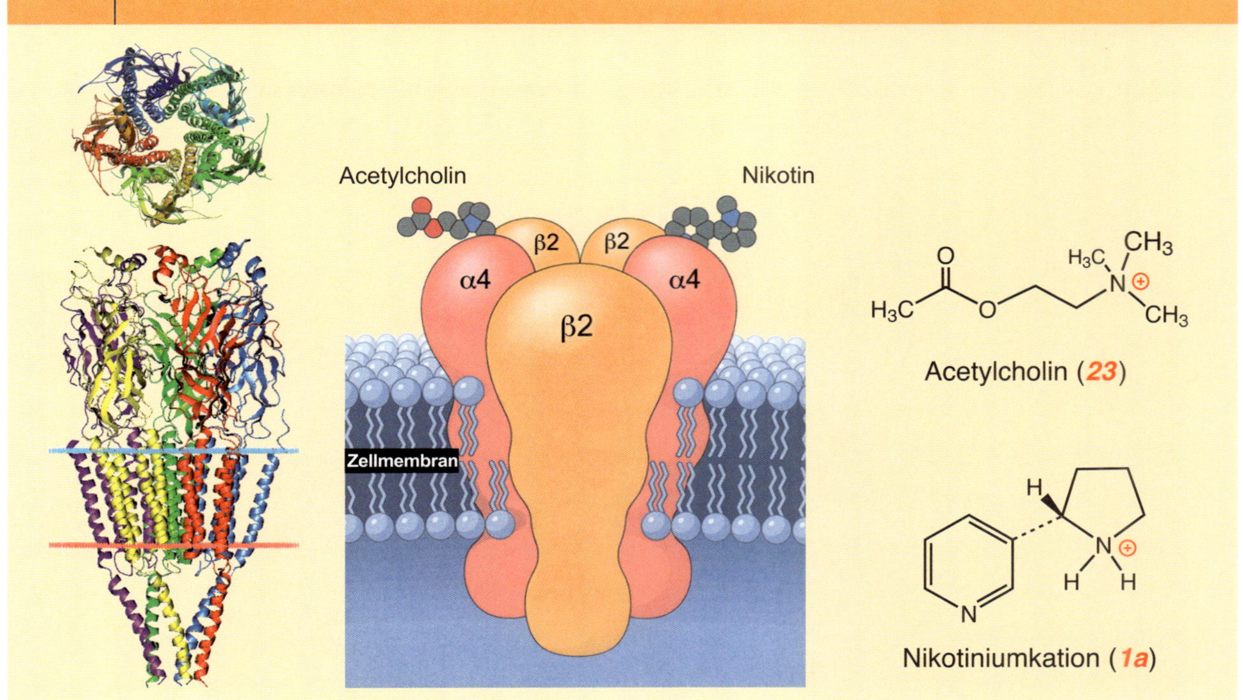

links: Der nikotinergen Acetylcholin-Rezeptor ist ein Protein aus fünf strukturell ähnlichen Untereinheiten [76]. In unserem Zentralnervensystem dominieren Pentamere aus zwei α4- und drei β2-Untereinheiten (links unten) [77]. Von oben, entlang der Hauptachse erkennt man eine zentrale durchgehende Pore (links oben), die sich nach Anbinden von Acetylcholin als Ionenkanal weiter öffnet. Die Bindungsstellen des nAChR zwischen zwei verschiedenen Untereinheiten (Mitte) können sowohl von Acetylcholin (23) als auch protoniertem Nikotin (1a) belegt werden, da beide Verbindungen sehr ähnlich aufgebaut sind (rechts).
(Bildquellen: NIDA(NIH), United States Government Work, flickr.com; Moez, wikimedia commons; RCSB Protein Data Bank)

Umweg in der Signalverarbeitung. Zunächst setzt das am Axonterminal ankommende Aktionspotential einen in Vesikeln gespeicherten Botenstoff (Neurotransmitter) frei, der einfach in die Synapse ausgeschüttet wird. Im Falle der hier interessierenden Neuronen ist Acetylcholin der Neurotransmitter, der dann zur anderen Synapsenseite hinüber diffundiert. Dort bindet er an spezielle Acetylcholin-Rezeptoren, die in der Dendritenmembran des empfangenen Neurons liegen. Beim Anbinden verändert dieses chemische Signal die räumliche Struktur des Rezeptors so, dass sich in der Hauptachse ein Ionenkanal öffnet. Durch diesen strömen Natriumionen in den intrazellulären Bereich des empfangenen Neurons. Dies führt zu einer Spannungsänderung über der Neuronenmembran, was nichts anderes ist als ein neues Aktionspotential. Diese Umwandlungen eines elektrischen in ein chemisches und dann wieder zurück in ein elektrisches Signal erscheinen uns komplex und zeitaufwendig. Aber nicht für Neuronen! Der ganze Prozess der zweifachen Umwandlung von einem elektrischem auf ein chemisches Signal, also die Freisetzung des Acetylcholins aus dem sendenden Neuron, die Diffusion des Acetylcholins über die Synapse und der Aufbau des Aktionspotentials im empfangenen Neuron ist in wenigen Millisekunden erledigt.

Nikotin greift in die Signalübertragung an der Synapse gravierend ein, indem es anstelle von Acetylcholin an den Acetylcholin-Rezeptor anbindet. Solche Rezeptoren werden als ***n***ikotinerge ***A***cetyl***ch***olin (nACh)-Rezeptoren bezeichnet. Die chemische Ursache für die neurotoxische Wirkung des Nikotin ist die Ähnlichkeit zwischen der protonierten Form ***1a*** des Nikotins und dem Neurotransmitter Acetylcholin (Abbildung 18). Ob Nikotin oder Acetylcholin an den nACh-Rezeptor bindet, macht allerdings einen großen Unterschied: Acetylcholin bindet nur für kurze Zeit am Rezeptor an, weil hochaktive Enzyme (Esterasen) bereits wenige Millisekunden nach der Ausschüttung das Acetylcholin abgebaut haben. Ganz anders verhält sich Nikotin, das stabil ist und deswegen den Rezeptor lange blockiert. Dies führt zu einer fortwährenden Erregung des Empfangsneurons. Die Konsequenzen sind weitreichend, denn nACh-Rezeptoren befinden sich im gesamten zentralen und peripheren Nervensystem! Viele Vergiftungserscheinungen wie Muskelkrämpfe, Übelkeit, Erbrechen, Durchfall und Atemnot bis hin zum Atemstillstand können auf Störungen der neuronalen Muskelkontrolle durch Nikotin zurückgeführt werden. Herzfrequenz- und Blutdruckerhöhungen sowie Gefäßverengungen und Kopfschmerzen sind Ausdruck von Störungen des vegetativen Nervensystems durch Nikotin.

ABB. 19 | NIKOTINS ANGRIFF AUF DAS MESOLIMBISCHE SYSTEM

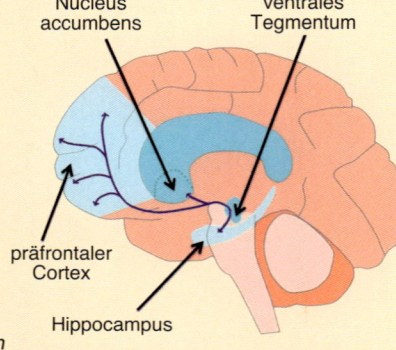

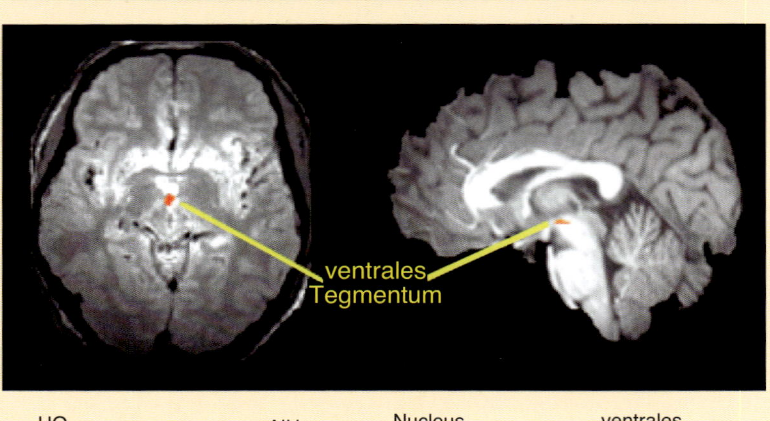

oben: Nikotin bindet im Zentralnervensystem bevorzugt an nACh-Rezeptoren des ventralen Tegmentums. unten: Das ventrale Tegmentum ist Teil des mesolimbischen Systems und direkt mit dem Nucleus accumbens im Vorderhirn verbunden, der als Zentrum des Belohnungssystems gilt. Die Anbindung des Nikotins ans Tegmentum führt indirekt zur Ausschüttung von Dopamin (24) im N. accumbens und dem damit verbundenen Wohlgefühl.
(Bildquellen: Princeton University [78]; Okinawa Institute of Science and Technology)

Wie macht Nikotin Raucher glücklich?

Rauchern tut Rauchen einfach gut! Schon mit dem ersten Zug verschafft das Nikotin dem Raucher Wohlgefühl. Je nach Lebenslage wird der Raucher angeregt oder beruhigt, bleibt wachsam und verliert Ängste. Nikotin löst diese positive Grundstimmung indirekt durch Stimulierung des neuronalen Belohnungssystems aus [41]. Solche inneren Belohnungssysteme sind evolutionär alt und finden sich sowohl in Fruchtfliegen und Nagetieren, wie auch im Menschen. Sie sorgen z.B. für Gefühle wie Freude und Lust, bei der Nahrungsaufnahme nach Hunger, dem Trinken nach Durst oder nach Sex, alles entscheidende Aktivitäten für das Überleben des Individuums und der Art.

Das mit positiven Gefühlen in Verbindung stehende Belohnungssystem ist beim Menschen das mesolimbische System, einer Gruppe miteinander kooperierender Hirnstrukturen im Mittel- und Vorderhirn. Die psychoaktive Wirkung des Nikotins beginnt mit dem bevorzugten Anbinden an die nACh-Rezeptoren des im Mittelhirn lokalisierten *ventralen Tegmentums* (Abbildung 19). Von dort projiziert ein Neuronenbündel die Aktivitäten in den *Nucleus accumbens,* der Präfrontalregion und einige andere Hirnstrukturen, die zusammen das mesolimbische System bilden. Die gesamte Reizweiterleitung über die Synapsen erfolgt dort durch den Neurotransmitter Dopamin (***24***). Besonders der *Nucleus accumbens*, der als das Zentrum des Belohnungssystems gilt, schüttet große Mengen Dopamin aus, was mit einem unmittelbaren Wohlgefühl einhergeht.

Wie macht Nikotin Raucher abhängig?

Wohl keinem Raucher hat die erste Zigarette geschmeckt. Im Gegenteil! Jedem wurde übel, schwindelig, das Einziehen des Rauchs in die Lunge tat weh, man hustete und bekam kaum noch Luft, dafür aber hinterher Durchfall. Alles in allem eine furchtbare Erfahrung mit der einhelligen Schlussfolgerung: *„Nie wieder!"*. Nun stellt sich die Frage: Warum haben sich trotzdem 31 % der Männer und 21 % der Frauen in Deutschland das Rauchen angewöhnt und sind dabei geblieben [42]?

Dieser hohe Raucheranteil ist rational nicht zu begreifen, zumal inzwischen alle Menschen wissen, dass Rauchen gesundheitsschädlich ist. Die meisten Raucher wollen sich deshalb auch das Rauchen abgewöhnen. Zumindest irgendwann einmal; viele haben es bereits mehrfach versucht und sind gescheitert. Diese Niederlage wird jedoch verdrängt und viele Raucher stimmen wider besseren Wissens und eigener Erfahrungen mit Marlyn Monroe überein: *„I can stop anytime I want to, only I don't want to!"* [43].

Wie macht Nikotin einen Raucher süchtig? Bereits bei der ersten Zigarette bindet Nikotin an die nACh-Rezeptoren im Nervensystem. Neben den ungewohnten Nebenwirkungen wie Übelkeit, Blutdruck- und Pulserhöhung, sowie Husten durch die Rauchinhalation sendet das interne Belohnungssystem unterschwellig ein positives Signal. Schon die zweite Zigarette schmeckt besser, zum einen, weil die unangenehmen Nebenwirkungen durch Gewöhnung nachlassen und zum anderen, weil erste Entzugserscheinungen durch die erneute Nikotinaufnahme gemildert werden. Aus dem zunächst noch unterschwelligen positiven Signal des Belohnungssystems lernt der Raucher schnell [41]. Durch den emotionalen Lernprozess gewöhnt sich das Belohnungszentrum schon nach kurzer Zeit daran, dass es Nikotin „braucht", um sich wohl zu fühlen. Die Sucht beginnt! Das Inhalieren von Nikotin macht vor allem schnell süchtig, weil bereits wenige Sekunden nach dem ersten Zug an der Zigarette ein emotionales Hoch eintritt. Durch diese praktisch unmittelbar einsetzende Wirkung ist Rauchen die am stärksten abhängig machende Methode der Nikotinaufnahme [13].

Chronisches Rauchen reduziert die Anzahl der Dopamin-Rezeptoren im mesolimbischen System, so dass sich die Reizschwelle für die Aktivierung des Belohnungssystems erhöht. Dies ist einer der Gründe, warum der Zigarettenverbrauch bei Gewöhnung steigt, bis schließlich nur noch geraucht wird, um den Entzugserscheinungen zu entfliehen.

Neben Nikotin stimulieren auch andere Freizeitdrogen wie Amphetamine, Alkohol, Cocain und Opioide wie Heroin das mesolimbische System und erzeugen positive Empfindungen. Auch dabei ist die Dopamin-Ausschüttung im *Nucleus accumbens* Auslöser des Stimmungshochs und deswegen wird Dopamin häufig als „Glückshormon" bezeichnet [44]. Dies ist irreführend, denn nicht nur Nikotin (oder

ABB. 20 | ABBAU VON NIKOTIN IM RAUCHER

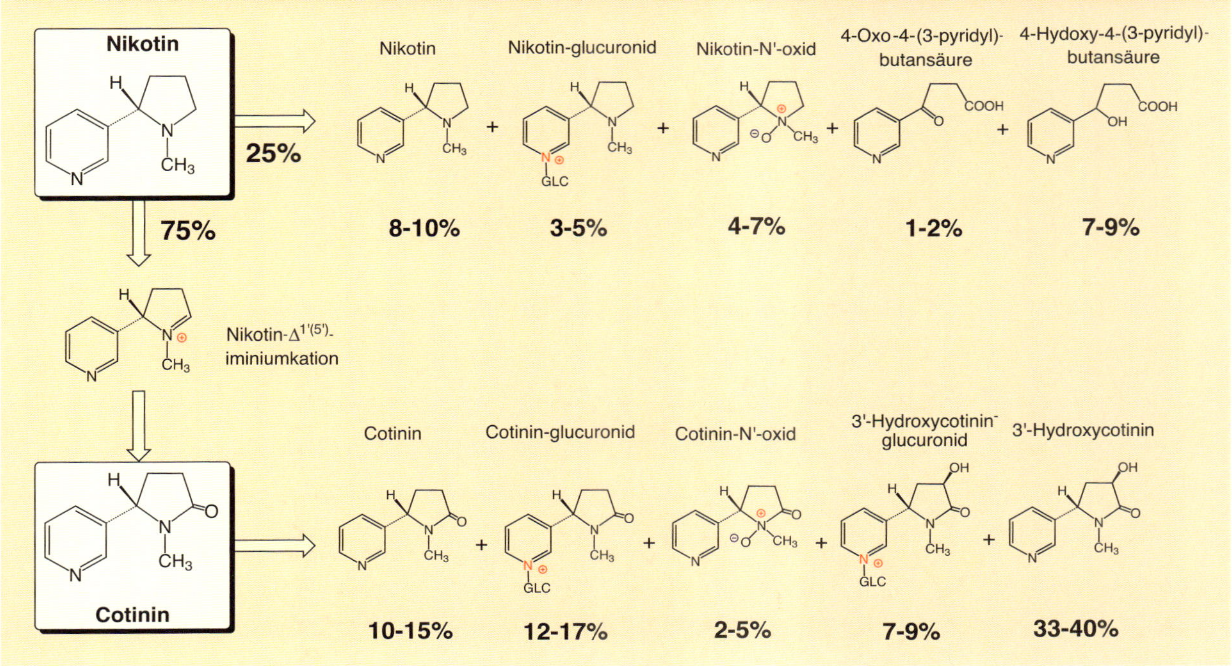

Nikotin → 25%: Nikotin 8-10% + Nikotin-glucuronid 3-5% + Nikotin-N'-oxid 4-7% + 4-Oxo-4-(3-pyridyl)-butansäure 1-2% + 4-Hydoxy-4-(3-pyridyl)-butansäure 7-9%

Nikotin → 75%: Nikotin-Δ1'(5')-iminiumkation → Cotinin

Cotinin → Cotinin 10-15% + Cotinin-glucuronid 12-17% + Cotinin-N'-oxid 2-5% + 3'-Hydroxycotinin-glucuronid 7-9% + 3'-Hydroxycotinin 33-40%

Der Abbau des Nikotins erfolgt durch direkte Ausscheidung über die Nieren unverändert bzw. als Glucuronid und nach Oxidation als N-Oxid bzw. nach oxidativer Öffnung des Pyrrolidinringes. Die Hauptmenge des Nikotins erfolgt nach Oxidation über das Cotinin. Die Halbwertszeit von Cotinins im menschlichen Körper ist mit 16–18 h wesentlich langsamer als die des Nikotins (1–2 h).

andere Drogen) führen ursächlich zur Dopamin-Ausschüttung, sondern vor allem sind dafür Lernvorgänge verantwortlich. Ein Raucher hat gelernt, bestimmte Situationen oder Tätigkeiten mit einem kommenden Nikotin-Kick zu assoziieren. Schon beim Anblick eines Feuerzeuges oder eines Aschenbechers schnellt die Dopamin-Ausschüttung in die Höhe. Unser Belohnungssystem reagiert bereits im Vorgriff auf das durch Nikotinkonsum zu erwartende Stimmungshoch und der Raucher kann nicht anders, als diese Erwartung zu erfüllen.

Was macht der Raucher mit dem Nikotin?

Nikotin wird mit einer Halbwertszeit von etwa 1–2 Stunden im Körper abgebaut, allerdings mit großen individuellen Schwankungen. Im ersten Schritt wird Nikotin hauptsächlich zum Iminiumkation ***25*** oxidiert (Abbildung 20). Diese Reaktion läuft mit Hilfe des Cytochroms CYP2A6 in den Mikrosomen der Leber ab. Die Abbaugeschwindigkeiten hängen allerdings von einer ganzen Anzahl weiterer Faktoren ab, wie Geschlecht (Frauen bauen schneller ab als Männer), Alter (je älter desto langsamer), verschiedene Medikamente, Tag-Nacht-Rhythmus, Schwangerschaft, Menstruationszyklus etc. etc. Auch Essen und Trinken verändert die Abbaugeschwindigkeit von Nikotin, da nach einer Mahlzeit der erhöhte Blutdurchfluss der Leber den Abbau beschleunigt. Grapefruitsaft verlangsamt den Abbau, da Inhaltsstoffe der Grapefruit das Cytochrom CPY2A6 inhibieren. Besonders bemerkenswert ist in diesem Zusammenhang, dass das dem Tabak häufig zugesetzte Menthol auch den Abbau von Nikotin verlangsamt [45].

Zigarette ist nicht gleich Zigarette

Die meisten Raucher bleiben über viele Jahre ihrer Marke treu. Dies beweist die subtilen Unterschiede zwischen den verschiedenen Marken. Die Markentreue verlangt von den Herstellern, dass in jedem Jahr, egal wie die Tabakernte ausgefallen ist, eine bestimmte Sorte so schmeckt wie immer. Die Hersteller müssen großen Aufwand treiben, um dem Verbraucher ein geschmacklich konstantes Produkt anbieten zu können.

Zunächst enthält jede Zigarettensorte ein Gemisch verschiedener Tabake, die als Partien von geschnürten Bündeln von mehreren Kilogramm eingekauft werden. Selbst die Partien einer Ernte unterschieden sich, so dass jede Partie beim Zigarettenhersteller chemisch und geschmacklich analysiert werden muss. Zu den wichtigen chemischen Parametern gehören der Nikotingehalt, Ammonium und Nitrat aber auch verschiedene Zuckergehalte. Geschmacklich werden die Partien in Klassen eingeteilt, so dass der Produzent Partien mit z.B. hohem und niedrigem Nikotingehalt und unterschiedlichen Geschmacksklassen zusammenmischen kann, um relativ konstante Ergebnisse in Geschmack und

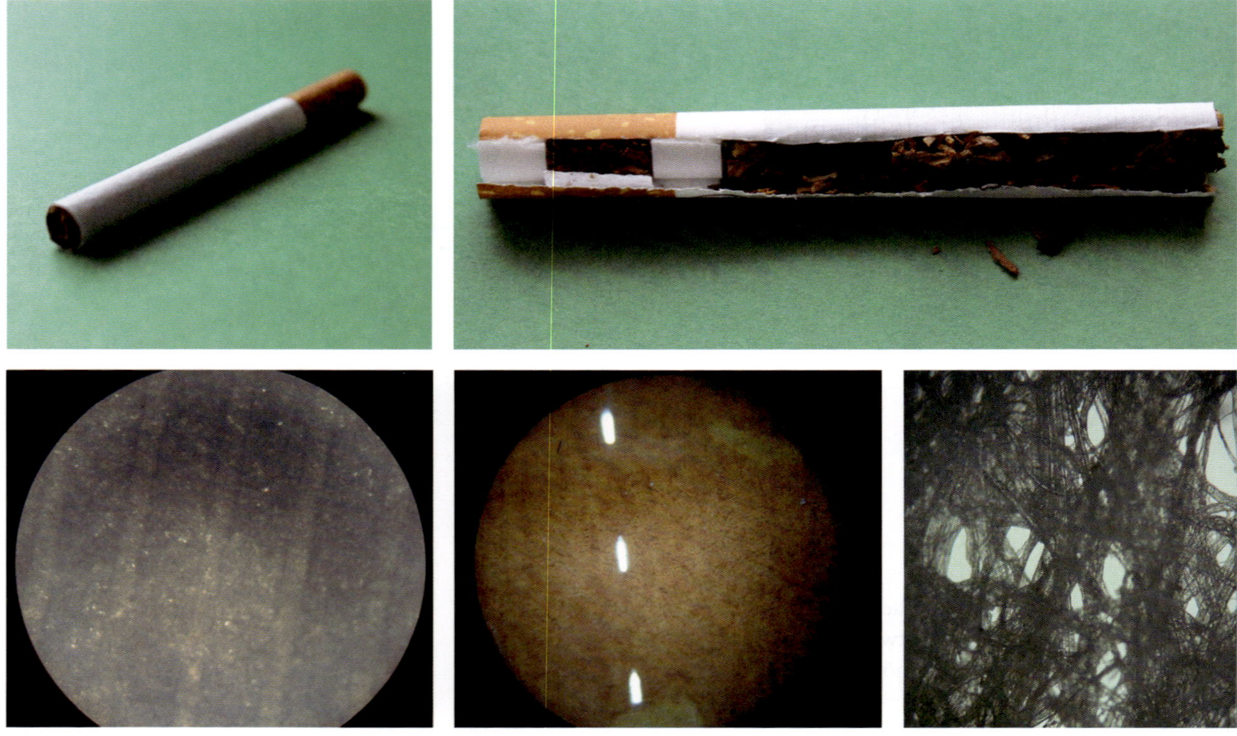

Abb. 21 ***Anatomie einer Zigarette [79]. Oben links: handelsübliche Zigarette. Oben rechts: geöffnete Zigarette mit Zigarettenpapier (weiß gestreift), Mundstückpapier (braun mit Perforationslinie) und Filterumhüllungspapier (weiß). Die Zigarette weist einen geteilten Filter auf. Die Nebenluft, die durch die Perforation im Mundstück gelangt, durchströmt also Tabak, bevor der Rauch in den Mund gelangt. Dies ist ein Mittel den Geschmack der Zigarette zu beeinflussen. Unten: Zigarettenpapier (Vergrößerung 40x, Mundstückpapier (Vergrößerung 40x), Filterumhüllungspapier (Vergrößerung 100x).***

Gehalt zu erreichen. Die Zigaretten selbst werden am Ende des Produktionsprozesses einer Qualitätskontrolle unterzogen. Die Zusammensetzung des Zigarettenrauches wird im Labor analysiert, in dem unter international standardisierten Bedingungen Rauch erzeugt und in speziellen Filtern absorbiert wird. Hindurchtretende Gase wie Kohlenmonoxid werden separat gemessen. Die Rückstände im Filter werden extrahiert und bestimmt. Letztlich werden die Ergebnisse als Kennwerte für eine einzelne Zigarette auf der Packung vermerkt. [46]

Ein weiteres wichtiges Steuerungsmittel sind die Filter und Papiere, da über sie die Luftzufuhr und Abbrenngeschwindigkeit verändert werden kann. Filter aus Celluloseacetat können etwas länger, kürzer, fester oder auch unterbrochen sein und bei der Gestaltung der Papiere scheinen der Phantasie fast keine Grenzen gesetzt (Abbildung 21).

Für den Geschmack und dessen Stärke ist maßgeblich die Porosität des Zigarettenpapiers entscheidend, da dadurch die angesaugte Luftmenge beeinflusst wird. Über die Luftdurchlässigkeit der Zigarettenpapiere wird auch die beim Rauchen aufgenommene Kondensat- und Nikotinmenge maßgeblich bestimmt, was sich auch auf den Geschmack der Zigaretten auswirkt.

Zur Herstellung von Zigaretten werden Spezialpapiere benötigt. Man unterscheidet das Zigarettenpapier, das Mundstückpapier (meist braun) und das Filterumhüllungspapier. An jedes werden besondere Anforderungen gestellt.

Bei einer Produktionsmenge von bis zu 16.000 Zigaretten pro Minute, bestehen für das Zigarettenpapier hohe Ansprüche an die mechanische Festigkeit und die Dehnungsfähigkeit. Schließlich wird dieses Papier in extrem hoher Geschwindigkeit von Rollen abgewickelt, auf denen es mit einer Länge von einigen Kilometern aufgerollt ist. Das Zigarettenpapier ist porös und beeinflusst damit die Luftmenge, die zur Verbrennung zur Verfügung steht. Das Zigarettenpapier wiegt nur ca. 24–37 g/m² und besitzt eine Porosität von 30–110 CU (Coresta, die Einheit für die Porosität) [50].

Seit 17.11.2011 dürfen nur noch Zigaretten mit vermindertem Zündpotential verkauft werden, vor allem um Bränden durch vergessene brennende Zigaretten vorzubeugen. Diese „Brandschutz-Zigaretten" besitzen zwei aufgespritzte Streifen aus Alginat oder Zellulose auf der Innenseite des Zigarettenpapiers.

Das meist braun bedruckte Mundstückpapier bestimmt entscheidend den Charakter einer Zigarette mit, da über die enthaltene, oft sichtbare Perforation die Menge an Nebenluft geregelt wird. Insbesondere bei Zigaretten mit geringeren Nikotin und Kondensatwerten kann das Zuhalten dieser Perforation zu deutlich höheren Werten im Rauch führen, als auf der Packung angegeben.

Das Filterumhüllungspapier entscheidet über die Stärke einer Zigarette. Dieses Papier muss eine gute Luftdurchlässigkeit besitzen, denn es bestimmt durch die Luftzufuhr, wie stark die Zigaretten wirken. Die Porosität dieses Papiers kann mit bis zu 20.000 CU sehr hoch sein.

Neben der Tabakmischung, dem Papier und dem Filter können auch Zusatzstoffe Geschmack und Kennwerte beeinflussen. Die Zulassung aller Zusatzstoffe, die bei der Herstellung von Zigaretten verwendet werden, sind streng geregelt und müssen veröffentlicht werden [48].

Zusätze wie Zucker, Schokolade, Lakritze sollen den Rauch angenehm und mild machen. Ein häufiger Zusatzstoff ist Menthol, das auch in nicht als mentholhaltig deklarierten Zigaretten zu finden ist. Menthol besitzt einen leicht kühlenden Effekt auf die Atemwege, erweitert die feinen Endigungen der Bronchien und wirkt zusätzlich als

ABB. 22 | NIKOTIN ALS SÄURE-BASE-SYSTEM

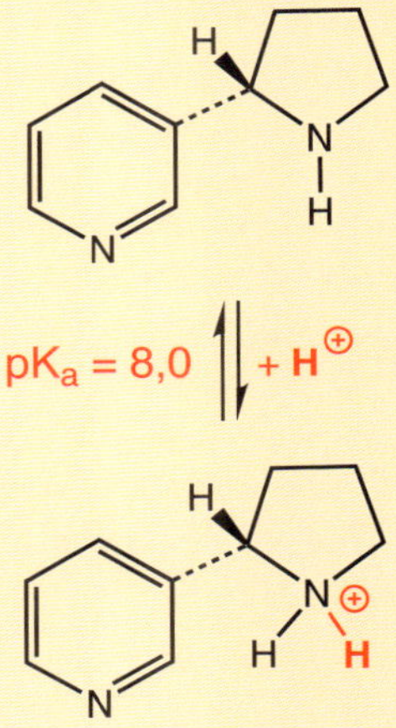

$pK_a = 8{,}0 \quad \rightleftharpoons \quad + H^{\oplus}$

$$\alpha_n\,[\%] = \frac{K_a \cdot 100}{K_a + [H^+]}$$

pH	$\alpha_{neutral}$ [%]
6,0	1,0
6,5	3,1
7,0	9,1
7,5	24,0
8,0	50,0
8,5	76,0
9,0	91,0
9,5	97,0

*Das Stickstoffatom im Pyrrolidinring ist wesentlich basischer ($pK_a = 8{,}0$) als das im Pyridinring ($pK_a = 3{,}1$). Im physiologischen pH-Bereich liegen daher nur die Neutralform **1** und das Kation **1a** in einem Gleichgewicht vor. Nur das unpolare Nikotin **1** kann die Zellmembran der Blut-Hirn-Schranke durchdringen. Bei steigendem pH-Wert erhöht sich der Anteil an Neutralbase [80] und die Nikotinaufnahme in die Blutbahn beschleunigt sich.*

ABB. 23 | EFFEKTIVE pH-WERTE DES TABAKRAUCHES EINIGER ZIGARETTENSORTEN

Zigarettensorte*	Anteil Neutralform α_N [%]	pH-Wert
Standard**	1,0	6,0
GPC	1,6	6,2
Camel	2,7	6,5
Winston	5,0	6,7
Gauloise Blondes	5,7	6,8
Virginia Slim	7,5	6,9
Marlboro	9,6	7,1
Gauloise Brunes	25,0	7,6
American Spirit	29,0	7,7

* Bei den hier aufgeführten Sorten handelt es sich um Zigaretten des US-amerikanischen Markts
** Standardzigarette der *University of Kentucky*

leichtes Betäubungsmittel. Beides erlaubt dem Raucher das noch tiefere Einziehen des Rauchs und die damit verbundene höhere und schnellere Nikotinaufnahme bei gleichzeitig erleichterter Atmung erhöht das Abhängigkeitspotential. In der EU ist seit längerem ein Verbot mentholhaltiger Zigaretten geplant, jedoch wurde und wird der Entscheidungsprozess durch den Einfluss verschiedener Interessensgruppen immer wieder verzögert [49].

Besonders kontrovers wird die Zugabe von Zusatzstoffen diskutiert, die thermisch Ammoniak bilden können und über eine pH-Wert-Anhebung im Tabakrauch den Anteil der Neutralform des Nikotins erhöhen können (Abbildung 22). Die hätte entscheidende Konsequenzen, da Nikotin die Zellmembran von Lungenbläschen und Blutgefäßen nicht nur in der protonierten Form, sondern nur in der Neutralform passieren kann. Eine pH-Werterhöhung würde die Nikotinaufnahme erleichtern, vor allem beschleunigen und so das Suchtpotential erhöhen [50].

Nun ist Tabakrauch keine wässrige Lösung, sondern als Aerosol ein komplexes Mehrphasensystem mit inhomogener Zusammensetzung. Die pH-Wertbestimmung eines Aerosols ist allerdings nicht trivial. Einen experimentell recht originellen Ansatz für die Messung des prozentualen Anteils der Neutralform von Nikotin entwickelten James F. Pankow und seine Mitarbeiter [51]:

- In einer Zigarettenrauchmaschine wurde der Rauch von mehreren Zügen einer Zigarette gesammelt.
- Eine erste Probe aus dem gesammelten Rauch wurde durch eine Teflonmembran gesaugt, durch die *nur* die Neutralform, *nicht aber* die protonierte Form des Nikotins dringen kann.
- Nach der Passage durch die Membran wurden alle organischen Bestandteile des Gases praktisch quantitativ auf einem Adsorbens niedergeschlagen.
- Alle adsorbierten Stoffe wurden anschließend durch Erwärmen desorbiert und die Nikotinkonzentration bestimmt [52]. Dies ergibt die Konzentration der Neutralform des Nikotins c_N im Tabakrauch.
- Die gesamte Messung wird mit einer zweiten Probe des gesammelten Rauchs wiederholt, allerdings wird vor Beginn diesem Rauch ein Überschuss an gasförmigem Ammoniak zugesetzt. Durch den Ammoniaküberschuss wird das gesamte Nikotin in die Neutralform gebracht. In dieser „alkalisierten“ Rauchprobe wird auf analoge

ABB. 24 | HILFSMITTEL ZUR ENTWÖHNUNG – ODER UNTERSTÜTZER DER NIKOTINABHÄNGIGKEIT?

Produkt	Wirkungsweise
Nikotinpflaster 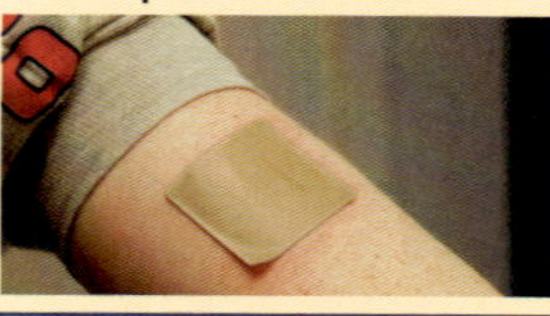	Die Nikotinaufnahme erfolgt kontinuierlich aus einem Depot im Pflaster direkt über die Haut. Es gibt Pflaster mit unterschiedlich hoher Dosierung, so dass ein Pflaster am Morgen aufgebracht für 16 bis 24 Stunden Nikotin freisetzt. Über eine stufenweise Reduktion des Pflasters im Verlauf von 2–3 Monaten gelingt ein allmähliches Ausschleichen. Dem Nikotinpflaster wird das geringste Risiko nachgesagt, eine Abhängigkeit von Nikotin auszubilden.
Nikotinkaugummi 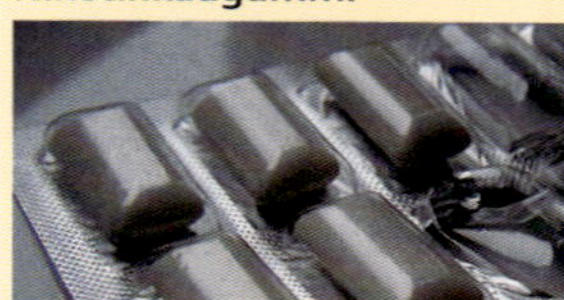	Das Nikotin wird beim Kauen aus dem Kaugummi freigesetzt und über die Mundschleimhaut aufgenommen. Ein Kaugummi enthält zwischen 2 und 4 mg Nikotin. Die Anwendung erfolgt über den Tag verteilt. Für viele (ehemalige) Raucher wirkt die orale Stimulation schon entlastend, ein Nikotinspiegel wird aber erst nach ca. 20 Minuten aufgebaut. Die Entwicklung eines Abhängigkeitsrisikos ist etwas höher als beim Pflaster. Die Nikotinlutschtablette ist ein dem Kaugummi in Wirkung und Anwendung eng verwandtes Produkt.
Nikotinnasenspray 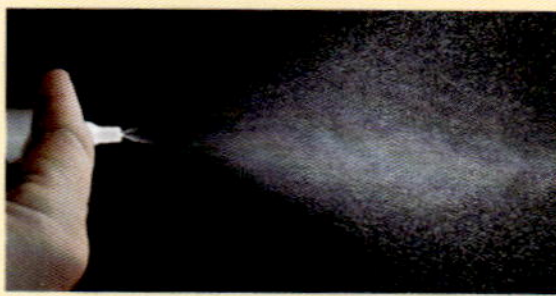	Nasalspray mit Nikotin ist nicht frei verkäuflich. Mit 0,5 mg Nikotin pro Sprühstoß erfährt der Anwender eine extrem schnelle, hochdosierte Nikotinzufuhr. Dieses Mittel ist in Deutschland inzwischen rezeptpflichtig und in der Entwöhnung nur starken Rauchern vorbehalten. Bei der Anwendung von Nikotinnasenspray besteht eine hohe Gefahr der Suchtentwicklung.
E-Zigarette 	In einer E-Zigarette („Dampfer“) wird eine nikotinhaltige Flüssigkeit, die mit weiteren Aromen angereichert sein kann, über einer batteriebetriebenen Heizspirale verdampft. Der Dampf wird inhaliert und zum Teil auch wieder ausgeatmet. Der Nutzer hat von allen Produkten, am ehesten das Gefühl zu rauchen. Die E-Zigarette ist im Vergleich zur gewöhnlichen Zigarette weniger schädlich, da der Dampf keine krebserzeugenden Stoffe enthält. Inwieweit Gefahren für Dritte bestehen, wie groß die Gefahr der Ausbildung einer Nikotinsucht ist und mit welchen gesundheitlichen Folgen über einen längeren Zeitraum zu rechnen sind, wird derzeit geprüft [82].

(Bildquellen: RegBarc, *wikimedia commons;* http://s.ndimg.de/image_gallery/new_netdoktor/67/id_71217_100367.jpg; robin_24, *wikimedia commons;* Linda1009, *wikimedia commons*)

Der Einsatz von nikotinhaltigen Präparaten kann einen Entzug erleichtern. Allerdings besitzen auch die zur Raucherentwöhnung empfohlenen Präparate ein mehr oder weniger großes Abhängigkeitspotential [82].

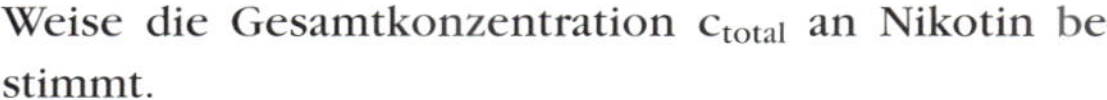

Weise die Gesamtkonzentration c_{total} an Nikotin bestimmt.

- Aus dem Verhältnis beider Konzentrationen c_0/c_{total} ergibt sich der prozentuale Anteil der Neutralform zu $\alpha_N = 100\ c_0/c_{total}$ und aus diesem Wert kann der pH-Wert leicht berechnet werden (Abbildung 22).

Die Messergebnisse an einigen Zigarettensorten überraschten! Für die Referenzzigarette der *University of Kentucky* ergab sich ein effektiver pH-Wert von 6,0 (Abbildung 23), der in der Literatur als typisch für Zigarettenrauch galt. Die meisten der US-amerikanischen Zigarettensorten ergaben allerdings wesentlich höhere Werte. So wurde für die auch bei uns bekannte Sorte Marlboro ein pH-Wert von über 7 gemessen, entsprechend dem Absinken der Protonenkonzentration um den Faktor 10 bzw. einer Verzehnfachung der Konzentration der Neutralform des Nikotins.

Selbstverständlich soll und muss eine solch indirekte pH-Wert-Bestimmung von der *scientific community* kritisch hinterfragt und mit neuen Studien angezweifelt oder gestützt werden – ein ganz normaler Vorgang in den experimentellen Naturwissenschaften. Allerdings kann bei manchen Forschungspublikationen ein Interessenkonflikt nicht völlig ausgeschlossen werden, wenn z.B. die Arbeiten von der Zigarettenindustrie direkt finanziert werden [53].

Der lange Abschied von der Zigarette

Knapp 70 % aller Raucher möchten das Rauchen vollständig aufgeben und knapp 46 % haben es in den letzten 12 Monaten auch mindestens einmal, allerdings vergeblich versucht [54]. Die Zigarette bleibt verlockend. Bei den meisten Rauchern treten Entzugserscheinungen bereits wenige Stunden nach dem Nikotinentzug auf. Raucher klagen dann über Unruhe, Nervosität, Unkonzentriertheit und Reizbarkeit.

Die Entzugssymptome dauern je nach Intensität der Abhängigkeit nur wenige Tage bis hin zu fünf Wochen an. Die Rückfallquote für Raucher, die das Rauchen aufgegeben haben, ist deutlich höher als bei anderen Drogen. Gründe dafür sind insbesondere die leichte Verfügbarkeit von Tabakwaren und ein rauchender Partner.

Da das Aufhören für die meisten Raucher offensichtlich so schwer ist, gibt es seit Jahren pharmazeutische Präparate zur Unterstützung der Nikotinentwöhnung. Die Strategie zielt darauf ab, das für die Abhängigkeit verantwortliche Nikotin des Tabaks vorübergehend und ausschleichend zu substituieren, um die Entzugssymptome zu lindern. Die Pharmaindustrie hat diverse nikotinhaltige Produkte, wie Kaugummis, Pflaster und Lutschtabletten, entworfen, die Raucher bei der Nikotinentwöhnung unterstützen sollen (Abbildung 24). Nikotin selbst hat in den Dosierungen, wie Raucher sie zu sich nehmen (max. 1 mg pro Zigarette), eine geringe gesundheitsschädigende Wirkung, weshalb die Zuführung von Nikotin ohne die schädlichen Beimischungen im Rauch des Tabaks als Unterstützung im Entwöhnungsprozess befürwortet wird [55].

ABB. 25 | NIKOTIN ALS APPETITZÜGLER

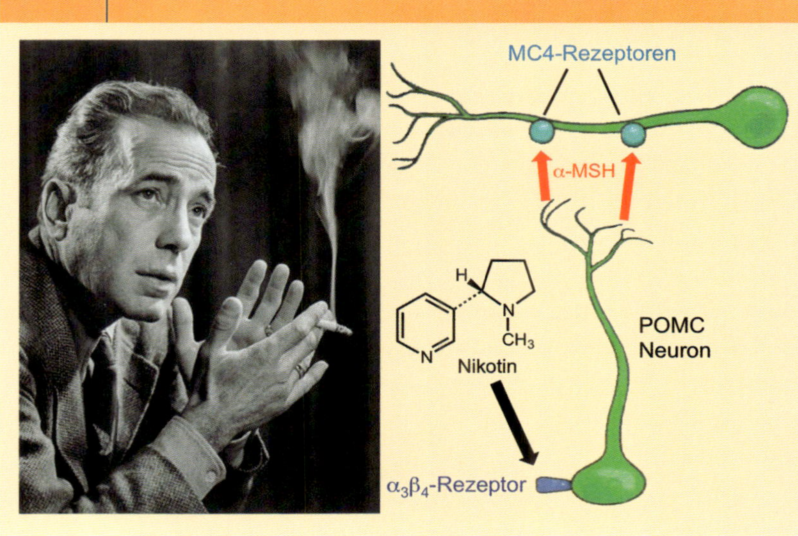

Dass Kettenraucher wie Humphrey Bogart (links) im Durchschnitt schlanker sind als Nichtraucher, beruht auf der appetitzügelnden Wirkung des Nikotins. Nach Anbinden und Aktivieren des Acetylcholin-Rezeptors einem POMC-Neuron wird das Peptidhormon α-MSH ausgeschüttet, das an einen MC4 Rezeptor bindet und diesen aktiviert. Dieses neuronale Signal wird im Zentralnervensystem als Sättigung interpretiert.

(Bildquellen: Ecemaml, wikimedia commons und R.J. Seeley, D.A. Sandoval, Nature, 2011, 475, 176, © Copyright 2011 Nature Publishing Group)

Selbst mit diesen Hilfsmitteln muss ein Raucher, der sich das Rauchen abgewöhnen will, während des Entzugs Versuchungen in vielerlei Gestalt widerstehen. Besonders gefährlich sind dabei sich aufdrängende Ausreden mit pseudowissenschaftlichem Hintergrund. Die beliebteste davon ist die zu Beginn des Entzugs häufig beobachtete Gewichtszunahme. Gerade der unerwünschte Nebeneffekt „dicker“ zu werden, wird gern als Vorwand genutzt, wieder mit dem Rauchen anzufangen. Diese irrationale Verhaltensweise beruht einmal auf dem aktuellen Schönheitsideal von unterernährten, klinisch eigentlich zu behandelnden Models und zum anderen in der irrigen Vorstellung, dass in der Gewichtszunahme ein höheres Gesundheitsrisiko liegt als im Rauchen [56]. Erst vor kurzem konnten die biochemischen Ursachen eine appetitzügelnde Wirkung des Nikotins geklärt werden [57]. Betrachten wir dies etwas genauer.

Unser Verlangen nach Aufnahme von Nahrungsmitteln wird in einem sehr komplexen Regelungsprozess von vielen physiologischen Parametern und Signalmolekülen beeinflusst [58]. Das Steuerungszentrum liegt im *Nucleus arcuatus* im Hypothalamus, einer kleinen Region im Zwischenhirn [59]. Der dabei entscheidende molekulare Sensor ist der MC4-Rezeptor, der auf den dortigen Neuronen lokalisiert ist. Aktiviert wird dieser Sensor vom Peptidhormon α-MSH [60], das aus 13 Aminosäuren besteht [61]. α-MSH wird von den benachbarten POMC-Neuronen [62] ausgeschüttet, wenn wiederum diese angeregt wurden (Abbildung 25). Hier nun kommt endlich das Nikotin ins Spiel und in seiner Gegenwart ergibt sich folgendes Gesamtbild: Nikotin bindet an die $\alpha_3\beta_4$-nikotinischen Acetylcholin-Rezeptoren der POMC-Neuronen und aktiviert sie. Daraufhin wird α-MSH ausgeschüttet, das an die MC4-Rezeptoren bindet. Das dadurch erzeugte neuronale Signal wird an das Zentralnervensystem weitergeleitet und dort als Sättigung interpretiert. Vereinfachend könnte man sagen, Nikotin bringt ein Neuron dazu, eine molekulare Botschaft an ein benachbartes anderes Neuron zu senden, das dann wiederum eine Meldung an das Zentralnervensystem leitet, die dort als Sättigung gedeutet wird.

Die erhöhte Nahrungsaufnahme während der frühen Phase eines Nikotinentzugs liegt somit nicht in einer psychopathologisch bedingten Flucht in eine andere Sucht, sondern am plötzlichen Ausfall des gewohnten Appetitzüglers Nikotin, an den sich der Körper nach chronischem Rauchen gewöhnt hat. Erst nach einiger Zeit rejustiert sich der Regelkreis wieder auf seinen ursprünglichen, nikotinfreien Arbeitspunkt.

Das Dilemma mit der Zigarette

Es hat mehrere Jahrhunderte gedauert, bis die Gesundheitsrisiken des Rauchens erkannt worden sind. Dies bringt unsere Gemeinwesen in das Dilemma, zwischen immensen Einnahmen aus der Tabaksteuer und den gesundheitlichen Risiken für die eigenen Bürger abwägen zu müssen. Mit einfachen Lösungen ist man bisher nicht weit gekommen. Mit eiserner Härte ersuchte es Sultan Murad IV. (1612–40). Er ließ binnen fünf Jahren mehr als 25.000 Raucher einfach ermorden. Geraucht wurde weiter. Mit einem kräftigen Griff in den Geldbeutel seiner Bürger versuchte man es schon 1702 in Baden und beschloss *„Jeden so Tabak trinkt mit Buss belegen und dafür nach und nach Kriegsgewehr erkaufen“* [7]. Auch das half nicht.

Vielleicht eröffnen uns die wissenschaftlichen Erkenntnisse der letzten Dekaden doch eine gewisse Hoffnung. Der Rauch wurde bereits bei den amerikanischen Ureinwohnern bei rituellen Handlungen verwendet und ein Ritual ist es bis heute geblieben. Im 17. Jahrhundert wurde Tabak in der Pfeife geschmaucht, im 18. Jahrhundert geschnupft, im 19. Jahrhundert als Zigarre und im 20. Jahrhundert als Zigarette geraucht. Wie wird es wohl weitergehen im 21. Jahrhundert?

Einen Hinweis gibt der Business Review 2012 der *British American Tobacco*, einem der großen weltweit operierenden Zigarettenherstellern [63]:

„Die scientific community stimmt weitgehend darin überein, dass nicht das Nikotin, sondern andere Giftstoffe im Tabak und im Tabakrauch die Mehrzahl der mit Tabak in Verbindungen stehenden Krankheiten verursacht. Die üblichen Zigaretten beinhalten dabei das größte Gesundheitsrisiko, während einige rauchlose Tabakprodukte, wie schwedischer Kautabak, zwar nicht risikofrei, aber sehr viel weniger riskant sind. Bereits gesetzlich zugelassene Nikotin-Produkte, die keine Tabak- oder Tabakrauchtoxine enthalten, sind nahezu risikofrei.

Die britische medizinische Gesellschaft schreibt: *„wenn es gelänge, Nikotin in einer Form anzubieten, die ein akzeptabler und effektiver Ersatz für die Zigarette darstellen würde, könnten Millionen von Menschenleben gerettet werden. Wir ermutigen Tabakfirmen, Wissenschaftler und Politiker zusammenzuarbeiten, um einen wissenschaftlich fundierten Weg zu neuen Produkten zu finden, die weniger risikobehaftet sind. Damit würde man dem Verbraucher die Sicherheit geben, dass er auf der Basis wissenschaftlich verlässlicher Informationen über einem Vergleich der verschiedenen Risikoprofile eine bewusste Produktentscheidung treffen kann.“*

Zusammenfassung

Den aktiven Inhaltsstoff des Tabaks, das Nikotin, synthetisiert die Pflanze ursprünglich als Schutz gegen Schädlinge. Nikotin übersteht die harschen Bedingungen in einer brennenden Zigarette und bindet wenige Sekunden nach dem ersten Zug an bestimmte Acetylcholin-Rezeptoren im Nervensystem des Rauchers. Es ist das Nikotin, das Raucher so extrem abhängig macht. Auf der anderen Seite werden die meisten mit dem Rauchen zusammenhängenden Krankheiten nicht durch Nikotin, sondern durch andere Komponenten im Tabakrauch verursacht. Daraufhin wurden rauchfreie Produkte wie elektronische Zigaretten entwickelt, die potentiell ein geringeres Risiko darstellen. So kann heute jeder einzelne Raucher eine faktenbasierte Entscheidung treffen, ob überhaupt und wenn ja, wie er das Nikotin aufnimmt.

Literatur und Anmerkungen

[1] Dieser Beitrag konzentriert sich auf die chemischen Aspekte des Rauchens, die an vielen Stellen dokumentierten gesundheitlichen Risiken des Rauchens wurden weitgehend ausgeklammert. Den an medizinischen Folgen des Rauchens interessierten Lesern können folgende kompetente Darstellungen empfohlen werden: *Alkohol und Tabak,* (M. Singer, A. Batra, K. Mann, Hrsg.), **2011**, Thieme Verlag, Stuttgart. *Cigarette Smoke Toxicity,* D. Bernhard (*ed.*), **2011**, Wiley-VCH, Weinheim.

[2] https://www.destatis.de/DE/PresseService/Presse/Pressemitteilungen/zdw/2013/PD13_011_p002.html.

[3] *„Das ist aber starker Tobak!“* sagen wir, wenn wir etwas unerhört finden. Diese Redewendung geht auf eine Anekdote aus dem 18. Jahrhundert zurück. Eines Tages begegneten sich ein Jäger und der Teufel im Wald. Der Jäger trug eine Flinte bei sich. So etwas hatte der Teufel noch nie gesehen. Er fragte den Jäger, was er denn da in der Hand habe. Um sich über den Teufel lustig zu machen, antwortete der Jäger, dies sei seine Tabakdose. Der Teufel bat den Jäger um eine Prise Tabak, woraufhin der Jäger ihm ohne zu zögern eine Ladung Schrot ins Gesicht schoss. Der verdutzte Teufel rief nun aus: *„Das ist aber starker Tobak!“ http://www.ceryx.de/sprache/wd_starker_tobak.htm.*

[4] https://www.destatis.de/DE/ZahlenFakten/GesellschaftStaat/OeffentlicheFinanzenSteuern/Steuern/Steuerhaushalt/Tabellen/KassenmaessigeSteuereinnahmen.html; Zum Vergleich: Der Etat des Auswärtigen Amtes beträgt 2013 3,48 Milliarden Euro und der des Bundesministeriums für Gesundheit rund 11,98 Milliarden; http://www.bundeshaushalt-info.de/startseite/#/2013/soll/ausgaben/einzelplan.html.

[5] http://www.zigarettenverband.de/de/22/Zigarettenmarkt/Zigarettenpreise. Dies erklärt die Popularität der seit 1993 nicht mehr besteuerten Kau- und Schnupftabake.

[6] B. Schäfer, *Chem. Unserer Zeit*, **2008**, *42*, 330. Zu Ehren von Jean Nicot, wird Tabak in der Systematischen Botanik als *Nicotiana* und das Hauptalkaloid als Nikotin bezeichnet.

[7] *Über den Tabak*, C. Maronde, **1976**, Fischer Taschenbuchverlag, Frankfurt a.M.

[8] Meerschaum ist ein Schichtsilikat, Sepiolith. Der Name Meerschaum ist wohl eine Eindeutschung des Handelsnamens „Mertscavon“ dieses Silikates, das vornehmlich in der Türkei gefunden wird. Mit Meer hat das alles gar nichts zu tun. http://www.pfeife-tabak.de/Artikel/Pfeifenkunde/Meerschaum/meerschaum.html.

[9] H. Spode, *Kulturgeschichte des Tabaks* in *Alkohol und Tabak*, (M. Singer, A. Batra, K. Mann, Hrsg.), **2011**, 13, Thieme Verlag, Stuttgart.

[10] http://www.deutschegeschichten.de/zeitraum/themaindex.asp?KategorieID=1004&InhaltID=1584.

[11] Eine einfache Isolierung von Nikotin aus käuflichem Tabak: *Classics in Spectroscopy*, S. Berger und D. Sicker, **2009**, Wiley-VCH, Weinheim.

[12] Nikotin kommt auch vor in der Gewöhnlichen Seidenpflanze (*Asclepias syriaca*), Schwarzen Tollkirsche (*Atropa belladonna*), im Acker-Schachtelhalm (*Equisetum arvense*) und Keulen-Bärlapp (*Lycopodium clavatum*).

[13] N.L. Benowitz *et al., Handb. Exp. Pharmacol.* **2009**, *192*, 29.

[14] (*S*)-Anabasin (**5**) wurde erstmals aus *Anabasis aphylla*, einer mehrjährigen mittelasiatischen Anabasis-Art isoliert. Diese Verbindung wurde lange Zeit in der ehemaligen Sowjetunion als natürliches Insektizid eingesetzt. Anabasin ist auch das Hauptalkaloid des Baumtabaks (*Nicotiana glauca*) liegt dort aber als Racemat vor.

[15] M. Pötschke-Langer *et al.* in *Alkohol und Tabak*, (M. Singer, A. Batra, K. Mann, Hrsg.), **2011**, 91, Thieme Verlag, Stuttgart.

[16] C. Pyriki, *Z. Lebensm. Unters. Forsch*. **1951**, *92*, 322; *ibid.* **1953**, *97*, 391.

[17] Deutsches Krebsforschungszentrum (Hrsg.), *Tabakatlas Deutschland*, **2009**, Steinkopff-Verlag Darmstadt.

[18] E. Leete in *Secondary-Metabolite Biosynthesis and Metabolism*, R.J. Petroski, S.P. McComrick *(eds.)*, **1992**, Plenum Press, New York; *Medical Natural Products*, P.M. Dewick, **2002**, John WIley & Sons, Chichester .

[19] Die entsprechende Nikotin-Synthase konnte bisher noch nicht rein isoliert und charakterisiert werden. J.B. Friesen und E. Leete, *Tetrahedron Lett.* **1990**, *31*, 6295.

[20] Lediglich die Decarboxylierung von Nikotinsäure, also eine Abspaltung von CO_2 zu Pyridin, gelingt unter sehr drastischen Bedingungen.

[21] E. Leete, *Science*, **1965**, *147*, 1000.

[22] T.A. Scott und J.P. Glym, *Phytochemistry*, **1967**, *6*, 505.

[23] R.F. Dawson *et al., J. Amer. Chem.Soc.* **1959**, *82*, 2628.

[24] E. Leete und Y. Liu, *Phytochemistry*, **1973**, *12*, 593.

[25] *Organic Chemistry*, J. Clayden, N. Greeves, S. Warren, P. Wothers, **2001**, Oxford UP, Oxford. NADPH und seine oxidierte Form $NADP^+$ sind Abkürzungen für das von Otto Warburg entdeckte Nicotinsäureamid-adenin-dinucleotid-phosphat, das Nikotinamid als Strukturelement enthält, an dem der eigentliche Redoxvorgang abläuft.

[26] Hier und in Abbildung 8 wird ein plausibles Reaktionskonzept vorgestellt. Die einzelnen Reaktionsschritte und die stereochemischen Details sind möglich, aber keineswegs bewiesen. Nach Stermitz und Rapoport entspricht dies einer chemischen Bio*genese* des Nikotins und keiner in allen Reaktionsschritten experimentell bewiesenen Bio*synthese*. F.R. Stermitz und H. Rapoport, *J. Amer. Chem. Soc.*, **1961**, *83*, 4045.

[27] C.L. Ballaré, *Trends Plant Science*, **2011**, *16*, 249.

[28] A. Steppuhn. I.T. Baldwin *et al., PLoS Biol* **2004**, *2*, 1074; A. Katoh *et al., Plant Biotechnol.* **2005**, *22* 389; T. Shoji *et al.*, *Plant Cell Physiol.* **2008**, *49*, 1003.

[29] J.C. Leffingwell, *Tobacco – Production, Chemistry and Technology*, (D.L. Davis, M.T. Nielsen, eds.), **1999**, 265, Blackwell Science, London.

[30] Im strengen Sinn ist Rauch die Mischung einer festen und einer gasförmigen Phase, Nebel eine Mischung einer flüssigen und einer gasförmigen Phase. Ein Aerosol enthält alle drei Phasen. Umgangssprachlich ist Rauch meist Verbrennungsrauch, und der ist immer ein Aerosol.

[31] R.R. Baker, *Prog. Energy Combust. Sci.* **2006**, *32*, 373.

[32] R.R. Baker, *Nature,***1976**, *264*, 167.

[33] Beim Zigarren- und noch stärker beim Pfeife-Rauchen sind die Luftgeschwindigkeiten wesentlich geringer und die maximal erreichten Temperaturen liegen deutlich unter denen beim Zigarettenrauchen.

[34] R.R. Baker, *Nature*, **1974**, *247*, 405.

[35] D. Hoffmann *et al., Chem. Res.Toxicol.* **2001**, *14*, 767; siehe auch R.R. Baker, *Prog. Energy Combust. Sci*. **2006**, *32*, 373.

[36] S.S. Hecht, *Nature Rev. Cancer*, **2003**, *3*, 733.

[37] C.B. Daniels und S. Orgeig, *Physiology*, **2003**,*18*, 151.

[38] Die Blut-Hirn-Schranke ist eine zwischenraumfreie, einzellige Endothelzellschicht, mit der die kapillaren Blutgefäße im Zentralnervensystem innen ausgekleidet sind, so dass nur ganz wenige Substanzen (z.B. Alkohol und Nikotin, einige Narkosemittel) frei in das Hirngewebe eindringen können.

[39] Beim Wechsel zu einer nikotinärmeren Zigarette ändern Raucher ihre Rauchgewohnheiten (unbewusst) so, dass sie letztlich genauso viel Nikotin aufnehmen wie vorher. Die Anpassung erfolgt tatsächlich mit jedem Zug.

[40] Eine leicht verständliche und kompetente Einführung: F. Hucho in *Vom Reiz der Sinne*, A. Maelicke (ed.), 1990, VCH, Weinheim.

[41] Ein lesenswertes Essay von N. Birdsall: www.nimr.mrc.ac.uk/mill-hill-essays/drugs-and-addiction.ecxtasy-and-cannabis.

[42] Statistisches Bundesamt: www.destatis.de/DE/ZahlenFakten/GesellschaftStaat/Gesundheit/GesundheitszustandRelevantesVerhalten/Tabellen/Rauchverhalten.html.

[43] *„Ich könnte jederzeit aufhören, wenn ich wollte, ich will nur nicht!“*. Dieses Zitat aus dem Billy Wilder Film *„Some like it hot“* bezog sich allerdings auf alkoholische Getränke. Eine ähnlich brillante Bemerkung machte Mark Twain: *„Giving up smoking is easy. I've done it hundreds of times!“. (Sich das* Rauchen abzugewöhnen ist einfach. Ich habe es hunderte Mal geschafft!)

[44] Achtung! In der Presse werden nicht nur Dopamin und Serotonin, sondern fast alle anderen Neurotransmitter als „Glückshormone“ bezeichnet.

[45] J.M. MacDougall *et al., Chem.Res.Toxicol.* **2003**, *16*, 988; N.L. Benowitz *et al., J Pharmacol. Exp. Ther* **2004**, *310*, 1208.

[46] http://www.reemtsma.com/index.php?option=com_content&view=article&id=132&Itemid=379.

[47] Die CORESTA ist ein Zusammenschluss von Vertretern der Tabakindustrie und Instituten, die sich mit Tabak und Tabakproduktion beschäftigen. Die Bezeichnung CORESTA geht auf den französischen Namen der Organistaion (*Centre de Coopération pour les Recherches Scientifiques Relatives au Tabac*) zurück, die 1956 gegründet wurde. Diese Organisation kümmert sich auch um Normen und so deshalb trägt die Einheit für die Porosität von Zigarettenpapieren den Namen Coresta Unit (CU). Eine CU gibt an, wieviel cm^3 Luft pro Minute durch eine Fläche von 1 cm^2 Papier mit einem Druck von 10 cm Wassersäule strömen.

[48] Liste aller 9961 in Deutschland gehandelten Tabakprodukte mit den jeweiligen Zusatzstoffen: http://service.ble.de/tabakerzeugnisse/index2.php?site_key=153&site_key=153.

[49] Menthol-Zigaretten sind also keine Gesundheitszigaretten, selbst wenn dies prominente Politiker leichtfertig behaupten. www.heute.de/EU-will-Menthol-und-Slim-Zigaretten-verbieten-25754012.html.

[50] http://www.dkfz.de/de/tabakkontrolle/download/PITOC/PITOC_Zusatzstoffe_Tabakprodukte_Ammoniumverbindungen.pdf.

[51] J.F. Pankow *et al.*, *Chem. Res. Toxicol.* **2003**, *16*, 1014.

[52] Es ist etwas komplizierter: Man gibt der Gasprobe eine bekannte Menge trideuteriertes Nikotin als internen Standard hinzu und bestimmt das Mengenverhältnis von Nikotin/Nikotin-d_3 massenspektroskopisch nach einer vorangegangenen gaschromatographischen Trennung.

[53] Eine kritische Position vertritt z.B. J.F. Seemann, ein ehemaliger Mitarbeiter von Philip Morris USA, der allerdings in einer angesehenen Zeitschrift für Chemielehrer, die wichtige Arbeit von Pankow *et al.* von 2003 [51] zwei Jahre nach dem Erscheinen ignoriert. J.F. Seeman, *J.Chem.Educ.* **2005**, *82*, 1577. Siehe auch: J.F. Seeman, *Chem.Res.Toxicol.*, **2007**, *20*, 326.

[54] Untersuchung der staatlichen US-amerikanischen *Centers für Disease Control and Prevention* aus dem Jahr 1997: www.cdc.gov/mmwr/preview/mmwrhtml/00050525.htm.

[55] A. Batra, P. Peukert, Therapie der Tabakabhängigkeit. In: *Alkohol und Tabak*, (M. Singer, A. Batra, K. Mann, Hrsg.), **2011**, 566, Thieme Verlag, Stuttgart.

[56] D.F. Williamson *et al.*, *New Engl. J. Med.*, **1991**, *324*, 739.

[57] Y.S. Mineur *et al.*, *Science*, **2011**, *332*, 1330.

[58] M.W. Schwartz *et al.*, *Nature*, **2000**, *404*, 661; K.L.J. Ellacott und R.D. Cone, *Recent Prog. Horm. Res.* **2004**, *59*, 395.

[59] Der Hypothalamus ist das wichtigste Steuerzentrum für das gesamte vegetative Nervensystem. Seine anatomische Lage im Gehirn kann am einfachsten in einer dreidimensionalen Animation erfasst werden: http://commons.wikimedia.org/wiki/File:Hypothalamus_small.gif.

[60] Das Peptidhormon α-MSH (Melanozyten-stimulierendes Hormon) beeinflusst z.B. in Nagetieren die Fellfärbung, in dem die Melaninsynthese in den Melanozyten angetrieben wird. Die entsprechende Bindungsstelle wurde deshalb als Melanocortin(MC)-Rezeptor bezeichnet. Später stellte sich heraus, dass es eine ganze Familie von MC-Rezeptoren gibt, die völlig verschiedene Funktionen erfüllen.

[61] Ser-Tyr-Ser-Met-Glu-His-Phe-Arg-Trp-Gly-Lys-Pro-Val.

[62] Diese POMC Neuronen produzieren Pro-opiomelanocortin, ein aus 241 Aminosäuren bestehendes Protein. Dieses Molekül ist ein biochemisches Multitalent, denn es kann je nach Spezies und Gewebeart in 11 verschiedene Peptide gespalten werden, die völlig unterschiedliche Aufgaben erfüllen können. α-MSH ist nur eins davon und entspricht dem Sequenzteilstück 138-150. Weitere Details: www.uniprot.org/uniprot/P01189#section_seq.

[63] www.bat.com/group/sites/uk__3mnfen.nsf/vwPagesWebLive/DO52AK34/$FILE/medMD962MGH.pdf?openelement.

[64] http://www.sueddeutsche.de/panorama/schnupf-meisterschaft-verdammt-starker-tobak-1.661855.

[65] Die Zigarettenmarke Salem geht in Deutschland auf den Dresdner Unternehmer Zietz zurück. Bei den Zigaretten mit den Markennamen *Salem Gold*, *Salem Auslese*, *Salem Lucullus* und *Salem No. 6 handelte es sich um filterlose Zigaretten.* Der Name „Salem“ weist auf die orientalischen Tabake dieser Zigarettenmarke hin. Die Marke überlebte die DDR als Salem gelb und Salem rot und wird bis heute als Salem Nr. 6 konsumiert. Bei Zigaretten der Marke Salem in den USA handelt es sich um Menthol-Zigaretten, die in Deutschland der Marke Reyno entsprechen.

[66] B. Karaconji, *Arh. Hig. Rada. Toksikol.* **2005**, *56*, 363.

[67] ChemIDplus Lite: http://chem.sis.nlm.nih.gov/chemidplus/ProxyServlet?objectHandle=DBMaint&actionHandle=default&nextPage=jsp/chemidlite/ResultScreen.jsp&TXTSUPERLISTID=0000054115.

[68] D.W. Armstrong *et al.*, *Chirality*, **1998**, *10*, 587. (*S*)-Nikotin hat in Lebewesen mit Acetylcholin-Rezeptoren im Nervensystem eine 6–8fach höhere physiologische und toxische Wirkung wie das (*R*)-Enantiomer. Siehe: E.F. Domino in *Tobacco Alkaloids and Related Compounds*, U.S. von Euler (ed.), **1964**, Pergamon Press, Oxford.

[69] P. Jacob III *et al.*, *Am .J. Publ. Health*, **1999**, *89*, 731.

[70] Statistisches Bundesamt, Fachserie 3, Reihe 3, **2010**.

[71] http://www.tobaccoatlas.org/industry/growing_tobacco/text.

[72] Alle Zusatzstoffe (Würze, Klebstoffe, Papier, Filterfasern und Tinte zum Druck des Markenzeichens) unterliegen der Tabakverordnung: http://www.gesetze-im-internet.de/tabv_1977/index.html; Alle Zusatzstoffe die in einer Zigarettenmerke verwendet werden, können durch Klicken auf den Markennamen auf den Seiten des Bundesministeriums für Verbraucherschutz aufgerufen werden: http://service.ble.de/tabakerzeugnisse/index2.php?site_key=153&site_key=153.

[73] A. Katoh und T. Hashimoto, *Frontiers Bioscience*, **2004**, *9*, 1577.

[74] R.R. Baker, *Nature*, **1974**, *247*, 405.

[75] R.R. Baker, *Nature*, **1976**, *264*, 167.

[76] F. Hucho, *Angew. Chem.* **1994**, *106*, 23; F. Hucho und C. Weise, *Angew. Chem.* **2000**, *113*, 3194.

[77] In Wirbeltieren kennt man heute 16 verschiedene Untereinheiten (α 1–9, β 1–4, γ, δ).

[78] K. D'Ardenne, J. D. Cohen *et al.*, *Science*, **2008**, *319*, 1264.

[79] Wenn der Tabak schmeckt, liegt's auch am Papier: http://voith.com/de/twogether-article-twogethers200812-de-44.pdf.

[80] In stärker saurem Medium wird auch das basische Stickstoffatom im Pyridinring protoniert (pK_2 = 3,1). Dann gilt für den Dissoziationsgrad $\alpha = K_1K_2/(K_1K_2 + K_2\,[H^+] + [H^+]^2)$. Für den hier interessierenden pH-Bereich kann das Dikation aber vernachlässigt und die vereinfachte Formel benutzt werden. Siehe: J.H. Summerfield, *J.Chem.Educ.* **1999**, *76*, 1397.

[81] Batra, A., Peukert, P. Therapie der Tabakabhängigkeit. In: *Alkohol und Tabak*, (M. Singer, A. Batra, K. Mann, Hrsg.), **2011**, Thieme Verlag, Stuttgart, 566–588.

[82] Bundesinstitut für Risikobewertung. Stellungnahme Nr. 016/2012 vom 24.2. 2012.: http://www.bfr.bund.de/cm/343/liquids-von-e-zigaretten-koennen-die-gesundheit-beeintraechtigen.pdf.

Mädchen mit Zigarette

Petr Zabolotskiy (1803–1866)

In diesem Gemälde wird das Zigarettenrauchen als salonfähig und äußerst elegant dargestellt. Der Blick des Betrachters wird zunächst auf das blühende Gesicht des Mädchens gelenkt, von dort weiter auf die weiße Zigarette vor dunklem Hintergrund und zuletzt zum Holzspan in der rechten Hand, mit dem die Zigarette in diesem Moment angezündet wird.

Das Geheimnis des Weihnachtsdufts

Chemische Leckerbissen. Klaus Roth · Copyright © 2014 WILEY-VCH Verlag GmbH & Co. KGaA, Weinheim · ISBN: 978-3-527-33739-2

Weihnachten ohne Lebkuchen, Christstollen und Zimtsterne ist für uns nicht denkbar. Kein Wunder, denn von klein auf strömt ab dem 1. Advent aus der Küche der Duft von frischgebackenen Weihnachtsplätzchen, der in Kindern und Erwachsenen die Vorfreude auf das nahende Weihnachtsfest weckt. Nehmen wir die Duftspur auf und versuchen deren chemische Basis zu ergründen.

In unserem Kulturkreis sind die Adventszeit und das Weihnachtsfest ohne den Duft von Lebkuchen, Christstollen und Zimtsternen nicht vorstellbar. Spätestens Anfang Dezember verwandeln sich viele heimische Küchen in Backstuben, in denen oft die ganze Familie gemeinsam Kekse und anderes Backwerk herstellt. Welch ein Glück ist es für die Kinder, wenn sie ihre selbstausgestochenen, meist etwas schief geratenen Kekse schon einmal kosten dürfen, am besten gleich warm, bevor die kleinen Kunstwerke in Blechschachteln liebevoll geschichtet verschwinden. Der die Wohnung durchziehende Duft macht die Adventszeit im Jahresverlauf einzigartig. Kein anderes Fest ist so eng mit Düften verbunden wie das Weihnachtsfest und dieser Sinneseindruck bleibt uns ein Leben lang in glückseliger und sehnsuchtvoller Erinnerung. Christian Morgenstern (1871–1914) brachte es auf den Punkt:

„Der Duft der Dinge ist die Sehnsucht, die sie in uns nach sich erwecken."

Der typische Weihnachtsduft wird von wenigen charakteristischen Gewürzen bestimmt [1], deren flüchtige Inhaltsstoffe unseren Geruchssinn ansprechen, der wie der Geschmackssinn als chemischer Sinn bezeichnet wird [2]. Es liegt daher nahe, die Weihnachtsgewürze einmal aus chemischer Sicht zu betrachten.

Swâ man ûfen teppech trat,
cardemôm, jeroffel, muscât,
lac gebrochen undr ir füezen
durh den luft süezen:
sô daz mit triten wart gebert,
sô was dâ sûr smac erwert.

Wo man auf den Teppich trat,
Kardamom, Nelken und Muskat,
lagen gehäckselt unter den Füßen
um die Luft zu versüßen:
so dass mit jedem Tritt aufstieg,
was den sauren Geruch vertrieb.

Abb. 1 ***Wolfram von Eschenbachs „Parzival" Im XVI. Buch seines Heldengedichts beschreibt Wolfram von Eschenbach (links in voller Ritterrüstung) einen ungewöhnlichen, aber praktischen Luftverbesserer auf der Gralsburg Munsalväsche [38]. Durch großzügiges Ausstreuen einer Gewürzmischung auf den Fußböden werden bei jedem Auftreten deren ätherischen Öle freigesetzt. Auf einem Teppich von unerschwinglich teurem Kardamom, Nelken und Muskat dahinzuschreiten muss damals Eschenbachs Zuhörer in Verzückung versetzt haben.*** *(Foto: www.manesse.de/manesse_info.shtml)*

Der Geschichte der Weihnachtsgewürze

Die Menschen würzen ihre Nahrung schon seit prähistorischen Zeiten mit aromatischen Pflanzenteilen. So beschrieb Kaiser Shen-Nung die Nutzung von Zimt, Süßholz und Ingwer in seinem etwa 2700 v. Chr. geschriebenen dreibändigen Buch über Ackerbau und Heilpflanzen. In einer um 1500 v. Chr. verfassten ägyptischen Papyrusrolle sind viele Rezepte mit Anis, Cassia (chinesischer Zimt), Koriander und Kümmel erwähnt und um 700 v. Chr. wurden auf einer assyrischen Tontafel Dill, Fenchel, Kardamom, Safran und Thymian beschrieben. Auch im antiken Griechenland und Rom waren viele exotische Gewürze bekannt, die jedoch häufig weniger zum Würzen, sondern eher als Medikamente verwendet wurden.

Nach dem Zusammenbruch des Römischen Reiches kontrollierten bis zum Ende des Mittelalters arabische Zwischenhändler den Gewürzimport in den Mittelmeerraum. Zur Sicherung ihrer Monopolstellung hielten sie ihre Quellen geheim, so dass in Europa die Fantasie über die wahre Herkunft einzelner Gewürze seltsame Blüten trieb. So wurde z.B. vermutet, dass Zimtstangen das Nestbaumaterial eines Vogels seien, der erst mit Pfeil und Bogen getötet werden müsse, um an das Nest heranzukommen.

Der Transport der Waren von Indien und Fernost über den Indischen Ozean und die Gewürzstraßen war weit und riskant und entsprechend hoch waren die Gewinnspannen. Dies ließ die Preise ins Unermessliche steigen und viele Gewürze wurden in Europa mit Gold aufgewogen [3]. So wundert es nicht, dass Wolfram von Eschenbach in seinem Heldengedicht „Parzifal" der sagenumwobenen Gralsburg eine überirdische Pracht verlieh, indem dort die Fußböden mit einer dicken Schicht von Kardamom, Nelken und Muskat bedeckt waren (Abbildung 1).

Von den astronomischen Gewinnspannen profitierte vor allem der europäische Umschlaghafen Venedig, der durch den Gewürzhandel zwischen 1200 und 1500 zu ungeheurem Reichtum und großer Macht gelangte. Das änderte sich schlagartig 1499: Der Portugiese Vasco da Gama hatte im Jahr davor das Kap der Guten Hoffnung umsegelt, hatte dann die indische Malabarküste erreicht und war inzwischen mit einer vollen Schiffsladung Pfeffer, Zimt und Nelken in Lissabon eingetroffen. Zur Absicherung seiner neuen Pfründe schickte Portugal 1506 mit kräftiger fi-

ABB. 2 | IM JAHR 2009 NACH DEUTSCHLAND IMPORTIERTE GEWÜRZE [39,40]

Produkt	Menge [t]	Wert [Mio €]
Pfeffer, ganz	24.759	58,1
Paprika, gemahlen	14.330	30,3
Ingwer	6.312	11,4
Koriander	4.282	3,6
Kümmel	2.945	5,4
Zimt	2.192	2,4
Muskatnuss	1.488	9,4
Nelken	751	2,3
Kardamom	413	2,9
Muskatblüte (Macis)	404	2,6
Anis + Sternanis	892	3,0
Vanille	531	9,2
sonstige	27.434	83,3
gesamt	58.511	211,8

nanzieller Unterstützung oberdeutscher Handelshäuser (Fugger, Welser und Tucher) ein schlagkräftiges Geschwader hinterher. Mit einer aus 1500 schwer bewaffneten Männern bestehenden Besatzung auf 22 Schiffen eroberte Admiral Francisco d'Almeida die Stadt Kalikut, das Zentrum des südwest-indischen Gewürzhandels. Schließlich gründeten die Portugiesen 1511 die erste Handelsniederlassung auf den sagenumwobenen „Gewürzinseln" (Molukken), einer Inselgruppe zwischen Sulawesi und Neu-Guinea. Der direkte Zugriff auf die ausschließlich dort wachsenden Gewürznelken- und Muskatbäume war der Anfang vom Ende des arabischen und venezianischen Zwischenhandels.

Praktisch zeitgleich mit der Eröffnung eines Seeweges nach Indien und Ostasien um das Kap der Guten Hoffnung entdeckten Kolumbus und seine unter spanischer Flagge segelnden Nachfolger neue Gewürze wie Vanille, Piment und Chili. Das war kein Zufall, denn die Suche nach Gewürzvorkommen (Spezereien) war eines der Hauptziele aller von europäischen Königshäusern finanzierten Eroberungsreisen [4].

ABB. 3 | OLD COKE, NEW COKE UND DER VANILLEPREIS

Anfang der Achtziger Jahre des letzten Jahrhunderts endete der in den USA seit Jahrzehnten tobende Cola-Krieg. Pepsi-Cola zog in vielen amerikanischen Supermärkten an Coca-Cola vorbei und feierte diesen Triumph mit ganzseitigen Zeitungsanzeigen und einem freien Tag für alle Mitarbeiter. Die Zukunft für Coca-Cola sah tatsächlich düster aus, nach Doppelblindtests bevorzugten besonders jüngere Amerikaner Pepsi. Die Coca-Cola-Manager mussten handeln und wollten das einhundertjährige Geheimrezept ändern. Umfangreiche Verbrauchertests wurden durchgeführt und tatsächlich bevorzugten die meisten Tester eine neue, süßere Rezeptur sowohl gegenüber der klassischen Coca-Cola als auch gegenüber Pepsi. Am 23. April 1985 gab Roberto C. Goizueta (Foto links) die Geburt von „The New Taste of CocaCola" bekannt (inoffizieller Kurzname: „New Coke").

Am anderen Ende der Welt, in Madagaskar, hatte diese Pressekonferenz dramatische Folgen. Der Grund: Die alte Coca-Cola enthielt natürliches Vanilleextrakt, New Coke synthetisches Vanillin. Da Coca-Cola der größte Einzelkäufer von Vanilleschoten auf der Welt war und Madagaskar und die benachbarten Komoren 65 % vom Vanille-Weltmarkt lieferten, brach dort von einem Tag auf den anderen die Wirtschaft des Landes zusammen.

Die Madagassen hatten aber Glück, denn sie bekamen Schützenhilfe von unerwarteten Seiten. In den Südstaaten der USA, wo Coca-Cola erfunden wurde und die Firmenzentrale in Atlanta liegt, wurde in Fortsetzung des Bürgerkrieges von 1861–65 die Rezepturanpassung als erneute Niederlage gegen die „Yankees" im Norden gewertet. Für Fidel Castro, ein lebenslanger Coca-Cola-Trinker, war New Coke der Beweis für die Dekadenz US-amerikanischer Kapitalisten. Der Rentner Gay Mullins gründete die „Old Cola Drinkers of America" und verlangte öffentlich die Wiedereinführung des alten Getränks oder den Verkauf der alten Geheimrezeptur. Coca-Cola wurde mit über 400.000 Protestbriefen und -anrufen überschüttet und durch den öffentlichen Spott und die Wut über die plötzlich ungeliebte Geschmacksänderung nahm der Druck auf die Firmenleitung zu. Als schließlich Coca-Cola-Mitarbeiter in den Südstaaten im persönlichen Umfeld von Verwandten und Freunden wegen New Coke angefeindet wurden, führte dies zu Boykott-Androhungen der Direktoren von Abfüllbetrieben.

Am 10. Juli 1985, also weniger als drei Monate nach der Umstellung, wurde die klassische Coca-Cola-Rezeptur wieder eingeführt. Peter Jennings unterbrach für diese Meldung seine ABC-Nachrichtensendung und der ehemalige Gouverneur von Arkansas sprach von einem „bedeutungsvollen Moment in der Geschichte der Vereinigten Staaten".

Im nüchternen Rückblick hat Coca-Cola mit viel Geld die amerikanischen Cola-Trinker für knapp drei Monate emotional aufgewühlt und dann seine Entscheidung kleinlaut revidiert. War das Ganze tatsächlich ein katastrophaler Flop? Genau betrachtet nicht, denn nach der Wiedereinführung der alten Coca-Cola stiegen die Verkaufszahlen und Coca-Cola wurde wieder zur unangefochtenen Nr. 1 in den USA. War das Ganze vielleicht ein geschickt eingefädelter Bluff? Wohl kaum, denn der ehemalige Chairman von Coca-Cola Donald R. Keough (Foto rechts) gab auf die immer wieder gestellte Frage, Flop oder Top, die salomonische Antwort: „Wir waren nicht so dumm, aber so klug waren wir auch nicht". Im Marketing wird die als New Coke-Effekt bezeichnete Markteinführung entweder als einer der größten Marketing-Flops oder eine der 75 besten Managemententscheidungen aller Zeiten bewertet [41]. Den Madagassen war dies egal, denn Coca-Cola kaufte wieder madagassische Vanille und die dortige Wirtschaft erholte sich in kurzer Zeit. So blieb es bis heute und eine Änderung der Coca-Cola-Rezeptur ist wohl in den nächsten hundert Jahren nicht zu erwarten. Die unerschütterliche Markttreue der Coca-Cola-Trinker ist aus chemischer Sicht verständlich. Die braune Brause enthält nämlich nicht nur natürliche Vanilleextrakte, sondern auch die ätherischen Öle der Muskatnuss, des Zimts und der Gewürznelken. Mit anderen Worten: In jedem Schluck Coca-Cola steckt ein bisschen Weihnachten, und das schmeckt eben.

(Foto links: The Coca-Cola-Company, rechts: wikimedia commons)

Die anderen seefahrenden Nationen wie England, Frankreich und Holland wollten selbstverständlich auch ein Stück vom Gewürzkuchen und im Laufe des 16.–19. Jahrhunderts entbrannten zahlreiche „Gewürzkriege" um den kolonialen Besitz der überseeischen Produzentenländer [5]. Durch wiederholten Besitzerwechsel und dreisten Diebstahl von Setzlingen konnten die zunächst gebildeten Gewürzmonopole nicht aufrecht erhalten werden.

Heute werden Gewürzpflanzen überall auf der Welt in den jeweils geeigneten Klimazonen angebaut. Trotzdem ist der Aufwand bei der Gewinnung qualitativ hochwertiger Gewürze immer noch hoch, vom Anbau und der Ernte, von der Verarbeitung bis zum Transport und der richtigen Lagerung. Gewürze sind für uns heute zwar erschwinglich, gehören aber immer noch zu den teuren Zutaten in unserer Nahrung, wie die Preisschilder an Vanille, Safran und Kardamom in Fachgeschäften demonstrieren. Glücklicherweise benötigen wir Gewürze nur in geringen Mengen, so dass ihre Verwendung heute kein Privileg der Wohlhabenden mehr ist. Tatsächlich können wir sogar weihnachtliche Blumengestecke und Adventskränze mit Zimtstangen und Sternanis schmücken.

Die jährlich nach Deutschland importierten Gewürzmengen sind beachtlich, wobei Pfeffer unangefochten an erster Stelle steht, gefolgt von Paprika, Koriander, Muskat und Zimt (Abbildung 2). Gewürzpreise werden vom Markt bestimmt, wobei wie für alle am Weltmarkt gehandelten Agrarprodukte die Erntemengen und -qualitäten auf der einen und die global agierenden Importfirmen und Großkunden auf der anderen Seite einen entsprechenden Einfluss haben. Ein besonders ungewöhnlicher Einbruch des Vanille-Preises durch den Ausfall eines mächtigen Großkunden führte in den Achtziger Jahren fast zum wirtschaftlichen Zusammenbruch Madagaskars (Abbildung 3).

Was sind Gewürze?

„Gewürze sind Teile einer bestimmten Pflanzenart, nicht mehr als technisch notwendig bearbeitet, die wegen ihres natürlichen Gehaltes an Geschmacks- und Geruchsstoffen als würzende oder geschmacksgebende Zutaten zum Verzehr geeignet und bestimmt sind."

Die sorgfältige Wortwahl im „Deutschen Lebensmittelbuch" lässt ahnen, wie unterschiedlich die Pflanzenteile sein können (Abbildung 4). Auch eine scharfe Abgrenzung zwischen Gewürzen und anderen Zutaten ist schwierig [6]. So wird in Backwaren z.B. Safran, das teuerste aller Gewürze, gern verwendet, allerdings weniger wegen seiner nur gering ausgeprägten Würzkraft, sondern eher wegen seiner großen Färbekraft, wie jedes Kind bestätigen kann [7]. Auf der anderen Seite bestimmen gerade in der Weihnachtsbäckerei Zutaten den geschmacklichen Charakter, die nicht zu den Gewürzen zählen. Was wäre wohl ein Dresdner Stollen ohne Orangeat und Zitronat, was wären viele Weihnachtsplätzchen ohne Nüsse und Mandeln?

Aus botanischer Sicht sind Gewürzpflanzen seltene Glücksfälle. Von den geschätzten 380 000 Pflanzenarten, die auf der Erde vorkommen, besitzen nur etwa 2500 Arten ausreichende Mengen an Duftstoffen und von denen haben unsere Vorfahren in Tausenden von Jahren einige Hunderte als die geschmacklich Besten ausgewählt.

Die von Gewürzpflanzen gebildeten Duftstoffe gehören nicht zu den Primärmetaboliten wie Aminosäuren, Zucker, Fettsäuren, Chlorophyll etc., die zur Aufrechterhaltung des Stoffwechsels unabdingbar notwendig sind, sondern zu den Sekundärinhaltsstoffen, die der Pflanze beim Überlebenskampf im jeweiligen Biotop Vorteile verschaffen. Dies können vielfältige Vorteile sein, z.B. das Anlocken von Insekten zur Bestäubung, das Abtöten von Bakterien und Pilzen, das Vertreiben von Fressfeinden oder gemäß dem Prinzip „*Der Feind meines Feindes ist mein Freund*" das Anlocken eines Feindes des gerade am Blatt knabbernden Fressfeindes [8].

Damit ein pflanzlicher Sekundärmetabolit als Duftstoff von anderen Lebewesen wahrgenommen werden kann, muss die Substanz einen ausreichend hohen Dampfdruck besitzen. Dafür müssen zwei chemische Voraussetzungen erfüllt sein:

- Der Duftstoff darf sich nicht, oder zumindest nur sehr wenig im Zellsaft (Wasser) lösen, denn dies würde den Dampfdruck erniedrigen. Der Duftstoff muss also unpolar sein.
- Das Molekulargewicht darf nicht allzu hoch sein, denn mit steigender Molekülgröße sinkt der Dampfdruck.

ABB. 4 | EINTEILUNG DER GEWÜRZE NACH ART DER VERWENDETEN PFLANZENTEILE

Pflanzenteil	Pflanzenart
Samen und Frucht	Anis, Kardamom, Chili, Dill, Kümmel, Muskatnuss, Macis („Muskatblüte"), Pfeffer, Piment, Vanille, Wacholderbeere
Kraut und Blatt	Basilikum, Estragon, Majoran, Rosmarin, Salbei, Thymian
Blüte und Blütenteile	Kaper, Nelke, Safran
Wurzel	Curcuma, Ingwer, Meerrettich
Rinde	Zimt
Zwiebel	Knoblauch, Zwiebeln

ABB. 5 | DIE KOMPONENTEN DES „FLAVOURS"

Sinnesreiz	Ursache	Beispiele	
Geruch	flüchtige, unpolare Inhaltsstoffe	Vanillin Eugenol	(Vanille) (Gewürznelke)
Geschmack	nichtflüchtige Inhaltsstoffe	salzig süß sauer bitter umami	(Kochsalz) (Zucker) (Essig) (Chinin) (Natriumglutamat)
trigeminale Reize	nichtflüchtige, „scharf schmeckende" Inhaltsstoffe Temperatur der Nahrung, flüchtige, „kühl" wirkende Inhaltsstoffe	Capsaicin Senföle Menthol	(Chili) (Senf, Meerrettich) (Pfefferminz)
Tasten (Haptik)	Textur, Härte, Knackigkeit, sahnig, sprudeln	Kartoffelchips, Schlagsahne, Sprudelgetränke	

Meist besitzen Duftstoffe ein Molekulargewicht von unter 250 D.

Diese unpolaren, wasserunlöslichen und fast immer flüssigen Verbindungen scheidet die Pflanze in spezielle dafür vorgesehene Hohlräume ab. Bei den meisten Gewürzpflanzen sind dies intrazelluläre Vakuolen, deren Membran von Hydroxyfettsäuren gebildet wird, die über Peroxygruppen vernetzt sind. Diese Membranschicht ist fast gasdicht und verhindert ein unnötiges Verdunsten der Duftstoffe. Die Vakuolen können so groß werden, dass sie fast den gesamten Zellraum ausfüllen. Solche Ölzellen finden sich z.B. in der Rinde des Zimtbaums, in den Wurzelteilen des Ingwers oder in den Blättern des Lorbeers [9].

Wie wir Gewürze „schmecken“

Wenn wir das umgangssprachliche „Schmecken“ verwenden, meinen wir damit nicht nur die Geschmacksnoten süß, sauer, salzig, bitter und *umami* [10], sondern vor allem den Geruch [11] und zusätzlich die Schärfe, Temperatur, Textur und das vermittelte Mundgefühl. In der Lebensmittelsensorik verwendet man anstelle von „Geschmack“ den präziseren Begriff *Flavour* (amerik. *Flavor*) [12], der die Gesamtheit aller im Bereich Nase-Zunge-Mundhöhle aufgenommenen Sinneseindrücke umfasst (Abbildung 5).

Ein kulinarischer Genuss umfasst aber nicht nur den *Flavour*, sondern alle Sinne, also auch den Hör- und Sehsinn [13]. Man denke nur an das Knacken beim Biss in einen frisch gebackenen Spekulatius oder an die leichte Schärfe bestimmter Pfefferkuchen oder die Vorfreude (und den Speichelfluss) beim Blick auf einen schön angerichteten „Bunten Teller“ („Das Auge isst mit“).

Da wir vor allem dem *Weihnachts*duft auf der Spur sind, konzentrieren wir uns im Folgenden auf die in den *Weihnachts*gewürzen enthaltenen Verbindungen. Riechen wir allerdings an einer Zimtstange, werden wir enttäuscht sein, denn Zimtgeruch ist kaum wahrnehmbar, da die Duftstoffe in den teilweise noch intakten Vakuolen eingeschlossen sind. Dies ändert sich sofort, wenn wir die Gewürze zermahlen. Dadurch werden die Zellstrukturen zerstört und über die große Oberfläche können die auch bei Zimmertemperatur flüchtigen Duftstoffe abdampfen. Zerdrücken

ABB. 6 | DIE PHYSIKALISCHE CHEMIE DES TOPFGUCKERS

Die flüchtigen und teilweise empfindlichen Duftstoffe können aus Gewürzen und Kräutern durch Auspressen, durch Extraktion mit einem Lösemittel oder durch eine Wasserdampfdestillation gewonnen werden. Besonders schonend ist die Wasserdampfdestillation, bei der die Pflanzenteile mit Wasser gemischt werden und dann bei Normaldruck ein Öl-Wasser-Gemisch abdestilliert wird. Die Raffinesse einer Wasserdampfdestillation offenbart sich erst durch eine physikalisch-chemische Analyse der Druck- und Mengenverhältnisse in der Flüssig- und Gasphase.

Der Gesamtdampfdruck über zwei nicht miteinander mischbaren Flüssigkeiten entspricht der Summe beider Partialdrucke (Gesetz von Dalton). Für eine Mischung von Wasser und 1,8-Cineol ($C_{10}H_8O$), einer Hauptkomponente im ätherischen Kardamom-Öl, gilt dann:

$$p_{ges} = p_W + p_{Öl}$$

Wasserdampf
Kühlwasser
Wasser + zerkleinertes Gewürz
erhitzen
ätherisches Öl + Wasser

Dieses Flüssigkeitsgemisch beginnt bei Normaldruck zu sieden, wenn p_{ges} = 101 kPa (760 Torr). Dies wird bei etwa 97 °C erreicht, denn bei dieser Temperatur liegen die Partialdrücke für Wasser bei 92 kPa und für 1,8-Cineol bei 9 kPa, zusammen also 101 kPa. Das Mengenverhältnis $m_{Öl}/m_W$ im abdampfenden 1,8-Cineol-Wasser-Gasgemisch ergibt sich aus den beiden Partialdrücken ($p_{Öl}/p_W$) und Molekulargewichten ($M_{Öl}/M_W$) nach Anwendung des Gasgesetzes.

$$p_{Öl}/p_W = n_{Öl}/n_W = (m_{Öl}/M_{Öl})/(M_W/m_W)$$
$$m_{Öl}/m_W = (M_{Öl}/M_W)\,(p_{Öl}/p_W) = (144/18)\,(9/92) = 0{,}78$$

Ein 1,8-Cineol-Wasser-Gemisch siedet unterhalb der Siedepunkte von Wasser und 1,8-Cineol (Sdp. = 175°C !) und das übergehende Gemisch besteht zu über 78/1,78 = 44 Gewichtsprozent aus dem höher siedenden 1,8-Cineol [42]. Eine tolle und schonende Methode, um höher siedende, mit Wasser nicht mischbare Verbindungen abzutrennen.

Im Falle von Gewürzen werden die entsprechenden Pflanzenteile zerkleinert und in einer Standardapparatur mit Wasser vermischt, destilliert und das in der Vorlage oben auf dem Wasser schwimmende ätherische Öl (Gewürzöl) abgetrennt.

Beim Öffnen des Kochtopfs mit einer kochenden Brühe oder beim Öffnen der Ofentür passiert genau das Gleiche. Der Wasserdampf „transportiert“ die viel höher siedenden Duftstoffe in großen Mengen in die Gasphase, wo neugierige Topfgucker sie mit Vergnügen in die Nase einziehen und genießen können.

Noch eindrucksvoller kann man diesen Prozess bei der Teezubereitung beobachten. Werden die trocknen Teeblätter mit heißem Wasser übergossen, schwimmen die in den Blättern enthaltenen, ätherischen Öle als dünner Film auf der Teeoberfläche. Dies kann man im Gegenlicht am bunten Beugungsmuster beobachten. Noch genussvoller ist es, die Nase als empfindlichen Sensor über die dampfende Tasse zu halten und sich am ätherischen Öl olfaktorisch zu erfreuen.

ABB. 7 | GERUCHSSCHWELLENWERTE [µg/L H_2O] EINIGER AROMASTOFFE IN WEIHNACHTSGEWÜRZEN [15]

Verbindung	Geruch	Gewürz	Geruchsschwelle
α-Terpineol	fliederartig	Kardamom	300
β-Caryophyllen	nelken-, terpentin-ähnlich	Nelken, Piment (Mexiko)	70
Vanillin	Vanille	Vanilleschote	30
Limonen	citrusartig	Kardamom, Nelken, Muskat	10
Linalool	blumig, Maiglöckchen	Kardamom	6
Eugenol	stark würzig, nelkenähnlich	Nelken, Zimt	1
3-Isobutyl-2-methoxypyrazin	paprikaartig	Paprikaschote	0,002 [43]

wir ganze Nelken, so ist die aufsteigende Duftwolke fast unangenehm intensiv.

Eine richtige Duftexplosion gibt es aber, wenn wir (nicht überalterte) Gewürzpulver in ein wässriges Medium einbringen, z.B. eine Suppe oder einen Teig, und dann erwärmen. Dieses Vorgehen ist normale Küchenpraxis, denn nichts anderes passiert beim Lüften eines Kochtopfdeckels oder beim kurzzeitigen Öffnen der Backofentür. Die physikalisch-chemische Basis dieser Duftexplosionen ist eine modifizierte Wasserdampfdestillation (Abbildung 6), einer besonders milden Methode zur Überführung unpolarer Stoffe in die Gasphase. Im Gegensatz zum chemischen Labor stecken wir aber in der Küche unsere Nase gern in den Dampf und erfreuen uns am Gewürzduft.

Wie wir Gewürze riechen

Die mit Wasserdampf flüchtigen Duftstoffe der Gewürze gelangen entweder direkt durch Einatmen oder indirekt beim Essen aus dem Mund über den Rachenraum in die oberen Nasenhöhlen. Da das Gewebe im Mundraum einschließlich der Zunge feucht und gut durchblutet ist, steigen bei 37 °C aus einer gewürzten Nahrung die Duftstoffe aus dem Mundraum bis zum Dach der beiden oberen Nasenhöhlen auf. Dort lösen sie sich auf einer Fläche von etwa 5 cm^2 in der Riechschleimhaut, in der 10–30 Millionen Riechsinneszellen [14] eingebettet sind. Die Duftstoffe kommen dort in Kontakt mit etwa 1000 verschiedenen Rezeptortypen, die strukturell unterschiedliche Bindungsstellen besitzen und die gelösten Duftstoffe mit unterschiedlichen Stärken binden. Die in diesem Bindungsmuster kodierte Riechinformation wird von den Riechzellen durch das Siebbein hindurch über die beiden Riechkolben zu den höheren Verarbeitungszentren im Gehirn weitergeleitet. Erst dort werden die Sinnesmeldungen dekodiert und zu einem Sinneseindruck verarbeitet. Durch die Vielzahl verschiedener Rezeptoren können Menschen über 10.000 verschiedene Gerüche unterscheiden.

Der Duft eines Gewürzes wird nie von einer Einzelverbindung, sondern immer von einem Substanzgemisch hervorgerufen. Der Beitrag einer Einzelkomponente zum gesamten Sinneseindruck hängt vom Dampfdruck und der substanzspezifischen Empfindlichkeit unseres olfaktorischen Systems ab. Die Mindestkonzentration, bei der eine Geruchsempfindung wahrgenommen werden kann, wird als Geruchsschwellenwert bezeichnet, der bei typischen Aromastoffen mehrere Zehnerpotenzen umfassen kann (Abbildung 7).

Der Gesamtsinneseindruck einer bestimmten Substanz hängt auch von der Konzentration in der Atemluft ab. So werden einige Komponenten im Aroma von geröstetem Kaffee oder Kakao in hohen Konzentrationen als schweißig oder nach Katzenurin riechend beschrieben, in großer Verdünnung aber tragen sie wesentlich zum angenehmen Röstaroma bei [16]. Rosenöl riecht in hoher Konzentration sehr unangenehm und wird erst nach entsprechender Verdünnung ein wertvoller Aromastoff. Schließlich kann eine einzelne Verbindung in verschiedenen Duftbouquets völlig un-

ABB. 8 | BIOSYNTHESEN PFLANZLICHER DUFTSTOFFE

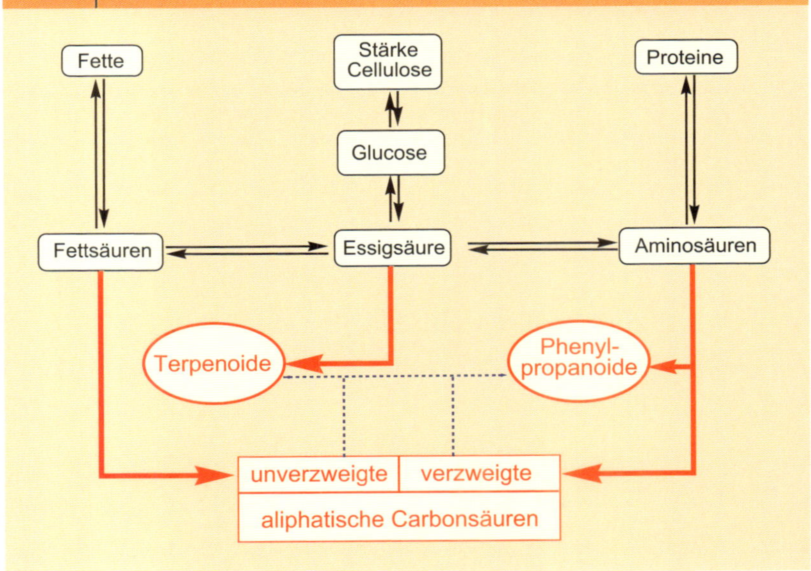

Die Duftstoffe der Gewürze werden im Wesentlichen auf zwei Wegen synthetisiert: Terpenoide werden aus einem C_5-Baustein (Isopren-Einheiten) aufgebaut. Durch Verknüpfung von zwei oder drei Einheiten entstehen Mono- (C_{10}) und Sesquiterpene (C_{15}).

Phenylpropanoide entstehen durch Ab- und Umbau der Aminosäure Phenylalanin, wobei der zentrale Baustein die Zimtsäure ist.

Zusätzlich zu diesem Substanzreservoir können hydroxylhaltige Terpenoide oder Phenylpropanoide mit verschiedenen verzweigten und unverzweigten aliphatischen Carbonsäuren u.a. Ester bilden [44]. Ein toller biochemischer Trick der Pflanzen, denn der entstehende Ester ist unpolarer als beide Ausgangsverbindungen und besitzt deswegen einen höheren Dampfdruck.

terschiedlich empfunden werden: Diacetyl (2,3-Butandion) wird im Butter- und Vanillearoma als angenehm und im frisch gebrauten Pilsener Bier aber extrem negativ empfunden. Diese Verbindung muss sich durch Lagerung des Jungbiers erst vollständig abbauen, bevor abgefüllt werden kann.

Die Biochemie des Weihnachtsdufts

Aus chemischer Sicht ist es natürlich reizvoll herauszufinden, wonach unser Weihnachtsgebäck riecht, wie die wunderbaren Duftstoffe von den Gewürzpflanzen biosynthetisiert werden und wie sie sich in den relativen Mengen und chemischen Strukturen unterscheiden.

Im Prinzip stehen Pflanzen zwei biochemische Synthesewege zur Herstellung von Duftstoffen und anderen Sekundärmetaboliten offen (Abbildung 8):

- der Aufbau von **Terpenoiden** (C_{10}-Mono- und C_{15}-Sesquiterpenen) (Abbildung 9)
- der Abbau von Phenylalanin zu **Phenylpropanoiden** (Abbildung 10)

Welche biochemischen Synthesewege eine Pflanze tatsächlich eingeschlägt, ist in erster Linie genetisch festge-

ABB. 9 | BIOSYNTHESE VON TERPENEN

oben: Ausgehend von drei Molekülen Essigsäure wird unter Abspaltung von CO_2 der biochemisch „aktive“ Isoprenbaustein Isopentenyl-diphosphat (IPP) [45] gebildet. In Gegenwart des Enzyms IPP-Isomerase stellt sich ein Gleichgewicht zwischen IPP und dem isomeren Dimethylallyl-diphosphat (DMAPP) ein. Im ersten Reaktionsschritt entsteht aus den C_5-Bausteinen IPP und DMAPP ein C_{10}-Molekül, das Geranyl-diphosphat, die Ausgangsverbindung für alle Monoterpene. Die weitere Anknüpfung einer C_5-Einheit (IPP) führt zum Farnesyl-diphosphat, der Ausgangsverbindung für alle C_{15}-Sesquiterpene.
unten: Ausgehend vom Geranyl- und Farnesyl-diphosphat stellen Pflanzen durch Dehydrierungen, Hydroxylierung, Oxidationen und Ringschlüsse eine ganze Palette von Mono- und Sesquiterpenen her. Die Hauptkomponenten einzelner Weihnachtsgewürze sind farblich unterlegt.

ABB. 10 | BIOSYNTHESE DER PHENYLPROPANOIDE

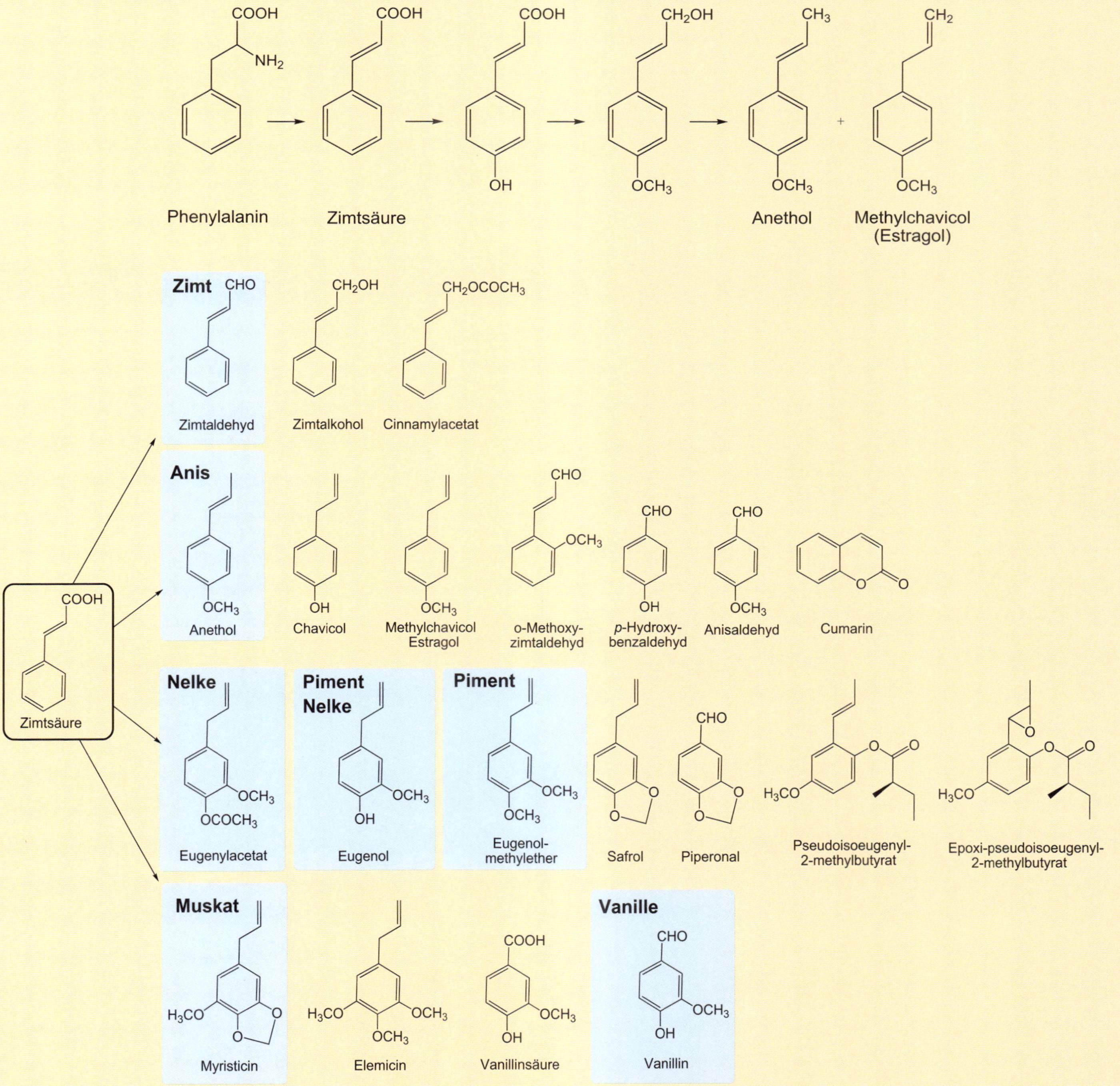

Phenylalanin → Zimtsäure → → → Anethol + Methylchavicol (Estragol)

COOH, NH_2, OH, OCH_3, CH_2OH, CH_3, CH_2

Zimtsäure

Zimt: Zimtaldehyd; Zimtalkohol; Cinnamylacetat

Anis: Anethol; Chavicol; Methylchavicol Estragol; o-Methoxy-zimtaldehyd; *p*-Hydroxy-benzaldehyd; Anisaldehyd; Cumarin

Nelke: Eugenylacetat

Piment Nelke: Eugenol

Piment: Eugenol-methylether

Safrol; Piperonal; Pseudoisoeugenyl-2-methylbutyrat; Epoxi-pseudoisoeugenyl-2-methylbutyrat

Muskat: Myristicin

Elemicin; Vanillinsäure

Vanille: Vanillin

***oben:** Die Aminosäure Phenylalanin ist Ausgangsverbindung der Phenylpropanoide. Im ersten Reaktionsschritt wird Ammoniak unter Katalyse des Enzyms Phenylalanin-Ammoniak-Lyase abgespalten. Die dabei entstehende Zimtsäure wird in Gegenwart einer Monooxygenase durch molekularen Sauerstoff in para-Stellung hydroxyliert und dann methyliert. Im Anis wird z.B. die Carbonsäure-Gruppe reduziert und es entstehen die beiden duftbestimmenden Verbindungen Anethol und Methylchavicol (Estragol).*

***unten:** Ausgehend von der Zimtsäure synthetisieren Pflanzen durch Hydroxylierungen, Methylierungen, Oxidationen und Esterbildungen die Vielzahl der Phenylpropanoide.*

Die Hauptkomponenten einzelner Weihnachtsgewürze sind farblich unterlegt.

Porträts der sieben Weihnachtsgewürze [17]

Anis

Bekannt ist Anis schon lange. Er wurde bereits vor 4000 Jahren als Gewürz- und Heilpflanze in Ägypten, Syrien und Griechenland angebaut. Im Mittelalter wurde Anis als Backgewürz in Keksen und Brot (Bayern) populär. Bis heute wird es in vielen Weihnachtsplätzchen, z.B. den für Süddeutschland typischen „Springerle" verwendet. Daneben spielt Anis durch seine schleimlösende Wirkung in vielen Hustenmitteln eine prominente Rolle. In vielen Ländern werden hochprozentige Liköre und Aperitifs aus Anis hergestellt: Raki, Ouzo, Sambuca, Arrak, Pastis, Pernod etc. Im Tiefkühlschrank kristallisiert Anethol z.B. aus Ouzo aus und kann in der Kälte abfiltriert werden [18].

Die Hauptkomponente des ätherischen Anisöls ist mit bis zu 80 % das Anethol (4-Methoxyphenyl-2-propen). Anis riecht ähnlich wie Fenchel, der auch viel Anethol enthält.

(Foto links: W. Arnold, www.awl.ch/heilpflanzen; rechts: D. Monniaux, wikimedia commons)

Anis (*Pimpinella anisum*)	
Familie	Doldengewächse (*Umbelliferae*)
Pflanze	einjährige, 30–50 cm hochwachsende Pflanze mit Doldenblüten
Ursprung	wahrscheinlich östliches Mittelmeer und Vorderasien
Hauptanbaugebiete	Mittelmeerländer, Russland, Mittel- und Südamerika
verwendetes Pflanzenteil	ganze oder gemahlene Früchte
Verarbeitung	Trocknung
Flavour	Der scharf-süßliche Anisgeschmack führte zum Beinamen „süßer Kümmel".
Gehalt an ätherischem Öl	1,5–6 %
Zusammensetzung des ätherischen Öls	trans-Anethol (80–90 %), Estragol (Methylchavicol 4 %), γ-Himachalen (1–3 %), das für Anis charakteristische Pseudoisoeugenyl-2-methylbutyrat (4-Methoxy-2-(1-propen-yl)-phenyl)-2-methylbutyrat 1–3 %), Epoxy-pseudoisoeugenol-2-methylbutyrat (0,1–1,3 %), Anisaldehyd (0,5–0,9 %)
Weihnachtsbäckerei	Anisplätzchen wurden bereits von Vergil (70–19 v.Chr.) erwähnt; Lebkuchen

Piment

(Foto links: Forest and Kim Starr, wikimedia commons; rechts: Ostmann Gewürze GmbH, Dissen)

Piment (auch Nelkenpfeffer, Gewürzkörner, Allerleigewürz, *Pimenta dioica*)	
Familie	Myrthengewächs (*Myrtaceae*)
Pflanze	6–13 m hoher Baum
Ursprung	Mexiko, westindische Inseln, Kuba, Haiti, Jamaika
Hauptanbaugebiete	Jamaika, Mittelamerika, westindische Inseln
verwendetes Pflanzenteil	getrocknete Beeren
Verarbeitung	Die unreif geernteten, grünen Beeren werden nach 2–5-tägiger Fermentation in Haufen oder Säcken in der Sonne oder in Dörröfen getrocknet, wobei sie sich dunkelbraun färben. Die 5–8 mm großen Früchte enthalten zwei 3–4 mm große Samen. Die getrockneten Beeren werden sowohl ganz als auch gemahlen verwendet.
Flavour	Geruch und Geschmack erinnern an Nelken, Muskat, Pfeffer und Zimt (*allspice* und *quatre-épices*)
Gehalt an ätherischem Öl	2–5 %
Zusammensetzung des ätherischen Öls	Jamaika: Eugenol (60–80 %), Eugenolmethylether (9–10 %), Myrcen (< 1 %) Mexiko: Eugenol (8–15 %), Eugenolmethylether (48–68 %), Myrcen bis 18 %) sowie β-Caryophyllen (3–6 %), Chavicol, 1,8-Cineol (1–15 %), α-Terpineol (0,2–1,8 %)
Weihnachtsbäckerei	Aachener Printen, Spekulatius
sonstige Verwendung	Vielseitiges Gewürz für Fleischgerichte, viele Konserven, Desserts, Ketchup

Kardamom

(Foto links: B. Navez, www.awl.ch/heilpflanzen; rechts: R. Zens, wikimedia commons)

Die beiden Hauptinhaltsstoffe des Kardamoms sind das frische, leicht kampherartige, kühle 1,8-Cineol und das mild kräuterige, süße, würzige α-Terpinylacetat. Das Mengenverhältnis beider Komponenten hängt von der Sorte und dem Anbaugebiet (Guatemala, Papua Neu-Guinea, Sri Lanka) ab (Abbildung 11).

Kardamom (*Elettaria cardamomum*)	
Familie	Ingwergewächse (*Zingiberaceae*)
Pflanze	2–3 m hohe Staudenpflanze
Ursprung	Westküste Indiens
Hauptanbaugebiete	Indien, Indonesien, Sri Lanka, Guatemala, Malaysia, Neuguinea, Tansania
verwendetes Pflanzenteil	In der 10–20 mm langen und 8 mm breiten Frucht mit ihrer lederartigen, grünen Schale befinden sich 10–18 2–3 mm große rötlich-braune Samen. Es werden sowohl die ganzen Früchte als auch die gemahlenen Samen verwendet.
Verarbeitung	Trocknung
Flavour	schwach, campherartiger Geruch, aromatisch, mild brennend, würzig, wärmend
Gehalt an ätherischem Öl	3–8 %
Zusammensetzung des ätherischen Öls	1,8-Cineol (40 %), α-Terpinyl-acetat (30 %), Sabinen (3,2 %), Limonen (2,4 %), Menthon (bis 6 %), Linalylacetat (1,6–7,7 %), Linalool (0,4–3,7 %), β-Phellandren (3 %), β-Terpineol (0,7–2,1 %)
Weihnachtsbäckerei	Lebkuchen, Spekulatius, Printen, Stollen
sonstige Verwendung	Aromatisieren von Backwaren und Likören, Würzen von Tee , Kaffee, Kaugummi und Eiscreme

ABB. 11 | BESTANDTEILE DES KARDAMOM-ÖLS

Sorte/Anbaugebiet	1,8-Cineol [%]	α-Terpinylacetat [%]	Summe [%]
Guatemala	36,4	31,8	68,2
Guatemala Malabar	23,4	50,7	74,1
Mysore (Sri Lanka)	44,0	37,0	81,0
Malabar (Sri Lanka)	31,0	52,5	83,5
Alleppey Green (Mysore)	26,5	34,5	61,0
Papua Neu-Guinea	63,0	29,1	92,1
Indien	36,3	31,3	67,6

Komponente	Gehalt [%]
1,8-Cineol	36,3
α-Terpinylacetat	31,3
Limonen	11,6
Linalool	3,0
Sabinen	2,8
trans-Nerolidol	2,7
α-Terpineol	2,6
Linalylacetat	2,5
Myrcen	1,6
α-Pinen	1,5

***links:** Die beiden kommerziell wichtigsten Chemotypen des Kardamoms sind Malabar und Mysore. Sie unterscheiden sich im Äußeren: Mysore wächst bis zu 5 m, Malabar nur bis 3 m hoch. Das ätherische Malabar-Öl hat wegen des meist höheren 1,8-Cineol-Gehalts eine ausgeprägte Kamphernote, während die Variante Mysore wegen des höheren Anteils an α-Terpinylacetats eine eher mild-würzige Note aufweist [46].*
***rechts:** Der Sinneseindruck wird aber auch von den vielen Nebenkomponenten bestimmt, besonders in den Kardamom-Sorten mit geringem (Cineol + Terpinylacetat)-Gesamtgehalt. So gilt indisches Kardamom-Öl als besonders hochwertig, da darin die angenehm empfundenen fruchtig-blumigen Duftnoten von Limonen (fruchtige Orangen), Linalool (blumig, citrusähnlich), Linalylacetat (süß-blumig) und α-Terpineol (delikat, blumig, fliederähnlich) mit in den Vordergrund treten [47].*

legt. Eine Muskatnuss kann nicht plötzlich nach Vanille riechen. Allerdings können bei vorgegebenem genetischen Synthesepotenzial je nach Standort, Klima und Boden die Mengenverhältnisse der verschiedenen Komponenten stark variieren. In den Porträts der weihnachtlichen Gewürzpflanzen können daher immer nur Wertebereiche für den

Muskat

(Foto links: W.A. Djatmiko, wikimedia commons; Mitte und rechts: Ostmann Gewürze GmbH, Dissen)

Muskat (*Myristica fragrans*)	
Familie	Muskatnussgewächse (*Myristicaceae*)
Pflanze	bis zu 20 m hoher Baum, eiförmige, pfirsichähnliche Frucht
Ursprung	Molukken (Gewürzinseln, heute Indonesien)
Hauptanbaugebiete	Indonesien (ost-indische Provenienzen) und Grenada (west-indische Provenienz)
verwendetes Pflanzenteile	Samenkern (Muskatnuss) und Samenmantel (Muskatblüte oder Macis) [19]
Verarbeitung	Nach der Ernte erfolgt die Trennung von Samenmantel und der Nuss. Der Samenmantel verliert die rote Farbe und wird gelblich bis rotbraun (Muskatblüte, Macis). Nach 6–8 Wochen beginnen die Samen in ihrer Samenschale zu klappern und werden meist maschinell aufgeschlagen.
Flavour	kräftig, würzig, warm, leicht brennend (Muskatnuss leicht bitter)
Gehalt an ätherischem Öl:	Muskatnuss 7–16 %, Muskatblüte bis 15 %
Zusammensetzung des ätherischen Öls	Muskatnuss: α-Pinen (15–28 %), Sabinen (14–29 %), β-Pinen (13–18 %), Myristicin (5–12 %), γ-Terpinen (2–6 %), Limonen (2–7 %), Terpineol-4 (2–6 %) Δ^3-Caren (0,5–2 %), α-Phellandren (3 %), α-Terpinen (5 %), Phenylpropanoide (10–15 %) [20] Macis: α-Pinen (27 %), β-Pinen (21 %), Sabinen (15 %), Limonen (9 %), sowie 1,8-Cineol, Myristicin, Elemicin und Safrol
Weihnachtsbäckerei	Lebkuchen, Printen, Honigkuchen
sonstige Verwendung	universelles Gewürz für Fleischgerichte, Wurstwaren, Saucen, Süßspeisen, Glühwein, Sangria

Die Geschichte der Muskatnuss führt uns in eines der dunkelsten Kapitel der Menschheit. Beide Gewürze stammen von den Molukken, einer Inselgruppe im heutigen Indonesien. Die Machtverschiebungen im 17. Jahrhundert in Europa führte zum Aufstieg neuer Großmächte wie England und die Niederlande. Die Holländer vertrieben die Portugiesen von den Molukken und kontrollierten spätestens ab 1667 den Gewürzanbau auf dem gesamten Malaiischen Archipel. Ausführendes niederländisches Organ dafür war die 1602 gegründete erste Aktiengesellschaft „Verenigde Oost-Indische Compagnie" (VOC). Dieser „Im- und Exportfirma" wurde von den Niederlanden das Gewürzmonopol übertragen sowie die Macht, alle gewünschten Territorien zu kolonialisieren und die Urbevölkerung bei Bedarf zu versklaven. Die VOC handelte also wie ein eigener Staat. Da die VOC auch den gesamten Gewürzmarkt in Europa kontrollierte, stieg sie schnell zur reichsten Firma der Welt auf, besaß 150 Handelsschiffe, 30 Kriegsschiffe, 50.000 Angestellte und eine 10.000 Mann starke Privatarmee. Die VOC zahlte ihren Aktionären fast 200 Jahre lang eine jährliche Rendite von 18 % aus.

Zur Sicherung des Muskatnuss-Monopols wurden Muskatbäume nur auf der Insel Banda angebaut und alle Muskatbäume auf den Nachbarinseln zerstört. Die sich dagegen wehrende Bevölkerung von Banda wurde schlichtweg ausgerottet und durch versklavte Bewohner der Nachbarinseln ersetzt.

Bei Todesstrafe war die Ausfuhr von Muskatbaum-Setzlingen verboten und die Muskatnüsse wurden vor dem Versand mit Seewasser und gelöschtem Kalk $Ca(OH)_2$ behandelt, um Insektenbefall zu verhindern, aber vor allem um die Keimfähigkeit des Samens zu zerstören und so den Anbau in anderen Ländern zu unterbinden. Diese Strategie war wirkungsvoll und sicherte den Niederlanden einen enormen Wohlstand.

Erst 1772 gelang es dem französischen „Pflanzenjäger" Pierre Poivre, auf deutsch Peter Pfeffer, aus den holländischen Gewürzpflanzungen Muskatnuss-Zöglinge zu stehlen und in französischen Kolonien anzubauen – zunächst auf Réunion und später auf Französisch-Guayana und den Antillen. Auf diese Weise kam die Muskatnuss von den ostindischen auf die westindischen Inseln.

Gehalt einzelner aromabestimmender Verbindungen angegeben werden. Zusätzlich führten der schon seit Jahrhunderten betriebene weltweite Anbau und langjährige Züchtungen dazu, dass von der ursprünglichen Gewürzpflanze heute unzählige Unterarten, Varietäten und Sorten (Chemotypen) entstanden sind, in denen sich die Zusammensetzungen der Duftstoffe ganz erheblich unterscheiden können. Ein Beispiel soll dies verdeutlichen: Sowohl im mexikanischen als auch im jamaikanischen Piment sind Eugenol und Eugenylacetat die dominierenden Komponenten, allerdings einmal im Mengenverhältnis 7:1 (jamaik.) und zum anderen 1:6 (mexik.). Feinschmecker bevorzugen deswegen mexikanisches Piment, da darin ein großer Teil des streng nach Nelken riechenden Eugenol durch das frisch, süß-warm und weniger strenge Eugenylacetat ersetzt ist.

Vanille

(links: Bouba, wikimedia commons, rechts: Heileilavanilla, New Zealand)

Vanille (*Vanilla planifolia*)	
Familie	Orchideengewächse (*Orchidaceae*)
Pflanze	immergrüne Kletterorchidee
Ursprung	Südmexiko bis nördliches Südamerika
Hauptanbaugebiete	Mexiko, westindische Inseln, Indonesien, Madagaskar, und Réunion (Bourbon-Vanille), Sri Lanka, Tahiti
verwendetes Pflanzenteil	Die fermentierten und getrockneten Schoten [22] werden ganz oder gemahlen verwendet. Das musartige dunkle Fruchtmark enthält zahlreiche Samen.
Verarbeitung	Nach der Ernte werden die fast reifen Früchte (Schoten) auf verschiedene Weise fermentiert und getrocknet.
Flavour	süßlich-würzig, spezifisch, mild
Zusammensetzung der würzenden Schoten	Vanillin (1,5–4,0 %) sowie Vanillinalkohol, p-Hydroxybenzaldehyd, Vanillinsäure, *p*-Hydroxybenzoesäure, *p*-Hydroxybenzyl-alkohol, Essigsäure. Piperonal und Diacetyl (2,3-Butandion) verleihen der Tahiti-Vanille eine charakteristische an Anis erinnernde Note.
Weihnachtsbäckerei	In vielen Weihnachtsbackwerken enthalten
sonstige Verwendung	Vanilleschoten, -extrakt und -zucker werden in vielen Backwerken, Puddingen, Quark und anderen Milchprodukten, Obstdesserts, aber auch in Wurstwaren verwendet. Etwa 30 % der natürlichen Vanille wird in der Parfumindustrie verbraucht.

Von den 110 Arten der Gattung Vanilla haben nur 15 aromatische Kapseln. Die wirtschaftlich wichtigste Art ist die Gewürzvanille Vanilla planifolia, die auch als die Königin der Gewürze bezeichnet wird. Vanille wurde im Ursprungsland Mexiko lange vor der spanischen Eroberung als Gewürz verwendet. Die Spanier versuchten aus wirtschaftlichen Gründen ein Monopol zu etablieren, indem es bei Todesstrafe verboten war, die Pflanze aus der Kolonie zu exportieren. Erst nach Mexikos Unabhängigkeit im Jahre 1810 gelangten die ersten Stecklinge in die europäischen Botanischen Gärten. 1819 versuchten die Holländer den Anbau auf Java und 1822 die Franzosen auf Réunion (damals Île Bourbon). Dies misslang, da die bestäubenden Insekten nicht auf Réunion lebten.

Edmond Albins, ein Mitarbeiter auf den Vanille-Plantagen auf Réunion, entwickelte 1846 ein künstliches Bestäubungsverfahren mit Hilfe eines kleinen Bambusstiels. Damit begann die kommerzielle Vanilleproduktion, die später zunächst auf andere Inseln im Indischen Ozean und später überall in geeignete Klimazonen ausgedehnt wurden.

Die künstliche Bestäubung der Vanille ist ein sehr aufwendiges Verfahren, denn die Orchidee blüht nur an einem Tag und kann nur zwischen 8–11 Uhr vormittags bestäubt werden. Da nicht alle Blüten an einer Pflanze gleichzeitig blühen, muss der Blütenstand an vielen Tagen überprüft werden. Diese arbeitsintensive Bestäubung macht Vanille auch heute noch zum zweitteuersten Gewürz überhaupt (nach Safran). Nach 10–12 Monaten werden die Fruchtkapseln (umgangssprachlich „Schoten") geerntet, wobei sie einen unangenehm bitteren Geruch haben [23]. Für das völlige Fehlen jeglichen Vanillearomas der geernteten Schoten ist die Glucosidbildung von Vanillin, d.h. eine vollacetalische Bindung an ein Glucosemolekül verantwortlich. Dieses Glucosid wurde 1885 von Tiemann aus Vanilleschoten isoliert und als Glucovanillin bezeichnet (Abbildung 12). Das so beliebte Vanillin bildet sich erst während des folgenden mehrstufigen Reifungsprozesses:

killing (abtöten): Durch Eintauchen in heißes Wasser oder Erhitzen werden die Zellstrukturen der frisch geernteten Vanilleschoten teilweise aufgebrochen, so dass die noch aktiven Enzyme auf ihre Substrate treffen.

sweating (schwitzen): Der sich anschließende Trocknungsprozess ist besonders kritisch. Zunächst dampft soviel Wasser ab, dass ein mikrobiologischer Befall nicht mehr möglich ist. Auf der anderen Seite herrschen bei erhöhten Temperaturen optimale Bedingungen für die Enzyme, insbesondere die Glycosidasen, die die Aromastoffe durch die Spaltung der glykosidischen Bindung freisetzen. Während des etwa 7–10 Tage dauernden Trocknungsprozesses werden viele phenolische Verbindungen oxidiert und die Schoten bekommen ihre charakteristische braunschwarze Farbe.

drying (trocknen): Beim weiteren Trocknen wird die Aktivität aller noch intakten Enzyme beendet.

conditioning (reifen): Die Vanilleschoten werden in geschlossenen Kisten teilweise mehrere Monate aufbewahrt. Während dieser Zeit läuft eine Vielzahl von chemischen Reaktionen ab: Veresterungen, Etherbildungen, oxidative Abbaureaktionen etc.. Erst in dieser Phase werden viele Aromastoffe gebildet.

Am Ende des zeitraubenden und arbeitsintensiven Herstellungsverfahrens können wir endlich eine glänzende, schwarz-braune Vanilleschote in den Händen halten, die uns mit einem Aroma von bisher 170 identifizierten Duftkomponenten verwöhnt [24]. Für den chemischen Genießer zählt aber nicht die absolute Zahl, sondern nur die zum Vanillearoma beitragenden Komponenten. Mit Hilfe moderner Messtechniken und geschulter Testpersonen lassen sich diese Komponenten identifizieren (Abbildung 13) [25].

Die große Lücke zwischen dem weltweiten Bedarf von ca. 12.000 t/y und einer Vanilleproduktion von 1.800 t/y wird heute durch synthetisch hergestelltes Vanillin (4-Hydroxy-3-methoxy-benzaldehyd) gedeckt (Abbildung 14).

Ein Blick auf die Formelbilder in Abbildung 9 und 10 erschlägt auch begeisterte Fachleute, zumal nur Bestandteile mit mehr als 1 % Anteil aufgeführt wurden. Würde man alle bisher analytisch nachgewiesenen und identifizierten Verbindungen aus den ätherischen Ölen der Weihnachtsgewürze aufführen, würde wohl ein ChiuZ-Heft nicht ausreichen.

ABB. 12 | DAS β-D-GLUCOSID DES VANILLINS

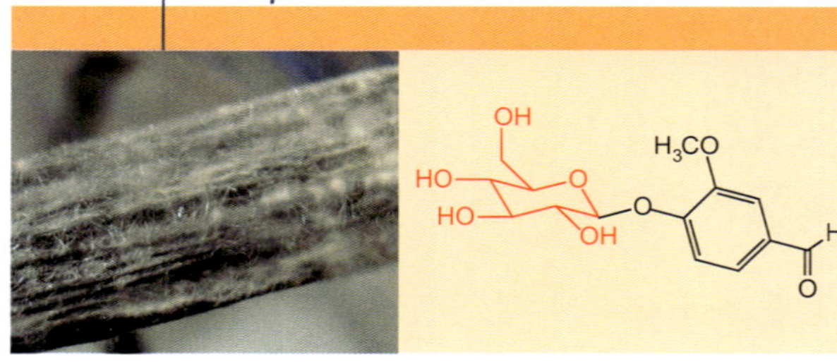

Das durch eine glykosidische Bindung zwischen einem Glucosemolekül (rot) und Vanillin (schwarz) gebildete Glucosid (links) ist wasserlöslich und hat einen sehr geringen Dampfdruck, so dass frisch geerntete Vanilleschoten nicht nach Vanillin riechen. Dieser Hauptduftstoff im Vanillearoma wird erst nach einer enzymatischen Spaltung im Laufe des Verarbeitungsprozesses freigesetzt. Bei lang andauernder offener Lagerung von Vanilleschoten kann Vanillin an die Oberfläche diffundieren und dort einen kristallinen, an Eiskristalle erinnernden Überzug bilden (rechts). Vanillin wird wegen der großen Nachfrage heute als naturidentischer Zusatzstoff synthetisiert und in vielen Lebensmitteln und Kosmetikprodukten verwendet.
(Foto: J. Jakel, Haag)

Zimt

(links: M. Schneider & C. Aistleitner, wikimedia commons, rechts: Ostmann Gewürze GmbH, Dissen)

Zimt (*Cinnamomum* mit über 250 Arten)	
Familie	Lorbeergewächse (*Lauraceae*)
Pflanze	bis 10m hoher immergrüner Baum
Ursprung	Ceylon (Sri Lanka)
Hauptanbaugebiete	Sri Lanka, Indonesien, Indien, China, Madagaskar, Tansania
verwendetes Pflanzenteil	Teile der Baumrinde
Verarbeitung	Die äußere Korkschicht und Primärrinde werden abgeschabt und dünne Schichten der Innenrinde abgeschnitten. Nach einer Fermentation werden die Rinden in der Sonne getrocknet, wobei sie die typisch gelbbraune Farbe annehmen.
Flavour	balsamisch-würzig, süßlich, wenig herb
Gehalt an ätherischem Öl	1–4 % (Cassia-Zimt), 0,2–2,5 % (Ceylon-Zimt),
Zusammensetzung des ätherischen Öls	Cassia-Zimt (China-Zimt): Zimtaldehyd (85–90 %), *o*-Methoxyzimtaldehyd (1,4–4 %) Cumarin (bis 1 %) Ceylon-Zimt: Zimtaldehyd (42–82 %), Eugenol (1–11 %), Zimtalkohol (8 %), Zimtsäure (bis 10 %), Safrol (bis 2 %)
Weihnachtsbäckerei	Lebkuchen, Spekulatius, Zimtsterne
sonstige Verwendung	Viel verwendetes Gewürz für Süßspeisen, Milchprodukte, Backwaren, Konfekt und Likör, aber auch salzigen Gerichten wie Rotkohl, Fleischgerichten und vor allem in der orientalischen Küche. Auch findet Zimt in Kosmetikprodukten breite Verwendung [26].

Die beiden bei uns verwendeten Zimte werden aus den Rinden zweier verschiedener Zimtarten gewonnen [27].

***Ceylon-Zimt**, echter Zimt, Kanehl (Cinnamomum zeylanicum)*
Die äußere Korkschicht und Primärrinde werden abgeschabt und 30–100 cm lange Stücke der zarten, nur 0,3–1,0 mm starken Innenrinde abgetragen. 6–10 dieser Stücke werden zigarrenähnlich ineinander geschoben (Abbildung 15). Diese „Quills“ werden zuerst im Schatten aufbewahrt, wobei eine Fermentation erfolgt, und anschließend in der Sonne getrocknet, wobei sie die typisch gelb-braune Farbe annehmen. Die Quills werden dann in Stücke von etwa 10 cm zum Stangenzimt zerschnitten. Die Qualität wird nach der Farbe (möglichst hell), der Feinheit der Rinde und nach dem Aroma bewertet.

***China-Zimt**, Cassia (Cinnamomum aromaticum, Cassia lignea)*
Gewinnung der Rindenteile erfolgt ähnlich dem Ceylon-Zimt. Cassia besteht aus 2–5 cm breiten und 3–5 mm dicken Rindenschichten, die Anteile von anderen Rinden- und Korkschichten enthalten und dadurch einen höheren Gerbstoffanteil enthalten. China-Zimt kommt meist gemahlen in den Handel und hat einen kräftigeren Geschmack als Ceylon-Zimt.

Im gemahlenen Zustand kann ein Laie Ceylon- und Cassia-Zimt nicht unterscheiden. Anders bei Zimtstangen. In einer Ceylon-Zimtstange sind mehrere feine Rindenlagen wie in einer Zigarre zusammengerollt (rechts). Im Gegensatz dazu besteht eine Cassia-Zimtstange nur aus einer einzigen, dickeren Rindenschicht (Abbildung 15).

Nelken

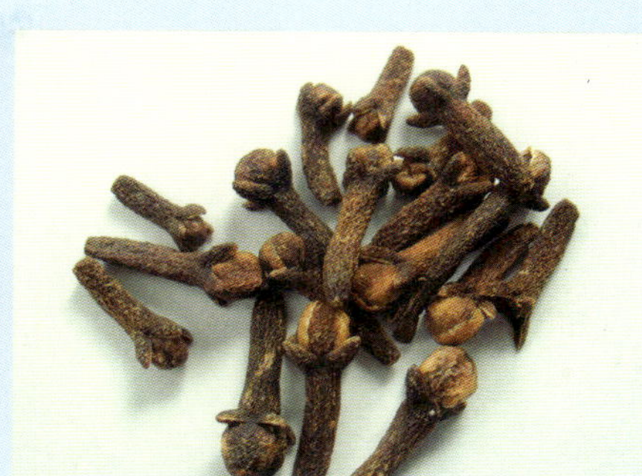

(Foto links: Midori, Mitte: A.Heijne, rechts: J. Barrios, alle wikimedia commons)

Nelken (*Syzygium aromaticum*) [21]	
Familie	Myrthengewächse (*Myrtaceae*)
Pflanze	bis zu 20 m hoher Baum
Ursprung	Molukken (Gewürzinseln, heute Indonesien)
Hauptanbaugebiete	Indonesien, Sansibar, Sri Lanka, Madagaskar
verwendetes Pflanzenteil	Die schon rötlichen, aber noch nicht aufgeblühten Knospen werden getrocknet und ganz oder gemahlen als Gewürz verwendet.
Verarbeitung	Trocknen der Blüteknospen
Flavour	durchdringender Geschmack, Vorsichtig dosieren!
Gehalt an ätherischem Öl	15–20 %
Zusammensetzung des ätherischen Öls	Eugenol (70–90 %), Eugenylacetat (bis 17 %), β-Caryophyllen (5–12 %), α-Humulen (2 %), sowie geringe Mengen von α- und β-Pinen, Limonen, Myrcen, α-Terpinen
Weihnachtsbäckerei	Gewürz in vielen Keksen, Gewürzbrot
sonstige Verwendung	vielseitiges Gewürz für kräftige Fleischgerichte, Kohlgerichte, Brühen, Wurstwaren, Feuerzangenbowle, Bratäpfel

Geerntet werden die Blütenknospen des Gewürznelkenbaums, wenn sie sich vom Grün ins Rosa umfärben. Die Knospen werden auf Matten ausgebreitet und getrocknet, wobei sich das Gewicht auf ein Viertel verringert. Hochwertige Nelken enthalten bis zu 20 % ätherisches Öl, fassen sich fettig an und geben beim kräftigen Drücken das ätherische Öl und einen entsprechend starken Duft frei.

Der Geruch von Gewürznelken ist recht streng und wird vom Hauptbestandteil Eugenol bestimmt. Dieser charakteristische Geruch ist den meisten Menschen von Zahnarztbesuchen in unliebsamer Erinnerung.

Die Geschichte des Nelkenbaums ist eng mit der des Muskatnussbaumes verbunden. Auch hier wurde die auf den Molukken beheimatete Pflanze unter der niederländischen Kolonialherrschaft nur auf einer einzigen Insel, Ambon, kultiviert. Zur Sicherung des Weltmonopols mussten holländische Patrouillenboote ständig das verbotene Herausschmuggeln verhindern. Wie bei der Muskatnuss, schaffte es der französische „Pflanzenjäger" Pierre Poivre, Nelkenzöglinge aus den holländischen Kolonie herauszuschmuggeln und so das Nelkenmonopol zu brechen.

Sind Weihnachtsgewürze unbedenklich?

Gewürze sind nur wenig bearbeitete Naturprodukte, d.h. was geerntet wird, kommt auf den Tisch. Dies bedeutet, dass Gewürze mit anderen, mitverarbeiteten biologischen Bestandteilen (Holzsplitter, Insektenreste etc.) verunreinigt sein können. Da die Produktionsländer weit weg sind, ist es durchaus möglich, dass dort bei uns nicht zugelassene Pestizide und Herbizide verwendet wurden. Auch die korrekte Lagerung ist für die Qualität von Gewürzen wichtig, um z.B. Pilzbefall zu verhindern. Die Einkäufer seriöser Gewürzhändler insbesondere der großen weltweit agierenden Firmen kennen aber die örtlichen Zustände und können auf die Arbeitsweise und Hygiene in den Plantagen einwirken.

So hat die *International Organisation of Spice Trade Associations* Richtlinien für „Gute landwirtschaftliche Praxis" festgelegt, die auch die Gesundheit der Arbeiter und die hygienischen Bedingungen bei der Feldarbeit beinhalten. Der Europäische Gewürzverband (ESA, *European Spice Association*) hat entsprechende Regeln und Qualitätskriterien für die einzelnen Gewürze festgelegt. Darüber hinaus gelten für importierte Gewürze eine Vielzahl deutscher und europäischer Lebensmittelgesetze und -vorschriften, die den Verbraucher z.B. vor unerlaubten Farbstoffen und anderen Beimischungen und auch vor zu hohen Belastungen mit Schwermetallen, Herbiziden und Pestiziden schützen. Für jedes Gewürz sind Konzentrationspannen für die charakteristischen Inhaltsstoffe festgelegt, die mit normierten Analysenmethoden bestimmt werden müssen. Aber Achtung: Dies gilt nur für die EU! Daran sollten wir denken, wenn wir in fernen Ländern auf den Markt gehen, uns von den Gewürzhändlern mit ihren farbenfrohen Pulvern begeistern lassen und exotische Gewürze als Urlaubsmitbringsel erwerben.

Alle in unserer Küche verwendeten Gewürze und Kräuter, auch die hier behandelten Weihnachtsgewürze, wer-

ABB. 13 | WONACH RIECHT VANILLE?

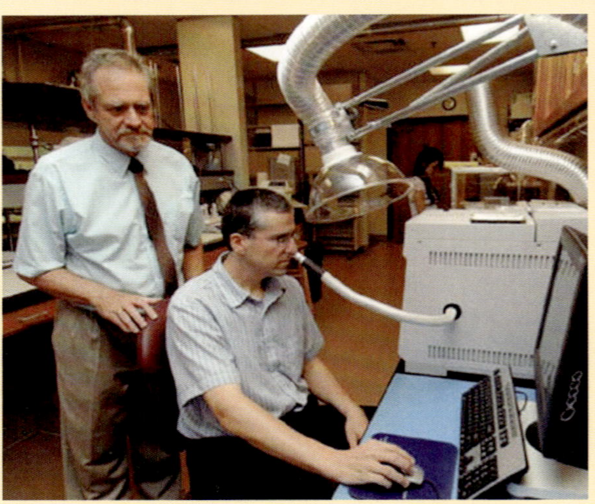

Der natürliche Vanilleduft beruht auf einem sehr komplexen Substanzgemisch. Von den bisher identifizierten 170 Komponenten [48] tragen jedoch nur ca. 26 tatsächlich zum Duftbouquet bei. Eine solche olfaktorische Bewertung erfolgt, indem nach der gaschromatographischen Auftrennung des Gemischs die Einzelkomponenten sensorisch bewertet werden (siehe Foto). Mit geschulten Testpersonen ist es auf diese Weise möglich, sowohl die einzelnen Duftqualitäten als auch deren sensorische Intensität zu bestimmen.
Dominierend im Vanillearoma ist die Hauptkomponente Vanillin, jedoch tragen auch einige Nebenkomponenten wie Valeriansäure und Methylsalicylat ganz wesentlich zum sensorischen Gesamteindruck bei.
(Foto: Rick Wood, mello3z LLC, Profs. J. van Leeuwen und J.A. Koziel, Iowa State University)

Verbindung	ppm	Duftqualität	Intensität
Phenole			
Guajacol	9,3	chemisch, süß-würzig	+++
4-Methylguajacol	3,8	süß, holzig	+++
p-Cresol	2,6	holzig, würzig	++
4-Vinylguajacol	1,2	chemisch, phenolisch	+
4-Vinylphenol	1,8	süß, holzig	++
Vanillin	19.118	Vanille, süß	+++
Acetovanillon (4-Hydroxy-3-methoxy-acetophenon)	13,7	Vanille, süß, honigartig	+++
Vanillylalkohol	83,8	vanille-artig	+++
p-Hydroxybenzaldehyd	873	vanille-artig, nach Keks	++
p-Hydroxybenzylalkohol	65,1	vanille-artig, süß	++
aliphatische Carbonsäuren			
Essigsäure	124	sauer, Essig	++
Isobuttersäure	1,7	butterig	++
Buttersäure	<1	butterig, ölig	+
Isovaleriansäure	3,8	butterig, ölig	++
Valeriansäure	1,5	käsig	+++
Alkohole			
2,3-Butandiol	8,0	blumig, ölig	+
Anisalkohol	2,4	kräuterartig	++
Aldehyde			
2-Heptenal	2,1	grün, ölig	+
(*E*)-2-decenal	1,8	kräuterartig, blumig	++
(*E,Z*)-2,4-decadienal	1,4	kräuterartig, frisch	++
(*E,E*)-2,4-decadienal	1,2	fettig, holzig	++
Ester			
Methylsalicylat	<1	kreidig	+++
Zimtsäuremethylester	1,1	süß	++
Linolensäureethylester	13,5	süß	++
Ketone			
3-Hydroxy-2-butanon	14,6	butterig	+
„Unbekannt"	6,2	vanille-artig	+++

den seit Jahrhunderten als Heilmittel in der Volksmedizin eingesetzt (Abbildung 16).

Die gesundheitsfördernde und jahrhundertelange Nutzung eines Gewürzes schützt allerdings nicht vor Überraschungen. Genau das Gewürz, was wir am stärksten mit Weihnachten verbinden, der Zimt, kam ins Gerede [28]. Cumarin mit seinem charakteristischen Duft nach Waldmeister ist Inhaltsstoff vieler Pflanzen – z.B. Waldmeister, Tonkabohne, Erdbeeren, Kirschen, Salbei, Dill etc., und Zimt. 1868 synthetisierte W.H. Perkin Cumarin als den ersten Duftstoff überhaupt. 1876 begann die industrielle Produktion durch Haarmann und Reimer in Holzminden.

Wie kam es zu diesem „Zimtkrieg", in dem Cumarin die Hauptrolle spielte? Der Cumarin-Gehalt von Zimt war schon lange bekannt, als 2005 das Untersuchungsamt Münster „entdeckte", dass in traditionell hergestellten Zimtsternen mit bis zu 80 mg/kg Cumarin der nach der Aromenverordnung zulässige Höchstwert von 2 mg/kg weit überschritten wurde. Das Untersuchungsamt informierte die Hersteller und die vorgesetzte Behörde, das Bundesministerium für Verbraucherschutz. Das wiederum beauftragte daraufhin im Februar 2006 sein Bundesinstitut für Risikobewertung (BfR) mit der Untersuchung. Diese Bewertung wurde dem deutschen Verbraucher in zwei Publikationen im Juni und August 2006 vorgelegt und darin wurde zum maßvollen Zimtgenuss geraten.

Aufgrund von toxikologischen Tieruntersuchungen und unter Heranziehung von Human-Daten leitete das BfR inzwischen einen TDI-Wert [29] für Cumarin von 0,1 mg/kg Körpergewicht ab. Ein 70 kg schwerer Erwachsener dürfte danach ein Leben lang unbedenklich täglich 7 mg Cumarin aufnehmen. Inzwischen wurde in einem europäischen Ge-

ABB. 14 | SYNTHESE VON VANILLIN

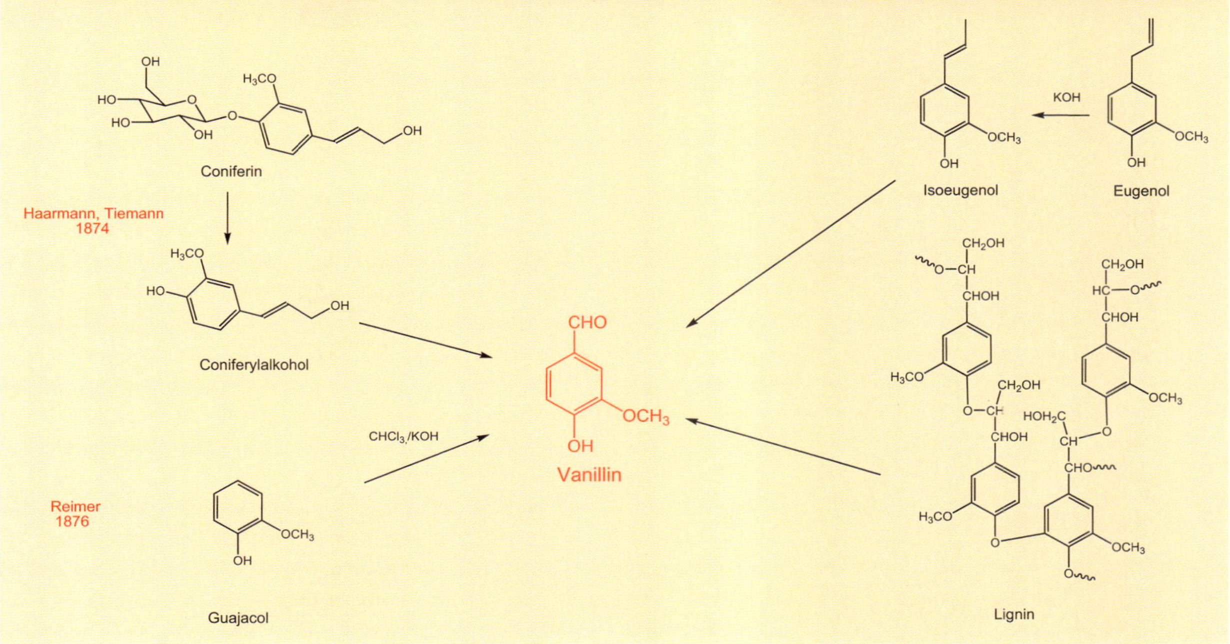

Vanillin wurde erstmals 1858 von Nicolas-Theodore Gobley aus Vanille isoliert, 1874 von Ferdinand Tiemann und Wilhelm Haarmann durch Abbau von dem aus Nadelholz isolierten Coniferin hergestellt (Abbildung 14 links oben) und schließlich 1876 von Karl Ludwig Reimer aus Guajacol erstmals totalsynthetisiert (links unten) [49]. Diese später als Reimer-Tiemann-Reaktion bezeichnete Synthesemethode von phenolischen Aldehyden verläuft über ein Dichlorcarben (CCl_2), das an das Phenolat-Ion in para-Position elektrophil angreift und anschließend zur Aldehydgruppe hydrolysiert wird.

Technisch kann Vanillin heute aus Eugenol hergestellt werden (rechts oben), das zunächst im Alkalischen zu Isoeugenol umgelagert (rechts oben) und dann mit verschiedenen Oxidationsmitteln zum Aldehyd abgebaut wird. Die Hauptmenge an Vanillin wird aus den Sulfitlaugen der Papierfabriken hergestellt [50]. Der darin gelöste polymere Holzbestandteil Lignin besteht aus vernetzten Phenylpropan-Einheiten, die schon das Substitutionsmuster des Eugenols besitzen. Durch oxidativen Abbau bei hohen Temperaturen und Druck im Alkalischen entsteht Vanillin.

setzgebungsverfahren der Höchstwert für Cumarin in Zimtsternen auf 50 mg/kg festgelegt [30]. Da ein Kilogramm selbstbereitete Teigmischung etwa 70–100 Zimtsterne ergibt [31], kann ein einziger Zimtstern im ungünstigsten Fall 0,7 mg Cumarin enthalten. Bei einem TDI-Wert von 0,1 mg/(kg Körpergewicht) ergibt sich für die täglich maximal bedenkenlos verzehrbare Zahl von Zimtsternen N_{max}:

$$N_{max}(\text{Zimtsterne}) = 1/7 \text{ Körpergewicht [in kg]} \qquad (1)$$

Auf der Basis von Gleichung (1) wird die Empfehlung des BfR von 2007 an Eltern verständlich, die Zahl der von kleinen Kindern verzehrten Zimtsterne sicherheitshalber auf wenige Stück am Tag zu beschränken, zumal gerade in der Weihnachtszeit traditionell noch weitere zimthaltige Backwaren verzehrt werden [32].

An dieser Stelle muss darauf hingewiesen werden, dass die „Zimtbäcker“, diese Empfehlungen für völlig übertrieben halten und der Auffassung sind, dass das BfR weit über das Ziel hinausgeschossen ist. Obwohl sich aus toxikologischer Sicht an den Fakten seitdem nichts geändert hat, ist die Aufregung um den Zimt inzwischen längst abgeebbt. Der interessierte Leser sollte sich selbst ein Bild machen, wie komplex und schwierig es ist, eine Grenzwertfestlegung zwischen wirtschaftlichen, politischen, gesundheitlichen und juristischen Interessen bei gleichzeitigem Getöse von lobbygetriebenem und sensationslüsternem Journalismus durchzuführen [33].

Was tun, wenn man Zimtsterne und Milchreis mit Zucker und Zimt über alles liebt und sich und seine Kleinen damit erfreuen will? Die Lösung liegt nahe: Ausweichen vom bei uns üblichen Cassia-Zimt (*Cinnamomum aromaticum*) auf Ceylon-Zimt (*Cinnamomum zeylanicum*), der praktisch *kein* Cumarin enthält (Abbildung 17). Diese Umstellung ist allerdings schwierig, da beide Sorten bei uns unter dem Namen „*Zimt*“ verkauft werden und ein Laie nicht beurteilen kann, von welcher Baumart das Zimtpulver stammt. Der Verbraucher kann auf die deutlich unterschiedlichen Zimtstangen (Abbildung 15) ausweichen und diese selbst zermahlen oder in gut sortierten Supermärkten, Gewürzhandlungen oder Biomärkten nach deklariertem Ceylon-Zimt suchen. Es lohnt sich, denn der teurere Ceylon-Zimt hat ein feines, mild-süßes Aroma, während der in Deutschland marktbeherrschende Cassia-Zimt zwar hoch-

ABB. 15 | CEYLON- UND CASSIA-ZIMTSTANGEN

Im gemahlenen Zustand kann eine Laie Ceylon- und Cassia-Zimt nicht unterscheiden. Anders bei Zimtstangen. In einer Ceylon-Zimtstange sind mehrere feine Rindenlagen wie in einer Zigarre zusammengerollt (rechts). Im Gegensatz dazu besteht eine Cassia-Zimtstange nur aus einer einzigen, dickeren Rindenschicht (links). *(Foto: Robin, wikimedia commons)*

aromatisch, aber ein wenig scharf und bitter ist. Feinschmecker bevorzugen daher den feineren Ceylon-Zimt, der in der Schweiz fast nur verwendet wird, was vom guten Geschmack der Eidgenossen zeugt. Machen wir es ihnen einfach nach!

Ceylon-Zimt ist etwas teurer und leider auch weniger ergiebig als Cassia-Zimt, denn der Gehalt am Hauptduftstoff Zimtaldehyd ist geringer. Abbildung 17 zeigt uns einen eleganten Ausweg auf: Man muss die zugegebene Zimtmenge nur in etwa verdoppeln, dann kann die ganze Familie Milchreis und Zimtsterne nicht nur sorglos, sondern obendrein mit feinerem Aroma genießen.

Würzen nach Chemikerart

Aus den bisher gewonnenen Erkenntnissen über die Weihnachtsgewürze eröffnen sich durch harmonische Zusammenführung von gesundem Menschen- und chemischem Sachverstand einige einfache Umgangsregeln mit Gewürzen.

- Gewürze sind nahezu unverarbeitete Naturprodukte und die Qualitäts- und Preisschwankungen können sehr groß sein. Da die von uns verbrauchten Mengen sehr gering sind, sollte immer auf die Qualität geachtet werden. Das Leben ist zu kurz, um sich mit zweitklassigen Gewürzen das Essen zu verleiden (frei nach O. Wilde [34]). Fehlkäufe sind kaum zu vermeiden, aber die Wahrscheinlichkeit Lehrgeld zu zahlen, ist bei seriösen Bezugsquellen sehr viel geringer.
- Auch ein chemisch nur wenig geübter Blick auf die Strukturen der Inhaltsstoffe in den Abbildungen 9 und 10 zeigt, dass die Doppelbindungen und Aldehydgruppen und die aktivierten Aromaten chemisch sehr reaktiv und äußerst empfindlich gegenüber Wärme, Licht und Sauerstoff sind. Gewürze halten ihre Qualität nur in lichtgeschützten, luftdicht verschlossenen und kühl aufbewahrten Gefäßen (z.B. dunkle Flaschen mit Schraubverschluss). Über dem Herd angebrachte Gewürzregale mit klaren Glasflaschen, in denen viele bunte Gewürze jahrelang schlummern, sollten daher abgeschraubt und zusammen mit den überlagerten Gewürzen im Mülleimer landen.
- Selbst bei guter Lagerung haben Gewürze nur eine begrenzte Haltbarkeitsdauer, wobei unzerkleinerte Gewürze wie Zimtstangen, Anis, Nelken, Muskatnuss und Kardamom, 4–5 Jahre halten. Bei Gewürzpulvern nimmt die Würzkraft bereits nach einigen Monaten ab und die Gefahr von geschmacklichen Veränderungen nimmt zu. Man sollte sich daher grundsätzlich nur mit kleinen Gewürzmengen bevorraten und diese regelmäßig optisch und am Geruch kritisch überprüfen.

Experimenteller Teil

Chemisch interessierte Genießerinnen und Genießer können ihre bisherige Küchenpraxis durch zwei einfache Experimente überprüfen.

Experiment 1: Riechen Sie abwechselnd kräftig an einer Tüte Vanillin-Zucker und vorsichtig an einer frisch aufgeschnittenen Vanilleschote. Sie werden feststellen, dass der Vanillin-Zucker *nach, aber nicht wie* natürliche Vanille riecht. Für den chemischen Kenner kein Wunder, ein Blick auf Abbildung 13 sagt alles. Das natürliche Vanillearoma wird eben nicht nur von Vanillin, sondern von Dutzenden zusätzlicher Duftstoffe mitbestimmt. Erst das Gesamtbouquet macht natürliche Vanille so einzigartig und darauf sollte man bevorzugt zurückgreifen [35]. Vanillin ist ein wirklich tolles Surrogat, aber eben nicht das Original!

ABB. 16 | DIE GESUNDHEITSFÖRDERNDEN WIRKUNGEN DER WEIHNACHTSGEWÜRZE

Anis	gegen Blähungen, verdauungssaftanregend, auswurffördernd, stärkend [53,54]
Kardamom	Förderung der Magen- und Gallensaftsekretion
Muskat	appetitanregend und verdauungsfördernd, gegen Durchfall, schmerzlindernd
Nelken	appetitanregend und verdauungsfördernd, gegen Blähungen, gegen Bakterien und Pilze
Piment	appetitanregend und verdauungsfördernd, ähnliche Wirkungen wie Nelke
Vanille	appetitanregend und verdauungsfördernd, antioxidative Eigenschaften
Zimt	gefäßverengend, stärkend, Zyklus stabilisierend, gegen Bakterien, Pilze und Würmer [53]

Es ist nur eine kleine Auswahl von Anwendungen aus der Volksmedizin aufgeführt [52], wobei praktisch alle Gewürze und Kräuter eine appetitanregende und verdauungsfördernde Wirkung zeigen.

ABB. 17 | GEHALTE IN mg/kg VERSCHIEDENER DUFTSTOFFE IN ZIMT

		Cumarin	Zimtsäure	Zimtaldehyd	Zimtalkohol	Eugenol
Cassia-Zimt	gemahlen	4.020 *(1.740 – 7.670)*	849 *(90 – 1.270)*	24.100 *(12.000 – 42.600)*	90 *(0 – 672)*	143 *(0 – 1.540)*
	Stangen	3.252 *(0 – 9.900)*	596 *(112 – 1.320)*	30.800 *(8.900 – 54.300)*	257 *(0 – 604)*	295 *(0 – 3.650)*
Ceylon-Zimt	gemahlen	64 *(0 – 297)*	252 *(88 – 436)*	11.100 *(2.080 – 24.800)*	334 *(0 – 946)*	183 *(0 – 509)*
	Stangen	185 *(185 – 486)*	231 *(62 – 522)*	16.700 *(3.930 – 28.200)*	476 *(0 – 888)*	1.210 *(0 – 8.140)*

Die Gehalte wurden in Deutschland an handelsüblichem Zimt ermittelt [55]. Die großen Streubreiten der Werte zeigen die pflanzliche Vielfalt. Insgesamt zeigte sich, dass Cumarin im Zusammenhang mit gesundheitlichen Bedenken überhaupt nur im Cassia-Zimt eine Rolle spielt.

Für das zweite Experiment greifen wir auf ein seit vielen Jahrhunderte genutztes Laborgerät zurück: Porzellanmörser und Pistill (Abbildung 18).

Experiment 2: Zerreiben Sie im Mörser zwei bis drei Nelken möglichst fein. Sie werden feststellen, dass beim Mörsern eine gewaltige, fast unangenehm intensiv riechende Duftwolke aufsteigt. Dies zeigt, dass in ganzen Nelken die Duftstoffe in intakten Zellstrukturen eingeschlossen sind. Von dort können die Duftstoffe nur in geringem Maße abdampfen und chemische Zersetzungsprozesse laufen langsam ab. Dies erklärt die längere Haltbarkeit von Gewürzen im ungemahlenen Zustand. Deswegen sollte man, wenn möglich, auf Gewürz*pulver* verzichten und jeweils nur die benötigte Gewürzmenge frisch zerkleinern [36].

Beim Zermörsern von Nelken ist bereits nach kurzer Zeit die innere Mörserwand und das Pistill mit einem leicht schmierigen, braun-schwarzen Film überzogen. Dies sieht nicht sehr attraktiv aus, beweist aber die große Würzkraft, denn dieser Film stammt vom ätherischen Öl, dessen Anteil in Nelken mit bis zu 20 % außerordentlich hoch ist. Bei der Verwendung von frisch gemörserten Gewürzen, insbesondere bei Nelken, sollte die in den Rezepten angegebene Menge reduziert werden.

Experiment 3: Da Tausende von Rezepten in Back- und Kochbüchern publiziert sind, wird hier die Herstellung nur eines einzigen Weihnachtsgebäcks beschrieben, mit dem aber auch Ungeübte einen großen Achtungserfolg erringen können, dem Vanillekipferl. Aber Achtung, Vanillekipferl sind ohne Zweifel die höchste Form des Genusses von natürlicher Vanille und machen deswegen definitiv süchtig.

Zutaten:
250g Mehl
100g geschälte gemahlene Mandeln
70g Zucker
210 g Butter
1 Prise Salz
50g Puderzucker
2 EL Vanillezucker (kein Vanillinzucker!) [37]

Die Butter mit dem Zucker schaumig rühren, Mandeln, Mehl und Salz zugegeben und verkneten. Den Teig 30 Minuten im Kühlschrank kühlen. Dann daraus Hörnchen formen und auf ein gefettetes Backblech legen und im vorgeheizten Ofen auf mittlerer Schiene bei 180°C hellgelb backen. Puderzucker und Vanillezucker vermischen und die Hörnchen darin noch heiß wälzen und dann abkühlen lassen.

Lassen wir uns im Advent, an den Feiertagen und über den Jahreswechsel vom betörenden Duft unserer selbstgebackenen Kekse anlocken und sie uns langsam auf der Zunge (und den Duft in der Nase!) zergehen. Von der Chemie Begeisterte schwelgen dann in diesem raffinierten Gemisch von Phenylpropanoiden und Mono- und Sesquiterpenen und ihren Abkömmlingen. Die Gewürzpflanzen hatten bei der Biosynthese dieser Buketts sicherlich Anderes im Sinn, als uns zum Weihnachtsfest zu verwöhnen, allerdings sollte dies unserem Genuss keinen Abbruch tun. Lassen wir uns das Weihnachtsgebäck einfach schmecken. Allen Lesern ein *besinnliches* und dank Eugenol, Charvicol, Zimtaldehyd und vor allem 4-Hydroxy-3-methyoxy-benzaldehyd auch ein *sinnliches* Weihnachtsfest.

Abb. 18 ***Für Gewürzliebhaber ein Muss: Porzellanmörser und Pistill Mit Mörser und Pistill lassen sich Feststoffe pulverisieren. Dazu bedarf es einiger Muskelkraft, aber der gewürzmörsernde Feinschmecker wird durch den aufsteigenden Duft für die Anstrengungen mehr als entschädigt. Da unzerkleinerte Gewürze wesentlich länger halten und ein unmittelbar vor der Verwendung zerkleinertes Gewürz eine wesentlich höhere Würzkraft besitzt, sollte der Mörser bei Anis, Kardamom, Muskatblüte (Macis), Piment und Nelken als Küchenhelfer eingesetzt werden. Für das Zermörsern von Gewürzen sind männliche Helfer in der Küche immer willkommen.*** *(Foto: H. Robe, wikimedia commons)*

Zusammenfassung

Für viele von uns hat sich der köstliche Duft von frisch gebackenen Weihnachtskeksen seit unserer Kindheit fest in unser Gedächtnis eingeprägt. Die traditionellen Rezepte mögen sich in vielen Ländern voneinander unterscheiden, aber meist basieren sie auf einigen typischen Gewürzen: Anis, Kardamom, Muskat, Nelken, Piment, Vanille und Zimt. Da der Geruchssinn ein chemischer Sinn ist, lohnt eine tiefere Betrachtung der Strukturen und der Biosynthese der sehr aromatischen Duftstoffe. Dies steigert noch die Freude an unseren Weihnachtskeksen.

Danksagung

Ich bedanke mich bei Dr. K. Abraham, Bundesinstitut für Risikobewertung, Berlin, Ilona Bauer, Berlin, Dr. E. Lück, Bad Soden, D. Radermacher, Fachverband der Gewürzin-

dustrie e.V., Bonn, Dr. S. Streller und Dr. P. Winchester, FU Berlin, für die wertvolle Hilfe bei den Recherchen und der Manuskripterstellung. Für die Abdruckerlaubnis von Fotomaterial bedanke ich mich bei W. Arnold, Leissingen, Schweiz, J. Jakel, Haag, und Rick Wood, Cedar Rapids, Iowa, USA.

Literatur und Anmerkungen

[1] Nicht nur Gewürze sondern auch heimische Nüsse, aus dem Mittelmeerraum importierte Mandeln und durch Eindickung mit Zucker haltbar gemachte Citrusfrüchte (Orangeat und Zitronat) sind für Weihnachtsgebäck charakteristisch.

[2] Jeder Sinnesreiz, egal ob mechanisch (hören, fühlen), optisch (sehen) oder chemisch (schmecken, riechen), führt über eine biochemische Reaktionskaskade zu Neuronenaktivitäten (Aktionspotenzialänderungen), die im Gehirn zum Sinneseindruck verarbeitet werden. Somit haben genau genommen alle Sinneseindrücke eine neurochemische Basis.

[3] Zur Verdeutlichung zwei Beispiele: Der Augsburger Kaufmann Anton Fugger erließ Karl V. 1530 die Schulden. Diese auf den ersten Blick großzügige Geste nutzte er zu einer protzigen Demonstration seines Reichtums: Er verbrannte die Schuldscheine vor den Augen des Kaisers in einem Feuer aus Zimtstangen. Auf einer Hochzeit verwöhnte Ritter Hans von Schweinichen (1552–1616) seine Gäste mit 50 Mastochsen für 100 Taler, aber *„allerlei Gewürz für 420 Taler"*.

[4] In dem 1492 zwischen Christoph Kolumbus und dem spanischen König Ferdinand II. geschlossenen Vertrag (*Capitulaciones de Santa Fe*) wurde festgelegt: *„Cristobal Colon erhält das Recht, von allen Perlen, Edelsteinen, Gold, Silber, Spezereien sowie allen anderen Kauf- und Handelswaren, die in seinem Bereich gefunden, gebrochen, gehandelt oder gewonnen werden, nach Abzug der Kosten ein Zehntel für sich zu behalten."*

[5] Man könnte die Weltgeschichte vom frühen Mittelalter bis ins 19. Jahrhundert auch als einen immerwährenden Kampf um den Profit des Gewürzmarktes betrachten. Eine sehr lesenswerte kulturhistorische Betrachtung sei hier empfohlen: *Gewürze, Acht kulturhistorische Porträts*, E. Vaupel, **2002**, Deutsches Museum, München; siehe auch: E. Vaupel, *Esatzgewürze: Hermann Staudinger und der Kunstpfeffer*, dieses Heft, S. 396 ff.

[6] Nach dem „Deutschen Lebensmittelbuch" gehören Kochsalz als Mineral und Essig als Gärungsprodukt nicht zu den Gewürzen.

[7] *„Backe, backe, Kuchen,*
der Bäcker hat gerufen!
Wer will guten Kuchen backen,
der muss haben sieben Sachen:
Eier und Schmalz,
Butter und Salz,
Milch und Mehl,
Safran macht den Kuchen gehl!
Schieb, schieb in'n Ofen 'nein."

Safran sind die getrockneten Narbenschenkel der Blüten einer Crocus-Art. Dieses teuerste aller Gewürze kostet auch heute noch fast so viel wie Gold. Lebensmittel lassen sich wesentlich preiswerter mit Kurkuma kräftig gelb färben.

[8] Pflanzen können gegenüber Pflanzenfressern äußerst skrupellos sein. Hinterlistig sondert z.B. Mais bei Wurzelverletzungen durch die Larven des Maiswurzelbohrers (*Diabrotica virgifera*) in das umgebende Erdreich das Sesquiterpen (*E*)-β-Caryophyllen ab, einen Lockstoff für im Boden lebende Fadenwürmer, die dann die Larven angreifen und töten.

[9] Manche potentiellen Duftstoffe sind in der Pflanze mit Glucose zu wasserlöslichen, nichtflüchtigen Glykosiden verknüpft. Dann kann der Duftstoff erst nach einer Glykosidspaltung sein Aroma entwickeln, z.B. beim Welken (Waldmeister) oder nach einer von Menschenhand induzierten enzymatischen Spaltung (Vanille).

[10] *Umami* (jap: herzhaft, köstlich) ist eine 1908 erstmals von Kikunae Ikeda beschriebene Geschmacksqualität, die besonders von natürlichem Glutamat verursacht wird (S. Yamaguchi und K. Ninomiya, *J.Nutrition*, **2000**, *130*, 921 S). Diese Verbindung ist in vielen Lebensmitteln wie Fleisch, Muscheln, Pilzen, reifen Tomaten und in Käse (besonders Parmesankäse) enthalten und wird in der industriellen Nahrungsmittelproduktion als Geschmacksverstärker (E620–E625) eingesetzt. Übersicht: J. Chandrashekar *et al.*, *Nature, 2006*, **444**, 1476

[11] Mit verstopfter oder zugehaltener Nase „schmeckt" kein Essen, obwohl die Geschmacksrezeptoren auf unserer Zunge unverändert funktionsfähig sind, aber wir können eben nicht mehr gut riechen.

[12] Nach DIN 10950-2 umfasst der *Flavour* die Gesamtheit aller Sinneseindrücke, die vom olfaktorischen und gustatorischen Organ sowie haptisch mit Zunge, Mundhöhle und Rachen empfangen werden. Der Begriff „Aroma" kommt dem noch am nächsten, allerdings sind darin nicht die Temperatur, die Schärfe und das Mundgefühl enthalten.

[13] Einfluss von Farbe: C. Spence *et al.*, *Chem.Percept.* **2010**, *3*, 68; Einfluss von Klang: M. Zampin und C. Spence, *Chem.Percept.* **2010**, *3*, 57.

[14] Im Vergleich zu anderen Tieren ist unser Geruchssinn ziemlich degeneriert, ein Hund hat etwa 250 Millionen und ein Aal knapp 1 Milliarde Geruchssinneszellen.

[15] Lebensmittel-Lexikon, W. Ternes *et al.*, **2005**, Behr's Verlag, Hamburg.

[16] K. Roth, *Chem. Unserer Zeit*, **2005**, *39*, 416.

[17] Die hier zusammengestellten Daten beruhen auf folgenden Quellen: *Gewürze in der Lebensmittelindustrie*, U. Gerhardt, **1990**, Behr's Verlag, Hamburg; *Gewürzdrogen*, E. Teuscher, **2003**, Wissenschaftliche Verlagsgesellschaft, Stuttgart; *Kleine Kulturgeschichte der Gewürze*, H. Küster, **1997**, Becksche Reihe, München; *Naturwissenschaftliche Grundlagen der Lebensmittelzubereitung*, W. Ternes, **2008**, Behr's Verlag, Hamburg.

[18] In einer herrlich unorthodoxen organischen Präparatevorschrift wird Anethol durch Ausfrieren im Tiefkühlschrank aus Ouzo isoliert: *Classics in Spectroscopy*, S. Berger und D. Sicker, **2009**, Wiley-VCH, Weinheim. Noch genussvoller ist jedoch, sich die ausfallenden Anethol-Kristalle nur anzusehen und dann mit diesem Bild vor Augen den Ouzo bei Temperaturen von etwas über 0°C einfach zu trinken.

[19] Die umgangssprachlichen Begriffe sind aus botanischer Sicht falsch: Die Muskat"*nuss*" ist keine Nuss, sondern Teil des Samens einer Beere und auch die Muskat"*blüte*" ist keine Blüte, sondern ein Samenmantel.

[20] K.M. Maya *et al.*, J. *Spice & Aromat. Crops*, **2004**, *13*, 135.

[21] Die Gewürzpflanze Nelke, ein Myrtengewächs, ist nicht mit der Zierblume „Nelke", einem Nelkengewächs, verwandt. Aus der beiden gemeinsame nagelförmigen Blütenform hat sich aus dem mittelalterlichen „Nägelin" der Name abgleitet.

[22] Botanisch handelt es sich nicht um Schoten sondern um Kapseln.

[23] S. Ramachandra Rao *et al.*, *J. Sci. Food Agric.*, **2000**, *80*, 289.

[24] M.J. W. Dignum *et al.*, *Food Rev. Int.* **2001**, *17*, 199.

[25] A. Perez-Silva *et al.*, *Food Chem.* **2006**, *99*, 728.

[26] Schon in der Bibel (*Exodus 30, 22–25*) wird Moses von Gott die Rezeptur für ein heiliges Salböl verkündet: *„Der Herr befahl Moses weiterhin: Nimm dir Duftkräuter edelster Sorte, 500 Schekel erstarrte Tropfenmyrrhe, wohlriechenden Zimt – davon die Hälfte, also 250 Schekel -, Kalmus – ebenfalls 250 Schekel -, Zimtblüte – 500 Schekel nach heiligem Gewicht – und ein Hin Olivenöl. Hieraus stelle ein heiliges Salböl her, eine würzige Mischung, wie sie der Salbenmischer macht; heiliges Salböl soll es sein." (1 Schekel ca. 15 g; 1 Hin ca. 6,5 Liter).*

[27] Es gibt noch andere Arten, die bei uns allerdings keine große Rolle spielen, z.B. der Padang-Zimt *(Cinnamomum burmannii, Cassia vera)*, der aromatisch und leicht würzig-brennend schmeckt. Er kommt überwiegend gemahlen auf den Markt.

[28] Dies ergaben Tests mit Besuchern des Deutschen Hygienemuseums in Dresden. H.-S. Seo *et al.*, *Appetite*, **2009**, *53*, 222.

[29] Der TDI-Wert (*Tolerable Daily Intake)* gibt an, bei welcher täglich und lebenslang aufgenommenen Menge keine körperliche Schädigung zu erwarten ist.

[30] In der ab 2011 rechtsverbindlichen Verordnung EG Nr.1334/2008 ist der Höchstgehalt von 50 mg/kg für „traditionelle und /oder saisonale Backwaren, bei denen Zimt in der Kennzeichnung angegeben ist" festgelegt worden.

[31] Die Gewichte von Zimtsternen schwanken stark. Vom Bäcker oder selbst handgemachte Zimtsterne sind deutlich schwerer als industriell hergestellte. So enthält eine 100g-Packung Zimtsterne der Fa. Bahlsen 18 Stück, selbstgemachte im Mittel etwa 7–8.

[32] ww.bfr.bund.de/cm/208/bfr_schlaegt_cumarin_hoechstwerte_fuer_lebensmittel_vor.pdf
Das BfR weist auf eine besondere Risikogruppe hin: Diabetiker (Typ 2), die zur Senkung ihres Blutzuckerspiegels über lange Zeiten zimthaltige Pillen zu sich nehmen, die als diätetische Lebensmittel oder Nahrungsergänzungsmittel auf dem Markt sind. Mit den empfohlenen Tagesdosen werden bis zu 64 % der Cumarin-TDI-Werte erreicht.

[33] Zum Einstieg: J. Budde, in www.pharmazeutische-zeitung.de/index.php?id=2332; *pro Grenzwert*: www.bfr.bund.de/cm/208/zimt_und_cumarin_eine_klarstellung_aus_wissenschaftlich_berhoerdlicher_sicht.pdf; *kontra Grenzwert*: www.svendavidmueller.de/auf-die-plaetzchen-fertig-los-der-zimtkrieg-geht-in-die-naechste-runde.html

[34] frei nach Oscar Wilde (1854–1900): *I have the simplest tastes. I am always satisfied with the best.*

[35] Nur friedliche Zeiten erlauben diesen Luxus, in früheren Kriegszeiten verschwanden die exotischen Gewürze vom Markt und die Verbraucher mussten sich mit Surrogaten zufrieden geben. E. Vaupel, *Chem. Unserer Zeit*, **2010**, *44*, 396–413.

[36] Vorsicht ist gerade bei Nelken geboten. Deren Duft ist äußerst intensiv und man sollte sehr zurückhaltend damit würzen, besonders wenn man Nelken frisch zermahlt. Gewürze sollten immer frisch pulverisiert verwendet werden. Probieren Sie es aus. Das Ergebnis überzeugt!

[37] Echter Vanillezucker kann leicht aus bereits ausgeschabten Vanilleschoten hergestellt werden (siehe www.chefkoch.de).

[38] www.manesse.de/BildSuche.php?id=357&a=erg&s=wolfram+von+eschenbach&sets%5B%5D=-1&sets%5B%5D=1&sets%5B%5D=2

[39] www.gewuerzindustrie.de/presse/pdfs/Marktentwicklung2009.pdf

[40] *Handbuch Aromen und Gewürze*, herausgegeben von U.-J. Salzer und F. Sieweck, **2010**, Behr's Verlag, Hamburg

[41] *Die 75 besten Managemententscheidungen aller Zeiten*, S. Crainer, **2000**, Wirtschaftsverlag Carl Ueberreuter, Wien/Frankfurt

[42] In der Laborpraxis sind solch hohe Werte nicht erreichbar, da die Gleichgewichtseinstellung der Partialdrücke nicht erreicht wird.

[43] K. Roth, *Chem. Unserer Zeit*, **2010**, *44*, 138.

[44] Am Verzweigungsmuster einer Carbonsäure kann man ihre biochemischen Herkunft erkennen. Unverzweigte Carbonsäuren einschl. Essigsäure stammen aus dem Fettsäurestoffwechsel, verzweigte Carbonsäuren meist aus dem Stoffwechsel der aliphatischen Aminosäuren Leucin, Isoleucin, oder Valin. Es muss allerdings betont werden, dass hier nur niedermolekulare Duftstoffe vereinfachend behandelt werden. Pflanzen bauen beim Aufbau komplexer Naturstoffe (Alkaloide) eine ganze Anzahl anderer „normaler" Stoffwechselprodukte ein.

[45] Die in der Biochemie übliche Abkürzung PP für Diphosphorsäure $(HO)_2$-P(O)-O-P(O)$(OH)_2$ stammt noch von dem alten Namen Pyrophosphorsäure ab.

[46] *Chemistry of Spices*, V.A.Parthasarathy *et al.* (eds.), **2008**, CABI, Wallingford, UK.

[47] V.S. Govindarajan *et al.*, *CRC Critical Review in Food Science and Nutrition*, **1982**, *16 (3)*, 326; J. Kizhakkayil *et al.*, *Nat. Product Radiance*, **2006**, *5*, 361.

[48] J. Adedeji *et al.*, *Perfumer&Flavorist*, **1993**, *18*, 25.

[49] K. Reimer, *Ber. dtsch. Chem.Ges.* **1876**, *9*, 423.

[50] M.B. Hocking, *J. Chem.Educ.* **1997**, *74*, 1055

[51] Sowohl die Synthese aus Eugenol, als auch aus Sägemehl sind für Unterrichtszwecke beschrieben worden. G.M. Lampman *et al.*, *J.Chem.Educ.* **1977**, *54*, 776.

[52] *Gewürzdrogen*, E. Teuscher, **2003**, Wissenschaftliche Verlagsgesellschaft, Stuttgart.

[53] gesicherte Wirkungen nach *Kompendium der Phytotherapie*, S. Chrubasik und J. Chrubasik, **1983**, Hippokrates Verlag, Stuttgart

[54] In alten Quellen wird die gesundheitsfördernde Wirkung von Gewürzen meist überschwänglich und übertrieben dargestellt. So half Anis nach Ansicht von Plinius (23–79 n.Chr.) fast gegen alles und wirkte sogar aphrodisisch: „*Eniß [...] wärmet und trocknet, macht einen guten lieblichen Atem, sänftiget die Schmerzen, treibt den Harn, vertreibt die Wassersucht, löschet und stillet den Durst, widersteht dem Gift und ist gut wider aller giftigen Tier Stich und Biss. Vertreibt die windige Aufblähung des Leibs, stopft den Bauchfluss und übrigen Fluss der Frauen, bringt die Milch zu den Brüsten, macht einem Lust und Begierd zum Beyschlaff.*"

[55] F. Woehrlin *et al.*, *J.Agric.Food.Chem.* **2010**, *58*, 10568; Die hier angegeben Cumarin-Werte stimmen mit Untersuchungen der Stiftung Warentest vom Dezember 2007 überein. www.test.de/themen/essen-trinken/test/Cumarin-in-Zimt-Ceylon-Zimt-im-Vorteil-1602223-1601782/

Sachregister

Bildquellen

(sofern nicht im Text vermerkt)

Kapitel „H_2O - Jo mei!"

Aufhänger	2006-02-13 Drop-impact von Roger McLassus (Picture taken and uploaded by Roger McLassus.) [CC-BY-SA-3.0 (http://creativecommons.org/licenses/by-sa/3.0/)], via Wikimedia Commons
Kopfzeilenfoto	T.D. Kühne
Abb. 3 oben rechts	Cryst struct ice, von Solid State (own drawing, created with Diamond 3.1) [CC-BY-SA-3.0 (http://creativecommons.org/licenses/by-sa/3.0/)], via Wikimedia Commons
Abb. 4	Lebendes Wasser – Über Viktor Schauberger, O. Alexandersson, 2003, Ennsthaler Verlag, Steyr, Österreich
Abb. 7 unten rechts	MarketingBelebtesWasser von DL5MDA [Public domain], via Wikimedia Commons
Abb. Seite 13 oben links	Tetraoxygen-D2d-3D-balls von Ben Mills (Eigenes Werk) [Public domain], via Wikimedia Commons
Abb. Seite 13 oben rechts	Tetraoxygen-D3h-3D-balls von Ben Mills (Eigenes Werk) [Public domain], via Wikimedia Commons

Kapitel „Mein kleiner grüner Kaktus"

Aufhänger	gnubier, pixelio.de
Kopfzeilenfoto	M.v.S. Scheherazade, pixelio.de
Foto Seite 19	Pachycereus pringlei sonora von Tomas Castelazo (Eigenes Werk) [CC-BY-SA-3.0 (http://creativecommons.org/licenses/by-sa/3.0) via Wikimedia Commons
Foto Seite 21	knipseline, pixelio.de
Abb. 5 oben links	2006-12-18Helleborus niger09 von Wildfeuer (Eigenes Werk) [GFDL (http://www.gnu.org/copyleft/fdl.html), CC-BY-SA-3.0 (http://creativecommons.org/licenses/by-sa/3.0/) via Wikimedia Commons
Abb. 6 links	Plagiomnium affine laminazellen von Kristian Peters — Fabelfroh (photographed by myself) CC-BY-SA-3.0 (http://creativecommons.org/licenses/by-sa/3.0/)], via Wikimedia Commons
Abb. 6 rechts	Plast, Für den Autor, siehe [GPL (http://www.gnu.org/licenses/gpl.html)], via Wikimedia Commons
Abb. 7	Seaborg Archive, Lawrence Berkeley National Laboratory
Abb. 8 oben links	Microbial Culture Collection, National Institue for Environmental Studies, Japan
Abb. 8 unten links	Seaborg Archive, Lawrence Berkeley National Laboratory
Abb. 8 rechts	Calvin, Melvin von Unbekannter Fotograf [Public domain], via Wikimedia Commons
Foto Seite 25 oben	The York Project, Wikimedia Commons
Abb. 9	The Adapa Project
Foto Seite 33	Pachycereus pringlei sonora von Tomas Castelazo (Eigenes Werk) [CC-BY-SA-3.0 (http://creativecommons.org/licenses/by-sa/3.0) via Wikimedia Commons
Foto Seite 35	knipseline, pixelio.de
Abb. 23 links	Laitche-P029, von Laitche (http://www.laitche.com/) (Eigenes Werk) [Public domain], via Wikimedia Commons
Abb. 23 Mitte	Reifer Maiskolben von 4028mdk09 (Eigenes Werk) [CC-BY-SA-3.0 (http://creativecommons.org/licenses/by-sa/3.0)], via Wikimedia Commons
Abb. 23 rechts	Pachycereus pringlei sonora von Tomas Castelazo (Eigenes Werk) [CC-BY-SA-3.0 (http://creativecommons.org/licenses/by-sa/3.0) via Wikimedia Commons

Kapitel „Chinin"

Abb. 1 links	Anopheles albimanus mosquito,von Photo Credit: James Gathany Content Providers(s): CDC [Public domain], via Wikimedia Commons
Abb. 1 rechts	Plasmodium falciparum in Red Blood Cells von Ernst Hempelmann (Original work by Ernst Hempelmann) [Public domain], via Wikimedia Commons
Abb. 4 links oben	August W Hofmann von Heinrich Angeli (1840-1925) [Public domain], via Wikimedia Commons
Abb. 5	ChininRay von Felix Plasser (own work in PyMOL) CC-BY-SA-3.0 (http://creativecommons.org/licenses/by-sa/3.0/)], via Wikimedia Commons
Abb. 10 rechts unten	P.falciparum schizont von Hempelmann (Original work by Ernst Hempelmann) [Public domain], via Wikimedia Commons
Abb. 11 links oben	H.M. The Queen Mother Allan Warren von Allan Warren (Own work) CC-BY-SA-3.0 (http://creativecommons.org/licenses/by-sa/3.0], via Wikimedia Commons
Abb. 11 links unten	DanielCraigOrangeBritishAcademyFilmAwards0 von Caroline Bonarde Ucci CC-BY-3.0 (http://creativecommons.org/licenses/by/3.0)], via Wikimedia Commons

Kapitel „Die Pille“

Kopfzeilenfoto	Deutsches Historisches Museum, Wikimedia Commons
Abb. 3	Gemälde: „Adam und Eva“ von A. Dürer (1471–1528), Museo del Prado, Madrid, Botaurus, Albrecht Dürer [Public domain], via Wikimedia Commons
Abb. 6	Arouquesa2 von Susanne Maeder CC-BY-SA-3.0 (http://creativecommons.org/licenses/by-sa/3.0/)], via Wikimedia Commons
Seite 71 oben	MargaretSanger-Underwood.LOC, von Underwood & Underwood [Public domain], via Wikimedia Commons

Kapitel „*Helicobacter pylori* zum Abschied“

Kopfzeilenfoto	EMpylori von Yutaka Tsutsumi, M.D. Professor Department of Pathology Fujita Health University School of Medicine, Copyrighted free use, via Wikimedia Commons
Abb. 1 rechts	Robin Warren von A friend of Akshay Sharma (OTRS submission by Akshay Sharma) [CC-BY-SA-3.0 (http://creativecommons.org/licenses/by-sa/3.0)], via Wikimedia Commons
Abb. 2 links	Pylorigastritis von Yutaka Tsutsumi, M.D. Professor Department of Pathology Fujita Health University School of Medicine Copyrighted free use, via Wikimedia Commons
Abb. 7 rechts	H pylori ulcer diagram on Y_tambe (Y_tambe's file) [GFDL (http://www.gnu.org/copyleft/fdl.html), CC-BY-SA-3.0 (http://creativecommons.org/licenses/by-sa/3.0/) oder CC-BY-SA-2.5-2.0-1.0 (http://creativecommons.org/licenses/by-sa/2.5-2.0-1.0)], via Wikimedia Commons

Kapitel „Die Saccarin –Sarga“

Kopfzeilenfoto	Zucker 150fach Polfilter von Jan Homann (Eigenes Werk) [Public domain], via Wikimedia Commons
Aufhänger großes Bild	Cut sugarcane von Rufino Uribe (caña de azúcar) [CC-BY-SA-2.0 (http://creativecommons.org/licenses/by-sa/2.0)], via Wikimedia Commons
Abb. 2 oben links	Ira Remsen von ThereIsNoSteve at en.wikipedia [Public domain], via Wikimedia Commons

Kapitel „Süß, Süßer, Süßstoff“

Kopfzeilenfoto	Zucker 150fach Polfilter von Jan Homann (Eigenes Werk) [Public domain], via Wikimedia Commons
Abb. 3 links	Pink Flamingo @ Temaikén von longhorndave http://www.flickr.com/photos/davidw/ (http://www.flickr.com/photos/davidw/1436390388/) [CC-BY-2.0 (http://creativecommons.org/licenses/by/2.0)], via Wikimedia Commons
Abb. 3 rechts	Lead(II)Acetate von Dormroomchemist at en.wikipedia CC-BY-3.0 (http://creativecommons.org/licenses/by/3.0)], from Wikimedia Commons
Abb. 18 links	Citrus paradisi (Grapefruit, pink) vonBy _ (Aleph) (Own work) [CC-BY-SA-2.5 (http://creativecommons.org/licenses/by-sa/2.5)], via Wikimedia Commons
Abb. 23 links	Stevia rebaudiana foliage von Ethel Aardvark (Eigenes Werk) [CC-BY-3.0 (http://creativecommons.org/licenses/by/3.0)], via Wikimedia Commons
Abb. 23 rechts	Steviablüte Stevia blossom von Yoky (Own work) CC-BY-SA-3.0-2.5-2.0-1.0 (http://creativecommons.org/licenses/by-sa/3.0)], via Wikimedia Commons
Foto Seite 135	Stevia rebaudiana flowers von Ethel Aardvark (Eigenes Werk) [CC-BY-3.0 (http://creativecommons.org/licenses/by/3.0)], via Wikimedia Commons

Kapitel „Manche mögen's scharf“

Aufhänger	Capsicum frutescens 'Hidalgo' 005 von H. Zell (Eigenes Werk) CC-BY-SA-3.0 (http://creativecommons.org/licenses/by-sa/3.0)], via Wikimedia Commons
Kopfzeilenfoto	Charleston Hot peppers von Neutrality at en.wikipedia Later versions were uploaded by RadRafe at en.wikipedia. Photo by Scott Bauer [Public domain], via Wikimedia Commons
Abb. 1-1	Capsicum annuum 2008 von Matti Paavonen (Eigenes Werk) [CC-BY-SA-3.0 (http://creativecommons.org/licenses/by-sa/3.0) via Wikimedia Commons
Abb. 1-2	Large Cayenne von André Karwath aka Aka (Eigenes Werk) [CC-BY-SA-2.5 (http://creativecommons.org/licenses/by-sa/2.5)], via Wikimedia Commons
Abb. 1-3	Peter pepper,Capsicum annuum var. annuum 2 von Brocken Inaglory [CC-BY-SA-3.0 (http://creativecommons.org/licenses/by-sa/3.0), via Wikimedia Commons
Abb. 1-4	alapeños1 von Sebastian Aguilar (DrCooling) (Eigenes Werk) CC-BY-3.0 (http://creativecommons.org/licenses/by/3.0)], via Wikimedia Commons
Abb. 1-5	Habanero chile - flower with fruit (aka) von André Karwath aka Aka (Eigenes Werk) [CC-BY-SA-2.5 (http://creativecommons.org/licenses/by-sa/2.5)], via Wikimedia Commons
Abb. 1-6	Scotch Bonnets von Kaisersoft at de.wikipedia (Original text : André Hegge) [Public domain], via Wikimedia Commons

Abb. 1-7	Capsicum frutescens 'Hidalgo' 005 von H. Zell (Eigenes Werk) CC-BY-SA-3.0 (http://creativecommons.org/licenses/by-sa/3.0)], via Wikimedia Commons
Abb. 1-8	Thai peppers von Daniel Risacher (Eigenes Werk) CC-BY-SA-3.0 (http://creativecommons.org/licenses/by-sa/3.0/) oder CC-BY-SA-2.5-2.0-1.0 (http://creativecommons.org/licenses/by-sa/2.5-2.0-1.0)], via Wikimedia Commons
Abb. 1-9	Ají peruano © Manuel González Olaechea y Franco CC-BY-SA-3.0, GFDL, via Wikimedia Commons
Abb. 1-10	C baccatum lemon drop fruit von Carstor (Eigenes Werk (Own picture)) CC-BY-SA-3.0-2.5-2.0-1.0 (http://creativecommons.org/licenses/by-sa/3.0)], via Wikimedia Commons
Abb. 1-11	Rocoto 034 von Sebastian Aguilar (DrCooling) CC-BY-SA-3.0-2.5-2.0-1.0 (http://creativecommons.org/licenses/by-sa/3.0)], via Wikimedia Commons
Abb. 1-12	Capsicum pubescens von Tigerente CC-BY-SA-3.0, Wikimedia Commons
Foto Seite 138 oben	Charleston Hot peppers von Neutrality at en.wikipedia Later versions were uploaded by RadRafe at en.wikipedia. Photo by Scott Bauer [Public domain], via Wikimedia Commons
Foto Seite 138 Mitte	Capsicum annuum 2008 von Matti Paavonen (Eigenes Werk) [CC-BY-SA-3.0 (http://creativecommons.org/licenses/by-sa/3.0) via Wikimedia Commons
Foto Seite 139 Mitte	Large Cayenne von André Karwath aka Aka (Eigenes Werk) [CC-BY-SA-2.5 (http://creativecommons.org/licenses/by-sa/2.5)], via Wikimedia Commons
Abb. 4 links	Green-Bell-Pepper von Evan-Amos (Eigenes Werk) [Public domain], via Wikimedia Commons
Abb. 4 links	Bell pepper von Justus Blümer from Deutschland (Paprika (rot) Uploaded by Common Good) [CC-BY-2.0 (http://creativecommons.org/licenses/by/2.0)], via Wikimedia Commons
Abb. 4 Mitte	Capsicum annuum 'de Cayenne' 003 von H. Zell (Eigenes Werk) CC-BY-SA-3.0 (http://creativecommons.org/licenses/by-sa/3.0)], via Wikimedia Commons
Abb. 4 rechts	Poivrons Luc Viatour ©Luc Viatour / www.Lucnix.be von I, Luc Viatour [GFDL (http://www.gnu.org/copyleft/fdl.html), CC-BY-SA-3.0 (http://creativecommons.org/licenses/by-sa/3.0/) oder CC-BY-SA-2.5-2.0-1.0 (http://creativecommons.org/licenses/by-sa/2.5-2.0-1.0)], via Wikimedia Comons
Abb. 9	Bell pepper cut apart von Paul Goyette (http://www.flickr.com/photos/pgoyette/185017893/) [CC-BY-SA-2.0 (http://creativecommons.org/licenses/by-sa/2.0)], via Wikimedia Commons
Foto Seite 143 Mitte	Peter pepper,Capsicum annuum var. annuum 2 von Brocken Inaglory [CC-BY-SA-3.0 (http://creativecommons.org/licenses/by-sa/3.0), via Wikimedia Commons
Abb. 12 links	Red savina cropped von Avriette on en.wikipedia (Avriette) oder CC-BY-SA-3.0 (http://creativecommons.org/licenses/by-sa/3.0/)], via Wikimedia Commons
Abb. 12 Mitte	Reife und grüne Bhut Jolokia von speidelj (_pajdelj at de.wikipedia) [Public domain], via Wikimedia Commons
Abb. 12 rechts	Naga Jolokia Peppers von Gannon anjo at en.wikipedia [Public domain], vom Wikimedia Commons
Foto Seite 145 Mitte	Thai peppers von Daniel Risacher (Eigenes Werk) CC-BY-SA-3.0 (http://creativecommons.org/licenses/by-sa/3.0/) oder CC-BY-SA-2.5-2.0-1.0 (http://creativecommons.org/licenses/by-sa/2.5-2.0-1.0)], via Wikimedia Commons
Abb. 13	Christian Ahlmann mit Coester1a von original image from flickr, by Louis [CC-BY-SA-3.0 (http://creativecommons.org/licenses/by-sa/3.0)], via Wikimedia Commons
Foto Seite 147 Mitte	Ají peruano © Manuel González Olaechea y Franco CC-BY-SA-3.0, GFDL, via Wikimedia Commons

Kapitel „Die tödliche Brechnuss"

Aufhänger	Strychnos nux-vomica 001 von H. Zell (Eigenes Werk) CC-BY-SA-3.0 (http://creativecommons.org/licenses/by-sa/3.0)], via Wikimedia Commons
Kopfzeilenfoto	Nilgiri Bioshere Reserve, http://opendata.keystone-foundation.org
Abb. 2 Mitte	Nilgiri Bioshere Reserve, http://opendata.keystone-foundation.org
Abb. 2 unten	Strychnos nux-vomica 001 von H. Zell (Eigenes Werk) CC-BY-SA-3.0 (http://creativecommons.org/licenses/by-sa/3.0)], via Wikimedia Commons
Abb. 3 links	unknown, Wikimedia Commons
Abb. 3 rechts	Missouri Historical Society
Abb. 4 rechts	AFP, Getty Images

Kapitel „Starker Tobak"

Aufhänger	D. Fischer-Henningsen
Abb. 3	Dresden Tabakmoschee Yenidze von Steffen Müller (Eigenes Werk) [CC-BY-SA-3.0 (http://creativecommons.org/licenses/by-sa/3.0)], via Wikimedia Commons
Abb. 4	Bundesarchiv Bild 183-19000-3293, Berlin, Schwarzmarkt –Zigaretten Bundesarchiv, Bild 183-19000-3293 / CC-BY-SA [CC-BY-SA-3.0-de (http://creativecommons.org/licenses/by-sa/3.0/de/deed.en)], via Wikimedia Commons
Abb. 7	Tabak P9290021 von Joachim Müllerchen (Joachim Müllerchen) [GFDL (http://www.gnu.org/copyleft/fdl.html), CC-BY-SA-3.0 (http://creativecommons.org/licenses/by-sa/3.0/) oder CC-BY-2.5 (http://creativecommons.org/licenses/by/2.5)], via Wikimedia Commons

Abb. 25	Humphrey Bogart by Karsh (Library and Archives Canada) Yousuf Karsh [Public domain oder Public domain], via Wikimedia Commons
Abb. Seite 189	1850 Zabolotskiy Girl with a cigarette anagoria von Petr Zabolotskiy (1803-1866) (anagoria) [Public domain], via Wikimedia Commons

Kapitel „Das Geheimnis des Weihnachtsdufts"

Aufhänger	Vanillekipferl6 (RobertK) von Robert Kindermann aka (selbst fotografiert) CC-by-sa 2.0/de (http://creativecommons.org/licenses/by-sa/2.0/de/legalcode)
Kopfzeilenfoto	Vanillekipferl6 (RobertK) von Robert Kindermann aka (selbst fotografiert) CC-by-sa 2.0/de (http://creativecommons.org/licenses/by-sa/2.0/de/legalcode)
Abb. Seite 198 oben links	Aniseed p1160018 © 2007 David Monniaux CC-BY-SA-3.0 (http://creativecommons.org/licenses/by-sa/3.0/) via Wikimedia Commons
Abb. Seite 198 unten rechts	Starr 050516-1366 Pimenta dioica Forest & Kim Starr [CC-BY-3.0 (http://creativecommons.org/licenses/by/3.0)], via Wikimedia Commons
Abb. Seite 199 oben rechts	Elettaria cardamomum2 von Rainer Zenz at de.wikipedia [Public domain], via Wikimedia Commons
Abb. Seite 200 oben links	Myris fragr H 080112-3303 ipb von W.A. Djatmiko Wie146 (Eigenes Werk) [GFDL (http://www.gnu.org/copyleft/fdl.html) oder CC-BY-SA-3.0-2.5-2.0-1.0 (http://creativecommons.org/licenses/by-sa/3.0)], via Wikimedia Commons
Abb. Seite 201 oben links	Vanilla fragrans 3 Bouba Licence: cc-by-sa 1.0 http://creativecommons.org/licenses/by-sa/1.0), via Wikimedia Commons
Abb. Seite 202 unten links	Cinnamomum verum sey 2 von Marion Schneider & Christoph Aistleitner (Own work) [Public domain], via Wikimedia Commons
Abb. 15	Cinnamon Variaties – Robin von Fotoos-VanRobin www.aziatische-ingredienten.nl [CC-BY-SA-2.0 (http://creativecommons.org/licenses/by-sa/2.0)], via Wikimedia Commons

Historie

Die Beiträge in diesem Buch wurden von Professor Dr. Klaus Roth für die Zeitschrift „Chemie in unserer Zeit“ verfasst.

Beitrag	**Jahr**	**Heft**	**Seiten**
Wasser – Jo mei! – vitalisiert, verwirbelt, levitiert, energetisiert, informiert und anti-entropisch	2013	47	108–121
Mein kleiner grüner Kaktus – Licht in der Dunkelreaktion	2010	44	284–305
Eine Rinde erobert die Welt – Von der Apotheke an die Bar	2012	46	228–247
50 Jahre Pille in Deutschland – Über die Heldentaten der Hormonsucher	2011	45	270–291
Einem Leib-und Magenfeind zum Abschied – *Helicobacter pylori*	2012	46	378–387
Die Saccharin-Saga Teil 1 – Ein Molekülschicksal	2011	45	406–423
Die Saccharin-Saga Teil 2 – Süß, Süßer, Süßstoff	2012	46	168–191
Die Skala des Wilbur Lincoln Scoville – Manche mögen's scharf	2010	44	138–151
Die tödliche Brechnuss – Strychnin: von der Isolierung zur Totalsynthese	2011	45	202–218
Starker Tobak – Unsere Lust und Last mit der Zigarette	2013	47	248–268
Das Geheimnis des Weihnachtsdufts – Von Anisplätzchen bis Zimtstern	2010	44	414–433